Die Gefäßdrüsen

als regulatorische Schutzorgane des Zentral-Nervensystems.

Von

E. von Cyon.

Mit einer Vorrede: Herz, Ohrlabyrinth und Hypophyse, und einem Verzeichnis sämtlicher Werke und Schriften des Verfassers.

Mit 117 Textfiguren und 8 Tafeln.

Springer-Verlag Berlin Heidelberg GmbH

1910

ISBN 978-3-662-40800-1   ISBN 978-3-662-41284-8 (eBook)
DOI 10.1007/978-3-662-41284-8

Dem Altmeister der Physiologie

Eduard Pflüger,

dem in seinem 81. Jahre noch rüstig schaffenden, großen Naturforscher war dies Werk bestimmt; so sei es denn als Zoll wahrer Verehrung den Manen des unlängst dahingeschiedenen Freundes gewidmet.

E. C.

Vorrede.

Herz, Ohrlabyrinth und Hypophyse.

Mit den „Gefäßdrüsen" gelangt die vor einigen Jahren begonnene Herausgabe meiner wissenschaftlichen Untersuchungen der letzten Periode meiner physiologischen Tätigkeit (1896—1910) zum Abschluß, die ich in der Form von Monographien umgestaltet und ergänzt habe. In der nachfolgenden Einleitung sind die Grundlagen meiner Lehre von den Verrichtungen der Schilddrüsen, der Hypophyse und der Nebennieren in kurzer Zusammenfassung wiedergegeben, so wie ich sie nach einer längeren Reihe experimenteller Forschungen schon im Beginn dieses Jahrhunderts formuliert habe[1]). Damals waren meine Versuche an der Zirbeldrüse noch nicht spruchreif; es soll daher hier auf das Kapitel III verwiesen werden, wo die späteren Ergebnisse, in allen ihren Konsequenzen mit unseren Kenntnissen von den Verrichtungen der Hypophyse in harmonischen Zusammenhang gebracht, meine Lehre von der physiologischen Bestimmung der Gefäßdrüsen ergänzen.

Die in den letzten Dezennien stark anschwellende Flut von physiologischen, pathologischen und klinischen Studien an diesen Drüsen, so lehrreich und bedeutsam letztere für das Verständnis ihrer physiologischen Bestimmung und für die weitere Entwicklung unserer Begriffe von ihren Funktionen auch sind, vermochten weder die Grundlagen meiner Lehre zu erschüttern noch sie wesentlich zu modifizieren. Im Gegenteil: wie in den entsprechenden Kapiteln dieses Buches gezeigt werden wird, haben die neuen Ergebnisse zahlreicher Forschungen auf diesem Gebiete meine Theorie der Funktionen der Gefäßdrüsen eher erweitert und gestützt. In dieser Monographie wurde hauptsächlich das den Verrichtungen der Hypophyse gewidmete Kapitel, welche das ganze System dieser Drüsen durch ihre außerordentliche vitale Bedeutung beherrschen, umgestaltet und neu geordnet. Dies geschah indessen nur, um die allmählich angehäuften experimentellen Belege zugunsten meiner Lehre in systematischer und zugleich anschaulicher Form darlegen zu können.

---

[1]) Das seitdem von Takamina, Aldrich u. a. dargestellte Adrenalin ($C_9H_{13}AzO_3$) entwickelt die gleichen gefäßverengernden Eigenschaften wie alle bis jetzt erprobten Extrakte der Nebennieren; es kann bis auf weiteres als die wirksame Substanz der Nebennieren betrachtet werden.

Im Laufe der letzten Monate wurden mehrere Anhänge und Nachträge zu den einzelnen Kapiteln hinzugefügt, in denen, soweit möglich, auch die neuesten Arbeiten und Errungenschaften auf diesem Gebiete kritisch verwertet sind. Im Interesse der wissenschaftlichen Wahrheit schien es auch geboten, die meisten der früheren polemischen Auseinandersetzungen mit Pathologen und Pharmakologen hier wiederzugeben, und zwar um der etwas leichtfertig von wohlmeinenden Referenten geschaffene Legende, als hätten sie meine Lehre widerlegt, ein für allemal ein Ende zu bereiten.

Von den zahlreichen Problemen, welche das Studium der Verrichtungen der Gefäßdrüsen in den letzten Dezennien gezeitigt hat, ist unzweifelhaft deren Bedeutung für das psychische Leben das überraschendste und für die richtige Erkenntnis ihrer funktionellen Bestimmung auch das lehrreichste. Wie bei den meisten die Gefäßdrüsen betreffenden Fragen, so gebührt Klinikern und Pathologen auch in diesem Punkte das große Verdienst der initiatorischen Fragestellung und der Bahnung der Wege zu deren Lösung. Die Physiologen, vielleicht mit Ausnahme von Schiff, haben erst viel später Anteil an den Studien der Funktionen dieser Organe genommen. Sie hatten die Aufgabe, die Fragestellung zu präzisieren und durch Schaffung exakter Forschungsmethoden deren streng wissenschaftliche Lösung zu sichern.

Die strumösen Entartungen der Schilddrüsen haben den Schweizer Klinikern Reverdin, Kocher u. a. zunächst Veranlassung gegeben, den Kretinismus und die ihn begleitenden organischen und psychischen Störungen näher zu studieren. Jetzt, wo die Hypophyse den Hauptgegenstand der meisten physiologischen und pathologischen Untersuchungen an den Gefäßdrüsen bildet, ist es natürlich, daß die Anomalien und Störungen der Psyche bei Hypophysenkranken auch das meiste Interesse beanspruchen. Schon im 17. und 18. Jahrhundert haben mehrere hervorragende Kliniker auf das Auftreten derartiger Störungen hin Erkrankungen oder Tumoren der Hypophyse beschrieben[1]).

In der lehrreichen Dissertation „Über den Hirnanhang und Trichter" (Wien 1839), von der im Laufe des II. und III. Kapitels mehrfach die Rede sein wird, versuchte ihr Verfasser, Dr. Joseph Engel, die Funktionen der Hypophyse, „auf pathologische und anatomisch-pathologische Beobachtungen gestützt", zu bestimmen. Abgesehen von den reichlichen Hinweisen auf die Literatur der Hypophysenkrankheiten des vorangegangenen Jahrhunderts beschreibt Engel zwölf klinische Beobachtungen von Erkrankungen der Hypophyse, bei meistens gleichzeitiger Beteiligung der Schilddrüse und Zirbeldrüse, die sämtlich letalen Ausgang nahmen. Die Autopsien wurden von Rokitansky ausgeführt, deren Befunde durch Tafeln erläutert sind.

---

[1]) So z. B. hat Vieussenius im Jahre 1685 einen Fall von Melancholie mit Sehstörungen beim Kardinal de Bonfy beschrieben, welcher durch eine ausgedehnte Geschwulst des Hirnanhanges bedingt war.

Ganz besonderes Gewicht legte Engel auf die beobachteten psychischen Störungen, die er mit außerordentlicher Schärfe zu präzisieren und sogar von geistiger Störung zu differenzieren verstand (siehe im Kap. III mehrere seinem Text entlehnte Zitate).

Wenn ich hier im Vorwort ganz besonderes Gewicht auf die psychischen Folgen der Störungen in den Funktionen der Hypophyse lege, so geschieht dies in erster Linie darum, weil deren Erklärung allein möglich ist mit Hilfe meiner Lehre von ihrer physiologischen Bestimmung als Autoregulator des Hirndruckes in der Schädelhöhle und von der Funktionsweise der Mechanismen, die es ihr gestatten, diese Bestimmung zu erfüllen. Dies will sagen, daß die weitaus größte Zahl der Nerven- und psychischen Symptome bei Erkrankungen der Hypophyse die Richtigkeit meiner Lehre bestätigen.

Das gleiche gilt natürlich auch für die analogen Anomalien der Psyche bei Erkrankungen der Schilddrüse oder der Zirbeldrüse. Meine Theorie der Verrichtungen dieser drei Gefäßdrüsen als Schutzorgane des Zentralnervensystems umfaßt notwendig die Gesamtheit dieser Drüsen.

Die verschiedenen Hypothesen über die einzelnen Drüsen oder über mehrere von ihnen, welche manche Pathologen mir entgegenstellten, beschränken sich darauf, deren Bestimmung dahin zu deuten, im Blute sich anhäufende krankhafte Toxine zu entgiften. Die Unhaltbarkeit und Beweislosigkeit solcher Hypothesen wird fast bis zum Überdruß im Text des Buches demonstriert. Jedenfalls ist keine dieser antitoxischen und chemischen Hypothesen der Funktionen der Drüsen imstande, auch nur eine annähernd ausreichende Erklärung ihrer psychischen Rolle, geschweige denn der psychischen Störungen zu liefern, welche ihre Erkrankungen verursachen. (Siehe Nachtrag zu Kap. II, S. 217.)

Die bedeutendsten Anatomen und Embryologen des vorigen Jahrhunderts betrachteten die Gefäßdrüsen, besonders aber ihre Marksubstanz, als vorzugsweise nervöser Natur. Robert Remak bezeichnete sie geradezu als Nervendrüsen; die neuesten Errungenschaften hinsichtlich ihrer Verrichtungen gestatten schon jetzt, diese Bezeichnung zu ratifizieren. (Siehe den zitierten Nachtrag zu Kap. II.) Die meisten Physiologen, welche mit Erfolg an einer größeren Anzahl von Gefäßdrüsen gearbeitet haben, wie z. B. E. Gley[1]), der auf experimentellem Wege die Funktionen des Parathyreoideae festgestellt hat, neigen immer mehr zugunsten des nervösen Charakters ihrer Verrichtungen.

Der Nachdruck, der in dieser Vorrede auf die psychologische Bedeutung der Verrichtungen der Gefäßdrüsen, besonders aber der Hypophyse und Zirbel, gelegt wird, hat noch einen anderen, wichtigeren, allgemeineren Grund, als das bloße Vorbringen eines neuen Arguments zugunsten meiner Lehre von ihren Funktionen. Die in den beiden vorhergehenden Bänden, nämlich in den „Nerven des Herzens" und im „Ohr-

---

[1]) E. Gley, Traité de physiologie. 3e Édition.

labyrinth", mitgeteilten experimentellen Untersuchungen, welche sich
fast über ein halbes Jahrhundert erstreckten, haben unter anderem gezeigt, daß das Herz dank seinem wunderbaren Nervensystem das vorzüg-
lichste Gemütsorgan des Menschen ist, daß das Ohrlabyrinth die wichtigsten Sinnesorgane enthält, welche im geistigen und intellektuellen Leben
des Menschen die bedeutendste, ja die entscheidendste Rolle spielen.
In „Leib, Seele und Geist", Versuch einer Differenzierung
der seelischen Funktionen[1]), habe ich ausführlich die Bedeutung
der Hypophyse und der Zirbeldrüse für die Unterhaltung der Beziehungen
zwischen Gehirn—Seele einerseits und dem Geiste andererseits auseinandergesetzt.

„Es war ein glückliches, aber kein zufälliges Zusammentreffen,
schrieb ich in der Einleitung, daß die wichtigsten Gebiete, auf welchen
sich seit mehr als 40 Jahre meine experimentelle wissenschaftliche
Tätigkeit bewegte, zahlreiche Berührungspunkte mit den eben angegebenen Hauptgebieten der Psychologie besaßen. Die Ergebnisse
dieser experimentellen Forschungen führten mich daher notgedrungen
fast immer zum Studium der seelischen Funktionen und der damit
verbundenen Probleme der Psychologie."

In der Tat handelte es sich nicht um ein zufälliges Zusammentreffen. Der Zufall vermag im Leben des mit Geist und freiem Willen
begabten Menschen nie eine determinierende Rolle, weder auf den Verlauf der in seinem Leben sich abwickelnden inneren und äußeren Ge-
schehnisse, noch auf seine regelmäßig und systematisch während vieler
Jahrzehnte fortgesetzten geistigen Leistungen auszuüben.

Ein Blick auf die Rubrik „Medizin" in dem am Schlusse beigefügten
Verzeichnis meiner wissenschaftlichen Schriften genügt, um die kausale
Veranlassung zur Wahl der physiologischen Gebiete zu erkennen, auf
denen sich vorzugsweise meine ganze physiologische Wirksamkeit
bewegt hat. Den kausalen Zusammenhang der darauf in dem Verzeichnis 1865, Nr. 7 aufgezählten physiologischen Werke und Schriften
lehrt die Entwicklung und logische Reihenfolge sämtlicher geistigen
Produkte seit dem Erscheinen meiner ersten experimentellen Forschung
über den Muskeltonus, bis zur Veröffentlichung der drei Bände, von
denen soeben die Rede war, und sogar bis zu den „Essais de Psychologie des Sciences", die fast gleichzeitig mit den „Gefäßdrüsen" das
Tageslicht erblickten.

Der Anstoß zum Verzicht auf das schon auf der Universitätsbank
in Berlin aus angeborener Neigung gewählte Fach des Nerven- und
Irrenarztes wurde durch die bald darauf gemachte Entdeckung der
Herz- und Gefäßnerven gegeben. Mit Hilfe meines unvergeßlichen
Lehrers, Carl Ludwig, der mit väterlicher Liebe meine wissenschaftliche Laufbahn im Beginn geleitet hat, richtete ich meine Tätigkeit
auf die experimentelle Physiologie, und zwar hauptsächlich auf die des

---

[1]) Siehe Pflügers Archiv Bd. 27 und das fast gleichzeitig mit diesem Buche
bei Felix Alcan erschienene Werk „Dieu et Science, Essais de Psychologie des
Sciences", Ch. III.

Nervensystems, des Gehirns und des Rückenmarkes. Der Übergang zur Psychologie war so gewissermaßen aufgenötigt. Anlagen zur inneren Anschauung, zum fortwährenden „Grübeln" und zur kritischen Prüfung und Analyse der umgebenden Personen und Ereignisse äußerte ich schon in meiner frühesten Jugend.

Die Bahnung der Wege für meine geistige Tätigkeit seit den ersten Arbeiten in 1864/65 bis zur „Differenzierung der seelischen Funktionen" erschienen im Jahre 1909, geschah also zielbewußt; der kausale Zusammenhang meiner Leistungen während dieser 45 Jahre läßt sich leicht verfolgen, trotz der zahlreichen Interventionen von parallelen, als zufällig bezeichneten Ereignissen, die mich mehrmals von der experimentellen Physiologie, nie aber von der experimentellen Psychologie an Menschen abgelenkt haben, in dem Sinne, wie ich diese letztere auffasse (siehe „Leib, Seele und Geist" § 8). „Während der mehr als zehnjährigen Periode, wo ich mangels eines passenden Laboratoriums das physiologische Experimentieren unterbrechen mußte, habe ich diese Art experimenteller Psychologie in der Politik, in der Geschichte, in der Finanzwissenschaft, besonders aber in der Soziologie, nicht immer ohne Erfolg getrieben", schrieb ich.

Freilich herrscht eine tiefe Kluft zwischen dem Wert der experimentell-psychologischen Studien, die zur Erkenntnis der wissenschaftlichen Wahrheit unternommen werden, und denjenigen, welche während politischer und sozialer Kämpfe, die das patriotische Empfinden oder das unwiderstehliche Streben nach sozialer Gerechtigkeit einem aufzwingen. „In der Naturwissenschaft gelten die unmittelbaren Versuchsergebnisse, welche gemachte Voraussetzungen bestätigen, als vollgültige Beweise. In der experimentellen Psychologie des Menschen dagegen vermag man häufig definitive Resultate erst nach vielen Jahren oder Jahrzehnten zu erhalten und ihrem Werte nach abzuschätzen. Um so lehrreicher und beweisender ist aber auch deren eventuelle Übereinstimmung mit den im voraus verfolgten Zielen und vorhergesehenen Folgen" (l. c. S. 48)[1]). Erst die spätere, unparteiische und auf wahr-

---

[1]) Im Verzeichnis B der beigefügten Bibliographie sind meine Schriften aufgezählt, welche meistens der Epoche angehören, wo meine wissenschaftlichen Experimente mangels eines passenden Laboratoriums (1885—1896) oder aus Gesundheitsrücksichten (1904—1906) unterbrochen waren. Diese Schriften enthalten die wahrheitsgetreue und durch Dokumente erwiesene kontrollierbare Darlegung sämtlicher experimenteller Ergebnisse und Erfahrungen meiner psychologischen Studien am Menschen; sie bieten auch historisches Interesse.

Gewohnt in Wort und Schrift, ohne jede Rücksicht auf Personen, ob angesehener Professor oder zu eilig strebender Privatdozent, ob allmächtiger Zar oder fanatischer Nihilist, und immer, wenn die Sache es erforderte, die volle Wahrheit zu sagen, war ich in meinem bewegten Leben häufig genug von seiten meiner Gegner und Feinde heftig angegriffen und Verleumdungen in der Presse, besonders in der Tagespresse, ausgesetzt gewesen. Wenn es sich um die Verteidigung der wissenschaftlichen Wahrheit handelte, zögerte ich nie, zu polemischen Auseinandersetzungen und zu erneuerten experimentellen Prüfungen zu greifen; dies, weil wie eben hervorgehoben, solche Wahrheiten meistens sofort demonstriert werden können. Nicht so, wenn es sich um politische oder soziale Streitfragen handelt. Da verschmähte ich immer jede Polemik, eingedenk der Worte Mark Aurels:

haftigen Dokumenten basierte Geschichte vermag den Wert derartiger psychologischer Experimente sowohl ihren Zielen als ihren Erfolgen nach abzuschätzen und dabei auch die geistige Höhe ihrer Urheber zu ermessen.

Wie dem auch sei: es war mir von der Vorsehung vergönnt, nach beinahe fünfzigjähriger hartnäckiger und schwerer Arbeit die Ergebnisse und Erfahrungen meiner experimentell-physiologischen und -psychologischen Tätigkeit für das Gedeihen der Wissenschaft und für den Triumph der Physiologie, dem Gegenstande meiner ersten und letzten Leidenschaft, zu Ende zu führen. Trotz meiner in den letzten Jahren durch Überanstrengungen und durch entsetzliche, herzzerreißende Verluste zerrütteten Gesundheit, trotzdem ich nur noch im Bette oder zwischen Gräbern mein Leben friste, vermochte ich in einigen Jahren die „Nerven des Herzens", das „Ohrlabyrinth", die „Gefäßdrüsen" und „Dieu et Science" zu veröffentlichen.

Glücklicherweise wird der schaffende Geist von körperlichen Leiden und psychischen Erschütterungen nicht berührt. Dies ist der eklatanteste Beweis seiner Unsterblichkeit. Je elender seine sterbliche Hülle wird, je mehr er von den begrenzten und täuschenden sinnlichen Empfindungen befreit wird, um so höher schwingt sich der Geist bis zur Erkenntnis der ewigen Wahrheiten. Erst der körperliche Tod offenbart dem forschenden Geist das volle Licht, das er sein Leben lang vergeblich gesucht hat. Darin liegt das Geheimnis der Permanenz der Völker, welche den Rat der Alten achten und ihre Ahnen verehren. Wie wenig der Geist von dem Zustande des Körpers in seinen Leistungen beeinflußt wird, davon überzeugt man sich am besten am Sterbelager von geistvollen Menschen, die ihr Selbstbewußtsein nicht einbüßen.

Um meine wissenschaftliche Tätigkeit fortsetzen zu können, genügte die Erhaltung der Funktionen der beiden lebenswichtigen Organe, des Herzens und der Hypophyse, und des intellektuellsten aller Sinnesorgane, des Ohrlabyrinths. Mein Herz, zwar seit Jahren schwer leidend, erfüllt noch die beschränkten Aufgaben, die ich stelle, und die Hypophyse fährt fort, den Blutstrom in meinem Gehirn regelmäßig zu beschützen, trotzdem ich auch jetzt ihm nicht mehr als 3—4 Stunden nächtlicher Ruhe gewähre.

Bis jetzt ist es der Physiologie gelungen, nur die wichtigsten Grundlagen der Verrichtungen dieser drei Organe festzulegen. Die Errichtung des vollständigen Gebäudes verspricht noch viele wunderbare Auf-

---

„Es ist ein königlicher Genuß, wenn man das Gute schafft, das Böse über sich sagen zu hören." Die Empfindung des Hasses gegen böse Menschen fehlte mir vollständig, sie zu verachten genügte mir. Auch habe ich jahrelang sehr heftig gegen die Verschleuderung der öffentlichen Gelder durch die Leiter der russischen Finanzen angekämpft; ich vermied es daher sorgfältig, die Millionen, welche ihre untergeordneten Missetäter alljährlich in der Presse vergeudeten, um die Angriffe gegen meine Person zu belohnen, durch Polemiken in der Presse noch meinerseits zu vermehren. Die geschichtliche Gerechtigkeit kommt spät, aber die Wahrheit kann geduldig warten.

klärungen über die tiefsten Geheimnisse des psychischen, ja des gesamten organischen Lebens. Zwei der genannten Organe, das Herz und die Hypophyse, bilden ganz wunderbare autoregulatorische Mechanismen, in deren Funktionsweise wir jetzt schon genügend klare Einsicht erhalten. Das Ohrlabyrinth, wenigstens was das System der Bogengänge betrifft, stellt einen akustischen Apparat von außerordentlicher Feinheit dar, dessen physiologische Funktionsweise dem sinnlichen Experiment, also auch der sinnlichen Erkenntnis leicht zugänglich ist [1]).

Dank der hohen mechanischen Vollkommenheit dieser Organe, für die Erfüllung ihrer physiologischen Bestimmung, gewähren schon jetzt unsere Kenntnisse von ihren wunderbaren Leistungen und ihrer Funktionsweise, mit viel mehr Sicherheit als bei irgendwelchen der unserer sinnlichen Erkenntnis zugänglichen Organe, klare Aufschlüsse über einige grundlegende Probleme der Biologie; ich habe dies auch in den ihnen gewidmeten neuesten Schriften vielfach hervorgehoben und demonstriert. Deren allgemeine philosophische Bedeutung ist schon in „Leib, Seele und Geist", besonders aber in „Dieu et Science", im Zusammenhang entwickelt worden. Diese Aufschlüsse lauten: 1. Die rein mechanische Auffassung der Lebenserscheinungen ist absolut unfähig, uns genügende Rechenschaft von den Funktionen dieser Organe zu geben. 2. Die absolute Zweckmäßigkeit ihrer wunderbaren Einrichtungen deutet unzweifelhaft auf eine zielbewußte Konstruktion von seiten eines schöpferischen Geistes, der von einer dem Menschen unzugänglichen Erhabenheit ist.

Es gibt in der Biologie, besonders aber in ihrem exaktesten Zweige, der Physiologie, unzählige wissenschaftlich festgestellte Tatsachen, die das gleiche bezeugen; aber, wie gesagt, die hier als Zeugen gewählten Organe haben den großen Vorzug, daß eben, weil wir die physikalische Bestimmung ihrer organischen Struktur und Funktion klar einsehen, wir auch die scharfe Grenze anerkennen müssen, wo für die organische Funktionsweise die physikalischen Gesetze zur Erklärung nicht ausreichend sind: die Dazwischenkunft vitaler, psychischer oder geistiger Kräfte ist unabweisbar.

Anstatt aus lächerlicher Angst vor den Worten Vitalismus oder Finalismus, oder gar vor dem Namen des Schöpfers sich der mächtigsten Hebel zum Fortschreiten der Physiologie und der Biologie zu berauben, würden die Naturforscher zweckmäßiger handeln, die, bei den experimentellen Studien an den uns hier beschäftigenden Organen gewonnenen Erfahrungen, für das Gedeihen ihrer Wissenschaften zu verwerten. Wenn diese ermunternden Beispiele etwa nicht hinreichen, so sollten sie an das abschreckende Beispiel der darwinistischen Evolutions- und Descendenzlehre denken. Letztere konnte nicht aufrecht erhalten werden, weil sie aus reiner Eitelkeit leichtsinnigerweise auf die Intervention einer zielbewußten Schöpfung und auf eine völlige Differenzierung der organischen und anorganischen Welt verzichtet hatten.

---

[1]) Siehe „Dieu et Science" Ch. III, § 11.

Dies glaube ich in den Kapiteln IV und V von Dieu et Science an zahlreichen Beispielen nachgewiesen zu haben.

Es war immer meine Bestimmung, Wahrheiten laut zu verkünden, welche viele namhafte Naturforscher aus Scheu oder aus olympischer Zurückhaltung in ihrem inneren Bewußtsein für sich zu behalten vorziehen. So will ich hier ganz offen meine Auffassung der organischen Welt aussagen. Solange es keine wissenschaftlich festgelegten Belege dafür gibt, daß organische Wesen auf anderen Planeten leben, ist der Naturforscher berechtigt, unsere winzige Erde als eine Art biologischer Versuchsstation unseres Planetensystems zu betrachten, deren vollkommenster Organismus der Mensch ist. Dies wird den Menschen jedenfalls von dem Wahn befreien, er beherrsche die Welt, wenn er mit Mühe und Not eine Flugmaschine nach dem Muster eines Vogels, oder ein unterseeisches Boot nach dem Muster eines Torpedo aufbaut, die ihm meistens die Gelegenheit geben, sich selbst oder seine Mitmenschen zu zerstören. Die Wissenschaft verleiht dem Menschen nicht einmal die Vollherrschaft über seinen kleinen Planeten. Er besitzt die Macht, die Naturkräfte für seine Zwecke auszubeuten; als Naturforscher ist sein höchstes erreichbares Ziel, die Gesetze dieser Kräfte zu erkennen. Beides verdankt er dem Schöpfer dieser biologischen Station, der ihm einen winzigen Teil der geistigen Kräfte und den Willen verliehen hat, um seine Erkenntnis zum Wohle seiner Mitmenschen und zu Seiner Verherrlichung zu gebrauchen.

„Wir sind Gott zu tiefem Danke und zu Lobeserhebungen verpflichtet für die uns geschenkte Gnade; ich besonders verdanke viel dieser Gnade: große Erfolge im Leben ohne Sorgen; mein Leben hat in bescheidenen Verhältnissen begonnen, aber am Ende, dank der Gnade Gottes, war ich mit der Glücklichste der Erde, denn ich besitze genug für meine Bedürfnisse und noch etwas mehr, um anderen zu Hilfe zu kommen." Diese 1834 geschriebenen Zeilen gehören keinem Geringeren als dem genialen Berzelius, dem fruchtbarsten Chemiker des vorigen Jahrhunderts!

Ich kann der Versuchung nicht widerstehen, hier zum Schluß noch einige Auszüge aus Briefen und Notizen, von derselben Feder stammend, anzuführen, die von gleicher Erhabenheit der religiösen Überzeugung, von gleicher Tiefe der christlichen Demut durchdrungen sind. Der eminente Chemiker Söderbaum, der mit der Ordnung und Herausgabe des Nachlasses von Berzelius beauftragt ist, hatte die große Güte, diese Auszüge mir durch die Vermittlung von Prof. G. Retzius zur Verfügung zu stellen, und zwar für die Enquete über die philosophischen und religiösen Überzeugungen der genialen Schöpfer der modernen Naturwissenschaft des vorigen Jahrhunderts, deren Ergebnisse ich in „Dieu et Science" veröffentlicht habe.

Bei Gelegenheit des Hinscheidens seiner Schwester schrieb Berzelius: „Danken wir von ganzem Herzen Gott für die Jahre, die sie uns erhalten war ... Klagen wir nicht über die Beschlüsse Gottes. Indem wir uns in Demut seinem Willen unterwerfen, lassen wir unsere Tränen fließen in dankbarer Erinnerung an das, was die verewigte Heilige für uns war. Sie klagte nie über das schwere Kreuz, das sie in freudigem Vertrauen zu Gott getragen hat, der unser Herz sieht und der allein das Gute kennt, das wir aufrichtig schaffen wollten, ohne die Macht zu deren Verwirklichung zu besitzen ... Sie war eine Frau von außerordentlichen Eigenschaften als Persönlichkeit, als Freundin, Mutter und Gattin. Sie empfängt jetzt dafür Belohnung, wenn, nach unserem beschränkten und begrenzten Urteil, uns auch scheinen mag, daß diese Belohnung zu schnell und zu plötzlich gekommen ist." (1841.)

„Wir müssen in dieser Welt zufrieden sein mit dem Schicksal, das der Herr uns beschert und uns ihm treu ergeben." (1841.)

„Gestern wurde ich vom Herrn von einem großen Unglück gerettet. Ich war mit einem Experiment ganz neuer Art beschäftigt, von dem ich keinerlei heftige Wirkungen erwartete, als plötzlich der Stoff mit einem ungeheuren Knall explodierte; ein Teil des entflammten Stoffes traf meine linke Schläfe und verbrannte mein Haar und meine Augenbrauen ... Ich kann nicht genug Gott für meine Rettung danken." (1842.)

„Ich darf mich nicht beklagen, daß, dem gewöhnlichen Schicksal der Menschen unterworfen, meine psychischen Kräfte mit dem Alter abnehmen. Ich danke von ganzem Herzen Gott dafür, daß er mir gestattet hat, während der ganzen Dauer meines Lebens sie ungeschwächt durch die natürliche Ordnung der Dinge zu verwenden." (Autobiographie, S. 217.)

Diese Bekenntnisse von Berzelius, die durch ihre poetische Schönheit an die Psalmen Davids erinnern, bezeugen noch eindringlicher als die in „Dieu et Science" veröffentlichten von Faraday, Ampère und anderen genialen Naturforschern (von Priestley und Lavoisier bis auf Pasteur und Hertz), daß kein Gegensatz zwischen dem Gottesglauben und den schöpferischen Leistungen der Naturwissenschaft besteht. Im Gegenteil: die richtige Erkenntnis der großen Bedeutung, welche die geistige Intuition für ihre wissenschaftlichen Endeckungen gehabt hat, konnte ihren Glauben nur bestärken und den Wert ihrer Leistungen noch erhöhen.

Wo soll auch ein Gegensatz zwischen Glauben und Wissen herkommen? „Ich bin in die Welt gekommen, um für die Wahrheit zu zeugen. Wer für die Wahrheit ist, der höret meine Stimme," sagte Jesus. (Johannes 18, 38.) Ist das Erkennen der Wahrheit nicht das höchste Ziel der modernen Naturforschung?

Ich darf diese Vorrede nicht abschließen, ohne einiger Kollegen zu gedenken, denen ich für das Erscheinen der Gefäßdrüsen Dank schuldig bin. Professor Kronecker, meinem Kollegen aus der guten alten Zeit, die wir im Laboratorium von Ludwig verbracht haben, bin ich zu großem Dank verpflichtet, weil er in den Jahren 1896—99 in der freundlichsten Weise die zahlreichen Hilfsmittel des eben eingerichteten Hallerianums zu meiner Verfügung gestellt hatte.

Der Erfolg meiner experimentellen Untersuchungen an den Gefäßdrüsen war mir eben durch den Umstand ermöglicht, daß sie meistens in der Schweiz ausgeführt wurden, wo Anomalien und krankhafte Veränderungen der Schilddrüse, der Hypophyse und der Zirbeldrüse bei Tieren und beim Menschen die Regel ausmachen.

Mit Wehmut gedenke ich auch des edlen A. G. Barbèra, der mit großem Eifer und außerordentlicher Gewissenhaftigkeit mir bei der ersten Reihe der Versuche an der Schilddrüse assistiert hat; auch hat er unter meiner Leitung seine für meine Lehre so wichtige Arbeit „Über die Erregbarkeit der Herz- und Gefäßnerven" usw. ausgeführt.

Als ich mein Pariser Privatlaboratorium wegen Erkrankung aufgeben mußte, war es für mich eine Genugtuung, dem jungen viel versprechenden Professor Barbèra den größten Teil meiner Einrichtungen nach Messina zu übersenden. Nun hat das letzte Erdbeben unglücklicherweise seiner fruchtbaren wissenschaftlichen Tätigkeit ein jähes Ende bereitet.

Professor B. Rawitz hatte die große Güte, mir bei der Korrektur der „Gefäßdrüsen" den gleichen Beistand wie beim „Ohrlabyrinth" zu leisten. Diesmal war sein Beistand für mich um so wertvoller, als die Kontrolle der Tabellen und der Figuren eine außerordentliche Sorgfalt und Aufmerksamkeit erforderte, deren ich, im hohen Grade erschöpft, durch die fast gleichzeitige Herausgabe von Dieu et Science, völlig unfähig war. Für die Bereitwilligkeit, mit der Rawitz diese Aufgabe übernommen, und für die Gewissenhaftigkeit, mit der er sie erfüllt hat, sage ich ihm hier öffentlich meinen herzlichsten Dank.

Paris, den 26. Februar 1910.

E. C.

Ein Preis für experimentelle Physiologie.

Die außerordentliche Bedeutung, welche dem Herzen mit seinem Nervensystem, dem Ohrlabyrinth als Sinnesorgan für Raum und Zeit, und der Hypophyse, als der lebenswichtigsten Gefäßdrüse, sowohl in physiologischer als auch in psychologischer Beziehung zukommt, macht es in hohem Grade wünschenswert, daß die Aufmerksamkeit der künftigen Generationen von Experimental-Physiologen möglichst der Erforschung dieser Organe zugewendet wird. Meine physischen Kräfte gestatten mir nicht mehr, selbst die Untersuchungen, die fast meine ganze wissenschaftliche Tätigkeit beherrscht haben, fortzusetzen. Es war mir nicht einmal möglich, sämtliche Ergebnisse meiner schon ausgeführten, aber nicht zum Abschluß gebrachten experimentellen Forschungen völlig zu verwerten[1]). So entschloß ich mich, ein für meine bescheidenen Verhältnisse nicht leichtes Opfer zu bringen, um andere,

---

[1]) Nach einiger Erholungszeit hoffe ich, einige dieser letzteren so weit mitteilen zu können, als es für deren Fortsetzung wünschenswert erscheint.

besonders jüngere Forscher aufzumuntern, dieses Gebiet der Physiologie experimentell weiter zu bearbeiten. Die Stiftung eines dauernden Preises für experimentelle Forschungen, die zum Gegenstand die Verrichtungen des Herzens, des Ohrlabyrinths und der Thyreoidea, Hypophysis und Glandula pinealis haben, schien mir angezeigt. Ich wählte diese Form der Aufmunterung zu Experimentalforschungen, weil eine fast hundertjährige Erfahrung der Pariser Akademie der Wissenschaften ihre Fruchtbarkeit demonstriert hat.

Zu Beginn des vorigen Jahrhunderts hat der berühmte Astronom Laplace, voll Bewunderung für die experimentelle Richtung, die der junge Magendie der Physiologie zu geben versuchte, seinen Freund de Montyon darauf aufmerksam gemacht, wie wohltuend es wäre, die Mittel zur Arbeit jungen Forschern zu liefern, so z. B. Magendie „qui donne pour base invariable aux travaux physiologiques l'expérience, mériterait d'être encouragé". „Mais vos paroles ne sont-elles pas le plus puissant des encouragements?" antwortete Montyon. „Elles ne suffisent pas", reprit Laplace, „à ceux qui aspirent à prendre rang dans nos Académies, il faut des échelons; ces échelons devraient être des concours, des couronnes." „À vous en appartiendra toute la gloire, interrompit le modeste bienfaiteur, disposez à tout ce que vous croirez nécessaire, je ne demande que l'honneur d'avoir satisfait à l'un de vos voeux. Bientôt" schließt Flourens, dessen „Éloge historique de F. Magendie" ich diese Details entnehme, „le prix de physiologie expérimentale était établi, et M. Magendie couronné."[1])

So bescheiden der materielle Wert dieses Preises auch war (annähernd 800 Francs), seine Bedeutung im Sinne von Laplace war ein ganz außerordentlicher. Seitdem werden in der Pariser Akademie der Wissenschaften zahlreiche Preise jährlich verteilt, die in den medizinischen und biologischen Wissenschaften bis in die Hunderttausende gehen, aber vor noch nicht langer Zeit galt der Preis der Physiologie expérimentale für einen der wichtigsten, der den gekrönten Naturforscher sofort in den Vordergrund stellte.

Seit mehreren Jahren korrespondierendes Mitglied der Akademie der Wissenschaften zu Bologna habe ich meine Stiftung dieser Akademie anvertraut.

Internationaler Wettbewerb um den Preis „Élie de Cyon".

Die naturwissenschaftliche Klasse der Kgl. Akademie zu Bologna schreibt einen internationalen Wettbewerb um einen zweijährigen physiologischen Preis von 3000 Lire aus. Dieser Preis wird aus den Renten einer hochherzigen Stiftung gebildet, welche das korrespondierende Mitglied der Akademie, Prof. Elie v. Cyon, gemacht hat, um die Untersuchungen und Studien über diejenigen Probleme zu unter-

---

[1]) Flourens, Recueil des Éloges historiques. Paris 1862.

stützen und zu fördern, denen er selber mit großem Erfolg sich gewidmet hat. Dieser Preis wird daher solchen Bewerbern zuteil, deren Arbeiten eines dieser Probleme, besonders aber die folgenden behandeln:
1. Die Funktionen des Herzens, und zwar hauptsächlich die des Herznerven- und des vasomotorischen Systems.
2. Die Funktionen des Ohrlabyrinths.
3. Die Funktionen der Thyreoidea, Hypophysis und Glandula pinealis.

Der Termin dieses ersten Wettbewerbs ist auf den 1. März 1911 festgesetzt.

Bedingungen des Wettbewerbs.

(Auszug aus dem durch Kgl. Beschluß vom 6. Okt. 1909 genehmigten Reglement.)

Artikel 1. Ein internationaler Wettbewerb um einen Preis von 3000 Lire wird alle 2 Jahre von der naturwissenschaftlichen Klasse der Kgl. Akademie der Wissenschaften des Instituts zu Bologna für die Autoren solcher wissenschaftlicher Arbeiten festgelegt, die auf die besonders bevorzugten Studien des berühmten Stifters Elie v. Cyon Bezug haben und die namentlich folgende Themata berücksichtigen:
1. Die Funktionen des Herzens, und zwar hauptsächlich die des Herznerven- und des vasomotorischen Systems.
2. Die Funktionen des Ohrlabyrinths.
3. Die Funktionen der Thyreoidea, Hypophysis und Glandula pinealis.

Artikel 2. Die Arbeiten, welche sich um den Preis bewerben wollen, müssen mit der ausdrücklichen Erklärung dieses Wettbewerbs an den Sekretar der naturwissenschaftlichen Klasse der Kgl. Akademie der Wissenschaften zu Bologna, Via Zamboni 33, eingesandt werden.

Artikel 3. Die Arbeiten können im Manuskript oder bereits gedruckt eingereicht werden, dürfen aber nicht älter sein als die zweijährige Periode, auf welche sich der Wettbewerb bezieht, d. h. für diesen ersten nicht älter als den 1. März 1909.

Artikel 4. Die Arbeiten können in lateinischer, italienischer, französischer, englischer oder deutscher Sprache abgefaßt sein.

Artikel 5. Anonymen Arbeiten muß ein versiegelter Umschlag beigegeben werden, welcher einen Zettel mit dem Namen des Autors enthält und außen mit einem Motto versehen ist, das auf dem Manuskript ebenfalls anzubringen ist. Nur derjenige Umschlag wird eröffnet, welcher zu der preisgekrönten Arbeit gehört, während alle übrigen Umschläge uneröffnet verbrannt werden.

Artikel 6. Die Bewerber können angehalten werden, ihre Versuche in Gegenwart der Prüfungskommission zu wiederholen.

Artikel 7. Die Kommission besteht aus 3 von der Klasse gewählten Mitgliedern.

Artikel 8. Die Kommission muß innerhalb von 3 Monaten nach Schluß des Wettbewerbs Bericht erstatten.

Artikel 9. Der Bericht der Prüfungskommission bedarf der Zustimmung der ganzen Klasse und wird in den Berichten der Klasse veröffentlicht.

Artikel 10. Der Preis wird in der Gesamtsitzung der Akademie nicht später als 4 Monate nach Schluß des Wettbewerbs zuerkannt.

Artikel 11. Der Preis kann derselben Persönlichkeit nur einmal zuerkannt werden.

Artikel 12. Der Preis ist unteilbar.

Artikel 13. Wenn die preisgekrönte Arbeit noch nicht veröffentlicht ist, so kann sie in den Berichten der naturwissenschaftlichen Klasse abgedruckt werden, wenn dies die Preisrichter für angemessen erachten.

Artikel 14. Der Preis kann niemandem erteilt werden, der, unter welcher Eigenschaft immer, der naturwissenschaftlichen Klasse der Kgl. Akademie zu Bologna angehört.

Bologna, 16. Januar 1910.

Der Präsident:
gez. Sen. **Augusto Righi.**

Der Sekretar:
gez. **Ercole Giacomini.**

Inhaltsverzeichnis.

I. Kapitel.

Die physiologischen Verrichtungen der Schilddrüse.

II. Kapitel.

Die physiologischen Verrichtungen der Hypophyse.

III. Kapitel.

Die physiologischen Verrichtungen der Zirbeldrüse.

IV. Kapitel.

Die Verrichtungen der Nebennieren.

Einleitung.

Das Studium der Gefäßdrüsen — Thyreoidea, Nebenniere, Hypophyse — und ihrer aktiven Produkte nimmt zurzeit eine der ersten Stellen, wenn nicht die erste, unter den Untersuchungen der Physiologen ein. Seit etwa 20 Jahren bilden diese Organe, die man bisher fast als experimentell unzugänglich betrachtet hatte, das Objekt verschiedenartigster, chemischer wie pathologischer, experimenteller Studien. Die Veranlassung dazu gaben die zahlreichen klinischen Beobachtungen über die Krankheiten der Gefäßdrüsen und die mit ihnen verbundenen schweren Störungen des gesamten Organismus. Die von verschiedenen Klinikern ganz ausgezeichnet beschriebene Symptomatologie dieser Erkrankungen hat zwar keine Aufklärung über die Bedeutung gebracht, welche den Gefäßdrüsen dabei zukommt, zeigte aber wenigstens den Weg, welchen die experimentelle Forschung zur Lösung der Probleme zunächst einzuschlagen hatte.

Hieraus erklärt sich die Neigung der ersten Experimentatoren, künstlich bei Tieren verschiedenartige Verletzungen der betreffenden Organe zu machen, um deren Folgen unter wechselnden Bedingungen festzustellen. Darum war die gänzliche oder teilweise Entfernung der Gefäßdrüsen anfänglich fast die einzige Methode, deren sich in ihren zahlreichen Arbeiten Physiologen und Pathologen bedienten. Indessen führte diese ältere experimentelle Untersuchungsweise doch zu mancherlei Unzuträglichkeiten. Denn die mit ihr zu erzielenden Resultate berechtigen immer nur zu sehr eingeschränkten Schlüssen und der Deutung stellen sich gar oft unübersteigbare Hindernisse entgegen. Des ferneren ist die Methode der Exstirpation mit Erfolg nur dann anwendbar, wenn es sich um Organe handelt, welchen operativ leicht beizukommen ist, d. h. also, welche ohne Schwierigkeit und ohne Gefahr für die Nachbarschaft ganz oder teilweise entfernt werden können. Nur Thyreoidea und Parathyreoidea aber entsprechen einigermaßen diesen Bedingungen. Bei Nebenniere und Hypophyse dagegen bewirkt die Exstirpation sehr schwere Verletzungen der benachbarten Organe, deren normales Funktionieren meist wichtiger für den Körper ist, als das der genannten Drüsen.

Allein, so zahlreich und vor allem so interessant die Ergebnisse der experimentellen Studien an diesen Organen auch waren: genaue Daten, auf Grund deren sich uns ihre physiologische Rolle enthüllt hätte, haben sie nicht geliefert. Zum Beweise dessen genügt es, auf die außerordentlich große Zahl der darüber aufgestellten, einander oft

widersprechenden Hypothesen hinzuweisen, deren keine den physiologischen Anforderungen genügt. Einzig die Therapie dieser Erkrankungen hat von den angestellten Untersuchungen eine weitgehende
Förderung erfahren, aber auch sie ist noch im großen und ganzen rein
empirisch geblieben. Die Hilfe, welche die Arbeiten der Chemiker den
Klinikern gebracht haben, war eine sehr eng begrenzte, eben weil die
Funktion der Gefäßdrüsen nicht ausreichend klargelegt war.

Das Studium darüber konnte mit Aussicht auf Erfolg nur von den
Physiologen unternommen werden, und von diesen auch nur dann,
wenn sie sich derjenigen exakten Methoden bedienten, die auf anderen
Gebieten so viel Großes geleistet hatten. Hinsichtlich der Gefäßdrüsen
mußte man also auf das direkte Experiment zurückgreifen, welchem
Claude Bernard, Ludwig u. a. bei ihren klassischen Studien über
die Glandula submaxillaris so glänzende Resultate verdanken. Die
Physiologie dieser Organe wäre noch immer ein versiegeltes Buch,
wenn man sich mit der Exstirpation begnügt hätte, um ihre Funktion
zu erkennen. Nur wenn man direkt das normale Spiel eines
Organs beobachtet, versteht man am besten dessen Mechanismus.
Und nur durch willkürliche Veränderungen der Bedingungen für die
Funktion kann man nach und nach alle Einzelheiten von ihrem gewöhnlich sehr zusammengesetzten Mechanismus erkennen.

Als ich vor zwölf Jahren an das Studium der Schilddrüse heran-
ging, habe ich mich ausschließlich dieser Methode des direkten Experimentierens bedient. Ihr verdanke ich in erster Linie die genauen und
unbestreitbaren Resultate, die mir gestatteten, die Grundzüge der
Physiologie dieser Organe festzustellen.

I.

Ich begann meine Arbeiten mit einer anatomisch-physiologischen
Untersuchung der Schilddrüsennerven und wählte dazu hauptsächlich drei Tiere: das Pferd, den Hund und das Kaninchen. Indem ich
den Ursprung, die Verteilung und die Verrichtung der vasomotorischen
Nerven der Thyreoidea feststellte, konnte ich sofort unzweifelhaft den
Einfluß klarlegen, welchen sie sowohl auf den Kreislauf in den Drüsen
selber als auch auf den Blutdruck in den benachbarten Arterien ausüben.

Sie vermögen tatsächlich den Blutkreislauf in den Drüsen zu beschleunigen, selbst ihn zu vervierfachen; und sie setzen in
sehr sichtbarer Weise den Blutdruck in den beiden Carotiden
herab. Bei diesen Versuchen wendete ich direkt bei Arterien und
Venen der Thyreoidea die Methode der Blutdruckmessung und der
Bestimmung der Geschwindigkeit der Zirkulation an. Während letztere
in den Drüsengefäßen bei Erregung der Thyreoideanerven sich vermehrte, konnte ich gleichzeitig de visu die Veränderungen im Volumen
der lymphatischen Gefäße, namentlich ihre beträchtliche Aufblähung
beobachten. Da die Kolloidsubstanzen der Thyreoideae aus den Organen auf dem Wege der letzteren Gefäße herausgehen (Langendorff,

Hürthle u. a.), so zeigte die Aufblähung an, daß die Erregung der Nerven den Abfluß dieses Sekretes und wahrscheinlich auch seine Produktion selber vermehrte.

Gewisse Herznerven, besonders die Depressoren und die Vagi und Laryngei, üben ihrerseits einen analogen Einfluß auf den Kreislauf in den Thyreoideae aus. Die Depressoren durch eine Reflexwirkung auf die Gefäße der Drüsen, die Vagi und ihre Zweige dank der von ihnen ausgehenden Verstärkung der Herzpulsationen und der Verlangsamung von deren Rhythmus.

Die beträchtliche Kraft der vasomotorischen Nerven der Schilddrüse und die sehr weiten Grenzen, innerhalb deren sie, dank besonders ihrer außerordentlichen Verzweigung[1]), die Blutmasse zu verändern vermögen, welche die Drüsen durchströmt: diese beiden Momente müssen einen beträchtlichen Einfluß auf den intrakranialen Kreislauf ausüben. Die Blutmenge, welche durch die Carotiden ins Gehirn geführt wird, muß zu einem großen Teil durch den Zustand des Kreislaufs in den Thyreoidealgefäßen bestimmt sein. Letztere bilden sozusagen Schleusen, um den Eintritt des Carotidenblutes in die Schädelkapsel abzustufen.

Diese rein mechanische Rolle der Schilddrüsen hatten die Ärzte seit langem vermutet, indem sie deren periodische Vergrößerungen während der Menstruation und Schwangerschaft, sowie bestimmte Beziehungen zwischen dieser Vergrößerung und Hirnkongestionen beobachteten. Meine Versuche konnten nun den nervösen Mechanismus klarlegen, mit Hilfe dessen die Schilddrüsen ihre den intrakranialen Kreislauf regulierende Funktion auszuüben vermögen.

Von den zahlreichen Substanzen, welche die Chemiker aus der Thyreoidea dargestellt haben und die gewissermaßen deren chemische Bedeutung anzeigen, wählte ich für meine Versuche das Jodothyrin von Baumann, dessen Wichtigkeit für die Oxydationen des Körpers bereits durch viele frühere Untersuchungen in eindeutiger Weise dargetan worden war. Diese Wichtigkeit, welche mit dem therapeutischen Effekt der unverändert oder in wässrigem Extrakte angewandten Schilddrüsen übereinstimmte, bewies klar, daß das Jodothyrin unzweifelhaft das wichtigste Produkt dieser Drüsen bildet. Den gleichen Schluß gestattete sein Reichtum an Jod, dessen Wirksamkeit bei der Behandlung gewisser Kropfformen seit langem bekannt war. Eine experimentelle Studie über die physiologischen Eigenschaften des Jodothyrins gebot sich daher von selbst. Die Resultate, zu denen ich gelangte, bestätigten die große Rolle, welche die Baumannsche Substanz bei der Funktion der Schilddrüse spielt. Ich konnte feststellen, daß das Jodothyrin auf die Herznerven und die vasomotorischen Nerven eine beträchtliche und sehr beständige Wirkung ausübt. Es vermehrt und unterhält die Tätigkeit und Erregbarkeit der Pneumogastrici, der Depressoren und Vasodilatatoren, während es im Gegen-

---

[1]) Nach den Berechnungen von Sömmering ist der Durchmesser der Thyreoidealgefäße achtmal derjenige der Hirnarterien.

satz dazu die der Acceleratoren und Vasoconstrictoren herabsetzt. Die wirkliche Bedeutung dieser Tätigkeit erschien mir nach zahlreichen Versuchen, die an kropfkranken Tieren[1]) angestellt worden, darin, daß Degeneration und Atrophie der Schilddrüse in sehr beträchtlichem Grade die Tätigkeit der Pneumogastrici und Depressoren schwächen, während sie andererseits die der Acceleratoren und Vasoconstrictoren erhöhen. Die allgemeine Wirkung sehr weit vorgerückter strumöser Erkrankungen ist also vollkommen entgegengesetzt derjenigen, welche durch die Einführung des Jodothyrins in den Kreislauf hervorgebracht wird. Das war hinsichtlich der physiologischen Bedeutung dieser Substanz ein Lichtstrahl, welcher endlich die Erkennung der wahren Vorgänge in der Thyreoidea zu ermöglichen schien. Ich lenkte daher meine neuen Versuche auf den so angezeigten Weg. Sehr bald konnte ich mich überzeugen, daß das Jodothyrin dazu dient, die Erregbarkeit der Nervi Vagi und der Depressoren selbst in solchen Fällen wiederherzustellen, wo sie durch Außerfunktionsetzung der Thyreoidea vollständig erstorben war. Erst nach dieser Feststellung begann ich das Studium der Wirkungen, welche die Abtragung der Thyreoidea auf das Herznervensystem ausübt. Hier waren meine Versuchsergebnisse so beweisend wie nur möglich. In den ersten Tagen nach der Thyreoidektomie ist die normale Funktion der Herznerven und Vasomotoren geradezu auf den Kopf gestellt. Die Bezeichnung „Anarchie“ ist die einzige, welche genau dem anormalen Zustande angemessen ist, in welchem sich die Nerven befinden, deren Aufgabe in der Regulierung der Kreislaufsfunktionen besteht. Dieser Zustand dauert längere oder kürzere Zeit; er macht dann einer Anzahl bestimmter Veränderungen Platz, deren Andauer bis 8 und 10 Monate nach der Operation von mir festgestellt werden konnte. Diese Veränderungen bestehen in einer Vergrößerung der Tätigkeit der Acceleratoren und Vasoconstrictoren, verbunden mit einer beträchtlichen Verminderung der Wirksamkeit der hemmenden und regulierenden Nerven des Herzens und der Gefäße. Dieser Zustand entspricht vollständig dem bei den meisten kropfkranken Tieren beobachteten; und wie bei den letzteren vermag die Einführung von Jodothyrin das verwirrte Gleichgewicht wiederherzustellen und den hemmenden Herznerven und den Vasodilatatoren ihre verminderte oder verschwundene Erregbarkeit wiederzugeben.

Eine sehr wichtige Tatsache ist ferner anzumerken. Die Veränderungen, welche die strumösen Erkrankungen oder die Thyreoidektomie im Herznerven- und im Vasomotoren-Systeme herbeiführen, breiten sich sowohl nach den cerebrospinalen als auch nach den peripheren Zentren dieser Nerven aus, welch letztere in den Ganglien des Grenzstranges und des Herzens selber gelegen sind. Noch mehr: die Nervenstämme

---

[1]) Die Versuche wurden im physiologischen Laboratorium in Bern ausgeführt. In dieser Stadt wie in vielen anderen Städten der Schweiz sind die meisten Tiere kropfkrank.

selber sind oft in gleichem Sinne affiziert. Und das Jodothyrin übt seine wohltätige Wirkung auf alle Zentren aus; so z. B. ruft es eine bemerkenswerte Verstärkung der Herzschläge gleichzeitig mit der Verlängerung ihrer Dauer hervor, und dies auch nach vorheriger Durchschneidung beider Vagi.

War hierdurch die außerordentliche physiologische Wichtigkeit des Jodothyrins festgestellt, so ergab sich die Notwendigkeit, zu untersuchen, welchen Anteil bei seiner Wirkung das in ihm enthaltene Jod besitzt. Dr. Barbéra[1]) unternahm es auf meine Bitte, die Experimente über den Einfluß des reinen Jods und des Jodnatrium auf die genannten Nervensysteme bei normalen, strumösen und thyreoidektomierten Tieren auszuführen. Als hauptsächlichstes Resultat seiner Versuche ergab sich, daß die Wirkung des Jods in allen Fällen der des Jodothyrins entgegengesetzt war. Das Jod wirkte auf die Nerven des Herzens und der Gefäße in demselben Sinne wie die Thyreoidektomie oder die strumösen Erkrankungen. Jod und Jodothyrin sind also in Hinsicht ihrer Wirkung auf das Nervensystem Antagonisten. Noch mehr: Jodothyrin wirkte wie ein Gegengift gegen Jod, und in den weitaus meisten Fällen gelang es, die lähmenden Wirkungen von 1 g Jod durch eine intravenöse Injektion von 2 ccm Jodothyrin zu heben, die nur 1,8 mg Jod enthielten. Nachdem der Antagonismus zwischen Jodothyrin und Jod bei ihrer Einwirkung auf das System der Herz- und Gefäßnerven erkannt war, schien es von großem Interesse, zu untersuchen, wie beide Substanzen sich gegenüber dem Atropin und Muscarin verhalten würden, die bekanntlich einen entgegengesetzten Einfluß auf die Herznerven ausüben. Würde die Kraft des Jodothyrins ausreichen, um die durch Atropin gelähmten Pneumogastrici wieder erregbar zu machen? Vermag das Jod seinerseits die durch Muscarin hervorgerufene starke und zuweilen tödliche Erregung der Pneumogastrici aufzuheben? Zahlreiche Versuche gaben bejahende Antworten auf beide Fragen. Das Jodothyrin ist ein energisches Gegengift gegen das Atropin und das Jod ist ein Gegengift gegen das Muscarin. Unabhänig von dem Interesse, welches diese Tatsachen für die Pharmakologie haben, zeigen sie auch, da sie leicht zu beobachten sind, noch mehr die wichtige Rolle, die dem Jodothyrin bei der Funktion der Schilddrüse zukommt. Außer seiner Fähigkeit, den organischen Stoffwechsel zu beschleunigen und die Harnstoffabsonderung zu vermehren, besitzt das Jodothyrin die Bestimmung, die Funktionen der hemmenden Nerven des Herzens und die der Vasodilatatoren in gutem Zustande zu erhalten und sie gegen giftige und schädliche Stoffe zu verteidigen.

Um zusammenzufassen! Das direkte Experiment an den Schilddrüsen hat zwei wohl abgegrenzte Funktionen dieser Organe enthüllt: nämlich eine mechanische, offenbar lokale Funktion, welche darin besteht, die Blutzirkulation in der Schädelhöhle zu regulieren, und eine

---

[1]) Später Professor der Physiologie, der unlängst während des Erdbebens in Messina tragisch endete.

chemische, mehr allgemeine Funktion, die soeben auseinandergesetzt wurde. Welches sind die Beziehungen zwischen diesen beiden
Schilddrüsenfunktionen und der zweiten, schon vor meinen Untersuchungen bekannten Eigentümlichkeit des Jodothyrins, die Stoffwechsel-
prozesse in bemerkenswerter Weise zu vermehren? Ich werde auf diese
allgemein wichtige Frage am Ende dieser Auseinandersetzungen zurückkommen, weil sie sich in ganz gleicher Weise und fast mit denselben
Ausdrücken hinsichtlich der Funktion der anderen Gefäßdrüsen ergibt.

Zuvor will ich die Resultate meiner letzten Untersuchungen zusammenfassen, welche angestellt wurden, um besser in die Natur und
die Funktionen der Schilddrüse einzudringen.

II.

Der physiologische Gegensatz zwischen Jod und Jodothyrin bildet
meines Erachtens den Knoten des chemischen Problems, der beim
Studium der Verrichtungen der Schilddrüse aufzulösen ist. Unter den
zahlreichen Arbeiten der Chemiker mußten daher diejenigen für den
Physiologen die interessantesten sein, welche sich eng an die Baumannschen Untersuchungen über das Jodothyrin anschlossen. Deswegen
erregten die Studien von Dr. Oswald, einem Schüler Baumanns,
meine Aufmerksamkeit in ganz besonderem Grade.

Indem Oswald bei seinen Arbeiten von der Behauptung Baumanns ausging, daß das Jodothyrin in den Schilddrüsen in Verbindung
mit einem Eiweißkörper vorkomme, unternahm er es, diesen Körper
zu isolieren und dessen chemische und physiologische Eigentümlichkeiten zu studieren. Es glückte ihm, aus der Thyreoidea zwei Eiweißkörper zu erhalten, von denen der eine Jod, aber kein Phosphor enthielt, während der andere gerade im Gegenteil phosphorhaltig, aber
jodfrei war. In Übereinstimmung mit ihren chemischen Eigenschaften
nannte Oswald ersteren Körper „Thyreoglobulin" und bezeichnete
den zweiten als ein Nucleoproteid. Beide Körper finden sich im Kolloid,
das also nur eine Mischung von ihnen darstellen würde.

Uns interessiert am meisten das Thyreoglobulin, weil es das Jod
unter der Form des Jodothyrins enthält. Nach einigen Oswaldschen
Versuchen übt das Thyreoglobulin auf die Oxydationen des Organismus denselben Einfluß aus, wie die Baumannsche Substanz oder wie
die unverletzt dem Körper einverleibte Thyreoidea. Es war also überaus wichtig, die Einwirkung des Thyreoglobulins auf die nervösen Apparate zu studieren, welche den Blutkreislauf regeln. Die von mir und
Oswald in dieser Richtung angestellten Experimente, von denen
ein Teil in Pflügers Archiv erschienen ist (Bd. 83), bestätigten in jeder
Hinsicht unsere Voraussetzungen.

Hier soll nur eine Schlußfolgerung hervorgehoben werden: Der
Gegensatz zwischen der physiologischen Einwirkung des Jodothyrins
auf die Nerven des Herzens und der Gefäße und der des Jods bezieht
sich auch auf dasjenige Jod, das die Thyreoideae unter einer anderen
Form wie das Jodothyrin enthalten könnten. Das soll heißen,

daß kein anderes Produkt dieser Drüsen, selbst wenn es jodhaltig wäre, die gleichen physiologischen Eigenschaften wie das Jodothyrin besitzt. Einige Tatsachen, die wir im Laufe unserer Arbeiten beobachteten, verdienen eine besondere Erwähnung, weil sie die große Wichtigkeit des Jodothyrins in der Funktion der Schilddrüsen gleichsam unterstreichen. Das Thyreoglobulin der Kälber in Zürich[1]) enthält gar kein Jod, in welcher Form es auch sei; daher übt es auch keinerlei Einfluß auf das Herznervensystem aus. Im Gegensatz dazu enthält nach Oswald das Thyreoglobulin, das von Kälbern aus Paris gewonnen war, im Mittel bis 0,56% Jod. In dieser Beziehung ist noch eine andere Tatsache ebenfalls bezeichnend. Das Thyreoglobulin, das Oswald aus normalen menschlichen Schilddrüsen gewonnen, enthält 0,34% Jod, das eines Züricher Bürgers enthielt nur 0,19%, das eines Basedowschen Kropfes gar nur 0,07%[2]). Das Thyreoglobulin, das aus den strumösen Drüsen eines Züricher Bürgers stammte, besaß nach meinen Untersuchungen gar keinen Einfluß auf Herz und Gefäßnerven. In den Paragraphen 7 u. 8 des Kapitel I, welche der Synthese der Funktionen der Thyreoidea gewidmet sind, habe ich zahlreiche Tatsachen zusammengestellt, welche sich auf die Ätiologie und Therapie des Kropfes beziehen, und die alle durch die Verwirrung der chemischen und mechanischen Funktionen leicht zu erklären sind.

III.

Eine Frage wurde in meiner Lehre von den physischen oder mechanischen Funktionen der Schilddrüsen offengelassen. Ich habe wohl die Existenz von Nervenmechanismen nachgewiesen, welche die Mengen des aus den Carotiden in die Schädelhöhle eintretenden Blutes beeinflussen können. Es sollte aber der direkte Beweis erbracht werden, daß die genannten Mechanismen auch tatsächlich als Schleusen wirksam seien. Die Sache ist, daß noch ein anderer Mechanismus unumgänglich erforderlich ist, damit die wundervolle Nerven- und Gefäßmaschinerie der Schilddrüsen imstande ist, ihre das Gehirn schützende Wirkung zu entfalten. Es ist also nötig, daß letzteres im Augenblicke der Gefahr sofort die Hilfe dieser Maschinerie anrufen und sie automatisch in Gang setzen könne.

Die Richtigkeit dieser Folgerung experimentell nachweisen, so schrieb ich 1898, heißt meine Theorie auf unerschütterliche Grundlagen stellen. Denn deduktive Beweise, die mit anderen auf induktivem Wege gewonnenen vereint werden, geben stets den höchsten Grad der Gewißheit, den man in den Naturwissenschaften erlangen kann.

Ich wandte mich an die Hypophyse, um den gesuchten Mechanismus zu finden. Die früheren Untersuchungen von Rogowitz, Stieda, Gley u. a. hatten bereits meine Aufmerksamkeit auf das Vorhandensein gewisser Beziehungen zwischen diesem Organ und den Schilddrüsen ge-

---

[1]) Und wahrscheinlich der meisten Schweizer Kälber.

[2]) Gley hat schon früher die Verminderung des Jods bei der Basedowschen Krankheit festgestellt.

lenkt. Im geschütztesten Teil des Schädels gelegen, umgeben von großen venösen Sinus und selber überreichlich mit Blutgefäßen versehen, eingeschlossen außerdem in einer Höhlung mit starren Wänden, schien die Hypophyse auf Grund dieser anatomischen Verhältnisse außerordentlich geeignet, alle Veränderungen des intrakranialen Blutdruckes wiederzuspiegeln. Sie eignete sich vollkommen zu der Rolle eines autoregulatorischen Apparates, dessen Bestimmung ist, den Schutzmechanismus der Schilddrüsen in Bewegung zu setzen.

Auch hier griff ich zum direkten Experiment, um die Verrichtungen der Hypophyse klarzustellen; bloße Exstirpationen der Hypophyse wären ungenügend gewesen. Die dabei unvermeidlichen Verletzungen der benachbarten Hirnpartien hätten jede genaue Erklärung der erhaltenen Resultate unmöglich gemacht. Beim direkten Experimentieren an der Hypophyse konnten dagegen solche Verletzungen mit Leichtigkeit vermieden werden. Meine operativen Eingriffe beschränkten sich meistens auf einen einfachen Einschnitt in die Schleimhaut des weichen Gaumens (beim Hunde) oder auf einen Schnitt in den Pharynx (beim Kaninchen) oder auch auf eine 2—4 mm lange Eröffnung an der Schädelbasis bei beiden Tieren.

Die auf diese Weise bloßgelegte Hypophyse konnte durch einen einfachen, auf sie selber oder auf die Wände ihrer Höhle ausgeübten Druck in Tätigkeit gesetzt werden. Eine leichte elektrische Reizung (etwa 3—5 Volts) hatte immer eine bemerkbare Tätigkeitsäußerung des Organs zur Folge und genügte, um den Mechanismus in seinen Einzelheiten studieren zu können, mittels dessen sie den intrakranialen Druck reguliert.

Die Arbeiten mehrerer Jahre haben mir die folgenden hauptsächlichen Resultate über die physiologische Rolle der Hypophyse geliefert:

1. Die Hypophyse schützt das Gehirn vor einem gefahrbringenden Blutzufluß und schützt es ferner gegen die Folgen zu starken intrakranialen Druckes.

2. Sie reguliert den Stoffwechsel des Körpers.

Die erste dieser Funktionen erfüllt die Hypophyse auf zwei Weisen:

a) Jede Vermehrung des Druckes in der Schädelhöhle ruft eine beträchtliche Verstärkung und ebenfalls beträchtliche Verlangsamung der Herzpulsationen hervor, zugleich mit einer leichten Erhöhung des Blutdrucks. Infolge dieser Veränderungen wächst in hohem Grade die Schnelligkeit im venösen Kreislauf und besonders in den Schilddrüsen, die venösen Sinus entleeren sich sehr leicht und der intrakraniale Druck sinkt. Das ist die mechanische Weise.

b) Ferner: die Hypophyse bildet zwei Substanzen, deren gleichzeitige Wirkung beständig die Herz- und die vasomotorischen Nerven in einem Zustande höchster Erregung erhält, der für die Entleerung der intrakranialen Venen außerordentlich günstig ist. Beide Funktionen — die mechanische und die chemische — erfolgen im gleichen Sinne, hauptsächlich durch Vermittlung der hemmenden Nervenzentren.

Der Tonus dieser letzteren rührt zum großen Teil von der Hypophyse her. Durch dieselben beiden Substanzen greift die Hypophyse in den Stoffwechsel ein; sie ruft eine beachtenswerte Vermehrung des letzteren hervor und dementsprechend eine Verminderung des Körpergewichts.

Die wichtigste Substanz der Hypophyse, welche ich Hypophysin genannt habe, wirkt im allgemeinen in demselben Sinne wie das Jodothyrin, nur in viel energischerer Weise. So vermag sie z. B. nicht nur viel vollständiger den das Herz lähmenden Einfluß des Atropins zu verhindern, sondern ihre vorherige Einführung kann sogar die Entfaltung der Atropinwirkung unterdrücken. Wie die zahlreichen Kurven in meinen Abhandlungen lehren, können ferner die wirksamen Substanzen der Hypophyse die Kraft der Herzschläge vermehren, und zwar in einem viel beträchtlicheren Grade, als es das Jodothyrin tut. Auch hält diese Vermehrung mehrere Stunden nach Einführung der Substanz an. Howell, Cleghorn u. a. haben ganz unabhängig von mir dieselben Erscheinungen konstatiert.

Was den Einfluß der Hypophysenextrakte oder der ganzen Hypophyse auf die Oxydationen betrifft, so konnte ich durch Beobachtungen an Kranken feststellen, daß auch er viel bedeutender ist als der des Jodothyrins.

Obwohl sie also an Masse in viel geringerem Grade vorkommen, können die Hypophysensubstanzen zum großen Teil die chemische Funktion des Jodothyrins ersetzen, wenn letzteres infolge von Thyreoidektomie fehlt. Auch ihre Bedeutung als mechanischer Selbstregulator des intrakranialen Druckes kann die Hypophyse teilweise wenigstens bei thyreoidektomierten Tieren entfalten, dank nämlich ihrem Einfluß auf die Schnelligkeit des Venenkreislaufes im ganzen Körper.

Unter den oft widersprechenden Resultaten, welche nach unvollständiger Exstirpation der Hypophyse erzielt wurden, gibt es doch mehrere, welche infolge sorgfältigen Operierens eine gewisse Gleichmäßigkeit erkennen lassen. Das sind in erster Linie die Beschleunigung der Herzschläge und die Verlangsamung der Atembewegungen, die nach Caselli sich stets nach der Operation einstellen und 8 oder 10 Tage anhalten. Eine psychische Depression, die von einem komatösen Zustand gefolgt ist, tritt gleichfalls bald nach der Hypophysenexstirpation ein und dauert bis zum Tode des Tieres. Die motorischen Störungen, die bis zu klonischen Krämpfen gehen können, und die Veränderungen im Gewicht des Tieres sind nicht minder häufige Folgen der Operation, stellen sich aber unter verschiedenen Formen dar. Eine vollständige Exstirpation der Hypophyse ist in kürzester Zeit absolut tödlich.

Das erste von Caselli beobachtete Symptom bestätigt in trefflicher Weise meine Behauptung, daß die tonische Erregung der Pneumogastrici zum großen Teil vom normalen Funktionieren der Hypophyse herrührt. Die psychische Depression und das Koma sind die unvermeidlichen Folgen der Vermehrung des intrakranialen Druckes, der seinerseits auf die Außerfunktionssetzung des ihn automatisch regulierenden Apparates zurückzuführen ist[1]).

Die motorischen Störungen haben denselben Ursprung wie die epileptiformen Krämpfe, die ich des öfteren nach einer langen Erregung der Hypophyse beobachten konnte, nämlich die von dieser Erregung verursachte Anämie der Gehirnzentren. Und endlich erklärt sich die Gewichtszunahme nach Entfernung der Hypophyse sehr leicht durch das Fehlen jener Drüsensubstanzen, welche die Oxydation im Organismus fördern.

Meine Theorie der Funktion der Hypophyse, welche auf zahlreichen und eindeutigen Ergebnissen des direkten Experiments aufruht, ist also in voller Übereinstimmung mit den hauptsächlichsten, von den Pathologen festgestellten Tatsachen, die auf sehr geschickte Art die Hypophyse exstirpiert haben. Die Behauptung, welche viele Pathologen zur Erklärung der Hypophysenfunktion aufgestellt haben, nämlich daß das Organ die Bestimmung besitze, die im Organismus angehäuften Toxine zu zerstören, ist keine absolute Notwendigkeit mehr. Die Aufgabe, das Blut zu entgiften, kommt in erster Linie der Leber zu, die Beseitigung der aus den organischen Zersetzungen herrührenden schädlichen Stoffe obliegt den Nieren und Schweißdrüsen. Die Hilfe, welche eine so winzige Drüse wie die Hypophyse jenen Organen leisten könnte, erscheint in Wahrheit kaum beachtenswert.

IV.

Die Methode des direkten Experiments hat mir die Möglichkeit gewährt, die hauptsächlichen Funktionen der wichtigen Gefäßdrüsen — Thyreoidea, Hypophyse und Zirbeldrüse — zu erkennen und die engen physiologischen Beziehungen, die zwischen diesen Drüsen vorhanden sind, genauer aufzuklären. Infolge der Beschaffenheit dieser Beziehungen können die Drüsen einander im Falle ihrer teilweisen Exstirpation bis zu einem gewissen Grade ersetzen. Ihre vollständige Entfernung bedingt trotzdem beträchtliche Störungen in jenen Nervenzentren, welche die Regulierung des Blutkreislaufs besorgen. Aber diese Störungen führen nicht sofort den Tod herbei, wie irrigerweise mehrere Experimentatoren behaupten. Das direkte Experiment zeigt unmittelbar nach dem Eingriff die Schwere der Störungen, zeigt aber auch, daß erst nach längerer oder kürzerer Zeit jene Krankheitssymptome erscheinen, die zum Tode des Versuchstieres führen.

Dagegen ist die Exstirpation der Nebenniere stets in sehr kurzer Zeit tödlich gewesen. Die näheren Ursachen dieses Verlaufs sind trotz der Kenntnis der Nebenverletzungen noch nicht völlig aufgedeckt. Infolge ihrer anatomischen Lage sind die Nebennieren für das direkte Experiment sehr schwer zugänglich. Deshalb habe ich

---

[1]) Ich habe in Fällen von Akromegalie auch eine deutliche Besserung der psychischen Depression infolge einer Behandlung mit Hypophysensubstanz in Pulverform beobachten können. Siehe meine durch Lancereaux im Bull. de l'Acad. de Med. 22. November 1898 gemachte Mitteilung.

mich bei meinen Untersuchungen über diese Organe zuvörderst darauf
beschränkt, die Wirkung ihrer chemischen Produkte auf die Herz-
und vasomotorischen Nerven zu studieren. Die früheren Arbeiten von
Oliver und Schäfer, Cybulski und Szymonowicz, Langlois,
Gottlieb u. a. hatten nur wenig übereinstimmende Angaben über die
Natur dieser Wirkung geliefert. Versuche mit der Einführung von
Nebennierenextrakt, sowohl in den Kreislauf des Gehirns allein
als auch in den des übrigen Körpers, sowie das Studium der Erregbarkeit der Herznerven und vasomotorischen Nerven während dieser
Einführung haben mich zu der Erkenntnis geführt, daß die wirksamen
Substanzen der Nebenniere in bemerkenswertem Grade die physiologischen Leistungen der Zentren der Vasomotoren und Acceleratoren vermehren. Sie wirken also in einem den Vasodilatatoren und den Regulatoren des Herzens entgegengesetzten Sinne. Es sind mithin diese
Substanzen Antagonisten des Jodothyrins und des Hypophysins.

Dieser Antagonismus, weit entfernt, dem guten Funktionieren der
regulatorischen Nerven des Kreislaufs zu schaden, ist vielmehr eine
unentbehrliche Vorbedingung dafür. Der Kreislaufsapparat ist nämlich
keineswegs ein einfacher hydraulischer Apparat, der unter unveränder-
lichen Bedingungen funktioniert. Denn die Blutzirkulation muß sich
ununterbrochen ändern, um sich den vielseitigen Bedürfnissen der Organe
anpassen zu können. Bald ist es das Gehirn, bald der Magen, bald die
willkürliche Muskulatur, welche einen stärkeren Blutzufluß verlangen,
um den respektiven Funktionen nachkommen zu können. Die Blutmenge, über welche der Körper verfügt, ist für ein gleichzeitiges Wirken
aller Organe bei weitem nicht ausreichend. Ferner muß sich der Kreislauf den zahllosen Veränderungen anpassen, welche durch die äußeren
Verhältnisse beständig auf den Körper einwirken, als da sind: Wechsel
der Temperatur, barometrischer Druck, Feuchtigkeitsgehalt der umgebenden Luft usw. Die Bedingungen des Kreislaufs variieren auch mit dem
Zustand der Ruhe oder der Arbeit, mit der Haltung des Körpers (liegend
oder stehend); sie sind am Tage und in der Nacht verschieden. Bald ist
eine Beschleunigung der Herzschläge mit einer Vermehrung oder Verminderung des Blutdruckes nötig, um dem augenblicklichen Bedürfnisse
des Organismus zu genügen, bald ist das Gegenteil der Fall.

Die Summe der Tätigkeitsperioden des Herzens in einer gegebenen
Zeit bleibt, das ist richtig, die gleiche, welches auch die Geschwindigkeit der Herzpulsationen sei. Aber dieses Gesetz der Konstanz
der Herzarbeit innerhalb gewisser bestimmter Grenzen, das
ich 1866 aufgestellt habe, erhält seine Wirksamkeit nur durch
den Antagonismus der verschiedenen Funktionen der Nerven des Herzens und der Gefäße. Damit das Herz seinen Rhythmus
nach den augenblicklichen Notwendigkeiten des Organismus wechseln
kann, ohne daß sich die Summe seiner Arbeit verändere, ist das Eingreifen zahlreicher regulierender Apparate (Acceleratoren, Hemmungsnerven, Depressoren und Vasomotoren des Herzens) unerläßlich.

Die Blutmenge, die im ganzen Organismus sich findet, ist in gleicher Weise eine fast konstante. Aber damit jedes Organ im gegebenen Augenblick über die ihm nötige Blutmenge verfügen kann, muß das automatische Spiel der Vasoconstrictoren und Vasodilatatoren in wechselnder Weise eingreifen.

Auf der Harmonie also, die zwischen den antagonistischen und mäßigenden Nerveneinflüssen herrscht, beruht das normale und gleichmäßige Funktionieren des Herzens und des gesamten Kreislaufsapparates. Die Drüsen, welche durch ihre Sekrete und ihre verschiedenen anderen Produkte die antagonistischen Nerven in gutem Funktionszustand erhalten, spielen also eine physiologische Rolle von vitaler Wichtigkeit[1]). Es ist klar, daß, je nachdem eine mehr oder weniger beträchtliche Menge dieser oder jener aktiven Substanzen in den Kreislauf gelangt, bald die eine bald die andere Art der Nerven das Übergewicht erlangen wird. Es muß also normalerweise eine harmonische Beziehung zwischen diesen Mengen vorhanden sein, die nicht auf lange gestört sein darf, ohne mehr oder minder schwere pathologische Zustände herbeizuführen. Diese Störungen beobachtet man in erster Linie nach der Exstirpation der Thyreoidea und der Hypophyse. Ich habe feststellen können, daß die unregelmäßigen Herzschläge, die man mit dem Namen Pulsus bigeminus oder trigeminus bezeichnet, leicht dadurch hervorgerufen werden können, daß man künstlich Produkte der einen oder der anderen Drüse einführt. Es rühren also diese Pulsarten von einer anormalen Disharmonie zwischen den verlangsamenden und beschleunigenden Herznerven her. Ähnliche Einführungen bringen in gleicher Weise alle jene besonderen Schwankungen des Blutdruckes hervor, die unter dem Namen Traubesche Schwankung bekannt sind. Die freiwilligen Schwankungen dieses Druckes rühren von einem Verlust des Gleichgewichts zwischen den tonischen Innervationen der Vasoconstrictoren und der Vasodilatatoren her. Es ist daher höchst wahrscheinlich, daß normalerweise dieses Gleichgewicht durch die antagonistischen Funktionen der verschiedenen aktiven Substanzen der Gefäßdrüsen unterhalten wird.

Wegen der wichtigen Verrichtungen der Zirbeldrüse verweise ich auf Kap. III. Soviel mir bekannt, sind bisher meine direkten Versuche an dieser Drüse von niemand wiederholt worden.

<h2 style="text-align:center">V.</h2>

Sind die Drüsen, deren Funktion soeben beschrieben wurde, die einzigen Organe, welche zur Regulierung des Kreislaufs dienen? Sicherlich nicht! Die Parathyreoideae von Gley und vielleicht die Glandula coccygea und die Carotidendrüsen sowie die nach Stilling längs des Sympathicus zerstreuten kleinen Drüsen derselben Art haben höchst wahrscheinlich eine analoge Bestimmung.

Für die Parathyreoideae haben die Untersuchungen von Gley schon die Hilfe dargetan, welche sie den Thyreoideae leisten. Die Resul-

---

[1]) Siehe meine „Nerven des Herzens", Kap. IV.

tate von Luzena, Gatta, Caselli u. a., die sich der Exstirpations-
methode bedienten, lassen allerdings nur sehr vage Erklärungen zu.
Es geht wenigstens aus ihren Experimenten hervor, daß die Rolle der
Drüsen eine sehr wichtige sei.

Die Luschkasche Steißdrüse, die sowohl nach ihrer Struktur
als nach ihrer anatomischen Lage sehr viel Ähnlichkeit mit der Hypo-
physe zeigt, würde ein besonders interessantes Studienobjekt abgeben.
Ihre Bestimmung könnte in der Regulierung des Kreislaufs im kleinen
Becken bestehen. Bis jetzt sind keinerlei Experimente an dieser
Drüse angestellt worden.

Noch andere Probleme, welche diese Organe betreffen, harren einer
Lösung. Beruht der Einfluß der Gefäßdrüsen auf die organischen
Oxydationen auf der Vermittlung jener Nerven, welche den Blutlauf
regeln, oder hängt er von einer direkten Einwirkung auf die trophischen
Nerven ab? Es ist höchst wahrscheinlich, daß diese Oxydationen
gleichzeitig durch die vasomotorischen und die trophischen Nerven
geleitet werden. Eine große Zahl der letzteren, wenn nicht die Gesamtheit, findet sich im Pneumogastricus und Sympathicus. Die Bedeutung
des ersteren für die Verdauungsdrüsen (die des Magens und des Pan-
kreas) ist in den letzten Jahren aufgeklärt worden. Man kennt seit
langem seinen Einfluß auf die Atmungsorgane, auf die Leber usw.
Ist es aber möglich, daß die Wirksamkeit der Substanzen
der Thyreoidea und der Hypophyse, deren Einfluß auf
die peripheren und cerebralen Zentren dieser Nerven ein so
gewaltiger ist, ausschließlich sich an jenen Nervenfasern
zeigt, die zum Herzen und den Gefäßen gehen, während
sie einflußlos auf die Nerven der Lungen, der Leber und der
Verdauungsdrüsen bleiben? Nichts berechtigt zu einem solchen
mehr als gewagten Schlusse. Im Gegenteil, die bekannten Einwirkungen dieser Substanzen auf den organischen Stoffwechsel würden
sich vielleicht durch die Hypothese erklären lassen, daß Jodothyrin,
Hypophysin und Adrenalin die Wirkungen besitzen, die wir eben hinsichtlich der Gesamtheit der Herz- und Gefäßnervensysteme konstatiert
haben. Nur indem er die größte Zahl der biologischen Phänomene auf
ihre Grundursachen zurückführt, gelangt der Naturforscher zur Entwicklung der sie beherrschenden Gesetze.

Wie soll man jetzt die Gefäßdrüsen benennen, nun das Mysterium
zum großen Teil beseitigt ist, das ihre physiologische Bestimmung
umgab? Brown - Séquard, der Schlagworte sehr liebte, hat sie früher
als „Drüsen mit innerer Sekretion" bezeichnet. Diese Bezeichnung war
weder neu noch exakt; aber da sie keinen Sinn hatte, auch nichts erklärte, so wurde sie sehr bald populär, eben weil jeder damit bezeichnen
konnte, was er wollte. Die Bereicherung unserer Kenntnisse von den
Funktionen dieser Drüsen gestattet uns heute, sie viel genauer zu benennen. Ich fand die Bezeichnung Schutzdrüsen für die Regulierung des Blutdruckes und des Stoffwechsels viel passender.
Sie entspricht genau ihrer physiologischen Bestimmung, so wie diese

aus den letzten Versuchen erkannt wurde. Diese von mir vorge-
schlagene Bezeichnung ist von mehreren Physiologen adoptiert worden;
sogar in den Lehrbüchern der Physiologie wie in dem vom Professor
Gley, der die Funktionen der Parathyreoideae entdeckte, findet sie sich,
Da diese Drüsen. aber ihre Wirkungen durch Vermittelung der Nerven-
zentren ausüben, so beschloß ich sie kurzweg als Schutzorgane des
Zentralnervensystems zu bezeichnen. Daher der Titel meines
Werkes.

Früher hatte ich die wirksamen Substanzen dieser Drüsen als die
physiologischen Herz- und Gefäßgifte bezeichnet. Die jüngste Entwicklung der Untersuchungen über die Sekrete anderer Drüsen gestattet, ihre Rolle auszudehnen und sie als die physiologischen
Gifte des Nervensystems zu betrachten. Das Wort „Gift" war
hauptsächlich gewählt worden, um die Analogie ihrer Wirkungen
mit den bekannten Herzgiften, wie Atropin, Nicotin, Muscarin,
Chloral anzudeuten, deren siegreiche Antagonisten sie sind. Es war
auch nötig, sie als physiologische Gifte zu bezeichnen, um darzutun, daß es sich um ganz andere Substanzen als um „Toxine"
handle. Die letzteren, Gelegenheitsprodukte der organischen Zersetzungen oder der Tätigkeit der Mikroorganismen, sind pathogene
Substanzen, die aus dem Körper entfernt werden müssen. Jodothyrin,
Hypophysin und Adrenalin sind dagegen physiologische Substanzen, welche von den Drüsen ad hoc geliefert werden.
Ihre Gegenwart im Körper ist unumgänglich für ein normales Funktionieren desjenigen Nervensystems, das den Blutkreislauf, den Stoffwechsel und eventuell auch das Wachstum der Gewebe beherrscht.

I. Kapitel.

Die physiologischen Verrichtungen der Schilddrüse.

§ 1. Beziehungen zwischen den Herznerven und der Schilddrüse.

(1. vorläufige Mitteilung. 1. Juli 1897. Centralblatt für Physiologie.)

Bei Gelegenheit meiner im Jahre 1870 der Petersburger Akademie der Wissenschaften vorgelegten Untersuchung über den Nervus depressor beim Pferde[1]) habe ich eine dritte Wurzel dieses Nerven beschrieben, welche mit dem Ganglion cervicale sup. anastomosiert. Mein damaliges Vorhaben, die Bestimmung dieser Wurzel zu studieren, konnte ich erst unlängst zur Ausführung bringen. Bei dieser Gelegenheit untersuchte ich auch näher die Wirkungsweise der vom Laryngeus sup. stammenden Wurzel des N. depressor.

Meine Versuche sind am Kaninchen, Hunde und Pferde angestellt worden; an ersteren Tieren im physiologischen Institut von Bern, am Pferde im Operationssaal der Berner Tierarzneischule.

Hier die Hauptergebnisse dieser Versuche:

1. Die Reizung der dritten Wurzel des N. depressor erzeugt auf reflektorischem Wege eine starke Herabsetzung des Blutdruckes, meistens begleitet von einer Beschleunigung der Herzschläge. Die gewöhnlich bei Reizung des Depressors anfänglich auftretende Verlangsamung der Herzschläge habe ich bei der isolierten Reizung dieser Wurzel nie beobachtet, auch wenn die beiden Vagi intakt waren. Sehr häufig beobachtet man bei dieser Reizung eine merkliche Verengerung der Pupille, welche gewöhnlich die Reizung überdauert.

2. Die vom Laryngeus superior herkommende Wurzel des N. depressor — bekanntlich beim Kaninchen die stärkste — dient hauptsächlich zur Verbindung des Herzens mit der Schilddrüse und gestattet ersterem, auf direktem Wege das Funktionieren dieser Drüse zu beeinflussen. Die Nervenfasern, welche vom Laryngeus inf. sich zum Herzen begeben, haben wahrscheinlich die nämliche physiologische Bestimmung.

3. Das Baumannsche Jodothyrin, direkt in die Blutzirkulation eingeführt, beeinflußt in hohem Grade die Nerven des Herzens und der Gefäße, besonders den N. depressor. Reizung dieses letzteren Nerven

---

[1]) Siehe Beschreibung und Abbildungen in meinen gesammelten physiologischen Arbeiten. Berlin 1888.

erzeugt nach Einführung von Jodothyrin oft eine heftige Herabsetzung des Blutdruckes, so daß er sich nicht wieder zu erholen vermag und die Tiere an Blutleere des Herzens zugrunde gehen.

Die ausführliche Darlegung meiner noch nicht ganz zum Abschluß gelangten Untersuchungen werden näheren Aufschluß über die anatomischen und physiologischen Beziehungen der Herznerven zur Schilddrüse geben.

Vorläufig will ich nur hervorheben, daß diese Beziehungen, soweit sie durch die Vermittlung des N. depressor gegeben sind, in ungezwungener Weise sowohl die Entstehung der Basedowschen Krankheit, als auch anderer, durch Überanstrengung des Herzens und heftige Gemütsaffekte hervorgerufener strumöser Erkrankungen zu erklären vermögen.

§ 2. Über die Beziehungen der Schilddrüsen zum Herzen.
(2. vorläufige Mitteilung. 21. August 1897. Ebendaselbst.)

Meine Untersuchungen über die Beziehungen zwischen Herz und Schilddrüse sind zu einem vorläufigen Abschlusse gelangt. So kann ich jetzt deren Hauptergebnisse genau präzisieren.

Wesentlich erschien es mir vorerst, die Abhängigkeit der Blut- und Lymphzirkulation durch die Schilddrüse von der Erregung der Herz- und Schilddrüsennerven zu untersuchen. Messungen des Seitendruckes in der Arteria thyreoidea sup., der Ausflußgeschwindigkeit des Blutes aus der Vena thyreoidea infer. und Beobachtung der Füllungsdifferenzen der abführenden Lymphgefäße haben in dieser Richtung hin vollkommen eindeutige Ergebnisse geliefert.

Die Schilddrüsennerven stammen bekanntlich von den beiden N. laryngei. Wie ich schon in meiner ersten Mitteilung angegeben, nehmen die vom Laryngeus sup. zur Schilddrüse gehenden Nervenfasern, zum Teil wenigstens, ihren Ursprung vom N. depressor. Die im Laryngeus inf. verlaufenden Fasern stammen vom Ramus cardiacus laryngei, der sich mit diesem Nerven bald nach seinem Abgange vom Vagus vereint.

Ein drittes Abstammungsgebiet von Nervenfasern für die Schilddrüsen liegt in den sympathischen Cervicalganglien. Das im Ganglion cervicale superius wurzelnde Stämmchen zieht beim Hunde, meistens den Laryngeus sup. kreuzend, zum N. thyreoideus sup. Die Varietäten im Verlaufe dieses Nerven sind nicht nur beim Hunde und Pferde, sondern auch beim Kaninchen sehr mannigfaltig. In der ausführlichen Mitteilung meiner Versuche werde ich die wichtigsten nervösen Verteilungsarten durch Zeichnungen verdeutlichen.

Außer den direkten Reizversuchen an den erwähnten Nerven habe ich einerseits zahlreiche Durch- und Ausschneidungen an ihnen vorgenommen, um ihren Einfluß auf die Schilddrüsen zu beobachten, andererseits mehrere Exstirpationen der Schilddrüsen ausgeführt und in verschiedenen Perioden nach der Operation die an den Herznerven auftretenden Veränderungen untersucht.

Von großem Nutzen beim Studium der Schilddrüsenfunktion war es mir, daß man in Bern an den Schilddrüsen der meisten Versuchstiere, besonders an Hunden, verschiedene pathologische Veränderungen findet. Jodothyrin, das dem Berner physiologischen Institute von der Bayerschen Fabrik in 'Elberfeld in liberalster Weise zur Verfügung gestellt worden war, hat sich auch als vorzügliches Hilfsmittel erwiesen, um die sehr verwickelten Erscheinungen, mit denen man hier zu tun hat, zu klären.

Die tatsächlichen Ergebnisse meiner Versuche sind der Hauptsache nach folgende:

1. Die von den Laryngei zur Schilddrüse verlaufenden Nerven enthalten machtvolle gefäßerweiternde Fasern, deren Erregung beträchtliche Blutmengen durch die Gefäße der Drüse strömen läßt. Dabei kann der Blutdruck in der Carotis der anderen Seite bis um 5—10 mm sinken. Der Abfluß aus den Thyreoidealvenen wird bei der Erregung der Herznerven bedeutend beschleunigt. So z. B. erzeugen die bei Erregung der peripheren Enden der Vagi auftretenden hohen Herzpulse mit großen Schwankungen des Druckes eine Vermehrung des Blutausflusses aus der Vena thyreoidea, welche die gewöhnliche Ausflußmenge um das Vierfache übersteigen kann; die Vene pulsiert dabei synchronisch mit den Arterien. An anderen Venen ruft dieselbe Erregung eine kaum merkliche Veränderung hervor. Steigerung des Blutdruckes durch Zuklemmen der Aorta übt auf den Venenstrom aus der Schilddrüse eine mächtigere Wirkung als auf den Strom durch die benachbarten Venen aus.

2. Die Erregungen der gefäßerweiternden Nerven werden der Schilddrüse vom Herzen direkt durch die Nn. depressores und die Rami cardiaci der Nn. recurrentes zugeleitet. Vom Ganglion cervicale sup. erhält die Schilddrüse gefäßverengernde Fasern.

3. Bei Reizung der blutgefäßerweiternden Fasern beobachtet man sehr häufig zugleich ein starkes Anschwellen der abführenden Lymphgefäße.

4. Das von der Schilddrüse gebildete Jodothyrin vermag die Erregbarkeit der Depressoren und der Vagi in hohem Grade zu steigern. Der von der Schilddrüse gebildete Stoff dient also auch zur Verstärkung ihrer eigenen Tätigkeit.

5. Bei gewissen Erkrankungen der Schilddrüsen, namentlich bei Cachexia thyreopriva, sowie nach Exstirpation der beiden Schilddrüsen beobachtet man bei Tieren eine bedeutende Verminderung in der Erregbarkeit der Depressoren und der Vagi, die bis zur vollständigen Unerregbarkeit besonders der ersteren Nerven gehen kann. Bei den Depressoren verschwinden zuerst die reflektorischen Wirkungen auf das Vaguszentrum; diejenigen auf das Gefäßnervenzentrum bleiben oft, wenn auch in geschwächtem Maße, bestehen. Sowohl bei den Vagi als auch bei den Depressoren beruht die Unerregbarkeit auf einer Parese oder Lähmung ihrer Endorgane.

Bei solchen Tieren vermag das Jodothyrin die geschwächte Erregbarkeit wieder zu heben, respektive die geschwundene wiederherzustellen. Bemerkenswert ist, daß diese restituierende Wirkung des Jodothyrins sich auch auf die peripheren Vagusenden im Herzen erstreckt.

Ich habe schon in meiner ersten Mitteilung hervorgehoben, daß Jodothyrin beim normalen Tiere die Erregbarkeit des Depressors in hohem Grade steigern kann, so daß elektrische Reizung dieses Nerven durch Minderung des Blutdruckes das Tier sogar töten kann.

6. Die Exstirpation der Schilddrüsen sowie gewisse strumöse Erkrankungen steigern — im Gegensatze zu ihrer Wirkung auf die regulatorischen Herznerven — in gewissem Grade die Erregbarkeit der Nn. accelerantes und der sympathischen gefäßverengernden Fasern.

Bei Kaninchen kann in den ersten Tagen nach Exstirpation der Schilddrüsen durch Reizung des Halssympathicus die Zahl der Herzschläge um 25—30% vermehrt werden. Beim normalen Tiere erzeugt bekanntlich dieselbe Reizung des Halssympathicus entweder gar keinen Effekt oder steigert die Pulsfrequenz nur minimal. Reizung der zentralen Enden des Halssympathicus ruft oft bei solchen Tieren eine reflektorische Erregung der Nerven hervor, welche die Herzschläge zu beschleunigen oder bloß zu verstärken vermögen.

7. Mehrmals beobachtete ich 48 Stunden nach der Exstirpation der Schilddrüsen Exophthalmus und Erweiterung der Pupillen. Bei einem Kaninchen, welchem bei solcher Exstirpation der linke Recurrens zufällig verletzt worden war, beobachtete ich am linken Auge Exophthalmus und Erweiterung der Pupille, am rechten Auge eine partielle Iritis mit stark verengter Pupille. An den beiden Ohren waren die Ohrgefäße stark erweitert; die Halssympathici waren bei diesem Tiere intakt und sowohl auf die Pupillen als auf die Ohrgefäße in hohem Grade wirksam.

Die Reizungen der betreffenden Schilddrüsennerven vermögen auf die Augenlider und die Pupillen gewisse Wirkungen hervorzurufen, doch sind diese nicht konstant.

8. Sowohl die lähmenden als die erregenden Wirkungen der Exstirpation der Schilddrüsen offenbaren sich an den beiderseitigen Herznerven nicht mit gleicher Stärke.

9. Herr Dr. Barbéra hat im Berner physiologischen Institute auf meinen Vorschlag die Wirkung des Jodnatriums und des phosphorsauren Natrons auf die Erregbarkeit der Herznerven untersucht und hierdurch erwiesen, daß Jod auf die Nn. vagi und depressores (besonders auf die letzteren) lähmend wirkt, während phosphorsaures Natron die Erregbarkeit dieser Nerven erhöht, respektive deren durch Jod erzeugte Lähmung zum Verschwinden bringt[1]).

Die erregenden Wirkungen des Jodothyrins auf die Depressoren und Vagi rühren also nicht vom Jod her.

10. Beobachtungen an strumösen Tieren und an solchen, die ihrer Schilddrüsen beraubt sind, lassen keinen Zweifel darüber, daß bei gewissen Veränderungen in der Erregbarkeit der hemmenden und

---

[1]) Diese Versuche wurden von Barbéra veröffentlicht in Pflügers Archiv, Bd. 68.

beschleunigenden Herznerven die letzteren die Oberhand über die ersteren zu gewinnen vermögen; im Gegensatz zu dem von Baxt behaupteten absoluten Übergewicht der Vagi. Freilich muß auch berücksichtigt werden, daß, wenn Baxt gleichzeitig mit dem Vagus die sämtlichen Accelerantes der einen Seite gereizt hätte, das Ergebnis auch bei normalen Tieren vielleicht anders ausgefallen wäre.

Über den Mechanismus der Depressoren und der anderen Herznerven haben meine Versuche noch mehrere Aufschlüsse geliefert, die ich einer besonderen Mitteilung vorbehalte. Hier will ich nur in einigen Sätzen die Schlüsse zusammenfassen, welche die aufgezählten Beobachtungen und Versuchsergebnisse betreffs der physiologischen Funktionen der Schilddrüsen gestatten.

a) Die Funktion der Schilddrüsen besteht in der Bildung einer Substanz — des Jodothyrins —, welche in erster Linie dazu bestimmt ist, die regulatorischen Nervenapparate des Herzens in erhöhter Tätigkeit zu erhalten. Durch die Überführung der ins Blut gelangenden Jodsalze in eine organische Verbindung befreit die Schilddrüse gleichzeitig den Organismus von Substanzen, welche auf diese regulatorischen Apparate in hohem Grade schädigend einwirken.

b) Die Verrichtungen der Schilddrüsen werden teilweise vom Herzen aus durch Vermittlung der oben beschriebenen Nerven beherrscht. Das Herz vermag auf diese Weise selbst die Produktion des für seine normale Tätigkeit notwendigen Jodothyrins zu besorgen.

c) Die Schilddrüse, welche am Eintritt der Carotis in die Schädelhöhle gelegen ist, bildet dank der Möglichkeit, große Mengen Blutes durch ihre Gefäße in kurzer Zeit zu leiten, eine Art Schutzvorrichtung gegen die Überfüllung des Gehirns mit Blut bei plötzlichen Steigerungen der Herzarbeit oder bei Verengerungen der peripheren Gefäßbahnen. Die Schilddrüsen können in solchen Fällen die Rolle von Nebenschließungen von sehr geringem Widerstande übernehmen.

d) Auch diese zweite Funktion der Schilddrüsen kann direkt vom Herzen beherrscht werden, das durch die Erregung der gefäßerweiternden Fasern der Schilddrüsen selbst die dem Gehirn drohenden Gefahren beseitigt: erstens durch Eröffnung von Schleusen, welche den Blutstrom ableiten, und zweitens durch verstärkte Produktion des Jodothyrins.

Es ist in hohem Grade wahrscheinlich, daß die in der Nähe der Art. vertebrales gelegenen Thymusdrüsen, sowie die Nebendrüsen, welche in der Nähe anderer lebenswichtiger, in unnachgiebigen Hüllen eingeschlossener Organe, wie der Nieren und Hoden, liegen, als ähnliche Schutzvorrichtungen fungieren.

Die sich aus meinen Untersuchungen für die Pathologie der Schilddrüsen ergebenden Schlußfolgerungen liegen meistens auf der Hand.

Ich werde sie später noch ausführlich besprechen. Auf zwei therapeutische Indikationen möchte ich aber schon jetzt die Aufmerksamkeit lenken.

Bei vasculären Strumen mit von Blut strotzenden Drüsen und deren stark pulsierenden Arterien und Venen ist der innerliche Gebrauch von Jod indiziert. Die Anwendung von Jodothyrin würde in solchen Fällen nur Schaden bringen. In späteren Stadien des Kropfes, bei beginnender Atrophie der Drüsen und Bildung kolloider Knoten, wenn die Gefahr der Cachexia thyreopriva droht, ist der Gebrauch des Jodothyrins sowie der Schilddrüsenextrakte anzuraten.

§ 3. Wirkungen der Herz- und Schilddrüsennerven auf die Schilddrüse.[1])

Die anatomischen Verhältnisse der Schilddrüsennerven wurden zuerst in meinen „Beiträgen zur Physiologie der Schilddrüse und des Herzens" (Pflügers Archiv für die gesamte Physiologie, Bd. 70; und gesondert im Verlag von Martin Hager, Bonn 1898) näher auseinandergesetzt. Dort wurde schon hervorgehoben, daß die Unterschiede in der Darstellung, welche die verschiedenen Autoren über den Verlauf dieser Nerven geben, wahrscheinlich von der Unregelmäßigkeit im Verlaufe dieser Nerven herrühren.

Die physiologischen Angaben über die Rolle dieser Nerven sind sehr spärlich. Soviel mir bekannt, war Hürthle der erste, welcher Reizversuche an den Schilddrüsennerven ausgeführt hat. Da er keine bestimmten anatomischen Veränderungen der längere Zeit gereizten Drüse konstatieren konnte, schloß er, daß diese Nerven keinen Einfluß auf die sekretorischen Vorgänge der Drüse ausüben.

Die negativen Resultate der Hürthleschen Reizversuche sind von Katzenstein[2]) bestätigt worden. Dieser Autor teilt aber nicht den Schluß seines Vorgängers. Seine unter der Leitung von Hermann Munk ausgeführten sehr sorgfältigen, an Hunden angestellten Degenerationsversuche, wo die Nerven der Drüsen durchschnitten waren, lieferten ihm im Gegenteil ganz positive Ergebnisse. Er beobachtete ganz bestimmte Formveränderungen im Baue der Schilddrüse in den ersten 77 Tagen nach der Durchschneidung. Nach dieser Periode trat eine vollständige Degeneration der Drüse mit durchschnittenen Nerven ein.

Bei meinen Versuchen mit Reizung der Nerven, welche die Funktion der Schilddrüse beeinflussen könnten, wählte ich den direkten

---

[1]) Sämtliche Kurven dieses Kapitels sind von rechts nach links zu lesen. Die Einheiten der Reizstärke beziehen sich auf intermittierende Ströme eines nach Kronecker graduierten, mit drei Tauchelementen armierten Schlitteninduktoriums. Die in den Tabellen angeführten Resultate geben nur einzelne Beispiele aus jedem Versuch. Die beiliegenden Kurven beziehen sich meistens, aber nicht immer, auf die in den Tabellen angegebenen Beispiele.

[2]) Archiv f. Ohrenheilkunde 1896 und Archiv f. Physiologie und Anatomie 1896.

Weg, nämlich die Beobachtung der Zirkulationsveränderungen, welche die künstliche Erregung dieser Nerven etwa hervorzurufen imstande wäre. Bei dem ganz außergewöhnlichen Reichtum der Schilddrüse an Blutgefäßen war ja mit Sicherheit vorauszusehen, daß vasomotorische Einflüsse von seiten der Nerven auf deren Zirkulation vorhanden sein müssen. Die Frage, ob das Nervensystem auch direkt auf die Sekretion der Drüse ohne die Vermittelung der Vasomotoren einwirkt, konnte erst mit Erfolg behandelt werden, nachdem die Rolle der Vasomotoren einmal festgestellt war.

Die nähere Bekanntschaft mit dem anatomischen Verlauf der Schilddrüsennerven ließ eine Schwierigkeit in der Beobachtung der Zirkulationsveränderungen in der Drüse bei Reizung ihrer Nerven voraussehen. Diese von den beiden Laryngei stammenden Nerven führen auch sympathische Fasern, welche vom obersten und vom untersten Halsganglion stammen. Beim Pferde kommen die sympathischen Fasern des Recurrens vom mittleren Cervicalganglion. Es war also vorauszusehen, daß bei künstlicher Reizung der Nervi thyreoidei sowohl die vom Vagus als die vom Sympathicus stammenden Fasern in Erregung versetzt werden müssen. Da in den ersteren die erweiternden, in letzteren die verengernden Fasern zu vermuten waren, so stand zu erwarten, daß das Ergebnis der Versuche oft unklar bleiben würde.

In Wirklichkeit hat sich die bezeichnete Schwierigkeit auch mehrmals störend erwiesen; manche meiner Versuche sind infolgedessen resultatlos geblieben. Wenn ich dennoch zu positiven Resultaten über den Verlauf der Vasomotoren der Drüse gelangen konnte, so verdanke ich es teilweise einigen günstigen Varietäten im Verlaufe der Nerven, welche es mir mehrmals erlaubt haben, die einzelnen Nervenfäden gesondert zu reizen, andererseits der Wahl strumöser Tiere, bei denen die Dimensionen der Gefäße gestatteten, genaue Messungen des Seitendruckes in der Arteria thyreoidea und der Ausflußgeschwindigkeit aus den Venen der Schilddrüse vorzunehmen.

Bei Versuchen mit Reizung des Depressors war eine ähnliche Schwierigkeit nicht zu befürchten. Ich begann daher meine Versuchsreihe mit einfacher Reizung dieses Nerven beim Kaninchen und beobachtete dabei die sichtbare Veränderung am Lumen der Gefäße oder die Schnelligkeit des Ausflusses aus einem angestochenen Gefäße. Man muß bei solchen Versuchen die Gl. thyreoidea sehr vorsichtig und schonend bloßlegen, ohne sie bei der Präparation mit den Instrumenten zu berühren. Die beiden Schilddrüsen sind beim Kaninchen bekanntlich durch eine Brücke verbunden, die dicht unterhalb des Schildknorpels auf der Trachea gelagert und sehr gefäßreich ist. Bei einigen strumösen Kaninchen scheint diese Brücke fast nur aus einem dichten Gefäßnetz gebildet zu sein. An diesem Netze sind die Gefäßveränderungen bei Reizung des Depressors auch am leichtesten zu beobachten. Man darf keine der Carotiden unterbinden, da sonst die Blutzirkulation in der Drüse auf beiden Seiten gestört wird und die Beobachtung dann

mißlingt. Will man daher gleichzeitig die Veränderungen des Gesamt-
blutdruckes beobachten, so wähle man die Art. cruralis zur Verbindung
mit dem Manometer. Es fällt auch nicht schwer, in eine der Venae
thyreoideae, am besten in die unterste vor ihrem Eintritt in die Jugularis
interna, eine feine Kanüle einzubinden und das Blutträufeln bei Reizung
des Depressors zu beobachten. Bei Beachtung dieser Kautelen erhält man bei Reizung des Depressors eine deutliche Erweiterung der
Gefäße der Schilddrüse. Die Verbindungsbrücke zwischen den beiden
Drüsen wird viel röter und das Blut träufelt aus einem angestochenen
Gefäß viel schneller als vor der Reizung.

Es fragt sich nun, ob diese Erweiterung der Schilddrüsengefäße
als eine Teilerscheinung der allgemeinen Gefäßerweiterung oder als
eine direkte Wirkung zu betrachten ist, welche vermittels besonderer
Fasern, die vom Depressor auf dem Wege des N. thyreoideus zur Schilddrüse gelangen, ausgeübt wird. Mit absoluter Gewißheit läßt sich die
Frage wohl schwerlich entscheiden. Folgende gewichtigen Gründe
sprechen zugunsten der zweiten Annahme.

1. Die allgemeine, durch Depressorreizung hervorgerufene Gefäßerweiterung breitet sich bekanntlich hauptsächlich auf dem Gebiet aus,
das von den Splanchnicis beherrscht wird. Die gewaltigen Blutmengen,
welche die Eingeweidegefäße bei ihrer Erweiterung in sich aufnehmen,
lassen also für die anderen, außerhalb dieses Gebietes gelegenen Gefäße
nur wenig Material für eine merkliche Erweiterung, die zu einer Beschleunigung des Blutstromes führen könnte, übrig.

Daher rührt ja auch der Gegensatz zwischen der peripheren und
inneren Blutverteilung, welche bei Reizung sensibler Nerven beobachtet
wird, auf den ich zuerst im Jahre 1870 die Aufmerksamkeit bei meinen
und Steinmanns Untersuchungen über die Stromgeschwindigkeit in
den Venen[1]) gelenkt habe.

2. Der konstante Ursprung des Depressors vom N. laryngeus mit
der einen stärkeren Wurzel und häufig mit beiden Wurzeln weist
deutlich darauf hin, daß es sich nicht um einen bloßen, übrigens ganz
unverständlichen, Umweg handeln könne, den die Fasern dieses Nerven
machen, um vom Herzen ins Gehirn zu gelangen. Besonders die Fälle,
wo der Depressor sich vom Vagusstamm schon etwa in der Mitte des
Halses trennt, um dann den bekannten Verlauf zum Laryngeus und
zum Vagus zurück einzuschlagen, deuten schon darauf hin, daß ein
Teil der Fasern des Depressors für den peripheren Verlauf des Laryngeus
bestimmt ist. Beim Pferde läßt sich dies auch anatomisch direkt nachweisen. (Siehe Taf. V, Fig. 2 in meinen gesammelten Arbeiten.)

3. Reizung des zentralen Endes des Laryngeus sup., auch wenn
man die Reizung noch so nahe an seiner Abgangsstelle vom Vagus
unternimmt, erzeugt fast immer eine gewaltige Druckerhöhung mit
Beschleunigung der Herzschläge, welche während der ganzen Reizdauer anhält.

---

[1]) Meine gesammelten physiologischen Arbeiten S. 110f.

Ich habe mehrmals versucht, beim Kaninchen Depressorreizungen nach Durchschneidung der vom Vagus stammenden Wurzel auszuführen. In dem einen Fall, wo diese Durchschneidung unzweifelhaft gelungen war, war die allgemeine Druckherabsetzung bei Reizung des Depressors viel schwächer als vorher, trat aber doch noch auf. Wie denn in den seltenen Fällen, wo der Depressor in zwei Nervenästchen vom letzten Halsganglion an verläuft, die Reizung jedes einzelnen auch den qualitativ gleichen Effekt auf den allgemeinen Blutdruck ausübt. Definitiv kann daher die Vergleichung der Wirkungen der beiden Depressorwurzeln nur durch deren isolierte Reizung entschieden werden, was wohl nur bei Pferden oder bei großen Schafen mit Sicherheit durchzuführen wäre.

Noch auf eine Beobachtung möchte ich aufmerksam machen. Es ist mir bei meinen Versuchen einigemal vorgekommen, daß die Reizung des Depressors unterhalb der Schilddrüse von nur ganz schwacher Wirkung auf den Blutdruck war, während eine gleichstarke Reizung höher, nahe am Laryngeus sup. ausgeführt, gewaltige Blutdruckherabsetzungen veranlaßte. In diesen Fällen sah man Anastomosen in der Höhe der Schilddrüsen zwischen Depressor, Sympathicus und Vagus, die eine Art Plexus bildeten, wie ihn Ludwig und ich schon in unserer ersten Mitteilung über den Depressor erwähnt haben. Sollten nicht in diesen Fällen die Nervenfädchen direkt vom Depressor zur Schilddrüse abgehen, anstatt den Umweg über den Laryngeus sup. zu nehmen? Im Falle aber die Erweiterung der Schilddrüsengefäße wirklich nur eine Teilerscheinung der allgemeinen Gefäßerweiterung bei Reizung des Depressors wäre, so würde dies doch noch darauf hinweisen, daß diese Gefäße in anderer Weise von dieser Reizung beeinflußt werden, als die Gefäße der umliegenden Organe. Denn bekanntlich sind an letzteren, und sogar an den so empfindlichen Ohrgefäßen des Kaninchens, keinerlei Erweiterungen bei Depressorreizung zu beobachten.

Die Erregung der Schilddrüsennerven, welche vom Recurrens stammen, muß beim Kaninchen durch Reizung des peripheren Endes dieses letzteren Nerven möglichst nahe an der Drüse selbst erreicht werden.

Der Effekt der Reizung des Recurrens auf den allgemeinen Blutdruck ist beim Kaninchen verschieden, je nachdem das zentrale oder das periphere Ende gereizt wird. Erstere Reizung übt in den meisten Fällen keinen merklichen Einfluß, weder auf den Blutdruck noch auf die Schlagzahl des Herzens aus. Dann und wann erhält man eine minimale Blutdrucksteigerung mit einer Beschleunigung von höchstens 10—12 Schlägen in der Minute.

Bei Reizung des peripheren Endes erhielt ich meistens eine sehr deutliche Herabsetzung des Blutdruckes von 10—20 mm und fast immer eine kleine Beschleunigung der Herzschläge von zwei Schlägen in zehn Sekunden. Die Beschleunigung, könnte man annehmen, rühre von der Veränderung des intrabronchialen Druckes her, welche durch die Stellungsänderung der Stimmbänder veranlaßt wird. Gleiche Beschleunigungen sind aber auch bei Hunden beobachtet worden, die mit Curare vergiftet waren. Eine solche Annahme ist also unhaltbar.

Dagegen kann über den Ursprung der Drucksenkung sowohl bei Kaninchen als bei Hunden kein Zweifel bestehen. Zu deren Erzeugung reizte ich meistens die vom Laryngeus inf. abgehenden Nerven der Schilddrüse in der Weise, daß ich die beiden Äste des Recurrens voneinander sorgfältig trennte und den äußeren Ast, der mit dem Laryngeus sup. anastomosiert, auf den Faden nahm. Wollte ich ganz sicher sein, nur die ganz feinen Fäden der Schilddrüse zu reizen, so durchschnitt ich etwas oberhalb von ihnen die genannte Anastomose. Die Nervi thyreoidei, welche vom Laryngeus sup. abstammen, wurden meistens direkt gereizt; nur da, wo sie vom Ramus externus N. laryngei abgingen, reizte ich der Bequemlichkeit wegen diesen Ramus selbst, nachdem er unterhalb dieses Abgangs durchschnitten worden war.

Ich will hier die Tabellen von vier solchen Versuchen geben, die in verschiedener Weise ausgeführt wurden, die aber alle in der uns hier interessierenden Frage gleichlautende und eindeutige Resultate gaben.

An diesen vier Hunden sind unter anderen auch die Wirkungen von Jodothyrin studiert worden. Diese Wirkungen analysiere ich weiter unten in § 4. Hier sollen nur die Einflüsse der Schilddrüsennerven auf die Zirkulation in der Drüse in Betracht gezogen werden.

Versuch 1 (15. Juni).

Sehr großer Jagdhund. Morphiumnarkose, Curarevergiftung und künstliche Atmung. Die beiden Nervi laryngei in der angegebenen Weise rechts sorgfältig präpariert. Der N. thyreoideus sup. stammte vom Ramus externus des N. laryngeus. Der Bequemlichkeit halber wurde dieser Ramus bis zur Anastomose mit dem Laryngeus inferior isoliert, diese Anastomosen durchschnitten und der Ramus externus peripher gereizt vor der Abgangsstelle des N. thyreoideus. Die linke Art. carotis wurde mit dem Manometer in Verbindung gesetzt. Die Schilddrüsen sind deutlich vergrößert und hyperämisch, wie gewöhnlich bei vasculärer Struma.

Die Veränderungen an den Blutgefäßen der Drüse wurden durch deren Aussehen und durch Stiche in kleinere Venen beobachtet. Die abführenden Lymphgefäße waren leicht sichtbar und ihre Füllung bei Reizung sehr leicht zu beobachten.

Tabelle I.

Versuch 1. 15. Juni 1897	Reiz-stärke	Blutdruck in mm Hg.	Zahl der Herz-schläge in 10 Sek.	Bemerkungen
Beginn des Versuches . .		140	16	Große Vaguspulse von 12 bis 16 mm Höhe.
Reizung des zentralen Endes des Recurrens	200	145—150	16	
Reizung des peripheren Endes des äußeren Astes des unterbundenen Recurrens		140	16	

Tabelle I (Fortsetzung).

Versuch 1. 15. Juni 1897	Reiz-stärke	Blutdruck in mm Hg.	Zahl der Herz-schläge in 10 Sek.	Bemerkungen
Gleich darauf		150	16	
Reizung des peripheren Endes des Ramus ext. (Nervus thyreoideus) . .		140	18	Die Gefäße erweitern sich
Nach Reizung		160	19	sichtlich. Die Drüse fühlt
Reizung des zentralen Endes des Laryngeus sup. . .	200	176—194	23—15	sich härter, strammer an. Pulsschwankungen bei 15
10 Minuten später		140	19	Pulsen in 10 Sekunden von 20 bis 30 mm Höhe.
Reizung des Laryngeus sup. central		160	25	2 Traubesche Wellen.
Einspritzung von 6 g Jodo-thyrin		2 Drucksenkungen von 10—15 mm	23	Herzschläge voller.
Nach 10 Minuten		142	21	
Durchschneidung des rech-ten Vagus		200	31	Traubesche Wellen.
Durchschneidung des linken Vagus		220—200	16—42	Die Verlangsamung im Be-ginne ist durch 8 Vagus-
Nach ¹/₂ Minute.		220	34—36	pulse erzeugt.
Reizung des peripheren Vagusendes	300	250—274	36	Der Druck übersteigt 274, aber das Manometer ver-mag nicht mehr zu ver-zeichnen.
Nach Reizung		274	41	Große Traubesche Wel-len von 12 Sekunden Dauer und 88 mm Höhe.
Später		260	36	Die linke Carotis mußte unterbunden und eine Kanüle in die rechte ein-geführt werden.
Reizung des peripheren Vagus	300	256—250	18—11	Große Vaguspulse bis 80 mm Schwankung.
Nach Reizung		240	19(?)	Doppelpulse(?)
Neue Reizung des peri-pheren Vagus		258	10	
Nach Reizung		220	22	Traubesche Wellen.
1 Stunde später		172	40	Traubesche Wellen ver-schwanden und Respria-tionswellen erschienen von neuem.

Aus dieser Tabelle wollen wir den ersten Teil hier in Betracht
ziehen. Wie man sieht, erzeugte die periphere Reizung des Ramus
externus Laryngei superioris (N. thyreoideus sup.) eine deutliche Senkung des Druckes in der Carotis der anderen Seite um 10 mm.
Gleichzeitig beobachtete ich an den Blutgefäßen eine Erweiterung
und die Drüse fühlte sich mit den Fingern viel härter, strammer an.
Diese Erweiterung sowie die starke Blutung aus den angestochenen

Gefäßen tritt besonders deutlich bei wiederholten Reizungen auf, welche 5—6 mal vorgenommen wurden. Bei den letzten Reizungen fiel besonders die starke Anfüllung der Lymphgefäße auf, die sich von dem umgebenden Gewebe deutlich schimmernd abhoben.

Nach Aufhören der Reizung des Ramus externus stieg der Druck auf 160, also um 20 mm höher, als während der Reizung, und um 10 mm höher, als vor der Reizung. Die zentralwärts vorgenommene Reizung des Recurrens ließ anfangs den Druck um 5—10 mm steigen. Die Zahl der Herzschläge blieb unverändert. Die periphere Reizung rief eine kleine Drucksenkung von 10—5 mm hervor. Mit dem bloßen Auge war an den Gefäßen der Schilddrüse keine zweifellose Veränderung zu beobachten. Reizungen des zentralen Endes des Laryngeus sup. erzeugten beide Male eine kleine Steigerung des Blutdruckes und Beschleunigung der Pulsschläge. Das erstemal war die Drucksteigerung viel beträchtlicher; nur folgte auf die Beschleunigung der Pulse eine Verlangsamung durch Auftreten von Vaguspulsen, welche den Druck etwas herabsetzte. Im zweiten Falle blieb die Beschleunigung während der ganzen Dauer der Druckerhöhung bestehen.

Das uns hier beschäftigende Ergebnis des Versuches ist also: Erweiterung der Blutgefäße und starke Füllung der Lymphgefäße bei Erregung des N. thyreoideus sup. Die Zunahme der Blutmenge in der Schilddrüse genügte, um den Blutdruck in der Carotis der entgegengesetzten Seite um 10 mm herabzusetzen.

Im folgenden Versuch 2 (30. Juli) wurde die Blutdruckmessung in der Art. thyreoidea selbst vorgenommen.

Mittelgroßer Hühnerhund. Große Struma beiderseits. Die Schilddrüse reicht hoch bis über den Kehlkopf hinaus. Die Schilddrüsenarterien sind geschlängelt und stark erweitert. In die Art. thyreoidea superior konnte eine T-förmige Glaskanüle, deren Lichtung 2,5 mm im Diameter hatte (3,5 mm mit der Wandung), eingeführt werden. Die Vena jugularis externa ist an mehreren Stellen sackförmig erweitert. Morphiumnarkose und Curarevergiftung. Die Nerven der Schilddrüse werden präpariert und die Art. thyreoidea mit dem Quecksilbermanometer in Verbindung gesetzt.

Tabelle II.

Versuch 2. 30. Juli.	Reizstärke	Blutdruck in mm Hg	Zahl der Herzschläge in 10 Sek.	Bemerkungen
Beginn des Versuches . .		132	40	
Unterbindung des Recurrens nahe an der Schilddrüse		118	40	
Bei Durchschneidung . .		140	34	
Nach Durchschneidung .		126	40	
Reizung des peripheren Endes des Recurrens .	200	144—122—106	40	
Sofort nach Reizung . .		102	40	
10 Minuten später . . .		138	40	

Tabelle II (Fortsetzung).

Versuch 2. 30. Juli	Reizstärke	Blutdruck in mm Hg.	Zahl der Herzschläge in 10 Sek.	Bemerkungen
34 Sekunden dauernde Reizung des ununterbundenen N. thyreoideus sup. (erster Ast des Laryngeus sup.)		120	40	
Nach Unterbindung dieses N. thyreoideus		122	40	
Reizung des peripheren Endes	300	114	40	
Reizung des ununterbundenen zweiten N. thyreoideus sup.		132—112	40—30	Ein paar Vaguspulse.
Nach Durchschneidung des zweiten Astes . . .		130	42	Bei Unterbindung ist der Druck auf 78 gesunken.
Bald darauf		112	40	
Reizung des zentralen Endes dieses Astes		148—104—100	36	Pulse voller. Die Steigerung dauert $^2/_3$ der Reizung. Auftreten großer Traubescher Wellen.
Periphere Reizung eines arteriellen Astes des ersten N. thyreoideus .		136	40	
Nach Reizung		94	40	
Zuschließen der Vena thyreoidea		144	40	Ein paar Vaguspulse.
Zuklemmen der linken Carotis		152	35	
Durchschneidung d. rechten Vagus		118	34	Auftreten Traubescher Wellen.
Reizung des zentralen Endes	300	162	34	
Nach Verschwinden der Traubeschen Wellen .		128	42	
Reizung des peripheren Endes der rechten Vagus	300	130—126	28	} Pulse voller.
Verstärkung des Reizes .	400	120	21	
Nach der Reizung . . .		126	36	
Durchschneidung des linken Vagus		160	42	
Reizung des peripheren Stumpfes des l. Vagus .	400	178—170	42	Keine Änderung der Pulsstärke.
Spätere Reizung des zentralen Endes des Laryngeus inferior		unverändert		
Nach Einspritzung von 14 ccm phosphorsauren Natrons		124	42	
Reizung des peripheren rechten Vagusendes . .	300	130	20	Große Vaguspulse von 36 mm Schwankung

Tabelle II (Fortsetzung).

Versuch 2. 30. Juli	Reizstärke	Blutdruck in mm Hg.	Zahl der Herzschläge in 10 Sek.	Bemerkungen
Einspritzung von weiteren 9 ccm phosphorsauren Natrons		134	42	
Neue Reizung des r. Vagus	300	128	20	Vaguspulse.
Reizung des linken Vagus	300	wirkungslos		
Reizung des linken Vagus	400	128	20	Vaguspulse.

Die Unterbindung des N. recurrens rief eine Drucksenkung von 132 mm auf 118 mm hervor. Die Durchschneidung eine Drucksteigerung auf 140 mm mit einer Verlangsamung des Pulses auf 34. 30 Sekunden nach der Durchschneidung stellte sich der Druck auf 126 mm und die Zahl der Herzschläge kehrte auf 40 zurück.

Reizung des peripheren Endes des äußeren Recurrensastes rief eine momentane Drucksteigerung hervor, der bei Fortdauer der Reizung eine Drucksenkung folgte. Bei diesen Reizungen konnten die Druckveränderungen natürlich nur von Veränderungen im Lumen der Schilddrüsengefäße abhängen. Die unteren Schilddrüsennerven, welche vom Laryngeus inf. stammen, waren wahrscheinlich mit gefäßverengernden Fasern untermengt.

Als direkt gefäßerweiternder Nerv kann nur derjenige betrachtet werden, welcher auf die Erregung seines peripheren Endes mit einer Erweiterung, ohne jede vorausgehende Verengerung, wenn auch nach längerer Latenz antwortet. Tritt aber eine vorhergehende Verengerung auf, so sind nur die zwei Möglichkeiten zulässig: 1. entweder enthält der gefäßerweiternde Nerv auch verengernde Nervenfasern, deren Erregung im Beginn die Erweiterung überwiegt, oder 2. die eintretende Erweiterung ist nur die Folge einer Erschöpfung der Erregung der verengernden Fasern.

Mit Ausnahme der Fälle, wo, wie bei den Schilddrüsenfasern des Laryngeus inf., die Existenz erweiternder Nerven durch sonstige Versuche anderweitig nachgewiesen worden ist, ist immer nur die zweite Möglichkeit zulässig, besonders aber in den Fällen, wenn die Erweiterung erst nach Aufhören der Reizung auftritt.

Bei Reizung des ununterbundenen ersten N. thyreoideus sup. während 34 Sekunden sank der Druck allmählich von 138 auf 120 mm. Als der Blutdruck wieder zu steigen begann, wurde dieser Ast unterbunden, worauf der Druck auf 122 stehen blieb. Eine neue Reizung des peripheren Endes des unterbundenen Astes ließ den Blutdruck noch von 122 mm auf 114 mm herabsinken. Die Senkung um 8 mm bei Reizung des N. thyreoideus war das Ergebnis der Erregung der erweiternden und verengernden Nerven. Es wurde daher versucht, einen der Äste, in welchem sich der gereizte N. thyreoideus verzweigt, der sich direkt zur Art. thyreoidea begab, isoliert zu reizen in der Hoffnung, in ihm nur sympathische Fasern anzutreffen. Der Erfolg entsprach der Erwartung: der Druck stieg auf 136 mm während der 20 Sekunden dauernden Reizung und gleich nach der Reizung noch auf 144 mm, um bald darauf auf 94 mm herabzusinken.

Die Erweiterung, welche die letzte Drucksenkung veranlaßte, war nur eine Folge der Erschöpfung der verengernden Fasern durch die stattgefundene Reizung. Die Erschlaffung dauerte nur einige Sekunden, nach welchen der Druck von neuem auf 126—128 zurückging.

Während der ganzen Dauer der Drucksenkungen, welche durch die Reizung des N. thyreoideus sup. hervorgerufen wurden, pulsierte die Vena thyreoidea sehr heftig synchronisch mit den Arterien; dieses Pulsieren überdauerte die Reizung gewöhnlich noch einige Zeit.

Die Reizung des zweiten Astes des Laryngeus sup. gab vor seiner Unterbindung eine Steigerung des Druckes auf 132 mit einer nachfolgenden Senkung bis auf 112; die Herzschläge gingen von 40 auf 30 in 10 Sekunden herunter. Es handelte sich also um eine zentral wirkende Erregung. In der Tat hat nach seiner Unterbindung die Reizung zuerst eine Drucksteigerung auf 148 und dann eine allmähliche Drucksenkung bis auf 100 mm erzeugt. Es traten auch Traubesche Wellen auf.

Dem Erfolge der Reizung nach war dieser zweite N. thyreoideus ein zentripetal wirkender Nerv: allgemeine Verengerung der Gefäße (Drucksteigerung) und darauf eine lokale Erweiterung der Gefäße in dem von dem Nerven besorgten Bezirk, dies ganz in Übereinstimmung mit dem vor Jahren von mir abgeleiteten Gesetz der reflektorischen Wirkungen sensibler Nerven auf das Gefäßnervensystem[1]).

Aus diesem Versuche sind noch zwei hierher gehörige Ergebnisse hervorzuheben, welche auf die großen Blutmengen hinweisen, welche die Schilddrüsengefäße durchströmen können. Das Zuklemmen der Vena thyroidea inf. genügte, um den Blutdruck auf 144 mm heraufzubringen. Zuklemmen der Art. carotis der anderen (linken) Seite steigerte den Seitendruck in der Schilddrüse auf 152. Diese letzte Wirkung, welche von einer Verlangsamung der Pulsschläge auf 36 begleitet war, ist natürlich wie die vorige eine Teilerscheinung der allgemeinen Blutdruckerhöhung. Die Deutung der Vagusreizungen bei diesem Hunde gehört nicht hierher. Festgestellt wurde durch diesen Versuch, daß der vom Laryngeus sup. herkommende N. thyreoideus sup. gefäßerweiternde und der vom Sympathicus stammende gefäßverengernde Fasern führt, und daß bei gleichzeitiger Erregung dieser Fasern die erweiternden das Übergewicht behalten. Dagegen überwogen in diesem Falle die gefäßverengernden Fasern, die mit dem Recurrens wahrscheinlich vom letzten Halsganglion stammten, die gefäßerweiternden Fasern, welche schon einige Sekunden nach dem Beginne der Reizung von ihren Antagonisten überwältigt wurden und nur nach Aufhören der Reizung sich Geltung verschaffen konnten. Ein zweiter, vom Laryngeus sup.

---

[1]) Gesammelte Arbeiten. Hemmungen und Erregungen usw. S. 96 und 121.

herstammender Zweig, der sich gleichfalls zur Drüse begab, wirkte auf Herzschlag und Blutdruck reflektorisch wie ein gewöhnlicher sensibler Nerv. Die jetzt folgenden Versuche geben die Geschwindigkeitsänderungen des Blutstromes in der Schilddrüse, mit Hilfe direkter Messung der Ausflußmenge aus den Venen.

Versuch 3 (2. August).

Kleiner Spitzhund. Mäßiger Kropf. Morphiumnarkose und Curare. In die ziemlich weite Vena thyreoidea inf. wurde peripher eine Glaskanüle eingeführt, von welcher aus das Blut durch ein gebogenes Rohr in ein graduiertes Gefäß frei fließen konnte. Um die Gerinnung zu vermeiden, wurden Kanüle und Verbindungsrohr mit Magnesiumsulfatlösung gefüllt. Die Halsnerven wurden in der üblichen Weise präpariert. Die Disposition der Nerven ist auf Taf. I Fig. 4 der „Beiträge" abgebildet. Das Manometer wurde mit der linken Carotis verbunden. Ich teile hier die vollständige Tabelle des Versuchsverlaufes mit.

Tabelle III.

Versuch 3. 2. August.	Reizstärke	Blutdruck, in mm Hg.	Herzschläge in 10 Sek.	Ausfluß aus Vena thyreoidea	Bemerkungen
Beginn des Versuches .		170	29	1 ccm	In 60 Sekunden.
Reizung des peripheren					
Endes des durch-					
schnittenen Laryng.					
inf. während 60 Sek.	200	170	30	2,6 ccm	Die Vene pulsiert bei der
Unterbindung des zwei-					Reizung.
ten R. thyreoideus des					
Laryng. sup.		180	30		Kein Ausfluß. Druck
Reizung des peripheren					vorher 180.
Endes des zweiten					
Astes (60 Sekunden).		180	30	1 ccm	
Nach Reizung		180	28		
Reizung des zentralen					
Endes des zweiten					
Astes (60 Sekunden).		210	29	0,1 ccm	
Reizung des Laryng.					
inf. 60 Sekunden . .	300	192	29	2,4 ccm	
Nach Reizung		190	26		
Durchschneidung des					
rechten Vagus . . .		276	36		Bei der Unterbindung
Darauf					allmähliche Drucksteige-
Nach einigen Minuten.		206	36		rung. Druck kann nicht
Reizung des zentralen		192	32		mehr aufgeschrieben
Vagusendes (60 Sek.)					werden, weil zu hoch.
Nach 3 Minuten . . .	400	234	35	1 ccm	Kein Ausfluß.
Reizung des peripheren		186	36		
Vagus (60 Sekunden)					Stillstand,dann während
Nach Reizung	400	174—176	0-8-14-24	3,8 ccm	22 Sekunden große
Nach 5 Minuten . . .		178	28	0	Pulse von 68mmHöhe.
Einspritzung von 25 ccm		186	32		
Jodothyrinlösung . .					Senkung des Druckes
Nach Einspritzung . .		140	35		auf 140, dann Rück-
		180	35		kehr auf frühereHöhe.

Tabelle III (Fortsetzung).

Versuch 3. 2. August.	Reizstärke	Blutdruck in mm Hg.	Herzschläge in 10 Sek.	Ausfluß aus Vena thyreoidea.	Bemerkungen
Reizung des peripheren Vagus bei 176 mm Druck	400	190—160	0-6-12-14-17-19	4,2 ccm	Zwei längere Stillstände von 8 Sekunden und
Nach ¼ Stunde . . .		120	37		5 Sekunden. Darauf seltene Vaguspulse
Reizung des Laryng. inf.		106	37	1 ccm	von 106 mm Höhe. Sodann werden sie allmählich kleiner.
Reizung des peripheren Vagus		40	0		Stillstand 19 Sekunden.
Nach Reizung		128	34		Gerinnsel in der Vene.
Neue Einspritzung von 25 ccm Jodothyrin, während 60 Sekund.		102	37		Allmähliche Drucksenkung von 124 auf 102 und Pulsbeschleunigungen von 34 auf 37.
Nach Einspritzung . .		138	40		Pulse voller; doppelt so stark.
Reizung des peripheren Vagusendes (46 Sek.)		48—192	0-10-14	2,5 ccm	Stillstand von 18 Sekunden, Vaguspulse
Darauf		134	30		von 122 mm Höhe.
Durchschneidung d. linken Vagus		122	36		
Reizung des peripheren Vagusendes	400	130—128	16—30	2,1 ccm	Kein Stillstand, nur einige Vaguspulse.
Neue Reizung	500	120	0		Vier Stillstände, von 2
Nach 5 Minuten . . .		142	33		bis 3 Sek. Dauer jeder.
Reizung des zentralen linken Vagusendes .		142	33		Versuch abgebrochen.

Bei Reizung des peripheren Endes des durchschnittenen Laryngeus inf. wurde die Ausflußgeschwindigkeit aus der Vena thyroidea inf. **fast verdreifacht.** Die Vene pulsierte während der Reizung sehr stark und synchronisch mit der Arterie. In diesem Falle waren in dem Recurrens entweder ausschließlich oder überwiegend gefäßerweiternde Fasern vorhanden. Nach Aufhören der eine Minute dauernden Reizung stockte während einiger Minuten der Ausfluß gänzlich, wahrscheinlich infolge einer eingetretenen starken Kontraktion der kleinen Gefäße. Er begann erst wieder bei Reizung des N. thyreoideus sup., blieb aber an Stärke bedeutend hinter dem vom Recurrens erzeugten zurück. Die nachfolgenden Reizungen des zentralen Endes desselben Nerven verlangsamten von neuem den Ausfluß von 1 ccm auf 0,1 ccm. Der erhöhte Blutdruck deutet auf eine Verengerung sämtlicher Körpergefäße.

Bei Reizung des peripheren Endes des Laryngeus inf. wird der Ausfluß von neuem auf 1,9 ccm erhöht. Am interessantesten aber ist die ganz bedeutende Erhöhung der Ausflußmenge von 0 auf 3,8 ccm während der Reizung des peripheren Vagusendes.

Wodurch entsteht dieser vermehrte Ausfluß während der eine Minute dauernden Reizung, während welcher das Herz seltene aber sehr hohe Pulse macht?

Nur eine Erklärung dieser Erscheinung scheint mir zulässig. Die gewaltigen Herzschläge während der Vagusreizung werfen rhythmisch in die Aorta bedeutende Blutmengen, welche stark beschleunigend auf den Blutstrom einwirken; mit anderen Worten: die Nutzarbeit des Herzens wird für die Schilddrüse bei der Vagusreizung beträchtlich verstärkt.

Es würde nur die Frage sein, ob die in meinem Versuche vom 6. August beobachtete Beschleunigung in irgendwelcher speziellen Beziehung zum Blutstrom in der Schilddrüse steht, oder ob sie sich bei Vagusreizung auch in allen anderen Venen in gleicher Weise äußern würde. Es gibt meines Wissens keine direkten Versuche über den Einfluß der Vagusreizungen auf die Geschwindigkeit des Blutstromes.

Bei meinen Versuchen mit Steinmann[1]) über den Blutstrom in den Venen habe ich wohl einige Beobachtungen über die Veränderungen der Geschwindigkeit bei erregten Vagi gemacht. Die Erregung der Vagi war aber dabei nicht durch direkte Reizung, sondern durch reflektorische Erregung der sensiblen Nerven oder durch Atmungssuspension erzielt worden. Die großen Vaguspulse waren deshalb meistens von großen Drucksteigerungen begleitet, so z. B. im Versuch XXI, wo große Beschleunigung des Blutstromes in den Venen auftrat bei Verlangsamung des Pulses von 24 auf 8 und bei Erhöhung der Exkursion bis zu 40 mm; dabei war gleichzeitig der Blutdruck von 52 auf 138 mm gestiegen. Ich habe damals die Beschleunigung auf Rechnung dieser Steigerung geschoben und die Verlangsamung der Herzschläge trotz deren Vergrößerung einer deprimierenden Wirkung auf die Geschwindigkeit zugeschrieben, letzteres in Anbetracht des Ergebnisses der Versuche XX und XXII.

Sind meine damaligen, indirekt gezogenen Folgerungen richtig, so müßte aus dem Versuch 3, wo eine enorme Beschleunigung des Ausflusses bei Vaguspulsen ohne Steigerung des Mitteldruckes auftrat, geschlossen werden, daß der Blutstrom in der Schilddrüse von den großen Vaguspulsen in anderem Sinne beeinflußt wird als in den anderen Organen.

Worauf sollte aber eine solche Differenz beruhen? An eine reflektorische Wirkung des durch Überfüllung des Herzens während der langen Diastole erschlafften Herzmuskels war schon darum nicht zu denken, weil der Halssympathicus auf der rechten Seite sowie die von dem rechten Laryngeus zur Schilddrüse verlaufenden Nervenäste durchschnitten oder unterbunden waren. Auch eine reflektorische

---

[1]) Gesammelte physiologische Arbeiten usw. S. 110.

Beeinflussung durch die Laryngei der linken Seite war, trotz unzweifelhaft bestehender Anastomosen zwischen den Nerven der beiden Schilddrüsen, wegen der Unterbindung der Schilddrüsennerven knapp an der Drüse ausgeschlossen.

Es könnte also die Ursache der besonderen Begünstigung der Schilddrüsenzirkulation bei verstärkter Herzarbeit nur auf die besonderen Anlagen der Gefäße selbst, auf die geringen Widerstände, welchen der Blutstrom in ihnen begegnet, zurückgeführt werden.

Zur Prüfung dieser Deutungsweise waren Vergleiche zwischen der Ausflußgeschwindigkeit aus der Schilddrüsenvene und der aus einer anderen Vene von ähnlichem Kaliber bei direkter Vagusreizung erforderlich. Folgender Versuch sollte Rechenschaft darüber geben.

Versuch 4 (4. August).

Große Hündin mit doppelseitiger, knolliger und wenig gefäßreicher Struma. Das die Schilddrüse umgebende Gewebe ist ödematös, leicht zerreißlich und stark blutend; große Fettablagerungen am Halse, besonders an den Gefäß- und Nervenstämmen. Morphiumnarkose und Curarevergiftung. Die betreffenden Nerven werden mit großer Schwierigkeit heraus präpariert. In die peripheren Enden der Vena thyreoidea inferior und in die Vena saphena oberhalb des Kniegelenkes werden gleich weite Kanülen eingebunden.

Tabelle IV.

Versuch 4. 4. August	Reizstärke	Blutdruck in mm Hg.	Zahl der Herzschläge in 10 Sek.	Ausfluß aus Vena thyreoid.	Ausfluß aus Vena saphena	Bemerkungen.
Beginn des Versuches .		134	14	3,6	1,2	Große Vaguspulse mit Schwankungen von 10 bis 24 mm.
Unterbindung des linken Vagus		120—190	22			Pulse verlieren den Charakter von Vaguspulsen.
Durchschneidung des linken Vagus . . .		94	16			Von neuem Vaguspulse.
Nach einiger Zeit . .		136	22			
Reizung des peripheren Vagus	300-500	136	22			Keine Veränderung.
Unterbindung des rechten Vagus		160	39			Traubesche Wellen.
Zweite Unterbindung höher		194-160-216	40			
Durchschneidung zwischen den unterbundenen Stellen . . .		180	38			Allmähliche Veränderung.
Nach einigen Minuten.		158—160	34	2,9	1,7	
Reizung des rechten Vagus (60 Sekunden)	600	152-156-160	12—30	5,8		Traubesche Wellen dauern fort.
Nach 1 Minute . . .		136	38			

Tabelle IV (Fortsetzung).

Versuch 4. 4. August	Reiz-stärke	Blutdruck in mm Hg.	Zahl der Herz-schläge in 10 Sek.	Ausfluß aus Vena thyreoid.	Ausfluß aus Vena saphena	Bemerkungen
Reizung des rechten Vagus	1000	132—110	16-18-32			Nach Latenz von 5
Nach Reizung		140	38—40			Sekunden Vagus-
Nach 5 Minuten . . .		138	39			pulse. Kein Still-
Reizung des Laryng. inf. ununterbunden . . .	300	142	38			stand.
Reizung des Laryng. inf. peripher durchschnit-ten (60 Sekunden) .		128	42	4,3	1,6	
Einspritzung von 25ccm Jodothyrin in 30 Sek.		126	34	2,3		
Nach 30 Sekunden . .		134—194	41	2,5		Traubesche Wellen von 180 mm Länge, 38 Sek. Dauer, Re-spirationswellen.
Reizung des linken Vagus	300	112-152-170	14-12-22			Traubesche Wellen
Reizung des linken Vagus	300-1000	160-172-178	18-36-10			dauern fort.
Reizung des rechten Vagus (43 Sekunden) peripher	1000		12-16-26	6,8	0,2	

Zu Beginn des Versuches, wahrscheinlich unter dem Einflusse der Morphiumnarkose, zeigte das Tier große Vaguspulse mit Schwankungen von 10—24 mm Höhe. Während dieser Zeit floß aus der Vena thyreoidea dreimal soviel Blut als aus der Vena saphena. Bei den nachfolgenden Reizungen des Vagus waren auch die Ausflußmengen aus der Vena thyreoidea viel bedeutender als aus der Vena saphena. Sie waren aber auch in der letzteren etwas beschleunigt. Es scheint also, daß die Beschleunigung des Blutstromes bei Vagusreizung auch ohne hinzukommende Steigerung des Mitteldruckes eine allgemeine Regel ist. Der teilweise Ausgleich des Druckes in den Arterien und Venen muß ja diese Beschleunigung auch begünstigen. Jedenfalls ist diese Beschleunigung in den Venen der Schilddrüse viel beträchtlicher als in den anderen Venen.

Zur definitiven Aufklärung dieses Verhältnisses sind aber Versuche an Tieren mit ganz normalen Schilddrüsen erforderlich, was im Berner Institute nicht leicht ausführbar war. Ich werde daher anderswo Versuchsreihen in dieser Richtung von neuem aufnehmen.

Aus diesem Versuche 4 will ich noch die bedeutende Drucksenkung in der linken Carotis bei Reizung des peripheren Endes des durchschnittenen Laryngeus inf. (äußerer Ast) hervorheben, eine Senkung, die nur auf eine Erweiterung der Gefäße in der Schilddrüse zurückgeführt werden kann.

Die Ergebnisse der in diesem Abschnitt analysierten Versuche haben gestattet:

1. die Wirkungsweise der Schilddrüsennerven auf die Blut- und Lymphzirkulation genau festzustellen;

2. den Beweis zu führen, daß in der Drüse besonders günstige Bedingungen gegeben sind, um große Blutmengen in kurzer Zeit durch deren Gefäße strömen zu lassen. Diese Bedingungen sind sowohl durch die Wirkungsweise der Schilddrüsennerven als durch die Beeinflussung dieser Gefäße durch die Herznerven gegeben.

§ 4. Wirkungen des Jodothyrins auf die Herznerven.

Nachdem die vasomotorischen Funktionen der Schilddrüsennerven und ihre nahen Beziehungen zu den regulatorischen Nerven des Herzens festgestellt waren, schien es geboten, den Einfluß zu eruieren, welchen das Baumannsche Jodothyrin, dieses so wirksame Produkt der Schilddrüse, eventuell auf diese Herznerven auszuüben vermag.

Das zu meinen ersten Versuchen benützte Jodothyrin in Pulverform wurde von mir in Bern erworben und sollte aus der Bayerschen Fabrik in Elberfeld stammen. Dieses Jodothyrin wurde in physiologischer Kochsalzlösung gelöst und in die Vene eingepritzt. Ein Gramm dieses Jodothyrins sollte 0,3 mg Jod enthalten. Solche Jodothyrinpräparate sind nicht ganz konstant. Mehrmals erhielt ich Wirkungen, die unzweifelhaft auf Jodwirkungen hindeuteten. Es waren also Zersetzungen des Jodothyrins zu vermuten.

Bei der großen Mehrzahl der hierher gehörenden Versuche benutzte ich daher eine Jodothyrinlösung, welche direkt aus der Bayerschen Fabrik dem Berner physiologischen Institute in liberalster Weise zugestellt worden war. Diese Lösung enthielt auf 1 ccm 0,9 mg Jod.

Die bisher gegebenen Tabellen 1 bis 4 lieferten schon Beispiele von Jodothyrinwirkungen beim Hunde. Ich will hier noch einige ähnliche Versuche an Kaninchen anführen und darauf die erhaltenen Wirkungen näher erörtern.

Versuch 5.

Großes Kaninchen. Morphiumnarkose. 4 g Jodothyrin.

Tabelle V.

Versuch 5. 4. Juni.	Reizstärke	Blutdruck in mm Hg.	Herzschläge in 10 Sek.	Atmungen in 10 Sek.	Bemerkungen
Beginn des Versuches .		116	35	8	
Beginn der Einspritzung von 2 g Jodothyrin in 67 Sekunden		102	28		Ein paar Vaguspulse. Atemwellen verschwinden.

3*

Tabelle V (Fortsetzung).

Versuch 5. 4. Juni	Reizstärke	Blutdruck in mm Hg.	Herzschläge in 10 Sek.	Atmungen in 10 Sek.	Bemerkungen
Mitte der Einspritzung .		114	35	7	Pulse voller.
5 Minuten nach der Einspritzung		96	41	9	Pulse klein.
Reizung des durchschnittenen linken Depressors	200	74	36	10	Keine Vaguspulse.
Nach 10 Minuten . . .		70	36	11	
Durchschneidung des linken Vagus u. Sympathic.		56	34		
Bald darauf		100	41		
Rechter Vagus, Sympathicus und Depressor durchschnitten		100	39		Atemwellen verschwinden.
Reizung des linken Depressors	200	52	34		Pulse voller.
Nach Erholung neue Einspritzung von 2 g Jodothyrin in 80 Sekunden		110	36, 32, 38	3	Pulse voller.
Nach Einspritzung . . .		126	38—40	3	In die Trachea Kanüle eingebunden.
Reizung des unterbundenen linken Recurrens.	200	126	43		Traubesche Wellen.
Reizung des zentralen Endes des durchschnittenen Recurrens . . .	200	126	40—44		Auge rechts stark offen, links geschlossen. Pupille verengt.
Nach 10 Minuten . . .		106	45	4,5	Einzelne Vaguspulse.
Reizung des linken Depressors	200	50	8		Starke Vaguspulse.
1 Minute später		90	47	4,5	Pulse sehr klein, schwer zu zählen.
Reizung des Depressors .	200	30			Vaguspulse.
Nach Aufhören der Reizung		26—14			Der Druck sinkt noch tiefer, ein paar Vaguspulse. Tod des Tieres. Heftige Diarrhöe.

Schon beim Versuche, der in Tabelle V wiedergegeben ist, zeigte sich die erregende Wirkung des Jodothyrins auf die Depressoren, trotzdem dem Kaninchen nur 2 g dieser Substanz eingespritzt wurden. Während die Reizung des Depressors vor der Einspritzung den Blutdruck nur auf ein Sechstel bis ein Viertel seiner normalen Höhe herabzusetzen vermochte, ergab die gleich starke Reizung nach der Einführung von 2 g eine Drucksenkung um die Hälfte. Während der Einspritzung selbst trat allmählich eine unbedeutende Drucksenkung auf, die den Eindruck einer schwachen Erregung der Depressoren machte. Die Herzschläge wurden gleichzeitig voller und größer und mehrmals durch einige Vaguspulse unterbrochen. Gleich nach der Einspritzung beobachtet man gewöhnlich eine mehr oder minder große Beschleunigung. Die folgenden

Kurven, dem Versuche vom 4. Juni entnommen, geben am besten eine Vorstellung von den bei der Jodothyrin-Einspritzung auftretenden Veränderungen im Vergleich zu der Wirkung der Depressorreizung.

Veränderungen in der Zahl der Atembewegungen treten bei der Jodothyrineinspritzung sehr häufig auf. Sie bestehen anfangs in einer Beschleunigung, welcher dann eine mehr oder weniger große Verlangsamung der Atembewegungen folgt. Die Kurve 4 desselben Versuches (S. 38) zeigt die Veränderungen des Blutdruckes, der Zahl der Herzschläge und der Atmungen 5 Minuten nach der ersten Einspritzung; Kurve 5 die Traubeschen Wellen, welche nach der letzten Einspritzung bei Reizung des zentralen Endes des durchschnittenen Re-

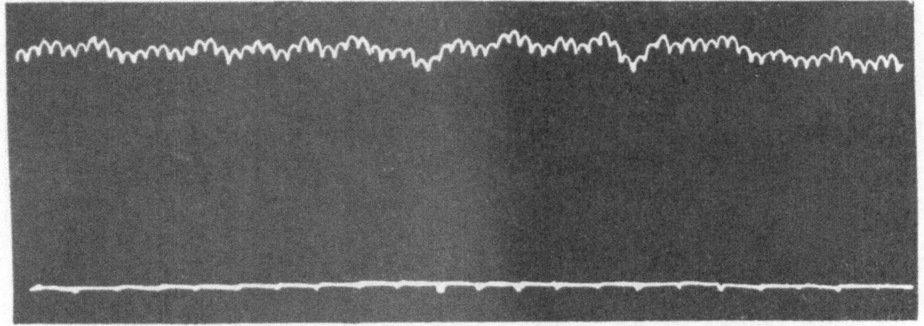

Fig. 1 gibt den normalen Blutdruck bei Beginn des Versuchs an. (Versuch 5.)
Die Höhe der Kurve ist um 35 mm verkürzt.

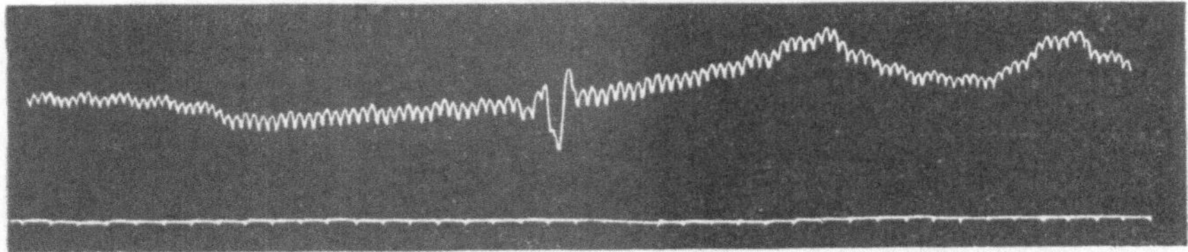

Fig. 2. Einspritzung von 2 Gramm Jodothyrin.

currens auftraten, und endlich Kurve 6 den tödlichen Erfolg der letzten Depressorreizung.

In diesem letzten Versuche traten die gewöhnlichen Wirkungen der Jodothyrineinspritzung zwar deutlich, aber in abgeschwächter Form auf. Die Drucksenkungen bei Reizungen des Depressors waren zwar beträchtlicher als vor der Einspritzung, der Blutdruck kehrte aber nach jeder Reizung zu seiner früheren Höhe zurück.

Nun wurde dem Tier $^1/_2$ g Chloral eingespritzt. Der Druck fing sofort an bedeutend zu sinken und das Tier ging zugrunde unter denselben Erscheinungen wie im Versuch der Tabelle V. Die Kurve 6 ist fast identisch mit der beim Chloraltode.

Das Gefäßzentrum ist bekanntlich für Chloral sehr empfindlich. Vor Jahren habe ich die auffallende Tatsache konstatiert, daß Chloral die Fähigkeit besitzt, die Reaktionsweise des Gefäßnervenzentrums auf Reizung sensibler Nerven vollständig umzukehren: anstatt dieses Zentrum zu erregen, rufen solche Reizungen bei chloralisierten Tieren seine Lähmung hervor; man erhält nicht eine Druckerhöhung, sondern eine Drucksenkung.

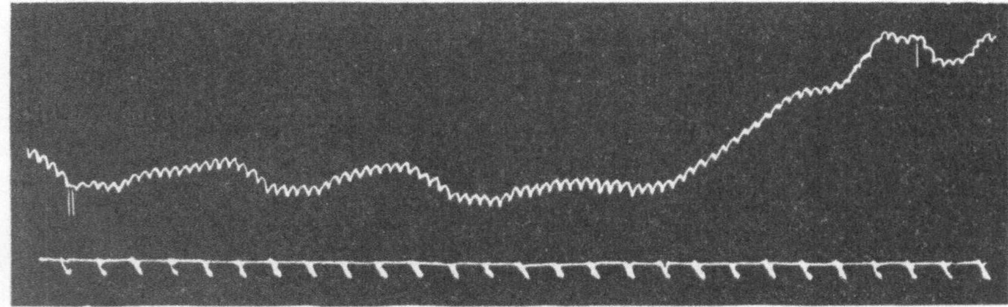

Fig. 3. Reizung des Depressor nach Durchschneidung des Vagi und Sympathici.

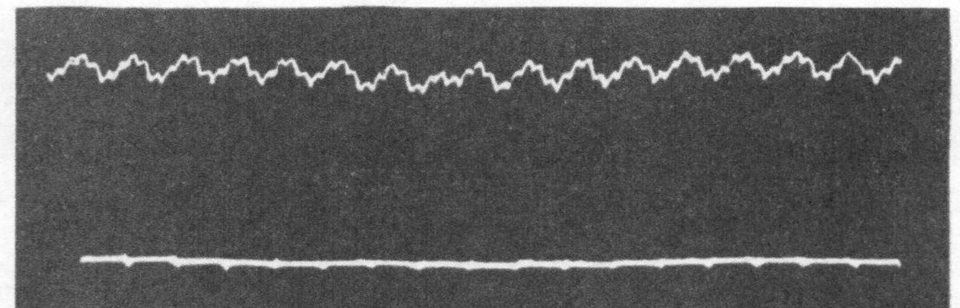

Fig. 4. Blutdruck und Herzschläge nach der Einspritzung des Jodothyrins.

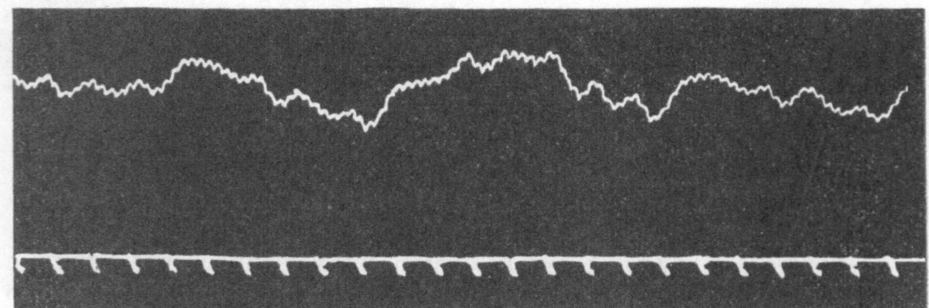

Fig. 5. Auftreten der Traubeschen Wellen gegen Ende des Versuches.

Nach Einspritzung von Chloralhydrat beantwortet also das Gefäßnervenzentrum jede Reizung der sensiblen Nerven in derselben Weise, als handelte es sich um eine Depressorreizung. Die gemachte Beobachtung, daß nach Einspritzung von Jodothyrin das Kaninchen eine ganz kleine Dose von Chloral nicht mehr verträgt und dabei an einer Lähmung des Gefäßnervenzentrums zugrunde geht unter denselben Erscheinungen, wie bei Erregung des Depressors im obigen Versuch, deutet darauf hin, welch gewaltigen Einfluß das Jodothyrin auf die hemmenden Funktionen dieses Zentrums ausübt.

Nachdem meine Versuche festgestellt haben, daß die Exstirpation der beiden Schilddrüsen die tonische Erregung und die Erregbarkeit der Nervi vagi und der Depressoren bedeutend herabsetzt, ja sogar bis zum Verschwinden bringen kann, war es von hohem Interesse, zu prüfen, ob das Jodothyrin imstande ist, die geschwundene Erregbarkeit dieses Nerven zu restituieren.

Der Versuch, von welchem die Tabelle VI Rechenschaft gibt, ebenso wie mehrere gleichlautende, liefert eine eindeutige Entscheidung der betreffenden Frage.

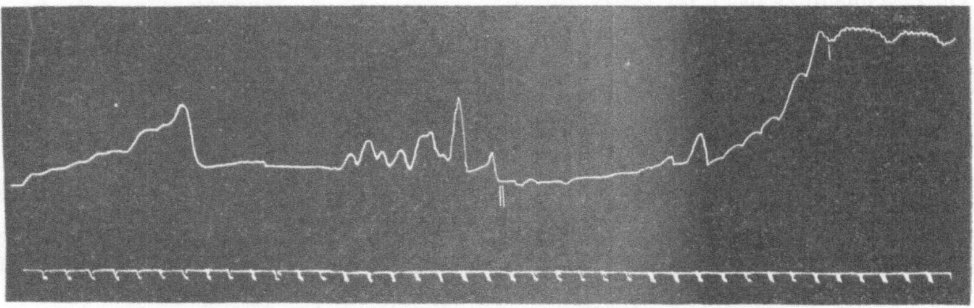

Fig. 6. Tödliche Depressorreizung nach Einspritzung von Jodothyrin.

Versuch 6.

Einem Kaninchen wurden am 23. Juli die beiden Schilddrüsen samt den Parathyreoideae von Sandström-Gley exstirpiert, unter Beobachtung der gewöhnlichen antiseptischen Kautelen. Am 28. Juli war die Wunde per primam geheilt. Der Versuch an diesem Tage wurde ohne Morphiumnarkose ausgeführt. Vorher war aber das Tier tracheotomiert worden.

Tabelle VI.

Versuch 6. 28. Juli	Reizstärke	Blutdruck in mm Hg.	Herzschläge in 10 Sek.	Atmungen in 10 Sek.	Bemerkungen
Beginn des Versuches .		144	46	2,5	Traubesche Wellen, kleine Pulse.
Unterbindung des Halssympathicus		120	48		Heftige Schmerzäußerungen, Krämpfe.
1 Minute nach dieser Unterbindung		120	42, 44	4	
Reizung des durchschnittenen rechten Depress.	200	80	40		Keine Vaguspulse, Herzschläge voller.
Nach der Reizung . . .		112	41		
Reizung des zentralen Sympathicus	200	120	40		
Reizung des peripheren Endes des Sympathicus		130	45		
Nach einigen Minuten .		126	44		

Tabelle VI (Fortsetzung).

Versuch 6. 28. Juli	Reizstärke	Blutdruck in mm Hg.	Herzschläge in 15 Sek.	Atmungen in 10 Sek.	Bemerkungen
Unterbindung des rechten Vagus		100			Sinken des Druckes im Momente der Unterbindung.
Durchschneidung des rechten Vagus. . . .		100—118	42		
Reizung des peripheren Vagusendes	300	130—120	32—27—40		Einige schwache Vaguspulse.
Unterbindung des linken Vagus		100			Gleichfalls Sinken im Momente der Unterbindung.
Durchschneidung des linken Vagus		126	45		
Reizung des peripheren linken Vagusendes . .		36	3		Nach Latenz von ein paar Sekunden.
Sofort nach Ende der Reizung		146	16—40—46		Ein paar Vaguspulse.
Reizung des rechten Vagus	300	116	20—16		
Nach Reizung		120	40		
Reizung des rechten Depressors.		82	36		Pulse voller.
Reizung des peripheren Sympathicus	200	126	47		
Reizung von rechtem Vagus und Sympathicus	300	116—114	20—32—20		
Nach der Reizung . . .		116	46—44		
Während Einspritzung v. 5 ccm Jodothyrinlösung in 15 Sekunden . . .		116—114	40		2 Traubesche Wellen, ein paar Vaguspulse.
10 Minuten nach der Einspritzung		114	42		
Reizung des Depressors.	200	60	40		
Neue Einspritzung von 5 ccm Jodothyrinlösung in 22 Sekunden.		118—120	40		Nur am Ende der Einspritzung Druck um 5—6 mm gesunken.
Nach 35 Minuten . . .		118—120		4	Pulse sehr klein, schwer zählbar.
Reizung des Depressors.	300	70	40		
Reizung des Vagus während 23 Sekunden . .	300	116-110-40	24-18-0		
Sofort nach Aufhören der Reizung		156	26		
Einige Zeit darauf . .		112	45		
Nach 10 Minuten . . .		136	40		
Reizung des Depressors.	4-500	106	40		
Einige Zeit darauf . .		110	46		
Reizung des Vagus. . .	300	110—42	24-10-0		Stillstand während 9 Sekunden.
Sofort nach der Reizung		156	24		
Spätere Vagusreizung .		48	0		Stillstand während 10 Sekunden.
Reizung des Vagus und Sympathicus	400	48—88	10—20		Kein Stillstand.
Nach Reizung		166			Sehr starke Beschleunigung, Pulse unzählbar.

Der hohe Blutdruck, die beschleunigten Herzschläge, die verlangsamten Atembewegungen sowie die Traubeschen Wellen sind, wie wir im nächsten Abschnitt sehen werden, die gewöhnlichsten Erscheinungen, welche man einige Tage nach der Exstirpation der Schilddrüsen bei Tieren beobachtet.

Hier wollen wir nur die Folgen der Jodothyrineinspritzung berücksichtigen. Vor der Einspritzung waren die Depressoren, im Gegensatz zu den meisten thyreoidektomierten Tieren, was die Wirkung auf das Gefäßnervenzentrum anbelangt, noch ziemlich erregbar. Dagegen war die Reizung der Depressoren ganz ohne Effekt auf das zentrale Ende der Vagi. Der Blutdruck sank bei dieser Reizung von 120 mm auf 80 mm, die Zahl der Herzschläge blieb aber unverändert, nur wurden sie etwas voller. Diese Wirkungslosigkeit der Depressorreizung auf das Vaguszentrum rührte jedenfalls von einer herabgesetzten Erregbarkeit dieses Zentrums her. In der Tat traten weder bei der Durchschneidung noch bei der Unterbindung irgendwelche Beschleunigungen der Herzschläge oder Steigerung des Blutdruckes auf. Direkte Reizung des rechten Vagus war auch sehr wenig wirksam und erzeugte eine kaum merkbare Verlangsamung. Letztere trat zwar bei Reizung des linken Vagus auf, ging aber nicht bis zum Stillstand.

Bei diesem Kaninchen erzeugte die Reizung des Depressors nach der Einspritzung von Jodothyrin eine viel beträchtlichere Drucksenkung als vorher, und zwar fast um die Hälfte. Nach der zweiten Einspritzung war der Erfolg der Depressorreizung, was die Größe der Drucksenkung anbetrifft, gleich stark. Es bedurfte aber schon, um diesen Erfolg zu erzielen, einer etwas größeren Reizstärke. Eine Stunde nach dieser letzten Einspritzung verschwand aber bereits die höhere Erregbarkeit des Depressors. Es scheint also, daß bei thyreoidektomierten Tieren die Wirkungen des Jodothyrins auf die Depressoren nicht sehr anhaltend sind, wahrscheinlich wegen des größeren Widerstandes, welchen das gefäßverengernde Zentrum bietet.

Auf die Erregbarkeit der beiden Nervi vagi hat, wie die Tabelle hier zeigt, das Jodothyrin einen ganz gewaltigen Einfluß ausgeübt. Während vor der Einspritzung wiederholte Reizungen des rechten Vagus nur unbedeutende Verlangsamungen herbeiführen konnten, verursachte die Reizung mit gleichstarken Strömen einen langen Herzstillstand mit beträchtlicher Senkung des Blutdruckes. Beim linken Vagus trat statt der früheren bedeutenden Verlangsamung ein vollkommener Stillstand ein, welcher während der ganzen Dauer der Reizung anhielt.

Bei dieser Gelegenheit muß ich auf den Widerspruch aufmerksam machen, in welchem meine Versuche mit denen von Vamossy und Bernhard Vas[1] zu stehen scheinen. Diese Autoren gelangten zum Resultate, daß Jodothyrin bei Tieren, selbst in stärksten Dosen

---

[1] Münchener medizin. Wochenschrift Nr. 25, 22. Juni 1897.

angewandt, die Herzaktion in keiner Weise zu beeinflussen vermag. Dieser Widerspruch muß um so auffallender erscheinen, als sie ihr Jodothyrin von derselben Bezugsquelle erhielten wie ich. Ich finde aber in der zitierten Schrift keinerlei ernste Belege für ihre Behauptung. Auch wurden von den Autoren keinerlei Versuche mit Reizung der Herznerven vorgenommen. „Da bekanntlich bei Kaninchen die Herzfunktion sehr leicht zu beeinflussen ist, glaubten wir, unsere diesbezüglichen Resultate nicht besonders verwerten zu dürfen"[1]). Dies klingt so, als hätten sie in der Tat Wirkungen des Jodothyrins beim Kaninchen auf das Herz beobachtet, nur wollten sie diese Beobachtungen wegen der großen Empfindlichkeit des Kaninchenherzens nicht verwerten! Auch für die vermeintliche Wirkungslosigkeit des Jodothyrins auf die Herzaktion beim Hunde wird kein einziger Beleg geliefert.

Nun haben unsere Versuche gezeigt, daß am Hunde diese Wirkungen in der Tat mit gleicher Schärfe und Präzision wie beim Kaninchen auftreten. Der oben in Tabelle III angeführte Versuch 3 läßt diese Wirkung schon ganz deutlich erkennen. Im Beginne dieses Versuches waren die Vagi ziemlich erregt durch die Morphiumnarkose. Diese starke Erregung zeigte sich am besten durch die Drucksteigerung von 190 auf 276 mm und durch die Pulsbeschleunigung von 156 auf 276 nach Durchschneidung des einen Vagus. Reizung des peripheren Vagusendes mit 400 Einheiten Stromstärke rief eine Verlangsamung der Herzschläge und geringe Senkung des Blutdruckes hervor. Die verlangsamten Pulsschläge erreichten die Höhe von 168 mm. Bei der ersten Einspritzung von Jodothyrin trat eine allmähliche Drucksenkung von 186 auf 140 mm ein, begleitet von einer ganz unbedeutenden Beschleunigung beim tiefsten Stand des Druckes. Eine neue Reizung des peripheren Vagusendes, ebenfalls mit 400 Einheiten, rief zwei lange Herzstillstände von acht und fünf Sekunden Dauer und dann seltene Vaguspulse von 106 mm Höhe hervor. Dabei ist zu bemerken, daß die maximalen Höhen am Ende der Systolen die vor der Reizung bestandene Druckhöhe um 10 mm überragten. Die Wiederholung einer solchen Reizung erzeugte einen Stillstand von 19 Sekunden Dauer, wobei der Druck auf 50 mm sank. Hervorzuheben ist noch, daß nach der ersten Einspritzung von Jodothyrin die Reizung des peripheren Endes des Laryngeus inf. eine Drucksenkung von 14 bis 16 mm hervorrief, während dieselbe Reizung vor der Einspritzung von kaum merklichem Einflusse war. Das Jodothyrin scheint also auch auf die gefäßerweiternden Nerven der Schilddrüse selbst erregend zu wirken.

Eine zweite Einspritzung von Jodothyrin rief eine Drucksenkung von 128 auf 102 mm hervor mit einer geringen Beschleunigung von 34 auf 37 in 10 Sekunden, wobei die Pulse voller und doppelt so stark wurden. Erneuerte Reizung des rechten Vagus veranlaßte einen Stillstand von 18 Sekunden und darauf während 28 Sekunden Reizung

---

[1]) l. c. S. 670.

30 Herzschläge von 122 mm Höhe. Die systolischen Höhen bei diesen Herzschlägen überragten ebenfalls um 54 mm die Druckhöhe vor der Reizung. Der linke Vagus schien weniger erregbar zu sein. Seine Durchschneidung erzeugte eine geringe Beschleunigung mit einer ebensolchen Drucksenkung. Reizungen mit 400 Einheiten konnten nur Verlangsamungen, solche mit 500 kurze Stillstände erzeugen. Da er vor der Einspritzung nicht gereizt worden ist, so fehlen Anhaltspunkte für den Vergleich.

Der Versuch 4 (siehe oben Tabelle IV) gibt die Wirkungsweise des Jodothyrins bei einem Hunde, dessen Schilddrüsen beiderseits stark entwickelte Strumen zeigten. Wie ich schon mehrmals bei solchen Tieren zu beobachten Gelegenheit hatte, lehrte auch dieser Versuch, daß die Erregbarkeit der Vagusstämme früher erlischt als die der Vaguszentren. Während die tonischen, vom Gehirn ausgehenden Erregungen dem Herzen noch zugeführt werden, bleibt die elektrische Reizung der Vagusstämme ganz erfolglos oder erzielt nur geringe Effekte. Häufig beobachtet man in solchen Fällen noch eine andere beachtenswerte Erscheinung. Die für elektrische Reizung kaum empfindlichen Vagi und Depressoren reagieren noch bei mechanischer Reizung wie Zerrung, Unterbindung und Durchschneidung. So sieht man oft schon beim Aufsuchen der Nerven zum Zwecke der Unterbindung die Nerven in Erregung geraten und ist dann ganz überrascht, bei der elektrischen Reizung keinen Effekt zu erhalten.

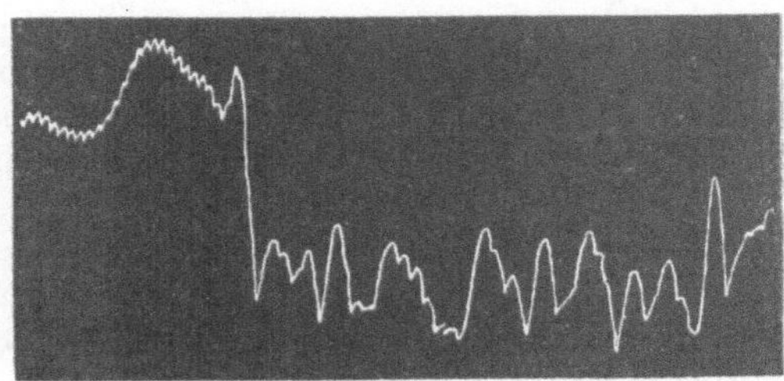

Fig. 7. (Versuch 6.) Fortdauer der Erregung in den Herzganglien nach Aufhören der Vagusreizung. Nach Jodothyrineinspritzung.

Aus der Tabelle des 4. Versuches geht die gewaltige Wirkung des Jodothyrins auf die Erregbarkeit der Vagi mit voller Evidenz hervor. Die Einspritzung von 25 ccm Jodothyrinlösung genügte, um die früher fast unerregbaren Vagi zur Tätigkeit anzuregen und um bei Reizungen ihrer peripheren Stumpfe längere Stillstände zu erzeugen.

Die Erhöhung der Erregbarkeit war so bedeutend, daß sogar nach Aufhören der Reizung die Verlangsamung noch längere Zeit anhielt und Reihen von Vaguspulsen auftraten, welche für die starke Erregung der Vagusenden im Herzen selbst Zeugnis ablegten. (Siehe Fig. 7.)

Da die Einspritzung bei schon durchschnittenen Vagi stattgefunden hat, so konnte das Jodothyrin entweder auf die Stämme dieser Nerven oder auf ihre peripheren Endigungen einwirken. Die erste Möglichkeit kann zwar nicht ganz ausgeschlossen werden, ist aber in hohem Grade unwahrscheinlich. Der erzielte Erfolg war also durch eine direkte Einwirkung des Jodothyrins auf die peripheren, im Herzen gelegenen Enden der Vagi hervorgerufen. Ich komme noch auf diese Verhältnisse zurück.

Die aus diesen sowie aus mehreren ähnlichen Versuchen mit Evidenz hervorgegangene Wirkung des Jodothyrins auf die regulatorischen Herznerven und auf die gefäßerweiternden Fasern des N. laryngeus inf., mit einem Worte auf diejenigen Nerven, welche die Blut- und Lymphzirkulation in der Schilddrüse zu erhöhen vermögen, machte es zur unabweisbaren Notwendigkeit, die Wirkungen des Jods auf dieselben Herz- und Gefäßnerven zu untersuchen.

Dr. Barbéra übernahm auf meine Veranlassung die dazu notwendigen Versuche, welche im Physiologischen Institute zu Bern parallel mit den meinigen ausgeführt wurden. Die Resultate dieser Untersuchungen sind in Pflügers Archiv veröffentlicht worden. Sie beweisen auf das Unzweifelhafteste, daß Jod auf die Herz- und Gefäßnerven einen Einfluß ausübt, welcher dem des Jodothyrins gerade entgegengesetzt ist. Daraus folgt der unabweisbare Schluß, daß die beschriebenen Jodothyrinwirkungen nicht von dem in ihm enthaltenen Jod oder wenigstens nicht von ihm allein herrühren können. Da außerdem die Anwesenheit von Jod für den Organismus in hohem Grade schädlich sein muß, und zwar schon allein durch dessen lähmende Wirkungen auf die Vagi und Depressoren, so bildet die Produktion von Jodothyrin in der Schilddrüse sowohl eine Schutzvorrichtung gegen diese schädlichen Wirkungen des Jods als auch eine Nutzvorrichtung, welche die regulatorischen Herz- und Gefäßnerven in erhöhter Tätigkeit zu erhalten vermag.

Auf die Bedeutung des Jodothyrins komme ich in den nächsten Abschnitten bei der Diskussion der Schilddrüsenfunktionen noch zurück. Hier will ich nur noch einige Tatsachen anführen, welche sich auf die Wirkungen des Jodnatriums und des phosphorsauren Natrons beziehen, Tatsachen, welche sich bei einem näheren Studium der Versuchsprotokolle sowie der betreffenden Kurven ergeben haben.

Einspritzungen von Jod wirken auf das sympathische Herz- und Gefäßnervensystem stark erregend, also ganz im Gegensatz zu ihren Wirkungen auf Vagus und Depressoren. Diese erregende Wirkung erhellt schon aus dem hohen Stande des Blutdruckes, welcher sofort aufzutreten pflegt, nachdem die Jodeinspritzung mit vorübergehender Drucksenkung vorbei ist. Die gewaltige Blutdrucksenkung, welche bei der Durchschneidung der Splanchnici in solchen Versuchen plötzlich auftritt, beweist, wie groß die Erregung des Gefäßnervenzentrums gewesen ist. Es ist daher in hohem Grade wahrscheinlich, daß die Wirkungslosigkeit des N. depressor bei der Jodvergiftung nicht nur von der Abnahme seiner eigenen Erregbarkeit, sondern auch zum Teil von dieser starken Erregung des gefäßverengenden Nervenzentrums abhängt. Bekanntlich beobachtet man auch bei anderen starken Erregungen des Gefäßnervenzentrums, wie z. B.

bei der Kohlensäurevergiftung, daß die Depressoren dessen Erregung nicht zu lähmen vermögen.

Die erregende Wirkung des Jodnatriums äußert sich aber nicht nur auf die Gefäßnerven des Sympathicus, sondern auch auf die peripheren sympathischen Ganglien und die Nervi accelerantes. Dies tritt mit Evidenz aus mehreren meiner Versuche hervor. Ich will hier nur den einen Versuch vom 13. August anführen, dessen Ende durch Nebenumstände gestört wurde, der aber im Beginne einige sehr bemerkenswerte, den Halssympathicus betreffende Tatsachen lieferte.

Versuch v. 13. Aug. Zu Beginn des Versuches war der Blutdruck des nicht narkotisierten Kaninchens 130 mm, die Zahl der Herzschläge 36, die der Atmungen 3 in 10 Sekunden. Eine schwache (100 E.) Reizung des zentralen Endes des rechten Depressors rief eine ganz enorme Drucksenkung bis auf 28 mm hervor. Während des tiefsten Standes des Blutdruckes war der Herzschlag bis auf 6 Schläge in 10 Sekunden verlangsamt. Durchschneidung des Halssympathicus und Reizung seiner beiden Enden riefen keinerlei Veränderungen weder im Blutdruck noch in der Zahl der Herzschläge hervor. Einspritzung von 2 ccm einer 20 prozentigen Lösung von Jodnatrium veranlaßte eine geringe Drucksenkung. Gleich nach Aufhören der Einspritzung stieg dann der Druck wieder auf

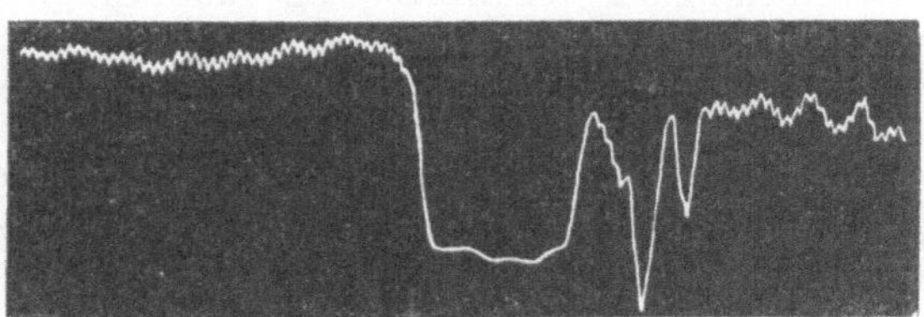

Fig. 8. (Versuch 6.) Zweite Einspritzung von Jodnatrium; Krämpfe, Vaguspulse, darauf Drucksteigerung und Beschleunigung.

140, der Puls auf 38 in 10 Sekunden. Die Atmungszahl blieb unverändert. Durchschneidung des Depressors rief eine kleine Drucksenkung auf 136 und eine Steigerung der Schlagzahl auf 42 in 10 Sekunden hervor. Bei Reizung des linken Depressors sank der Druck auf 108, die Pulse gingen auf 38 zurück.

Neue Einspritzung von 2 ccm derselben Jodlösung ruft eine Steigerung des Druckes hervor; das Tier bekommt heftige Krämpfe; einige große Vaguspulse von 4 Sekunden Dauer. Bald darauf steigt der Druck auf 160, die Pulszahl auf 40 in 10 Sekunden, nach 20 Sekunden treten Doppelpulse (Pulsus bigeminus) auf. Reizung des rechten Depressors verlangsamt zuerst diese Doppelpulse und bringt sie darauf zum Verschwinden. Die Drucksenkung ist dabei kaum merklich. Nach einigen Minuten ist die Reizung des rechten Depressors ganz wirkungslos, die des linken erzeugt eine Drucksenkung von 134 auf 114 mm. Eine neue Einspritzung von 3 ccm Jodnatrium macht den Druck auf 148 steigen, Pulse 48 in 10 Sekunden, gleich darauf 21 Doppelpulse in 10 Sekunden. Nun wird plötzlich der rechte Sympathicus unterbunden; sofort verschwinden die Doppelpulse und der Puls steigt auf 42 in 10 Sekunden. Reizung des peripheren Endes des linken Sympathicus mit 100 E. läßt die Pulse auf 48 und noch mehr steigen, bis sie unzählbar werden. Reizung des zentralen Endes ist ohne Einfluß auf diesen schnellen Puls, ruft aber beim Tiere heftige Schmerzäußerungen hervor.

Durch Blutgerinnsel in der Carotis wurde der Versuch einige Zeit unterbrochen; nach deren Entfernung wurde der rechte Vagus durchschnitten und peripher gereizt, ohne irgendwelchen Effekt. Der rechte Depressor blieb unerregbar, der linke gab unbedeutende Drucksenkung. Darauf wurde dem Tiere phosphorsaures Natron eingespritzt. (Leider ist die Dosis auf der Kurve nicht angegeben.) Sofort verlangsamt sich der Puls, die Herzschläge werden voller und höher. Jetzt erzeugt Reizung des rechten Depressors eine sehr merkliche Drucksenkung. Die umstehende Kurve 8 zeigt am besten diese verschiedenen Wirkungen.

Die Wirkungen des Jodnatriums, welche aus dieser Kurve mit Deutlichkeit hervorgehen, sind also: große Steigerung des Blutdruckes, Beschleunigung der Herzschläge und Erhöhung der Erregbarkeit der acceleratorischen Fasern des Halssympathicus. Fügen wir noch die heftigen Krämpfe, welche die Einspritzung hervorrief, und die große Schmerzhaftigkeit bei Reizung des zentralen Endes des Sympathicus hinzu, so erhalten wir eine Reihe von Erscheinungen, deren nähere Bedeutung erst im nächsten Abschnitt klar werden wird. Wir werden dort sehen, daß bei der Exstirpation der Schilddrüsen an den Herz- und Gefäßnerven ganz analoge Erscheinungen beobachtet werden, wie bei der Jodvergiftung.

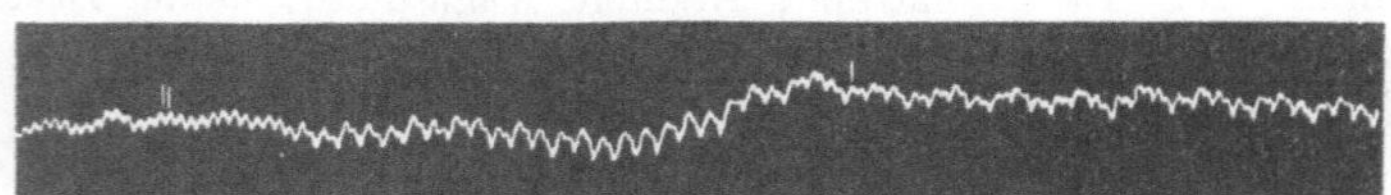

Fig. 9. Auftreten von Doppelpulsen; bei | Reizung des Depressors;
bei | Aufhören der Reizung.

§ 5. Weitere Folgenreihe der Versuche über die Wirkungen des Jodothyrins.

(Als erster Teil der Physiologischen Herzgifte erschienen in Pflügers Archiv, Bd. 73.)

Als „physiologische Herzgifte" bezeichnete ich die wirksamen Substanzen, welche im Organismus normalerweise gebildet werden und deren funktionelle Bestimmung es ist, die Tätigkeit der Herz- und Gefäßnerven zu beeinflussen, deren Tonus zu unterhalten und zu regulieren. Das Jodothyrin, die wirksame Substanz der Schilddrüsen, wurde von mir zuerst als ein solches Herzgift bezeichnet. Die hier mitzuteilenden Versuche hatten den Zweck, experimentell die genaueren Beziehungen der genannten Substanz zum Nervensystem des Herzens und der Blutgefäße festzustellen und — wenn festgestellt — deren Wirkungen mit denen einiger äußerer Herzgifte, die in ihrer Wirkungsweise am besten bekannt sind, zu vergleichen. Ich wählte Atropin, Muscarin, Nicotin und Chloral als solche Vergleichsobjekte.

Die eklatante Wirkungsweise des Jodothyrins als mächtigen Erregers der beiden wichtigsten regulatorischen Nerven der Herztätigkeit — des Vagus und des Depressors — äußerte sich, wie die vorhergehenden Versuche zeigten, darin, daß diese von Baumann entdeckte Substanz schon in kleinen Dosen die Erregbarkeit sowohl der zentralen wie der peripheren Endorgane, wahrscheinlich auch die der Stämme des Herzvagus und des Depressors zu erhöhen vermag; bei stärkeren Dosen steigert sich in gewissen Fällen diese Wirkung bis zur selbständigen Erregung dieser Organe, die aber gewöhnlich nur kurzdauernd ist. Ist deren physiologische Erregbarkeit ein wenig herabgesetzt oder erloschen, wie z. B. in meinen Versuchen unter dem Einfluß der strumösen Erkrankungen und Entartungen der Schilddrüse, der Thyreoidektomie oder der Einführung von Jod, so vermag das Jodothyrin sie zu erhöhen resp. wiederherzustellen. So z. B. vermochte gewöhnlich die beim Kaninchen gemachte intravenöse Einspritzung von 2 ccm Jodothyrin (enthaltend 1,8 mg Jod) die durch auf demselben Wege eingeführte 2 g Jodnatrium (1,054 g Jod) gelähmten Herzvagi und Depressoren wieder erregbar zu machen. Diese Tatsache drängte mich zum Schlusse, daß das Jodothyrin, indem es die Erregbarkeit der genannten regulatorischen Herznerven zu unterhalten hat, gleichzeitig dazu bestimmt ist, den Organismus vom Jod, als einer diese Erregbarkeit schädigenden Substanz, zu befreien; wobei nicht ausgeschlossen ist, daß bei der Bildung des Jodothyrins in der Schilddrüse gleichzeitig auch irgendein organisches Zersetzungsprodukt, das dem Jod analog toxisch wirkt, unschädlich resp. nutzbringend gemacht wird.

Die Erhöhung der Erregbarkeit von Mechanismen, welche die Herzschläge verstärken und verlangsamen und die Blutgefäße erweitern, muß selbstverständlich auf die Tätigkeit ihrer Antagonisten, der beschleunigenden Herznerven und der Gefäßverengerer, herabsetzend wirken. Ob das Jodothyrin dies nur indirekt erzielt oder auch direkt die Erregbarkeit der Nn. accelerantes und der Vasokonstriktoren herabsetzt, habe ich in den ersten Versuchen nicht mit Sicherheit feststellen können. Wahrscheinlich war beides der Fall.

Es war nun von hohem Interesse, zu erforschen, ob diese die Erregbarkeit erhöhende Fähigkeit des Jodothyrins sich auch dann würde äußern können, wenn die Herzvagi durch die im Organismus nicht normal vorkommenden Gifte gelähmt würden. Zur Prüfung wählte ich Atropin, das die Enden dieser Nerven in absoluter Weise außer Tätigkeit zu setzen vermag.

Aus der Reihe der zu diesem Zwecke angestellten Versuche sollen hier einige als Beispiele angeführt werden.

Versuch 7.

Großes Kaninchen; etwas strumös. Dieses Kaninchen (sowie die der Versuche 5 und 6) stammt vom Wurfe des Kaninchens, dem ich am 8. Juli des

Jahres vorher die beiden Depressoren reseziert und am 23. Juli die Schilddrüsen beiderseits exstirpiert habe. Morphiumnarkose.

Tabelle VII.

Versuch 7	Reiz-stärke in Ein-heiten	Blutdruck in mm Hg.	Zahl der Herz-schläge in 10 Sek.	Bemerkungen
Beginn des Versuches . .	—	110	28	Traubesche Wellen.
Rechter Vagus durchschnit-ten	—	120	32	
Reizung des rechten Vagus peripher	100	106-90-30	7—0	
Sofort nach der Reizung.	—	148	26	
Einige Zeit darauf . . .	—	114	32	
Einspritzen von 0,4 mg Atropin	—	—	—	
Reizung des Vagus . . .	100	112	32	
Reizung des Vagus . . .	200	114	24	Puls stärker.
Reizung des Vagus . . .	500	98—114	16	Sehr große Pulse.
Neue Einspritzung von 0,4 mg Atropin	—	—	—	
Reizung des Vagus . . .	500	110	32	
Einspritzen von 2 ccm Jodothyrin	—	106—114	28—32	
Reizung des Vagus . . .	100	106	20	Große Pulse.
Reizung des Vagus . . .	200	106	18	Große Pulse.
Reizung des Vagus . . .	100	106	18	Große Pulse.
Reizung des Vagus . . .	100	96	14	Große Pulse.
Neue Einspritzung v. 2 ccm Jodothyrin	—	110	34	
Reizung des Vagus . . .	500	100	14	Große Pulse.
Reizung des Vagus . . .	1000	100	14	
Reizung des Vagus . . .	200	100	14	Reizung des linken Vagus erzeugt den gleichen Effekt.

Wie aus der Tabelle ersichtlich, vermochte die Einspritzung von 2 ccm Jodothyrin (1 ccm = 0,9 mg Jod) die Erregbarkeit der Vagi sofort wiederherzustellen. Diese restituierende Wirkung äußerte sich aber nur in der Möglichkeit, durch deren elektrische Reizung die Herzschläge verlangsamen zu können. Einen Stillstand vermochte auch die Reizung mit 1000 E. nicht zu erzielen, während eine solche vor der Atropineinspritzung schon bei 100 E. einzutreten pflegte. Einige Vagus-pulse traten sogar während der Einspritzung des Jodothyrins schon spontan auf. Die Wiederkehr der Erregbarkeit hatte sich also auch durch eine schwache Erregung der Vagusenden geäußert.

Wie in diesem, so zeigte sich auch in den anderen Versuchen, daß die Stärke des reizenden Stromes keinen merklichen Einfluß auf den Erfolg der Vaguserregung auszuüben vermag. In der Tat wurde die Stärke der Verlangsamung nur beeinflußt durch die Menge des ein-geführten Jodothyrins und durch den Zeitraum, welcher zwischen dieser

Einführung und der Reizung verflossen war. So sehen wir, daß nach der ersten Einspritzung die Verlangsamung durch 500 E. geringer war als die darauf vorgenommene Reizung mit 200 E. Wenn 1000 E. einen größeren Erfolg erzielten, so rührte dies sicherlich von der späteren Reizung her. Dies wird dadurch bewiesen, daß nach der zweiten Einspritzung von Jodothyrin die Reizungen der Vagi mit den angegebenen drei Stromesstärken den gleichen Erfolg erzielten, d. h. eine Verlangsamung auf 14 Schläge in 10 Sekunden bewirkten.

Auch auf die Höhe der Exkursionen bleibt die Stärke der elektrischen Reizung meistens ohne wesentlichen Einfluß. Wie die beiliegende Kurve (Fig. 10) zeigt, unterscheiden sich die Herzschläge weder durch ihre Frequenz, noch durch die Stärke. Nur in ganz seltenen Fällen wird letztere ein wenig erhöht, bei gleichbleibender Frequenz.

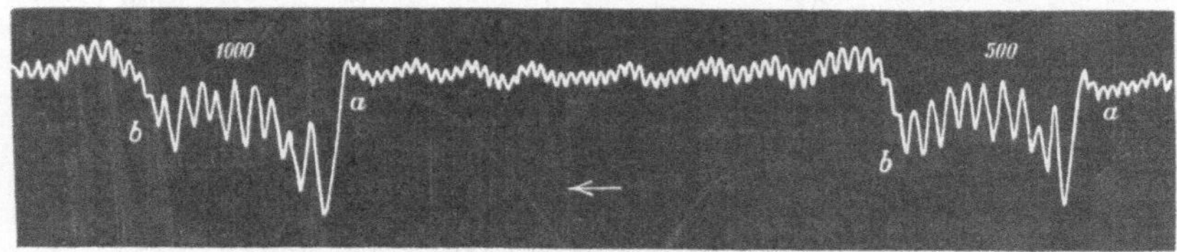

Fig. 10. Reizung der Vagi bei *a* mit 500 und 1000 Einheiten nach Einspritzung von 2 ccm Jodothyrin bei einem Kaninchen, dessen Vagusenden vorher durch Atropin gelähmt wurden (Tabelle VII); bei *b* Ende der Reizung.

Versuch 8.

Strumöses Kaninchen von demselben Wurf stammend. Leichte Morphiumnarkose. Atropin, Jodothyrin und Muscarin.

Tabelle VIII.

Versuch 8	Reiz-stärke	Blut-druck in mm Hg.	Pulse in 10 Sek.	Bemerkungen
	—	130	46	
Reizung des rechten Vagus . . .	100	34	0	
Bald darauf	—	140	42	
Reizung des N. depressor . . .	100	100	44	
Durchschneidung des rechten Vagus	—	150	42	
Reizung des Sympathicus central	—	74	42	
Nach Reizung	—	140	42	
Einspritzung von 0,4 mg Atropin	—	120	38—40	
Reizung des Vagus	100	120	38	
Reizung des Sympathicus central	200	60	38	
15 Minuten darauf Durchschneidung des linken Depressors . .	—	120	40	
Reizung des linken Depressors . .	100	68	32	
Linker Vagus durchschnitten . .	—	130	40	
Reizung des linken Vagus . . .	200	104	18	
Nach der Reizung	—	160	34	

Tabelle VIII (Fortsetzung).

Versuch 8	Reiz-stärke	Blut-druck in mm Hg.	Pulse in 10 Sek.	Bemerkungen
Reizung des linken Vagus . . .	200	122	15	
Einspritzung von 0,5 mg Atropin	—	130	36—38	
Reizung des linken Vagus . . .	200	130	38	
Reizung des rechten Vagus . . .	200	130	38—40	
Reizung des linken Depressors. .	200	128	38	
Reizung des rechten Depressors. .	200	126	38	
Reizung des linken Vagus . . .	600	126	38	
Einspritzung v. 2 ccm Jodothyrin	—	130	38	
Reizung des rechten Vagus . . .	200	130	20	Große Vaguspulse.
Reizung des linken Vagus . . .	200	130	32	Pulse sind meistens
Sofort nach Reizung	—	170	38	vergrößert.
Reizung des linken Depressors. .	200	120	38	
Darauf Druck von neuem . . .	—	170	38	
Reizung des rechten Depressors .	200	90	38	Atembewegungen
Einspritzung v. 2 ccm Jodothyrin	—	140	40	bleiben sichtbar.
Sofortige Reizung d. rechten Vagus	300	110	12	
Reizung des rechten Vagus . . .	400	110	12	
Reizung des rechten Vagus . . .	600	110	12	
Reizung des linken Vagus . . .	200	130	16	
Reizung des linken Vagus . . .	600	130	16	
Reizung des rechten Depressors .	600	68	38—34	
Einspritzun v. 2 ccm Jodothyrin .	—	—	—	
Reizung des linken Vagus . . .	200	98—130	10—16	
Reizung des linken Vagus . . .	600	98—130	10—16	
Reizung des rechten Vagus . . .	600	118	12	
Nach 5 Minuten	—	144	38	
Erste Einspritzung von 0,3 mg Muscarin	—	88	26	Allmähliche Druck-
Reizung des rechten Vagus . . .	200	90	12	senkung und Ver-
Reizung des rechten Vagus . . .	600	96	12	langsamung der
Zweite Einspritzung von 0,3 mg Muscarin	—	116	17—16	Herzschläge. Pulse viel stärker.
Reizung des rechten Vagus . . .	100	96	12	
Einige Zeit darauf	—	144	16	
Reizung des linken Depressors .	—	86	16	
Reizung des rechten Depressors .	—	60	16	
Einspritzung v. 2 ccm Jodothyrin und Reizung des rechten Vagus	1000	108	6	

Aus diesem ausführlich mitgeteilten Versuche sind außer der mehrmaligen Wiederherstellung der Erregbarkeit der Vagusenden durch Jodothyrin noch folgende Tatsachen hervorzuheben: 1. Trotz der teilweise wiederhergestellten Erregbarkeit der Vagi vermochten auch die mehrmaligen Einspritzungen von Muscarin keinen Stillstand des Herzens zu veranlassen. Man hat es hier also mit derselben Erscheinung wie bei der elektrischen Reizung der Vagi zu tun. Die Lähmung der Vagi durch Atropin wird nur insofern aufgehoben, als die Erregung dieser Nerven bedeutende Verlangsamungen veranlassen kann, einen Stillstand ist man aber nicht mehr imstande zu erzeugen.

2. Atropin wirkt auf die Depressoren in demselben Sinne wie auf den Vagus, wenn auch in weniger ausgesprochener Weise: es setzt deren Erregbarkeit herab, ohne sie ganz aufzuheben. Dagegen wirkt Muscarin auf diese Nerven in ganz gewaltiger Weise, indem es in noch höherem Maße als das Jodothyrin deren Erregbarkeit zu steigern vermag.

Muscarin übt also auf den Depressor dieselbe erregende Wirkung wie auf den Herzvagus aus. Wie wir noch mehrmals zeigen werden, geht aus allen unseren an Säugetieren ausgeführten Versuchen über das Muscarin mit unabweisbarer Gewißheit hervor, daß diese Substanz nicht etwa durch Lähmung der Muskelsubstanz des Herzens (Gaskell) oder heftige Erregung des linken Ventrikels (v. Basch), sondern nur durch die Erregung der Enden des Herzvagus den Stillstand veranlaßt. Dieses folgte ja schon klar aus der Aufhebung des Stillstandes durch Einführung von Atropin. Die Versuche über den Antagonismus zwischen Muscarin und Jodnatrium werden dies nochmals in schöner Weise demonstrieren.

Ehe ich zur Anführung solcher Versuche übergehe, will ich hier noch als Beispiel einen am thyreoidektomierten Kaninchen angestellten Versuch mitteilen, der bezeugt, daß auch bei solchen Tieren das Jodothyrin imstande ist, die Atropinlähmung des Vagus aufzuheben.

Versuch 9.

Einem Kaninchen von derselben Herkunft wie die vorhergegangenen wurden beide Schilddrüsen am 19. Januar entfernt. Das Tier ertrug die Operation ohne merklichen Schaden. Bis zum 1. Februar, Datum des Versuches, hat es an Gewicht 150 g gewonnen: 2000 statt 1850 g.

Tabelle IX.

Versuch 9	Reizstärke	Blutdruck in mm Hg.	Herzschläge in 10 Sek.	Bemerkungen
	—	116	24	Respirat. 3 in 10 Sek.
Reizung des Vagus (ununterbunden)	100	76	10	
Reizung des rechten Depressors(ununterbunden).	100	100	26	
Reizung des durchschnittenen Depressors. . . .	200	90	22	
Darauf	—	128	28	
Reizung des undurchschnittenen Sympathicus . .	200	60	15	Große Aktionspulse, Ohrgefäße stark verengt, Pupillen erweitert
Reizung des zentralen Endes des durchschnittenen Sympathicus.	200	60	18	Große Aktionspulse.
Reizung des Depressors .	200	80	29	
Reizung des durchschnittenen rechten Vagus. . .	200	104—22	10—0	9 Sek. langer Stillstand.
Durchschneidung des linken Vagus	—	134	34	

4*

Tabelle IX (Fortsetzung).

Versuch 9	Reiz-stärke	Blutdruck in mm Hg.	Herz-schläge in 10 Sek.	Bemerkungen
Reizung des linken Vagus	200	30	6—0	10 Sek. langer Stillstand.
Reizung von Vagus u. Sympathicus	400	44	0	Sofortiger Stillstand während der ganzen 14 Sek.
Einspritzung von 0,4 mg Atropin	—	122	32	dauernden Reizung.
Reizung des rechten Vagus	200	128	32	
Reizung des linken Vagus	200	128	32	
Einspritzung von 2 ccm Jodothyrin	—	110	26	
Reizung des rechten Vagus	200	108	20	
Reizung des linken Vagus	400	104	22	
Reizung des rechten Vagus	600	116	20	Pulse stärker.
Zweite Einspritzung von 2 ccm Jodothyrin . . .	—	120	26	
Reizung des linken Vagus	400	96—12	16—18	Große Pulse.
Reizung des rechten Vagus	400	108	14	Große Aktionspulse.
Nach 10 Minuten	—	118	38	Pulse wieder fast von nor
Reizung des rechten Vagus	1000	100	12—10	maler Form.
Reizung des linken Vagus	1000	100	10	
Reizung von rechtem Vagus und Sympathicus . . .	1500	90	6—8(?)	Doppelpulse.
10 Minuten später . . .	—	126	30	
Reizung d. recht. Depressors	—	50	26	

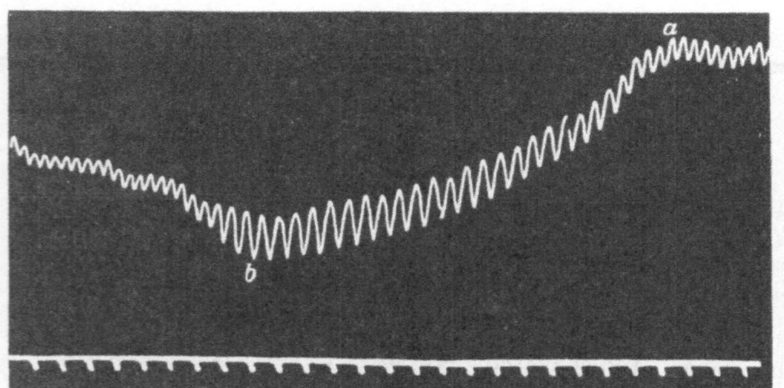

Fig. 11. Bei *a* Reizung des zentralen Sympathicusendes beim thyreoidektomierten Kaninchen; *b* Ende der Reizung.

Auch dieser Versuch demonstriert in klarer Weise die Fähigkeit des Jodothyrins, die lähmenden Eigenschaften des Atropins auf die Vagusenden aufzuheben. Nur eine Erscheinung ist besonders hervorzuheben:

Reizung des zentralen Sympathicus erzeugte eine beträchtliche Drucksenkung mit bedeutender Verstärkung der Herzschläge, die gleichzeitig seltener wurden. Die beiliegende Fig. 11 gibt diese eigentümliche Wirkung wieder, welche ich bei allen Kaninchen von demselben Wurfe beobachtet habe. Diese Erscheinung ist noch auffallender, wenn wir die Fig. 11 mit der

Fig. 12 vergleichen, welche bei demselben Tiere durch Reizung des Depressors derselben Seite erhalten wurde.

Wie schon erwähnt, stammten diese Kaninchen von demjenigen ab, dem ich am 8. Juli des voraufgegangenen Jahres die beiden Depressoren durchschnitten und am 23. Juli die Schilddrüsen entfernt hatte. Die Operation wurde

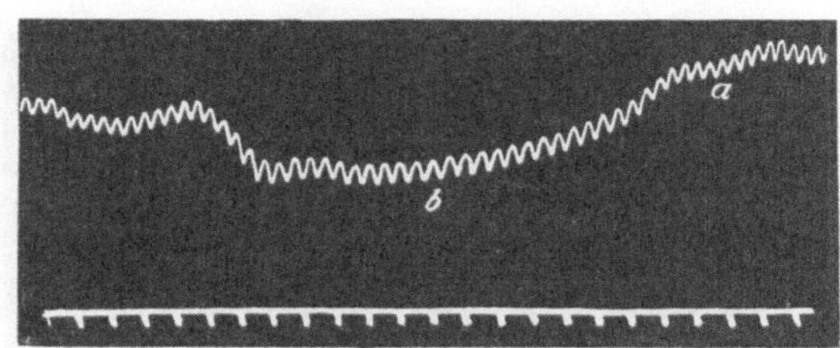

Fig. 12. (Versuch 9.) Reizung des Depressors beim thyreoidektomierten Kaninchen.

ohne auffällige Erscheinungen ertragen; als ich am 18. Januar dieses Kaninchen dem Versuche unterzog, hatte es an Gewicht um mehr als 1 kg zugenommen und war von neuem trächtig.

Der Blutdruck dieses Kaninchens war ziemlich niedrig (100 mm), die Herzschläge selten und groß, 132 Schläge in der Minute. Keine Respirations- und keine Traubeschen Wellen.

Wie die beiliegenden Kurven zeigen, erhielt man ganz den Eindruck, eine Blutdruckkurve von einem kleinen Hunde vor sich zu haben.

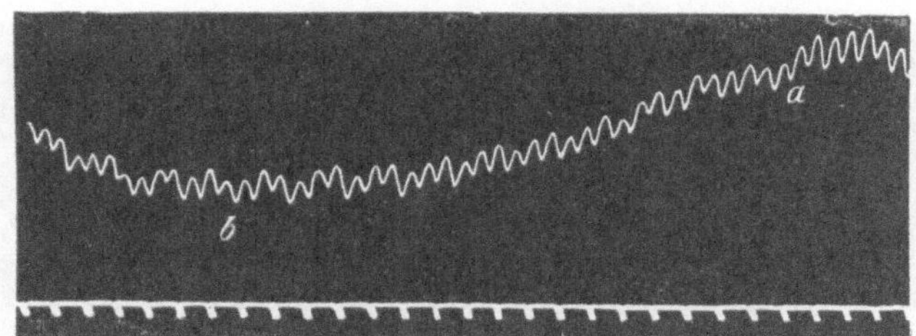

Fig. 13. (18. Januar.) a Reizung des vor sechs Monaten durchschnittenen Depressors bei einem thyreoidektomierten Kaninchen. b Ende der Reizung.

Reizung des zentralen Stumpfes des rechten Depressors rief nur eine kleine Einknickung hervor, die sich während der Reizung mehrmals wiederholte, wodurch lange periodische Schwankungen erzeugt wurden, welche an Traubesche Wellen erinnerten. Dagegen war der Stumpf des linken Depressors noch ziemlich erregbar geblieben trotz der vor mehr als sechs Monaten erfolgten Durchschneidung, wie aus Fig. 13 ersichtlich ist. Die Reizung des Sympathicus blieb ohne merklichen Erfolg auf Blutdruck und Herzschlag. Dagegen vermochte die Reizung der zentralen Vagusenden ganz beträchtliche depressorische Wirkungen zu erzeugen (Fig. 14).

Eine Eigentümlichkeit äußerte sich in der Nachwirkung der Vagusreizung, die am besten durch die untenstehende Kurve (Fig. 15) versinnlicht wird.

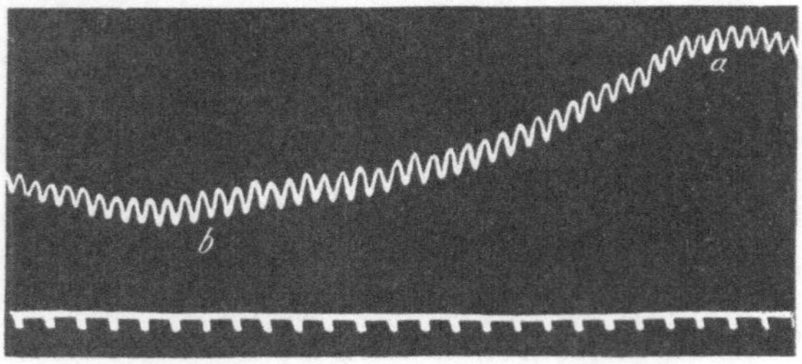

Wie man sieht, stieg der Druck sehr beträchtlich in die Höhe; die Herzschläge aber, statt wie gewöhnlich dabei die Form der kleinen und häufigen Acceleranspulse anzunehmen, wurden sehr groß und selten und gingen nur sehr allmählich zu der früheren Form und Höhe über.

Fig. 14. *a* Reizung des zentralen Vagusendes bei demselben Kaninchen; *b* Ende der Reizung.

Das Interesse dieser Eigentümlichkeit wird noch durch den Umstand erhöht, daß sie sich bei sämtlichen Abköm mlingen dieses Kaninchens wiederholte.   Erst als ich die eigentümlichen Wirkungen der Hypophyse auf den Herzschlag kennen lernte, konnte ich eine befriedigende Erklärung dieser merkwürdigen Nachwirkung versuchen.

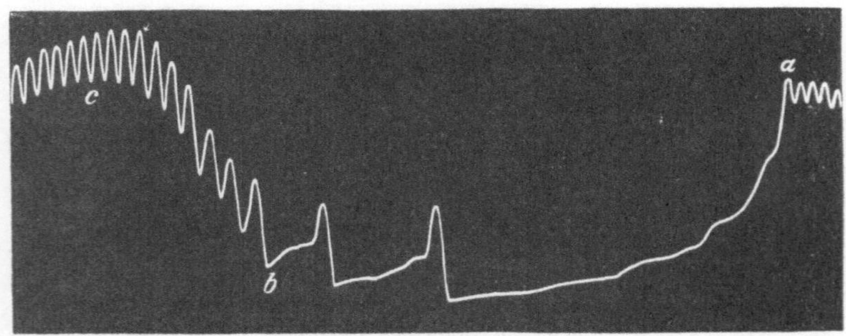

Fig. 15. *a* Reizung des peripheren Vagusendes bei demselben Kaninchen;
b Ende der Reizung; *c* Nachwirkung.

Bei dem hier in Betracht kommenden Kaninchen fand ich nämlich bei der Autopsie eine ganz bedeutende Vergrößerung der Hypophyse, die bis mehr als das Doppelte der gewöhnlichen Größe betrug. Auch bei den Abkömmlingen dieses Kaninchens war die Hypophyse hypertrophisch, wenn auch nicht in so starkem Maße. Wie wir nun im folgenden Paragraphen sehen werden, erzeugt die Erregung der Hypophyse sowie die Einspritzung von wirksamen Hypophysenextrakten die ganz eigentümlichen Pulsformen, welche ich als Aktionspulse[1] be-

---

[1] Siehe meine „Nerven des Herzens", Kap. II.

zeichnet habe. Die plötzliche Drucksteigerung, welche nach der Vagusreizung im Versuche vom 18. Januar erfolgte, hat also wahrscheinlich die hypertrophische Hypophyse in starke Erregung versetzt[1]).

Auch die für Kaninchen auffallend großen Herzschläge, welche ich nur bei dieser Kaninchenfamilie beobachtet habe, mögen mit der Hypertrophie der Hypophyse in Zusammenhang stehen. Läßt sich nun die in Versuch 9 beschriebene Wirkung der zentralen Sympathicusreizung auch auf ähnliche Ursachen zurückführen? Mit großer Wahrscheinlichkeit kann man diese Frage bejahen. Es ist aber hier nicht der Platz, näher auf die Details einzugehen. In den folgenden Auseinandersetzungen über die Verrichtungen der Hypophyse werde ich auf diese Frage eingehend zurückkommen.

Nachdem so der Antagonismus zwischen Jodothyrin und Atropin in unzweifelhafter Weise dargetan, war es von Interesse zu eruieren, ob Muscarin, das bekanntlich auch dem Atropin gegenüber antagonistisch zu wirken vermag, auch dem Jodnatrium gegenüber eine gleiche Wirksamkeit würde zeigen können. Da Jod ein Antagonist des Jodothyrins ist, welches einige dem Muscarin analoge Eigenschaften, sogar in höherem Grade, besitzt, so war vorauszusehen, daß dem so sein würde. Die Versuchsergebnisse haben dies auch vollauf bestätigt. Als Beispiele führe ich folgende Versuche an.

Versuch 10.

Ein Kaninchen von demselben Wurfe wie die früheren wurde der abwechselnden Einwirkung von Muscarin in Lösung von 1 g auf 200 ccm und Jodnatrium in 40 proz. Lösung (10 g auf 25 ccm physiologischer Kochsalzlösung) unterworfen. Tabelle X zeigt die Resultate.

Tabelle X.

Versuch 10	Reizstärke	Blutdruck in mm Hg.	Zahl der Herz- schläge in 10 Sek.	Bemerkungen
Reizung des rechten Vagus	100	136 30	42 0	Abwechselnd 42 Einzel- schläge oder 21 Doppel- pulse.
Reizung d. recht. Depressors	100	110	44	Die Doppelpulse ver-
Einige Zeit darauf	—	140	20 Doppelp.	schwinden während der
Reizung des link. Depressors	100	58	20 Einzelp.	Reizung, um bald darauf
Nach der Reizung	—	130	44 Einzelp.	zurückzukehren.
Nach Durchschneidung des rechten Vagus	—	140	44	Doppelpulse definitiv ver- schwunden.
Erste Einspritzung von 0,3 mg Muscarin	—	160—66	16—17	Große Vaguspulse.
Nach einigen Minuten .	—	100-137-156	26	Pulse etwas kleiner, aber noch immer verstärkt.
Neue Einspritzung von 0,5 mg Muscarin	—	100	18	Große Pulse.

[1]) Siehe unten Kapïtel II.

Tabelle X (Fortsetzung).

Versuch 10	Reizstärke	Blutdruck in mm Hg.	Zahl der Herzschläge in 10 Sek.	Bemerkungen
Reizung des rechten Vagus	100	48	0	2 Stillstände von 3 Sek. Dauer.
Zweite Reizung des rechten Vagus	100	46	0	Längerer Stillstand.
Nach der Reizung	—	124	18	Große Pulse.
Einspritzung von 2 ccm Jodnatrium	—	78	24	Kleine Pulse.
Gleich darauf	—	152	22	Große Pulse.
Zweite Einspritzung von 2 ccm Jodnatrium . . .	—	102—150	32—34	Kleine Pulse. Große
Reizung des rechten Vagus	100	154	34	Traubesche Wellen.
Reizung des Vagus . . .	300	154	30	Pulse nähern sich d. Typus
Reizung des link. Depressors	100	156	30	der Bigeminuspulse.
Reizung des Depressors .	300	116	27	
Reizung d. recht. Depressors	300	152	30	Atmung erschwert; nach den Reizungen v. neuem Bigeminuspulse.
Tracheotomie		144	30	Sehr kleine Pulse.
Dritte Einspritzung von 0,4 mg Muscarin		90	19	Pulse verstärkt.
Reizung des rechten Vagus	100	36	0	Stillstand während 8 Sek.
Reizung des linken Depressors bei 140 mm Druck und 27 Pulsen	300	70	24	
Reizung des rechten Depressors bei 138mm Druck und 26 Pulsen	300	108	28	
Nach einigen Minuten . .	—	136	28	Kleine, normale Herzschläge.
Vierte Einspritzung von 0,3 mg Muscarin . . .	—	66	8	Große Vaguspulse.
Nach einer Minute . . .	—	90	12	Druck und Herzschläge regelmäßig.
Dritte Einspritzung von 2 ccm Jodnatrium . . .	—	96	25	Kleine Pulse.
Nach einer Minute . . .	—	100	22	
Reizung des rechten Vagus	500	46	0	Stillstand 3 Sekunden.
Vierte Einspritzung von 2 ccm Jodnatrium . . .	—	90	26	
Reizung des rechten Vagus während 10 Sekunden .	300	46	5	
Nach der Reizung	—	120	26	
Neue Reizung des rechten Vagus	300	100	26—22	Keine Vaguspulse.
Nach 5 Minuten	—	122	28	Große Pulse.
Reizung des rechten Vagus während 11 Sekunden .	100	72—30	3—0	Stillstand während 8 Sek.
Darauf	—	122—124	20—28	
Reizung d. linken Depressors	300	72	26	Allmählicher Abstieg.

Wir wollen an dieser Stelle nur die direkt aus dem Versuche sich ergebenden Resultate resümieren: 1. Die Wirkung des Muscarins auf die Herzschläge wird meistens schnell durch Jodnatrium aufgehoben, indem diese letztere Substanz die Vagusenden lähmt. 2. Diese Lähmung ist nur vorübergehend; nach einigen Minuten kommt die Muscarin-wirkung von neuem zum Vorschein. 3. Muscarin ist seiner-seits imstande, sofort die lähmende Wir-kung des Jodnatriums auf den Vagus aufzu-heben. 4. Auch die durch Jodnatrium er-zeugte Lähmung der

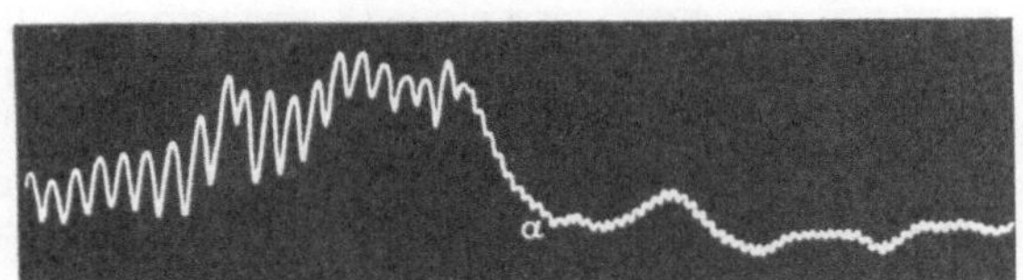

Fig. 16.   Erste Einspritzung von Muscarin bei *a*.
(Versuch 10.)

Depressoren wird durch Muscarin aufgehoben. Die beiden Substanzen sind also absolute Antagonisten in bezug auf den Vagus und die Depres-soren. 5. Der Blutdruck kann im Beginn der Muscarinwirkung trotz der schon eingetretenen Verlangsamung der bedeutend verstärkten Herzschläge noch in die Höhe gehen. 6. Die Reizung der Vagi während der Muscarinwirkung vermag, wenn letztere nicht zu stark ist, sogar einen vollkommenen Stillstand des Herzens zu erzeugen.

Interessant sind in diesem Versuche die spontanen Doppelpulse und deren zeitweiliges Verschwinden während der Reizung der Depres-soren oder des Vagus. Erst nach der Durchschneidung des einen Vagus verschwinden sie definitiv. Dies bestätigt vollkommen meine immer verteidigte Auffassung des Pulsus bigeminus als Folge einer Dis-harmonie zwischen den erregten Herzvagi und den Accelerantes. Besonders hervorzuheben ist in dieser Beziehung die Tatsache, daß während der wenigen Minuten, wo der Kampf zwischen Muscarin und Jodnatrium anhielt, die hinzugekommene elektrische Erregung der Vagi und der Depressoren diesen Pulsus bigeminus von neuem hervorzurufen imstande war.

Einige Kurven, diesem Versuche entnommen, werden am besten alle diese Verhältnisse demonstrieren.

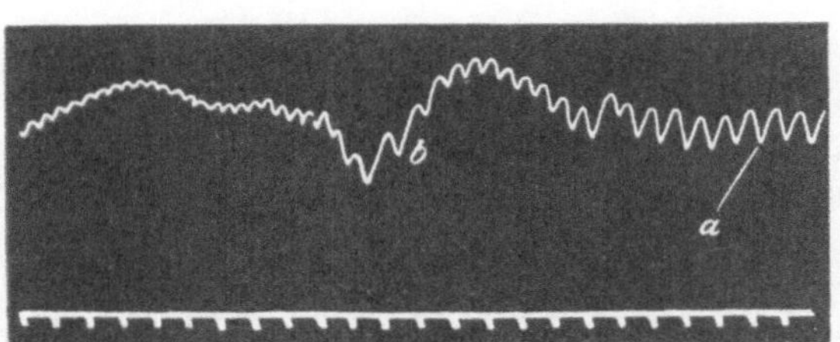

Fig. 17.   Einspritzung von Jodnatrium bei einem mit Muscarin vergifteten Kaninchen. *a* Beginn, *b* Ende.
(Versuch 10.)

Der folgende Ver-such ist von Inter-esse, weil er einen Vergleich gestattet zwischen den Wir-kungen des Muscarins und des Jodothyrins gegenüber dem läh-menden Einfluß des Jodnatriums auf die Herzvagi und De-pressoren. Die Mus-carin- und Jodnatri-umlösungen waren von derselben Konzentration wie im vorigen Versuch.

Einem normalen Kaninchen, mit Morphium narkotisiert, wurden 0,3 mg Muscarin intravenös eingespritzt. Der Blutdruck sank sofort von 112 auf 48, die Zahl der Herzschläge von 36 auf 10 in 10 Sekunden. Die Exkursionshöhe stieg von 4 mm auf 28 mm. Einspritzung von 2 ccm Jodnatrium erhöhte die Schlagzahl auf 16 in 10 Sekunden, der Blutdruck stieg nur unbedeutend. Erst bei der dritten Ein-

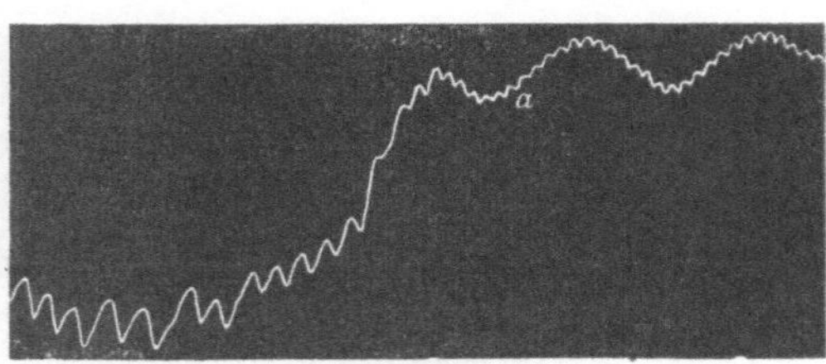

Fig. 18. Neue Einspritzung von Muscarin bei *a*.
(Versuch 10.)

spritzung von 2 ccm Jodnatrium stieg der Blutdruck auf 108 mm, die Zahl der Herzschläge auf 24 in 10 Sekunden und ihre Exkursionshöhe kehrte fast zur Norm zurück. Diese Wirkung hielt nur einige Sekunden an. Schwache elektrische Reizung des Vagus vermochte, wie vor jeder Einspritzung, die Herzpulse zu verlangsamen; der Blutdruck sank aber nur bis auf 64 mm statt, wie früher, auf 48 mm. Durchschneidung der beiden Vagi änderte nichts an der Schlagzahl, die konstant 18—20 in 10 Sekunden betrug; der Blutdruck erhöhte sich aber von 108 auf 140 mm. Während der Reizung der Depressoren kehrte der Blutdruck von neuem auf 108 mm zurück.

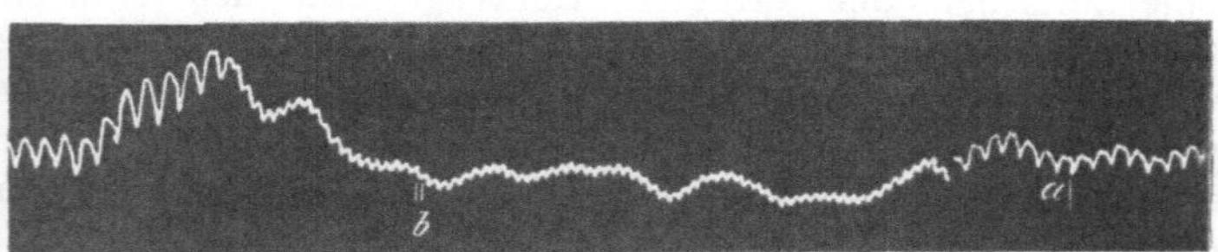

Fig. 19. Verschwinden der Doppelpulse bei Reizung der Depressoren.
a Beginn, *b* Ende der Reizung. (Versuch vom 9. Februar.)

Nach wiederholter Einspritzung von 2 ccm Jodnatrium erhöhte sich die Zahl der Pulsschläge definitiv auf 28 in 10 Sekunden. Die elektrische Reizung des Vagus auch mit starken Strömen (500 E. statt 100 E.) vermochte diese Zahl nicht zu vermindern; nur der Blutdruck sank um 16 mm. Dagegen war die Reizung eines Depressors noch ziemlich wirksam. In diesem Stadium der Jodnatriumwirkung vermochte die Einspritzung von 1 ccm Muscarinlösung (5 mg Muscarin) noch die Herzschläge ohne merkliche Verlangsamung zu verstärken und die Erregbarkeit der Vagi so weit zu erhöhen, daß deren Reizung — gleichgültig, ob mit 500 E., 1000 E. oder 5000 E. — die Pulse von 20 auf 10 in 10 Sekunden herabsetzte.

Erst nach Einspritzung von 4 ccm Jodothyrin war es möglich, durch starke Vagusreizung die Zahl auf 6 in 10 Se-

kunden zu reduzieren; die Wirkung der Depressorreizung
wurde fast um das Doppelte erhöht. Der Versuch dauerte
mehr als 2 Stunden. Im ganzen wurden dem Tier eingespritzt: 13 mg Muscarin, 6 g Jodnatrium und 4 ccm Jodothyrin (= 3,6 mg Jod). Am Beginne des Versuchs hatte es
36 Pulsschläge und 7 Atmungen in 10 Sekunden; der Blutdruck betrug 112 mm. Am Schlusse war die Zahl der Herzschläge 32, die der Atemzüge 5 in 10 Sekunden, der Blutdruck
100 mm. (Die Vagi wurden inzwischen durchschnitten.) Die Exkursionshöhe der Herzschläge war unverändert, die Atemschwankungen
des Blutdruckes etwas abgeflacht. Nur etwa in der Mitte des Versuches
war einen Augenblick der Blutdruck so tief gesunken, daß die Bauchhöhle während 30 Sekunden massiert werden mußte, um ihn wieder
in die Höhe zu bringen.

Die aus diesem Versuche hervorzuhebenden Ergebnisse sind also
folgende: Jodothyrin und Muscarin wirken auf Zahl und Stärke der
Herzschläge und auf die Höhe des Blutdruckes in gleichem Sinne. Beide
Substanzen sind Antagonisten des Jodnatriums.

1. Jodothyrin vermag daher die antagonistischen Wirkungen des
Muscarins dem Jodnatrium gegenüber wesentlich zu unterstützen.
Nicht nur wird der Herzschlag verstärkt und verlangsamt,

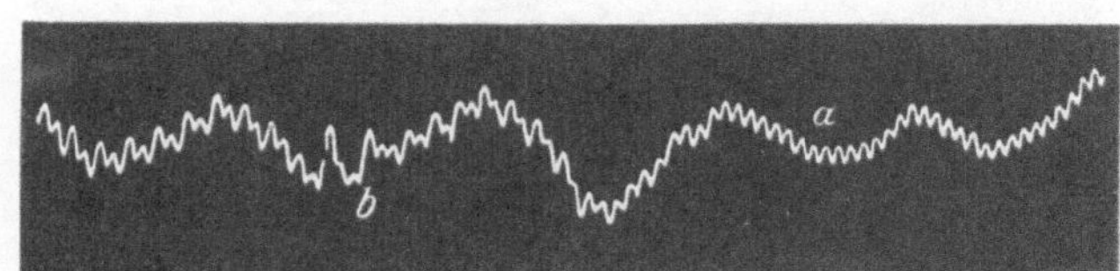

Fig. 20. Eigentümliche Pulsform bei Reizung des Vagus nach
der zweiten Einspritzung von Jodnatrium.

wenn dem Jodothyrin zu Hilfe noch Muscarin eingeführt wird, sondern
auch die wieder zurückkehrende Erregbarkeit der Vagi und Depressoren
wird wesentlich erhöht.

2. Die Einführung beträchtlicher Mengen aller dieser antagonistisch
wirkenden Gifte scheint die Tätigkeit des Herzens und der Blutgefäße
nicht zu beeinträchtigen: ihre Wirkungen können sich also vollständig aufheben.

3. Außer der quantitativen Verschiedenheit in der Wirkungsweise
des Jodothyrins und des Muscarins ist noch ein qualitativer Unterschied
hervorzuheben. Muscarin erregt in hohem Grade die Vagi und die
Depressoren — die bedeutenden Drucksenkungen, die es veranlaßt,
mögen vielleicht zum Teil auf die Erregung der letzteren geschoben
werden —, während das Jodothyrin sich begnügt, deren Erregbarkeit wesentlich zu erhöhen. Wenn in dem vorangegangenen Versuche nach mehrfachen Einspritzungen von Muscarin und Jodnatrium
die Wirkungen der ersteren Substanz nur noch die Herzschläge zu verstärken, sie aber nicht mehr zu verlangsamen vermochten, genügte
die Einspritzung von Jodothyrin, um die Pulse sofort noch mehr zu verstärken und auch nicht unbedeutend zu verlangsamen: hier wirkte

also das Muscarin erregend auf die Vagusenden, deren durch Jodnatrium herabgesetzte Erregbarkeit durch Jodothyrin zum Teil wiederhergestellt worden ist. In dieser Beziehung, wie in mehreren andern, nähert sich die Wirkungsweise des Muscarins mehr derjenigen gewisser Extrakte der Hypophyse. Ich komme auf diese Analogien noch zurück. Zwischen den physiologischen Vorgängen der Erregung und der Erregbarkeitserhöhung der Ganglienzellen scheinen jedenfalls gewisse Differenzen zu bestehen.

Ich will aus diesem Versuche nur eine Kurve wiedergeben, welche die auffallende Tatsache demonstriert, daß bei gewissen Zuständen der Erregbarkeit der Vagusenden die elektrische Reizung des peripheren Vagus noch beträchtliche Druckverminderungen, aber keine merkliche Verlangsamung erzeugen kann. Im Laufe dieser meiner Untersuchung bin ich ziemlich häufig auf ähnliche Erscheinungen gestoßen, deren Deutung später versucht werden soll.

Die Fähigkeit des Jodnatriums, die Wirkung des Muscarins momentan aufzuheben ist von großer praktischer Wichtigkeit, da man es als Antidot bei Muscarinvergiftungen mit Erfolg geben kann. Seine Wirkung ist nicht so anhaltend wie die des Atropins, dagegen hat es vor letzterem auch mehrere bedeutende Vorteile voraus.

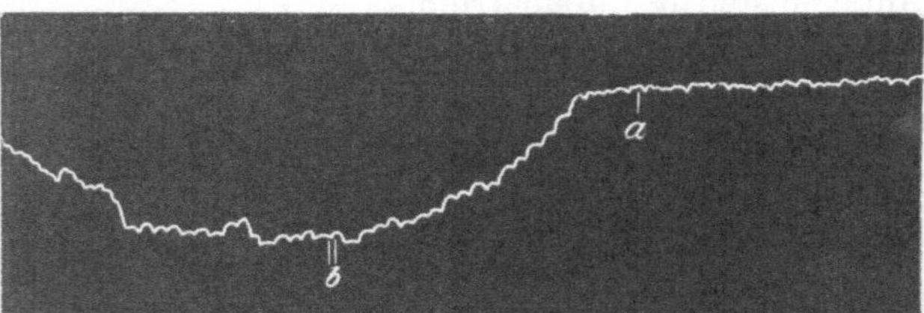

Fig. 21. Druckverminderung ohne merkliche Verlangsamung bei Reizung des peripheren Vagusendes nach mehrfacher Einspritzung von Muscarin und Jodnatrium. Bei *a* Beginn der Reizung mit 5000 E. Bei *b* deren Ende.

Zuerst ist es in den hier in Betracht kommenden Dosen ganz unschädlich und kann mehrmals nacheinander mit Nutzen verwendet werden. Sodann ist seine lähmende Wirkung auf den Depressor viel beträchtlicher als die des Atropins, wenigstens in den Dosen dieses letzteren Giftes, welche beim Menschen angewendet werden können. Wir haben schon oben die Vermutung ausgesprochen, daß die große Drucksenkung bei der Muscarinwirkung nicht von der Reizung der Herzvagi allein abhängig, sondern daß die gleichzeitige Erregung der Depressoren mit im Spiele sei. In dem nächsten Kapitel werden wir noch weitere Belege für diese Wirkungsweise anführen. Die Darreichung des Jodnatriums, welches nicht nur die Erregbarkeit der Depressoren bedeutend herabzusetzen (Barbéra), sondern auch die vasomotorischen Nerven in Erregung zu versetzen vermag, ist also bei Muscarinvergiftungen doppelt schätzbar. Es wirkt nicht nur dem toxischen Einflusse dieses mächtigen Giftes entgegen, sondern bewirkt durch Verengerung der kleinen Arterien eine Drucksteigerung im Herzen, macht also letzteres durch Blutzufuhr viel leistungsfähiger. Es ist bekannt, daß die Massage der Bauchhöhle oft dem Tier dazu verhilft, eine gefährliche Krise der Muscarinwirkung zu überwinden; in gleichem Sinne wirkt auch das Jodnatrium. In mehreren Fällen gelang es mir, durch intravenöse Einspritzung von 2 ccm einer 40-prozentigen Jodnatriumlösung das Herz von neuem nach einem m i n u t e n -l a n g e n Stillstand zum Schlagen zu bringen. Schon der erste m ä c h t i g e H e r z s c h l a g zeigt an, daß das Herz sich von neuem mit Blut gefüllt hat, und mit jedem Schlage geht nun der Blutdruck immer mehr in die Höhe.

Sowohl für die Wirkungsweise des Muscarins, als auch für dessen Antagonismus zum Jodnatrium ist daher die folgende Kurve, einem Versuche vom 15. Februar entnommen, in hohem Grade charakteristisch.

In diesem Versuche äußerte sich die Muscarinwirkung in der Weise, daß bei den ersten Einspritzungen dieses Giftes die Herzschläge zwar bedeutend zunahmen und verlangsamt wurden, der Blutdruck aber dabei, wenigstens im Beginne, eher ein wenig in die Höhe ging. Die nun folgenden starken und hohen Pulse erhielten den Mitteldruck fast auf der früheren Höhe. Wie man aus der Kurve sieht, rief eine erneuerte

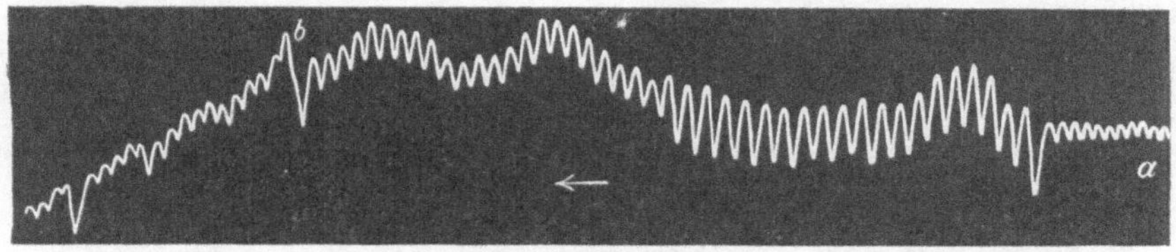

Fig. 22. Zweite Einspritzung von 0,3 mg Muscarin bei *a*. Bei *b* zweite Einspritzung von Jodnatrium bei einem strumösen Kaninchen mit wenig erregbaren Depressoren. (Versuch vom 15. Februar.)

Einspritzung von Jodnatrium gleichzeitig mit der Verkleinerung der beschleunigten Pulse auch eine ansehnliche Senkung des Blutdruckes hervor.

Es handelte sich um ein stark strumöses Kaninchen mit fast unerregbaren Depressoren und stark erregten Vasoconstrictoren. Daher hat das Muscarin nur eine Verstärkung der verlangsamten Pulse, aber keine Drucksenkung aufkommen lassen. Erst als die Herzschläge unter dem Einfluß von Jodnatrium kleiner wurden, begann der Druck zu sinken.

Um ein vollständiges Bild von der Fähigkeit des Jodothyrins zu erhalten, die regulatorischen Nervenapparate des Herzens gegen schädliche Substanzen zu schützen und sie immer funktionsfähig zu bewahren, hielt ich es für angezeigt, zu prüfen, ob es sich auch dem Nicotin gegenüber als wirksam erweisen würde. Nach dem Atropin gilt bekanntlich das Nicotin als das am unfehlbarsten lähmende Gift des Herzvagus. S c h m i e d e b e r g will zwischen den Wirkungsweisen dieser beiden Herzgifte hauptsächlich nur einen Unterschied in ihren Angriffspunkten auf die Vagusenden im Herzen sehen. Während das Atropin auf die gangliösen Endapparate des Vagus im Herzen wirkt, soll das Nicotin die Zwischenapparate lähmen, welche „den Zusammenhang des Endapparates mit den Vagusfasern vermitteln"[1]).

____

[1]) Arbeiten aus der physiologischen Anstalt zu Leipzig. Jahrg. 1870 S. 44.

Sollte es sich herausstellen, daß Jodothyrin imstande ist, die Vaguslähmenden Einflüsse auch des Nicotins aufzuheben, so würde dies nur
zwei Erklärungen zulassen: entweder wirkt das Jodothyrin auch erreg-
barkeitsherstellend auf diesen Zwischenapparat, oder Nicotin und
Atropin wirken, entgegengesetzt der Ansicht Schmiedebergs, auf
denselben Endapparat des Vagus. Es würde in diesem letzteren Fall
zwischen den Wirkungen des Atropins und denen des Nicotins aufs Herz
noch der sehr bedeutende Unterschied bestehen bleiben, daß ersteres
Gift sofort diesen Endapparat lähmt, während bei der Nicotinvergiftung der Lähmung ein längeres Stadium der Erregung der Vagusenden vorhergeht. Wie schon von früheren Beobachtern hervorgehoben
wurde, erzeugt das Nicotin während dieses Erregungsstadiums ganz

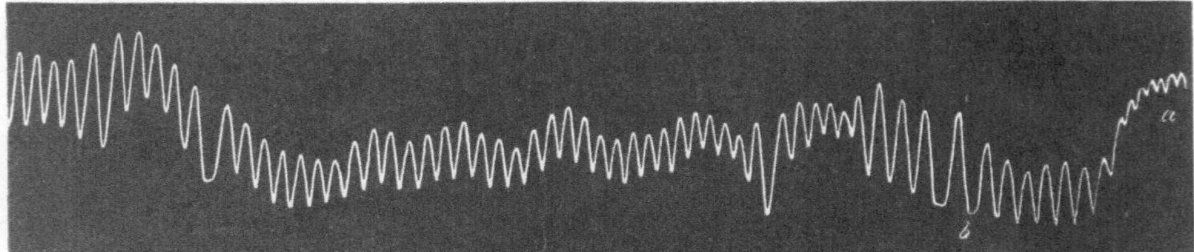

Fig. 23. *a* Einspritzung von 0,3 mg Muscarin. *b* Ende der Einspritzung.

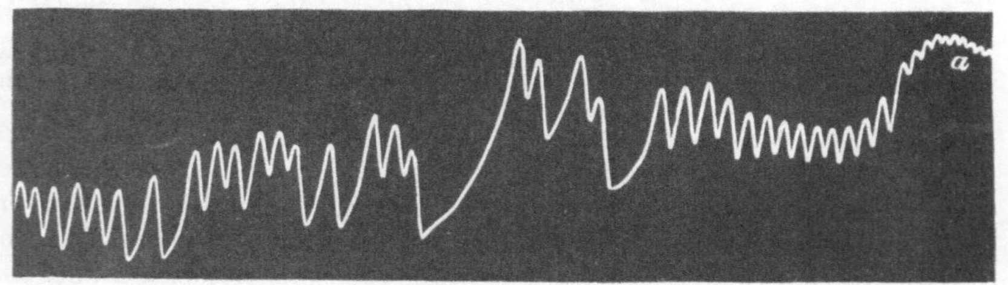

Fig. 24. Einspritzung von 0,4 mg Nicotin.

analoge Wirkungen wie das Muscarin. Bei Säugetieren ist diese Analogie
noch viel frappanter als bei Fröschen. Wenn man nicht zu relativ
sehr starken Dosen von Nicotin greift und, häufig sogar, wenn man
deren Einführung nicht mehrmals wiederholt, dann gelingt es bei diesen
Tieren gar nicht, eine Lähmung der Vagi hervorzurufen. Wenn man
nur die Blutdruckkurven miteinander vergleicht, so erhält man nach
intravenöser Einführung von Nicotin ganz das Bild einer Muscarinvergiftung: dieselbe Verlangsamung der Herzschläge mit beträchtlicher
Zunahme ihrer Exkursionshöhen und auch die gleiche Senkung des Blutdruckes. Die obenstehenden zwei Kurven (Fig. 23 und 24) veranschaulichen diese Analogie.

Die Unterschiede in den Wirkungen dieser beiden Substanzen
treten erst bei genauerer Verfolgung des ganzen Ganges der Veränderungen der Blutdruckkurve deutlich hervor.

So beobachtet man, daß bei der Muscarinvergiftung sowohl die Verlangsamung als die Verstärkung der Herzschläge während einer ziemlich langen Zeit nach der Einführung des Giftes allmählich zuzunehmen pflegt, um, wenn die Dosis stark genug war, mit dem Stillstand des Herzens bei sehr niedrigem Blutdrucke zu enden. Es geschieht also bei der Muscarinvergiftung eine Art Summation der Reize der Vagusenden, wie ich sie bei thyreoidektomierten und auch bei mehreren strumösen Tieren bei elektrischer Reizung der Vagi beobachtet habe. Die Herzschläge verlangsamen sich zuerst, und der Stillstand tritt erst bei fortgesetzter Reizung auf.

Das Gegenteil sieht man bei der Nicotinvergiftung: die größte Verlangsamung mit 1—2″ dauernden Stillständen fast gleich im Beginn der Vergiftung; sie nimmt aber schnell ab, um später spurlos zu verschwinden. Erst bei Einführung von 2—4 mg dieses Giftes tritt bei einem Kaninchen von 1500—2000 g Gewicht ein Zustand der Vagi auf, bei welchem auch deren intensivste Reizung keinen Effekt mehr zu erzeugen vermag. Bei schwacher Nicotinvergiftung dagegen ist der Effekt der elektrischen Reizung der Vagusstämme viel ausgesprochener als während der Muscarinvergiftung. Die Diskussion dieser auffallenden Erscheinungen wird später folgen. Hier soll nur konstatiert werden, daß die Wirkung des Jodothyrins sich auch dem Nicotin gegenüber als antagonistisch erweist, insofern als im Moment, wo die Vagusenden durch starke Dosen von Nicotin mit elektrischen Reizen nicht mehr zu erregen sind, die Einführung von Jodothyrin deren Erregbarkeit momentan wiederherzustellen vermag. Wie wir oben gesehen haben, vermag dagegen das Jodothyrin die Wirkungen des Muscarins noch bedeutend zu unterstützen.

Ich führe hier als Beispiel dieses Antagonismus einen Versuch vom 15. März an, welcher gleichzeitig die verschiedenen Phasen der Nicotinvergiftung beim Kaninchen gut veranschaulicht.

Tabelle XI.

Versuch 11	Reizstärke	Blutdruck in mm Hg.	Zahl der Herzschläge in 10 Sek.	Bemerkungen
Tracheotomie, keine Narkose	—	120	42	
Einspritzung von 0,3 mg Nicotin	—	76	24—18	Große Pulse.
Nach 40 Sekunden	—	154	44	Klonische Krämpfe, heftige Atembewegungen.
Reizung des linken Vagus .	100	34	0	
Neue Einspritzung von 0,3 mg Nicotin	—	80	20	Pulse kleiner als früher.
Reizung des Vagus	100	44	0	Nachwirkung wie in Versuch 10.
Einspritzung von 0,4 mg Nicotin	—	60	14-0-18	Sehr große Pulse, von 2 bis 3 Sekunden langen Stillständen unterbrochen.

Tabelle XI (Fortsetzung).

Versuch 11	Reiz-stärke	Blutdruck in mm Hg.	Zahl der Herz-schläge in 10 Sek.	Bemerkungen
Reizung des Vagus . . .	100	64—30	16—0	4 Sek. lange Latenzen.
Einspritzung von 0,5 mg Nicotin	—	44—25	10-0-8	2 Sekunden langer Stillstand. Sehr große Pulse.
Durchschneidung des rechten Vagus	—	72	20	Pulse kleiner. Exkursionshöhe 28 mm.
Durchschneidung des linken Vagus	—	94	22	
Neue Einspritzung von 0,5 mg Nicotin	—	72	10	Sehr große Pulse. Pulsus bigemin. (?)
Nach 5 Minuten	—	124	26	Normale Pulse.
Durchschneidung des linken Depressors	—	130	26	
Reizung des link. Depressors	100	68	22	
Später	—	140	34	
Reizung des rechten Vagus	100	30	0	Stillstand während 15 Sek.
Nach 40 Sekunden	—	150	34	
Einspritzung von 1 mg Nicotin	—	208	10	Klonische Krämpfe. Dyspnoische Atmung mit den Nasenflügeln, Blut auch in den Venen hellrot.
20 Sekunden nach der Einspritzung	—	180	40	Pulse werden unregelmäßig.
Reizung des Vagus . . .	100	50	4—0	
1 Minute später	—	140	26	Sehr kleine Pulse.
Einspritzung v. 2 mg Nicotin	—	140	34	Dyspnoe dauert fort. Symptome von Lungenödem.
Reizung des rechten Vagus	300-1000	80	34	
Einspritzung von 2 ccm Jodothyrin	—	—	—	
Reizung des Vagus . . .	1000	77	28	Dyspnoe dauert fort.
Einspritzung von 2 ccm Jodothyrin	—	68	—	Pulse sehr klein, unzählbar
Reizung des rechten Vagus	300	58	14	Pulse werden größer.
1 Minute später	—	100	32	
Reizung des rechten Vagus	100	77	12	Große Vaguspulse.
Einspritzung von 2 mg Nicotin	—	170	26	Pulse sehr klein.
Reizung des rechten Vagus	1000	130	26	
Einspritzung von 2 ccm Jodothyrin	—	88	26	Pulse voller. Atemschwankungen deutlich.
Reizung des rechten Vagus	1000	72	16	Große Vaguspulse.
1 Minute später	—	110	32	
Reizung des rechten Vagus	1000	80	12	

Wie man sieht, riefen die ersten Einspritzungen von kleinen Dosen Nicotin, was die Blutdruckkurve betrifft, nur sehr vorübergehende Effekte hervor. Diese Effekte bestanden in einer beträchtlichen Vergrößerung und Verlangsamung der Herzschläge mit großer Drucksenkung. Die Drucksteigerungen, welche mehrmals sofort nach Beendigung der Einspritzung auftraten, sind nur Folgen der klonischen Krämpfe und fibrillären Zuckungen, welche, wie schon v. An re p gezeigt hat, Wirkungen der Nicotinvergiftung sind[1]). Von den anderen incidenten Folgen dieser Vergiftung, deren Natur außerhalb des nächsten Zweckes meiner Untersuchung lag und daher nicht weiter verfolgt wurde, will ich hier nur die

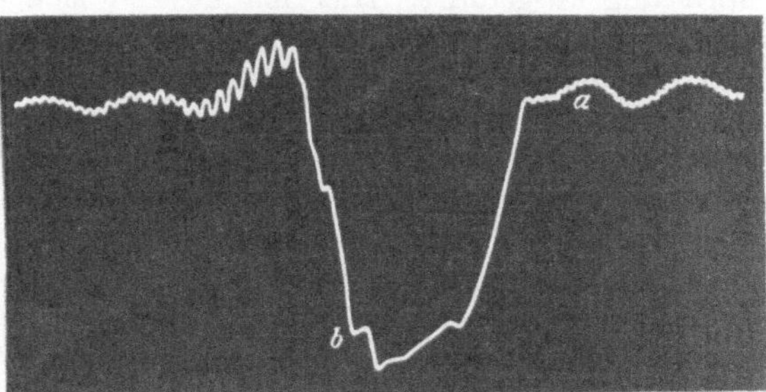

Fig. 25. *a* Beginn der Vagusreizung nach der ersten Einspritzung von Nicotin. *b* Ende der Reizung. (Versuch 11.)

heftigen dyspnoischen Atembewegungen, das Lungenödem und die sehr auffallende, scharlachrote Färbung des Blutes auch in den Venen hervorheben, welche im Beginn der Dyspnoe sehr ausgesprochen war und später beim Auftreten von Lungenödem (mit sehr schaumiger, rot gefärbter und mit Luftblasen gefüllter Flüssigkeit, die aus der Trachealkanüle herausfloß) einer heftigen Cyanose Platz machte.

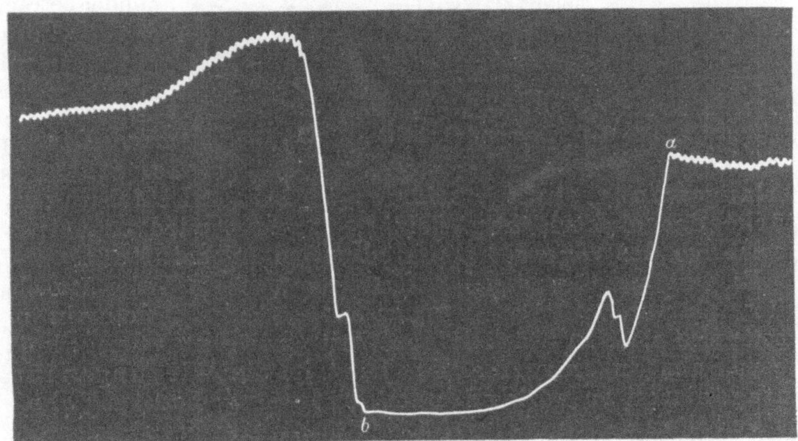

Fig. 26. *a* Beginn der Vagusreizung nach der vierten Einspritzung von Nicotin. *b* Ende der Reizung. (Versuch 11.)

Während der Einspritzung kleiner Nicotindosen waren der Vagus und der Depressor in hohem Grade erregbar. Die Erregbarkeit des Vagus stieg sogar mit den neuen Reizungen sehr beträchtlich, wie die beiden Kurven Fig. 25 und 26 am besten zeigen.

---

[1]) Archiv für Physiologie von d u Bois - Re y mo nd. Supplementband 1879.

Die Stärke der Reizungen war in beiden Fällen die gleiche; nur ist Kurve 25 nach der ersten und Kurve 26 nach der vierten Einspritzung ausgeführt. Hier manifestiert sich ein gewisser Unterschied in den Erregungsweisen der Vagusenden durch Muscarin und Nicotin. Bei der Muscarinvergiftung, wenn elektrische Reizung des Vagusstammes noch Erfolg erzielt, besteht er nur in einer Verstärkung der schon vorhandenen Verlangsamung, wobei gewöhnlich auch die Exkursionshöhe der Manometerschwankungen zunimmt (siehe z. B. die schöne Kurve 27 des Versuchs vom 15. Februar).

Bei der Nicotinvergiftung dagegen erzielt die Reizung der Vagusenden, solange sie überhaupt noch erregbar sind, anhaltende Stillstände. Die lähmende Wirkung des Nicotins tritt dann plötzlich bei Einführung größerer Dosen von Nicotin auf[1]. Sie ist, wie die Erfolge dieses Versuches zeigen, auch ebenso schnell durch intravenöse Injektion von Jodothyrin aufzuheben, wobei wir es wieder mit der analogen Erscheinung wie bei der Aufhebung der Atropinwirkung zu tun haben, daß nämlich die Erregbarkeit der Vagusenden nur insofern hergestellt wurde, als elektrische Reizung des Vagusstammes mehr oder minder beträchtliche Verlangsamungen, aber keinen Stillstand zu erzeugen vermag.

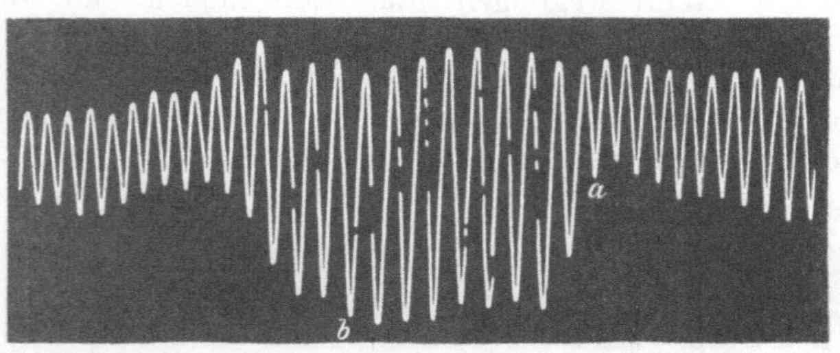

Fig. 27. *a* Beginn der Vagusreizung nach der Muscarinvergiftung. *b* Ende der Reizung. (Versuch vom 15. Februar.)

Die Intensität der Verlangsamung steht wiederum in keiner Beziehung zur Stärke des elektrischen Reizes, sondern wird nur durch die Menge des eingeführten Jodothyrins beeinflußt.

Es geht aus diesem wie aus anderen analogen Versuchen ohne weiteres hervor, daß der Antagonismus zwischen Jodothyrin und Nicotin sich nicht in präventiver Weise zu äußern vermag: keine dieser Substanzen vermag den Eintritt der Wirkungen ihres Antagonisten zu verhindern. Auch in dieser Beziehung also ist das Verhältnis zwischen diesen beiden Substanzen ganz analog demjenigen zwischen Jodothyrin und Atropin.

Meine früheren Untersuchungen haben dargetan, daß Jodothyrin imstande ist, die durch strumöse Erkrankungen, Thyreoidektomie, sowie durch Jodnatrium erzeugten läh-

---

[1] Eine vergleichende Untersuchung der gleichzeitigen Einwirkungen von Atropin und Nicotin, Muscarin und Atropin usw. bei Säugetieren wäre gewiß eine sehr lohnende Aufgabe gewesen; eine solche würde aber den Rahmen meiner physiologischen Aufgabe überschritten haben.

menden Einflüsse auf die Herzvagi und Depressoren aufzuheben, auch wenn diese Einflüsse bis zur vollständigen Vernichtung der Erregbarkeit dieser Nerven geschritten sind. Das Hauptergebnis dieser neuen Versuche besteht nun darin, daß das Jodothyrin ebenfalls imstande ist, auch die lähmenden Wirkungen solcher absoluter Vagusgifte, wie Atropin und Nicotin, momentan aufzuheben.

Ich überlasse weiteren Untersuchungen die Prüfung, ob das Jodothyrin auch anderen Vagusgiften gegenüber dieselben mächtigen Wirkungen wird äußern können. Für mich unterliegt dies kaum einem Zweifel.

Das Jodothyrin ist also eines der wichtigsten im Organismus entstehenden physiologischen Herzgifte, dazu bestimmt, die Erregbarkeit der regulatorischen Herznervenapparate auf normaler Höhe konstant zu erhalten und sowohl die inneren als die äußeren schädlichen, toxischen Einwirkungen auf diese Apparate zu beseitigen und zu bekämpfen.

An der Hand dieses Ergebnisses ist eine von Kronecker schon früher gemachte Beobachtung über die Atropinwirkung auf die Herzvagi der Berner Kaninchen von großem Interesse. Eine früher in Berlin unter Kroneckers Leitung ausgeführte Untersuchung von Dr. Gnauck[1]) hat festgestellt, daß die lähmenden Wirkungen des Atropins auf die Herzvagi etwa 20 Minuten nach der Einführung dieses Giftes sich abzuschwächen beginnen, um meistens nach 30 Minuten zu verschwinden. Bei den Berner Kaninchen sah Kronecker dagegen die Lähmung der Vagi stundenlang, ja mehrmals einen ganzen Tag fortbestehen.

Seitdem ich gefunden habe, daß bei den Berner Tieren, die fast ausnahmslos an strumösen Krankheiten leiden, die Erregbarkeit der Herzvagi meistens stark herabgesetzt ist, zuweilen bis zur vollständigen Lähmung, konnte ihr eigentümliches Verhalten dem Atropin gegenüber teilweise durch diese verringerte Leistungsfähigkeit gedeutet werden. Erst die Feststellung des Antagonismus zwischen Jodothyrin und Atropin gestattete, volles Licht auf den ursächlichen Zusammenhang zwischen den strumösen Erkrankungen und der gegen das Atropin gesteigerten Empfindlichkeit der von ihnen belasteten Tiere[2]) zu werfen: Wenn die einmal durch dieses Gift gelähmten Vagi sich nur schwer oder gar nicht mehr erholen, so ist der Grund davon dem Mangel an Jodothyrin zuzuschreiben, wie auch schon die bei strumösen Tieren kon-

---

1) Archiv für Physiologie von du Bois-Reymond. 1881.

2) Nach der Veröffentlichung meiner vorläufigen Mitteilung über den Antagonismus zwischen Jodothyrin und Atropin (Archiv f. Physiologie Bd. 70) machte mich der Berner Ophthalmologe Professor Pflüger darauf aufmerksam, daß ihm schon lange die eigentümliche Empfindlichkeit der Berner Patienten gegen Atropin aufgefallen ist.

statierte verminderte Leistungsfähigkeit der Herzvagi von mir auf den gleichen Mangel zurückgeführt worden ist. Dieser Mangel an Jodothyrin ist höchstwahrscheinlich in doppelter Weise für die kropfigen Individuen verhängnisvoll: sie entbehren den normalen Regulator und Beschützer der Erregbarkeit ihrer Herznerven und sind außerdem noch den toxischen Wirkungen des nicht mehr zur Jodothyrinbildung verwendeten Jods ausgesetzt. Sie wären also schutzlos schädigenden Einflüssen auf ihr regulatorisches Herznervensystem ausgesetzt, wenn nicht die anderen im Organismus gebildeten physiologischen Herzgifte den Mangel an Jodothyrin wenigstens teilweise kompensieren könnten. Die wirksamen Substanzen der Hypophyse gehören in erster Linie zu solchen Giften.

Nachtrag zu § 5. Über die physiologischen Wirkungen einiger aus der Schilddrüse gewonnener Produkte[1]).

Das große physiologische Interesse, welches in den letzten Jahren den Verrichtungen der Schilddrüse zugewendet wurde, hat das Erscheinen zahlreicher chemischer Untersuchungen gefördert, die darauf hinzielten, die etwaigen wirksamen Substanzen dieses Organs zu gewinnen. Es gelang in der Tat einigen Forschern, eine gewisse Anzahl chemisch interessanter Körper darzustellen, von denen mehrere ohne weiteres als physiologisch allein wirksame Produkte der Schilddrüse hingestellt wurden. Genügende Beweise dafür wurden meistens nicht geliefert. Und doch konnte der Wert solcher chemischer Körper nur durch deren physiologische Fähigkeiten gekennzeichnet werden.

Nach den bisher vorliegenden physiologischen Forschungen und klinischen Beobachtungen über die Verrichtungen der Schilddrüse mußten solche Fähigkeiten in erster Linie dem Baumannschen Jodothyrin in unzweifelhafter Weise zugeschrieben werden. Die mächtigen, erregenden Wirkungen dieser Substanz auf bestimmte Teile des Herz- und Gefäßnervensystems, die vorangehenden Untersuchungen, sowie der gewaltige Einfluß, welchen das Jodothyrin auf die Beförderung des organischen Stoffwechsels auszuüben vermag, waren für die funktionelle Bedeutung dieser Substanz ausschlaggebend. Dies um so mehr, als diese Wirkungen sich ganz mit denjenigen decken, welche durch Verwendung der ganzen Schilddrüsen oder einfacher wässeriger Extrakte aus ihnen erzielt wurden.

Der entschiedene Antagonismus in den physiologischen Wirkungen auf das Herz- und Gefäßnervensystem, welcher, nach meinen Untersuchungen und denen von Barbéra, zwischen dem Jodothyrin und dem Jod besteht, sowie der Nachweis, daß Jodothyrin imstande ist, die sonst absolut lähmenden Wirkungen des Atropins auf die Vagi momentan aufzuheben, werfen ein ganz neues Licht auf die Art, wie diese Substanz in die physiologischen Verrichtungen der Schild-

---

[1]) Die hier mitgeteilten Versuche wurden in Gemeinschaft mit Dr. Ad. Oswald (Zürich) ausgeführt und 1901 in Pflügers Archiv Bd. 83 veröffentlicht.

drüse einzugreifen vermag. Man berücksichtige nur folgende zwei Umstände: Bis jetzt ist unter den zahlreichen Forschern über den Chemismus dieses Organs nur in dem einen Punkte Übereinstimmung hergestellt, nämlich daß es eine ganz bevorzugte Stellung für die Anhäufung des Jods im Organismus bildet. Außerdem haben fast sämtliche klinische Beobachtungen ergeben, daß die Zufuhr resp. der Mangel von Jod auf den Gang der Erkrankungen der Schilddrüse einen entscheidenden Einfluß auszuüben vermag.

Bei Berücksichtigung der unzweifelhaften Bedeutung des Jodothyrins für die Funktionen der Schilddrüse konnte man schon im voraus mit einer gewissen Sicherheit annehmen, daß derjenige aus der Schilddrüse gewonnene Körper, welcher das Jodothyrin konstant enthält, wie dies für das von Oswald gewonnene Thyreoglobulin der Fall ist, eine wichtige physiologische Bestimmung besitzen muß. Als es darauf gelungen war, die dem Jodothyrin ähnliche, den Stoffwechsel befördernde Tätigkeit des Thyreoglobulins nachzuweisen und auch dessen Wirksamkeit bei Behandlung des Myxödems zu beobachten, wurde diese Annahme noch bedeutend gekräftigt.

Es sei noch speziell darauf hingewiesen, daß das Jodothyrin nachgewiesenermaßen in der Schilddrüse als solches nie vorkommt, daß es vielmehr, wie Dr. A. Oswald gezeigt hat, einen Bestandteil eines wohl charakterisierbaren Eiweißkörpers, des soeben erwähnten Thyreoglobulins, darstellt, aus welchem es nur durch künstliche Spaltung (Kochen mit verdünnten Mineralsäuren, Verdauung mit Pepsinchlorwasserstoffsäure) gewonnen werden kann.

Es war daher von großem Interesse, zu prüfen, wie sich das Thyreoglobulin und eventuelle von diesem gewonnene Spaltungsprodukte denjenigen Herz- und Gefäßnerven gegenüber verhalten würden, auf die das Jodothyrin die bekannten physiologischen Wirkungen ausübt. Diese Prüfung haben Oswald und ich unternommen und schon die ersten an Kaninchen und Hunden ausgeführten Vorversuche haben eindeutige Ergebnisse geliefert, die einen festen Ausgangspunkt für weitere Untersuchungen auf diesem Gebiete bilden. (Diese Vorversuche sind in dem physiologischen Institut der Züricher Universität angestellt worden.)

Der Prüfung wurden folgende Substanzen unterzogen: 1. das Thyreoglobulin von Schwein und Hammel; 2. das aus dem ersteren Thyreoglobulin gewonnene Jodothyrin; 3. jodfreies Thyreoglobulin vom Kalbe; 4. eine durch Trypsinverdauung von menschlichen Schilddrüsen gewonnene jodhaltige Lösung; 5. die bei der Jodothyrindarstellung gebildeten jodhaltigen Rückstände, aus welchen sich kein Jodothyrin mehr gewinnen läßt, und endlich 6. die jodhaltigen Albumosen und Peptone, welche sich bei der Verdauung des Thyreoglobulins mit Pepsinchlorwasserstoffsäure bilden.

Einspritzungen in die Vena jugularis von 2,5 bis 10 ccm einer Auflösung von Thyreoglobulin des Schweins, mit 0,6% J in organischer Bindung, in schwach alkalischer physiologischer Kochsalzlösung erzeugten regelmäßig Senkungen des Blutdrucks und Verstärkungen der verlangsamten Herzschläge, welche soeben als konstante Wirkungen des Jodothyrins so vielfach beschrieben und bildlich reproduziert worden sind. Mit der Wiederholung der Einspritzungen wurden sowohl die Drucksenkungen als auch die Verstärkungen der Herzschläge immer beträchtlicher. Die Durchschneidung der beiden Vagi vermochte diese verstärkende Wirkung des Thyreoglobulins nicht aufzuheben, ganz wie dies bei Einführung von Jodothyrin der Fall zu sein pflegt. Auch nach der Lähmung der Vagusenden durch Atropin dauerten diese Verlangsamungen und Verstärkungen der Herzschläge nach Einführung von Thyreoglobulin an. Diese Substanz wirkt also ebenso erregend auf die intrakardialen Hemmungscentra wie das Jodothyrin. Dagegen wollte es uns nicht gelingen, die durch das Atropin erzeugte Lähmung der Vagusstämme durch die Einspritzung von Thyreoglobulin aufzuheben. Dies muß seinen Grund darin haben, daß wegen Mangel an Material nur geringe Mengen von Substanz injiziert wurden, welche zur Erzielung einer solchen Wirkung nicht auszureichen vermochten. Trotz dieser geringen Menge erhielten wir bei deren Einführung in die Vena jugularis eines Kaninchens mit durchschnittenen und durch Atropin gelähmten Vagi ganz beträchtliche Drucksenkungen und Verstärkungen der Herzschläge.

Das Thyreoglobulin beeinflußte auch die Erregbarkeit des Depressors in ganz demselben Sinne wie das Jodothyrin, obgleich in viel geringerem Grade, was leicht begreiflich ist, da das Thyreoglobulin, auf die Gewichtseinheit bezogen, weniger Jod enthält als das Jodothyrin. (1 g Thyreoglobulin entspricht, wie sich aus dem Jodgehalt berechnen läßt, 0,1—0,2 g Jodothyrin.)

Das Thyreoglobulin vom Hammel bei einem stark strumösen Hund versucht, der aus Bern absichtlich geholt wurde, hat nur Verlangsamung der Herzschläge von 16 auf 10—12 in 16″ mit einer merklichen Verstärkung erzeugt. Auf den Blutdruck war es dagegen ohne jede sichtbare Wirkung.

Das jodfreie Thyreoglobulin, wie man ein solches manchmal von Züricher Kälbern erhält, erwies sich als vollkommen wirkungslos, sowohl auf Blutdruck wie auf Zahl und Stärke der Herzschläge[1]).

Von ganz besonderem Interesse waren die Wirkungen des aus menschlichen Schilddrüsen durch Trypsinverdauung erhaltenen Produktes. Zur Verwendung kam eine Lösung, die folgendermaßen hergestellt wurde:

Eine größere Anzahl ganzer menschlicher Schilddrüsen wurde ca. 10 Wochen in schwach alkalischer Lösung im Brutschrank mit Trypsin verdaut. Nach genannter Zeit wurde die Lösung mit verdünnter Schwefelsäure neutralisiert, zum Sieden gebracht und der gebildete Niederschlag abfiltriert. Darauf wurde das Filtrat durch Ein-

---

[1]) Das aus den Schilddrüsen von Kälbern aus Paris dargestellte Thyreoglobulin wurde stets jodhaltig gefunden.

tragen von Ammonsulfatkrystallen bis zur Sättigung von den Albumosen befreit und, nach Entfernung des Ammonsulfats, durch Einengen der Lösung auf dem Wasserbade und nachherigem Zusatz von verdünntem Alkohol mit Phosphorwolframsäure versetzt, nachdem der Alkohol auf dem Wasserbade ausgetrieben worden war. Die von dem entstandenen Niederschlag abfiltrierte Lösung wurde mit Barythydrat von der überschüssigen Phosphorwolframsäure befreit und der Baryt mit Schwefelsäure genau entfernt. Die erhaltene gelbliche Lösung enthält Jod in organischer Bindung, aber nicht in Form von Jodothyrin, da sich auf Zusatz von Säure kein Niederschlag bildet. Der Phosphorwolframsäureniederschlag erwies sich als jodfrei. Zu unseren Versuchen wurde deshalb nur die jodhaltige Lösung verwendet. Sowohl beim Kaninchen als beim Hunde erzeugte sie eine ganz bedeutende Steigerung des Blutdrucks mit merklicher Beschleunigung der Herzschläge.

Die erhaltenen Kurven sind fast vollkommen mit denjenigen identisch, die durch die Einführung von Nebennierenextrakt erzeugt werden: sie zeigen die gleiche plötzliche, sehr hohe Drucksteigerung und die gleiche in deren Beginn vorübergehende Verlangsamung der Herzschläge, welche sich schnell in eine starke Beschleunigung verwandelt. Nicht weniger auffallend waren die heftigen, krampfhaften Atembewegungen, welche diese durch Trypsinverdauung erhaltene Lösung erzeugte: auch hier eine evidente Analogie mit der Wirkung der Nebennierenextrakte. Wiederholte Einspritzungen derselben Lösung erzeugten die gleichen Veränderungen in der Blutdruckkurve. Die Respirationsschwankungen waren noch heftiger. Dagegen blieb die anfängliche vorübergehende Verlangsamung der Herzschläge aus.

Beim Hunde erzeugte diese Lösung ganz analoge Erscheinungen sowohl im Gebiete der Zirkulation als in dem der Respiration. Nur zu Beginn war die Blutdruckkurve wesentlich von der beim Kaninchen erhaltenen verschieden; der Blutdrucksteigerung ging eine ziemlich lange dauernde Drucksenkung mit kleinem, häufigem Pulse voraus, während welcher die krampfhaften Respirationsbewegungen besonders heftig, ja sogar heftiger waren als während der Phase der Erhöhung des Blutdrucks.

Im ersten Augenblick könnte man geneigt sein, diese Druckerhöhung und Beschleunigung der Pulse als eine reine Wirkung des in der Lösung vorhandenen Jods, wie sie Barbéra und auch Laudenbach beschrieben haben, aufzufassen. Zugunsten einer solchen Deutung scheinen auch Blutdruckkurven zu sprechen, die bei demselben Hunde durch Einspritzung derselben Lösung erhalten wurden, nachdem daraus das Jod mit Hilfe von Silbernitrat entfernt worden war. In diesen Kurven traten sowohl die heftigen Atembewegungen wie die Phase der vorgehenden Senkung des Blutdrucks auf; die enorme Blutdrucksteigerung blieb aber diesmal aus: der Blutdruck kehrte nur zur früheren Höhe zurück. Andererseits war aber die mit der Lösung eingeführte Jodmenge nur sehr gering; und bei Berücksichtigung des Umstandes, daß beide Tiere stark strumös, also für die Wirkungen des Jods besonders empfindlich waren, erscheint es sogar schwierig, die beobachteten Veränderungen mit Sicherheit dem Jod zuzuschreiben. Die Möglichkeit scheint nämlich nicht ganz ausgeschlossen, daß durch diese Verdauung eine zweite wirksame Substanz der Schilddrüse gewonnen wird, deren Wirkungen denjenigen des Jodothyrins entgegengesetzt sind. Solche der Hauptsubstanz entgegenwirkenden Produkte sind ja sowohl in den Nebennieren als auch in der Hypophyse gefunden worden.

Verwendet wurde ferner eine Auflösung der jodhaltigen Produkte, welche bei der Darstellung des Jodothyrins als in Säure unlösliche Rückstände übrigblieben. Zu dem Zwecke wurde reines Thyreoglobulin nach Baumanns Vorschrift vier Stunden mit 10 prozentiger Schwefelsäure gekocht; der dabei sich bildende unlösliche Rückstand wurde in noch feuchtem Zustande mit Alkohol von 95% extrahiert, in welchem das Jodothyrin sich löst. Der Alkoholrückstand, welcher jodhaltig ist, aus welchem sich aber durch weitere Extraktion mit Alkohol kein Jodothyrin mehr gewinnen läßt, stellt den Körper dar, der uns zur Untersuchung diente. Dieser war ohne jede Wirkung auf den Blutdruck und vermochte nur die Herzschläge ein wenig zu beschleunigen. Auf die Erregbarkeit der Vagi war er ebenfalls ohne Einfluß.

Zum Schluß wurden noch die Albumosen geprüft, die sich bei der Verdauung des Thyreoglobulins mittels Pepsinchlorwasserstoffsäure bilden. Diese sind, wie Oswald gezeigt hat, jodhaltig.

Die verwendete Albumose-Peptonlösung wurde durch mehrmonatliche Pepsinverdauung von Thyreoglobulin gewonnen und von dem sich dabei ausscheidenden Jodothyrin abfiltriert.

Diese jodhaltigen Pepton - Albumosen waren ebenfalls ohne jede Wirkung auf Blutdruck und Herzschlag.

Aus den hier kurz analysierten Vorversuchen lassen sich zwei Schlüsse mit Bestimmtheit ableiten:

1. Das Thyreoglobulin muß als die albuminöse Substanz betrachtet werden, welche den Jodothyrinkomplex in ihrem Molekül enthält, wie das Oswald auf chemischem Wege schon gezeigt hat[1]).

2. Der Antagonismus, welcher in den physiologischen Wirkungen des Jodothyrins und denen des Jods auf das Herz- und Gefäßnervensystem nachgewiesen wurde, bezieht sich auch auf dasjenige Jod, welches in andersartiger Bindung als in Form von Jodothyrin aus der Schilddrüse erhalten wird.

Mit anderen Worten: Die übrigen aus der Schilddrüse gewonnenen Produkte, wenn sie auch Jod enthalten, besitzen nicht die physiologischen Eigenschaften des Jodothyrins.

---

[1]) Ad. Oswald, Die Eiweißkörper der Schilddrüse. Zeitschrift für physiologische Chemie Bd. 27. 1899. Auch Münchener med. Wochenschr. Nr. 33. 1899.

§ 6. Exstirpationen der Schilddrüsen.

Entfernungen der Schilddrüsen bei gesunden Tieren bildeten bis jetzt die bevorzugteste Versuchsmethode, um die Funktionen dieser Organe zu studieren. Diese Methode hat sich auch sehr gut bewährt und eine große Anzahl lehrreicher Tatsachen zutage gefördert. Ausführliche historische Darstellungen der betreffenden Versuche sowie der gewonnenen Resultate sind vor längerer Zeit von Kocher und seinen Schülern, von C. A. Ewald und Gley u. a. geliefert worden. Es wäre daher ganz überflüssig, hier eine Übersicht der sehr reichhaltigen Literatur zu geben. Dies um so mehr, als meine Versuche über die Exstirpation der Schilddrüsen nur in indirektem Zusammenhange mit den bisher angeführten stehen. Während die früheren Operationen die Gesamtfolgen festzustellen suchten, welche die Entfernung der Schilddrüsen für den Stoffwechsel und das Wohlbefinden der Tiere nach sich zieht, habe ich meine Versuche auf ein ganz bescheidenes Gebiet beschränkt. Treu dem beim Beginne mir gestellten Vorhaben, die Beziehungen zwischen den Schilddrüsen und den Herz- und Gefäßnerven zu studieren, begnügte ich mich damit, in erster Reihe die Veränderungen festzustellen, welche die Exstirpation dieser Organe auf die Funktionen der genannten Nerven eventuell auszuüben vermag. Haben mir ja schon die Versuche über die Wir-

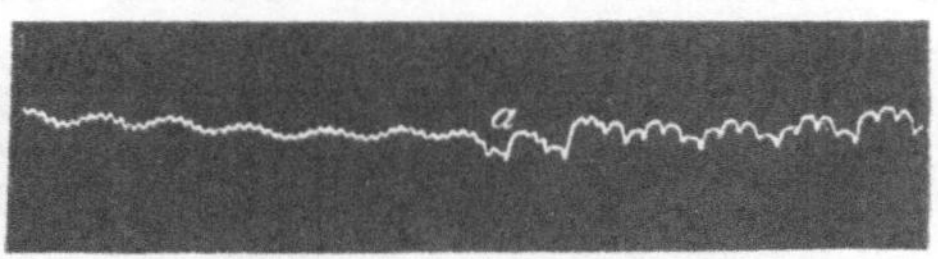

Fig. 28. Verschwinden der Doppelpulse bei plötzlicher Unterbindung des Halssympathicus bei a.

kungen des Jodothyrins und des Jods wertvolle Aufschlüsse über diese Beziehungen geliefert.

Bei sämtlichen von mir ausgeführten Exstirpationen wurden natürlich alle antiseptischen Kautelen beobachtet. Mit einer einzigen Ausnahme (Versuch 14), wo bei der Heilung eine oberflächliche Hauteiterung auftrat, geschahen in allen Versuchen die Vernarbungen per primam. Die meisten dieser Versuche wurden an Kaninchen, nur wenige an Hunden vorgenommen.

Bei einigen Tieren habe ich, ehe ich zur Thyreoidektomie schritt, mehrere Tag vorher einige Herz- und Gefäßnerven am Halse in der Länge von 1—2 cm excidiert, und zwar: bei einem Kaninchen die beiden Depressoren, bei einem anderen die beiden Sympathici und bei einem dritten sowohl die beiden Depressoren als die beiden Sympathici. Die drei Tiere wurden in dieser Weise am 8. Juli operiert. Dem Anschein nach ertrugen sie diese Operation sehr gut, denn sie fraßen wie früher und zeigten auch sonst keine Veränderungen in ihrem Verhalten. Beim Kaninchen mit excidierten Depressoren waren die Pupillen ein wenig erweitert, bei dem mit durchschnittenen Sympathici dagegen merklich verengt. Gleichzeitig zeigte sich bei dem letzteren einige Tage nach der Operation eine Conjunctivitis an den beiden Augen mit schwacher

Eiterung. Der Halsumfang hat sich bei den drei Tieren nach dieser ersten Operation kaum verändert. Die unbedeutende Zunahme um 1 oder 2 cm konnte auf Rechnung der vernarbten Wunde geschoben werden.

Am 23. Juli wurden den drei Kaninchen die beiden Schilddrüsen entfernt; dabei stellte sich heraus, daß beim Kaninchen mit durchschnittenen Depressoren beide Schilddrüsen merklich vergrößert und stark blutreich waren. Die Brücke zwischen den beiden Drüsen war auch stark hyperämisch. (Am 8. Juli schienen die Drüsen noch von ganz normaler Größe zu sein.) Da die Herkunft des acht Tage vorher gekauften Kaninchens unbekannt war, so kann man die unzweifelhafte Vergrößerung der Drüsen nicht ohne weiteres mit der Excision der Depressoren in Beziehung bringen. Sie könnte auch einfach eine Wirkung des Berner Trinkwassers sein.

Vor der Exstirpation zeigte dieses Kaninchen 240 Herzschläge in der Minute; auch die Atmung war stark beschleunigt. Während der Exstirpation mußten vier Blutgefäße wegen ihrer starken Erweiterung unterbunden werden. Gleich nach der Operation waren die Herzschläge so beschleunigt, daß eine Zählung unmöglich wurde. Doch konnten

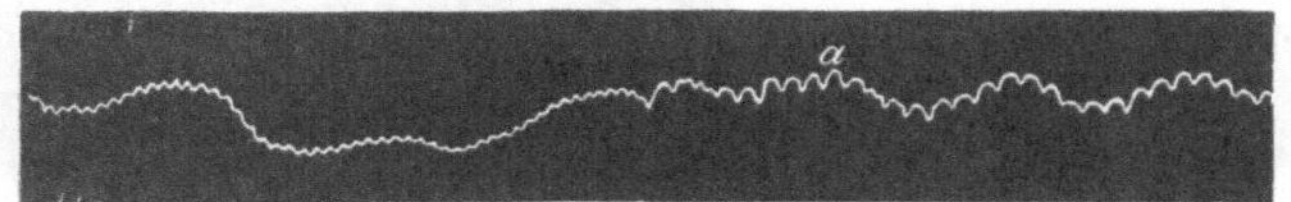

Fig. 29. Reizung des Depressors nach Einspritzung von
phosphorsaurem Natron bei *a*.

einzelne Stillstände, die die beschleunigten Pulse unterbrachen, leicht festgestellt werden. Das Kaninchen atmete nach der Operation viel tiefer und seltener als vorher. Die Pupillen waren erweitert, die Augen stark geöffnet und tränten.

Dieses Kaninchen, dem am 23. Juli die beiden Thyreoideae mit den Parathyreoideae von Sandström-Gley exstirpiert wurden, befand sich noch am 20. Januar ganz wohl. Am 10. August hat es eine Anzahl lebender Jungen geworfen, die sich sämtlich sehr gut entwickelten. Ich beabsichtigte, es im Januar noch zu neuen Versuchen zu verwenden.

Das Kaninchen mit excidierten Halssympathici besaß am 23. Juli normal aussehende Schilddrüsen. Die Pupillen waren stark verengt, und auf der linken Seite war eine purulente Blepharitis sichtbar. Dieses Kaninchen ist gegen Mitte August zugrunde gegangen, nachdem es schon einige Tage vorher sehr apathisch wurde und fast keine Nahrung zu sich nahm.

Der Kaninchenbock, welchem am 8. Juli die beiden Depressoren und Sympathici durchschnitten und am 23. Juli die Schilddrüsen exstirpiert wurden, zeigte schon am 26. eine auffallende Apathie und verweigerte jede Nahrung. Er wurde daher am 29. Juli zu dem Versuche verwendet, von welchem die Tabelle XIII Rechenschaft gibt. Ehe ich diesen Versuch bespreche, will ich einen andern vom 12. Juli ausführlich analysieren, da er das klarste Bild der mannigfachen Veränderungen wiedergibt, welche die Exstirpation der Schilddrüsen bei den Funktionen der Herz- und Gefäßnerven setzt.

Versuch 12 (12. Juli).

Dem Kaninchen wurden am 10. Juli um 10 morgens in der Morphiumnarkose die beiden Schilddrüsen mit sorgfältiger Schonung der Nervi recurrentes abgetragen. Am 12. war das Tier dem Aussehen nach ganz normal. Der Versuch begann um 3 Uhr nachmittags ebenfalls in der Morphiumnarkose.

Tabelle XII.

Versuch 12. 12. Juli	Reizstärke	Blutdruck in mm Hg.	Herzschläge in 10 Sek.	Atmungen in 10 Sek.	Bemerkungen
Vor Beginn des Versuches		134	32	3,5	Regelmäßige Traubesche Wellen, von 9 Sekunden Dauer.
Durchschneidung des linken Vagus		136	32		
Reizung des peripheren Vagus	300	100	16		Schwankungen der Pulse von 34 mm.
Nach Reizung		136—120	33		
Neue Reizung des Vagus.	400	100	14		
Nach Reizung		122	30		
Durchschneidung des linken Depressors		120	30	3,5	Die Traubeschen Wellen erscheinen von neuem.
Reizung des Depressors während 26 Sekunden . .	200	120	32		Respirationswellen bleiben bestehen.
Neue Reizung des Depressors	400	120	32		
Reizung des Depressors am Laryngeus sup.	400	120	32		Während der 8 Sekunden-Dauer der Traubeschen Wellen 17 Schläge.
Reizung d. Depressors tiefer	500	120	32		
Nach 5 Minuten		126	30		
Unterbindung des rechten Depressors		100	30		
Durchschneidung des rechten Depressors.		134—160	14—10		Große Vaguspulse bis zu 58 mm Höhe.
Reizung des rechten Depressors.	300	60	22		Vaguspulse verschwinden.
Nach Reizung.		110	27		Pulse voller als vor der Unterbindung.
Durchschneidung des rechten Vagus		126	29		
Nach 30 Sekunden . . .		148	14		Vaguspulse von 14 mm Höhe, Traubesche Wellen.
Reizung des rechten Depressors.	300	94	25		Nach Latenz von 10 Sekunden verschwinden die Vaguspulse. Pulse bleiben voller.
Nach der Reizung		140	25		
Beim Aufsuchen des Sympathicus		140	13		Vaguspulse.
Unterbindung des Sympathicus		130	27		

Tabelle XII (Fortsetzung).

Versuch 12. 12. Juli	Reizstärke	Blutdruck in mm Hg.	Herzschläge in 10 Sek.	Atmungen in 10 Sek.	Bemerkungen
Reizung des zentralen Halssympathicus	200	130	14		Große Vaguspulse.
Nach Reizung		134	29		
Reizung des peripheren Sympathicusendes . . .		134	40		Vor der Beschleunigung
Nach Reizung		134	30		treten einige Doppelpulse auf.
Sympathicus höher unterbunden u. zwischenUnterbindungsstellen durchschnitten		142	30		
Reizung des zentralen Sympathicusendes		150	14		Große Vaguspulse von
Nach der Reizung		136	29		einigen Beschleunigungen unterbrochen.
Reizung des peripheren Sympathicus	200	140	39		
Nach Aufhören der Reizung		140	16—31		
Reizung des rechten Depressors		74	26		
Nach Reizung		140	29		
Unterbindung des rechten Vagusendes		142	13		Bei dieser Unterbindung wurde der periphere Sympathicus mit gefaßt.
Reizung des Vagus und Sympathicus	300	40	0		Stillstand während der 10 Sekunden dauerndenReizung.
Nach der Reizung		156	50-26-22		Eine Reihe von Acceleranspulsen durch Vaguspulse unterbrochen.
Reizung des linken Vagus		138	8		Pulse von 56 mm Höhe.
Nach der Reizung	Rückkehr der früheren Reihe				Auftreten von Doppel- und Vaguspulsen.
Nach 5 Minuten		134	34		

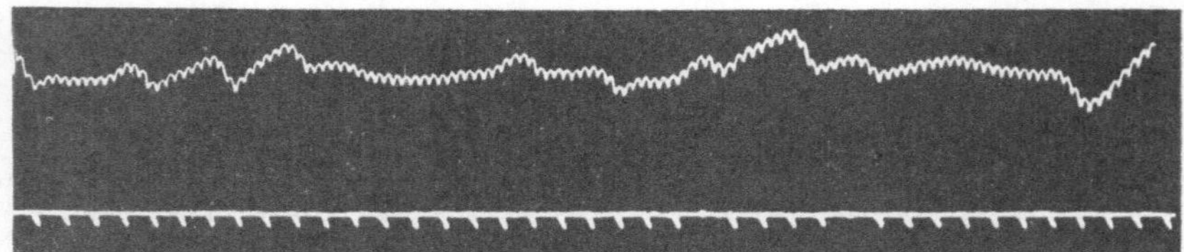

Fig. 30. Blutdruckkurve vom Kaninchen 53 Stunden nach Exstirpation der beiden Schilddrüsen; um 50 mm verkürzt. Traubesche Wellen.

Wie man sieht, war der Blutdruck bei dem Tiere ziemlich hoch. Die Herzschläge waren voll, aber nicht zu häufig, 192 in der Minute. Die Zahl der Atmungen 42 in 60 Sekunden. Was zuerst im Beginne des

Versuches auffiel, war der Ausfall von Vaguspulsen, welche man infolge der Morphiumnarkose immer im Anfange beobachtet. Der Blutdruck zeigte regelmäßige Traubesche Wellen von 9 Sekunden Dauer, welche in gewissen Stadien nach der Exstirpation nie fehlen, und zwar waren diese Wellen von der am häufigsten vorkommenden Form.

Die Kurve 30 zeigt diese eigentümliche Form der Blutdruckschwankungen mit großen Analogien mit denjenigen, welche man bei der Jodvergiftung und auch bei einigen strumösen Tieren beobachtet (Kurve 31).

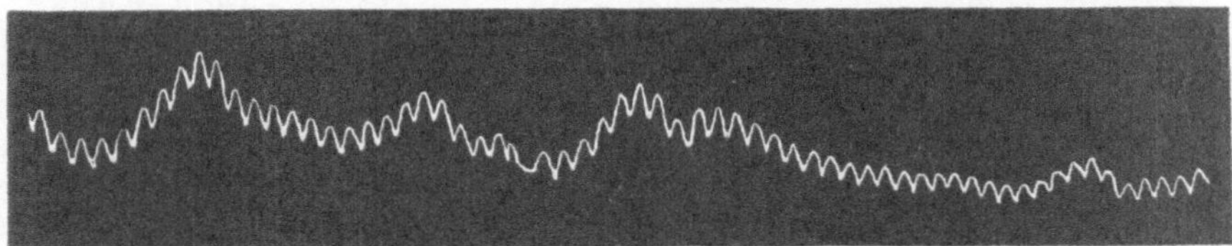

Fig. 31. Traubesche Wellen nach Jodnatriumeinspritzung.

Wie man sieht, zeigt die Kurve 30 eine abgeflachte Welle von 9 Sekunden Dauer, welche von 3 Respirationswellen gefolgt wird, deren Gesamtdauer auch annähernd 9 Sekunden betrug. Bei der ersten Periode der Welle war die Zahl der Herzschläge um 1 oder 2 größer.

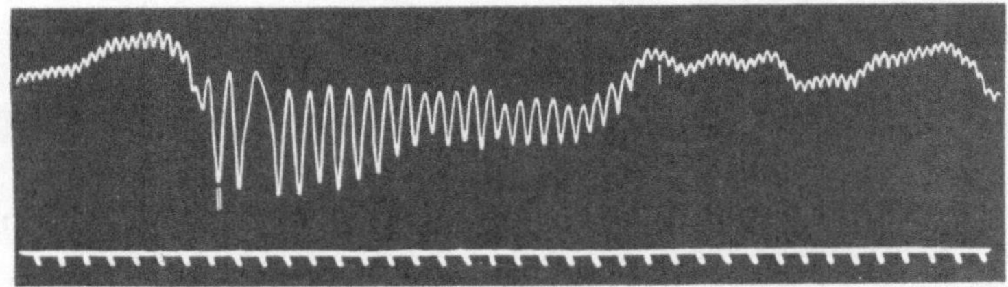

Fig. 32. Reizung des Vagus beim thyreoidektomierten Kaninchen vom 12. Juli; um 50 mm verkürzt. (Versuch 12.)

Die Unterbindung des linken Vagus änderte insofern den Gang dieser Kurve, als der Blutdruck um einige Millimeter erhöht wurde, die Zahl der Herzschläge sich aber nicht veränderte. Reizungen des Vagus mit 200 und 400 Einheiten riefen eine geringe Verlangsamung, aber keinen Stillstand hervor. Die Vaguspulse während dieser Reizung unterschieden sich von den gewöhnlichen insofern, als die Drucksenkung und die Pulshöhen nicht im Beginne der Reizung, sondern erst am Ende ihre größten Werte erreichten. Die Kurve 32 gibt Rechenschaft über diese Verhältnisse.

Die Unterbindung und Durchschneidung des linken Depressors änderte weder die Druckhöhe noch die Schlagzahl. Die Traubeschen Wellen erscheinen von neuem. Wiederholte Reizungen des zentralen Depressorendes mit 200, 400 und 500 Einheiten bleiben ganz erfolglos. Als die Reizungen an einer frischen Stelle des Depressors vorgenommen wurden, ganz in der Nähe seiner Abgangsstelle vom Nervus laryngeus sup., blieb zwar die Traubesche Welle ganz in ihrer früheren Form und Dauer bestehen, die Zahl der Pulsschläge aber während der Abflachung stieg ein wenig (Kurve 33).

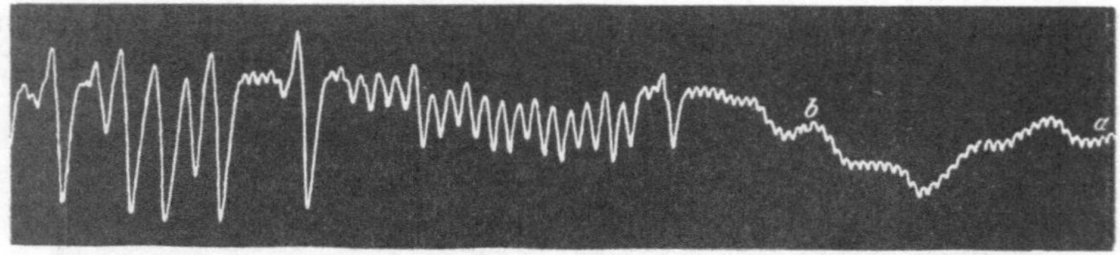

Fig. 33. Reizung des linken Depressors nahe am Laryngeus superior zwischen | und |. Versuch vom 12. Juli; Kurve verkürzt um 50 mm. Auftreten der Traubeschen Wellen. (Versuch 12.)

Die Traubeschen Wellen konnten auch während der erneuerten Reizung des Depressors nicht zum Schwinden gebracht werden.

Nach 5 Minuten, als der Blutdruck konstant auf 126 mm und die Herzschläge auf 30 in 10 Sekunden blieben, rief die Unterbindung des rechten Depressors eine nicht unbedeutende Drucksenkung bis auf 100 mm hervor, ohne Veränderung der Schlagzahl. Die Durchschneidung des Depressors rief nach 4 Sekunden eine Reihe von Vagus-

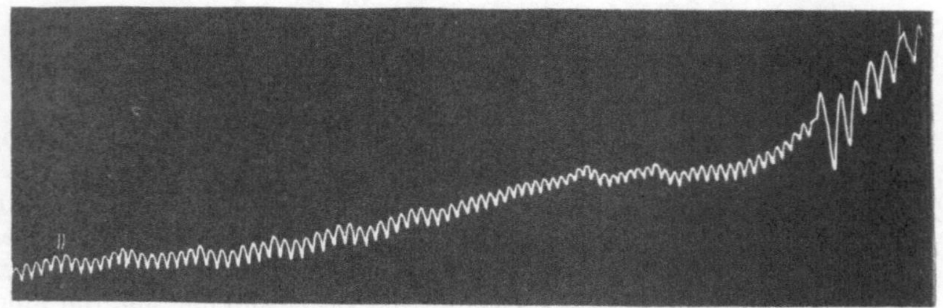

Fig. 34. Unterbindung des rechten Depressors bei a, Durchschneidung bei b. Versuch vom 12. Juli; Entstehung einer Reihe von Vaguspulsen. (Versuch 12.)

Fig. 35. Reizung des rechten Depressors. Verschwinden der Vaguspulse. Versuch vom 12. Juli. (Versuch 12.)

pulsen von 58 mm Schwankung mit beträchtlicher Steigerung des systolischen Druckes hervor. Diese auffallende Erscheinung wird durch die Kurve 34 versinnlicht.

Reizung des rechten Depressors unterbrach nach 4 Sekunden diese Vaguspulse und erzeugte eine beträchtliche Drucksenkung mit vollen, großen Pulsen. Auch hier ist die größte Verlangsamung erst mehrere Sekunden nach Beginn der Reizung eingetreten (Kurve 35).

Nach Aufhören der Reizung stieg der Blutdruck von neuem bis auf 110 mm und erreichte den früheren Stand von 126 mm bei 30 Herzschlägen in 10 Sekunden erst nach erfolgter Durchschneidung des rechten Vagus. Einige Sekunden nach dieser Durchschneidung traten von neuem große Vaguspulse von 14 mm Schwankung auf, welche von neuem bei Reizung des zentralen Endes des Depressors zum Verschwinden kamen.

Zwei Umstände verdienen besondere Beachtung bei diesen nach Durchschneidung der beiden Vagi aufgetretenen Vaguspulsen:

1. daß die Traubeschen Wellen während der ganzen Dauer der Vaguspulse sehr deutlich ausgesprochen blieben (Kurve 36) und

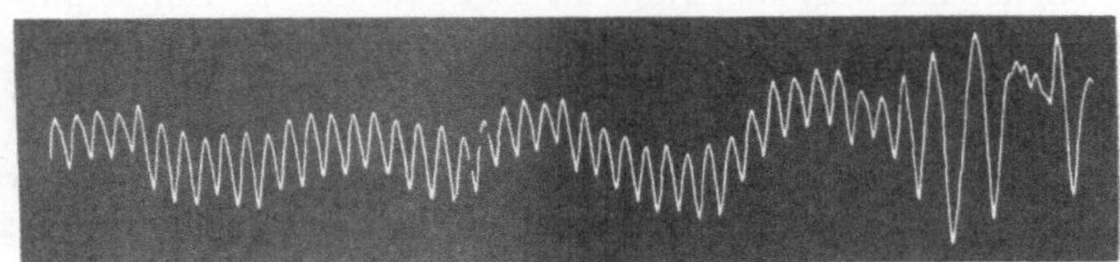

Fig. 36. Vaguspulse nach Durchschneidung des rechten Vagus. Versuch vom 12. Juli.

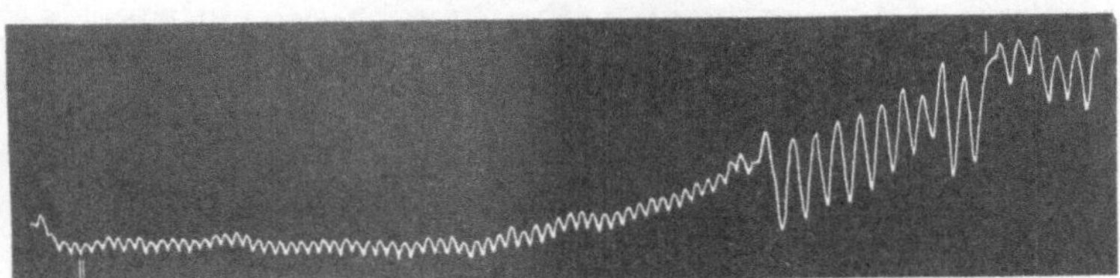

Fig. 37. Neue Reizung des rechten Depressors. Verschwinden der Vaguspulse. Versuch vom 12. Juli.

2. daß, obgleich die Drucksenkung sofort bei der Reizung des rechten Depressors anfing, die Vaguspulse erst nach einigen Sekunden aufhörten. (Kurve 37.)

Wie aus der Kurve 37 ersichtlich, rief die Depressorreizung nur eine unbedeutende Verlangsamung und ein Stärkerwerden der einzelnen Schläge hervor, nachdem beide Vagi durchschnitten waren.

Als der Blutdruck und die Herzschläge wieder in die Höhe gingen (140 mm und 30 Schläge in 10 Sekunden), wurde der rechte Halssympathicus aufgesucht und auf den Faden genommen, wobei mehrere Vaguspulse erschienen, die sofort nach Unterbindung verschwanden. Der Blutdruck ging auf 130 zurück und die Herzschläge auf 27 in 10 Sekunden. Reizung des zentralen Endes des nicht durchschnittenen Halssympathicus erzeugte eine Reihe großer Vaguspulse bei starker Verlangsamung der Herzschläge.

Die Vaguspulse überdauern um einige Sekunden die Reizung. Als der Druck wieder auf 134 und die Schlagzahl 32 in 10 Sekunden

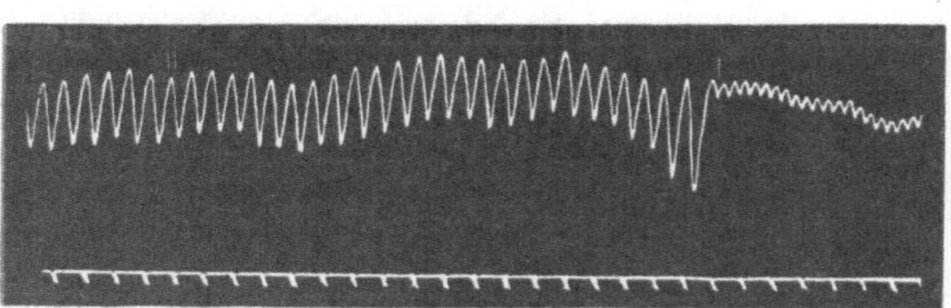

Fig. 38. Reizung des zentralen Endes des Halssympathicus bei beiderseits durchschnittenen Vagi. Versuch vom 12. Juli. Kurve um 50 mm verkürzt.

gelangt waren, wurde das periphere Ende des undurchschnittenen Halssympathicus gereizt. Die Kurve 39 gibt Rechenschaft über den Erfolg dieser Reizung. In ihrem Beginne traten einige Vaguspulse auf, die während 10 Sekunden in Doppelpulse übergingen und endlich durch beschleunigte Herzschläge (40 in 10 Sekunden) ersetzt wurden. Dabei traten Traubesche Wellen ganz von der ursprünglichen Form von neuem auf.

Nach Aufhören der Reizung blieb der Druck auf der früheren Höhe, die Herzschläge kehrten allmählich auf 30 in 10 Sekunden zurück.

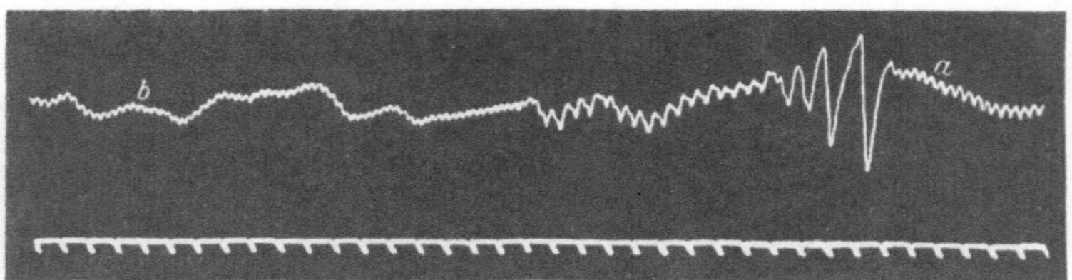

Fig. 39. Reizung des peripheren Endes des Halssympathicus von a bis b. Verkürzt um 50 mm.

Nun wurde der Sympathicus von neuem an einer höheren Stelle unterbunden, wobei einige Vaguspulse auftraten, und zwischen den beiden Unterbindungsstellen durchschnitten. Reizung des zentralen Endes des durchschnittenen Sympathicus erzeugte sofort Vaguspulse von etwas unregelmäßigerer Form als früher, die von einigen beschleunigten Pulsen unterbrochen waren. Der Blutdruck stieg auf 150 mm. Nach Aufhören der Reizung traten noch ein paar Vaguspulse auf und darauf kehrten Blutdruck und Schlagzahl allmählich zur früheren Höhe zurück (136 mm und 29 in 10 Sekunden). Nun wurde das periphere Ende des Sympathicus gereizt, der Blutdruck stieg auf 140, die Schlagzahl auf 39 in 10 Sekunden, und die Traubeschen Wellen von früherer Form traten von neuem auf. Nach Reizung einige Vaguspulse (16 in 10 Sekunden) und darauf Rückkehr zur Schlagzahl 31 in 10 Sekunden. Reizung des rechten Depressors erzeugt von neuem eine Drucksenkung fast um die Hälfte mit einer kleinen Verlangsamung der vollen und

großen Herzschläge. Nach einigen Minuten wurde ein Faden unter das
periphere Ende des rechten Vagus gelegt und dieser Nerv unterbunden,
wobei unabsichtlich das periphere Ende des Sympathicus mit er-
faßt und unterbunden wurde. Bei dieser Unterbindung traten einige
Vaguspulse auf. Reizung des Vago-Sympathicus erzeugte einen Stillstand von 20 Sekunden (Dauer der Reizung) und darauf eine Beschleunigung bis zu 50 in 10 Sekunden, von großen Vaguspulsen unterbrochen
(Kurve 40).

Die auf dieser Kurve verzeichnete Reihe von beschleunigten, durch
Vaguspulse unterbrochenen Herzschlägen dauerte eine Minute lang fort.
Reizung des linken Vagus vermochte diese Reihe durch mehrere Verlangsamungen zu unterbrechen. Die Reihe erschien wieder nach Aufhören der Reizung und dauerte noch 75 Sekunden. Darauf nahm die
Blutdruckkurve den früheren Verlauf von neuem auf, bei 32 Schlägen
in 10 Sekunden.

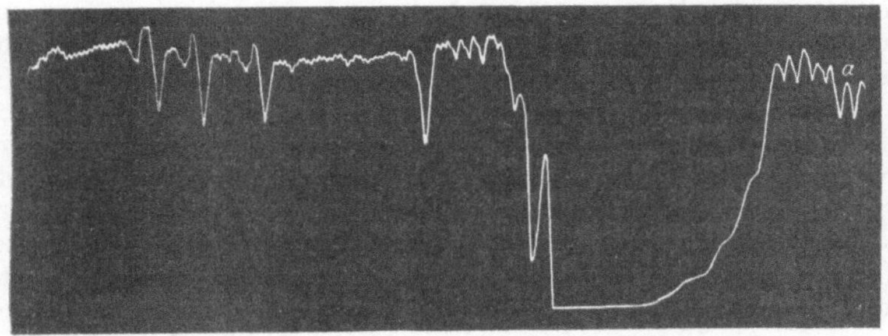

Fig. 40. Gleichzeitige Reizung des Vagus und des peripheren Endes des
Halssympathicus. Versuch vom 12. Juli.

Fassen wir die Hauptergebnisse dieses Versuches zusammen, so
beobachteten wir bei einem Kaninchen, dem 53 Stunden vorher beide
Schilddrüsen exstirpiert waren, folgende Erscheinungen:

1. Auftreten eigentümlicher Traubescher Wellen.

2. Unwirksamkeit des linken Depressors und Wirksamkeit des
rechten, dessen Durchschneidung eine große Drucksteigerung mit Pulsverlangsamung veranlaßte und dessen Reizung auch bei durchschnittenen Vagi eine Verlangsamung der Herzschläge gab.

3. Geringe Wirksamkeit des linken Vagus und Umkehr des zeitlichen Verlaufes der Vaguskurve.

4. Drucksteigerung und bedeutende Verlangsamung nach Durchschneidung des rechten Vagus.

5. Drucksteigerung und Vaguspulse bei Isolierung des Halssympathicus.

6. Bedeutende Verlangsamung der Herzschläge bei Reizung des
zentralen Sympathicusendes, und dies bei beiderseits durchschnittenen
Vagi.

7. Große Beschleunigung der Herzschläge bei Reizung des peripheren Endes des Sympathicus und endlich

8. die eigentümliche Reihe von Herzschlägen nach der gemeinsamen Reizung der peripheren Enden des Vagus und Sympathicus.

Diese Umwälzungen in dem sonst so harmonischen Zusammenwirken der regulatorischen Herznerven könnten mit einer Kakophonie verglichen werden, welche entstehen würde, wenn bei der Ausführung einer Beethovenschen Symphonie mehrere Musiker, von plötzlichem Wahnsinn befallen, ganz verschiedene Motive zu spielen begännen.

Das Kaninchen, welches die Exstirpation der beiden Schilddrüsen dem Anscheine nach ohne jede üble Folgen ertragen hatte, zeigte schon beim Beginn des Versuchs eigentümliche Schwankungen an der Blutdruckkurve, welche auf Störungen in der Innervation des Gefäßnervenzentrums hindeuteten. Gleichzeitig ließ die Wirkungslosigkeit der Morphiumnarkose auf die Herzkurve eine Abnahme in der Erregbarkeit der beiden Vagi erkennen. Nun wurden die einzelnen Herznerven auf ihre Funktionsfähigkeit geprüft und da kamen ganz erstaunliche, paradoxe Tatsachen zum Vorschein, die meistens in grellem Widerspruch standen mit der bekannten gesetzmäßigen Art und Weise, wie diese Nerven gewöhnlich auf Durchschneidungen und Reizungen zu reagieren pflegen. Wenn man die obigen zehn Kurven betrachtet, welche als Beispiele gegeben wurden, so erhält man den Eindruck einer vollständigen Anarchie in den Verrichtungen des Herznervensystems. Nur die immer gleichsam als Leitmotiv wiederkehrenden eigentümlichen Traubeschen Wellen deuteten auf das Fortbestehen einer gewissen gesetzmäßigen Ordnung, die immer wieder die Oberhand erlangte, sobald die durch die elektrische Reizung erzeugte Erregung der entzügelten Nerven sich gelegt hatte.

Im Kapitel III meiner „Nerven des Herzens", § 5, bei der Auseinandersetzung der Lehre von den Traubeschen Wellen[1]) werden diese nur dem Anscheine nach paradoxen Tätigkeitsäußerungen der Herznerven näher geprüft und, soweit möglich, gedeutet. Hier sollen nur diejenigen tatsächlichen Veränderungen in deren Funktionen berücksichtigt werden, welche konstant bei Exstirpationen der Schilddrüsen vorkommen und die zum Verständnis ihrer Verrichtungen beitragen können. Zu diesen Veränderungen gehören in erster Linie die Verminderung der Erregbarkeit der Vagi und der Depressoren, die gesteigerte Erregbarkeit der sympathischen Ganglien und der beschleunigenden Herznerven und endlich die Störungen in der Innervation des Gefäßnervenzentrums. Die zeitlichen Momente, in welchen alle diese Symptome nach der Exstirpation der Schilddrüsen beobachtet werden, können bei den verschiedenen Tieren variieren, wie auch bei weitem nicht immer die erwähnten Veränderungen gleichzeitig

---

[1]) Siehe ebendaselbst Kapitel IV und auch Abschnitt 9 meiner Beiträge zur Physiologie der Schilddrüse und des Herzens. 1898. Bonn. Martin Hager.

aufzutreten pflegen. Ja, meistens pflegen bei solchen Tieren die gleichnamigen Nerven auch nicht gleichzeitig betroffen zu werden. Gewöhnlich sind, wenn der eine Depressor und Vagus schon vollständig gelähmt sind, die gleichnamigen Nerven auf der anderen Seite noch mehr oder weniger erregbar. Wenn bei beiden Nerven die Erregbarkeit abgenommen hat, so ist die Abnahme auf der einen Seite stärker als auf der anderen.

Schon viel konstanter ist die Erhöhung der Erregbarkeit des sympathischen Systems. In allen meinen Versuchen vermochten die Fasern des Halssympathicus während der Reizung ihre beschleunigende Wirkung aufs Herz zur Geltung zu bringen. Bekanntlich ist bei einem normalen Tier die Reizung des peripheren Endes des Sympathicus ohne jeden Einfluß auf das Herz. v. Bezold war der einzige, welcher diesem Nerven motorische Wirkungen auf das Herz zugeschrieben hat. Dies geschah aber zu einer Zeit, als die wirklichen Nn. accelerantes noch nicht entdeckt waren, welche vom letzten Halsganglion und ersten Brustganglion zum Herzen sich begeben, also als v. Bezold noch auf Grund seiner ersten Versuche über die Innervation des Herzens, vom Jahre 1863, beweisen wollte, daß vom Rückenmark aus motorische Fasern zum Herzen gehen. Ob v. Bezold auch später die Existenz beschleunigender Fasern im Halssympathicus vertreten hat, ist mir unbekannt. Ich habe auch nur bei den Berner Kaninchen unbedeutende Beschleunigungen von 1—2 Schlägen in 10 Sekunden beobachten können. Es handelte sich wahrscheinlich um strumöse Tiere, bei denen die untersten Halsganglien anormal erregbar waren. Bei thyreoidektomierten Tieren sind solche Beschleunigungen schon viel bedeutender und können sogar, wie beim Versuch vom 12. Juli, bis zu einem Viertel der normalen Schlagzahl steigen.

Seltener dagegen ist bei solchen Tieren die sonderbare Wirkung zu beobachten, welche die Reizung des zentralen Sympathicusendes auf die Zahl und Stärke der Herzschläge ausübt, so wie ich sie im Versuch vom 12. Juli gesehen habe. Nur noch zweimal gelang es mir, ähnliche Wirkungen ganz deutlich zu beobachten, nämlich im Versuch vom 6. August (Tabelle IX) und in einem Versuche von Dr. Barbéra vom 30. Juli.

Die Störungen in der Innervation der Gefäßnervencentra sind konstant und geben sich durch das Auftreten Traubescher Wellen von ganz eigentümlicher Form kund.

Ich will jetzt nur noch einige hierher gehörige Versuche anführen.

Versuch 13.

Das Kaninchen, dem am 8. Juli größere Stücke vom Depressor und Sympathicus ausgeschnitten und am 23. Juli die beiden Thyreoideae exstirpiert waren, wurde, wie schon gesagt, am 29. Juli zum Versuche verwendet. Das Tier war nicht narkotisiert, aber der Vorsicht halber wegen aufgetretener Atembeschwerden tracheotomiert. Die Tabelle XIII gibt Rechenschaft über die Ergebnisse dieses Versuches.

Tabelle XIII.

Versuch 13. 29. Juli	Reizstärke	Blutdruck in mm Hg.	Herzschläge in 10 Sek.	Atmungen in 10 Sek.	Bemerkungen
Beginn des Versuches . .		112	46	9	
Aufsuchen des zentralen Endes des durchschnittenen Depressors und dessen Reizung	200	88	23		Atemwellen verschwinden. Pulse während der ganzen Dauer der Reizung selten und voll.
20 Minuten nach der Reizung		100	36	7	Pulse voller als vor der Reizung.
Reizung des Kopfendes des Sympathicus		106	40	7	Erweiterung der Pupille.
Nach ein paar Minuten neue Reizung des Sympathicus		100	42	8	
Nach 5 Minuten rechter Vagus aufgesucht und unterbunden		90	36		
Durchschneidung des rechten Vagus		106—136	40—50		Das Tier bekommt heftige Krämpfe. Pulse unregelmäßig bei 106 mm Druck und 40 in 10 Sekunden.
Nach $^{1}/_{2}$ Minute		90	44	13	
Nach 5 Minuten Unterbindung des linken Vagus		70	36		
Reizung des durchschnittenen rechten Vagus . .	200	50	10		Nach Reizung Rückkehr zur früheren Höhe.
Reizung des durchschnittenen linken Vagus . .	200	140	46		
Während 1 Minute Reizung		136	46		
Neue Reizung des linken Vagus	300	effektlos			
Reizung des zentralen Endes des unterbundenen Laryngeus sup.		80	40		
Reizung des zentralen Endes des durchschnittenen Laryngeus sup.	200	106—140	36		Während 2 Sekunden Stillstand der Atmung in Exstirpation, wobei der Druck auf 140 mm steigt.
Reizung des rechten Vagus	300	32	0		

Wie aus der Tabelle ersichtlich, war das zentrale Ende des 20 Tage vorher durchschnittenen Depressors noch erregbar, nur war die Depressorkurve ganz eigentümlicher Art (Kurve 41).

Die eingetretene Drucksenkung scheint nur durch eine reflektorische Vagusreizung bedingt zu sein. Die Verlangsamung hielt daher in gleicher Stärke während der ganzen Reizdauer an. Da aber leider unterlassen wurde, den Depressor nach der Durchschneidung der beiden Vagi von neuem zu reizen, so kann diese Abhängigkeit nicht mit Bestimmtheit behauptet werden. Reizungen des zentralen Endes des Sympathicus erzeugten außer einer Erweiterung der Pupille eine sehr merkliche Beschleunigung der Herzschläge (von 36 auf 42 in 10 Sekunden) mit unbedeutender Drucksteigerung. Die Unterbindung des linken Vagus ergab eine kleine Drucksenkung, Reizung des peripheren Endes dieses Nerven mehrere Male beträchtliche Drucksteigerungen mit einer merklichen Beschleunigung der Herzschläge. Bei Verstärkung der Reizstärke blieb dann die Reizung ganz effektlos; dagegen war der rechte Vagus noch sehr wirksam und konnte bei intensiver Reizung den Stillstand des Herzens veranlassen. Zu bemerken ist noch, daß der Sympathicus auf beiden Seiten sehr empfindlich war. Das Tier bekam bei dessen Zerrung mehrmals Krämpfe.

Die im § 4 mitgeteilte Tabelle VI gibt Versuchsresultate bei einem Tiere mit exstirpierten Schilddrüsen, die hier für uns von Interesse sind. Der Blutdruck war ziemlich hoch und zeigte Traubesche Schwankungen, welche ganz mit den am Kaninchen vom 12. Juli beobachteten identisch waren. Die Pulse waren sehr häufig (276 in

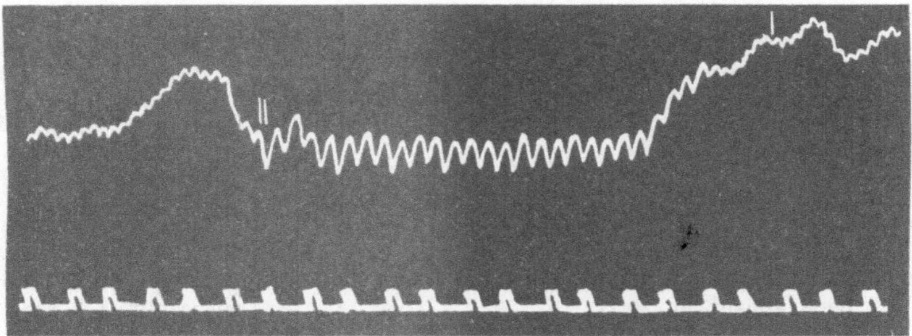

Fig. 41. Reizung des Depressors beim thyreoidektomierten Kaninchen, dem vor 20 Wochen die Sympathici und Depressoren durchschnitten wurden. Kurve um 40 mm verkürzt.

der Minute) und klein. Die Unterbindung des Halssympathicus rief heftige Schmerzen und Krämpfe hervor, die von einer merklichen Drucksenkung und schwachen Beschleunigung begleitet waren. Reizung des zentralen Endes des Sympathicus erzeugte nur eine kleine Drucksteigerung; dagegen erzeugte die Reizung des peripheren Endes trotz der schon bestehenden Beschleunigung noch eine Steigerung der Schlagzahl von 40 auf 45 in 10 Sekunden. Der Druck stieg auch, aber nur unbedeutend.

Interessant ist bei diesem Falle die bei Unterbindung und Durchschneidung beider Vagi aufgetretene kleine Drucksenkung ohne jede Veränderung der Schlagzahl. Diese Drucksenkung war besonders ausgesprochen bei Durchschneidung des rechten Vagus, dessen hemmende Wirkungen auf das Herz bedeutend herabgesetzt waren. Es konnte sich dabei nur um eine reflektorische, depressorische Wirkung handeln, veranlaßt durch eine mechanische Reizung, da die Durchschneidung oberhalb der Unterbindungsstelle stattgefunden hatte. Dies stimmt mit der oben schon hervorgehobenen häufigen Fortdauer der Empfindlichkeit der Vagi bei thyreoidektomierten Tieren gegen mechanische Eingriffe.

Um mit den unmittelbaren Folgen der Thyreoidektomie bei Kaninchen zu schließen, wollen wir die folgende Tabelle XIV hier mitteilen.

Tabelle XIV.

Versuch 14. 6. August	Reizstärke	Blutdruck in mm Hg.	Herz-schläge in 10 Sek.	Atmungen in 10 Sek.	Bemerkungen
10 Minuten nach Beginn des Versuchs		120	42		Traubesche Wellen.
Unterbindung des Hals-sympathicus		114	42	8	
Reizung des peripheren Sympathicusendes . . .	200	118	48	9,5	
Nach der Reizung		114	42		
Reizung des zentralen Sym-pathicusendes		114	34		Einige Vaguspulse;
Nach der Reizung		114	38—40		Krämpfe. Erweiterung
Nach 5 Minuten		120	40	7	der Pupille und Ver-
Unterbindung d. Depressors		114	40		engerung d. Ohrgefäße.
Durchschneidung des De-pressors		120	40		
Reizung des Depressors wäh-rend 28 Sekunden . . .	200	120	34—30	7	
Nach Reizung		120	40		
Reizung des Depressors . .	300	122—112	34—26		Einige Vaguspulse rufen
Zwei neue Reizungen des Depressors	300	120	38		Drucksenkung hervor.
Nach 10 Minuten		110	38		
Rechter Vagus unterbunden		88	26		
Durchschneidung des rech-ten Vagus		130	42		Wegen Gerinnsel Versuch
Vor Reizung des Vagus .		118	40		unterbrochen, Kanüle in die rechte Carotis ein-gebunden.
Reizung des rechten Vagus	300	84	9		Große Vaguspulse von
Nach Reizung		130	36		34 mm Schwankung.
Reizung des Vagus und Sympathicus	300	80—146	9—40		Vaguspulse zweimal durch
Einige Minuten darauf . .		124	38		acceleratorische unter-brochen.
Einspritzung von 2 ccm Jodothyrin in 10 Sekun-den, anfangs		150—98	38		Schon vor Ende der Ein-
Später während der Ein-spritzung		150	36		spritzung fing der Druck von neuem zu steigen an. Volle, große Vagus-pulse.
5 Sekunden nach der Ein-spritzung		140	10—40		Eine Reihe Vaguspulse von 1 Sekunde Dauer auf 5 Pulse von 1,3 Sekunde.
Durchschneidung des linken Vagus		136	36	4	Diese Reihe sofort nach
Nach mehreren Minuten .		122	20	5	der Durchschneidung
Reizung des linken Vagus 25 Sekunden	400	92	12		des linken Vagus ver-schwunden.

Tabelle XIV (Fortsetzung).

Versuch 14. 6. August	Reizstärke	Blutdruck in mm Hg.	Herzschläge in 10 Sek.	Atmungen in 10 Sek.	Bemerkungen
Nach Reizung		132	44		
Reizung des zentralen Sympathicus		120—128	32—36		Pulse voller.
Nach der Reizung		154	38	8	
Vor Reizung des Depressors		132	38		
Reizung des Depressors .		112	36	8	
Zerrung des Depressors. .		118	36		
1 Minute später		128	36		
Neue Einspritzung von 2 ccm Jodothyrinlösung		134	38	6	
Reizung des Depressors. .		96	36		
Reizung des linken Vagus		76—100	6—23		

Diese Tabelle bezieht sich auf einen am 6. August ausgeführten Versuch (14) an einem Kaninchen, welchem zwei Tage vorher die beiden Schilddrüsen mit den Parathyreoideae exstirpiert worden waren. Bei dieser Exstirpation wurde der linke Recurrens verletzt, was sich durch das charakteristische Pfeifen der Atmung sofort zeigte. Die Schilddrüsen des Tieres waren bedeutend vergrößert, blutreich und hatten eine gefäßreiche Brücke. Am 6. August dauerte das Pfeifen der Atmung noch fort. An den am 4. noch normal scheinenden Augen wurde jetzt der rechte Augapfel stark entzündet gefunden (Conjunctivitis und partielle Iritis). Die Pupille war sehr verengt. Linkerseits ausgesprochener Exophthalmus und verengte Pupille. Die Hautstiche eiterten ein wenig, sonst war die Wunde geheilt.

Die Reizung des intakten Halssympathicus änderte anfangs kaum den Blutdruck und die Zahl der Herzschläge, welche ohnedies schon 248 in der Minute waren. Darauf traten heftige Krämpfe auf, welche die Reizung überdauerten und den Blutdruck bis auf 168 hinaufdrängten, mit unregelmäßigem Herzschlage und von

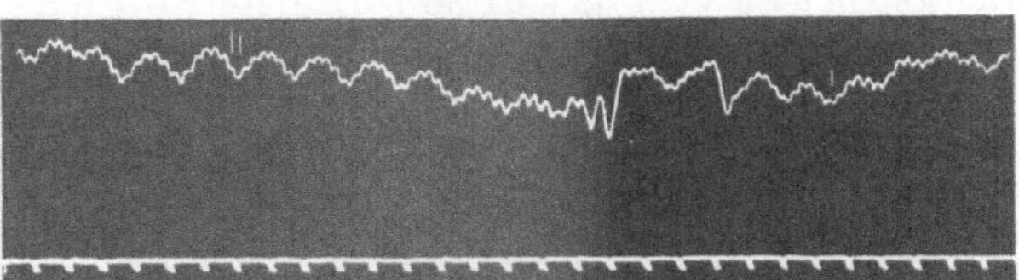

Fig. 42. Reizung des zentralen Endes des durchschnittenen N. depressor bei thyreoidektomierten Kaninchen. Beginn durch |, Ende durch || markiert. Beide Vagi intakt. Vor Einspritzung von Jodothyrin. Um 35 mm verkürzt.

Vaguspulsen unterbrochen. Nach einigen Minuten beruhigte sich das Tier, Blutdruck und Atmung wurden ganz regelmäßig. Reizung des peripheren Sympathicus beschleunigte den Herzschlag von 42 auf 48 in 10 Sekunden. Reizung des zentralen Endes erzeugte eine Verlangsamung auf 34 in 10 Sekunden und von neuem einige Vaguspulse, Krämpfe mit starker Erweiterung der Pupille und Verengerung der Ohrgefäße. Die Zerrung des Depressors bei der Unterbindung rief eine kleine Drucksenkung hervor, die elektrische Reizung blieb ohne jeden Einfluß auf den Blutdruck und veranlaßte nur eine Verlangsamung der Herzschläge bis auf 30 in 10 Sekunden. Nur als die Reizung auf 300 E.

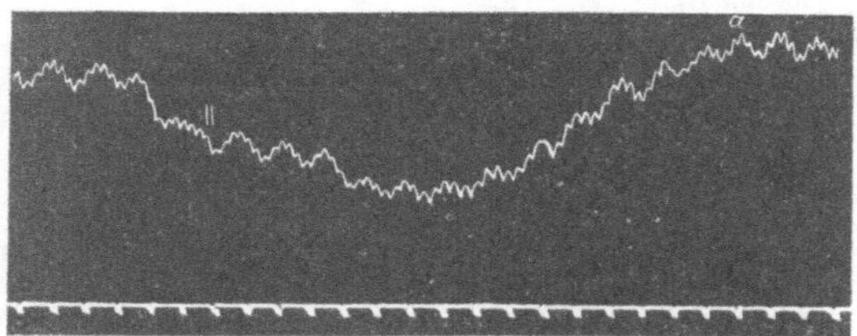

Fig. 43. Reizung des Depressors beim thyreoidektomierten Tiere nach Jodothyrineinspritzung. Beide Vagi durchschnitten. Kurve um 50 mm verkürzt.

verstärkt wurde und der Puls auf 26 Schläge in 10 Sekunden herabging, wobei einige Vaguspulse auftraten, sank auch der Blutdruck um einige Millimeter.

Der Vergleich dieser Kurve 42 mit der analogen vom Versuch 13 (Kurve 41) ist insofern sehr lehrreich, als hier kein Zweifel bestehen kann, daß die kleine Drucksenkung wirklich nur von der Verlangsamung der Herzschläge herrührte. Mit anderen Worten: die lähmende Wirkung des Depressors auf das Gefäßnervenzentrum verschwindet zuerst, während die erregende Wirkung auf die Vagi noch unverändert bestehen bleibt. Diese Tatsache tritt noch eklatanter hervor nach den Einspritzungen von Jodothyrin. Die beiden Vagi waren diesmal durchschnitten; die Verlangsamung der Pulsschläge war daher kaum merklich. Dagegen trat bei Reizung des Depressors eine sehr bedeutende Drucksenkung auf, dank dem Umstande, daß Jodothyrin die lähmende Wirkung des Depressors auf das Gefäßnervenzentrum wiederhergestellt hat. Im Gegensatz zur früheren Reizung war hier die Drucksenkung das Primäre und die ganz unbedeutende Pulsverlangsamung von 38 auf 36 nur eine Folge der Drucksenkung. Die beiden Vagi waren bei diesem Kaninchen noch erregbar, sie befanden

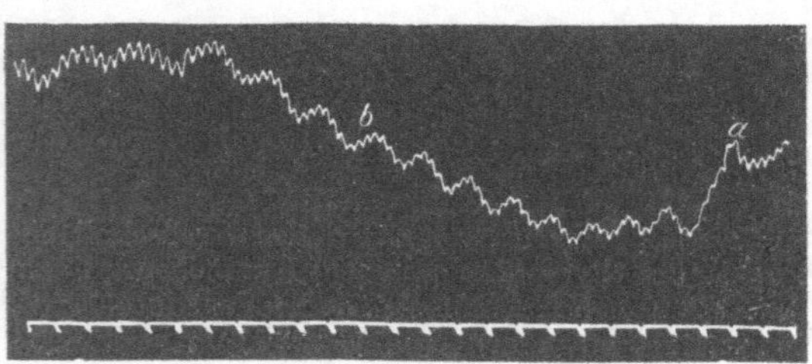

Fig. 44. Wirkung der Einspritzung von Jodothyrin beim thyreoidektomierten Kaninchen von *a* bis *b*. Rechter Vagus früher durchschnitten. Kurve verkürzt um 35 mm.

sich sogar im Zustande der tonischen Erregung, wie die beträchtliche Druckerhöhung und Pulsbeschleunigung nach ihrer Durchschneidung bezeugte. Die elektrische Reizung vermochte zwar keinen Stillstand zu veranlassen, die hervorgerufenen Verlangsamungen waren aber ziemlich beträchtlich und wurden

nach Einspritzung von Jodothyrin noch bedeutender.

Hervorzuheben ist aus diesem Versuche noch die erregende Wirkung des Jodothyrins auf das Vaguszentrum. Sofort nach der Ein-

spritzung wurden die Herzschläge voller und seltener. Der Blutdruck
begann zu steigen. Dann trat eine Reihe von Herzschlägen auf, die in
evidenter Weise durch rhythmische Erregung der zentralen Vagusenden
bedingt waren;

denn nach
Durchschnei-
dung des noch
intakt gebliebe-
nen linken Va-
gus hörte diese
sofort auf (Kur-
ve 45).

Die beiden
hierher gehören-
den Kurven 44

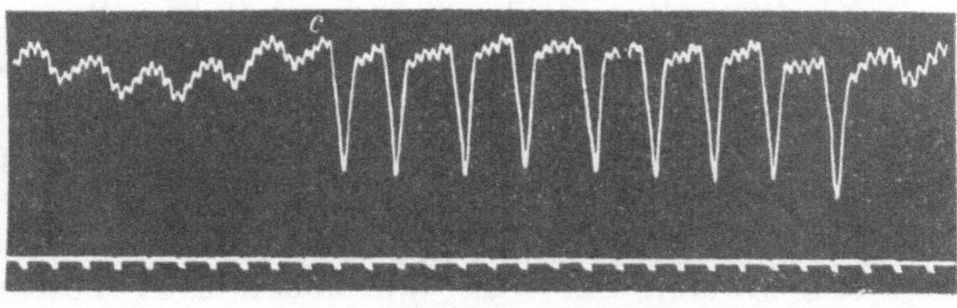

Fig. 45. Fortsetzung von Fig. 44. Wettstreit zwischen linkem
Vagus und den Accelerantes. Bei c Durchschneidung des
linken Vagus. Verkürzt auf 35 mm.

und 45 geben am besten Rechenschaft von den besagten Verhältnissen.
Kurve 44 zeigt die Drucksenkung bei schneller Einspritzung von Jodothyrin und die darauf folgende Verstärkung der Herzschläge
mit steigendem Blutdruck. Die Kurve 45 gibt die Reihe der Herz-

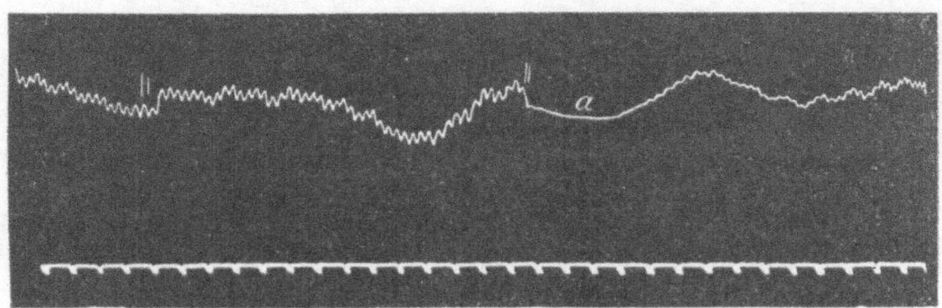

Fig. 46. Reizung des zentralen Endes des durchschnittenen Sym-
pathicus von | bis ||. Bei a zufällig die A. carotis zugedrückt.
Verkürzt um 50 mm.

schläge wieder, welche den Kampf zwischen den Accelerantes und dem
erregten Vagus darstellt, der mit dem Siege der ersteren endete, als
der Vagus durchschnitten war. Hier sollen noch die großen
restituierenden Wirkungen von schwachen Jodothyrin-
lösungen auf den Herzschlag und den Blutdruck bei einem
Tiere hervorgehoben werden, bei welchen diese beiden Faktoren infolge der Exstirpation der Schilddrüsen bedeutend
geschwächt waren.

Die Wirkungen auf das Herz, welche Reizungen des zentralen
Sympathicusendes bei thyreoidektomierten Tieren hervorzurufen imstande sind, scheinen so paradoxer Natur und sind in der Tat von so
großer Bedeutung für das Verständnis des Mechanismus der Herznerven, daß es nützlich erscheint, diese Wirkungen hier noch durch
Wiedergabe einiger Kurven zu versinnlichen. Die Kurve 46 ist demselben Versuche vom 6. August entnommen. Sie zeigt die starke Ver-

langsamung der Herzschläge bei Reizung des zentralen Stumpfes des Sympathicus nach der Durchschneidung der beiden Vagi.

Wie man sieht, ist die Verlangsamung der Herzschläge von einer merklichen Verstärkung begleitet. Diese Erscheinung ist um so auffallender, als die Reizung desselben Stumpfes bei intakten Vagi nur eine geringe Verlangsamung von 42 auf 35 gab, ohne jede Formveränderung der Blutdruckkurve. Außer der Durchschneidung der Vagi hat zwischen diesen beiden Reizungen nur noch eine Jodothyrineinspritzung stattgefunden.

Die Kurve 47 ist dem Versuche Barbéras[1]) vom 30. Juli entnommen worden, der von ihm ausführlich beschrieben wurde. Es handelte sich um ein Kaninchen, dem 17 Tage vorher beide Schilddrüsen nebst Parathyreoideae entfernt waren und dem abwechselnd Einspritzungen von phosphorsaurem Natron und Jodnatrium gemacht wurden. Vor aller Einspritzung erzeugte die Reizung des ununterbundenen Sympathicus eine kleine Beschleunigung von 36 auf 40

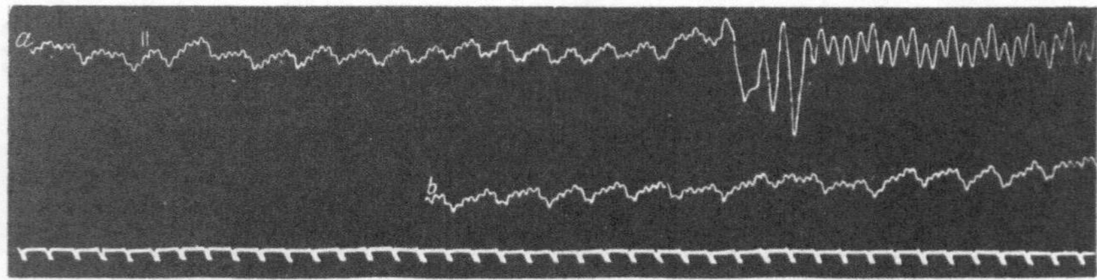

Fig. 47. *a* Reizung des zentralen Endes des Halssympathicus nach Einspritzung von phosphorsaurem Natron. Beide Vagi durchtrennt. *b* Fortsetzung der Kurve *a* nach Aufhören der Reizung. (Aus Barbéras Versuch vom 30. Juli.)

Schläge in 10 Sekunden mit einer Drucksteigerung von 12 mm. Reizung des peripheren Endes des durchschnittenen Nerven rief die gleiche Beschleunigung ohne jede Druckveränderung hervor. Bei Beginn des Versuches war das zentrale Ende des Sympathicus nicht gereizt worden. Eine solche Reizung nach Durchschneidung des einen Vagus und vor der ersten Einspritzung von Jodnatrium war ganz erfolglos. Die nun folgende Kurve (eine Fortsetzung der Fig. 8 der Barbéraschen Arbeit) ist entnommen, bald nachdem der zweite Vagus durchschnitten und dem Tiere die zweite Einspritzung von phosphorsaurem Natron gemacht worden war. Die großen, langsamen Pulse, welche solche Einspritzungen veranlassen, sind noch im Anfange dieser Kurve zu sehen.

Wie man sieht, rief die Reizung des zentralen Sympathicusstumpfes nach einer Latenz von zwei Sekunden einige große Vaguspulse hervor und gleich darauf erfolgte eine Beschleunigung der Pulse von 10 auf 40 Schläge in 10 Sekunden. Die Atemwellen wurden deutlicher. Diese Beschleunigung hielt auch nach Aufhören der Reizung an und ging nur allmählich auf 37 Schläge in 10 Sekunden

---

[1]) Pflügers Archiv Bd. 68 S. 442.

zurück. Mit einem Worte: es kehrte ganz der Zustand des Blutdruckes und der Herzschläge zurück, welcher vor der letzten Einspritzung des phosphorsauren Natrons bestand.

Aus diesem Versuche soll noch eine interessante Tatsache hervorgehoben werden. Vor jeder Einspritzung des phosphorsauren Natrons wurde der periphere Sympathicus gereizt und gab jedesmal eine Beschleunigung von 38 Schlägen in 10 Sekunden auf 40 Schläge, trotzdem durch die Jodnatriumeinspritzung die Pulsschläge schon von 36 auf 38 gestiegen waren. Dagegen blieb die gleich starke Reizung nach der Einspritzung ganz erfolglos. Dies deutet darauf hin, daß diese Substanz die Erregbarkeit der acceleratorischen Fasern herabsetzt, also auch in Beziehung auf diese Nerven ein Antagonist des Jods ist.

Um zu den Wirkungen des zentralen Sympathicusstumpfes zurückzukehren, muß nochmals darauf hingewiesen werden, daß in diesem Versuche, wie in denen vom 12. Juli und 6. August diese Wirkungen nach Durchschneidung beider Vagi aufgetreten sind. Der zentrale Stumpf des Halssympathicus konnte also auf das Herz nur durch Vermittelung des obersten Halsganglions reflektorisch auf die aus dem untersten Halsganglion und obersten Brustganglion austretenden Nerven einwirken. Wie diese Einwirkung gedeutet werden muß, wird im neunten Paragraphen geprüft werden. Hier seien nur nochmals die eingreifenden, aber ganz regelmäßigen Veränderungen konstatiert, welche bei thyreoidektomierten Tieren das phosphorsaure Natron auf das sympathische Ganglion auszuüben vermag. In Anbetracht der zuletzt hervorgehobenen Wirkung des phosphorsauren Natrons wollte ich die Wirkung dieser Einspritzung bei einem Hunde mit stark erkrankten Schilddrüsen, der fast mit einem thyreoidektomierten Tiere verglichen werden konnte, prüfen. Der Versuch 2, welcher in der oben mitgeteilten Tabelle II dargestellt ist, zeigte, daß eine solche Einspritzung die Erregbarkeit des einen Vagus beträchtlich erhöht hat und die Erregbarkeit des zweiten, ganz unerregbaren Vagus wiederherzustellen vermochte.

Unter den Hunden, die zu den Versuchen verwendet wurden, über welche in den vorangegangenen Paragraphen berichtet worden ist, befanden sich mehrere mit stark vorgeschrittenen Strumen. Das Verhalten der Vagi bei diesen Tieren, die Frequenz der Herzschläge, die Störungen in der Innervation der Gefäßnervenzentren, welche sich durch das Auftreten Traubescher Wellen kundgaben, waren bei diesen Tieren ganz identisch mit denen, welche ich bei thyreoidektomierten Kaninchen zu beobachten Gelegenheit hatte. Solche kropfige Tiere können also als thyreoidektomierte betrachtet werden. Bei der Schwierigkeit, in Bern Tiere mit normalen Schilddrüsen zu erhalten, zog ich es vor, nur wenige Thyreoidektomien an Hunden zu machen. Die Versuche mußten in Anbetracht der drohenden Tetanie schon 48 Stunden nach der Exstirpation vorgenommen werden. Ich will hier einen kurzen Protokollauszug aus einem solchen am 21. Juli gemachten Versuch mitteilen:

Versuch 15.

Dem Hunde wurden am 19. Juli in der Morphiumnarkose beide Schilddrüsen entfernt. (Wie sich bei der Sektion herausstellte, blieb auf der rechten Seite an der Trachea eine kleine Nebendrüse erhalten.)

Bei dem Versuche am 21. Juli wurde das Tier gleichfalls mit Morphium narkotisiert; auf der rechten Seite wurde der Vagus samt dem unteren Halsganglion und sämtliche von ihm abgehende Äste ohne Eröffnung der Brusthöhle auf meine, in der Methodik[1]) beschriebene Weise präpariert und auf Fäden genommen.

Zu Beginn des Versuches infolge der Morphiumnarkose große Vaguspulse (10 Schläge in 10 Sekunden) mit Schwankungen bis zu 120 mm Höhe; Traubesche Wellen (Maximaldruck 204 mm). Nach 10 Minuten beruhigte sich das Tier, die Pulse erreichten die Zahl 15 in 10 Sekunden (Maximaldruck 170 mm). Reizung des undurchschnittenen ersten inneren Astes vom Ganglion cervicale rief zuerst 14 Schläge in 6 Sekunden und darauf 12 Schläge in 10 Sekunden hervor. Die Stärke der Pulsschwankungen wurde vergrößert. Der systolische Maximaldruck erreichte mehrmals die Höhe von 200 mm.

Nach der Durchschneidung gab die periphere Reizung desselben Astes eine Steigerung der Schlagzahl von 15 auf 18 in 10 Sekunden. Die Form der Pulsschwankungen blieb dieselbe wie früher; nur erreichte die Druckhöhe nicht mehr dieselbe Größe.

Reizung des zweiten inneren Astes des Halsganglions verstärkte beträchtlich die Höhe der Schwankungen; die Zahl der Herzschläge blieb 15 in 10 Sekunden. Durchschneidung des am meisten nach außen gelegenen Astes rief eine Verlangsamung der Herzschläge auf 10 in 10 Sekunden hervor. Seine periphere Reizung nach Durchschneidung eine Beschleunigung bis zu 13 Schlägen. Die Höhe der Schwankungen blieb unverändert.

Nach der Eröffnung der Brusthöhle (wobei eine stärkere Blutung stattgefunden hatte) und Herstellung künstlicher Atmung war der Blutdruck bedeutend gesunken und die Herzschläge stiegen auf 30 in 10 Sekunden. Die Traubeschen Schwankungen wurden schwächer als im Beginne des Versuches und erinnerten ganz an die Blutdruckkurven, welche oben von thyreoidektomierten Kaninchen mitgeteilt worden sind.

Durchschneidung der beiden Vagi erzeugte nur eine momentane Drucksteigerung von 6—8 mm ohne jede Veränderung der Schlagzahl. Reizung des linken Vagusendes auch mit 1000 Einheiten Stromstärke vermochte keinen Stillstand, sondern nur eine Verlangsamung hervorzurufen. Bei derselben Reizstärke konnte der rechte Vagus auf einige Sekunden das Herz zur Ruhe bringen. Wegen der starken Vagusreizung durch die Morphiumnarkose im Beginne des Versuches wäre es gewagt, präzise Schlußfolgerungen aus den mitgeteilten Reizergebnissen machen zu wollen. Die schnellen und kleinen Pulse beim Verschwinden der

---

[1]) Methodik der physiologischen Experimente usw. Gießen 1876. S. 173.

Morphiumnarkose, die bis zum Ende des Versuches anhielten, die Wirkungslosigkeit der Durchschneidung der Vagi, deren geringe Erregbarkeit und endlich die Traubeschen Schwankungen der Blutdruckkurve ließen im allgemeinen auch bei dem thyreoidektomierten Hunde dieselben Veränderungen erkennen, wie bei gewissen strumösen Hunden und bei thyreoidektomierten Kaninchen.

Bei den Exstirpationen der Schilddrüsen haben wir weder irgendeine Vergrößerung der Sandström - Gleyschen Drüsen beobachtet, wenn sie erhalten blieben, noch irgendwelche Abweichungen in dem Gange der Störungen erhalten, wenn diese Drüsen gleichzeitig mit den Thyreoideae entfernt wurden. Die relativ kurzen Zeiträume, während welcher wir die thyreoidektomierten Tiere am Leben ließen, gestatten aber nicht, diese negativen Resultate in Gegensatz zu den positiven Resultaten der zahlreichen Versuche von Gley zu stellen.

Dagegen möchte ich eine Beobachtung hervorheben, welche ich mehrmals, sowohl bei thyreoidektomierten als bei strumösen Kaninchen, gemacht habe. Bei der Präparation der Halsnerven sieht man häufig bei solchen Tieren, ein wenig nach außen vom Vagus, eine birnförmige Drüse von mehreren Zentimetern Länge verlaufen, deren größter Umfang etwa 5 mm Durchmesser an der breitesten Stelle hat. Diese Drüse hat ein rötlichbraunes Aussehen, ist sehr blutreich und erinnert makroskopisch an die Gleyschen Drüsen. Ihre Blut- und Lymphgefäße verlaufen in ihrem unteren zugespitzten Ende; letztere waren strotzend gefüllt, und es wäre nicht schwer gefallen, in sie eine Kanüle einzubinden. Bei dem Mangel an Zeit mußte ich es unentschieden lassen, ob es sich um eine hypertrophische Lymphdrüse oder um eine Nebenschilddrüse handelte.

§ 7. Die Synthese der Schilddrüsenfunktionen.

Kein Gebiet der Physiologie ist in den letzten Jahren Gegenstand so zahlreicher und gründlicher Untersuchungen gewesen, wie die Funktionen der Schilddrüse. Den größeren und vielleicht auch ergebnisreicheren Teil dieser Untersuchungen verdankt die Wissenschaft unzweifelhaft den Ärzten. Die bedeutende Rolle, welche die Schilddrüse in den Lebensfunktionen spielt, ging aus den zahlreichen Beobachtungen ihrer pathologischen Veränderungen (Kropf, Basedowsche Krankheit, Myxödem usw.) noch viel schärfer hervor, als aus den physiologischen Versuchen über dieses Organ.

Zwei Strömungen machten sich unter den Forschern in den Anschauungen über die Funktionen dieser Drüse geltend: 1. Die Schilddrüse produziert einen für den Organismus und seinen normalen Haushalt, und insbesondere für das Nervensystem, unentbehrlichen Stoff. 2. Die Drüse zerstört ein durch den Stoffwechsel im Organismus erzeugtes Produkt, welches eminente toxische Eigenschaften besitzt.

Die krankhaften Erscheinungen, welche man sowohl bei thyreopriven als bei strumipriven Tieren beobachtete, wurden von den Autoren mit fast gleicher Schärfe zugunsten jeder dieser beiden Anschauungen verwertet.

Wenn zwei Anschauungen sich schroff gegenüber stehen, von denen jede durch gründliche Beobachtungen gestützt wird, ohne daß sie sich gegenseitig ausschließen, so deutet das gewöhnlich darauf hin, daß beide Anschauungen sich der Wahrheit nähern. Der scheinbare Widerspruch liegt mehr in der Exklusivität ihrer Verteidiger als in der Natur der Sache selbst. Warum sollte in der Tat die Schilddrüse nicht dazu dienen, ein schädliches Produkt des Stoffwechsels zu entfernen und dabei gleichzeitig einen für den Organismus nützlichen Stoff zu produzieren? Ja, warum sollte sie nicht gerade das schädliche Produkt noch zum Nutzen des Organismus verwerten? Dies würde ja ganz der zweckmäßigen Weise entsprechen, wie so viele zur Ausscheidung bestimmte Produkte noch wichtige Dienste dem Organismus erweisen. Man denke z. B. nur an die bedeutende Rolle, welche die Kohlensäure als normales Erregungsmittel für die nervösen Centra der Atmung, der Blutgefäße und der regulatorischen Vorrichtungen des Herzens spielt. Mag sein, daß die Forscher der Schilddrüsenerkrankungen bei der Aufstellung der obigen Alternative durch die jetzt in der Medizin herrschende Tendenz befangen waren, unseren Körper als Kampfplatz für streitsüchtige Bacillen zu betrachten, wobei unsere Existenz gleichsam als Siegespreis dienen soll, eine Tendenz, die zu sehr an die Kämpfe böser und guter Geister in unserem Organismus erinnert, um fruchtbringend zu sein.

Die bahnbrechende Entdeckung des Jodothyrins als normalen Bestandteils der Drüse und besonders der sowohl von Baumann selbst als auch von anderen Forschern gelieferte Nachweis der großen Bedeutung, welche diese Substanz im Organismus für die Beförderung der Oxydationen hat, hätte gewiß Baumann und auch andere auf die naheliegende Vermutung gebracht, daß es Aufgabe der Schilddrüse sei, den Organismus von den Wirkungen des Jods zu befreien und gleichzeitig eine organische Jodverbindung herzustellen, welche auf gewisse Lebensvorgänge fördernd wirken kann. Wenn diese Vermutung nicht aufgekommen ist, so mag dies wohl daher rühren, daß sich bis jetzt das Jod im allgemeinen als nützlichstes und wirksamstes Heilmittel gerade bei Erkrankungen der Schilddrüse bewährt hat.

Die in den vorhergehenden Abschnitten auseinandergesetzten Versuche vermögen diesen scheinbaren Widerspruch zu lösen. Sie beweisen auf das evidenteste, daß zwischen den Wirkungen der Jodsalze und denen des Jodothyrins auf die wichtigsten vitalen Organe ein schroffer Antagonismus besteht. Auf die Herz- und Gefäßnerven oder, um allgemein zu sprechen, auf den Vagus und den Sympathicus, sowohl auf ihre zentralen und peripheren Endorgane als auf ihre Stämme selbst, wirken Jod und Jodothyrin in ganz verschiedener, ja ganz entgegengesetzter Weise ein. Während Jodothyrin die hemmenden oder, richtiger, regulatorischen Apparate des Herzens und der Gefäße zu ihren physiologischen Verrichtungen anregt und ihre Leistungsfähigkeit erhöht, wirkt Jod auf diese Organe geradezu lähmend. Ob das Jodothyrin auf die Erregbarkeit der gefäßverengernden und acceleratorischen Nerven direkt deprimierend wirkt oder dies nur durch Erregung ihrer Antagonisten erzielt, haben meine Versuche noch nicht mit Sicherheit feststellen können; wahrscheinlich ist dem so. Dagegen steht schon jetzt fest, daß die Jodsalze auch direkt das Gefäßnervenzentrum erregen und die Erregbarkeit der sympathischen Ganglien und der durch diese verlaufenden acceleratorischen Nervenfasern zu erhöhen vermögen.

Meine Beobachtungen an thyreoidektomierten Tieren haben anderseits dargetan, daß die Entfernung der Schilddrüsen auf das System der Herz- und Gefäßnerven in ganz analoger Weise schädigend wirkt wie die Einführung von Jodsalzen in die Zirkulation der Tiere. Dies führte mich zu folgendem zwingenden Schlusse:

Die Schilddrüsen haben zur Funktion, die Jodsalze, welche auf das System der Vagi und Sympathici toxisch wirken, unschädlich zu machen durch ihre Überführung in eine organische Verbindung — das Jodothyrin —, welche auf dieselben Systeme anregend und deren Leistungsfähigkeit erhöhend wirkt. Es soll durch diesen Schluß nicht behauptet werden, daß die chemische Rolle der Schilddrüse sich nur auf die Überführung des Jods in Jodothyrin beschränkt. Es sind ja von Kocher jun. (bei Drechsel), von Notkin u. a. noch andere organische Substanzen in der Schilddrüse gefunden worden, die sicherlich auch ihre physiologische Bedeutung haben. Bis auf weiteres kann man aber annehmen, daß diese Eiweißstoffe nur Zwischensubstanzen sind, daß sie gewissermaßen als organisches Material für die Bildung des Jodothyrins dienen. Es könnten ja gleichzeitig auch bei dieser Bildung schädliche Stickstoffprodukte unschädlich und sogar nutzbringend gemacht werden. Immerhin wird es stets die wichtigste chemische Aufgabe der Schilddrüse sein, das Jodothyrin zu bilden. Dies folgt schon mit Notwendigkeit aus der **Harmonie,** welche zwischen dieser **chemischen** Aufgabe der Schilddrüse und ihrer vielleicht noch wichtigeren **mechanischen** Rolle im Organismus besteht. Diese mechanische Rolle beruht darauf, daß die Schilddrüsen als Schutzvorrichtungen gegen Überfüllung des Gehirns mit Blut fungieren. Bei plötzlichen Steigerungen des Blutdruckes, sei es durch verstärkte Herzarbeit sei es durch Vermehrung der Widerstände in den peripheren Blutbahnen, vermögen die Schilddrüsen, dank der obenerwähnten Fähigkeit, große Blutmengen durch ihre Gefäße in kurzer Zeit durchzuleiten, diese also direkt von der Carotis in den Venenblutstrom zurückzuführen und ihnen den Eintritt in die Schädelhöhle zu verwehren. Die Schilddrüsen spielen in solchen Fällen die Rolle von Nebenschließungen von sehr geringem Widerstande.

Schon im vorigen Jahrhundert haben einige Ärzte aus rein anatomischen Gründen für die Schilddrüse eine analoge Bestimmung geahnt. Die Lage der Drüse am Eintritt der Carotiden in die Schädelhöhle, ihre eigenartige Struktur, besonders ihr außerordentlicher Reichtum an Gefäßen, deren Querschnitt Sömmering z. B. auf achtmal so groß als den sämtlicher Gehirnarterien schätzte, und endlich die auffälligen Volumschwankungen dieser Organe in gesundem und krankem Zustande: dies alles legte die Vermutung nahe, daß diese Drüsen in irgendeiner Weise den Blutstrom in der Schädelhöhle zu regulieren vermögen. Die in den vorhergehenden Paragraphen mitgeteilten Versuche beweisen, wie richtig diese Vermutungen waren, und klären gleichzeitig den Mechanismus auf, dank welchem die Schilddrüsen in die Blutzirkulation des Gehirns eingreifen können.

Es ist klar, daß der große Reichtum der Schilddrüsen an Blutgefäßen an sich allein nicht genügen kann, um eine ausreichende Schutzvorrichtung für das Gehirn zu bilden. Wäre das von der Carotis communis herkommende Blut schon durch das weite Lumen dieser Gefäße allein gezwungen, seinen Weg vorzugsweise durch die Schilddrüse zu nehmen, so würde das Gehirn fortwährend von Anämie bedroht sein. Die einfachen Stellungsveränderungen des Kopfes (Liebermeister) oder die etwaigen Kompressionen der Carotis (Guyon) durch die Kontraktion der umgebenden Muskeln wären wohl zu ungenügende mechanische Vorrichtungen, um den Drüsen zu gestatten, ununterbrochen genau die Menge des Blutes zu regulieren, welche unter allen gegebenen Umständen dem Gehirn zugeführt werden soll. Dazu sind spezielle Vorrichtungen erforderlich und in erster Reihe nervöse Apparate, welche imstande sind, zu jeder Zeit und bei jeder drohenden Gefahr automatisch zu intervenieren.

Das enorm entwickelte Gefäßnetz der Schilddrüse bildet also nur die anatomische Grundlage, welche es ihr ermöglicht, als Schutzvorrichtung für das Gehirn zu fungieren. Sie dient gewissermaßen als Schleuse, deren Mechanismus es gestattet, die Blutmengen im Gehirn zu regulieren. Um aber diese Schleuse zur rechten Zeit in Bewegung setzen zu können, dazu gehören noch ganz spezielle Vorrichtungen. Durch die im fünften Paragraphen mitgeteilten Versuche haben wir in den regulatorischen Herznerven einige dieser Vorrichtungen erkannt. Eine solche Rolle muß eben denjenigen nervösen Apparaten zukommen, welche selbst durch plötzliche Blutdrucksteigerung in Tätigkeit versetzt werden und dadurch zuvörderst das Herz vor deren schädlichen Folgen zu schützen haben, also in erster Linie den depressorischen Fasern der Vagi.

Selbstverständlich ist ferner, daß, wie groß auch der Querschnitt der Schilddrüsengefäße sein möge, die Blutmengen, welche sie in sich aufnehmen können, auch bei den größten Schwellungen der Drüse nicht immer ausreichen würden, um dem Gehirn einen effektiven Schutz zu bieten. Ein solcher Schutz könnte nur dann geliefert werden, wenn gleichzeitig durch die große Geschwindigkeit des

Durchströmens die ableitende Tätigkeit der Drüse bedeutend gesteigert wäre. In der Tat haben wir im zweiten Paragraphen gesehen, daß bei der durch die Erregung der Vagi erzeugten Verstärkung der Herztätigkeit die Geschwindigkeit des Blutstromes in den Schilddrüsenvenen um das Drei- oder Vierfache zunehmen kann. Diese Zunahme ist nicht nur bedeutend im Verhältnis zu der Geschwindigkeit, welche vor der Vagusreizung in den Schilddrüsenvenen bestanden hat, sondern auch im Vergleich mit der gleichzeitigen Geschwindigkeitszunahme in anderen Venengebieten.

Durch die Beschleunigung des Blutstromes in den Venen der Schilddrüse wird ihrerseits die Jodothyrin-bildende Tätigkeit gesteigert, soweit natürlich das im Organismus vorhandene Quantum der Jodsalze dies gestattet. Durch die Zunahme des Jodothyrins im Blute werden die regulatorischen Herznerven zu verstärkter Tätigkeit angeregt und folglich auch die Leistungsfähigkeit der Schilddrüsen als Schutzorgane für das Gehirn erhöht.

Sind die eruierten Beziehungen zwischen den Schilddrüsen und den Herznerven die einzigen Vorrichtungen, welche den ersteren gestatten, die Blutzirkulation im Gehirn zu regulieren? Höchstwahrscheinlich nicht. Es sind in der Schädelhöhle selbst gelegene Vorrichtungen erforderlich, welche je nach den Druckverhältnissen im Gehirn die Schilddrüsen zur schwächeren oder stärkeren Tätigkeit anzuregen vermögen. Wie so viele andere Organe, welche mit Hilfe ihrer verengernden und erweiternden Vasomotoren die für ihr normales Funktionieren notwendige Blutfülle selbst bestimmen können, so muß auch das Gehirn ähnliche Vorrichtungen in großer Anzahl besitzen. Sowohl wegen der besonderen Zartheit seiner Gewebe als auch wegen seiner Lage in einer festen, unnachgiebigen Kapsel bedarf das Gehirn solcher Vorrichtungen von ganz außerordentlicher Vollkommenheit.

Wenn man das reiche Nervennetz berücksichtigt[1]), welches die hauptsächlich vom ersten Halsganglion kommenden Nerven um die Art. Carotis gerade an der Stelle bilden, wo die Carotis interna sich abzweigt, gewinnt man die Ansicht, daß hier wichtige Vasomotoren liegen, die wahrscheinlich dazu bestimmt sind, die gegenseitigen Beziehungen der Gefäßgebiete der äußeren und inneren Carotiden zu regulieren. Dem obersten Halsganglion kommt bei dieser Regulierung sicherlich eine bedeutende Rolle zu. Freilich werden von Roy und Sherrington vasomotorische Einflüsse auf das Gehirn in Abrede gestellt. Bei näherer Betrachtung folgt aber aus ihren Versuchen nur, daß die Zirkulationsverhältnisse im Gehirn von den allgemeinen Veränderungen in der Blutzirkulation nicht in derselben Weise beeinflußt werden wie die anderer Organe. Dasselbe folgte ja auch schon teilweise aus den Versuchen mit Reizungen des Halssympathicus, welche von Hürthle und von Cavazzani angestellt wurden.

---

1) Vergl. „v. Cyon, Die Nerven des Herzens", Fig. 20, Seite 121.

Auch die Versuche von Bayliss und Hill, welche mit Hilfe einer neuen Methode die Druckverhältnisse studiert haben, beweisen nicht im geringsten, daß die Hirngefäße keine Vasomotoren besitzen. Aus diesen Versuchen folgt nur, daß plötzliche allgemeine Druckänderungen auch auf die Druckverhältnisse im Gehirn momentan wirken können. Dies ist ja selbstverständlich. Angaben über die zeitliche Dauer dieser Veränderungen geben diese Autoren nicht. Aus den beigelegten Kurven kann man aber ersehen, daß es sich nur um die kurze Dauer einiger Herzschläge handelt. Auch haben Bayliss und Hill unterlassen, gerade diejenigen sympathischen Ganglien und Nerven auf ihren Einfluß auf die Hirngefäße zu prüfen, von denen man in erster Linie solche Einflüsse erwarten könnte.

Unter den Vorrichtungen, welche dem Gehirne gestatten, in Notfällen den schützenden Beistand der Schilddrüsen anzurufen, steht in erster Reihe die Hypophyse. Virchow hat zuerst auf die wichtige Übereinstimmung aufmerksam gemacht, welche zwischen dem Bau der Hypophyse und dem der Schilddrüsen besteht. Diese Übereinstimmung ist in neuerer Zeit von Rogowicz, Schönemann u. a. noch näher präzisiert worden. Rogowicz hat außerdem sehr merkwürdige Veränderungen in der Hypophyse beobachtet bei Tieren, denen die Schilddrüsen exstirpiert worden waren. Diese Veränderungen sind auch von Stieda beobachtet worden. Das Vorhandensein intimer Beziehungen zwischen beiden Organen ist also sichergestellt. Am leichtesten könnte man sich die physiologischen Beziehungen zwischen den beiden Drüsen in der Weise zurechtlegen, daß Drucksteigerungen in der Hypophyse vermögen, auf reflektorischem Wege Gefäßerweiterungen und Beschleunigungen des Blutstromes in den Schilddrüsen zu bewerkstelligen und dadurch den weiteren Blutandrang vom Gehirn abzulenken. Die Analogien im Bau der Drüsensubstanz der Hypophyse mit dem der Schilddrüse machen es wahrscheinlich, daß auch sie eine Substanz bildet, welche auf das regulatorische Herz- und Gefäßnervensystem analog dem Jodothyrin wirkt, möglicherweise eine Phosphorverbindung, welche die erregenden Eigenschaften des phosphorsauren Natrons besitzt. Die Hypophyse würde also auch zur Erhöhung der Oxydationsprozesse im Organismus dienen, wie die Schilddrüse. Was letztere durch das Jodothyrin erreicht, würde erstere durch eine Phosphorverbindung erzielen.

So viel steht aber jetzt schon für mich fest, daß die Störungen, welche Gley, Vassalle und Sacchi bei der Exstirpation der Hypophyse beobachtet haben, nur auf diese Art der Beziehungen zwischen ihr und den Schilddrüsen zurückzuführen sind. Durch solche Exstirpationen wird in erster Linie ein Verbindungsglied aus dem automatischen Mechanismus ausgeschaltet, mittels dessen die Schilddrüsen die Zirkulation im Gehirn regulieren. Sodann ist aber die Hypophyse insofern auch ein Ersatzorgan für die Schilddrüsen, als (wie im nächsten Kapitel gezeigt werden wird) die eine ihrer wirksamen Substanzen in der Tat analoge Wirkungen auf das Herz- und Gefäßnervensystem auszuüben vermag wie das Jodothyrin. So erklärt sich der Zweck ihrer Hypertrophie nach der Exstirpation der Schilddrüsen.

Hier sind zwei Kurven (48 und 49) angeführt, die von einem Kaninchen erhalten wurden, dem Gley am 5. März 1898 die beiden Schilddrüsen entfernt hatte. Am 19. Dezember töteten wir das bedeutend schwerer gewordene Tierchen und fanden Hypophyse und Parathyreoideae sehr wesentlich vergrößert; ihr Gewicht war fast das Doppelte des Durchschnittsgewichts. Wir nahmen verschiedene Reizversuche ihrer Herznerven vor. Wie die beiliegenden Kurven zeigen, war die Erregbarkeit der Accelerantes sehr erhöht. Diese Erregbarkeitssteigerung äußerte sich bei der Depressorreizung in der beträchtlichen Wirkung auf die beschleunigenden Herznerven; die gewöhnliche Erregung der Vagusfasern blieb gänzlich aus, dies in Übereinstimmung mit den Ergebnissen der obigen Erörterungen ähnlicher Versuchsergebnisse. Die hemmenden Wirkungen der Vagi nehmen

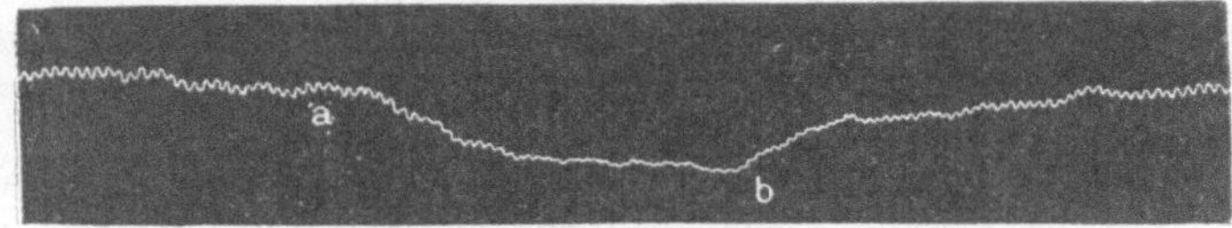

Fig. 48. Reizung des peripheren Endes des Halssympathicus.

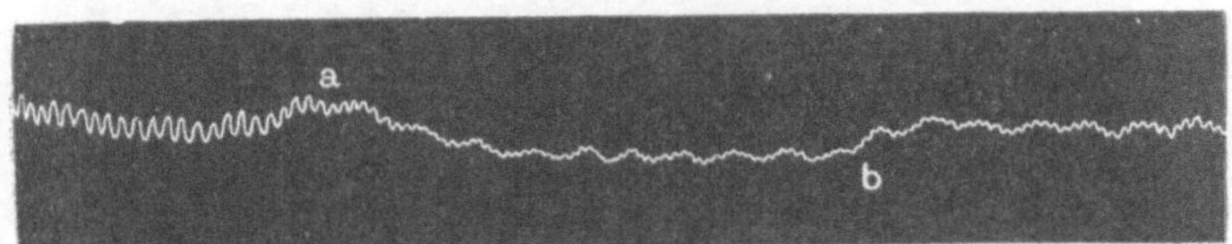

Fig. 49. Reizung des zentralen Endes des Depressors.

also auf die Dauer bei dem thyreoidektomierten Tiere ab, ganz wie dies bei den strumösen Hunden der Fall ist.

In der Tabelle II des Versuches 2 (S. 26) sind die Veränderungen angegeben, welche der Blutdruck in der Art. thyreoidea erlitten hat, als die Vena thyreoidea resp. die Carotis der andern Seite zugeklemmt wurden. In beiden Fällen ist, wie zu erwarten war, der Blutdruck in die Höhe gegangen. Beim Schluß der Carotis von 94 auf 152 mm, beim Zuschließen der Thyreoidea auf 177 mm. Ich führe hier die betreffenden Kurven (50 und 51) an, weil sie einen Einblick gestatten in die Art, wie die Schilddrüse in der Regulierung des Blutdruckes im Gehirn intervenieren kann.

Die Kurve 50 zeigt, daß die durch das Zuklemmen der Vena thyreoidea erzeugte Druckerhöhung einige Vaguspulse hervorgerufen hat; beim Zuklemmen der Carotis steigt der Druck viel höher, es kommt aber nicht zu Vaguspulsen. Woher mag wohl dieser Unterschied herrühren? Die Vaguspulse konnten nur von einer Reizung des zentralen Vagusendes stammen, bedingt durch die Erhöhung des Blutdruckes.

7*

Bei der Schließung der Vena thyreoidea ist im Gehirn die Blutgeschwindigkeit in der Schilddrüse natürlich bedeutend verlangsamt worden.
Der volle Blutstrom aus der Carotis konnte also ins Gehirn gelangen;
daher die Drucksteigerung und Reizung der zentralen Vagusenden.
Dagegen ist beim Zudrücken der linken Carotis zwar in der rechten
Carotis und der rechten Thyreoidea der Blutdruck auch gestiegen; die
gleichzeitige Unterbrechung aber des Blutzuflusses zum Gehirn von der
linken Carotis verhinderte eine Drucksteigerung im Gehirn: Vaguspulse

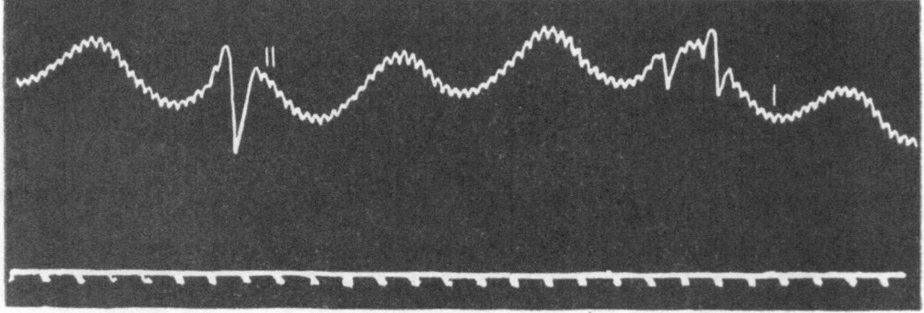

Fig. 50. Messung des Blutdruckes in der Art. thyreoidea; bei | Zuklemmen der
Vena thyreoidea. Vaguspulse durch Druckerhöhung. Kurve um 40 mm verkürzt.

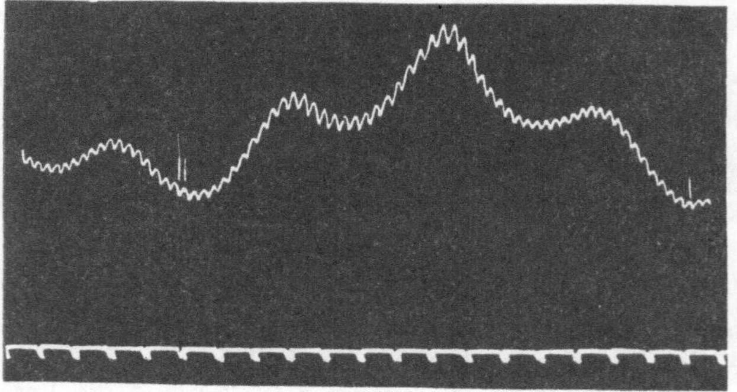

Fig. 51. Bei demselben Versuch Zuklemmen der Carotis der
anderen Seite; Druckerhöhung, kleine Verlangsamung,
aber keine Vaguspulse; um 40 mm verkürzt.

blieben aus. Etwas Ähnliches sah man auf derselben Tabelle auch bei
Reizung des ununterbundenen zweiten Astes, der vom Laryngeus zur
Schilddrüse ging. Der Erfolg der Reizung glich dem des Zuklemmens
der Vena thyreoidea; es trat bei der Drucksteigerung eine Pulsverlangsamung mit einigen Vaguspulsen auf. Entweder hat diese Reizung die
Venen der Drüse verengt (wegen mehrerer Beobachtungen über Venen-
verengerung bei Nervenreizung erachte ich solche Verengerungen als für
den Blutstrom sehr belangreich), oder es wurden die kleinen Arterien
kontrahiert. Der Blutdruck stieg in der Carotis derselben Seite; dieser
Druck genügte, um die Vaguszentren zu reizen.

Es ist vielleicht auf ähnliche Gründe die Tatsache zurückzuführen, daß Bayliss und Hill beim Zuklemmen der einen Carotis und der einen Vena jugularis keine Druckveränderungen im Gehirn beobachtet haben. Leider geben diese Autoren nicht an, auf welcher Höhe des Halses sie diese beiden Gefäße verschlossen haben.

Die längst von den Ärzten gemachte Beobachtung gewisser Beziehungen zwischen der Schilddrüse und der Geschlechtstätigkeit der Frauen[1]) gehört sicherlich in dieselbe Kategorie von Erscheinungen. Das Anschwellen der Drüsen während der Menstruationsperiode sowie auch während der Schwangerschaft, das Auftreten von Kröpfen während des Ausfallens der Menstruation und deren Verschwinden bei der Rückkehr der letzteren rühren einfach daher, daß alle Vorgänge, welche von Blutandrang zum Gehirn begleitet sind, beim normalen Funktionieren der Schilddrüse Anschwellungen der letzteren hervorrufen müssen. Wenn solche Gehirnkongestionen periodisch als rein physiologische Phänomene auftreten, so ist nach dem, was wir über die Bedeutung der Schilddrüsen als Schutzorgane für das Gehirn wissen, klar, daß diese Drüsen regelmäßig solche periodische Kongestionen auf eigene Rechnung übernehmen müssen.

§ 8. Cachexia thyreopriva. Ätiologie des Kropfes. Exophthalmus.

Es würde uns hier zu weit führen, wollten wir alle Erscheinungen, welche bei Erkrankungen und Entfernungen der Schilddrüsen auftreten, in Einklang bringen mit den von uns aufgeklärten Funktionen dieser Drüsen. Die meisten dieser Erscheinungen· sind aber von den Pathologen mit so großer Schärfe und Präzision beobachtet und beschrieben worden, daß deren Übereinstimmung mit den Ergebnissen meiner Versuche eine wertvolle Stütze für die obige Theorie der Schilddrüsenfunktionen abgeben dürfte. Es wird daher von Nutzen sein, die wichtigsten pathologischen Erscheinungen bei Erkrankungen der Drüse hier zu berücksichtigen.

Horsley, einer der zuverlässigsten Beobachter auf diesem Gebiete, hat bekanntlich vier Kategorien für die Kachexie der thyreopriven Tiere, je nach der Art ihrer gewöhnlichen Ernährungsweise, aufgestellt. Die schwerste Kachexie soll bei reinen Fleischfressern vorkommen. Die Horsleysche Einteilung ist von späteren Beobachtern meistens bestätigt worden. Wenn man noch hinzufügt, daß die Kachexie bei thyreoidektomierten Tieren auch um so schneller auftritt, je mehr diese auf reine Fleischnahrung angewiesen sind, so tritt die Bedeutung der Horsleyschen Einteilung noch viel schärfer hervor.

Die Versuche von Munk an thyreoidektomierten Tieren haben bekanntlich erwiesen, daß diese Tiere ungekochtes Fleisch und Fleisch-

---

[1]) Meckel hat infolge dieser Beziehungen die Schilddrüse als eine Wiederholung des Uterus am Halse betrachtet.

extrakt am schlechtesten, dagegen Milchdiät am besten ertragen. Zieht man in Betracht, daß die Fleischnahrung eine der Hauptquellen für das in den Organismus eingeführte Jod abgibt, so wird es an der Hand meiner obigen Experimente leicht erklärlich, daß bei thyreoidektomierten Tieren die reine Fleischnahrung eine Beschleunigung resp. Verstärkung der thyreopriven Kachexie veranlassen muß.

Die glänzenden Erfolge, welche die meisten Beobachter durch Verwendung des Jodothyrins bei Behandlung dieser Kachexie erhalten haben, werden durch die Ergebnisse meiner Untersuchungen ohne Schwierigkeiten erklärlich. Wenn diese Kachexie zum großen Teil von Vergiftung mit Jod herrührt, resp. durch diese beschleunigt und verstärkt wird, so muß das Jodothyrin, seinen Wirkungen auf den Organismus nach, in gewissem Sinne als ein wahres Gegengift des Jods betrachtet werden. In ganz gleichem Sinne müßten auch die heilsamen Wirkungen des phosphorsauren Natrons bei gewissen Fällen der Basedowschen Krankheit gedeutet werden, Wirkungen, die von Kocher und Sahli in unzweifelhafter Weise vielfach konstatiert worden sind, seitdem sie das zuerst von Dr. v. Traczewski vorgeschlagene Präparat verwendeten.

Die großen Analogien, welche die Symptome des Jodismus mit den Symptomen der Cachexia thyreopriva darbieten, sind schon von mehreren Ärzten hervorgehoben worden. Bei den Entfernungen der Schilddrüsen sind die toxischen Wirkungen des sich im Organismus anhäufenden Jods natürlich nicht die alleinige Ursache der auftretenden Kachexie. Der Wegfall eines wichtigen, vielleicht des wichtigsten Regulators der Blutzirkulation im Gehirn muß schon an sich selbst bedeutende Störungen im Organismus hervorrufen. Zirkulationsstörungen in den lebenswichtigen Teilen des Gehirns müssen in der eingreifendsten Weise das Allgemeinbefinden der Tiere beeinträchtigen. Ich komme noch auf diese Frage zurück; es soll nur vorher erörtert werden, welche Symptome der Cachexia thyreopriva durch die von Barbéra genau festgestellten Wirkungen des Jods auf das Herz- und Gefäßnervensystem leicht ihre Erklärung finden.

Sämtliche Schädigungen der Ernährung, welche bei der Cachexia thyreopriva beobachtet werden, weisen auf ein großes Zurückgehen der Oxydationsprozesse im Organismus hin.

Es fragt sich nun, ob dieses Zurückgehen sich allein durch Zirkulationsstörungen erklären läßt, welche durch Jod veranlaßt werden. Diese Störungen sind bekanntlich folgende: starke Verengerung sämtlicher kleiner Arterien, welcher durch den Wegfall des wichtigen Regulators des Blutdruckes im Körper, des N. depressor, keine Schranken gesetzt sind; sodann bedeutende Beschleunigung der Herzschläge, welche notwendigerweise zur Verminderung der Herzarbeit führen muß, da, wegen der unzureichenden Kürze der diastolischen Pausen, die Füllung des Herzens nur mangelhaft stattfinden kann. Die regulatorische Wirkung der Vagi besteht ja eben darin, diese Pausen zu verlängern und auf diese Weise sowohl die Erschöpfung der Herztätigkeit zu verhindern als durch stärkere Füllung des Herzens die Arbeit bei seinen Kontraktionen zu vergrößern. Die Lähmung der gefäßerweiternden Nerven sowie der regulatorischen Herznerven muß natürlich die Funktionen der wichtigsten Lebensorgane, besonders die Verrichtungen der Sekretionsdrüsen, in hohem Grade beeinträchtigen. Dies würde schon vollständig genügen, um die meisten Ernährungsstörungen bei der Cachexia thyreopriva zu erklären; sogar solche Symptome, wie die Entartung der Haut, Ausfall der Haare usw., können ohne Schwierigkeit auf reine Zirkulationsstörungen zurückgeführt werden[1]).

Es muß hierbei besonders auf die Analogie, die bis zur Identität geht, aufmerksam gemacht werden, welche zwischen den toxischen Wirkungen des Jods auf den Vagusstamm und seine Zentra und denjenigen Veränderungen besteht, welche wir nach Exstirpation der Schilddrüsen beobachtet haben. Abgesehen von seiner physiologischen Rolle bei der Herzbewegung übt ja der Vagus einen ganz entscheidenden Einfluß sowohl auf den Atmungsmechanismus als auf die wichtigsten Sekretionsdrüsen des Organismus aus. Verminderte Erregbarkeit des Vagus, welche bei thyreoidektomierten Tieren, wenigstens auf der einen Seite, bis zur Lähmung geht, muß auch, unabhängig von den Störungen in der Herztätigkeit, den ganzen Haushalt im Organismus vollständig zerrütten.

Veränderungen in den Atembewegungen sind von uns sowohl bei Jod- als bei Jodothyrineinführung beobachtet worden. Man findet den Beweis in den meisten der angeführten Tabellen. Die Angaben sind entweder aus den Atemschwankungen der Blutdruckkurven abgelesen oder de visu beurteilt worden. Wegen Mangels an direkten graphischen Aufzeichnungen der Atembewegungen habe ich sie auch nicht gesondert besprochen. Die Tatsache selbst aber, daß die Einführung von Jod oder Jodothyrin in eingreifendster Weise die Atembewegung modifiziert, ist unzweifelhaft. Nun sind sämtliche Beobachter thyreopriver Tiere darin einverstanden, daß die meisten von ihnen an verschiedenartigsten Lungenerkrankungen zugrunde gehen.

Kocher hat bei strumipriven Menschen und Horsley bei thyreopriven Tieren deren außerordentliche Empfindlichkeit gegen Schwankungen der äußeren Temperatur konstatiert. Nur in ganz warmen Zimmern finden sie sich behaglich und wohl. Die starken Wärmeverluste durch die Haut, welche bei der Erregung des Gefäßnervenzentrums infolge des Verschlusses der Eingeweidegefäße eintreten müssen, sowie die verminderten Oxydationen im Organismus geben genügende Rechenschaft über dieses Kocher - Horsleysche Symptom.

Für die Störungen der psychischen Funktionen, die bei gewissen Formen des Kropfes bis zum vollständigen Kretinismus führen können, sind in erster Linie Unregelmäßigkeiten in der Gehirnzirkulation verantwortlich zu machen, welche beim Ausfall der normalen Funktionen

---

[1]) Der von Langley festgestellte Einfluß des sympathischen Systems auf das Haarsystem könnte beim Ausfall der Haare auch beteiligt sein.

der Schilddrüse unausbleiblich sind. In den lehrreichen Studien Kochers[1]) über den Kropf finde ich die hochinteressante Mitteilung, daß Kröpfe oft bei geistig außerordentlich begabten Individuen vorkommen und daß, „solange es bloße Hyperplasie ist", der Kropf sogar „die Garantie gegen das Auftreten der Cachexia thyreopriva, des Myxödems und des Kretinismus" bieten kann. Bei den erregenden Wirkungen des Jodothyrins auf gewisse Hirnpartien und bei der vollkommneren Regulierung der Blutzirkulation im Gehirn, welche sehr gut die Folge der einfachen Hyperplasie sein kann, läßt sich diese Tatsache leicht begreifen.

In den Gegenden, wo im Trinkwasser gewisse Bedingungen vorhanden sind, welche die Kropfbildung begünstigen, kann eine einfache Hyperplasie der Schilddrüse, die mit der Steigerung ihrer normalen Leistungsfähigkeit verbunden ist, sogar als heilsam betrachtet werden. In der Tat wird von den Laien in den Kropfgegenden die Anschwellung der Drüse als nützlich angesehen. (Siehe Kocher loc. cit.) Der Jodgehalt des Wassers wurde schon längst mit der Ätiologie des Kropfes in Verbindung gebracht. Nur wurde diese Beziehung meistens so aufgefaßt, daß es der Mangel an Jod sei, welcher den Kropf erzeugt. Die heilsame Wirkung des Jods gab dieser Auffassung eine gewisse Berechtigung. Der Irrtum liegt aber gerade in der Ausschließlichkeit einer solchen Erklärung der Kropfentstehung. Bei meiner Definition der Schilddrüsenfunktionen konnte die Entstehung des Kropfes ebensogut durch den Mangel an Jod im Trinkwasser wie durch dessen Überfluß begünstigt werden. Tatsächlich ist ja dies auch der Fall. Der Kropf kommt endemisch vor in der Po-Ebene, im Tal von Aosta, im Tal der Isère usw., wo das Wasser stark jodhaltig ist, wie er auch an andern Orten endemisch herrscht, wo im Wasser keine Spur von Jod nachweisbar ist. In den ersten Fällen kann man sich die Erkrankungen der Schilddrüsen und alle ihre Folgen durch deren Unfähigkeit, die abnorm großen Mengen von Jodsalzen in Jodothyrin zu verwandeln, erklären. In solchen Fällen eben wird daher die Hyperplasie der Schilddrüsen, welche deren Funktion steigert, mit Recht als wohltuend betrachtet werden können, indem sie die betroffenen Individuen vor der durch Jodvergiftung ihnen drohenden Kachexie schützt.

Dagegen, wo kein Jod im Trinkwasser vorhanden ist und wo auch die Ernährungsweise der Einwohner die Einführung von Jodsalzen in den Organismus nicht gestattet, könnten Erkrankungen der Schilddrüsen endemisch erzeugt werden, da letztere bei der Unmöglichkeit, Jodothyrin zu produzieren, gewissermaßen außer Tätigkeit gesetzt werden. Die Anhäufung von Zersetzungsprodukten des Stoffwechsels, welche normal bei der Bildung des Jodothyrins mitwirken, muß schädigend auf die Drüse selbst sowie auf den Gesamtorganismus wirken. Dazu kommen noch in solchen Fällen Störungen in den vitalen Zentral-

---

[1]) Correspondenzblatt für Schweizer Ärzte. 1895. 1. Jan. S. 20.

organen durch Mangel an ihrem normalen Erreger, dem Jodothyrin, hinzu.

Durch das Gesagte soll nicht behauptet werden, daß das Trinkwasser nur durch den Mangel oder den Überschuß an Jod den endemischen Kropf zu veranlassen vermag. Es könnten ja z. B. auch im Trinkwasser Stoffe vorkommen, deren Anwesenheit die Überführung des Jods in Jodothyrin zu verhindern vermag. Ob diese Substanzen organischer oder anorganischer Natur sind, bleibt vorläufig noch unentschieden. Nach dem Mißlingen aller Versuche, irgendwelche speziellen Mikroorganismen mit dem Kropfe in Beziehung zu bringen, ist letzteres wahrscheinlicher. Volle Aufklärung darüber wird erst ermöglicht werden, wenn über die Bildungsweise des Jodothyrins Näheres bekannt sein wird und wenn die Rolle festgestellt ist, welche die anderen, in den Schilddrüsen von Drechsel-Kocher, Notkin, Fränkel u. a. gefundenen Substanzen bei der Jodothyrinbildung eventuell spielen. Zur Aufklärung der Frage über die Rolle des Trinkwassers wird wahrscheinlich auch die nähere Präzisierung der Beziehungen, welche zwischen der Schilddrüse und Hypophyse bestehen, sowie die Auffindung des spezifischen Stoffes, welcher von letzteren Drüsen gebildet wird, von Belang sein.

Bei einem großen Teil der strumösen Erkrankungen spielen die pathologischen Prozesse in der Schilddrüse sicherlich nicht die ursächliche Rolle. Viele andere Ursachen können Erkrankungen der Drüse, besonders einfache Hyperplasien, erzeugen, wie sie z. B. bei der Basedowschen Krankheit vorkommen. Abgesehen von zentralen Erkrankungen, besonders in der Umgegend der Vaguskerne und des Gefäßnervenzentrums, können auch wiederholte Erregungen der Depressoren, wie sie bei heftigen psychischen Affekten vorkommen (besonders bei hereditär belasteten Individuen mit krankhaften Anlagen im Herz- und Gefäßnervensystem), bedeutende und anhaltende Erweiterungen der Schilddrüsengefäße erzeugen. Die Hyperämie kann sich dann in Hyperplasie mit allen Folgen einer übermäßig gesteigerten Funktion der Schilddrüse verwandeln.

Auch bei gewissen Überanstrengungen des Herzens, besonders bei solchen, wo infolge heftiger Muskelkontraktionen eine große Steigerung der Hindernisse für den Abfluß des Blutes aus der linken Kammer vorkommt, müssen die Nn. depressores in starke Erregung geraten. Bei der mechanischen Unmöglichkeit, ihre Wirkung auf das System der Gefäße auszuüben, wird diese Erregung sich besonders in der Erweiterung der Schilddrüsengefäße äußern können. Wie mir aus eigener Erfahrung bekannt, tritt eine solche Hilflosigkeit der Depressoren besonders leicht auf, wenn bei großen Muskelanstrengungen die Eingeweide stark komprimiert werden, z. B. beim Radfahren im Gebirge. In solchen Fällen sind Überanstrengungen des Herzens besonders unheilbringend. Große Belastung des Rückens bei Bergbesteigungen, welche durch die stark nach vorn gebückte Stellung des Oberkörpers eine Kompression der Eingeweide bedingt, muß bei der Bildung der

Kröpfe eine um so bedeutendere Rolle spielen, als die gleichzeitige Anhäufung von Kohlensäure das Gefäßnervenzentrum in starke Erregung versetzt, welche die Depressoren nicht zu überwinden vermögen.

Von den Erscheinungen, welche bei gewissen Formen von Kröpfen symptomatisch sind, lassen sich, wie gezeigt, die meisten aus den abgeleiteten Funktionen der Schilddrüsen erklären, so z. B. die choleraartigen Durchfälle, an welchen viele Basedowianer mit hyperplastischen Schilddrüsen zugrunde gehen. Die heftige Erregung der Depressoren durch den Überfluß an Jodothyrin, welcher gleichzeitig das Gefäßnervenzentrum widerstandsunfähiger macht, muß einen lähmungsartigen Zustand der von den Nervi splanchnici versorgten Eingeweidegefäße hervorrufen. In den Fällen, wo nach Jodothyrineinspritzung die Reizung des Depressors einen tödlichen Verlauf nahm, beobachtete ich auch gleichzeitig mit der sehr bedeutenden Blutdrucksenkung eine heftige Diarrhöe (siehe Versuch 5, Tab. V).

Nur zwei Symptome der Basedowschen Krankheit, nämlich der Exophthalmus und das Gräfesche Phänomen, setzen einige Schwierigkeiten der Erklärung durch die Funktionen der Schilddrüse entgegen. Man könnte freilich zu der Aushilfe greifen, daß die Anschwellung der Drüse und der Exophthalmus in keinem Abhängigkeitsverhältnis voneinander stehen, sondern daß sie Symptome derselben Krankheitsursache sind. Dies würde aber nur die Schwierigkeit, den Zusammenhang zu erklären, verschieben, aber nicht beseitigen.

Man könnte an zwei Wege denken, durch welche Beziehungen zwischen der Schilddrüse und dem Bewegungsapparat des Auges stattfinden können, an das erste sympathische Halsganglion und den N. depressor. Beide könnten als Vermittler derjenigen Vorgänge gelten, welche z. B. bei der durch heftige psychische Erregungen entstandenen Basedowschen Krankheit gleichzeitig Schwellungen der Schilddrüse und Exophthalmus veranlassen.

In den ersten Abschnitten der „Beiträge zur Physiologie der Schilddrüse" wurden mehrere anatomische Beziehungen zwischen dem Depressor und dem Ganglion cervicale superius angeführt. Bei den zahlreichen Reizversuchen am Depressor wurde, soweit möglich, immer nach Veränderungen in den Augen geforscht. Aber nur eine Veränderung konnte mit Sicherheit beobachtet werden, d. i. die Veränderung der Pupille bei Reizung der dritten Depressorwurzel. Bei der Verbindung dieser Wurzel mit dem obersten Halsganglion könnte man daher annehmen, daß der dritte Depressorast die erweiternden Wirkungen dieses Ganglions hemmt. Die kleine Erweiterung der Pupillen, welche ich beim Kaninchen mit durchschnittenen Depressoren während einiger Tage nach der Operation beobachtete, wird wohl denselben Ursprung haben. Bei mehreren Kaninchen und auch beim Pferde wurde während der Reizung des zentralen Endes des Depressors starkes Tränen der weit aufgemachten Augen beobachtet. Dieses Symptom ist aber nicht konstant. Ebenso inkonstant ist eine analoge Erscheinung, welche ich mehrmals bei Reizung des Laryngeus inferior beobachten konnte. Die

Reizung rief ein Schließen des Auges auf der gereizten Seite und ein gleichzeitiges Öffnen auf der entgegengesetzten hervor (Versuch 3, Tabelle III). Mit dieser Beobachtung steht sicherlich in Zusammenhang eine zweite im Versuch 14 (Tabelle XIV) gemachte. Bei der Exstirpation der Schilddrüse des betreffenden Versuchstiers wurde der eine Laryngeus inferior verletzt. Nach einigen Tagen beobachtete man bei ihm einen Exophthalmus auf der einen Seite und eine partielle Iritis auf dem anderen Auge. Wie aus der Tabelle ersichtlich, waren die Halssympathici beiderseits unversehrt und funktionsfähig[1]).

Das Tränen der Augen, sowie die Entzündungen der Conjunctivae sind bei thyreoidektomierten Tieren schon von mehreren Autoren beschrieben worden. Des Ferneren haben Gley und Rochon Duvigneaud[2]) bei solchen Tieren Trübungen der Cornea und Keratitis beobachtet, und zwar bei Hunden, die ziemlich kurze Zeit nach der Exstirpation an Folgen dieser Operation zugrunde gegangen sind. Sind etwa bei der Operation die beiden Laryngei verletzt worden? Da die Autoren von einer solchen Verletzung nicht sprechen und es sich um einen auf diesem Gebiet so geübten Operateur wie Gley handelt, so muß die Frage verneint werden.

Zur Entscheidung dieser Frage sind jedenfalls neue Versuche erforderlich. Die von mehreren Chirurgen, wie z. B. von A. Poncet, gemachte Beobachtung, daß nach Exstirpation des Sympathicus und des obersten Halsganglion der Exophthalmus gleichzeitig mit der Anschwellung der Schilddrüse auf einige Zeit abgenommen habe, spricht natürlich nicht notwendigerweise für eine ursächliche Abhängigkeit dieser beiden Basedowschen Symptome voneinander. Es wäre ja möglich, daß diese Abnahme von einer Besserung des Krankheitszustandes abhinge, welche durch eine Excision des Halssympathicus bewirkt wurde. Bei der wenig verbreiteten Kenntnis des Depressorenverlaufes beim Menschen[3]) ist es auch nicht unmöglich, daß bei den operativen Durchschneidungen des Halssympathicus der N. depressor mit durchschnitten wurde. Es wäre daher sehr wünschenswert, daß bei den jetzt so häufigen Operationen an den Schilddrüsen die Lage des Depressors beim Menschen einmal auf physiologischem Wege festgestellt werde. Die Reizung dieses Nerven sowie die Verbindung einer zur Unterbindung bestimmten Arterie der Schilddrüsen mit einem Manometer dürften keine Schwierigkeiten bieten.

Wenn einmal der anatomische Verlauf des Depressors beim Menschen festgestellt ist, könnte man bei rein vasculären Strumen die Durchschneidung dieses Nerven zuerst auf der einen Seite zu Heilzwecken versuchen. Theoretisch wäre ein solcher Versuch jedenfalls gerecht-

---

[1]) Alfred Exner beobachtete bei Katzen nach Durchtrennung beider Nervi laryng. inferior. ein eigentümliches Zittern der Bulbi, das an Nystagmus erinnerte, und Irisschlottern.

[2]) Arch. de Physiol. 1894. Nr. 1.

[3]) Von den bis jetzt gegebenen Beschreibungen dieses Verlaufes scheint mir die Kreidemannsche (Archiv für Physiologie und Anatomie, 1878) die wahrscheinlichste zu sein.

fertigt. Sollte sich meine oben mitgeteilte Beobachtung, daß ein Kaninchen mit beiderseits resezierten Depressoren die Thyreoidektomie ohne schlechte Folgen überlebt hat, während die beiden anderen, denen die Sympathici allein oder mit durchschnitten waren, schwer erkrankten, bei neuen Versuchen bestätigen, so würde dies jedenfalls zur Depressordurchschneidung beim Menschen mit erkrankten Schilddrüsen aufmuntern.

Es muß freilich nicht außer acht gelassen werden, daß, wenn es sich nur um die Beseitigung der schädlichen Folgen der Schilddrüsenhyperplasie handelt, die einfache Unterbindung einiger Gefäße dieser Drüse, wie sie von Kocher mit großem Erfolg ausgeführt wird, auf die Zirkulation der Drüse eine sicherere Wirkung haben muß, als die Durchschneidung des Depressors.

Nachträge.

A. Jodothyrin und Atropin.

(Vorläufige Mitteilung erschienen in Pflügers Archiv Bd. 70 1898.)

Meine Untersuchungen über die Beziehungen der Schilddrüse zum Herzen haben bekanntlich unter anderem ergeben, daß das Jodothyrin einen ausgesprochenen Einfluß auf die regulatorischen Herznerven auszuüben vermag: es erhöht in hohem Grade die normale Erregbarkeit der Vagi und Depressoren und ist imstande, die infolge der Thyreoidektomie oder der Erkrankung der Schilddrüsen herabgesetzte Erregbarkeit dieser Nerven wiederherzustellen. Es war unter diesen Umständen von großem Interesse, zu erforschen, ob diese Fähigkeit des Jodothyrins auch bei vollständiger Lähmung der Vagi durch Atropin sich würde äußern können. Bei der Wiederaufnahme meiner Studien über die Verrichtungen der Schilddrüsen suchte ich vorerst diese Frage zu erledigen.

Meine hierauf gerichteten Versuche sowohl an thyreoidektomierten als an normalen Kaninchen haben nun ein eklatantes Ergebnis geliefert: Das Jodothyrin ist imstande, die durch Atropinwirkung vollständig erloschene Erregbarkeit der Endapparate der Vagi momentan wiederherzustellen. Bei Kaninchen, welche nach Einspritzung von 0,2 ccm einer $2^0/_{00}$ Atropinlösung in die Vena jugularis eine so vollkommene Lähmung der Vagusenden zeigten, daß auch Reizstärken von 1000 E. nicht imstande waren, irgendeine Wirkung der Vagi auf das Herz auszuüben, gelang es mir sofort nach Einspritzung von 2—4 ccm einer Jodothyrinlösung (1 ccm = 0,9 mg Jod), auch mit viel schwächeren Reizstärken Verlangsamungen der Herzschläge um mehr als die Hälfte zu erlangen. Die Vergrößerungen der Exkursionshöhen solcher Vaguspulse waren von 4—5 mm auf 14 bis 16 mm.

Die Versuchsdauer vom Beginn der Atropineinspritzung bis zur Herstellung der Vaguserregbarkeit durch die Einführung von Jodothyrin brauchte zwei Minuten nicht zu überschreiten.

Die Tragweite dieses Ergebnisses für die physiologische Rolle des Jodothyrins sowie mehrere Eigentümlichkeiten seiner Wirkungen sind in den bisherigen Darlegungen ausführlich erörtert worden. Hier will ich nur auf den einen Umstand aufmerksam machen, welcher in auffälliger Weise die Bedeutung dieser Substanz hervortreten läßt. Kronecker hat seit Jahren die Beobachtung gemacht, daß bei den Berner Kaninchen das Herz sich in ganz sonderbarer Weise den Atropinwirkungen gegenüber verhält. Während sonst die lähmende Wirkung des Atropins auf den Vagus nach 20—30 Minuten von selbst zu schwinden beginnt, erholt sich der Vagus der Berner Kaninchen auch nach vielen Stunden nicht mehr; die Nervi vagi bleiben gelähmt.

Da, wie ich schon mehrmals hervorgehoben habe, in Bern die meisten Kaninchen an strumösen Krankheiten leiden, so ist es jetzt wohl gestattet, anzunehmen, daß die definitive Lähmung der Vagi durch das Atropin bei ihnen von dem Wegfalle des Jodothyrineinflusses herrührt.

Wenn ich mich beeile, das vorläufige Ergebnis meiner Versuche über die Wirkung des Jodothyrins auf atropinisierte Herzen zu veröffentlichen, so geschieht dies in der Absicht, den Physiologen eine leicht auszuführende Versuchsweise mitzuteilen, die sich ganz vorzüglich dazu eignet, den mächtigen Einfluß dieser Substanz auf die Herznerven zu demonstrieren.

B. Über den Antagonismus zwischen Jodothyrin-Atropin und Jodnatrium-Muscarin.

(Dem Centralblatt für Physiologie eingesandt am 1. August 1898.)

Prof. E. Harnack hat im Centralblatt f. Physiol. XII, Nr. 9 einige Bedenken veröffentlicht, welche meine vorläufigen Mitteilungen über die antagonistischen Wirkungen von Jodothyrin-Atropin und Jodnatrium-Muscarin bei ihm vom pharmakologischen Standpunkte haben aufkommen lassen. Es konnte mir nur zur Befriedigung dienen, kompetente Pharmakologen meinen bezüglichen Versuchen einige Aufmerksamkeit schenken zu sehen. Die betreffenden Untersuchungen wurden zu rein physiologischen Zwecken angestellt, nämlich zur Eruierung der Verrichtungen der Schilddrüse sowie zur Lösung einiger prinzipieller Fragen über die Funktionsweise der Herznerven. Eine experimentelle Erweiterung dieser Untersuchungen vom pharmakologischen Standpunkte aus wird sicherlich fruchtbringend sein.

Was die formulierten Bedenken selbst anlangt, so werden sie durch die späteren ausführlichen Erörterungen über die physiologischen Herzgifte von selbst erledigt werden. Auf einige Punkte will ich aber hier aufmerksam machen, weil sie gestatten, schon an der Hand der bis jetzt gemachten Veröffentlichungen die Bedenken von Harnack zu beseitigen.

Die Versuche über die Jodwirkungen, welche zuerst auf den Antagonismus zwischen dem Jod und dem Jodothyrin in der Art, wie sie die Herz- und Gefäßnerven beeinflussen, hingewiesen haben, sind von Barbéra unter meiner Leitung ausgeführt und (Pflügers Archiv LXVIII) ausführlich mitgeteilt worden. Aus ihnen ist ersichtlich, daß Barbéra meistens sich schwacher Jodnatriumlösungen und auch des reinen Jods bedient hat. Wenn Barbéra die erhaltenen Wirkungen dem Jod und nicht den Natrium-Ionen zugeschrieben hat, so lag dies daran, daß wir die bekannten Effekte der Alkalineutralsalze, wie Reizungen des Herzmuskels, bei unseren Versuchen nie beobachtet haben. Die Lähmung des Depressors und die gesteigerte Erregbarkeit des vasomotorischen Nervensystems, um nur von diesen beiden Symptomen zu sprechen, konnten doch unmöglich mit solchen Reizungen in Beziehung gebracht werden. Da gleichzeitig meine Versuche ergaben, daß Jodothyrin auf dieselben Nerven in ganz entgegengesetztem Sinne einwirkt und sogar die vom Jodnatrium gesetzten Veränderungen momentan aufzuheben vermag, so war der Schluß berechtigt, daß Jodothyrin und Jod Antagonisten seien. Dasselbe gilt auch für den Gegensatz zwischen Jodnatrium und Muscarin. Wenn man sieht, wie in den bekannten Muscarinkurven die großen Vaguspulse bei der Einführung von Jodnatrium, sogar in geringen Mengen, sofort durch kleine Acceleranspulse ersetzt werden, wie die durch Muscarin erhöhte Erregbarkeit des Depressors z. B. momentan durch dessen Lähmung ersetzt wird, wie kann da von einer Reizung des Herzmuskels durch Alkalineutralsalze die Rede sein?

Was die Brauchbarkeit des Kaninchens, den Gegensatz zwischen Jodothyrin und Atropin zu studieren, anlangt, so scheinen Professor Harnack die folgenden Sätze meiner vorläufigen Mitteilung entgangen zu sein (siehe oben): „.... Kronecker hat seit Jahren die Beobachtung gemacht, daß bei den Berner Kaninchen das Herz sich in ganz sonderbarer Weise den Atropinwirkungen gegenüber verhält. Während sonst die lähmende Wirkung des Atropins auf den Vagus nach 20—30 Minuten von selbst zu schwinden beginnt, erholt sich der Vagus der Berner Kaninchen auch nach vielen Stunden nicht mehr; die Nervi vagi bleiben gelähmt“[1]). Wenn ich bei solchen Kaninchen die definitive Lähmung der Herzvagi nach Einführung von nur 0,5—1,0 mg Atropin momentan durch Einspritzung von Jodothyrin habe aufheben können, so war der Schluß, letztere Substanz sei ein wirksamer Antagonist des Atropins, doch geradezu zwingend. Und dies um so mehr, als an demselben Tiere die Herstellung der Erregbarkeit der gelähmten Vagi mehrmals mit gleichem Erfolge ausgeführt werden kann.

Ich will noch hinzufügen, daß Jodothyrin auch bei Hunden sich in gleichem Sinne wirksam erwiesen hat und daß es dieselben wirksamen antagonistischen Fähigkeiten auch dem Nicotin gegenüber zu äußern vermag.

---

[1]) Vergl. Beiträge zur Physiologie der Schilddrüse und des Herzens. Martin Hager, Bonn 1898, S. 159.

C. Die Wertlosigkeit der negativen Ergebnisse, welche Otto v. Fürth und Karl Schwarz über den Antagonismus zwischen Jodothyrin und Atropin mitgeteilt haben.

In der experimentellen Physiologie sind negative Versuchsergebnisse nur selten von Bedeutung. Sie verdienen veröffentlicht zu werden, wenn es sich um Kontrollversuche handelt, die mit der notwendigen Gewissenhaftigkeit und Kompetenz ausgeführt worden sind. Die strenge Einhaltung der Versuchsbedingungen, dank welchen die vorhergehenden Versuche zu positiven Resultaten geführt haben, ist die erste Pflicht des Nachprüfenden. Aber auch beim besten Willen und beim scheinbar genauesten Einhalten aller Vorschriften genügen schon Unerfahrenheit und Ungeschicklichkeit im Experimentieren, um negative Resultate herbeizuführen.

Die negativen Ergebnisse, welche die im Titel genannten Herren bei ihrer vermeintlichen Wiederholung meiner so einfachen Versuche über die Fähigkeit des Jodothyrins, die den Vagus lähmenden Wirkungen des Atropins aufzuheben, erhielten, wurden von diesen mit solchem Getrommel in mehreren Publikationen und sogar auf dem Kongreß für Innere Medizin (Wien 1908) verkündet, daß deren Wert von Anfang an den sachkundigen Physiologen mehr als verdächtig erscheinen mußte.

Sehen wir uns genauer ihre ausführliche Mitteilung in Pflügers Archiv, Bd. 124, an. Schon aus den einleitenden Worten ist ersichtlich, daß sie hauptsächlich darauf abzielten, die Bedeutung des Baumannschen Jodothyrins, als wirksamen Bestandteils der Schilddrüse, in Zweifel zu ziehen. Da meine Versuche die große physiologische Bedeutung des Jodothyrins erwiesen haben, so suchten v. Fürth und Schwarz, die Ergebnisse dieser Versuche zu widerlegen. Man sollte glauben, daß, um fremde Untersuchungen entkräften zu können, das erste Erfordernis sei, von ihnen genaue Kenntnis zu nehmen und dem Leser ihre wichtigsten Ergebnisse wahrheitsgetreu zu referieren. Von den zahlreichen Versuchen, welche ich über diesen Gegenstand in den Jahren 1897—98 und in meiner ersten Veröffentlichung „Beiträge zur Physiologie der Schilddrüse und des Herzens" (Pflügers Archiv, Bd. 70) auf 156 Seiten ausführlich auseinandergesetzt habe, ist bei diesen Herren keine Rede. F. und Schw. beginnen mit einer kurzen Erwähnung der Versuche, die ich mit Oswald im Jahre 1899 in Pflügers Archiv (Bd. 83) veröffentlicht habe (siehe oben § 8) und die sie mit folgenden Worten resümieren: „Da weder Durchschneidung der beiden Vagi, noch aber eine Lähmung der Vagusendigungen durch Atropin diese Erscheinungen zu beseitigen vermochten, wurden diese im Sinne einer Erregung intrakardialer Hemmungszentren gedeutet." (Pflügers Archiv Bd. 124, S. 115.) Darauf folgen vier Zeilen, Barbéras Streitschrift gegen die Versehen Laudenbachs gewidmet, die mit den Worten beginnen: „Anknüpfend an die früheren Befunde Cyons spricht sich Barbéra" usw. Die beiden Worte „frühere Befunde" sollen die

Ergebnisse meiner zweijährigen Arbeit wiedergeben! Dann folgen auf derselben Seite sieben Zeilen, gewidmet den eignen Versuchen von F. und Schw. an zwei Hunden und vier Kaninchen, wo sie das Jodothyrin auf „Blutdruck oder Herzaktion ohne jede charakteristische Wirkung gefunden haben."

Der Schluß war: „Für eine Erregung intrakardialer Hemmungszentren durch das Jodothyrin liegen beim Hunde und Kaninchen also keinerlei Anhaltspunkte vor." (Von F. und Schw. gesperrt.)

Die in solcher Weise schon auf der ersten Seite gelieferten Belege für die Wahrheitsliebe und die Kompetenz der beiden Forscher könnten eigentlich ein näheres Eingehen auf ihre „Untersuchungen" überflüssig machen. Leider stehen aber diese Herren in der heutigen Physiologie nicht ganz vereinzelt da. Sie gehören einer Schule an, die man als die des heutigen Centralblatts für Physiologie bezeichnen kann, von deren verwerflicher Art, die Fortschritte unserer Wissenschaft darzustellen, oben in der Vorrede gesprochen wurde. Ich erachte es daher als notwendig, durch weitere Prüfung ihrer „negativen Ergebnisse" die Methoden dieser Schule noch in hellerer Beleuchtung zu zeigen.

Auf der folgenden Seite beginnt der Abschnitt 2 mit den Worten: „Cyon hat dem Jodothyrin einen hochgradigen Einfluß auf die Erregbarkeit der Endapparate der Herzvagi und einen Antagonismus dem Atropin gegenüber zugeschrieben. Auf die Erregbarkeit der Nervi Vagi", sagt er, „hat das Jodothyrin . . ."; folgen noch fünf Zeilen, die ich gesagt haben soll, ohne genaue Angabe der Quelle. Die Notiz dieser Herren lautet nämlich: „E. v. Cyon, Beitrag (sic!) zur Physiologie usw. Pflügers Archiv Bd. 70, S. 161." Weder auf dieser Seite, die dem Beginn des § 5 (hier § 4 des Kapitels I) entspricht, noch in seinem Verlaufe finde ich diese Zeilen! Ebensowenig auf Seite 43 des Archivs, Bd. 73, die gleichfalls in der Notiz angeführt wird. Dann folgen: „Ferner heißt es an anderer Stelle: Das Jodothyrin ist imstande, die durch Atropinwirkung usw." Das Zitat, meiner obigen vorläufigen Mitteilung vom „Jodothyrin und Atropin" entnommen, ist bis zu den Worten „mehr als die Hälfte zu erlangen" richtig wiedergegeben[1]). Dann werden ohne jeden Hinweis 27 Zeilen übersprungen und das Ende des letzten Satzes sinn- und zusammenhangslos folgendermaßen wiedergegeben: „Eine leicht auszuführende Versuchsweise" usw. Es soll gleich gezeigt werden, welchen Zweck diese Entstellung verfolgt.

Nachdem in einigen Zeilen eine Anspielung auf Harnacks ganz theoretischen Einwand gemacht wird, sagen F. und Schw.: „Fenyvessy, Isaac und v. d. Velden haben das Cyonsche Phänomen im Sinne eines vom Jodothyrin unabhängigen, spontanen Abklingens der Jodothyrinwirkungen gedeutet. Diesen negativen Befunden gegenüber sind Cyons Beobachtungen von einer ganzen Reihe von Forschern

---

[1]) Man vergleiche auf Seite 108 die vorläufige Mitteilung.

bestätigt worden." F. und Schw. zitieren nun die Worte von Boruttau: „Ich möchte mitteilen, daß ich Cyons Beobachtung einer Steigerung der Erregbarkeit der Herzvagi durch injizierte Schilddrüsensubstanz, sowie deren Antagonismus zum Atropin durchaus habe bestätigen können" — und fahren fort: „In gleichem Sinne haben sich auch andere Autoren, so Ocana, Besmeretny, Kraus und Friedländer geäußert." (Seite 117.)

Nun kommt die Wiedergabe der vier Versuche an Kaninchen von Fürth und Schwarz, die ihnen die erwünschten negativen Ergebnisse geliefert haben sollen. Anordnung, Ausführung und Mitteilung der Versuche zeigen deutlich genug, daß diese negativen Ergebnisse den Herren nicht viel Mühe kosteten. In den ersten zwei Versuchen wollten sie die Wirkung des Baumannschen Jodothyrins auf die Erregbarkeit der Vagi prüfen. Statt dieses Jodothyrins verwendeten sie ein künstliches Jodothyrin ihrer eigenen Fabrikation, „von dem 1 ccm 5 g Schilddrüse entspricht" und das, wie wir gleich sehen werden, gar kein Jodothyrin war. Dieses vermeintliche Jodothyrin soll sich in der Tat unfähig gezeigt haben, die Atropinlähmung der Vagi aufzuheben. Was den Herren um so beachtenswerter erschien, als sie den Kaninchen so winzige Atropinmengen eingespritzt haben, daß die Vagi, wie ihre Versuchsprotokolle zeigen, gar nicht gelähmt waren! Deren Erregbarkeit soll durch die winzigen Dosen nur ein wenig abgenommen haben.

Wie haben nun diese Herren die Erregbarkeitsschwankungen der Vagi gemessen? Durch die Verschiebungen des Rollenabstandes eines Induktoriums beurteilten sie die Veränderungen der Reizstärken, und die Schwankungen der Zahl der Herzschläge sollten den jeweiligen Erregbarkeitszustand der Vagi angeben. Vor der Einspritzung von 0,002 bis 0,006 mg Atropin erzeugte die Reizung der Vagi bei einem Rollenabstand von 12 mm einen Herzstillstand; nach der Einspritzung verlangsamte sich der Puls bei gleicher Reizung von 11 auf 9 oder von 13 auf 10 in 4 Sekunden. Wurde nun das Jodothyrin von Fürth in die Vena jugularis eingeführt, so war die Verlangsamung von 11 auf 8 in 4 Sekunden gestiegen; die Pulsvergrößerung nach Jodothyrin war konstant von 3 auf 6 mm, während sie vor dem Jodothyrin 2 auf 4 oder 1 auf 2 war. Auch bei dieser vorsintflutlichen Prüfungsmethode zeigte sich dennoch eine, freilich kaum merkliche, Zunahme der Erregbarkeit nach der Jodothyrineinspritzung.

Stolz schließen die Herren aus diesen zwei Versuchen: „Die Lehre von der Erregbarkeitssteigerung der Vagusendigungen durch Jodothyrin kann demnach als endgültig widerlegt gelten." (Von F. und Schw. gesperrt.)

Ihre zwei Versuche an den Depressoren sind noch bezeichnender für die Kompetenz dieser Herren in der Physiologie der Herz- und Gefäßnerven. In den beiden Versuchen, wo die Erregbarkeit der Depressoren durch ihre Wirkungen auf die Zahl der Herzschläge und den Blutdruck geprüft werden sollte, durchschnitten diese Forscher im Beginn des Versuches die beiden Vagi! Sie schließen demnach (gesperrt): „Das Jodothyrin vermag also die Erregbarkeit der Depressoren ebensowenig zu steigern, wie diejenige der Vagusendigungen" (S. 121).

Man begreift also, warum F. und Schw. im Zitate aus meiner vorläufigen Mitteilung die 27 Zeilen weggelassen haben, wo eben die Rede ist von der momentanen Aufhebung der vollständigen Lähmung der Vagi, die nach Kroneckers Beobachtungen bei den Berner Kaninchen sonst tagelang dauert. Um keinen Zweifel darüber zu lassen, haben sie zu meiner Angabe: „nach Einspritzung von 0,2 ccm Atropin 2⁰/₀₀" eine Notiz hinzugefügt: „Die von Cyon angegebene Atropinmenge dürfte wohl auf einem Druckfehler beruhen." Und doch wußten diese Forscher sehr gut, daß kein Druckfehler dabei vorliegen konnte. In dem ersten Teil meiner Physiologischen Herzgifte, die sie zitieren, wo diese Versuche ausführlich mitgeteilt sind (hier § 5 des Kapitels I), werden diese Dosen unzählige Male wiedergegeben. Ihre Notiz bezweckte einfach, die winzigen Dosen von Atropin zu entschuldigen, welche sie selbst gebraucht haben, um die Vagusenden vor einer wirklichen Lähmung zu bewahren.

Es soll noch hervorgehoben werden, daß der Anfang meiner Mitteilung, von der sie sprechen, folgendermaßen lautet: Ich will hier nur erinnern, „daß diese von Baumann entdeckte Substanz schon in kleinen Dosen die Erregbarkeit sowohl der zentralen wie der peripheren Endorgane, als wahrscheinlich auch die der Stämme des Herzvagus und des Depressors zu erhöhen vermag (siehe Pflügers Arch. Bd. 73, S. 42)".

Nun wird nicht nur in den zitierten Worten der Herren F. und Schw., sondern in allen ihren 40 Seiten langen Auseinandersetzungen immer nur von „Vagusendigungen im Herzen" gesprochen; Seite 154 an der Spitze ihrer Zusammenfassung heißt es: „1. Die von Cyon behauptete erregende Wirkung des Jodothyrins auf die Endigungen im Herzen und die Depressoren wurde nicht bestätigt" . . .

Was den Wert der Untersuchungen von Fürth und Schwarz am besten charakterisiert, ist folgendes: Nachdem sie in der angegebenen Weise, im ersten Teil ihrer Abhandlung, sich vergeblich abgemüht haben, die Ergebnisse meiner Versuche an Kaninchen und Hunden zu widerlegen, teilen sie im zweiten Teil: „Wirkung des Jodothyrins auf den Zirkulationsapparat der Katze" Versuche mit, wo sie diese geleugneten Ergebnisse bei der Katze entdecken! „Da sich aber bei der Katze"[1]), im Gegensatze zum Kaninchen und zum Hunde, eine ausgesprochene „vagotrope" Wirkung des Jodothyrins herausgestellt hatte, ergab sich noch die Frage, ob nicht neben der Wirkung auf das Vaguszentrum wenigstens dieser Versuchstiere vielleicht dennoch eine erregende Wirkung auf die Vagusendigungen im

---

[1]) Bekanntlich habe ich nie den Abscheu gegen Katzen überwinden können, um an ihnen zu operieren.

Sinne Cyons durch den direkten Versuch festgestellt werden kann"
(S. 133). Nun werden diese „vagotropen" Wirkungen des Jodothyrins
auf das Zentrum der Vagi erschlossen aus „dem Abfall des Blut-
druckes", in zwei Versuchen (*d* und *e*): in dem ersten waren „die
Vagusendigungen durch Atropin vollständig ausgeschaltet"; im
Versuche *e* traten die Wirkungen des Jodothyrins „nach doppelter
Vagusdurchschneidung" auf. Die Versuche *f*, *a* und *b* sind noch viel
außerordentlicher.

Es wurde oben erwähnt, daß das sogenannte „künstliche Jodothyrin", mit dem F. und Schw. gearbeitet haben, gar kein Jodothyrin
war. Dies hat Oswald in unzweifelhafter Weise letztens nochmals in
seiner Arbeit „Zur Klärung der Jodothyrinfrage" (Pflügers
Archiv Bd. 129, S. 103—106) dargetan. Das von ihnen verwendete
Phenylalanin sei „kein Jodierungsprodukt" und „läßt sich gar nicht
jodieren". F. und Schw. haben zugestanden, daß sie nur „infolge
eines Übersehens" von „Jodadditionsprodukten" und „jodierten
Eiweißspaltungsprodukten" gesprochen haben.

Das von ihnen benutzte „Jodtryptophan" ist nach Oswald „keine
reine Substanz" und „eignet sich nicht für physiologische Experimente";
„die von Fürth und Schwarz damit angestellten Versuche lassen
keine Schlußfolgerung zu über die physiologische Wirksamkeit bzw. Nichtwirksamkeit von Jodtryptophan."

Oswald verwahrt sich „mit aller Entschiedenheit dagegen,
daß man ihm die Bezeichnung ‚künstliches Jodothyrin'
beilege. Es ist überhaupt kein Jodothyrin" (S. 106).

Die Herren v. Fürth und Schwarz wußten dies wahrscheinlich
ebensogut wie Oswald; sie brauchten aber diese Produkte, um bei der
vermeintlichen Wiederholung meiner Versuche negative Ergebnisse zu
erhalten und so das Baumannsche Jodothyrin zu diskreditieren.
„Es ist uns gelungen," erklärten sie mit Zuversicht in den Verhand-
lungen des Kongresses für innere Medizin vom Jahre 1908 (S. 401), „dieselben (meine Behauptungen über die Wirkungen des Jodothyrins auf
die Erregbarkeit des Vagus oder der Vagusendigungen und der Depressoren) endgültig zu widerlegen."

Ich glaube genügend dargetan zu haben, daß Fürth und Schwarz
selbst sich keine Illusionen über den wahren Wert ihrer Widerlegungen
machen können.

II. Kapitel.

Die physiologischen Verrichtungen der Hypophyse.

§ 1. Die erste Versuchsreihe.

(Veröffentlicht am 9. Mai 1898 in Pflügers Archiv Bd. 79.)

Nach Feststellung der Rolle der Schilddrüse als Schutzorgan des Gehirns (S. 98) habe ich mich folgendermaßen über die wahrscheinliche Bestimmung der Hypophyse ausgesprochen: „Unter den Vorrichtungen, welche dem Gehirn gestatten, in Notfällen den schützenden Beistand der Schilddrüsen anzurufen, steht in erster Reihe die Hypophyse ... Am leichtesten könnte man sich die physiologischen Beziehungen zwischen den beiden Drüsen in der Weise zurechtlegen, daß Drucksteigerungen in der Hypophyse vermögen, auf reflektorischem Wege Gefäßerweiterungen und Beschleunigungen des Blutstromes in den Schilddrüsen zu bewerkstelligen und dadurch den weiteren Blutandrang vom Gehirn abzulenken. Die Analogie im Bau der Drüsensubstanz der Hypophyse mit dem der Schilddrüse macht es wahrscheinlich, daß auch sie eine Substanz bildet, welche auf das regulatorische Herz- und Gefäßnervensystem analog dem Jodothyrin wirkt, möglicherweise eine Phosphorverbindung, welche die erregenden Eigenschaften des phosphorsauren Natrons besitzt ... Durch solche Exstirpationen wird in erster Linie ein Verbindungsglied aus dem automatischen Mechanismus ausgeschaltet, mittels dessen die Schilddrüsen die Zirkulation im Gehirn regulieren ..." Die Hypophyse wäre also kein Ersatzorgan für die Schilddrüsen, sondern ein Hilfsorgan für sie.

Die experimentelle Prüfung dieser Voraussetzungen hat im wesentlichen deren Richtigkeit bewiesen und auch einige Erweiterungen ergeben, welche jetzt schon über die Funktionen der Hypophyse ganz positive und eindeutige Auskunft geben. Diese Versuche waren dreifacher Natur:

A. Einspritzungen in die Vena jugularis von Wasser- oder Glycerinextrakten aus der frischen oder getrockneten Hypophysensubstanz.

Diese Extrakte waren bei verschiedenen Temperaturen gewonnen und wurden verschieden konzentriert eingespritzt. Als die bei weitem wirksamsten Extrakte haben sich solche erwiesen, die aus der getrockneten und gepulverten Hypophyse durch längeres Kochen unter Atmosphärendruck (Bern: 715 mm) erhalten wurden.

Die wirksame Substanz der Hypophyse wird also durch Siedehitze nicht zerstört. Die getrockneten oder frischen Hypophysen, welche ich zu meinen Versuchen benutzte, stammten von Rinder- oder Kalbsgehirnen. Die aus frischen Hypophysen hergestellten Extrakte waren auch am wirksamsten, wenn sie vorher getrocknet und gepulvert worden waren. Die durch längeres Digerieren bei 38° C erhaltenen Glycerinextrakte von frischen Hypophysen wirkten am schwächsten.

Nachdem solche Extrakte in den venösen Kreislauf eingeführt wurden, nahm sofort die Frequenz der Herzschläge ab; gleichzeitig wurden diese stärker. Auch der Blutdruck stieg. Die Erregung des Vagus dauerte manchmal stundenlang. Es geschah oft, daß, nachdem ich 2—4 ccm eines 10 prozentigen, bei Siedehitze gewonnenen Extraktes eingespritzt hatte, der Puls (bei Kaninchen) auf ein Viertel der vorigen Frequenz sank, während dessen Höhe auf das 10—15fache stieg.

Die Pulse nahmen den Charakter der von mir sogenannten Aktionspulse[1]) an. Der Blutdruck stieg nur für kurze Zeit (10—20″), aber zuweilen beträchtlich. Bei schwächer wirkenden Extrakten ging oft eine Drucksenkung der Druckerhöhung voraus. So erschien die kymographische Kurve, in großen Stufen aufsteigend, sehr charakteristisch.

G. Oliver und E. A. Schäfer[2]), die einzigen, welche bisher die Wirkung der Hypophysenextrakte untersuchten, haben sie zwar blutdrucksteigernd und den Puls verstärkend gefunden, haben ihnen aber keine Wirkung auf die Herzvagi zugeschrieben, sondern nur angegeben, daß sie den Puls nicht beschleunigten.

Vermutlich waren ihre Dosen zu klein, resp. die Extrakte bei zu niederen Temperaturen gewonnen, obwohl sie von „Decocten" reden. Ich habe nur einige Male bei strumösen Kaninchen mit unerregbaren Vagis beobachtet, daß die Herzschläge stärker wurden, ohne verlangsamt zu sein.

Bei Hunden, welche schon heftige Erregungen der Vagi durch die Morphiumnarkose zeigten (72 Herzschläge pro Minute, gezeichnete Exkursionshöhe von 100 mm), erhielt ich noch Verlangsamungen um die Hälfte (36 Herzschläge in der Minute) durch Einspritzungen des wirksamen Hypophysenextraktes.

Oben wurden ausführlich die Untersuchungen mitgeteilt, welche die Fähigkeit des Jodothyrins nachgewiesen haben, die lähmenden Wirkungen des Atropins auf die Vagi aufzuheben. Ich fand in ferneren Versuchen, daß einige Kubikzentimeter von Hypophysenextrakt im Kreislauf des Kaninchens genügen, um die Lähmung der Vagi durch Atropin (0,007 g) zu verhindern.

---

[1]) Siehe meine „Nerven des Herzens". Berlin 1907. Kap. III, § 5.
[2]) Journal of Physiology Vol. 18 und Schäfers Text-Book of Physiology Vol. 1 S. 947. 1898.

Dieses sonst so machtvolle Gift vermochte zwar die großen Vaguspulse teilweise aufzuheben, aber nicht die Erregbarkeit der Vagi gegen elektrische Reize zu vernichten.

Es besteht also eine gewisse Analogie mit der antitoxischen[1]) Jodothyrinwirkung. Zwischen den Wirkungen des Jodothyrins und der Hypophysenextrakte auf die Vagi konnte ich aber folgende zwei Unterschiede feststellen:

1. Das Jodothyrin vermag die geschwächte oder sogar durch Thyreoidektomie oder Atropin aufgehobene Erregbarkeit der Vagi in kurzer Zeit wiederherzustellen, ohne daß es aber die Vagi merklich erregt. Das Hypophysenextrakt dagegen versetzt die Vagi in dauernde Erregung und verstärkt bedeutend die Herzschläge; es verhindert den Eintritt der Wirkung des Atropins, vermag aber die einmal eingetretene Lähmung der Vagi nicht aufzuheben.

2. Das Jodothyrin wirkt vorzugsweise auf die peripheren Enden der hemmenden Herznerven. Das Hypophysenextrakt dagegen scheint hauptsächlich die Zentren dieser Nerven in der Medulla oblongata zu erregen.

B. Mechanische und elektrische Reizungen der Hypophyse.

Mit Hilfe von Operationsmethoden, welche weiter unten beschrieben werden, ist es mir gelungen, die Hypophyse sowohl ohne als mit Eröffnung der Schädelhöhle elektrischen und mechanischen Reizungen zu unterwerfen. In ersterem Falle wurde die Sattelhöhle von unten, in letzterem von oben geöffnet. Die angewandten elektrischen Reize waren immer sehr schwach, nie mehr als 100 Einheiten[2]), so daß sie kaum noch von der Zungenspitze empfunden wurden.

Die elektrische Reizung der Hypophyse ruft die nämlichen Veränderungen der Herzschläge und des Blutdruckes hervor wie die Einspritzungen der Hypophysenextrakte.

Die Pulsschläge wurden verlangsamt und verstärkt; der Blutdruck stieg beträchtlich in die Höhe. Nach Aufhören der Reizung stieg häufig der Druck noch ein wenig, wobei die Pulsschläge nicht unbedeutend beschleunigt wurden. Wurde die Reizung länger fortgesetzt, so traten tetanische Krämpfe des Rumpfes auf und das Tier stieß Schmerzensschreie aus.

Die elektrische Reizung kontrollierte ich durch eine mechanische, in dem ich die Sattelhöhle trepanierte und durch die Öffnung mittels feiner Pinzette dünne Wattetampons auf die Hypophyse drückte.

Hierdurch erhielt ich in den weitaus meisten Fällen dieselben Veränderungen der Blutdruckkurve, wie durch elektrische Reizungen;

---

[1]) Jodothyrin ist auch imstande, die durch Nicotin gelähmten Vagi wieder erregbar zu machen, wie ich später konstatiert habe.

[2]) Ich verwendete zu diesen Versuchen ein nach Kroneckers Methode graduiertes Induktorium mit dickdrähtiger Sekundärspirale, welche Dr. Dubois in Bern empfohlen hat, die zwar nur ein Drittel der physiologischen Reizwirkung (auf Froschnerven) von den dünndrähtigen gibt, aber weniger gefährdet ist durch überspringende Funken bei offener Nebenschließung.

nur sind die Wirkungen mechanischer Reizung viel geringer. Die Kurve beim Druck auf die Hypophyse sieht wie eine in ihren Dimensionen reduzierte Kurve der elektrischen Reizung aus.

Wenn die Vagi wenig erregbar sind, was bei den strumösen Berner Kaninchen häufig der Fall ist, so ist sowohl bei der elektrischen wie bei der mechanischen Reizung der Hypophyse die Verlangsamung wenig ausgesprochen; die Herzschläge werden aber immer verstärkt.

In seltenen Fällen rief der mechanische Druck auf die Hypophyse eine Depression des Blutdruckes hervor, mit oder ohne gleichzeitige Beschleunigung der Herzschläge. Diese Depression war entweder nur vorübergehend und ging in eine Drucksteigerung über, oder sie hielt während der ganzen Dauer des Druckes an.

Die bloße Eröffnung der Sattelhöhle, wenn sie vorsichtig und ohne Berührung der Hypophyse gelingt, sowie ein leiser Druck auf das uneröffnete Dach dieser Höhle riefen ebenfalls oft eine kleine Blutdrucksenkung hervor mit Beschleunigung.

C. Die Entfernung der Hypophyse.

Bei der Exstirpation der Hypophyse ging ich von folgender Überlegung aus: Die große Empfindlichkeit der Hypophyse gegen mechanischen Druck, die Art und Weise, wie die Herzschläge und der Blutdruck bei der Erregung durch Änderungen des Druckes in der Sattelhöhle beeinflußt werden, bewiesen genügend die Richtigkeit der in meiner obigen Untersuchung ausgesprochenen Voraussetzungen, daß dieses Organ bestimmt ist, die Zirkulationsverhältnisse in der Schädelhöhle zu überwachen, um das Gehirn vor gefährlichem Druck zu bewahren. Die anatomische Lage der Hypophyse in der am besten geschützten Stelle der Schädelhöhle, in einer von starren Wandungen[1]) gebildeten Höhle, ihre Verbindung durch das Infundibulum mit der Höhle des dritten Ventrikels, ihr ungemeiner Gefäßreichtum und die eigentümliche Lage ihrer Venen, endlich ihre Umgebung von blutreichen Sinus befähigt dieses Organ, von Druckschwankungen in den Behältern von Blut und Cerebrospinalflüssigkeit in der Schädelhöhle beeinflußt zu werden.

Unsere bisherigen Versuche erwiesen nun, daß die Hypophyse auf Druckveränderungen reagiert, und zwar, wie wir gleich sehen werden, in einer Weise, welche die zu starke Blutfülle in der Schädelhöhle beseitigt. Es war daher wichtig, direkt festzustellen, ob in der Tat die Zunahme der Blutfülle in der Schädelhöhle, welche von einem vermehrten Blutzuflusse abhängig ist, wie z. B. bei Verschließung der Aorta descendens, die schützende Tätigkeit der Hypophyse in Bewegung zu setzen vermag. Der bloße Anblick der Blutdruckkurven,

---

[1]) Ich fand häufig bei den Berner Kaninchen das fibröse Dach dieser Höhle verknöchert.

welche durch Erregung der Hypophyse entstehen, schien meine Annahme zu bestätigen. Diese Kurven zeigten nämlich eine so auffallende Übereinstimmung mit der Blutdruckkurve, welche man von der Carotis nach Verschließung der Aorta erhält, daß bei mir die Vermutung aufstieg, daß die Erregung der zentralen Enden der Nn. vagi, welche durch Druckerhöhungen in der Schädelhöhle entsteht, nicht direkt durch Druck auf die Vaguskerne in der Medulla oblongata veranlaßt wird, sondern erst reflektorisch von der Hypophyse ausgelöst werde.

Es bot keine Schwierigkeiten, die Richtigkeit dieser Vermutung einer experimentellen Prüfung zu unterwerfen. Man brauchte nur die Kompression der Aorta vor und nach der Exstirpation der Hypophyse vorzunehmen. Das eindeutige Ergebnis aller in dieser Beziehung angestellten Versuche bestätigte vollkommen meine Voraussetzung: die Verlangsamung der Herzschläge fiel nach Exstirpation der Hypophyse geradeso weg, wie nach Durchschneidung der Nn. vagi. Hiermit in Übereinstimmung habe ich beobachtet, daß auch bei geöffnetem Schädeldache Kompression der Aorta bei gesteigertem Blutdruck Vaguspulse hervorruft. Dieses Phänomen blieb aus, nachdem die Hypophyse zerstört war.

Vor der Zerstörung der Hypophyse führte ich noch Erregungen an ihr durch elektrische Reizungen aus: die Veränderungen in der Zahl und Stärke der Herzschläge waren qualitativ und quantitativ fast identisch mit den nach Verschließung der Aorta beobachteten. Die Erregung der Hypophyse durch mechanischen Druck ergab Kurven, die qualitativ die nämlichen Veränderungen zeigten, aber nur in abgeschwächterer Form. Bei Tieren mit vorgeschrittenen Strumen, wo die Vagusstämme kaum noch erregbar waren, erzeugten sowohl elektrische Reizungen der Hypophyse wie Verschluß der Aorta nur geringe Verlangsamungen der immer noch verstärkten Herzpulse.

Es unterliegt also keinem Zweifel, daß die Erregungen der Vagi bei gesteigertem Drucke in der Schädelhöhle auf dem Umwege der Hypophyse geschehen, d. h. daß die Druckänderungen direkt dieses Organ erregen und die Reizung der Vagi nur auf reflektorischem Wege von der erregten Hypophyse erzeugt wird. Die Wege dieser reflektorischen Erregungen verlaufen in der Umgegend der Thalami optici, vielleicht im Tuber cinereum.

Aus den hier kurz mitgeteilten Versuchsergebnissen folgt also, daß die Hypophyse eine doppelte Aufgabe zu erfüllen hat: eine chemische und eine mechanische.

Die letztere besteht darin, daß sie von den geringsten Druckveränderungen in der Schädelhöhle beeinflußt wird und sofort die Schutzapparate in Bewegung setzt, welche die Störungen dieser Druckveränderungen zu beseitigen vermögen.

Welches sind nun diese Organe? In erste Linie muß die Schilddrüse gestellt werden, der, wie ich gezeigt habe, die mechanische Rolle zufällt, große Blutmengen von der Schädelhöhle abzuleiten. Die Beziehungen zwischen den mechanischen Funktionen der beiden Organe sind wohl so aufzufassen, daß die Hypophyse, wie ich mich ausdrückte, „in Notfällen den schützenden Beistand der Schilddrüsen anzurufen" imstande sei. Die durch die Drucksteigerungen erregte Hypophyse kann dies schon allein erzielen, indem sie die Vagi erregt, welche, wie ich in meinen Untersuchungen über die Funktionen der Schilddrüse gezeigt habe, eine enorme Beschleunigung des Blutstromes in den Venen dieser Organe erzeugt. Bei den relativ geringen Blutmengen, welche die Gefäße des Gehirns fassen können, ist eine solche Intervention der Schilddrüsen schon an sich vollständig ausreichend, um jede Gefahr für das Gehirn zu beseitigen. Dies will aber nicht sagen, daß diese Organe die einzigen seien, vermöge deren die Hypophyse die drohenden Blutmengen vom Gehirn abzuleiten vermag. Wie ich gezeigt habe, erzeugen Vaguspulse eine Beschleunigung des Blutabflusses auch aus anderen Venen des Körpers, wenn auch in viel geringerem Umfange. Die Hypophyse kann also auch nach Entfernung der Schilddrüsen über die Sicherheit des Gehirns wachen, auch abgesehen davon, daß sie durch ihre chemische Funktion teilweise einen Ersatz für den Ausfall des Jodothyrins bieten kann, also einer Substanz, welche die Erregbarkeit der regulatorischen Nerven des Herzens und der Gefäße zu erhöhen vermag. Nur für die chemische Funktion kann daher die Hypophyse teilweise als Ersatzorgan der Schilddrüse gelten. Was die mechanische Rolle der letzteren anbelangt, so ist sie derjenigen der Hypophyse untergeordnet, etwa wie an Eisenbahnen ein Blocksystem den Auslösungsvorrichtungen auf den Stationen.

Die irrige Vorstellung, welche man sich bisher über den Zusammenhang dieser beiden Organe bildete, war schuld daran, daß Schäfer in seinen Beobachtungen über den Einfluß des Hypophysenextraktes auf den Blutdruck einen Widerspruch gegen das Bestehen solcher Beziehungen erblickte. Nicht nur ist die mechanische Rolle der Hypophyse, wie wir gesehen haben, ganz verschieden von derjenigen der Schilddrüse, obgleich beide demselben Zwecke dienen, sondern auch die Verschiedenheit ihrer Lagen innerhalb der Schädelhöhle (Hypophyse) und außerhalb an deren Eingang (Schilddrüse) muß es mit sich bringen, daß sie ihren Bestimmungen, der drohenden Blutfülle des Gehirns vorzubeugen, in verschiedener Weise nachkommen. Jodothyrin, schnell in den Blutstrom eingeführt, setzt die Erregbarkeit des Gefäßnervenzentrums herab und erzeugt so eine vorübergehende Blutdrucksenkung. Das Hypophysenextrakt im Gegenteil erzeugt eine Druckerhöhung durch allgemeine Kontraktion der kleinen Arterien. Bei Reizung der Hypophyse erfolgt sofort eine solche Kontraktion. Man braucht sich nur die unmittelbaren Folgen einer solchen allgemeinen Gefäßkontraktion für die Druckverhältnisse in der Schädelhöhle zu vergegenwärtigen, um deren große Nützlichkeit für die Erleichterung des Gehirns von zu großer Blutfülle einzusehen. Diese Folgen sind: Verminderung der Blutfülle in den kleinen Arterien, geringe Erweiterung der großen Arterien und Beschleunigung des Blutabflusses aus den Sinus und den Venen des Gehirns. Bei dem geringen Lumen der wenigen größeren Arterien des Gehirns kann deren passive Erweiterung auf den Hirndruck nur einen zu vernachlässigenden Einfluß ausüben. Eine Erweiterung der kleinen Hirnarterien würde dagegen nicht nur an sich selbst die Blutmengen in der Schädelhöhle vermehren, sondern dies auch durch den schwächeren Abfluß aus den Venen erzielen[1]).

Man darf nämlich nicht eine Drucksteigerung durch eine allgemeine Kontraktion der kleinen Gefäße mit solcher, die z. B. durch Verschluß der Aorta oder verhinderten Abfluß aus den Venen entsteht, verwechseln.

Dagegen sind natürlich Erweiterungen in den Gefäßbezirken, welche außerhalb der Schädelhöhle liegen, nur förderlich für die Befreiung des Gehirns von zu großer Blutfülle. Daher ist auch die erregende Wirkung des Jodothyrins auf die Depressoren und auf andere Vasodilatatoren in hohem Grade zweckmäßig.

Auch die oben hervorgehobenen kleinen Differenzen in der Wirkungsweise der Hypophysenextrakte und des Jodothyrins auf die Nn. vagi kann leicht auf dieselben Gesichtspunkte zurückgeführt werden.

Die hier festgestellten Funktionen der Hypophyse sind im embryonalen Leben und in den ersten Lebensjahren, wo die zarten Hirnteile eines Schutzes gegen gefährlichen Druck ganz besonders bedürfen, natürlich von noch viel höherer physiologischer Bedeutung als beim erwachsenen Menschen. Dies wird am besten durch die mannigfaltigen Krankheitssymptome bewiesen, welche durch pathologische Veränderungen in der Hypophyse und ihrer Umgebung erzeugt werden und die unter der Bezeichnung „Akromegalie" zusammengefaßt werden. Mehrere Beobachtungen im Verlaufe meiner Versuche über dieses Organ weisen darauf hin, daß die Funktionen der Hypophyse mit der beschriebenen chemischen und mechanischen Rolle nicht erschöpft sind. Auch ist es in hohem Grade wahrscheinlich, daß die reflektorischen Erregungen, welche von der Hypophyse ausgelöst werden, verschieden ausfallen, je nachdem der Druck auf sie von außen oder von innen her ausgeübt wird. Ich werde auf diese Verhältnisse in den späteren Paragraphen näher eingehen. Hier möchte ich nur auf ein Mißverständnis aufmerksam machen, welches zu irrtümlicher Beurteilung der Schilddrüsen- und Hypophysenextrakte führte. Aus dem Umstande, daß Jodothyrin nicht immer die krankhaften Folgen der Strumen beseitigt und Hypophysenpastillen sich häufig ohne heilsamen Effekt auf den Verlauf der Akromegalie zeigen, ist man von mehreren Seiten

---

[1]) Es existieren daher höchst wahrscheinlich gar keine Vasodilatatoren für die Hirngefäße.

zu dem Schlusse gelangt, daß diese Substanzen nicht die wirksamen Stoffe der Drüsen enthalten.

Man läßt dabei außer acht, daß diese Substanzen im besten Falle nur Ersatz für deren ungenügende Produktion oder für deren Wegfall sein können. Deren künstliche Zufuhr kann teilweise die chemische Rolle der Drüsen ersetzen; sie kann aber nicht imstande sein, den Wegfall der mechanischen Rolle dieser Drüsen zu kompensieren.

Auf die chemische Natur der wirksamen Substanz der Hypophyse behalte ich mir vor, in den nächsten Paragraphen näher zurückzukommen. Diese Substanz, welche ich als Hypophysin bezeichnen will, hat sich, meiner Voraussetzung gemäß, als eine organische Phosphorverbindung erwiesen.

§ 2. Die zweite Versuchsreihe[1].

(Veröffentlicht am 16. September 1898.)

Über die reflektorische Beeinflussung der Herzschläge durch Reizungen des Olfactorius und Trigeminus haben Holmgren, Couty und Charpentier u. a. interessante Untersuchungen angestellt, deren Ergebnisse in den Hauptpunkten leider nicht ganz übereinstimmend sind, wie dies übrigens ja bei den Versuchen mit den Reizungen auch anderer sensibler Nerven meistens der Fall ist.

Bei meinen Versuchen über die Hypophyse und ihre Rolle bei der Erregung der zentralen Vagusenden bin ich auf einige Tatsachen gestoßen, die es wünschenswert machten, die Beziehungen zwischen den zentripetalen Nerven der Nasenschleimhaut und dem Herzen an der Hand der gewonnenen Erfahrungen von neuem zu prüfen.

Schon bei den ersten Versuchen stellt es sich heraus, daß auch stark riechende Substanzen, auf die Nasenschleimhaut von Kaninchen gebracht, entweder gar keine oder nur inkonstante Veränderungen des Herzschlags erzeugen.

Ich wendete daher meine Aufmerksamkeit nur solchen Substanzen zu, welche reizend auf die Nervenendigungen des Trigeminus wirken; und zwar wählte ich Ammoniak rein oder in der Form von English smelling salts, wo gewöhnlich etwas Lavendel dem Ammoniak zugesetzt ist. Die Ergebnisse meiner Versuche waren nun folgende:

1. Ammoniak auf die Nasenschleimhaut gebracht, bewirkt bei Kaninchen, gleichgültig, ob diese vorher tracheotomiert waren oder nicht, eine anhaltende Verstärkung und Verlangsamung der Herzschläge mit nicht unwesentlicher Erhöhung des Blutdruckes. Die Herzschläge nehmen ganz den Charakter der von mir sogenannten Aktionspulse an, wobei die Exkursionen des Quecksilbermanometers oft die Höhe von 30—40 mm erreichen.

---

[1] Die hier veröffentlichten Versuche beabsichtigte ich, auf dem physiologischen Kongreß in Cambridge zu demonstrieren, bin aber leider durch meinen Gesundheitszustand verhindert worden, eine Seereise zu unternehmen.

2. Diese Wirkungen auf Herz und Blutdruck überdauern die Applikation des Reizes. Sie werden gewöhnlich noch verstärkt, wenn man mit Hilfe eines in Wasser getauchten Baumwollenpfropfes die Schleimhaut von Ammoniak zu befreien sucht, wahrscheinlich infolge der Ausbreitung des noch reizenden Gemisches auf eine größere Oberfläche der Schleimhaut.

3. Mechanische oder elektrische Reizung der Nasenschleimhaut erzeugt eine analoge Wirkung, aber in viel schwächerer Form und von kürzerer Dauer.

4. Die vorherige Zerstörung der Hypophyse, des Infundibulum oder des Mittelhirns hebt die beschriebenen Wirkungen auf Herz und Blutdruck auf, auch wenn die an den Wänden der Hypophysenhöhle gelegenen Trigemini sorgfältig verschont bleiben. Die Durchschneidung der beiden Vagi bringt diese Wirkungen gleichfalls zum Verschwinden.

Die Reizungen der Trigeminusenden in der Nasenschleimhaut[1]) erzeugen also bei intakter Hypophyse und erhaltenen Vagi ganz analoge Wirkungen auf Herz und Blutdruck wie die Einspritzungen von wirksamen Hypophysenextrakten oder direkte Reizungen der Hypophyse. Die Veränderungen der Blutdruckkurven sind in allen diesen Fällen ihrem Wesen nach identisch.

Es war nun von Interesse, diese Ergebnisse auch an Hunden der Bestätigung zu unterziehen. Die Methode, mit Hilfe welcher ich bei diesen Tieren die Hypophyse freizulegen pflege, ist viel einfacher und eleganter als die bei Kaninchen verwendete. Mit Hilfe eines Cowlschen Maulsperrers wird die betreffende Partie der Hirnbasis zugänglich gemacht, die Rachenwand durchschnitten und so der Boden der Hypophysenhöhle ganz freigelegt. Ich verwendete dann, um diese Höhle zu eröffnen, ein kleines Trepan, das durch die bei Zahnärzten gebräuchliche amerikanische Bohrvorrichtung in Rotation versetzt wird. Trotz der Einfachheit dieser Operationsmethode haben meine diesbezüglichen Versuche an Hunden keine eindeutigen Resultate geliefert.

Ich erhielt nämlich bei Reizung der Nasenschleimhaut durch Ammoniak oder durch stark riechende Substanzen entweder gar keine oder nur eine wenig ausgesprochene Erhöhung des Blutdruckes, die einmal von einer geringen Beschleunigung der Herzschläge begleitet war. In keinem Versuch erhielt ich eine Verstärkung oder Verlangsamung von ihnen.

Diese abweichende Wirkung konnte ich aber durch eine Entfernung der Hypophyse nicht der Kontrolle unterziehen, aus dem einfachen Grunde, weil bei den Berner Versuchstieren die Hypophyse immer atrophiert ist und entweder ganz frei auf der Sella turcica liegt oder in der cystisch erweiterten und mit einer grünlichen Flüssigkeit ausgefüllten Hypophysen-

---

[1]) Die Reizung gewisser Partien der Rachenschleimhaut scheint ähnliche Wirkungen zu erzeugen.

höhle schwimmt. Von einem Infundibulum findet man keine Spur. Die Tiere sind gewöhnlich auch strumös; ich muß aber hinzufügen, daß ich einen fast vollständigen Schwund der Hypophyse bei Hunden beobachtete, bei denen die Schilddrüsenerkrankung noch wenig fortgeschritten war und in einer einfachen Hyperplasie bestand[1]).

Kann man diese negativen Ergebnisse der Versuche an Hunden, bei denen die Hypophyse fehlte oder jedenfalls funktionsunfähig war, als eine Bestätigung durch eine Art Experimentum crucis der an Kaninchen gewonnenen Resultate betrachten?

Ich wage nicht, die Frage bejahend zu beantworten, ehe ich nicht Versuche an Hunden mit intakter Hypophyse werde ausgeführt haben.

Eine gewisse Berechtigung zur Bejahung würde in der Beobachtung liegen, daß bei solchen mit erkrankten Hypophysen behafteten Hunden auch die Kompression der Aorta oder Reizung des N. tibialis nur Drucksteigerungen mit oder ohne Beschleunigung der Herzschläge ergeben haben. Diese Beobachtung erweckt aber auch einige gewichtige Bedenken gegen die Identifikation der an Hunden und an Kaninchen gewonnenen Ergebnisse.

In meiner ersten Mitteilung zeigte ich, „daß die Erregungen der Vagi bei gesteigertem Drucke in der Schädelhöhle auf dem Umwege der Hypophyse geschehen" (S. 120). Die Vermutung, daß auch die tonische Erregung der Vagi denselben Ursprung hat, war also sehr naheliegend.

Die mitgeteilten Versuche an Hunden scheinen aber insofern gegen die Berechtigung einer solchen Vermutung zu sprechen, als bei Hunden die tonische Erregung der Vagi fast immer zur Beobachtung gelangt, während sie bei Kaninchen nur eine seltene Erscheinung ist. In der ausführlichen Mitteilung dieser Versuche gehe ich näher auf diese Verhältnisse ein; dort wird dann auch die Frage diskutiert, ob die an Kaninchen konstatierten Effekte der Trigeminusreizung auf die Hypophyse reflektorischer Natur sind. Bei den bekannten Anastomosen der Schwellkörper der Nasenschleimhaut mit denen der Hypophysenhöhle (Sinus cavernosus usw.) könnte man nämlich auch an einen anderen Zusammenhang der beobachteten Erscheinungen denken.

§ 3. Die dritte Versuchsreihe.
(Veröffentlicht am 19. Dezember 1898.)

In den beiden bisher veröffentlichten Untersuchungen, die Funktionen der Hypophyse betreffend (§ 1 u. 2), sowie in den zwei Mitteilungen über die Wirkungen der physiologischen Herzgifte suchte ich unter anderem auch die Beziehungen des Hirnanhangs zu den Schilddrüsen (Pflügers Archiv Bd. 73 u. 74) festzustellen.

Die Erklärung dieser Beziehungen, zu welcher mich die verschiedenartigen Versuche gedrängt haben, bestand kurz in folgendem:

---

[1]) Ob die größere Resistenz der Kaninchen gegen die Thyreoidektomie im Vergleiche zu Hunden nicht eben in der Erhaltung ihrer Hypophyse liegt? Dies scheint mir in hohem Grade wahrscheinlich.

Beide Organe dienen hauptsächlich dazu, das Gehirn gegen gefahr-
drohende Blutanhäufungen zu schützen und die Zirkulation in der
Schädelhöhle zu regulieren. Sie erfüllen diese ihre physiologische Bestimmung auf doppeltem Wege: auf mechanischem und chemischem. Die mechanische Rolle der gefäßreichen Schilddrüsen konnte
ich mit derjenigen von Schleusen vergleichen, deren Eröffnung den
Blutandrang vom Gehirn ableitet. Die Hypophyse, welche ihrer Lage
und ihrem Bau nach besonders dazu geeignet scheint, von Druckschwankungen in der Schädelhöhle beeinflußt zu werden, ist imstande,
in Notfällen den schützenden Einfluß der Schilddrüsen anzurufen, also
die Schleusen in Bewegung zu setzen. Sie dient also vornehmlich
als Regulator des Blutdruckes im Gehirn.

Die chemischen Produkte, welche diese Drüsen bilden — Jodothyrin und Hypophysin —, befördern ihre mechanische Rolle, indem
sie durch ihre mannigfaltigen Beeinflussungen der Zentralorgane der
Gefäß- und Herznerven deren Funktionsfähigkeit in verschiedenem
Sinne zu regulieren vermögen. Dies die Hauptzüge meiner Theorie
der Verrichtungen der Schilddrüsen und der Hypophyse.

Es liegt in der Natur der Vorgänge, um welche es sich hier handelt,
daß, trotz der großen Beweisfähigkeit der an Tieren angestellten Versuche, es doch in hohem Grade wünschenswert erscheint, auch durch
Beobachtungen am lebenden Menschen die daüber aufgestellte Theorie
bestätigt zu sehen. In meinen Beiträgen zur Physiologie der Schilddrüse und des Herzens[1]) habe ich daher einen besonderen Abschnitt
der Zusammenstellung der an Menschen, die an verschiedenen Formen
des Kropfes leiden, gesammelten Beobachtungen gewidmet, welche
durch ihren Einklang mit den Resultaten meiner Versuche gewichtige
Stützen für meine Schlüsse lieferten. (Siehe Kap. I § 8.)

Demselben Gedankengange folgend, suchte ich nach einer Gelegenheit, auch am Menschen meine Ansichten über die Verrichtungen der
Hypophyse prüfen zu können. Die in der letzten Zeit unter der Bezeichnung Akromegalie bekannt gewordene Erkrankung, welche
Marie und nach ihm auch andere Ärzte mit Recht in Zusammenhang
brachten mit pathologischen Veränderungen der Hypophyse, schien
mir für eine solche Prüfung sehr geeignet.

Während meines längeren Aufenthaltes in Spa im Sommer 1898
habe ich, dank der Liebenswürdigkeit des vortrefflichen dortigen
Praktikers, Dr. Scheuer, die gewünschte Gelegenheit gefunden. Er
stellte mir eine Familie von Akromegalen, deren Krankheitssymptome
für meine Zwecke besonders günstig waren, zur Verfügung; nach
meiner Abreise von Spa setzte Dr. Scheuer die von mir vorge-
schriebene Behandlung und Beobachtung der Kranken mit großem
Eifer und Sachkenntnis fort. Die Patienten waren drei Knaben, 3, 7 und
12 Jahre alt, welche dieselben Krankheitserscheinungen in den verschiedenen Phasen der Entwicklung zeigten. Merkwürdigerweise, wie

---

[1]) Bonn, Martin Hager. 1898.

man mit Gewißheit feststellen konnte, existierte bei den Kindern keinerlei hereditäre Belastung. Ihr Vater, ein kräftiger und rüstiger Mann (Maler), 40 Jahre alt, war vollständig gesund; desgleichen die 36jährige Mutter. Beide gehören bekannten, aus Spa stammenden Familien an, die weder in aufsteigender noch in kollateraler Linie irgendwelche Nerven- oder Gehirnleidende besaßen.

Die ausführlichen Krankheitsgeschichten gehören nicht hierher; sie sollen anderswo mitgeteilt werden. Hier sollen nur diejenigen Tatsachen berücksichtigt werden, welche vom physiologischen Standpunkte aus Interesse bieten. Ich hatte meine Beobachtungen vorläufig auf den ältesten Knaben beschränkt. Dieser bot schon beim ersten Anblick ein vollständiges Jammerbild. Bei 1 m 35 cm Höhe besaß er eine ganz abnorme Korpulenz: 1 m 15 cm Umfang der Taille, $55^3/_4$ kg Körpergewicht. Die Fettmassen waren gleichmäßig über den ganzen Körper verbreitet. Das Gesicht rot und gedunsen. Der Knabe sah ganz stumpfsinnig aus, stand apathisch in einer Ecke und bewegte sich nur auf Aufforderung, antwortete mit kaum hörbarer Stimme auf Fragen, wobei er viel über fortwährenden heftigen Kopfschmerz klagte. Seine Augäpfel waren in anhaltendem heftigen Nystagmus. Sein Puls klein, unregelmäßig und arhythmisch. Am Herzen war aber kein organischer Fehler nachzuweisen.

Aus der Vorgeschichte des Kranken ist folgendes hervorzuheben: Schon im dritten Monat nach seiner Geburt begann seine ungewöhnliche Fettsucht, die ihn als Phänomen betrachten ließ. Im 16. Monate wurden die ersten Gesichtsstörungen beobachtet, die immer bedenklicher wurden und bis zur jetzigen Halbblindheit sich entwickelt haben. Im dritten Jahre begannen die heftigen Anfälle von Kopfschmerzen, die seitdem immer an Intensität zunahmen. Gegen dieselbe Zeit stellten sich Nystagmus und klonische Krämpfe in den oberen Extremitäten ein; die letzteren haben später nachgelassen. Der Knabe war immer sehr apathisch und plump, nahm nie an Kinderspielen teil und bewegte sich nur ungern und mit Mühe. Die Schule mußte er aufgeben, da seine Sehschwäche und wohl auch ein gewisser Stumpfsinn jedes Lernen unmöglich machten. Wie seine beiden Brüder zeigt er an der vorderen Thoraxwand ein breites, horizontales Venennetz, das von einer Achselhöhle zur anderen verläuft. Seine Gelenke sind, im Gegensatz zu den mißgeformten Gelenken seiner Brüder, ziemlich normal. Alle drei Brüder haben merkwürdigerweise an beiden Füßen je sechs Zehen, die ganz gleichmäßig ausgebildet und an vier Metatarsalknochen befestigt sind.

Vor meinem Besuch wurde der Knabe einige Zeit mit Jodothyrin und Strychnin behandelt und büßte unter dem Einfluß dieser Behandlung $1^3/_4$ kg ein (von $55^3/_4$ sank sein Gewicht auf 54 kg).

Ich verordnete zweimal täglich 20 cg des Hypophysenpulvers, welches ich dem Dr. Scheuer anvertraute. Diese Behandlung mußte, wenn meine Theorie der Hypophysenfunktionen richtig ist, die Kopfschmerzen besänftigen und den Herzschlag heben und regelmäßiger machen. Auf den Nystagmus erwartete ich keinen Einfluß, da ich ihn als eine sekundäre Folge der pathologischen Veränderungen der Hypophyse betrachtete, die nur durch die Nachbarschaft des Oculomotorius bedingt sei. Dagegen hoffte ich, daß das Hypophysenpulver in analoger Wirkung wie das Jodothyrin eine größere Gewichtsabnahme erzeugen würde. Zwar besaß ich keine direkten Erfahrungen über den Einfluß des Hypophysins auf den Stoffumsatz im Organismus; die großen Analogien aber, welche ich in den sonstigen Wirkungen dieser Substanz mit denen des Jodothyrins konstatierte, berechtigten zu der Erwartung, daß auch in bezug auf den Stoffumsatz Ähnliches der Fall sein würde.

Der Erfolg dieses Heilexperiments hat meine Erwartungen bei weitem übertroffen. Den 4. Oktober 1898 schrieb Dr. Scheuer folgendes über die ersten Wirkungen des Hypophysenpulvers: „Vous serez certainement très heureux d'apprendre que votre remède a fait merveille chez le jeune garçon atteint d'acromegalie ... Depuis qu'il a pris les poudres, les maux de tête habituels ont presque disparu, les battements du coeur se sont régularisés et ont diminué en nombre. Le sensorium s'est éclairé. L'intelligence est devenu plus ouverte et le sujet s'est interessé d'avantage à tout ce qui se passe autour de lui. Il a même manifesté le désir de retourner à l'école ... La démarche est plus alerte, moins lourde, plus assurée. Le nystagme est dans le status quo. Enfin, la perte en poids a été exactement de 6 Kilos ... Cette métamorphose, très appréciable à la vue, a frappé le peuple qui la qualifie de miraculeuse" ...

Seitdem haben sich die Folgen der Behandlung noch befestigt. Bis zum 15. Oktober, also während der siebenwöchentlichen Anwendung des Hypophysenpulvers, hat das Gewicht noch weiter abgenommen. Im ganzen betrug die Gewichtsabnahme $8^{1}/_{2}$ kg, von 54 auf $45^{1}/_{2}$ kg. Der Umfang der Taille ist von 1,15 m auf 0,80 m gesunken. Der Nystagmus ist seitdem auch schwächer geworden. Die Behandlung wurde fortgesetzt; sie wurde auch auf den jüngeren siebenjährigen Bruder ausgedehnt, dessen Gewicht 45 kg betrug. Auch werden sorgfältige Harnanalysen ausgeführt werden, um zu eruieren, welche quantitative und qualitative Veränderungen während dieser rapiden Abmagerungen vor sich gehen.

Jetzt aber ist es schon möglich, das große physiologische Interesse des erzielten Erfolges hervorzuheben. Der günstige Einfluß, welchen das Hypophysenpulver auf die seit neun Jahren anhaltenden heftigen Kopfschmerzen und den arhythmischen Puls ausgeübt hat, sprechen in ganz eindeutiger Weise dafür, daß die wirksamen Substanzen der Hypophyse auf die Regulierung der Zirkulation im Gehirn einen mächtigen Einfluß auszuüben vermögen. Sie unterstützen also in hohem Grade die mechanische Rolle der Hypophyse, die ich schon aus den physiologischen Versuchen erschlossen habe. Bei der zwölfjährigen Dauer der Krankheit ist wohl anzunehmen, daß dieses Organ, wenn nicht vollständig zerstört, so doch wenigstens längst außerstande gesetzt war, seine physiologischen Leistungen auszuüben. Die Einführung der normal von ihm produzierten Substanz konnte also nur durch die Beeinflussung der Herz- und Gefäßnerven die Hirnkongestion vermindern und die Zirkulations- und Druckverhältnisse in der Schädelhöhle bessern. Daß sie dies, wie in unseren Versuchen, durch Vermittelung der Vagi erzielt hat, erscheint nach der Art der Pulsveränderung sehr wahrscheinlich; in der Tat ist der frequente kleine Puls (90 in der Minute) durch einen langsameren (80 in der Minute), volleren und regelmäßigeren ersetzt worden, die Arhythmie ist geschwunden.

Die Abschwächung des Nystagmus mag wohl auch auf die Abnahme des Hirndruckes zurückgeführt werden. Schwieriger läßt sich die Verstärkung der Oxydationsprozesse im Körper unter dem Einflusse des Hypophysins deuten. Man hat es hier natürlich mit einer analogen Wirkung wie beim Jodothyrin zu tun. Worauf beruht sie aber? Ist es möglich, die eingreifende Beeinflussung des Stoffwechsels allein auf die Veränderungen in der Blutzirkulation zurückzuführen, oder handelt es sich um direkte trophische Wirkungen? Und handelt es sich im letzteren Falle um eine Intervention in die chemischen Prozesse selbst oder nur um die Instandsetzung der trophischen Nervencentra im Gehirn? Eine Entscheidung unter diesen Möglichkeiten zu treffen, wird wohl vorläufig nur auf indirektem Wege möglich sein, nämlich durch das Studium der Ausscheidungen unter dem Einflusse der verschiedenen, den Stoffwechsel befördernden Substanzen. Wie bei Fütterung der Tiere mit Schilddrüsenpräparaten, so wurde auch bei dem akromegalen Knaben durch Einführung von Hypophysenpulver die Diurese bedeutend gesteigert. Die täglichen Harnmengen stiegen ganz gewaltig[1]). Nach den Untersuchungen von Schöndorff[2]), ausgeführt unter der Leitung von Pflüger, werden unter dem Einflusse der Schilddrüsenfütterung die ausgeschiedenen Stickstoffmengen vergrößert, nach denen von A. v. Eecke die der Phosphate vermindert.

Sollte es sich herausstellen, wie ich einigen Grund habe zu vermuten, daß unter dem Einflusse der Hypophysenpräparate sich im Gegenteil die Mengen der ausgeschiedenen Phosphate steigern, so würde dies zugunsten direkter trophischer Wirkungen dieser Substanzen sprechen. Da die Blutzirkulation von Jodothyrin und Hypophysin im gleichen Sinne beeinflußt wird, so läge kein Grund vor, warum die nämlichen Zirkulationsveränderungen in gewisser Richtung entgegengesetzte Effekte im Stoffwechsel erzeugen sollten.

Genauere Harnanalysen bei akromegalen Patienten, sowie gleichzeitig an Tieren angestellte Fütterungsversuche werden hoffentlich über diese Verhältnisse genauere Aufklärungen bringen. (Siehe am Schlusse des Kapitels die Versuche von Schäfer.)

Vorläufig möchte ich hier noch auf eine interessante Untersuchung über die Beziehungen der menschlichen Hypophyse zur Schilddrüse

---

[1]) Der Knabe wurde so weit hergestellt, daß er Schlosser wurde.
[2]) Pflügers Archiv f. die gesamte Physiologie Bd. 63 und 67.

aufmerksam machen, welche von Dr. Comte in Stillings[1]) patho-
logischem Institut ausgeführt wurde. Sie bestätigt auch in vollem
Maße den Zusammenhang zwischen den Erkrankungen der Schilddrüse und denen der Hypophyse, auf die ich so oft bei meinen Versuchen an Berner Tieren aufmerksam gemacht wurde. Unter seinen
Beobachtungen befinden sich zwei, welche für meine Theorie der Funktionen dieser Drüsen von besonderem Interesse sind. Comte konstatierte,
daß die Hypophyse in der Schwangerschaftsperiode oft Hypertrophien
und Hyperplasien zeigt. In meiner Untersuchung über die Funktionen
der Schilddrüsen[2]) habe ich schon die alte Beobachtung der Ärzte, daß
während der Menstruation und der Schwangerschaft häufig Anschwellungen dieser Körper beobachtet werden, zugunsten ihrer Rolle als
Schutzorgane des Gehirns gegen gefährlichen Blutandrang verwertet.
Daß ähnliche Störungen unter den gleichen Umständen auch in der
Hypophyse vorkommen, kann daher als neuer Beweis gelten, daß dieses
Organ mit der analogen Rolle, wie die Schilddrüsen, betraut ist.

Die starke Entwicklung der Hypophyse in den ersten Lebensjahren
habe ich durch die Notwendigkeit zu erklären gesucht, dem jungen
Gehirn während des Wachstums sorgfältigen Schutz zu gewähren. Nun
hat Comte bei Personen, die das 50. Jahr überschritten haben, keine
einzige normale Hypophyse finden können[3]), wenn die Individuen an
Degenerationen der Schilddrüsen litten. Es wäre interessant zu eruieren,
ob auch bei gesunden Schilddrüsen die Hypophyse bei älteren Personen
an Leistungsfähigkeit abnimmt; dies würde zu deren geringer Wider-
standsfähigkeit gegenüber plötzlichen Gehirnkongestionen bedeutend
beitragen.

§ 4. Die historische Entwicklung der Lehre von den Funktionen der Hypophyse bis zu meinen Versuchen.

Bereits Galen hatte die Hypothese ausgesprochen, daß die Hypophyse ein Schutzorgan des Gehirns sei. Diese Meinung war bis auf Vesal
unter den Anatomen die herrschende. Freilich wurde der Mechanismus,
durch welchen dieser Schutz sich äußern sollte, von den verschiedenen
Forschern sehr verschieden aufgefaßt; aber die allgemeine Grundidee
war die folgende: Die Schleimmassen, die das Gehirn aus sich entfernen muß, gehen aus seinen Höhlen durch den Trichter in die Hypophyse. Von hier entleert sich ein Teil durch die Porositäten der Sella
turcica hindurch in den Gaumen, während ein zweiter Teil durch die
Nasenhöhle abfließt. Nach Vesal fand dieser Abfluß statt „per omnia
foramina hic in calvariae tum venis, tum arteriis, tum nervis ipsis
exculpata".

Ganz anders lautete die zum erstenmal von Diemerbroeck aufgestellte Hypothese. Darnach wäre die Hypophyse eine absondernde

---

[1]) Travaux de l'Institut pathologique de Lausanne. Heft 2. Jena 1898.
[2]) Beiträge zur Physiologie der Schilddrüse usw. S. 92. Martin Hager. 1898.
[3]) l. c. S. 173.

Drüse, deren Sekrete durch den Trichter in den dritten Hirnventrikel gingen, um von da in die Nasenhöhle sich zu ergießen. Die Bewertung der Hypophyse als sezernierender Drüse wurde sofort, besonders von Meckel, weiter entwickelt. Ihm zufolge sind die Sekrete dieser Drüse ausschließlich für die Hirnhöhlen bestimmt. Diejenigen Anatomen, welche nach Meckel die Funktionen der Hypophyse untersucht haben, bestrebten sich, hauptsächlich die einander entgegenstehenden beiden Hypothesen, die von Galen und die von Diemerbroeck, miteinander zu versöhnen. Darnach sollte die Hypophyse wohl dazu dienen, das Gehirn von einem Übermaß an Flüssigkeit zu entlasten, aber gleichzeitig sollte sie auch Sekrete liefern, welche dem Gehirn selber nützlich wären. Der Unterschied der Meinungen beschränkte sich lediglich auf die Wege, auf denen diese verschiedenen Flüssigkeiten aus der Hypophyse austreten sollten. So schrieb Vieussens: „Lympha cerebri in duo sellae turcicae lateribus apposita receptacula illabitur: ac subinde una cum sanguine quocum inibi miscetur, sellae eidem turcicae adjacentium quatuor sinuum cavitates subit, ut internae utriusque venae jugulares, vel utriusque vertebralis et cavae descendentes trunci interventu ad dextrum cordis ventriculum descendat." In Übereinstimmung mit Vieussens teilte Murray der Hypophyse zwei Ausführungswege zu.

Willisius hat zuerst die Aufmerksamkeit der Anatomen auf die Bedeutung hingelenkt, welche für die Verrichtungen der Hypophyse den zahlreichen Anastomosen der Blutgefäße zukommt, die sich an der Schädelbasis finden. Mittels ganz vortrefflich ausgeführter Abbildungen gibt er die Einzelheiten der Verteilung der Arterien und Venen dieser Gegend. Willisius zieht dann den Schluß: „Ut sanguinis torrente in rivulos exiles diviso, rapidior ejus decursus in tantum habitatur ac refringatur, ut cerebro nisi paulatim instillari nequeat."

Tiedemann gebührt der Ruhm, zum ersten Male auf den nervösen Charakter der Hypophyse hingewiesen zu haben. Dieser bedeutende Anatom hielt sie nur für ein sympathisches Ganglion, das mit den oberen Cervicalganglien und den Ciliarganglien in Verbindung steht. Die Hypophyse sollte also ein Band zwischen den Sympathicis beider Körperhälften herstellen. „Die Hypophyse", so schreibt er, „stellt sich offenbar als ein Zwischenglied oder Band zwischen den sympathischen Nerven beider Körperhälften und demgemäß zwischen den Ciliarnerven beider Augen dar. Durch die Glandula pituitaria scheinen die sympathischen Phänomene der beiden Augen unterhalten zu werden". Mehrere Anatomen, wie Littré, Lieutaud, behaupteten, daß sie Nervenfäden gefunden hätten, welche die Hypophyse mit dem N. trigeminus verbänden. Anderen dagegen, wie Arnold und Burdach, glückte es nicht, die Existenz dieser Verbindungen bestätigen zu können. Bourgery verteidigte trotzdem die Theorie Tiedemanns und behauptete, Nervenfäden vom Plexus caroticus bis zu ihrem Eintritt in die Hypophyse verfolgt zu haben.

Die wichtigste anatomische Arbeit über die Hypophyse war im verflossenen Jahrhundert diejenige von Luschka. Er entdeckte am anderen Ende des Sympathicus die Steißdrüse, die nach ihrer Lage und ihrer anatomischen Struktur viel Analogie mit der Hypophyse zeigen soll. Luschka stützte sich hierbei hauptsächlich auf die Anwesenheit zahlreicher sympathischer Fäden in ihrem Parenchym, die er für die von den beiden einander ähnlichen Drüsen gelieferten flüssigen Sekrete in Anspruch nahm. Diese letzteren sollten· eine Substanz enthalten, die dazu bestimmt sei, das ganze sympathische Nervensystem mit Elektrizität zu laden, d. h. also, in dem System eine elektrische Spannung hervorzurufen, die ihm die Erfüllung seiner physiologischen Bestimmung ermöglicht. Wir werden bald sehen, daß diese verschiedenartigen Meinungen, welche die Anatomen der vergangenen Jahrhunderte über die Funktion der Hypophyse geäußert hatten, obgleich sie ausschließlich auf morphologische Tatsachen sich stützten, sich sehr wohl in mehreren generellen Punkten mit denjenigen positiven Ergebnissen vereinigen lassen, welche neuerdings durch das direkte Experiment gewonnen wurden.

Die Bedeutung der Rolle, welche die Hypophyse im menschlichen Organismus spielt, ist den alten Klinikern ebenfalls nicht entgangen. Seit dem 17. Jahrhundert findet man zahlreiche Veröffentlichungen über verschiedene Krankheiten der Hypophyse. Bei Epileptikern, bei Hydrocephalen und bei Geisteskrankheiten haben diese feinsinnigen Kliniker bei den Autopsien Tumoren, Abscesse, knöcherne Entartungen usw. gefunden, die sie in Beziehungen zu den während des Lebens beobachteten Krankheitssymptomen brachten.

Mit Beginn des 19. Jahrhunderts wurden die Veröffentlichungen über Erkrankungen dieser Art häufiger und damit wurde die Bedeutung der Hypophyse für bestimmte Nervenkrankheiten noch schärfer hervorgehoben. So z. B. lenkten 1810 die Untersuchungen von Wenzel über die Epilepsie, die er als Folge verschiedenartiger Erkrankungen der Hypophyse betrachtete, die Aufmerksamkeit der ärztlichen Welt auf sich. In 20 von ihm beobachteten Fällen von Epilepsie hat er tiefgreifende pathologische Veränderungen der Hypophyse gefunden. In dem berühmten Werk von Abercombie über die Krankheiten des Gehirns und Rückenmarks findet man ebenfalls zahlreiche Beobachtungen, denen höchst interessante Autopsien über die Pathologie der Hypophyse beigefügt sind. Von den in dieser Epoche erschienenen Werken will ich nur die Arbeit des Dr. Josef Engel erwähnen, welche, obwohl sie leider der Aufmerksamkeit der Autoren entgangen ist, dennoch ein sehr lebhaftes Interesse hinsichtlich der physiologischen Verrichtungen der Hypophyse einzuflößen geeignet ist. Diese Arbeit: „Über den Hirnanhang und den Trichter", die unter der Leitung eines der Begründer der pathologischen Anatomie, nämlich unter Karl Rokitanski, ausgeführt wurde, enthält außer einer sehr vollständigen Bibliographie mit der größten Sorgfalt angestellte klinische Beobachtungen. Die Sektionen wurden von Rokitanski selbst gemacht; die anatomische Untersuchung beschränkte sich nicht auf Hypophyse und Gehirn, sondern erstreckte sich auf alle Teile des Körpers. Die überaus genaue Beschreibung der festgestellten Erkrankungen wird von mehreren Tafeln begleitet, auf welchen die pathologischen Veränderungen am Schädel, an der Hypophyse und den benachbarten Hirnteilen abgebildet sind. Die auffälligste Tatsache, welche sich in mehreren dieser Autopsien findet, ist die, daß die Hypophysenerkrankungen oft von ähnlichen pathologischen Veränderungen der Schilddrüsen, der Glandula pinealis und selbst des Sympathicus begleitet sind. Wenn wir nicht irren, wird hier eine derartige Beziehung durch einen Pathologen zum erstenmal hervorgehoben. In mehreren Fällen weist Engel auf die überraschende Ähnlichkeit hin, welche eine dicke Lage gelblicher, durchscheinender und gummöser Substanz, die zwischen beiden Abschnitten der Hypophyse gefunden wird, mit dem Kolloid zeigt, das in den Zellen der Schilddrüse zu sehen ist.

In anderen Fällen konstatiert Engel die Degeneration der Hypophyse und der Sella turcica bei solchen Personen, welche an Knorpelcysten der Schilddrüse gelitten hatten. Am häufigsten zeigte die Pinealis dieselben pathologischen Veränderungen wie die Hypophyse.

Unter den Hypophysentumoren sind die Sarkome und die Cysten die vorherrschenden. Zu wiederholten Malen hatten sie die Größe einer Erbse. Noch eine andere Tatsache bietet großes Interesse. Wir haben schon darauf hingewiesen, daß auch die anderen Organe mit nicht geringerer Sorgfalt als die Hypophyse und das Gehirn bei den Autopsien untersucht wurden. Aber Engel konnte auch nicht eine Veränderung im Wachstum der Knochen und Gelenke feststellen, außer an der Sella turcica und den benachbarten Schädelpartien. Nur einmal erwähnt er die Bildung eines Knochenringes am Orificium des Penis.

Unter den während der Krankheitsdauer beobachteten Symptomen wurden am häufigsten gefunden: periodische Kopfschmerzen, komatöse Zustände, Somnolenz, Schwindelanfälle, klonische Krämpfe und oft sogar Wahnsinn. Der Autor hebt die Häufigkeit der Erkrankungen der Geschlechtsorgane hervor. Am Schlusse seiner Arbeit diskutiert Engel ausführlich die verschiedenen Hypothesen über die Funktion der Hypophyse. Indem Engel mit Dallinger erkennt, daß die Hypophyse eine sezernierende Drüse und vielleicht selbst eine Gefäßdrüse ist (Rathke), ist er zugleich geneigt, ihr auch einen Einfluß auf die Koordination der freiwilligen und unfreiwilligen Bewegungen sowie eine gewisse Beteiligung an den niederen psychischen Funktionen zuzuschreiben. Er ist außerdem der Meinung, daß die Syphilis häufig Tumoren der Hypophyse hervorruft.

Die erste pathologische Beobachtung über die Beziehungen zwischen den Tumoren der Hypophyse und den Hypertrophien der verschiedenen Skeletteile stammt aus dem Jahre 1864. Sie wurde von dem italienischen Arzt Verga gemacht, welcher die erste Autopsie eines Falles von Akromegalie veröffentlichte. Verga beschreibt einen großen Tumor, der die Hypophyse verdrängt, die Sella turcica erweitert und die Optici komprimiert und verlagert hatte. 1872 veröffentlichte der Anatom Karl von Langer eine ausführliche Studie über zwei Formen von Riesenschädeln, von denen die eine unzweifelhaft pathologischen Ursprungs war und mit einer Verbildung der Sella turcica einherging. von Langer sieht die Ursache für die Schädelmißbildung in einer Degeneration der Hypophyse. Seitdem folgten ähnliche Publikationen sehr häufig, die alle einen Zusammenhang von Hypophysentumoren mit einer Verbildung des Skeletts dartaten. Außerdem sei an den sehr merkwürdigen, 1877 von Brigidi veröffentlichten Fall erinnert, welcher den berühmten Schauspieler Giustanzoni betraf. Auch hier ergab die Sektion das Vorhandensein eines Hypophysentumors. Indem er die Verbildung des Skeletts beschreibt, hebt Brigidi die Ähnlichkeit des Skeletts mit dem eines Orang-Utan hervor.

1886 gab Pierre Marie ein vollständiges klinisches Bild jener Krankheit, die hauptsächlich durch eine übermäßige Entwicklung gewisser Teile des Körpers, in erster Linie des Schädels, der Gliedmaßen, des Skeletts, charakterisiert ist. Diese „Entité morbide spéciale“, die er als „Akromegalie“ bezeichnete, ist begleitet von schweren Veränderungen der Hypophyse. Die Untersuchungen von Pierre Marie regten in beträchtlichem Maße das Studium der Pathologie der Hypophyse an. In wenigen Jahren hat sich eine ganze Spezialliteratur entwickelt, welche genaue klinische und pathologische Beobachtungen über die Akromegalie und die dabei befallenen Organe enthält. Indessen vermochten diese Beobachtungen, trotzdem sie bei Klinikern und Pathologen ein lebhaftes Interesse für die Physiologie der Hypophyse hervorriefen, dennoch nicht die normale Funktion des Organs klarzulegen. Die Arbeiten, welche die wirkliche Bedeutung der Hypophyse feststellen sollten, gingen daher auch von den Untersuchungen über die Akromegalie nicht aus. Es waren vielmehr die Beziehungen, die zwischen Schilddrüse und Hypophyse zu bestehen scheinen, welche die Aufmerksamkeit der Experimentatoren fesselte. Derartige Arbeiten wurden von Horsley, Rogowicz, Dastre, Stieda, Gley, Vassale und Sacchi u. a. angestellt.

§ 5. Indirekte Versuche an der Hypophyse.

N. Rogowicz hat den ersten Anstoß zur experimentellen Prüfung der Beziehung zwischen Schilddrüse und Hypophyse gegeben. Er hat am Kaninchen beobachtet, daß nach Thyreoidektomie die Hypophyse nach und nach an Umfang zunimmt. Seine Resultate wurden durch ähnliche Versuche von Stieda teilweise bestätigt. War somit zunächst das Vorhandensein von Beziehungen zwischen Thyreoidea und Hypophyse wahrscheinlich gemacht, so ergab sich von selber, daß man vor allem Klarheit über die Funktionen der letzteren zu erlangen suchen mußte. Und man bediente sich der Exstirpation, die damals bei Schilddrüsenstudien sehr beliebt war, um die eventuellen Ausfallserscheinungen feststellen zu können. Horsley betrat zuerst diesen Weg;

ihm folgten Gley, Marinesco, Vassale und Sacchi und viele andere. Die Ergebnisse der Exstirpationen waren stets sehr unsicher, namentlich bei denjenigen Experimentatoren, welche, um an die an der Schädelbasis gelegene Pituitaria zu kommen, in mehr oder weniger großer Ausdehnung jene Hirnteile zerstörten, welche die Schädelhöhle von ihrem fibrösen Dach trennen. Vassale und Sacchi hatten den ausgezeichneten Gedanken, zur Hypophyse von der Mundhöhle her vorzudringen. Die Wahl der Katzen für diese Operation war minder glücklich, denn die Form ihrer Mundhöhle bietet erhebliche Schwierigkeiten, um an das Operationsgebiet zu gelangen. Die Art ferner, wie diese Autoren die Höhle öffneten, wo die Hypophyse liegt, und die Zerstörung der letzteren durch Chromsäure ermöglichten nicht, genau die Gegend der Verletzung zu bestimmen. Mit Recht hebt daher Caselli in seiner ausgezeichneten Monographie hervor, daß die Infektion der Meningen und die Erregung der benachbarten Hirnpartien durch die Chromsäure einen beträchtlichen Anteil an den Krankheitssymptomen hatten, welche von den genannten Autoren nach Zerstörung der Hypophyse beobachtet wurden. Ihre Schlußfolgerung, daß die Funktion der Hypophyse in der Zerstörung gewisser toxischer Substanzen bestände, die sich im Körper anhäufen, hat keine direkte Beziehung zu diesen Symptomen. Sie beruhte vielmehr nur auf vagen Analogisierungen mit den Folgen der Exstirpation der Thyreoidea. Tatsächlich war in der Zeit, in der Vassale und Sacchi ihre Untersuchungen publizierten, die beliebteste Hypothese über die Funktion der Schilddrüse die, daß letztere die Substanzen absondere, welche das Blut entgiften und so den Organismus gegen hypothetische Schädlichkeiten verteidigen sollten. Es ist wohl kaum nötig, darauf hinzuweisen, daß diese Hypothese selber auf keiner direkten Beobachtung der Wirksamkeit der betreffenden Drüsensekrete beruhte.

Die meisten Pathologen und auch einige Physiologen griffen zur Exstirpation der Thyreoidea, um deren Funktion zu bestimmen, in erster Linie darum, weil sie dazu angeregt wurden durch die zahlreichen und sehr instruktiven klinischen Beobachtungen, die an kropfkranken Personen nach teilweiser oder völliger Abtragung der erkrankten Organe gewonnen waren. Und ferner reizte dazu die außerordentliche Leichtigkeit, ähnliche Exstirpationen an Tieren auszuführen. Und doch: trotz dieser günstigen Bedingungen waren die von zahlreichen Forschern erhaltenen Resultate zu verwickelt und oft zu widerspruchsvoll, um klare Schlüsse auf die Funktion der Thyreoidea zu gestatten. Das hat durchaus nichts Überraschendes; denn das experimentelle Vorgehen, aus den Symptomen des Ausfalls Schlüsse auf die Funktion der betreffenden Organe zu ziehen, war zu veraltet, um zu einem Erfolge zu führen, besonders wo es sich um die Erforschung so verwickelter Verrichtungen handelte. Die Physiologie hat längst auf derartige experimentelle Methoden verzichtet, selbst da, wo es sich nur darum handelt, die Bedeutung eines einfachen Nerven festzustellen. Der moderne Physiologe läßt ein Organ unter verschiedenen Bedingungen funktionieren, beobachtet mittels exakter Methoden sein normales Verhalten und dessen Schwankungen, wenn die Funktionsbedingungen künstlich verändert werden, und gelangt so dazu, die Bedeutung der Organe zu erkennen. Es genügt, an die Resultate zu erinnern, welche auf diesem Wege hinsichtlich der absondernden Drüsen gewonnen wurden. Die Entfernung der Organe dagegen gibt sehr häufig nur unbestimmte Resultate, die noch dazu einer genauen Erklärung in viel größerem Maße widerstreben, als gut angestellte klinische Beobachtungen über die Krankheiten dieser selben Organe.

Dem indirekten Experiment ist die Hypophyse in viel geringerem Maße zugänglich als andere Organe. Ihre anatomische Lage an der am wenigsten zugänglichen Stelle der Schädelkapsel gewährt ihr einen Schutz vor Exstirpationsversuchen. Denn letztere verlangen gleichzeitig die Zerstörung zahlreicher Hirnpartien, deren Bedeutung nicht minder unklar ist als die der Hypophyse. Daher hatten die ersten Versuche der Forscher, die wir eben erwähnt haben, nur zu negativen Resultaten geführt, an denen manche Pathologen auch heute noch immer festhalten, obwohl seitdem die Funktion der Hypophyse durch das direkte Experiment und mit Hilfe von Methoden definitiv festgestellt ist, die jeder nur einigermaßen geschulte Experimentator leicht anwenden kann. So hält man eine sehr bedauerliche Verwirrung der Meinung über die Bedeutung der Hypophyse aufrecht und verurteilt zur Unfruchtbarkeit jeden ernsthaften Versuch, die bisher erworbenen Kenntnisse über diese Bedeutung weiter zu entwickeln.

§ 6. Das direkte Experimentieren an der Hypophyse. Operationsmethoden.

Bevor ich im Jahre 1897 an das Studium der Physiologie der Schilddrüse ging, versuchte ich Methoden auszuarbeiten, die mir gestatten sollten, direkt an diesen Drüsen zu experimentieren. Mehr als 30 Jahre physiologischen Arbeitens hatten mich gelehrt, daß allein solche Methoden zu genauen Resultaten führen konnten. So z. B. konnte das Problem der Herzinnervation, das zahlreiche Physiologen während mehrerer Jahrhunderte vergeblich versucht hatten, mit Hilfe des indirekten Experimentes zu lösen, durch Zerstörung verschiedener Teile des Rückenmarkes oder seiner nervösen Herzverbindungen, im Laufe weniger Monate seiner definitiven Lösung zugeführt werden. Und zwar lediglich dadurch, daß ich nach Entdeckung der anatomischen Anordnung der Herznerven diese der direkten Reizung unterworfen habe. Das gleiche war der Fall mit der Funktion der halbzirkelförmigen Kanäle. Nach 40 Jahren vergeblicher Versuche wurden sie mit Hilfe derselben Versuchsweise als der Sitz eines sechsten Sinnes erkannt, der zu unserer Orientierung in den drei Dimensionen des Raumes dient. Meine Untersuchungen über die Thyreoidea begannen mit dem Studium der Anatomie ihrer Nerven. Nachdem diese erkannt war, handelte es sich vor allem darum, in allen Einzelheiten ihre Einwirkung auf den Kreislauf in dieser Drüse festzustellen. Es ergab sich, daß diese Einwirkung eine sehr beträchtliche ist, und zwar nicht nur auf den Blutdruck und die Blutgeschwindigkeit in der Drüse selber, sondern auch auf den Kreislauf im allgemeinen, hauptsächlich aber im Gehirn. Baumanns schöne Entdeckung des Jodothyrins, das die in erster Linie wirksame Substanz der Thyreoidea ist, nötigte natürlich dazu, deren Einfluß auf das vasomotorische System und auf die Herznerven zu studieren. Ich griff nicht auf die Thyreoidektomien zurück, da ja die physiologischen Beziehungen zwischen der Thyreoidea und diesen Nerven erkannt waren. Es glückte mir, zu zeigen, daß die Schilddrüsen zwei verschiedene Funktionen haben, die jedoch auf dasselbe Ziel hinstreben, nämlich: eine mechanische; sie bildet eine Art Schleuse am Eintritt der großen Blutgefäße in den Schädel, um den Kreislauf des Blutes zu regeln, und eine chemische, die darin besteht, das Jodothyrin abzusondern, dessen Bestimmung ist, das Räderwerk des Mechanismus des intrakranialen Kreislaufs in gutem Stand zu erhalten. Damit letzterer, eine geistreiche, automatische Maschinerie, als Schützer des Gehirns wirksam sein kann, war noch ein anderer Apparat nötig. Das Gehirn muß einen Spezialmechanismus besitzen, der ihm gestattet, den Schutz der Thyreoidea anzurufen, sobald ihm eine Kompression droht. In der Hypophyse sah ich an erster Stelle das Organ, welches diese Rolle, den schützenden Mechanismus der Thyreoidea in Bewegung zu setzen, zu übernehmen hätte. Mit folgenden Worten habe ich dies am Ende des I. Kapitels „Die Synthese der Schilddrüsenfunktionen" ausgedrückt (S. 98): „Am leichtesten könnte man sich die physiologischen Beziehungen zwischen den beiden Drüsen in der Weise zurechtlegen, daß Drucksteigerungen in der Hypophyse vermögen, auf reflektorischem Wege Gefäßerweiterungen und Beschleunigungen des Blutstromes in den Schilddrüsen zu bewerkstelligen und dadurch den weiteren Blutandrang vom Gehirn abzulenken. Die Analogie im Bau der Drüsensubstanz der Hypophyse mit dem der Schilddrüse macht es wahrscheinlich, daß auch sie eine Substanz bildet, welche auf das regulatorische Herz- und Gefäßnervensystem analog dem Jodothyrin wirkt, möglicherweise eine Phosphorverbindung, welche die erregenden Eigenschaften des phosphorsauren Natrons besitzt[1]) ... Durch solche Exstirpation wird in erster Linie nur ein Verbindungsglied aus dem automatischen Mechanismus ausgeschaltet, mittels dessen die Schilddrüsen die Zirkulation im Gehirn regulieren" ... Die Hypophyse wäre also kein Ersatzorgan für die Schilddrüsen, sondern eher ein Aushilfsorgan.

Die ursprüngliche Hypothese, die als Ausgangspunkt für meine Untersuchungen diente, wies klar auf den Weg hin, auf welchen das direkte Experiment an der Hypophyse zu leiten war. Es handelte sich

---

[1]) Frühere Versuche, welche im Berner physiologischen Institut von A. Barbéra unter meiner Leitung angestellt wurden, hatten bereits die mächtige Wirkung der Phosphate gelehrt.

darum, die operativen Eingriffe auszuarbeiten, welche ermöglichen sollen, die Hypophyse dem direkten Experiment zugänglich zu machen, der Erregung oder dem mechanischen Druck oder den elektrischen Strömen, und welche gleichzeitig den Einfluß enthüllten, den ähnliche Erregungen auf den Blutkreislauf im allgemeinen und auf die Schilddrüsen im speziellen auszuüben imstande wären. Es war ohne weiteres klar, daß, um lange an der Hypophyse experimentieren zu können, es besser war, an sie von der Schädelbasis aus heranzugehen, um auch nicht im geringsten die benachbarten Hirnpartien zu verletzen. Sicherlich würden derartige Verletzungen nicht die gleichen Unzuträglichkeiten für das direkte Experiment an der Hypophyse dargeboten haben, wie die Exstirpationen. Es leuchtet ein, daß die Folgen der Reizung der Hypophyse nicht übermäßig durch die Verletzungen der benachbarten Teile verwirrt werden können. Immerhin mußten solche Verletzungen, da sie normalerweise nicht vorhanden sind, die Funktion der Hypophyse nicht klar erscheinen lassen, und es war daher nötig, sie soviel wie möglich zu vermeiden, namentlich wenn es sich um elektrische Reizungen handelte.

Zu meinen Versuchen wurden vorzugsweise Kaninchen gebraucht. Nur eine kleine Anzahl von Versuchen wurde an Hunden und ein paar an Hammeln ausgeführt. Katzen sollen nach den Angaben von Vassale und Sacchi sich zu Hypophysenversuchen besonders eignen. Wegen eines unüberwindlichen Abscheus gegen diese Tiere ist es mir leider unmöglich, an Katzen zu operieren. Es wäre aber sicherlich eine lohnende Aufgabe, meine Reizversuche auch an diesem Tiere vorzunehmen.

Der Zweck der auszuführenden Versuche verlangte es, die Hypophyse mehrere Stunden lang möglichst isoliert elektrischen und mechanischen Reizungen unterwerfen zu können. Die Methoden, welche bei der Exstirpation dieser Drüse verwendet wurden, von Vassale und Sacchi mit unzweifelhaftem Erfolge, konnten von mir nicht benutzt werden, um zur tiefliegenden Hypophyse zu gelangen. Die Möglichkeit, bei Kaninchen dies von der Mundhöhle aus zu erreichen, ist wegen der anatomischen Bedingungen[1]) ganz ausgeschlossen. Man

---

[1]) Die Behauptung von Biedl und Reiner, sie hätten meine Reizversuche an der Hypophyse von Kaninchen von der Mundhöhle aus wiederholt, muß auf einem Mißverständnis beruhen. Ich muß dies für fast ebenso unmöglich erklären wie den Grundversuch dieser Autoren, wo sie am Hunde nach vollständiger Entfernung des gesamten Gehirns (samt Hypophyse) aus der Schädelhöhle, beim Verschluß der Aorta oder bei Einspritzungen von Nebennierenextrakten noch Erscheinungen von Hirndruck und Ödem der allein erhaltenen und isolierten Vaguskerne beobachtet haben wollen, teilweise sogar mit Zuhilfenahme von Depressorreizungen (beim Hunde!). Anstatt über meine scharfe Kritik einfach Klage zu führen, hätten Biedl und Reiner richtiger gehandelt, wenn sie sofort nach Veröffentlichung dieser Kritik als Belege ihrer Behauptungen die Versuchsprotokolle nebst Kurven veröffentlicht hätten. Es steht ihnen auch jetzt noch frei, diesen Wunderversuch im Beisein kompetenter Zeugen genau unter den in ihrer ersten Mitteilung angegebenen Bedingungen zu wiederholen. (Siehe Kap. IV, Nachtrag zum § 2.)

müßte denn den Unterkiefer exartikulieren, die Zunge schwer verletzen und auch sonstige Eingriffe machen, welche die weitere Ausführung des Versuchs geradezu vereiteln würden. Ein anderer Weg mußte gefunden werden, um zur Hypophyse zu gelangen. Nach einigen Probeversuchen wählte ich zwei Operationsmethoden, die eine ohne, die andere mit Eröffnung der Schädelhöhle.

Bei der ersten Methode gelangte ich zur Hypophysenhöhle an der Schädelbasis durch den Rachen. Ein längerer Hautschnitt wird vom Zungenbein an so weit abwärts geführt, wie dies für die Einführung einer Trachealkanüle erforderlich ist. Das Tier wird tracheotomiert und dann werden sämtliche Weichteile zwischen Zungenbein und Kehlkopf bis auf die Schädelbasis doppelt umstochen, unterbunden und durchschnitten. Man erhält dann die betreffende Partie der Basis cranii zu Gesicht. Zieht man dann mit einem breiten und stumpfen Haken das Zungenbein mit dem Rachenstumpf in die Höhe und nach vorn, so kann man den Boden der Hypophysenhöhle leicht mit dem Zeigefinger aufsuchen. Eine kleine Vene, die in der Mittellinie der Schädelbasis verläuft und in diese Höhle eindringt, ist beim Trepanieren ziemlich störend. Es gelingt nur selten, ihre Verletzung zu vermeiden. Man sucht am besten, sie in ihrem vorderen Verlauf mit Hilfe eines Wattetampons zu komprimieren.

Zur Orientierung bei Anlegung des Trepans (von etwa 2 mm Durchmesser) bedient man sich der Processus pterygoidei. Der hintere Rand der Basis der Hypophysenhöhle ragt ein wenig hervor und zeigt genau die Stelle an, wo der Trepan angelegt werden soll. Es ist vorteilhaft, das Manometer mit der Carotis vor dem Beginne der Trepanation zu verbinden, da gewöhnlich eine Verstärkung der Herzschläge das baldige Durchdringen des Knochens anzuzeigen pflegt. Man hält den Trepan genau senkrecht gegen das Keilbein und führt ihn mit möglichst geringem Druck. Die Anwendung eines kleinen Kehlkopfspiegels, der durch einen an der Stirn befestigten Reflektor beleuchtet wird, kann sowohl bei der Trepanation als bei den weiteren Eingriffen von Nutzen sein. Eine etwaige Blutung aus der Hypophysenhöhle wird leicht durch das Anlegen eines kleinen Wattetampons gestillt.

Zur Reizung der Hypophyse benutze ich feine Nadelelektroden, kaum 1 mm voneinander entfernt. Der mechanische Druck auf die Hypophyse wurde durch einen kleinen Wattetampon ausgeübt. Versuche, mit Hilfe eines feinen Troicart in die Hypophysenhöhle vom Boden aus einzudringen, um ihn später zur Druckerhöhung durch Einführung von Flüssigkeit zu benutzen, gaben keine befriedigenden Resultate.

Bei den zur Kontrolle angestellten Versuchen gelangte ich zur Hypophyse durch Trepanation des Schädeldachs und vorsichtiges Ausschälen der einen (gewöhnlich der linken) Hemisphäre mit möglichster Schonung des Mittelhirns. Man gelangt dann leicht zur Seitenwand der Hypophysenhöhle und kann an deren Dache operieren. Dabei muß man sorgfältig sowohl das Infundibulum als auch den Trigeminus schonen.

Die Elektroden werden am besten durch das Dach eingestochen. Zur Ausübung von Druck, da Blutungen nicht zu befürchten sind, bedient man sich am sichersten des oberen Randes der Seitenwand.

Beim Hunde ist es schon viel leichter, zur Hypophyse zu gelangen. Man wählt am besten junge Hunde; Tiere mit kurzer Schnauze sind natürlich vorzuziehen. Zum weiten Aufmachen der Mundhöhle bedient man sich des Cowlschen Maulsperrers. Die Zunge wird mit Hilfe der zum letzteren gehörenden Klemme beiseite gezogen; man hat dann sofort die zu operierende Gegend frei. Zur Bloßlegung der betreffenden Stelle der Basis cranii genügt es, den weichen Gaumen in der Mitte in einer Länge von 3—4 cm zu spalten; etwaige Blutung wird durch Anlegung von Arterienpinzetten gestillt und die beiden Ränder des Gaumens durch Haken, die mit Gewichten versehen sind, auseinandergezogen.

Die beim Kaninchen so störende Vene reicht beim Hunde nur selten bis an die Stelle, wo der Trepan angelegt werden muß. Auch hier bedient man sich zur Orientierung der Processus pterygoidei. Eine den hinteren Rand dieser Fortsätze verbindende Linie entspricht fast genau dem vorderen Rande der Hypophysenhöhle. Vor Anlegung des Trepans wird an der betreffenden Stelle die Beinhaut mit einem Spatel abgeschabt.

Um möglichst die Verletzung der venösen Sinus bei Eröffnung der Hypophysenhöhle zu vermeiden, ist es von Wichtigkeit, genau zentral den Trepan anzusetzen. Ich führte zu diesem Zweck zwischen den beiden Processus pterygoidei ein viereckiges Kartonstückchen ein, dessen Zentrum dann durch ein spitzes Instrument am Keilbein verzeichnet wurde.

Das Handhaben eines gewöhnlichen Trepans ist an dieser Stelle wegen Platzmangels äußerst schwierig. Vassale und Sacchi bedienten sich zur Durchbohrung der Basis Cranii eines gebogenen Hohlmeißels. Bei erwachsenen Hunden mit dickem Keilbein wird wohl dieses Verfahren nicht leicht anwendbar sein. Ich gab daher dem amerikanischen Trepanierapparate den Vorzug, wie ihn die Zahnärzte verwenden. Bei der unbekannten Dicke des zu durchbohrenden Knochens muß das Trepanieren sehr vorsichtig ausgeführt werden.

Bei Versuchen an der Hypophyse sowie bei Prüfungen der Hypophysenextrakte darf das Kaninchen nur mit Morphium narkotisiert werden. Beim Hunde kann man auch Äther gebrauchen. Die Anwendung von Chloral und Chloroform soll vermieden werden, weil deren bekannte Wirkungen auf die Centra der Herz- und Gefäßnerven es fast unmöglich machen, reine Hypophysenwirkungen auf Blutdruck und Herzschlag zu erhalten.

§ 7. Mechanische und elektrische Reizungen der Hypophyse beim Kaninchen.

Die Hypothese über die Verrichtungen der Hypophyse und über die Natur ihrer Beziehungen zu den Schilddrüsen, die mich bei der Anstellung der Reizversuche geleitet hat, ist oben (§ 1 und 2) wiedergegeben. Die bei einigen thyreoidektomierten Kaninchen in Übereinstimmung mit den Angaben von Rogowicz beobachteten Hypertrophien der Hypophyse, sowie einige Versuche mit Hypophysenextrakten waren schon den Reizversuchen vorangegangen und deuteten auf die Richtung hin, in welcher sie durchgeführt werden sollten. Es handelte sich nämlich darum, durch direkte Reizungen der Hypophyse nähere Aufklärung über den Mechanismus zu erhalten, welcher es der Hypophyse gestattet, als Schutzorgan des Gehirns gegen die Gefahren plötzlicher Blutdrucksteigerungen zu fungieren.

Bei der großen Übereinstimmung meiner Versuchsergebnisse ist es ratsam, zuerst die Resultate einer größeren Anzahl von ihnen in tabellarischer Form zu geben.

Versuch 1.   1. März 1898.

Großes Kaninchen. Einspritzung von 0,03 g Morphium. Tracheotomie und Bloßlegung der betreffenden Stelle der Schädelbasis in der beschriebenen Weise. Die Einheiten der Reizstärke beziehen sich wie in allen von mir im Berner physiologischen Institut ausgeführten Versuchen auf intermittierende Ströme eines nach Kronecker graduierten, mit drei Tauchelementen armierten Schlitteninduktoriums. Eine Stromesstärke von 100 Einheiten genügte gerade, um eine ganz schwache Erregung der Zungenspitze zu erzeugen. Die am Ende der Versuche vorgenommene Sektion kontrollierte immer die Angaben der Protokolle.

Tabelle I.

Versuch 1. 1. März 1898. Kaninchen	Reiz- stärke	Blutdruck in mm Hg.	Zahl der Herz- schläge in 10 Sek.	Bemerkungen
Vor der Trepanation . .	—	120	18	Ziemlich große Pulse.
Nach der Trepanation .	—	140	18	Pulse von 14 mm Exkursionshöhe.
5 Minuten später . . .	—	130	20	Pulse v. 8 mm Exkursionshöhe.
Druck auf die Hypophyse	—	150	16	20—14 mm Höhe. Der Druck wurde durch Einführung eines kleinen Wattetampons mit einer Pinzette ausgeübt.
1 Minute später	—	132	20	6 mm Höhe.
Nochmals Druck	—	140	18	16 mm Höhe.
5 Minuten später . . .	—	114	28	Kleine Pulse.
Elektrische Reizung der Hypophyse währen 25″	100 E.	150	18	Pulse von 16 mm Höhe.
Sofort nach Reizung . .	—	118	30	
Nochmals Reizung . . .	—	160—180	12—20	Pulse bis zu 30 mm Höhe.
Sofort nach Reizung . .	—	120	34	

Versuch 2.   3. März 1898.

Morphiumnarkose. Tracheotomie. Präparation wie gewöhnlich. Bei der Eröffnung der Hypophysenhöhle Blutung, wobei einzelne Vaguspulse. Im Laufe des Versuches wurden Krystalle von Steinsalz in die Hypophysenhöhle eingeführt, ohne nennenswerte Änderungen der Blutdruckkurve zu veranlassen. Vor Beendigung des Versuches wurde noch die Erregbarkeit der durchschnittenen Vagi und Depressoren geprüft. Die ersteren waren wenig erregbar; Stillstand nur bei Reizstärken von 700 Einheiten zu erzielen, Depressoren sehr wirksam. Die Sektion ergab, daß die Trepanation gut ausgeführt wurde. In der Hypophysenhöhle fand sich ein kleines Blutgerinnsel.

Tabelle II.

Versuch 2. 3. März 1898. Kaninchen	Reiz-stärke	Blutdruck in mm Hg.	Zahl der Herz-schläge in 10 Sek.	Bemerkungen
Vor der Trepanation . .	—	136	24	
Während der Trepanation	—	156—116	20	Blutung. Einzelne Vagus-pulse von 40 mm Höhe.
Druck auf die Hypophyse bei Stillung der Blutung	—	120	20—8	Unregelmäßige Pulse an die Hypophysenreihen erinnernd.
Bald darauf	—	100	24	Kleine Pulse, regelmäßig, 4 mm Höhe.
Druck auf die Hypophyse	—	136	18—20	Pulse von 8—10mm Höhe.
Einführung der Elektroden	—	120	18	Pulse verstärkt.
Darauf	—	104	25	
Reizung der Hypophyse.	100 E.	142—96	10	Große Aktionspulse von 46 mm Höhe.
Gleich nach der Reizung	—	96	34	Kleine Pulse.
1 Minute später	—	106	32	Kleine Pulse.
Druck auf die Hypophyse	—	122	32	Pulse voller.
Reizung der Hypophyse	100 E.	154	16	Große Aktionspulse.
Nach der Reizung . . .	—	96	36	
Druck	—	110—118	22—16	
Druck aufgehört	—	96	34	
Elektrische Reizung . .	200 E.	112	26	Vollere Pulse.
Nach der Reizung . . .	—	96	34	
Reizung	300 E.	112	40	Pulse ganz klein.
Reizung	500 E.	106	40	Nach der Reizung heftige epileptiforme Krämpfe.
5 Minuten später . . .	—	100	38	
Reizung	1000 E.	100	26—16	Zuerst vollere Pulse. Darauf Aktionspulse. Nach der Reizung heftige Krämpfe.

Versuch 3.   7. März 1898.

Strumöses Kaninchen. Morphiumnarkose. Hypophysenhöhle von der Basis aus mit Trepan eröffnet. Elektrische und mechanische Reizung der Hypophyse. Epileptiforme Krämpfe nach dem Aufhören der elektrischen Reizung, mit beschleunigter und vertiefter Atmung, wobei Auftreten respiratorischer Wellen. Mechanische Reizung der Hypophyse erzeugte nur einmal Drucksteigerung, sonst regelmäßig Drucksenkungen. Depressoren sehr wirksam. Auch heftige Reizungen der Vagi erzeugen nur Verlangsamungen mit einer geringen Drucksteigerung.

Tabelle III.

Versuch 3. 7. März 1898. Strumöses Kaninchen	Reiz-stärke	Blutdruck in mm Hg.	Zahl der Herz-schläge in 10 Sek.	Atmungen in 10 Sek.	Bemerkungen
Nach der Trepanation	—	96	38	7	Traubesche Wellen wie gewöhnlich bei strumösen Tieren.
Reizung d. Hypophyse	100 E.	116	12	—	Große Aktionspulse.
Sofort nach Ende der Reizung	—	156	50	12	Heftige epileptiforme
Gleich darauf	—	88	46	8	Krämpfe; Atemwellen treten hervor; Traubesche Wellen verschwinden.
Nach 5 Minuten . . .	—	78	36	6	Traubesche Wellen kehren zurück.
Druck auf die Hypophyse	—	58	38	—	Von neuem Atem-
Darauf	—	110	36	—	wellen.
Reizung d. Hypophyse	100 E.	70—140	28—20	—	
Sofort nach Aufhören der Reizung	—	160	42	10	Krämpfe. Atemwellen.
Darauf	—	100	46	8	
Nach 3 Minuten . . .	—	90	42	7	
Druck auf die Hypophyse	—	50	40	—	Kurve ganz analog der Depressorkurve.
Aufhören des Druckes	—	110	38	—	Traubesche und Atem-
Nach 5 Minuten . . .	—	90	50	7—8	wellen.
Druck auf die Hypophyse	—	60	52	—	
Reizung d. Hypophyse	130 E.	100	?	—	
Nach Reizung	—	140	46	—	Heftige Krämpfe.
Darauf	—	90	50	7—8	Kleine Pulse.
Reizung d. Hypophyse während 27 Sek. . .	130 E	152	28—44	—	Große Pulse.
Nach Reizung	—	90	46	—	
Nach 5 Minuten . . .	—	90	50	—	
Druck	—	48	40	—	
Reizung des Depressors	—	32	40	4	Pulse etwas voller.

Versuch 4. 14. März 1898.

Großes Kaninchen. Morphiumnarkose. Halsnerven präpariert und Tracheotomie. Schluß der Aorta abdominalis. Darauf Eröffnung der Hypophysenhöhle an der Schädelbasis. Elektrische und mechanische Reizung der Hypophyse. Zerstörung der Hypophyse. Die Sektion ergab, daß die Zerstörung vollständig war.

Tabelle IV.

Versuch 4. 14. März 1898	Reiz-stärke	Blutdruck in mm Hg.	Zahl der Herz-schläge in 10 Sek.	Bemerkungen
Beginn des Versuches . .	—	126	36	
Schluß der Aorta bei uneröffneter Bauchhöhle . .	—	146	30—16	
Nachlaß des Druckes . .	—	114	36	

Tabelle IV (Fortsetzung).

Versuch 4. 14. März 1898	Reiz- stärke	Blutdruck in mm Hg.	Zahl der Herz- schläge in 10 Sek.	Bemerkungen
3 Minuten später	—	104	42	
Während der Trepanation der Hypophyse	—	74	12	Große Vaguspulse.
Eröffnung der Hypophysenhöhle	—	116	34	
Druck auf die Hypophyse.	—	106	26	
Darauf	—	146	26	
1 Minute später	—	104	40	
Elektrische Reizung der Hypophyse	100 E.	84	10	Große Vaguspulse.
Gleich darauf	—	124	38	
Während der Zerstörung der Hypophyse	—	84	16	Bei der Zerstörung Blutung aus der Hypophysenhöhle.
1 Minute später	—	130	38	
Schluß der Aorta	—	147	40	Pulsstärke unverändert.
Nachlaß der Aorta. . . .	—	94	40	
2 Minuten später	—	54	40	
Reizung des Depressors . .	100 E.	34	12	Große Vaguspulse.
Verschluß der Aorta bei eröffneter Bauchhöhle . .	—	132	40	
Nachlaß	—	74	40	
Durchschneidung des linken Vagus	—	90	40	
Reizung des link. Depressors	—	56	40	
Elektrische Reizung d. Hypophysenstelle	600 E.	56	40	

Versuch 5. 15. März.

Morphiumnarkose. Halsnerven präpariert. Schluß der Aorta durch kleinen Schnitt in der Bauchhöhle. Die Hypophysenhöhle von der Basis cranii aus eröffnet.

Tabelle V.

Versuch 5. 15. März.	Reiz- stärke	Blutdruck in mm Hg.	Zahl der Herz- schläge in 10 Sek.	Atmungen in 10 Sek.	Bemerkungen
Aufsuchen der Aorta durch kleinen Schnitt in der Linea alba	—	100	42	—	Traubesche Wellen.
Schluß der Aorta . . .	—	156	36	4	
Nachlassen der Aorta .	—	110	36	6	
Nochmals Schluß während 27 Sek.	—	170	32	4	
Nachlassen	—	108	40	7	
Nach 3 Minuten	—	130	38	3	
Während der Eröffnung der Hypophysenhöhle.	—	150	20	—	

Tabelle V (Fortsetzung).

Versuch 5. 15. März.	Reiz-stärke	Blutdruck in mm Hg.	Zahl der Herz-schläge in 10 Sek.	Atmungen in 10 Sek.	Bemerkungen
Darauf	—	110	42	—	
Reizung der Hypophyse	100 E.	150	30	—	
2 Minuten später . . .	—	80	40	—	
Schluß der Aorta . . .	—	170	30	4	
Nachlassen	—	112	48	6	
Zerstörung d. Hypophyse	—	118	42	—	
Schluß der Aorta . . .	—	140	42	—	
Zweiter Schluß	—	140	46	—	
Nachlassen	—	108	50 (?)	7	Pulsschläge sehr klein;
Reizung des Depressors.	100 E.	70	44	7	genaue Zählung
Reizung des peripheren Vagus	200 E.	90—72	14	—	schwierig. Pulsschläge allmählich
Reizung der Hypophysen-stelle	300 E.	100	50 (?)	7	steigend. Wirkungslos.
Nach der Reizung . . .	—	100	50 (?)	7	
Reizung des Vagus . .	—	90—72	14	—	Große regelmäßige
Nach der Reizung sofort	—	120	50 (?)	—	Pulsschläge, immer größer werdend.

Versuch 6. 16. März.

Großes Kaninchen; doppelseitige Struma. Morphiumnarkose. Präparation der Basis cranii und Trepanation. Halsnerven präpariert. Beide Vagi bei direkter elektrischer Reizung wenig erregbar; die Depressoren ganz unwirksam. Kompression der Bauchaorta vor und nach Zerstörung der Hypophyse. Die Sektion ergab, daß die Hypophyse nicht vollständig zerstört war; Trigemini intakt.

Tabelle VI.

Versuch 6. 16. März	Reiz-stärke	Blutdruck in mm Hg.	Zahl der Herz-schläge in 10 Sek.	Atmungen in 10 Sek.	Bemerkungen
Beginn des Versuches .	—	186	34	—	
Schluß der Aorta durch Schlitz i. d. Linea alba	—	152	20	—	
Nachlaß der Aorta . .	—	108	36	3	
Nach der Trepanation .	—	114	34	—	Während der Trepanation kleine Druck-steigerung; Puls un-regelmäßig.
Druck auf die Hypophyse	—	132	28	—	Pulse voller.
Darauf	—	114	34	—	
Reizung der Hypophyse	100 E.	174	18	—	Große Pulse.
25 Sek. nach der Reizung	—	98	36	5	Allmähliches Sinken des Druckes.
Zerstörung d. Hypophyse	—	76	32	—	Atemwellen verschwin-den.
Schluß der Aorta . . .	—	118	32	—	
Darauf	—	80	34	—	
Schluß der Aorta wäh-rend 68 Sek.	—	118	38	—	

Tabelle VI (Fortsetzung).

Versuch 6. 16. März	Reiz-stärke	Blutdruck in mm Hg.	Zahl der Herz-schläge in 10 Sek.	Atmungen in 10 Sek.	Bemerkungen
Nachlaß	—	86	40	—	
Reizung der Stelle, wo die Hypophyse war . . .	200 E.	88	38	—	
Gleich darauf	—	100	48 (?)	—	
Nach 5 Minuten	—	88	42	—	
Reizung des Depressors .	200 E.	80	44	10	Atemwellen sehr deutlich.
Reizung des rechten Vagus	400 E.	128	14	—	} Große Pulse.
Reizung des rechten Vagus	1300 E.	118—92	10	—	
Reizung des linken Vagus	1300 E.	118	18	—	

Versuch 7. 9. März.

Großes Kaninchen. Morphiumnarkose (0,03 ccm). Linke Carotis mit dem Manometer verbunden. Trepanation des Schädels links; Ausschälung der linken Hemisphäre mit geringer Blutung. Mittelhirn intakt; die linke Wand der Sella turcica sichtbar und zugänglich. Reizung des Trigeminus; Einspritzung physiologischer Kochsalzlösung in die Hypophysenhöhle. Reizung des Trigeminus und des Tuber cinereum durch Anlegen der Elektroden. Zerstörung der Hypophyse. Sektion ergab: Hypophyse vollständig zerstört; Trigemini intakt.

Tabelle VII.

Versuch 7. 9. März. Hypophyse von der Schädelhöhle aus präpariert	Reiz-stärke	Blutdruck in mm Hg.	Zahl der Herz-schläge in 10 Sek.	Bemerkungen
Bloßlegung d. Hypophysenhöhle	—	114	28	
Reizung des linken Trigeminus	100 E.	114	32	Die Elektroden werden an
Reizung d. Tuber cinereum	100 E.	114	30	dem nicht entblößten
Nach der Reizung . . .	—	114	29	Nerven nur angelegt.
Einspritzung von Kochsalzlösung in die Hypophysenhöhle	—	120—96	22	Einspritzung mittels einer
Bald darauf	—	114	40	feinen Spritze: die Lösung
6 Minuten später	—	120	30	floß durch die Stichöffnung heraus.
Druck auf die Wand der Hypophysenhöhle . . .	—	128—90	34	
Nach 5 Minuten	—	114	36	
Reizung der Hypophyse .	100 E.	94—134	22—24	Plötzliche Senkung des Druckes und Stillstand des Herzens während 2 Sek.
Beim Aufhören der Reizung	—	124	50	Heftige Krämpfe.
Zweite Reizung der Hypophyse	100 E.	124	26	
Dritte Reizung während 20 Sek.	200 E.	144	21	Große Vaguspulse.
Nach der Reizung . . .	—	88—104	50	
1 Minute später	—	114	34	
Druck auf die Hypophysenhöhle	—	124	28	

Tabelle VII (Fortsetzung).

Versuch 7. 9. März. Hypophyse von der Schädel- höhle aus präpariert	Reiz- starke	Blutdruck in mm Hg.	Zahl der Herz- schläge in 10 Sek.	Bemerkungen
Stärkerer Druck	—	100-144-118	22—46	Als Druck auf 144 stieg,
Reizung des Mittelhirns				Schrei und Krämpfe.
durch Einstich der Elek-				
troden	200 E.	114	38	
Reizung der Hypophyse.	200 E.	152	16	Große Vaguspulse von
Reizung des Trigeminus				16 mm Exkursionshöhe.
am Pons Varoli . . .	200 E.	106—114	36	Kurze Drucksenkung.

Versuch 8. 17. März.

Großes Kaninchen. Beiderseitiger Kropf, der weit nach unten reicht. Die Venen der Schilddrüse sackartig erweitert. Morphiumnarkose. Schädelhöhle linkerseits eröffnet und linke Hemisphäre mit geringer Blutung ausgeschält. Schluß der Aorta. Reizungen der Hypophyse und des Trigeminus. Sektion ergab, daß die Hypophyse vollständig zerstört war.

Tabelle VIII.

Versuch 8. 17. März. Hypophyse von der Schädel- höhle aus präpariert.	Reiz- stärke	Blutdruck in mm Hg.	Zahl der Herz- schläge in 10 Sek.	Atmungen in 10 Sek.	Bemerkungen
Nach Ausschälung der					
linken Hemisphäre .	—	92	32	4	
Reizung des linken Tri-					Ohne Bloßlegung d.
geminus	100 E.	92	32	4	NervenAnlegung der
Reizung des Mittelhirns					Elektroden.
oberhalb der Hypo-					
physenhöhle	100 E.	92	34	4	Die Eröffnung geschah
Eröffnung d. Bauchhöhle	—	98	34	3	durch einen kleinen
Schluß der Aorta . . .	—	116	30	—	Schlitz in der Linea
Nachlassen der Aorta .	—	96	40	4	alba.
Einstechen d. Elektroden					
in d. Hypophysenhöhle	—	66	34	—	Schreie während der
Reizung der Hypophyse	100 E.	146	24	—	Reizung. Darauf
Nach der Reizung . .	—	104	40	6	Krämpfe.
Druck aufs Dach der					
Hypophysenhöhle . .	—	130—104	40	—	
Schluß der Aorta . . .	—	140	30	—	
Nach 3 Minuten . . .	—	104	38 (?)	4	
Reizung der Hypophyse	100 E.	154	20	—	Schrei.
50 Sek. später	—	104	40 (?)	—	
Zerstörung d. Hypophyse	—	134	?	—	Schreie. Krämpfe.
					Wegen dicker Schrift
					Pulsschläge schwer
					zählbar.
30 Sek. später	—	178	?	—	Spontane Krämpfe.
Kompression der Aorta					
bei Druck von 80 mm	—	96	58 (?)	9	
1 Minute später . . .	—	84	58	11	
Reizung d. Hypophysen-					
stelle, Stromstärken v.	1250 E.	84	58	11	

Die Analyse der hier als Beispiele angeführten Versuche bietet wegen der Konstanz der wichtigsten Ergebnisse keinerlei Schwierigkeiten.

Die mechanische Reizung der Hypophyse ist für die Deutung der erhaltenen Ergebnisse von ganz besonderer Wichtigkeit, sowohl weil sie den Mechanismus ihrer Funktionsweise veranschaulicht, als auch weil ihre Anwendung die Bedenken nicht aufkommen läßt, die sonst bei Benutzung elektrischer Reize, und wenn diese noch so schwach sind, gegen die Reizresultate erhoben werden könnten.

Der mechanische Druck, welcher direkt entweder auf die Hypophyse selbst oder, bei eröffneter Schädelhöhle, auf das Dach oder die Wände der Hypophysenhöhle ausgeübt wurde, war immer ganz sanft. Ein kleiner Wattetampon mit einer feinen Pinzette leise an die betreffende Stelle gedrückt genügte meistens, um die betreffenden Veränderungen in dem allgemeinen Blutstrom zu erzeugen. War das Manometer schon während der Trepanation mit der Carotis verbunden, so sah man oft auch bei sanfter Führung des Trepans die Pulsschläge sich vergrößern und den Blutdruck etwas in die Höhe gehen (Tabelle II). Der Druck des Trepans genügte also schon, um die Hypophyse zu erregen. Gleichen Effekt erzeugte häufig auch der Einstich der Elektroden, noch ehe diese mit dem Induktorium in Verbindung waren (Versuch 2 und 3, Taf. I, Fig. 2).

Dieselben Veränderungen in viel mehr ausgesprochener Weise traten nun auf, wenn der mechanische Druck absichtlich ausgeübt wurde: geringe Steigerung des Blutdruckes, Verstärkung und Verlangsamung der Pulsschläge. Die letzteren nahmen dabei häufig den Charakter der Aktionspulse (pulsations dynamiques) an, wie ich sie in meiner Schrift über die Verrichtungen der Schilddrüse zuerst beschrieben habe (siehe auch die ,,Nerven des Herzens'' Kap. 2 § 8) und wie sie auch bei Einspritzungen von Hypophysenextrakten aufzutreten pflegen (s. weiter unten). Mehrmals, wenn die Wirkung des Druckes auf den Blutdruck sich kaum äußerte und auch keine Verlangsamung der Herzschläge erzeugte, sah man die letzteren dennoch an Stärke zunehmen (c—d Fig. 1, Taf. I).

Die Unterschiede in der Intensität der durch den Druck erzeugten Veränderungen hängen wesentlich von dessen Stärke ab, teilweise aber auch von der Stelle, welche durch den Druck betroffen wird. Denn man sieht solche Unterschiede im Verlaufe des Versuches auch bei demselben Kaninchen auftreten. Auf Taf. I, Fig. 1, welche dem Versuch 2 entnommen ist, sind solche Underschiede bei a—b und c—d deutlich zu erkennen; a—b entspricht dem allgemeinen Typus der Veränderungen des Herzschlages und des Blutdruckes beim Druck auf die Hypophyse. Waren die Herzschläge schon vor Ausübung des Druckes ziemlich stark, so wurden sie während des Druckes trotzdem noch entsprechend verstärkt, wie dies z. B. die Kurve 52 zeigt.

Nicht immer äußert sich die Veränderung des Blutdruckes in einer Steigerung; mehrmals sah ich bei Ausübung des Druckes auf die Hypophyse eine kurz dauernde Senkung dieser Steigerung vorausgehen. Gewöhnlich wird in solchen Fällen die Erhöhung des Blutdruckes bei der elektrischen Reizung ebenfalls durch eine ähnliche vorübergehende Senkung eingeleitet. Die Fig. 4, 5 und 6 der Tafel I demonstrieren einen solchen Fall aus dem Versuch vom 9. März (Tabelle VII). In diesem Versuch wurde die Schädelhöhle von oben eröffnet und der Druck auf das Dach der uneröffneten Hypophysenhöhle ausgeübt. Dieser Versuch bietet noch das besondere Interesse, daß in dessen Verlauf bei bloßem Druck auf die Hypophysenhöhle auch gleichzeitig die Folgen von deren Erregung aufgetreten sind, welche sonst nur bei elektrischer Reizung beobachtet werden, nämlich ein heftiger Schrei und epileptiforme Krämpfe. Die Fig. 4 und 5 der Taf. I sind fast identisch, trotz der Unterschiede in der Erregungsweise der Hypophyse.

In einem Falle war der Erfolg der mechanischen Reizung während der ganzen Versuchsdauer ganz entgegengesetzt dem der elektrischen: Senkung des Blutdruckes und kleine Beschleunigung der Herzschläge bei der ersteren; dagegen Steigerung des Druckes und Verlangsamung

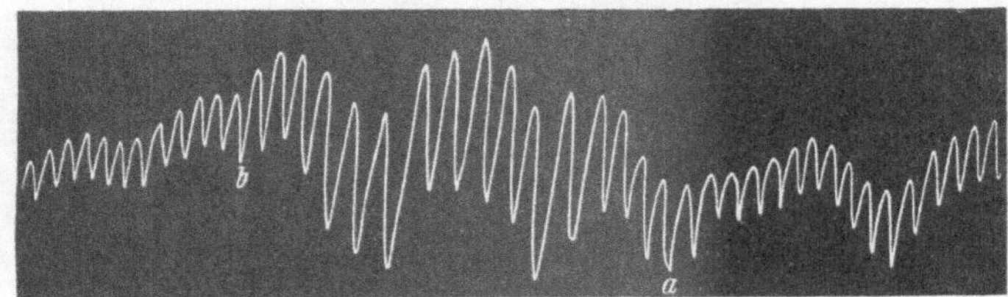

Fig. 52. Mechanischer Druck auf die Hypophyse (Versuch 1).

bei der elektrischen Reizung. *A* und *B* der Kurve 53 zeigen diesen Gegensatz.

Wie aus der Kurve ersichtlich, ist die Senkung des Blutdruckes bei mechanischer Erregung der Hypophyse ganz identisch mit der bei demselben Tiere durch Depressorreizung erzeugten.

Ein anderes Mal (Versuch 4, Tabelle IV) beobachtete ich bei allen Eingriffen, sowohl bei mechanischer und elektrischer Reizung als bei Zerstörung der Hypophyse, nur Drucksenkungen, begleitet von bedeutender Verstärkung und Verlangsamung der Herzschläge. Auch in diesem Falle waren die Wirkungen ganz identisch mit denen, welche die Depressorreizung ergeben hat. Die Kurve 54 illustriert diese Identität.

In diesem Paragraphen sollen nur die tatsächlichen Ergebnisse der Versuche dargelegt werden; deren Diskussion erfolgt am Schlusse des Kapitels. Die Erfolge der Erregung der Hypophyse auf mechanischem Wege lassen sich bei Kaninchen folgendermaßen resümieren: 1. Jeder Druck, welcher sicher auf die Hypophyse ausgeübt wird, ob direkt oder nur durch Vermittelung der Wände der Hypophysenhöhle, erzeugt immer unzweifelhafte Änderungen des

Blutdruckes und der Herzschläge. 2. Diese Änderungen bestehen am häufigsten in Verstärkung der meistens verlangsamten Herzschläge, begleitet von einer geringen Erhöhung des Blutdruckes. In einigen Ausnahmefällen trat eine Drucksenkung mit kaum merklicher Beschleunigung der Pulse oder eine Drucksenkung mit Verlangsamung und Verstärkung der Herzschläge auf. Wie erwähnt, genügt oft schon der bloße Einstich der spitzen Elektroden, um die Erfolge der mechanischen Erregung der Hypophyse in der angegebenen Weise zu erzeugen.

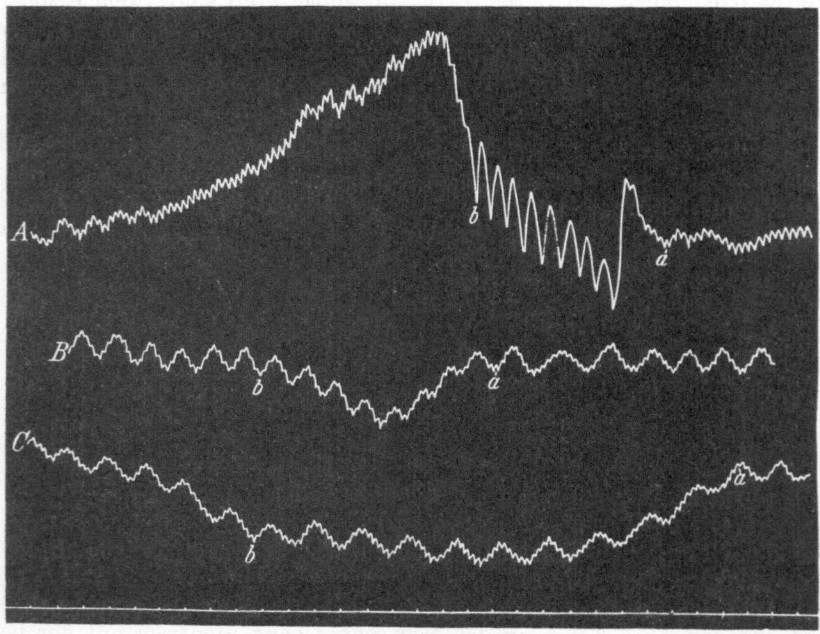

Fig. 53. *A*: Elektrische Reizung der Hypophyse von *a* bis *b*; bei *b* Auftreten epileptiformer Krämpfe nach Aufhören der Reizung. *B*: Mechanischer Druck auf die Hypophyse von *a* bis *b*. *C*: Reizung des Depressors von *a* bis *b*. (Versuch 3.)

Die Erregung der Hypophyse auf elektrischem Wege geschah auf die oben angegebene Weise durch Einführung feiner Elektroden. Zur Reizung wurden ganz schwache, von der Zungenspitze kaum wahrnehmbare Ströme (100 E.) verwendet.

In den Kontrollversuchen, bei welchen die Hypophysenhöhle durch die eröffnete Schädelhöhle erreicht wurde, konnte durch das Anlegen derselben Elektroden an die umliegenden Gebilde (Thalamus opticus, Tuber cinereum, nicht bloßgelegter Trigeminus usw.) konstatiert werden, daß die gleichschwache elektrische Reizung von 100 E. keine der Wirkungen der direkten Hypophysenreizung erzeuge.

Auch war nach der Zerstörung der Hypophyse die Einführung der Elektroden bei einer Stromstärke von 100—300 E. nicht mehr

imstande, diese Wirkungen auf den Blutdruck und die Herzschläge
zu erzeugen. Erst Stromstärken von 500—600 E. erzielten Veränderungen, die gewisse Analogien mit denen der Hypophysenreizung
zeigten.

Die gewöhnliche Wirkung der elektrischen Reizung der
Hypophyse auf die Blutdruckkurve äußerte sich in einer
Verstärkung und Verlangsamung der Herzschläge mit
gleichzeitiger Erhöhung des Blutdruckes. Die Pulsschläge

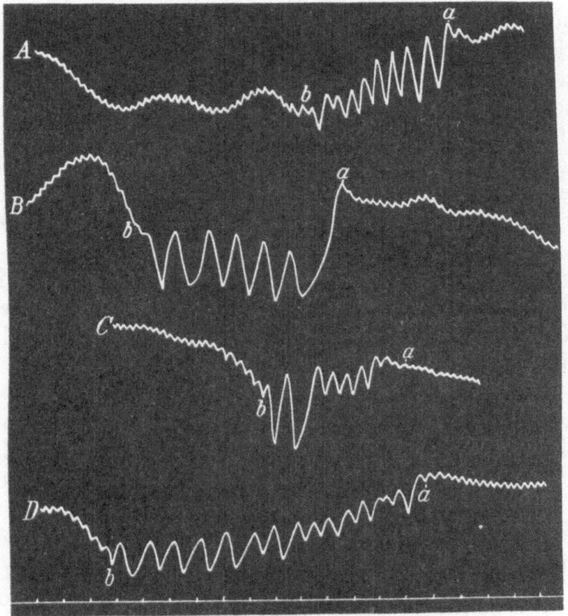

Fig. 54. *A*: Mechanischer Druck auf die Hypophyse.
B: Elektrische Reizung. *C*: Zerstörung der Hypophyse.
D: Reizung des Depressors nach dieser Zerstörung.
(Versuch 4.)

nahmen den Charakter der Aktionspulse an, wie sie bei der Einspritzung
von Hypophysenextrakten beobachtet werden.

Mehrmals ging dieser Blutdrucksteigerung eine kurzdauernde
Drucksenkung voraus; nur ein einziges Mal (Versuch 4, Kurve 54 *B*)
beobachtete ich während der ganzen Reizdauer eine anhaltende Senkung
des Blutdruckes beim Auftreten der verstärkten und verlangsamten
Herzschläge.

Nach Ende der Reizung traten sehr häufig epileptiforme
Krämpfe auf, wobei das Tier mehrere Schreie ausstieß[1]).
Dabei wurde der Blutdruck plötzlich in die Höhe getrieben,

---

[1]) Natürlich werden diese Schreie nur bei nicht tracheotomierten Tieren
wahrgenommen, wenn also die Hypophyse von der Schädelhöhle aus erreicht wird.

und die Pulse waren verkleinert und beschleunigt. Die Kurve 53 (*B*) und die Fig. 4 und 5 der Tafel I demonstrieren diese Phase der Erregung.

Nur wenn die elektrische Reizung längere Zeit anhielt, traten solche Krämpfe schon vor deren Ende auf, wie auch manchmal solche Krämpfe nach der Reizung ausblieben (Fig. 6, Taf. I).

Jedenfalls sind diese Krämpfe nicht als unmittelbare Wirkungen der Erregung der Hypophyse zu betrachten, sondern nur als Folgen gewisser durch diese Erregung in dem Zentralnervensystem gesetzter Veränderungen. Ich komme am Schlusse auf die wahrscheinliche Natur dieser Veränderungen noch zurück.

Die Schreie, welche das Tier bei der heftigen Erregung (elektrische Reizung oder Zerstörung) der Hypophyse ausstößt, erinnerten ganz an den eigentümlichen Schrei, den man bei der intrakraniellen Durchschneidung des N. trigeminus nach der Claude Bernardschen Methode erhält. Der Verdacht lag also nahe, daß sie denselben Ursprung haben. Die elektrische Reizung der Trigemini an der Hypophysenhöhle oder auch näher an dem Ursprung dieser Nerven durch bloßes Anlegen der Elektroden rief aber weder solche Schreie noch sonst irgendwelche Erscheinungen hervor, die bei der Reizung der Hypophyse aufzutreten pflegen. Nur einmal erhielt ich dabei eine kleine vorübergehende Drucksenkung, im Versuch 4, Tabelle IV (s. Fig. 7, Taf. I).

Auch habe ich mehrmals nach Zerstörungen der Hypophyse bei der Sektion genau feststellen können, daß die Trigemini beiderseits intakt geblieben waren, trotzdem die Zerstörung heftige Schreie hervorrief. Es mag also die Frage vorläufig offen bleiben, ob bei den intrakraniellen Durchschneidungen des Trigeminus nicht die Hypophyse oder in der Nachbarschaft liegende Nervenfasern mitverletzt werden.

Die Änderungen in der Tätigkeit des Herzens und der Blutgefäße, welche ein auf die Hypophyse ausgeübter Druck erzeugt, erinnerten in hohem Grade an diejenigen, die durch Erzeugung künstlicher Widerstände im großen Kreislauf, wie z. B. bei Schluß der Bauchaorta, hervorgerufen werden. Der Gedanke an einen kausalen Zusammenhang dieser Änderungen lag also nahe genug. Dies um so mehr, als die oben zitierte Hypothese, die den Ausgangspunkt meiner Untersuchung bildete, der Hypophyse eben die Rolle zuschrieb, ein Schutzorgan für das Gehirn gegen die Folgen solcher plötzlicher Widerstandserhöhungen im Blutstrom zu bilden.

In den Versuchen zur Feststellung eines solchen Zusammenhanges wurde der Schluß der Aorta in doppelter Weise ausgeführt: mit oder ohne Eröffnung der Bauchhöhle. Im Beginn wurde meistens das zweite Verfahren versucht. Nur wenn die Drucksteigerung und Verstärkung der Herzschläge nicht ausgiebig genug auftraten, wurde in der Linea alba ein kleiner Schnitt gemacht, um die Aorta direkt fassen zu können. Im entgegengesetzten Falle wurde zu einer solchen partiellen Eröffnung der Bauchhöhle erst nach der Zerstörung der Hypophyse geschritten.

Die Tabellen IV, V, VI und VIII geben Rechenschaft über die vollkommen gleichlautenden Ergebnisse der bezüglichen Versuche. Die Zerstörung der Hypophyse beseitigte die Verlangsamung der Herzschläge trotz der auftretenden Steigerung des Blutdruckes mit noch größerer Sicherheit, als es sonst die Durchschneidung der Vagi am Halse zu tun pflegt. Man stößt bekanntlich nach solchen Durchschneidungen der Vagi dann und wann auch auf Fälle, wo der Schluß der Aorta dennoch geringe Verlangsamungen veranlaßt, und zwar infolge der Erregung der intrakardialen Hemmungszentren (Tschirieff u. a.). Nach Zerstörungen der Hypophyse habe ich aber unter 13 Versuchen kein einziges Mal einen solchen Fall beobachtet. Die Pulse wurden mehrmals etwas voller beim Schluß der Aorta; zur Verlangsamung ist es aber nie gekommen.

Auf Taf. I sind drei Kurven aus dem Versuche 6 wiedergegeben worden (Fig. 8, 9 und 10), welche in ganz eklatanter Weise die Analogie, ja die vollkommene Identität der Veränderungen der durch Schluß der Aorta (Fig. 8), durch direkten Druck auf die Hypophyse (Fig. 9) und durch elektrische Reizung der Hypophyse (Fig. 10) erzeugten Blutdruckkurven demonstrieren. In Fig. 8 und 10 sind die Verlangsamungen und Verstärkungen der Herzschläge auch quantitativ gleich. Bei Druck auf die Hypophyse war die Verlangsamung geringer als beim Verschluß der Aorta, wie dies ja nicht anders zu erwarten war; ein äußerer Druck, auf das Dach der Hypophyse oder gar auf die Hypophyse selbst ausgeübt, kann ja deren nervöse Elemente nur in sehr unvollkommener und unregelmäßiger Weise beeinflussen. Auch ist es in hohem Grade wahrscheinlich, daß beim Schluss der Aorta der Angriffspunkt der mechanischen Reizung der Hypophyse ein ganz anderer ist als bei künstlich von außen her wirkendem Druck.

Um das Bild des Versuches 6 zu vervollständigen, ist auf Taf. II, Fig. 1 noch die Kurve reproduziert worden, die dem Ende des während 68 Sekunden ausgeführten Verschlusses der Aorta nach der Zerstörung der Hypophyse entspricht.

Wie man sieht, genügte die alleinige Zerstörung des Hirnanhangs, um die durch Verschluß der Aorta erzeugte Blutdrucksteigerung ganz wirkungslos auf die Hirncentra der Vagi zu machen. Bei der Identität der Wirkungen auf diese Centra, welche die Erregung der Hypophyse durch direkten Druck erzeugt, mit denen beim Verschluß der Aorta war daher die Schlußfolgerung kaum abzuweisen, dieser Verschluß veranlasse die Erregung der Vagi nur durch Erhöhung des Druckes in der Hypophysenhöhle oder in den Gefäßen der Hypophyse.

Die Eröffnung der Schädelhöhle, sowie die Entfernung der einen Hemisphäre vermögen diese Erregung zu vermindern, nicht aber aufzuheben (Versuch 8). Dies ist ja auch leicht erklärlich. Die Drucksteigerung in der geschlossenen Hypophysenhöhle muß durch diese

Operationen natürlich geringer ausfallen; ganz wegfallen kann sie aber nicht. Geschähe dagegen, wie man bisher vermutete, die Erregung der Vaguskerne beim Verschluß der Aorta direkt infolge der Steigerung des Gehirndruckes, so dürfte bei Entfernung einer Hemisphäre, sowohl wegen allgemeiner Verminderung der Widerstände in der Zirkulation der Gehirnteile als auch wegen der Blutungen aus den verletzten Hirngefäßen, es kaum noch zu einem wesentlichen Druck auf diese Kerne kommen.

Mit dem angegebenen Ursprung der Vaguserregung stimmen auch andere bei meinen Versuchen gemachte Beobachtungen überein. So genügte die Einführung geringer Mengen physiologischer Kochsalzlösungen direkt in die Hypophysenhöhle, um bei intakten Vagi Verlangsamungen der Herzschläge zu erzeugen, trotzdem bei solcher Einführung die Flüssigkeit aus der Stichöffnung leicht abfließen konnte (Versuch 7, Tab. VII). Dagegen konnte ich mehrmals ziemlich große Klumpen Watte unter das Schädeldach einführen, also auf das Gehirn selbst einen direkten Druck ausüben, ohne irgendeine Veränderung in der Blutdruckkurve zu beobachten. Dank dem durch die Cerebrospinalflüssigkeit erzeugten Ausgleich des Gesamtdruckes in der Schädelhöhle pflanzte sich der Druck auf die Hirnmassen nicht bis zur Hypophysenhöhle fort.

§ 8. Erregungen der Hypophyse beim Hunde.

Die erste Reihe von Versuchen an Hunden ergab trotz der verhältnismäßig leichteren Zugänglichkeit ihrer Hypophyse nur negative Resultate. Sowohl bei direkten elektrischen oder mechanischen Reizungen der Hypophyse als bei Reizung der Nasenschleimhaut erhielt ich entweder gar keine oder nur eine wenig ausgesprochene Erhöhung des Blutdruckes, die ein paarmal von einer ganz geringen Beschleunigung der Herzschläge begleitet war. In keinem Versuch erhielt ich eine Verstärkung oder Verlangsamung. „Diese abweichende Wirkung, schrieb ich in der vorläufigen Mitteilung (s. S. 124), konnte ich aber durch eine Entfernung der Hypophyse nicht der Kontrolle unterziehen, aus dem einfachen Grunde, weil bei den Berner Versuchstieren die Hypophyse immer atrophiert ist und entweder ganz frei auf der Sella turcica liegt oder in der cystisch erweiterten und mit einer grünlichen Flüssigkeit ausgefüllten Hypophysenhöhle schwimmt. Von einem Infundibulum findet man keine Spur. Die Tiere sind gewöhnlich auch strumös."

Ein paar Auszüge aus den Protokollen dieser Versuche sollen hier wiedergegeben werden.

Versuch 9. 21. Juni 1898.

Mittelgroßer, strumöser Hund. Morphium und darauf Äther. Tier mit Hilfe des Cowlschen Maulsperrers befestigt; Tracheotomie. Vor Beginn der Trepanation bleibt Ammoniak, auf die Nasenschleimhaut gebracht, ohne jeden Effekt auf die Blutdruckkurve. Die Hypophysenhöhle wird von der Schädelbasis aus eröffnet. Versuchter Druck auf die Hypophyse bleibt ohne jede Wirkung. Wiederholung des Ammoniakversuchs gleichfalls effektlos. Die elektrische Reizung mit 200 Einheiten erzeugt mehrmals merkliche Drucksteigerungen und eine geringe Beschleunigung (siehe die Fig. 8 auf Taf. III); bei längerer Reizung traten allgemeine Krämpfe des Tieres auf. Die Sektion ergab: ganz kleine, atrophische Hypophyse; die Höhle mit Blut gefüllt.

<h3 align="center">Versuch 10. 22. Juni 1898.</h3>

Großer Hund. Ebenfalls mit Morphium und darauf mit Äther narkotisiert. Bei der Trepanation etwas zu weit nach hinten gelangt. Druckversuche, elektrische Reizung und Ammoniak auf die Nasenschleimhaut erfolglos. Nur ein einziges Mal erzeugte die elektrische Reizung eine geringe Beschleunigung mit Verkleinerung der Pulse; aber keine Krämpfe (siehe die Fig. 9 auf Taf. III). Schluß der Aorta erzeugt Drucksteigerung, aber weder Verlangsamung der Pulse, noch das Auftreten einzelner Vaguspulse. Auch die stärkste Reizung des N. tibialis bleibt ohne jeden Effekt auf Blutdruck und Herzschlag.

Die Sektion ergab: Das obere Dach der Hypophysenhöhle ganz geschwunden; in einer ovalen offenen Höhle lag frei eine ganz kleine, stecknadelkopfgroße, abgeflachte Hypophyse.

<h3 align="center">Versuch 11. 24. Juni 1898.</h3>

Großer Hund. Operationsverfahren ganz analog dem früherer Versuche. Elektrische Reizung und mechanischer Druck ganz erfolglos. Schluß der Aorta erhöht den Blutdruck, erzeugt aber keine Verlangsamung der Pulse. Dagegen waren die Reizungen der Nasenschleimhaut insofern wirksam, als sie ganz bedeutende Erhöhungen des Blutdruckes (um mehr als 100 mm) und eine Beschleunigung der Pulsschläge von 12 auf 28 in 10 Sekunden erzeugten; die Exkursionen der letzteren wurden etwa um die Hälfte geringer. Bei der Sektion fand sich keine Spur von einer Hypophysenhöhle; eine ganz kleine Hypophyse ohne nachweisbares Infundibulum lag auf dem verkrüppelten Sattel in direkter Berührung mit dem Chiasma der Sehnerven.

Wie aus den angeführten Protokollauszügen ersichtlich, waren die Ergebnisse meiner ersten Hypophysenversuche negativ ausgefallen. In den Einzelfällen, wo die Blutdruckkurve durch die elektrische Reizung der Hypophyse oder durch Reizungen der Nasenschleimhaut modifiziert wurde, war der Erfolg, was die Herzschläge anbetrifft, in entgegengesetztem Sinne wie beim Kaninchen. „Kann man diese negativen Ergebnisse der Versuche an Hunden, bei denen die Hypophyse fehlte oder jedenfalls funktionsunfähig war, als eine Bestätigung durch eine Art Experimentum crucis der an Kaninchen gewonnenen Resultate betrachten?" (s. S. 125). Diese schon in der zitierten Stelle aufgeworfene Frage soll weiter unten noch ausführlicher besprochen werden. Vorerst sollen ein paar Versuche an jungen, nicht strumösen und mit normalen Hypophysen versehenen Hunden[1]) mitgeteilt werden.

<h3 align="center">Versuch 12. 10. Februar 1899.</h3>

Sechs Wochen alter Hund; Morphium- und Äthernarkose. Tracheotomie. Carotis mit dem Manometer verbunden; darauf Ammoniakversuch (siehe Fig. 1 Taf. III). Während der Trepanation der Schädelbasis, um zur Hypophysenhöhle

---

[1]) Die Hunde kamen von auswärts nach Bern.

zu gelangen, wurde die Blutdruckkurve ununterbrochen aufgeschrieben (Fig. 2 Taf. III) und dabei die wichtige Beobachtung gemacht, daß bei Eröffnung der Hypophysenhöhle die Herzschläge kleiner und häufiger wurden bei ganz geringer Verminderung des Blutdruckes. Elektrische Reizungen der Hypophyse, Schluß der Aorta und Ammoniakversuch erfolgreich. Die Sektion ergab eine normale, in der Höhle eingeschlossene Hypophyse; das Dach mit Ausnahme der gewöhnlichen für das Infundibulum bestimmten Öffnung geschlossen, die Ränder der Öffnung umschlossen genau die Hypophyse.

Tabelle IX.

Versuch 12. 10. Februar. Junger Hund	Reiz-stärke	Blutdruck in mm Hg.	Zahl der Herz-schläge in 10 Sek.	Atmungen in 10 Sek.	Bemerkungen
Beginn des Versuchs .	—	116	17	—	Exkursionshöhe der Schläge 12—19 mm.
Reizung d. Nasenschleim- haut mit Ammoniak .	—	136—170	24	8	Kleine Pulse; heftige Atembewegungen.
Nach 3 Minuten . . .	—	120	23	—	
Während d. Trepanation	—	122	23	—	Siehe Beginn der Fig. 2 Taf. III.
Eröffnung der Hypophy- senhöhle	—	112	28	—	Kleine Pulse.
Gleich darauf.	—	116	30	4	
Druck auf die Hypophyse	—	120	28(?)	—	
10 Minuten später . .	—	94	29	—	
Schluß der Aorta . . .	—	134	22	—	Fig. 3 Taf. III.
5 Minuten später . . .	—	106	34	—	Kleine Pulse.
Reizung der Hypophyse während 26 Sek. . .	200 E.	150	20	—	Exkursionshöhe 10 bis 12 mm.
Einige Minuten später .	—	96	34	—	
Schluß der Aorta . . .	—	130	34	—	Fig. 5 Taf. III.
Nach Schluß	—	90—96	34	—	
Ammoniak auf Nasen- schleimhaut	—	132	34	—	Fig. 6 Taf. III.
1 Minute später	—	110	34	—	
Reizung der Hypophyse	200 E.	126—130	34	—	Die Drucksteigerung hält nicht an. Fig. 7 Taf. III.
Einige Minuten nach der Reizung	—	102	34	—	
Durchschneidung d. rech- ten Vagus	—	120	34	—	
Durchschneidung des lin- ken Vagus	—	130—100	34	—	

Versuch 13. 11. Februar 1899.

Hund von demselben Wurf wie der vom 12. Versuch. Als Reizungsmittel für die Nasenschleimhaut wurde Ammoniak und Schwefelammonium benutzt. Morphium- und Äthernarkose; Tracheotomie. Während der Trepanation der Schädelbasis, die mehrere Minuten dauerte, verlangsamten sich die Herzschläge und wurden stärker, der Blutdruck sank ein wenig. Bei der Eröffnung der Hypophysenhöhle sank der Blutdruck noch weiter und wie im vorigen Versuch trat auch hier eine bedeutende Beschleunigung der Herzschläge auf (von 26 in 10″ auf 33). Während der elektrischen Reizungen der Hypophyse verlangsamten sich die Pulse ganz ansehnlich, der Blutdruck blieb unverändert. Die Höhe der Pulsschläge war etwas gestiegen; die Exkursionen überschritten aber nicht 6—8 mm. Nach der zweiten Reizung mit 300 Einheiten, die längere Zeit dauerte, traten heftige epileptiforme Krämpfe auf, während welcher der Kopf des Hundes sich vom Cowlschen Maulsperrer löste und etwas herabsank. Dabei trat eine ganz gewaltige Verlangsamung der Herzschläge auf; zuerst von 22 auf 10, dann auf 4, 10 und 8 Schläge in 10″. Die Exkursionshöhen wurden ganz enorm groß, bis zu 70 mm Höhe.

Die Atembewegungen wurden während dieses mehr als 4 Minuten anhaltenden Anfalls selten und tief; das Tier hatte augenscheinlich schwere Atemnot; es wurde die künstliche Atmung eingeleitet. Die Herzschläge stiegen von 8 auf 17 in 10″ und kehrten zu der Exkursionshöhe von 6 mm zurück. Der Kopf war noch von der künstlichen Atmung in der früheren Weise in dem Maulsperrer befestigt. Eine erneuerte Reizung der Hypophyse mit 300 Einheiten erhöhte den Blutdruck, wobei aber die Herzschläge häufiger (von 19 auf 28 in 10 Sekunden) wurden. Zweimal vorgenommener Schluß der Aorta erhöhte den Blutdruck merklich, wobei von neuem die großen Aktionspulse von 30 mm Höhe auftraten, verlangsamt von 30 in 10″, bei freier Aorta auf 7. Diese großen Aktionspulse hielten auch mehr als eine Minute lang an, auch bei Nachlaß der Aorta und bedeutender Drucksenkung. Erst nach Durchschneidung der beiden Vagi beantwortete das Herz den Schluß der Aorta mit einer Beschleunigung der Pulse.

Die Sektion ergab eine normale, aber durch die Elektroden sehr verletzte Hypophyse, die Hypophysenhöhle war stark mit Blut gefüllt aus dem verletzten linken Sinus cavernosus; in der Occipitalhöhle mehrere Blutgerinnsel unter dem Pons und der Medulla.

Tabelle X.

Versuch 13. 11. Februar. Junger Hund	Reiz-stärke	Blutdruck in mm Hg.	Zahl der Herz-schläge in 10 Sek.	Atmungen in 10 Sek.	Bemerkungen
Beginn	—	102	30	6	
Ammoniak auf die Nasenschleimhaut . . .	—	126—106	28?	3?	Die Unterschiede d. Blutdruckes waren durch die tiefen Atmungen erzeugt.
Bald darauf	—	96	30	6	
Schwefelammonium auf die Nasenschleimhaut	—	132	39	7	
Nochmals	—	150	30	3	
Vor dem Beginn der Trepanation	—	126	38	—	Die Trepanation begann 5 Minuten nach dem Ammoniakversuch u. dauerte 8 Minuten.
Mitte der Trepanation .	—	120	30	—	
Gegen Ende der Trepanation	—	116	26	—	Die Pulse wurden voller.
Eröffnung der Hypophysenhöhle	—	108	33	—	Kleine Pulsschläge.
Reizung der Hypophyse	200 E.	110	25	—	
2 Minuten später . . .	—	90	36	—	
Reizung der Hypophyse	300 E.	92	22	—	
Darauf	—	102—46	10	—	Heftige Krämpfe; Kopf des Tieres aus dem Maulsperrer losgerissen. Exkursionshöhe 56 mm.
Darauf	—	112—50	4	—	Exkursionshöhe 62 mm.
Darauf	—	186—110	10	—	Exkursionshöhe 76 mm. Kopf von neuem fixiert.
Darauf	—	104—46	8·	—	Exkursionshöhe 58 mm.
Einleitung künstlicher Atmung	—	96—92	17—19	—	Pulse sinken allmählich bis auf 6 mm Exkursionshöhe.
Reizung der Hypophyse	300 E.	126	30—28	4-5	

Tabelle X (Fortsetzung).

Versuch 13. 11. Februar. Junger Hund	Reiz- stärke	Blutdruck in mm Hg.	Zahl der Herz- schläge in 10 Sek.	Atmungen in 10 Sek.	Bemerkungen
Einige Zeit darauf neue Reizung	300 E.	98—100	30—22	—	Blutdruck u. Pulsschläge wenig verändert.
Eröffnung der Bauch- höhle	—	100	30	—	
Schluß der Aorta . . .	—	136—112	8	—	Große Pulse von 30 mm Höhe.
Nachlaß der Aorta . .	—	106—46	10	—	Exkursionshöhe 60 mm.
Beide Vagi durchschnit- ten	—	96	30—34	—	
Schluß der Aorta . . .	—	134	34	—	

Die Ergebnisse dieser Versuche an jungen Hunden, deren Hypophysen intakt und in normaler Weise gelagert waren, stimmen in der
Hauptsache mit denen der Versuche an Kaninchen überein. Von ganz
besonderem Interesse für das Verständnis der Verrichtungen der Hypophyse ist folgende Beobachtung: Die Eröffnung der Hypophysenhöhle
rief in beiden Versuchen eine namhafte Beschleunigung der Herzschläge hervor; im Versuch 12 von 23 auf 28—30 Pulsschläge in 10″;
im Versuch 13 von 26 auf 33 in gleichem Zeitraume. Die Fig. 2 auf
Tafel III veranschaulicht die Veränderungen, welche am Herzschlage
durch die Eröffnung der Hypophysenhöhle stattgefunden haben; man
sieht ihn häufiger und gleichzeitig kleiner werden. Im Versuch 13
dauerte die Trepanation beinahe 8 Minuten; während dieser Operation,
je mehr sich der Trepan der Höhle näherte, d. h. je größer der Druck
auf die Höhle wurde, desto langsamer wurden die Herzschläge — 38 —
30 — 26 —, um dann bei der Eröffnung der Höhle, d. h. bei der plötzlichen Entlastung der Hypophyse auf 33 zu steigen. Letztere Erscheinung, nämlich die Verlangsamung der Herzschläge während der Trepanation, zeigten auch mehrere der oben angeführten Versuche am
Kaninchen. Dagegen ist mir die plötzliche Beschleunigung der Herzschläge sofort nach Eröffnung der Hypophysenhöhle beim Kaninchen
nur ein paarmal in so ausgeprägter Form zu Gesicht gekommen, wie
bei diesen beiden Hunden, nämlich in den Versuchen 4 und 11.

Inwiefern diese Differenz mit der bekannten Erscheinung in Zusammenhang steht, daß bei Hunden der Vagustonus konstant, bei Kaninchen im Gegenteil nur selten
beobachtet wird, soll unten besprochen werden. Hier soll
nur noch hervorgehoben werden, daß in diesen beiden Versuchen der
künstlich auf die Hypophyse durch Einführung eines Wattetampons
in die offene Hypophysenhöhle erzeugte Druck keinen merklichen
Effekt auf den Herzschlag auszuüben vermochte. Auch bei Kaninchen
waren übrigens die Wirkungen eines auf diese Weise ausgeübten mechanischen Druckes viel wirksamer, wenn er von der Schädelhöhle aus

auf das Dach oder die Wände der intakten Hypophysenhöhle ausgeübt wurde.

Ob die Verlangsamungen und Verstärkungen der Herzschläge, welche in diesen beiden Versuchen durch den Schluß der Aorta erzeugt wurden (z. B. Fig. 3, Tafel III), auf eine Erhöhung des Druckes in der Hypophysenhöhle zurückgeführt werden müssen, konnte ich durch den Schluß der Aorta bei zerstörter Hypophyse nicht kontrollieren, da ja in diesen Versuchen erst die Autopsie es ermöglichen sollte, den normalen Zustand der Drüse festzustellen. Zugunsten einer solchen Wirkungsweise der durch Schluß der Aorta erzeugten Blutdrucksteigerung spricht aber folgender Umstand: Im Versuch 12 blieb ein solcher Schluß ohne jeden Einfluß auf die Zahl der Herzschläge, nachdem die Hypophyse mehrmals durch Einführung der Elektroden verletzt und mißhandelt worden war. Im Versuch 13 (Tabelle X) scheint im Gegenteil eine solche vorherige Mißhandlung der Hypophyse durch Einstich der Elektroden die bedeutende Verlangsamung der Pulsschläge beim Schluß der Aorta nicht verhindert zu haben. In diesem Falle muß aber die Frage wegen des Ursprungs der gewaltigen Aktionspulse, welche sowohl nach der Reizung der Hypophyse, als auch beim Schluß der Aorta auftraten (4—8—10 Pulsschläge von 30—70 mm Höhe), vorläufig offen gelassen werden. Die Anhäufung von Blutgerinnseln unter dem Pons Varoli und der Medulla oblongata, welche die Sektion erwies, läßt nämlich die Möglichkeit zu, daß ein direkter Druck auf diese Hirnteile durch die Anhäufung von Blut aus dem Sinus cavernosus ausgeübt wurde. Dafür sprechen auch die dyspnoischen Anfälle, welche die Einleitung der künstlichen Atmung erforderten. Die mächtige Blutdrucksteigerung, welche der Schluß der Aorta erzeugte, könnte ja die auf der Schädelbasis sich sammelnde Blutmenge vermehren. Es ließe sich aber gegen eine solche Reizungsweise der Vaguskerne durch direkten mechanischen Druck der Einwand erheben, daß, trotz der angehäuften Blutgerinnsel und des fortbestehenden Druckes, bald nach der Einleitung der künstlichen Atmung die Herzschläge wieder beschleunigt wurden. Es fehlte mir an Gelegenheit, diesen Punkt durch spezielle Versuche aufzuklären.

Dagegen ist es gestattet, nach den positiven Resultaten dieser Versuche auch die negativen Ergebnisse bei Hunden, deren Hypophyse atrophiert und deren Hypophysenhöhle zerstört waren (wie z. B. in den Versuchen 10 und 11), für den Schluß zu verwerten, daß die plötzlichen Drucksteigerungen im Gehirn, wie sie durch den Verschluß der Aorta erzeugt werden, Verlangsamungen der Herzschläge, d. h. Erregungen der Vagi, auf dem Umwege der Hypophyse hervorrufen. Denn kein einziges Mal gelang es mir, bei solchen Hunden eine Verlangsamung durch Verdrängen der Blutmengen aus der Bauchhöhle zu erzeugen; das Herz beantwortete den Schluß der Aorta immer durch eine mehr oder weniger ausgesprochene Beschleunigung seiner Schläge. In dieser Beziehung scheinen also die Ergebnisse der experimentellen Prüfungen am Hunde in voller Übereinstimmung mit den am Kaninchen erhaltenen zu stehen.

Nicht minder wertvoll für das Verständnis der Verrichtungen der Hypophyse beim Hunde sind die Ergebnisse der elektrischen Reizungen dieses Organs. Auch hier, ganz in Übereinstimmung mit dem, was wir beim Kaninchen sahen, rief eine solche Reizung im Beginn eine Verstärkung und Verlangsamung der Herzschläge hervor; im Versuch 13 sogar ohne gleichzeitige Steigerung des Blutdruckes. Die Reizung geschah mittels schwacher elektrischer Ströme von der Basis cranii aus, bei oben verschlossener Hypophysenhöhle. Wurde die Reizung nochmals wiederholt, also die Hypophyse durch den Einstich der Elektroden etwas mißhandelt oder verletzt, so blieb dieser Erfolg der Reizung aus, auch wenn der Strom verstärkt wurde: die beobachteten Veränderungen am Herzschlage waren also unzweifelhaft Folgen der Hypophysenreizung.

Dagegen waren die Erfolge der Reizungen der Nasenschleimhaut durch Ammoniak auch bei diesen beiden Hunden mit normalen Hypophysen verschieden von denen, die man beim Kaninchen erhielt: die reflektorisch erzeugte Blutdrucksteigerung war meistens von einer Beschleunigung der Herzschläge begleitet, manchmal trat ein Pulsus bigeminus auf. Worauf diese Differenz beruht, wird wohl erst durch eine größere Anzahl von Versuchen an Hunden mit normaler Hypophyse festgestellt werden können; letztere waren aber in Bern nicht leicht anzuschaffen.

Schon Knoll hat darauf aufmerksam gemacht, daß Katzen sich den Reizungen der Nasenschleimhaut gegenüber ganz wie Kaninchen verhalten, Hunde aber, was den Herzschlag anbetrifft, anders reagieren: „bei Hunden dagegen konnte nach Reizung der Nasenschleimhaut niemals eine Unregelmäßigkeit des Herzschlages beobachtet werden", schreibt Knoll. So schroff ist allerdings der Unterschied nicht. Unregelmäßigkeiten kommen auch beim Hunde vor, wie die Fig. 1 auf Tafel III zeigt; nur sind die Unregelmäßigkeiten anderer Art als beim Kaninchen.

Wie aus den beiden letzten Versuchen ersichtlich, konnte ich mit Hilfe verbesserter Operationsmethoden an Hunden den Einfluß der Eröffnung der Hypophysenhöhle auf die Herzschläge mit viel größerer Genauigkeit beobachten als am Kaninchen. Dieser Einfluß gibt sich durch eine sehr beträchtliche Beschleunigung der Herzschläge mit gleichzeitiger Vermehrung ihrer Intensität kund. Die Beschleunigung ist um so ausgeprägter, weil infolge des Druckes, den der Trepan auf die Basis der Höhle einige Augenblicke vor deren Eröffnung ausübt, diese Schläge beträchtlich geschwächt und verlangsamt waren. Also noch bevor die Hypophyse irgendeiner Reizung unterzogen wird, genügt schon die bloße Eröffnung der Höhle, um die tonische Erregung der Vagi zu vermindern. Bei dieser Gelegenheit sei gleich hinzugefügt, daß die von Caselli mit meiner Operationsmethode an der Hypophyse angestellten Versuche zu analogen

Resultaten geführt haben. Auch er erwähnt eine bemerkenswerte Beschleunigung der Herzschläge als konstantes Symptom nach Ausschaltung der Hypophysenfunktion; Caselli nämlich schaltete sie durch vollständige Exstirpation des Organs aus. Bei meinen Versuchen brachte die Eröffnung der Höhle nur eine vorübergehende Beschleunigung infolge der Verminderung des Druckes hervor, der normalerweise in der Höhle herrscht. Die Erklärung, welche Caselli für seine Beobachtungen gibt, ist eine doppelte: 1. Die Exstirpation der Hypophyse bringt eine Verminderung des Druckes hervor, den die cerebrospinale Flüssigkeit auf die Wände des dritten und vierten Ventrikels ausübt; 2. die Unterdrückung der Funktion des epithelialen Teiles der Hypophyse. Der Irrtum der ersten Erklärung geht ohne weiteres aus der Tatsache hervor, daß die einfache Entfernung des Daches der Hypophysenhöhle ohne Ausfluß der Cerebrospinalflüssigkeit schon genügt, um die Beschleunigung herbeizuführen. Die zweite Erklärung ist trotz ihrer ein wenig unbestimmten Fassung in voller Übereinstimmung mit meiner Auffassung der Hypophysenfunktion.

Die anderen von Caselli nach Hypophysenexstirpation beobachteten Symptome, wie psychische Depression und komatöser Zustand, beweisen klärlich, daß der Hirndruck, statt sich zu vermindern, sich vermehrt hat. Wenn trotz dieser Vermehrung die Beschleunigung der Herzschläge nach der Exstirpation der Hypophyse anhielt, so beweist dies ganz deutlich, daß der Hirndruck den Pneumogastricus nur durch Vermittlung der Hypophyse erregt. Andererseits ist es unmöglich, die beobachtete Beschleunigung auf eine direkte Erregung der beschleunigenden Zentren zurückzuführen, weil Tiere, wie man bereits seit den Untersuchungen von Cooper und Magendie weiß, nur durch eine Verminderung des Druckes erregt werden.

Die Tatsache, daß bei Hunden die Beschleunigung der Herzschläge nach Eröffnung der Hypophysenhöhle viel ausgesprochener und viel häufiger ist als bei Kaninchen, erklärt sich sehr leicht durch die tonische Erregung der Pneumogastrici, die bei ersteren eine viel beträchtlichere ist als bei den letzteren. Dieser Umstand erklärt ebenfalls, daß, wenn auch die elektrische Reizung der Hypophyse in ihren allgemeinen Wirkungen auf analoge Art sich offenbart wie beim Kaninchen, dies hinsichtlich der mechanischen Reizung dann nicht der Fall ist, wenn diese durch Kompression der Aorta und durch direkte Kompression ausgeführt wird. Besonders im letzteren Falle kommt es häufig vor, daß die Verlangsamung der Schläge nicht denselben Wert erreicht wie beim Kaninchen. Es hängt dies unzweifelhaft damit zusammen, daß der Tonus des Pneumogastricus bei Hunden schon vor der Reizung ein sehr hoher war.

Nachdem so die Wirkungen der Hypophysenreizung beim Hunde festgestellt waren, schien es mir möglich, die negativen oder entgegengesetzten Resultate, die bei kropfigen Hunden gewonnen wurden, in dem weiter oben angegebenen Sinne zu verwerten. Bei Hunden mit atrophierter oder degenerierter Hypophyse rief die Kompression der Aorta, trotz der Erhöhung des Blutdruckes, nicht die geringste Verlangsamung der Herzschläge hervor. Im Gegenteil, die Drucksteigerung bewirkte vielmehr, ganz wie beim Kaninchen nach der Hypophysenexstirpation, Beschleunigung der Herzschläge.

Im Hinblick auf die mechanische oder elektrische Reizung der Hypophyse beim Hunde besitzen die Versuche von Dr. Masay, welche im Institut Solvay zu Brüssel unter der Leitung von Professor Heger ausgeführt wurden, ein besonderes Interesse. Diese Versuche wurden mit großer Exaktheit nach der von mir angegebenen Operationsmethode gemacht, sowohl was die Art anlangt, um von der Mundhöhle aus an die Hypophyse zu gelangen, als auch hinsichtlich der Trepanation der Schädelbasis und der elektrischen Reizung. Der einzige bemerkenswerte Unterschied war der, daß Masay statt des Morphiums kleine Quantitäten Curare in die Vene einführte. Die Ergebnisse von Masay decken sich im allgemeinen mit den meinigen: die mechanische Kompression also wie auch die elektrische Reizung der Hypophyse riefen eine Verlangsamung der Herzschläge mit Intensitätssteigerung hervor, d. h. eine Reihe von Aktionspulsen. Die Vermehrung des Blutdruckes begleitete diese Veränderung der Herzschläge. Eine geringe Differenz zwischen unseren Beobachtungen zeigte sich in einer kurz dauernden Beschleunigung der Herzschläge, welche bei den von Masay operierten Tieren fast beständig ihrer Verlangsamung voranging. Es ist durchaus wahrscheinlich, daß dieser Unterschied auf die Anwendung des Curare zurückzuführen ist, das, wie man weiß, beträchtlich die Erregbarkeit des Pneumogastricus herabsetzt. Die Aktionspulse, die ein Resultat der simultanen Erregung der beschleunigenden und mäßigenden Herznerven sind, würden also durch das Curare, wenigstens am Beginn der Reizung, zuerst betroffen werden.

§ 9. Reflektorische Erregungen der Hypophyse.

Die Ergebnisse der elektrischen und mechanischen Reizungen der Hypophyse sowie die eigentümlichen Wirkungen der von dieser Gefäß- und Nervendrüse sezernierten Substanzen auf die Nerven, welche den Blutstrom regulieren und beherrschen, mußten notwendigerweise die Frage aufdrängen, wie sich der Hirnanhang denjenigen reflektorischen Erregungen gegenüber verhalten wird, die auf dieselben Nerven ebenfalls einen mächtigen Einfluß auszuüben vermögen. Bei der Beantwortung dieser Frage mußte schon aus rein morphologischen Gründen zuerst an die Erforschung der Erregungen gedacht werden, welche von denjenigen Zweigen des N. trigeminus ausgehen, die sich in der Nasenschleimhaut ausbreiten. Es hatten die Untersuchungen von Holmgren, besonders aber die von Kratschmer und von Knoll (beide im Laboratorium von E. Hering ausgeführt) bereits gezeigt, daß die Zweige des Trigeminus in der Nasenhöhle unter den sensiblen Nerven, welche auf reflektorischem Wege die Centra der Herz- und Gefäßnerven beeinflussen, eine ganz ausschließliche Stellung einnehmen, indem sie konstant heftige Erregungen der Vagi erzeugen.

Bei meinen ersten Versuchen mit Hypophysenreizungen, als ich von der Basis cranii aus operierte, beobachtete ich mehrmals ähnliche Erregungen, wenn die Schleimhaut des Rachens allein elektrischen oder mechanischen Insulten ausgesetzt wurde. Als Reizmittel für die Nasenschleimhaut gebrauchte ich vorzugsweise Ammoniak, meistens in der Form von englischen „smelling Salts". Stark riechende Substanzen, wie ätherische Öle, erwiesen sich, wie zu erwarten war, für die hier in Betracht kommenden Zwecke als wenig brauchbar; die reflektorischen Wirkungen auf die Herz- oder Gefäßnerven waren gering und unbeständig. Gleichzeitig mit den Versuchen, die Hypophyse auf reflektorischem Wege zu erregen, wurden an denselben Tieren (Kaninchen, Hunden und Hammeln) auch direkte elektrische und mechanische Reizungen dieses Organs vorgenommen. Mehrere solcher typischer Versuche sollen hier in tabellarischer Form als Belege wiedergegeben werden.

Versuch 14. 21. Mai 1898.

Größeres Kaninchen; leichte Morphiumnarkose. Tracheotomie und Präparation der Hirnbasis in der üblichen Form. Mechanische und elektrische Reizung der Hypophyse wirksam. Am stärksten wirkten auf Blutdruck und Herzschläge die Ammoniakreizung der Nasenschleimhaut; mechanische Reizung wirksamer als die elektrische. Die Zerstörung der Hypophyse rief epileptiforme Krämpfe hervor, die bis zu Ende des Versuchs anhielten. Die Sektion ergab: vollständige Zerstörung der Hypophyse; beide Trigemini intakt.

Tabelle XI.

Versuch 14. 21. Mai 1898. Ammoniakversuch am Kaninchen	Reizstärke	Blutdruck in mm Hg.	Zahl der Herzschläge in 10 Sek.	Atmungen in 10 Sek.	Bemerkungen
Beginn des Versuchs .	—	134	20	—	Große Pulse von 14 mm Höhe.
Einatmung v. Ammoniakdämpfen	—	110—113	14	—	Exkursionshöhen von
Nach der Tracheotomie .	—	105	28	—	56—60 mm.
Reizung d. Nasenschleimhaut mit Ammoniak .	—	150	18	—	28 mm Exkursionshöhe.
Auswaschen der Nasenschleimhaut mit Wasser	—	150	16	—	30—32 mm Exkursionshöhe.
Während der Trepanation der Basis cranii .	—	105	25	—	6 mm Exkursionshöhe.
Druck auf die Hypophyse	—	130	17	—	20 mm Höhe.
Aufhören des Druckes .	—	94	30	—	6 mm Höhe.
Elektrische Reizung der Hypophyse	100 E.	114	22	—	10 mm Höhe.
Nach der Reizung . . .	—	106	23	—	10 mm Höhe.
3 Minuten später . . .	—	96	30	—	6 mm Höhe.
Neue Reizung	100 E.	126	22	—	10 mm Höhe.

Tabelle XI (Fortsetzung).

Versuch 14. 21. Mai 1898. Ammoniakversuch am Kaninchen	Reiz-stärke	Blutdruck in mm Hg.	Zahl der Herz-schläge in 10 Sek.	Atmungen in 10 Sek.	Bemerkungen
Nach der Reizung . . .	—	98	31	—	4 mm Höhe.
Druck auf die Hypophyse	—	130	22	—	10 mm Höhe.
Nach Aufhören d. Druckes	—	105	32	6	
Reizung d. Nasenschleim-haut mit Ammoniak .	—	150	16	—	20 mm Höhe.
Auswaschen der Nasen-schleimhaut mit Wasser	—	166	14	—	44 mm Höhe.
1 Minute darauf . . .	—	108	32	—	6 mm Höhe.
Während der Zerstörung der Hypophyse . . .	—	130	18	—	16 mm Höhe.
Nach der Zerstörung .	—	140	38	9	Heftige epilept. Krämpfe. Pulsus bigeminus.
Reizung d. Nasenschleim-haut mit Ammoniak .	—	140	36	—	Die Krämpfe dauern fort bis zu Ende d. Versuchs.

Versuch 15.   24. Mai 1889.

Kaninchen; keine Narkose. Tracheotomie. Eröffnung der Schädelhöhle. Reizung der Nasenschleimhaut durch smelling Salts. Mechanische und elektrische Reizungen der Hypophyse; vollkommen identische Wirkungen dieser drei Reizungsweisen auf Herzschlag und Blutdruck. Exstirpation der Hypophyse, wobei, wie die Sektion ergab, der linke Trigeminus leicht verletzt wurde.

Tabelle XII.

Versuch 15. 24. Mai. Kaninchen; keine Narkose	Reiz-starke	Blutdruck in mm Hg.	Zahl der Herz-schläge in 10 Sek.	Atmungen in 10 Sek.	Bemerkungen
Beginn des Versuchs .	—	130	34	5	
Reizung d. Nasenschleim-haut mit smelling salts	—	146—120	18	—	Exkursionshöhe 12 mm.
Nach Reizung	—	132	34	—	4 mm Höhe.
Kleine Trepanöffnung im Schädel	—	130	34	—	
Einführung eines starken Wattetampons zwi-schen Schädel und Dura	—	130	34	—	
Entfernung des Tampons	—	130	34	—	
Abtragung des Schädel-dachs links; entspre-chende Hemisphäre ausgeschält	—	122	42	8	
Smelling salts	—	144—170	30—14	—	Allmähliche Drucksteigerung; bei 12 Pulsen Höhe 40 mm.
Darauf	—	118	36	7	
Elektrische Reizung der Hypophyse	100 E.	160	32—18	—	Pulse voller.
Nach Reizung	—	110	44	8	
Nochmals Reizung . .	150 E.	200	34—17	—	Einzelne Pulse fallen aus.
Darauf	—	124	50	8	

Tabelle XII (Fortsetzung).

Versuch 15. 24. Mai. Kaninchen; keine Narkose	Reizstärke	Blutdruck in mm Hg.	Zahl der Herzschläge in 10 Sek.	Atmungen in 10 Sek.	Bemerkungen
Druck auf die Hypophyse	—	180	36—18	—	Ausfall von Pulsen.
Darauf	—	120	44	5	
2 Minuten später . . .	—	116	38	—	
Smelling salts	—	150	26	—	Ebenfalls Ausfall von
Darauf	—	116	38	7	Pulsen.
Zerstörung d. Hypophyse	—	180	28(?)	—	
Gleich darauf	—	124	40	7	
Smelling salts	—	122	40	6	Auftreten Traubescher
Elektrische Reizung der Hypophysenstelle . .	150 E.	126	46	—	Wellen.
Reizung des linken Vagus	150 E.	50	10	—	
1 Minute später	—	122	36	—	
Schluß der Aorta . . .	—	146	36	—	Pulse werden etwas voller.

Von den an Kaninchen angestellten Versuchen soll noch einer mitgeteilt werden, in welchem die Hypophyse von der Basis cranii aus präpariert wurde. Die Identität der durch Reizung der Nasenschleimhaut erzeugten Änderungen im Blutdruck und Herzschlag mit denen, welche die direkte Reizung der Hypophyse hervorgerufen hat, ist besonders augenscheinlich, wie dies sowohl die tabellarisch zusammengestellten Zahlen, wie die in den Tafeln wiedergegebenen Kurven klar demonstrieren.

Versuch 16. 14. Juni 1898.

Größeres Kaninchen. Morphiumnarkose. Tracheotomie; darauf die Basis cranii nach doppelseitiger Unterbindung und Durchschneidung der Weichteile in der gewöhnlichen Weise präpariert. Reizungen der Nasenschleimhaut durch Ammoniak. Elektrische und mechanische Reizungen der Hypophyse.

Tabelle XIII.

Versuch 16. 14. Juni. Kaninchen	Reizstärke	Blutdruck in mm Hg.	Zahl der Herzschläge in 10 Sek.	Atmungen in 10 Sek.	Bemerkungen
Beginn des Versuchs .	—	110	32	—	
Ammoniak auf die Nasenschleimhaut	—	162	10	—	Exkursionshöhe d. Pulsschläge 80 mm.
1 Minute später	—	110	28	—	
Während der Trepanation der Schädelbasis	—	154—136	9—10	5	Exkursionshöhe von 40 bis 50 mm. Nasenblutung während der Trepanation.
Nach Eröffnung d. Hypophysenhöhle	—	100	50	—	Kleine Pulse.
Ammoniak auf die Nasenschleimhaut	—	116—146	16	—	30 mm Exkursionshöhe.

Tabelle XIII (Fortsetzung).

Versuch 16. 14. Juni. Kaninchen.	Reiz-stärke	Blutdruck in mm Hg.	Zahl der Herz-schläge in 10 Sek.	Atmungen in 10 Sek.	Bemerkungen
Darauf	—	94	50	—	
Druck auf die Hypophyse	—	106	20	—	10—16 mm Höhe.
Aufhören des Druckes .	—	86	50	—	
Elektrische Reizung der Hypophyse	100 E.	140—166	8—10	—	40 mm Exkursionshöhe.
Nach der Zerstörung der Hypophyse	—	66	54	6	Ganz kleine Pulse.
Ammoniak auf Nasen-schleimhaut	—	70	54	—	Elektrische und mechanische Reizung der Hypophyse ebenfalls erfolglos.

Das übereinstimmende Ergebnis sämtlicher an Kaninchen angestellten Versuche mit Reizung der Nasenschleimhaut war also, daß solche Reizungen auf den Blutdruck und den Herzschlag ganz in derselben Weise einwirken, wie elektrische und mechanische Reizungen der Hypophyse: der Blutdruck wird gesteigert, die Herzschläge, verstärkt und verlangsamt, nehmen den Charakter der Aktionspulse an. Wurden an denselben Tieren ebenfalls direkte Reizungen der Hypophyse ausgeführt, so waren die dabei erhaltenen Veränderungen an der Blutdruckkurve ganz identisch mit denen, welche durch Ammoniakreizung der Nasenschleimhaut erzielt wurden.

Noch mehr: gewisse individuelle Eigentümlichkeiten dieser allgemeinen Veränderungen drückten sich bei demselben Versuchstier bei diesen drei verschiedenen Erregungsformen in ganz identischer Form aus. Dieser letzte Umstand ist für die Deutung dieser Veränderungen insofern von Bedeutung, als er mit großer Evidenz auf ihren identischen Ursprung hinweist. Auf Tafel II sind von den Versuchen 14, 15 und 16 je drei Kurven reproduziert worden, welche die Identität individueller Eigentümlichkeiten der Blutdruckänderungen sehr überzeugend demonstrieren.

Mechanischer Druck auf die Hypophyse[1]), ihre elektrische Reizung und Reizung der Nasenschleimhaut erzielten dieselben Wirkungen auf die Zentren der Herz- und Gefäßnerven. Im Versuch 15 z. B. äußerte sich die Verlangsamung der Herzschläge hauptsächlich in einem Aussetzen der Pulse, das der Blutdruckkurve eine ganz eigentümliche Form verlieh: die Fig. 6, 7, 8 zeigen diese Kurvenform bei den drei verschiedenen Eingriffen an.

---

[1]) In den Versuchen 14 und 15, wo die Hypophyse von der Schädelhöhle aus zugänglich gemacht wurde, muß richtiger gesagt werden: Verstärkung des inneren Druckes in der Hypophysenhöhle.

§ 10. Hypophysenextrakte: Hypophysin[1].

In der ersten Mitteilung über die Verrichtungen der Hypophyse habe ich kurz die physiologischen Wirkungen der Hypophysenextrakte auseinandergesetzt. Diese Wirkungen bestehen hauptsächlich in einer bedeutenden Zunahme der Stärke der Herzschläge mit Abnahme ihrer Frequenz und in einer Steigerung des Blutdruckes. „Die Erregung der Vagi dauerte oft stundenlang. Es geschah oft, daß, nachdem ich 2 bis 4 ccm eines 10prozentigen, bei Siedehitze gewonnenen Extraktes ein gespritzt hatte, der Puls (bei Kaninchen) auf ein Viertel der früheren Frequenz sank, während dessen Höhe auf das 10—15fache stieg. Die Pulse nahmen den Charakter der von mir so genannten Aktionspulse an. Der Blutdruck stieg nur für kurze Zeit, aber zuweilen beträchtlich. Bei schwächer wirkenden Extrakten ging oft eine Drucksenkung der Drucksteigerung voraus." Ich habe außerdem hervorgehoben, daß die wirksamsten Extrakte aus getrockneten Hypophysen und bei Siedehitze zu erhalten waren und daß diese Extrakte, ebenso wie das Jodothyrin, dem Atropin gegenüber antagonistisch wirken, indem sie den Eintritt seiner lähmenden Wirkungen auf die Vagusenden zu verhindern, resp., wenn eingetreten, aufzuheben imstande sind[2].

Gleichzeitig mit meiner Untersuchung über die Hypophysenextrakte wurde eine solche auch von W. H. Howell veröffentlicht[3], welche in den Hauptergebnissen mit der meinigen übereinstimmt (also im Widerspruch mit den Angaben von Oliver - Schäfer und von Szymonowicz), in anderen Punkten dagegen nicht unwesentliche Abweichungen zeigt. Howell erhielt wirksame Extrakte nur aus dem Markteile der Hypophyse von Schafen, den er als „Infundibular body" bezeichnet, während ich Extrakte aus der ganzen Hypophyse, meistens von Rindern, benutzte. Als Versuchstiere benutzte Howell ausschließlich Hunde, während ich vorzugsweise an Kaninchen, aber auch an Hunden operierte. Ob die erwähnten Abweichungen diesen Unterschieden in den Versuchsbedingungen zuzuschreiben sind, soll unten diskutiert werden.

Nur die Wiedergabe des ganzen Verlaufs der maßgebenden Versuche mit Beilegung erläuternder Originalkurven vermag ein genaues Bild der ganz eigentümlichen und in hohem Grade lehrreichen Wirkungen der Hypophysenextrakte zu geben und verständlich zu machen.

Ich beginne mit der Wiedergabe eines Versuchs, welcher für die Wirksamkeit des Hypophysenextraktes als typisch gelten kann.

Versuch 17.

Großes Kaninchen, etwas strumös. Keine Narkose. Sämtliche Herznerven am Halse präpariert. Tracheotomie zu Beginn des Versuches. Zwei Extrakte

---

[1] Erschienen am 21. Oktober 1898 unter dem Titel „Physiologische Herzgifte. 2. Teil" in Pflügers Arch. Bd. 73.

[2] Archives de physiologie normale et pathologique. Juillet 1898 p. 631.

[3] The Journal of experimental medicine. Vol. III Heft 2. 1898.

wurden benutzt: A. während 16 Stunden in physiologischer Kochsalzlösung digeriert bei 38°. B. bei Siedehitze während 1½ Stunden gekocht; beide auf 10 prozentige Konzentration zurückgeführt.

Tabelle XIV.

Versuch 17	Reizstärke	Blutdruck in mm Hg.	Zahl der Herzschläge in 10 Sek.	Bemerkungen
Vor jeder Einspritzung .	—	130	40	Respirationswellen schwach angedeutet.
1. Einspritzung. Lösung A. 3 ccm	—	144	40	Schwache Traubesche Wellen. Pulse etwas voller.
2. Einspritzung. Lösung A. 3 ccm	—	150	24	Große Traubesche Wellen. Stark vergrößerte Pulse.
1 Minute später Durchschneidung der Depressoren	—	152	24	Verschwinden d. Traubeschen Wellen.
3. Einspritzung von 3 ccm Lösung A. 2 Minuten später	—	164—170	24-20-18	Große Pulse.
Nach 3 Minuten Einspritzung von 3 ccm Lösung B.	—	148	16	Große Pulse.
40 Sekunden darauf . .	—	172—140	11	Exkursionsschwankungen der Pulse von 32 mm.
Einspritzung von 0,4 mg Atropin	—	166—140	12	Schwankungen von 26 mm.
Einspritzung von 0,6 mg Atropin	—	160—140	14	Schwankungen von 20 mm
50 Sekunden später . . .	—	147	16	Siehe Kurve 63.
60 Sekunden darauf . .	—	146	28	Gewöhnliche Pulse.
Reizung des rechten Vagus	100	24	8	Stillstand 2 Sekunden.
Neue Einspritzung von 0,6 mg Atropin	—	130	30	
Reizung des rechten Vagus	100	80	15	Kein Stillstand.
Durchschneidung d. rechten Vagus	—	130	24	Pulse voller.
Durchschneidung des linken Vagus	—	164—174	32	Volle Pulse. Atemwellen sehr deutlich.
Reizung des rechten Vagus	200	80	5	
Gleich nach Reizung . .	—	170	16 Doppelpulse	
Sukzessive Einspritzung v. 5 mg Atropin	—	168	16 Doppelpulse	
Reizung des rechten Vagus	200	160—128	12 Einf. Pulse	Exkursionshöhen v. 32 mm.
5 Minuten nach d. Reizung	—	160	16 Doppelpulse	Die Vagi bleiben bis zu Ende des Versuches erregbar.

Noch viel besser als die Zahlen dieser Tabelle wird die Reproduktion der Kurven die Wirkungen veranschaulichen.

Kurve 55 zeigt die normale Blutdruckkurve vor jeglicher Einspritzung; Kurve 56 den Effekt der ersten Einspritzung von 3 ccm der Flüssigkeit A. Die Pulse werden voller und Traubesche Wellen kommen zum Vorschein. In der Kurve 57, nach der zweiten Einspritzung derselben Flüssigkeitsmenge, treten dieselben Erscheinungen viel schärfer hervor. Darauf werden die beiden Depressoren durchschnitten; nach einer dritten Einspritzung von 3 ccm verschwinden die periodischen Blutdruckschwankungen, die Herzschläge werden noch weiter verstärkt und verlangsamt, sie nehmen den Charakter der Aktionspulse an.

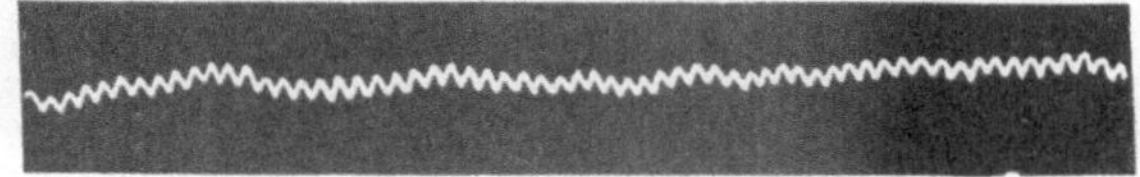

Fig. 55. Normale Blutdruckkurve. (Versuch 17.)

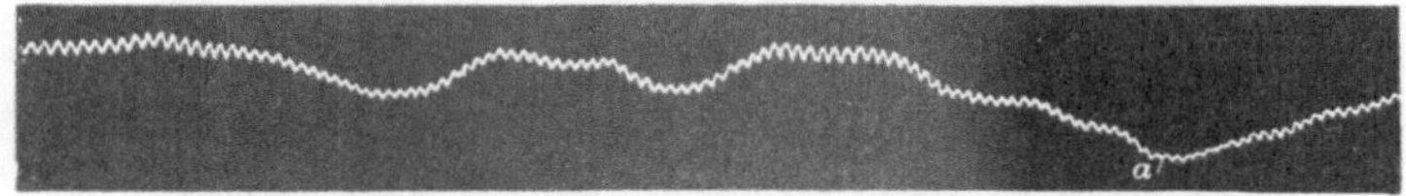

Fig. 56. *a* Erste Einspritzung eines bei 38° C zubereiteten Hypophysen-extraktes. (Versuch 17.)

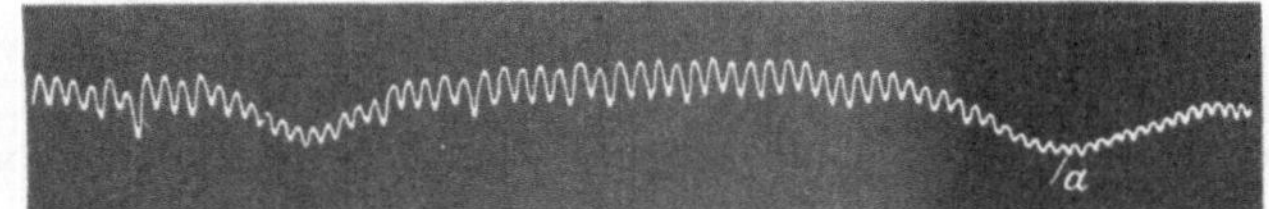

Fig. 57. *a* Zweite Einspritzung desselben Extraktes.

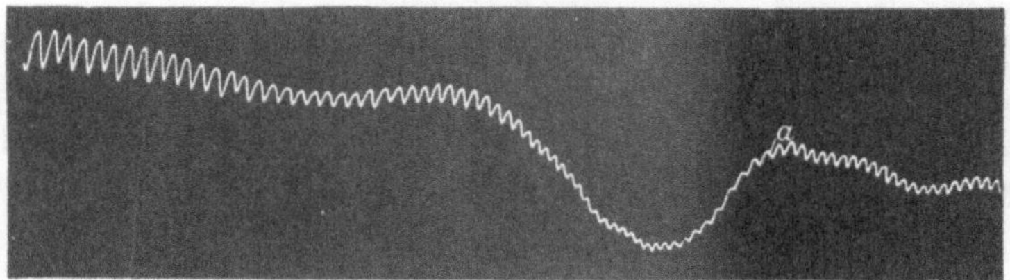

Fig. 58. *a* Dritte Einspritzung dieses Extraktes.

Besonders interessant sind die Kurven 59 und 60. Die Einspritzung von 3 ccm der Flüssigkeit B hat zuerst eine Drucksteigerung und eine Reihe von großen Aktionspulsen erzeugt, welche 60 Sekunden später (*a* der Kurve 60) ganz plötzlich um das Dreifache verstärkt und um ein Drittel verlangsamt wurden. Diese eigentümliche Reihe dauerte mehrere Minuten. Die Einspritzung von 0,4 mg Atropin vermochte diese Reihe von Aktionspulsen nicht aufzuheben. Erst 50 Sekunden nach einer zweiten Einspritzung von 0,6 mg fingen die Aktionspulse an, durch kleinere und häufigere Pulse unterbrochen zu werden (Kurve 61), welche auch nach etwa 20 Sekunden endgültig die Oberhand erhielten (Kurve 62).

Die beiden Nervi vagi blieben gegen direkte elektrische Reizung erregbar und dies auch noch nach abermaliger Einführung von

0,6 mg Atropin. Daß die durch das Hypophysenextrakt erzeugte Erregung der Vagi nicht ganz durch das Atropin aufgehoben wurde, folgt nicht nur aus den noch immer verlangsamten und etwas verstärkt ge-

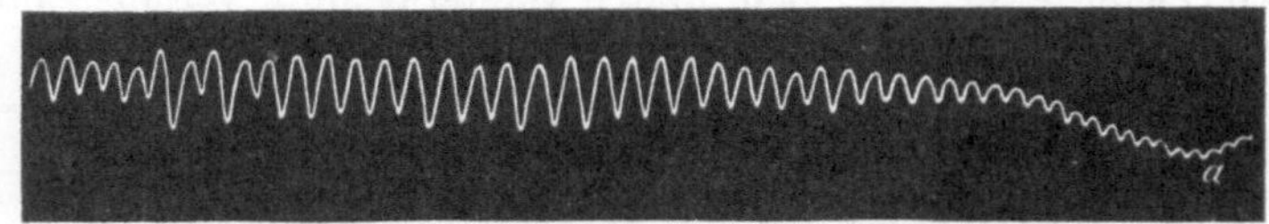

Fig. 59. *a* Erste Einspritzung eines bei Siedehitze zubereiteten Extraktes.

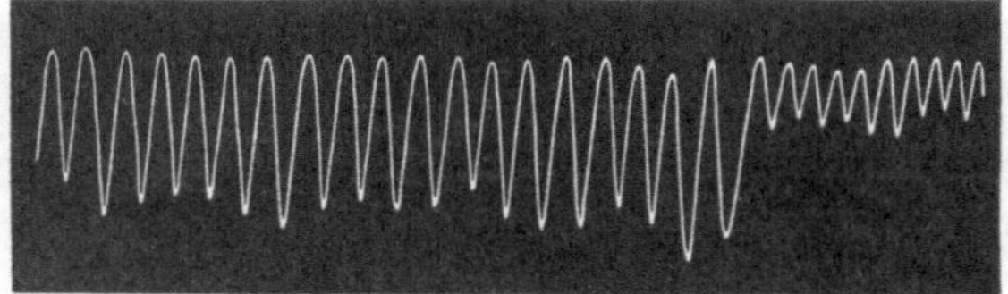

Fig. 60. *a* Beginn einer neuen Hypophysenreihe. (Versuch 17.)

bliebenen Herzschlägen, sondern auch aus der großen Drucksteigerung und Beschleunigung der letzteren nach Durchtrennung der beiden Vagi. Diese befanden sich also in tonischer Erregung, bekanntlich eine beim Kaninchen seltene Erscheinung.

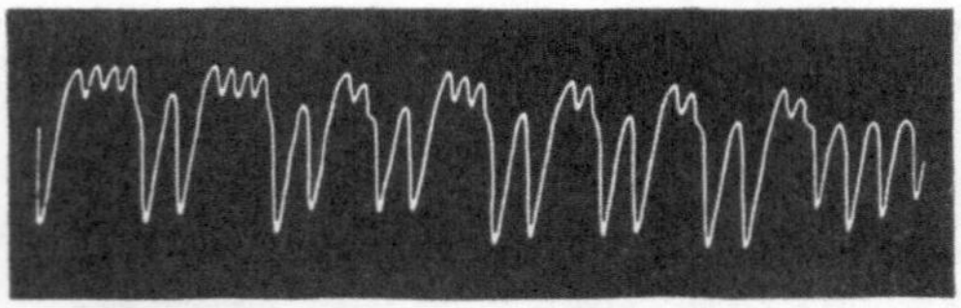

Die elektrische Reizung des Vagus rief eine bedeutende Verlangsamung hervor; die Erregung überdauerte noch lange den Reiz und äußerte sich in dem Auftreten der

Fig. 61. Diese Reihe nach Einspritzung von Atropin.

sehr charakteristischen starken Doppelpulse (Kurve 63). Neue sukzessive Einspritzungen von Atropin bis zu 5 mg

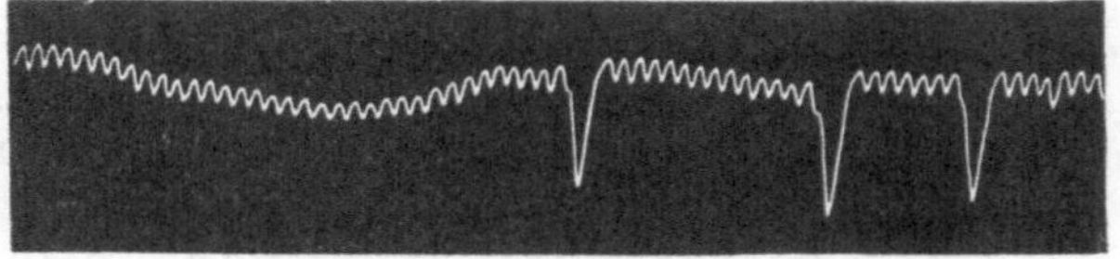

Fig. 62. Ende der Reihe nach der Atropineinspritzung.

vermochten weder die Vagi zu lähmen noch das Auftreten dieser Doppelpulse als Folge der Nachwirkung ihrer Reizung zu verhindern.

Es sollen nun als Beispiele noch einige Versuche angeführt werden, wo zwar die Veränderungen der Herzschläge und des Blutdruckes ebenso prägnant wie in dem soeben zitierten Versuch auftraten, die aber auch noch eine andere häufig beobachtete wichtige Eigentümlichkeit zeigten: nämlich das

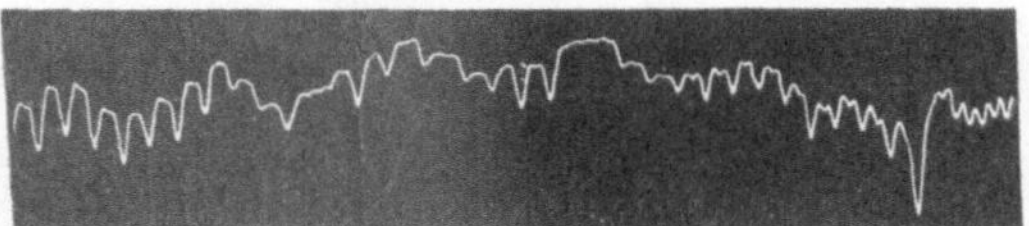

Fig. 63. Eine Reihe von Pulsus bigemini nach Reizung des Vagus. (Versuch 17.)

mehrmalige spontane Auftreten regelmäßiger Reihen von Aktionspulsen[1]) längere Zeit nach der intravenösen Einführung von wirksamen Hypophysenextrakten.

Versuch 18.

Ein großes, stark strumöses Kaninchen mit sehr erweiterten Schilddrüsengefäßen. Morphiumnarkose. Sämtliche Herznerven am Halse präpariert. 5% Extrakt der getrockneten Hypophyse von Rindern bis zur Siedehitze gekocht. Bei der Sektion ergab sich eine ziemlich vergrößerte Hypophyse.

Tabelle XV.

Versuch 18	Reizstärke	Blutdruck in mm Hg.	Zahl der Herzschläge in 10 Sek.	Bemerkungen
Beginn des Versuches . .	—	110	36	Traubesche Wellen von
Reizung des rechten Vagus	100	40	0	10 Sekunden Dauer. Eine längere Respirationswelle von 3 kleineren gefolgt.
15 Sekunden nach der Reizung	—	112	38	Respirationswellen regelmäßig. Traubesche Wellen verschwinden.
Reizung des rechten Depressors	100	36	32	Ein paar Vaguspulse bei 50 mm Druck.
1. Einspritzung von 1 ccm Hypophysenextrakt . .	—	110	36	Keine Veränderung.
2. Einspritzung von 1 ccm Hypophysenextrakt . .	—	90	18 Doppelpulse	Druck sinkt allmählich.
1 Minute später	—	102	18 Doppelpulse	Doppelpulse sind sehr klein. (Kurve 65.)
Reizung des rechten Vagus	100	54	0—5	
Sofort nach der Reizung.	—	122	30	
36 Sekunden später . . .	—	142	10 Doppelpulse	Große Aktionspulse. P. bigeminus von 22 mm Exkursionshöhe.
Durchschneidung des rechten Vagus	—	134	15	Einfache Aktionspulse von 28 mm Höhe.
Durchschneidung d. linken Vagus	—	126—136	15	Fortdauer der Aktionspulse.
Reizung des zentralen Depressors	100	116	15	Pulse unverändert. Große Traubesche Wellen treten auf.

[1]) Ich erinnere hier nochmals daran, daß ich das von Meltzer zuerst gebrauchte Wort „Aktionspulse" nicht wie dieser Forscher für die kleinen Acceleranspulse sondern im Gegenteil nur für die verstärkten Herzschläge, wie sie z. B. die Kurven 57—60 wiedergeben, gebrauche. Siehe darüber meine Beiträge zur Physiologie der Schilddrüse und des Herzens und „Die Nerven des Herzens", 2. Kap. § 5.

Tabelle XV (Fortsetzung).

Versuch 18	Reizstärke	Blutdruck in mm Hg.	Zahl der Herzschläge in 10 Sek.	Bemerkungen
Reizung des ununterbundenen peripheren Sympathicus	100	100	28	Nach 4 Sekunden Latenz kleine Acceleranspulse.
Sofort nach der Reizung	—	130	22	Rückkehr der Aktionspulse.
Darauf	—	146	15	
Reizung des peripheren Sympathicus	100	104-134-100	24—26	8 Sekunden Latenz. Kleine Acceleranspulse.
Nach der Reizung . . .	—	160	40	Pulse sehr klein. Von Aktionspulsen unterbrochen.
Reizung des peripheren Vagus	100	154	38—40	Dieselben beschleunigten Pulse mit einigen Aktionspulsen.
Nach der Reizung . . .	—	116—150	40—10	Rückkehr der Aktionspulse.
Reizung des Vagus . . .	300	70	0	
Sofort nach Reizung . .	—	154—150	10	Aktionspulse von 44 mm Exkursionshöhe.
Während einiger Minuten		150	15	Eine Reihe Aktionspulse von 18—30 mm Exkursionshöhe. Periodische Schwankungen von 28 Sek. Dauer. Am Ende Puls. bigeminus.
Reizung des peripheren Sympathicus	100	140—150	22—28	
Nach der Reizung . . .	—	140	12	Wiederkehr d. Aktionspulse.
Reizung des Depressors .	—	120	12	Am Ende einige P. bigemini.
Während ein paar Minuten	—	140	12—30	Reihen von 40—50 Aktionspulsen, durch kleine Acceleranspulse von 7—8 Sek. Dauer unterbrochen.
3. Einspritzung von 1 ccm Hypophysenextrakt . .	—	140—130	30-12-18	
Bald darauf	—	120	unzählbar	Massage der Bauchhöhle.
Nach der Massage . . .	—	120	26	
Reizung des Vagus . . .	300	66	0	
Darauf	—	140—134	12-26-30	Mehrere Reihen von kleinen und großen Pulsen. Große Traubesche Wellen. Atmung erschwert. Tracheotomie.
Nach der Tracheotomie .	—	130	26	Pulse von 3—4 mm Höhe. Traubesche Wellen dauern fort.
Durchschneidung d. linken Depressors	—	136	26—28	Verschwinden der Wellen.
Reizung des Vagus . . .	100	42	0	Stillstand während der Dauer der Reizung.
Darauf	—	126	26	
Am Ende des Versuches .	—	126	25	Die Pulse sind zu ihrer ursprüngl. Höhe zurückgekehrt.

Wie aus der Tabelle ersichtlich, treten nach Einspritzung von 2 ccm des Hypophysenextraktes zuerst kleine Drucksenkungen auf. Der Herzschlag war nur wenig beeinflußt; jeder einzelne stärkere Puls war von einem kleineren gefolgt; die Kurve 65 zeigt diese besondere Art vom Pulsus bigeminus.

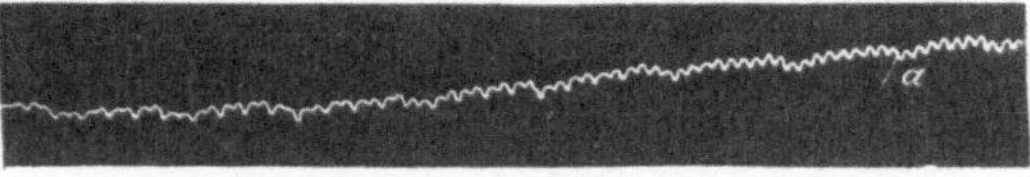

Fig. 64. Eigentümliche Pulsus bigemini sofort nach Einspritzung bei a eines 5 prozentigen Hypophysenextraktes, das bei Siedehitze präpariert war.

Erst einige Minuten nach der Einspritzung traten die Aktionspulse auf, zuerst in Form des Pulsus bigeminus, darauf sehr große Aktionspulse von 12 mm Exkursionshöhe, und zwar 10 in 10 Sekunden. Der Blutdruck stieg etwas in die Höhe. Die Durchschneidung der beiden Vagi beschleunigte ein wenig die Pulse und verstärkte sie gleichzeitig von 12 auf 14 mm. Die Depressorreizung erzeugte nur eine geringe Drucksenkung, gab aber Veranlassung zur Entstehung großer Traubescher Wellen. Erst die Reizung des peripheren Sympathicus vermochte die Reihe dieser Aktionspulse zu unterbrechen. Die Zahl der beschleunigten

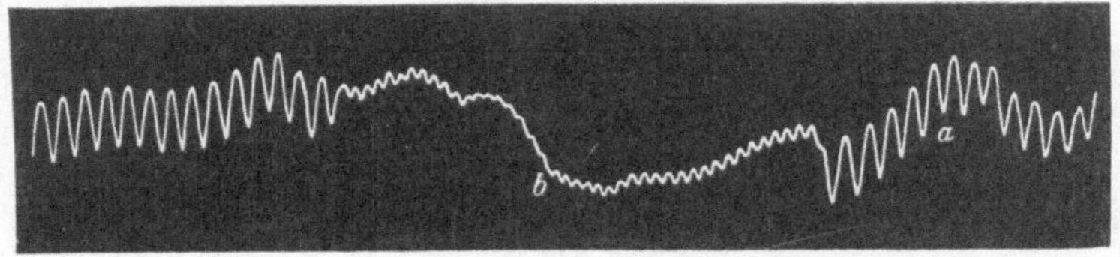

Fig. 65. Hypophysenreihe durch Reizung des Halssympathicus bei a unterbrochen. Ende der Reizung bei b.

Pulse war 28 in 10 Sekunden während der Reizung und 22 in 10 Sekunden sofort nach der Reizung; darauf kehrte die Reihe der Aktionspulse zurück.

Wiederholte Reizungen der peripheren Sympathicusenden erzielten denselben Erfolg, bis endlich die Reihe der Aktionspulse nicht mehr zurückkehrte. Eine schwache Reizung des Vagus, welche aber die kleinen beschleunigten Pulse nicht zum Verschwinden bringen konnte, rief von neuem einige Aktionspulse hervor. Erst nach einer wiederholten, sehr wirksamen Vagusreizung infolge der verstärkten elektrischen Reizung kam die Reihe der Aktionspulse von neuem zum Vorschein. Die Herzschläge dieser neuen Reihe hatten im Beginn eine Exkursionshöhe von 44 mm. Nachdem diese Reihe mehrere Minuten gedauert hatte, sank die Exkursionshöhe von 30 auf 18 mm. Vor dem völligen Verschwinden traten einige Pulsus bigemini auf. Nach einer erneuten Reizung des peripheren Sympathicus trat noch eine Reihe von Aktionspulsen auf, die spontan durch kleine Acceleranspulse unterbrochen wurden; so folgten auf je 40 oder 50 Aktionspulse während mehrerer Sekunden kleine beschleunigte Pulse. Die Kurve 66 gibt dieses Stadium der Reihe wieder.

Die Zahl der beschleunigten Pulse nahm allmählich im Verhältnis zu den Aktionspulsen zu, so daß nach einigen Minuten die Dauer der beschleunigten Pulse größer wurde als die der Aktionspulse. Das Tier zeigte Atembeschwerden, erholte sich aber sofort nach der Tracheotomie.

Durchschneidung des zweiten Depressors machte den Traubeschen Wellen definitiv ein Ende. Die Pulse wurden sehr regelmäßig, nur etwas voller als im Beginn des Versuchs, aber auch seltener, 25 statt 36 in 10 Sekunden, der Blutdruck blieb ein wenig erhöht (126 statt 110 mm). Die Vagi waren sehr empfindlich auf elektrische Reize.

In diesem Versuche wurden die Aktionspulse durch die einmalige Einspritzung von 2 ccm eines schwachen Hypophysenextraktes hervorgerufen; sie hielten längere Zeit an und kehrten während des mehr als eine Stunde dauernden Versuches mehrmals in Form von regelmäßigen Reihen zurück.

Mehrmals wurde eine solche Reihe durch eine vorübergehende Reizung des Vagus oder des Halssympathicus hervorgerufen. Im Beginn des Versuches konnte die Reizung des Halssympathicus, der, wie ich schon früher gezeigt hatte, bei strumösen oder thyreoidekto-

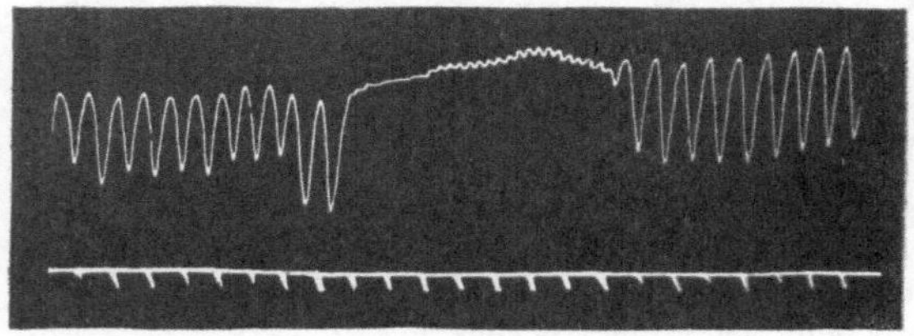

Fig. 66. Hypophysenreihe, in welcher Aktionspulse durch spontane Acceleranspulse unterbrochen wurden.

mierten Tieren acceleratorische Eigenschaften besitzt, nach längerer Latenz die Reihe durch beschleunigende Pulse unterbrechen. Gegen Ende traten aber solche acceleratorische Unterbrechungen von selbst auf; während mehrerer Minuten waren die acceleratorischen Reihen sogar viel länger als die Reihen der Aktionspulse. Vor dem Erlöschen der letzteren pflegten die Pulse gewöhnlich den Charakter des Pulsus bigeminus anzunehmen.

Am ehesten könnte man diese sonderbaren Reihen von Aktionspulsen mit den Perioden vergleichen, welche Luciani zuerst am Froschherzen beschrieben hat. Ein wichtiger Unterschied zwischen den beiden Reihen besteht aber darin, daß die Hypophysenreihen nicht durch einige Stillstände, sondern durch acceleratorische Pulsschläge unterbrochen wurden. Nur als die Atmung erschwert wurde und das arterielle Blut venös zu werden begann, fing die Reihe der Aktionspulse allmählich an kürzer zu werden; einen Augenblick sind die Herzschläge ganz unmerklich geworden. Man mußte zur Tracheotomie und zur Massage der Baucheingeweide greifen, um den Herzschlag von neuem sichtbar zu machen.

Auch beim Hunde treten solche Reihen von Aktionspulsen nach der Einspritzung von Hypophysenextrakten auf, wie der folgende auch in anderen Beziehungen interessante Versuch zeigt.

Versuch 19.

Stark strumöser mittelgroßer Hund. Die Einspritzung von 0,08 Morphium konnte das sehr aufgeregte Tier nicht zur Ruhe bringen, so daß mehrmals zur Äthernarkose gegriffen werden mußte. Es wurde dasselbe Hypophysenextrakt wie in dem vorangegangenen Versuch verwendet.

Im Beginn des Versuches waren infolge der durch Narkotisierung erzeugten Erregung der Vagi die Exkursionen der Herzschläge sehr groß, bis zu 90 mm Höhe. Die Frequenz niedrig, 12 Pulse in 10 Sekunden, der Maximalwert des Blutdruckes 170, der Minimalwert 70 mm. Reizung des Vago-sympathicus erzeugte ganz eigentümliche Effekte: das eine Mal eine Beschleunigung und Verkleinerung der Herzschläge, das zweitemal eine kolossale Drucksenkung von 208 auf 30 mm. Dabei waren die Herzschläge sehr klein und ziemlich häufig. Die Kurven 67 und 68 versinnlichen diese sonderbaren Effekte der Vagusreizung.

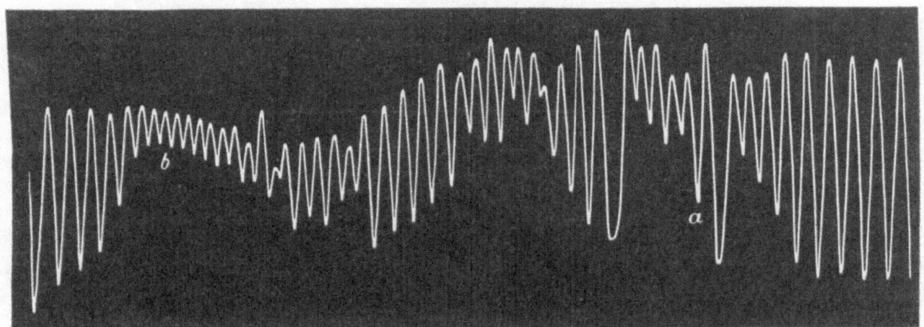

Fig. 67. Beschleunigung durch die Reizung des Vago-Sympathicus bei einem Hunde bei *a*. *b* Ende der Reizung.

Als Nachwirkung der zweiten Reizung dauerte die Beschleunigung bei erhöhtem Druck fort. Die Einspritzung von 10 ccm der 5 prozentigen Hypophysenlösung vermochte die Zahl der Pulsschläge auf 9 in 10 Sekunden herabzusetzen; weitere 10 ccm auf 8 in 10 Sekunden. Der Blutdruck stieg in seinem Maximalwert auf der Höhe der Systole von 204 auf 240 mm. Die größten Schwankungen der einzelnen Schläge blieben aber, wie früher, annähernd 90 mm. Die Kurven zeigten Eigenschwingungen des Quecksilbers an, welche auf eine Verkürzung der diastolischen Phasen hindeuten.

Ganz gewaltig war der Erfolg der Durchschneidungen der Vagi. Vor der Durchschneidung waren die maximalen und minimalen Werte des Blutdruckes bei jedem Herzschlage 216 und 126 mm. Sofort nach der Durchschneidung stieg der Blutdruck auf 248 mm. Da die Schwankungen aber nur 8 statt 90 mm betrugen, so zeigt dies, welchen mächtigen Zuwachs der Mitteldruck erfahren hat: von annähernd 171 mm stieg er auf 244 mm! Die Zahl der Herzschläge stieg von 8 in 10 Sekunden auf 29 in 10 Sekunden. Die tonische Erregung der Vagi hatte also ganz gewaltige Dimensionen angenommen; der Mitteldruck nahm fast um ein Dritteil, die Zahl der Herzschläge fast um das Vierfache zu, als diese Erregung in den zentralen Enden der Herzvagi aufgehoben wurde!

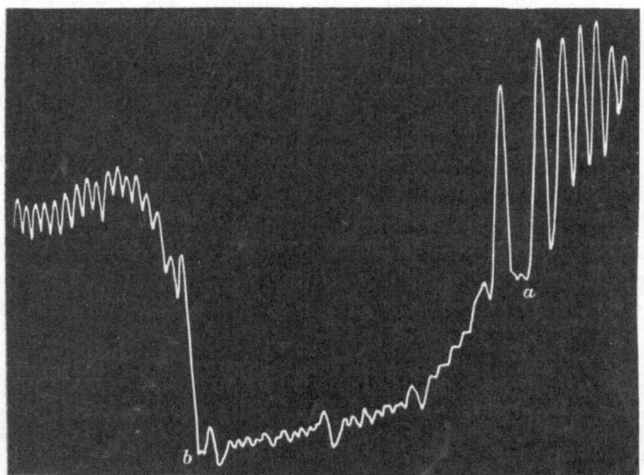

Fig. 68. Eigentümliche Wirkung der Reizung des Vago-Sympathicus bei demselben Hunde; *a* Beginn, *b* Ende der Reizung.

Eine neue Einspritzung von 10 ccm des Hypophysenextraktes verstärkte noch die Intensität der Herzschläge, hatte aber nur geringen Einfluß auf die Frequenz.

Wie intensiv noch die Erregung der Vagusenden im Herzen infolge der Hypophyseneinspritzung war, zeigte eine neue Reizung des Vagus mit 100 E.; der Blutdruck sank von 220 auf 38 mm, der Stillstand war diesmal vollkommen.

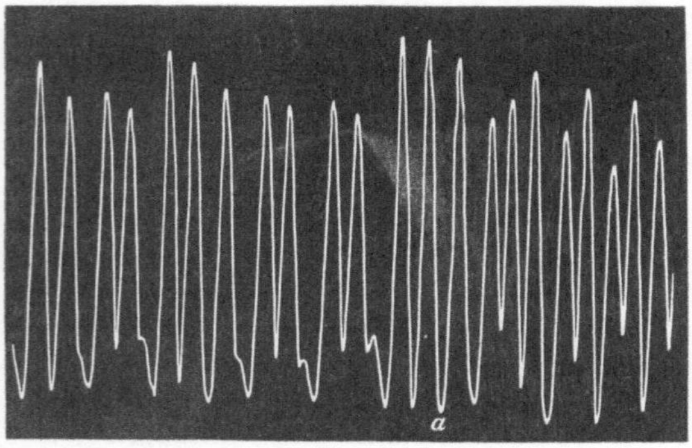

Die Einspritzung von 4 ccm einer 40 prozentigen Jodnatriumlösung vermochte nicht die Erregbarkeit der Vagi aufzuheben. Dagegen rief eine erneute Einspritzung von 10 ccm Hypophysenextrakt eine Minute nach der Einspritzung eine Reihe von Aktions pulsen hervor, die mehrere Minuten anhielt und nach kurzer Unterbrechung durch häufige kleine Pulse mehrmals von neuem erschien.

Fig. 69. Verlangsamung der Herzschläge bei demselben Hunde nach Einspritzung von Hypophysenextrakt bei *a*.

Als diese Reihen aufhörten, etwa 15 Minuten nach der letzten Einführung des Hypophysenextraktes, vermochten 2 mg Atropin die Vagi erregungsunfähig zu machen.

Noch ein Versuch soll zur Demonstration der Hypophysenreihen hier angeführt werden. Das benutzte Extrakt wurde schon am 23. Februar verwendet; der hier folgende Versuch wurde am 20. Mai angestellt. Das gelöste Extrakt behielt also während 3 Monaten seine volle Wirksamkeit.

Das Hauptinteresse dieses Versuches besteht aber darin, daß in ihm die Reihen der Aktionspulse auftraten, trotzdem die Vagi und Depressoren durch vorherige Einspritzungen von Atropin unwirksam gemacht worden waren.

Versuch 20. Das zum Versuche benutzte Kaninchen war nicht strumös und hatte erregbare Depressoren und Vagi. Der Blutdruck war ziemlich erhöht durch die vorherige Einspritzung eines besonderen Hypophysenextraktes, das zwar die blutdrucksteigernde Wirkung be-saß, aber ohne Einfluß auf die Frequenz und Stärke des Herzschlages war[1]). Der im Beginn vorhandene Blutdruck von 122 mm war im Moment, als die Einführung des am 23. Februar hergestellten Extraktes vorbereitet wurde, längere Zeit konstant auf 182 mm stehen geblieben.

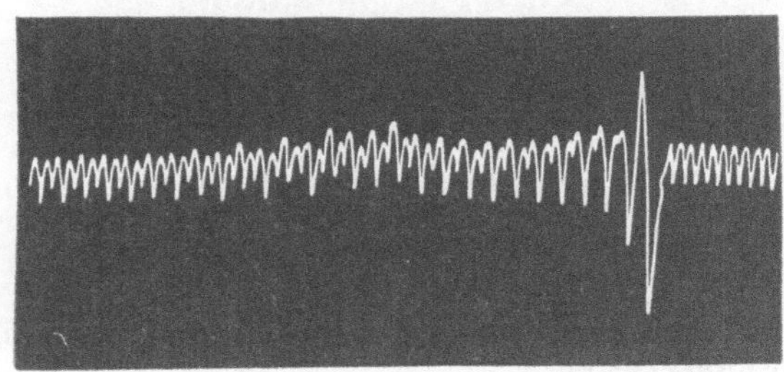

Fig. 70. Hypophysenreihe nach der Durchschneidung beider Vagi beim Hunde.

Die Zahl der Herzschläge war im Beginn des Versuches 34 in 10 Sekunden, die der Atmungen 10 in 10 Sekunden. Die Einspritzung von 3 ccm des 5 prozentigen Extraktes verstärkte die Pulse allmählich und verlangsamte sie auf 24 und auf 18 in 10 Sekunden. Die Exkursionshöhe der Pulse stieg von 5—6 mm auf 15—16 mm. Traubesche Wellen traten auf. Die Einspritzung von 0,4 mg Atropin beschleunigte die Pulse und brachte die Traubeschen Wellen zum Verschwinden; Pulse 32 in 10 Sekunden, Atmungen 8 in 10 Sekunden. Der Blutdruck sank allmählich auf 138 mm. Der Depressor wurde ganz unwirksam. Reizung des Vagus erzeugte nur eine minimale Drucksenkung. Eine nochmalige Einspritzung von 0,3 mg Atropin machte die Vagi vollkommen unwirksam. Nun wurden allmählich 10 ccm des Hypophysenextraktes eingespritzt. Der Bultdruck stieg bis auf 192 mm, die Pulse wurden bedeutend verstärkt; ihre Zahl blieb anfangs ganz unverändert, 32—30 in 10 Sekunden, um dann plötzlich, 80 Sekunden nach der Einspritzung, in eine Reihe großer

---

[1]) Ich komme auf diese Art Extrakte später noch zurück.

Aktionspulse überzugehen von 28—34 mm Exkursionshöhe, statt der früheren 8 mm, und dies, trotzdem die Vagi und

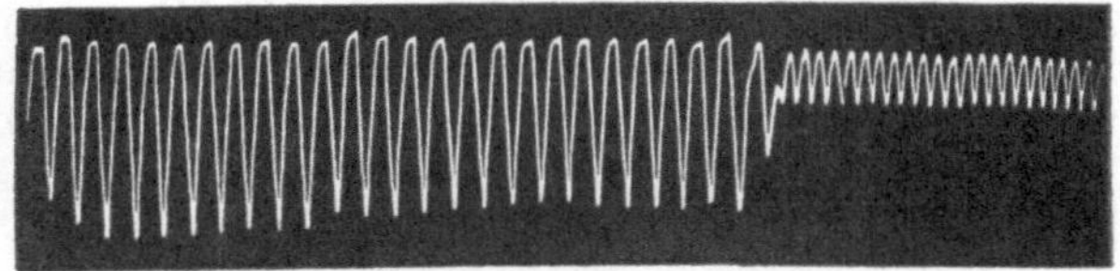

Fig. 71. Hypophysenreihe beim Hunde. (Versuch 19.)

Depressoren sich noch 10—20 Sekunden vorher als ganz unerregbar erwiesen hatten. Die Kurve 72 gibt am besten eine klare Vorstellung von der Plötzlickeit dieses Überganges.

Die Reihe dauerte 75 Sekunden und hörte, wie die Kurve 73 zeigt, ebenso plötzlich auf.

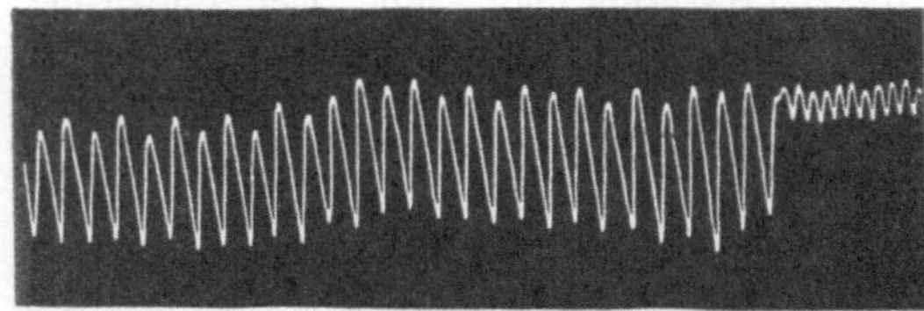

Fig. 72. Hypophysenreihe beim Kaninchen, Anwendung eines 5 prozentigen Extraktes, das bei Siedehitze zubereitet wurde. (Versuch 20.)

Der Maximaldruck war während der Reihe 200 mm, nach dem Übergang sank der Druck auf 192 mm, während die kleinen beschleunigten Pulse 42 in 10 Sekunden waren.

Nach 45 Sekunden wurden die Pulse von neuem unregelmäßig, es traten abwechselnd acceleratorische Pulse mit Vaguspulsen und auch Pulsus bigemini auf, und nach weiteren 40 Sekunden begann von neuem eine Reihe von Aktionspulsen. Reizung des Vagus während dieser Reihe blieb, wie Kurve 74 zeigt, ohne jeden Erfolg.

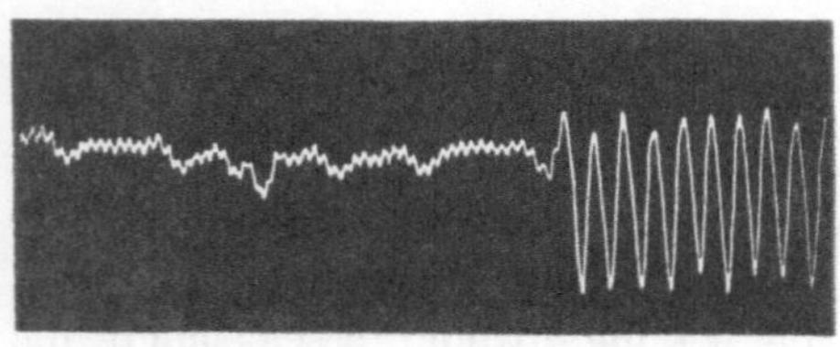

Fig. 73. Ende dieser Reihe nach 75 Sekunden.

Nachdem diese Reihe 80 Sekunden gedauert hatte, wurden dem Tiere von neuem 0,6 mg Atropin eingespritzt. Die Reihe wurde nicht unterbrochen, im Gegenteil: 20 Sekunden nach der Einspritzung wurden die Aktionspulse etwas stärker, um nach weiteren 16 Sekunden plötzlich aufzuhören.

Als die Reihe nach etwa 20 Minuten zum dritten Male in derselben Form erschien, wurde auch der linke Vagus durchschnitten; dies übte auf den Verlauf der Kurve keinerlei Einfluß aus. Nach Aufhören der Reihe vermochte die Reizung des Vagus nur Drucksenkungen zu erzeugen. Reizung des Depressors rief eine ziemlich beträchtliche Senkung, von einer bedeutenden Drucksteigerung gefolgt, hervor; darauf kam noch eine vierte Reihe von Aktionspulsen von mehr als 1 Minute Dauer.. Diese vierte Reihe wurde durch eine längere Reizung des peripheren Sympathicus unterbrochen.

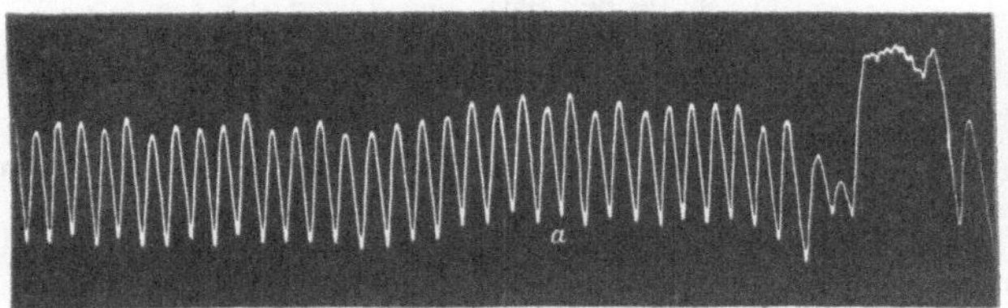

Fig. 74. Wirkungslose Vagusreizung bei *a* während der Hypophysenreihe nach Atropinvergiftung.

Zur Vervollständigung des Bildes der eigentümlichen Reihen, welche das Hypophysenextrakt erzeugt, soll noch ein Versuch (21) angeführt werden mit einem Hypophysenextrakt, dessen

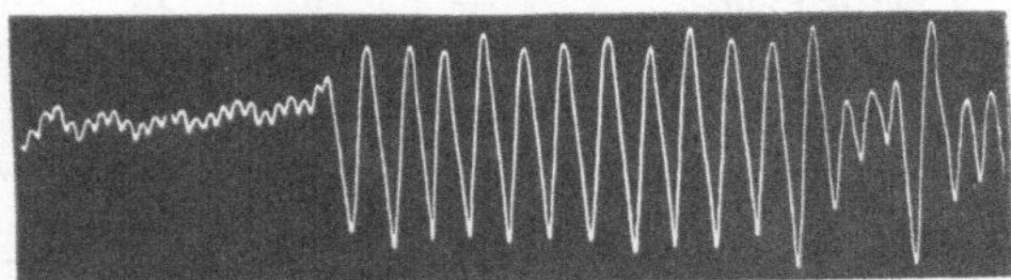

Fig. 75. Verstärkung der Herzschläge während einer Hypophysenreihe durch eine neue Atropinzufuhr.

Reihen einen von den früheren Reihen abweichenden Charakter zeigen. Atropinvergiftung lähmte die Vagi und der Hypophysenextrakt vermochte die lähmende Wirkung wieder aufzuheben.

Versuch 21.

Großes Kaninchen. Schilddrüsen normal. Keine Narkose. Verwendung zweier Extrakte: A. bei 140° C. im Autoklaven zubereitet; Konzentration 5%. B. 10 prozentige Lösung, bei Siedehitze hergestellt.

Tabelle XVI.

Versuch 21	Reizstärke	Blutdruck in mm Hg.	Zahl der Herzschläge in 10 Sek.	Atmungen in 10 Sek.	Bemerkungen
Beginn des Versuches .	—	134	36	10—11	
1. Einspritzung v. 5 ccm d.HypophysenlösungA	—	100-130-100	36	10	
Nach 30 Sekunden . .	—	110—92	36	12	Puls unregelmäßig; bigeminus.
Nach weiteren 20 Sek..	—	102—84	9—24?	12	Respirationswellen verschwunden. Auftreten von Reihen; Aktionspulse durch beschleunigte unterbrochen (Kurve 76).
Nach weiteren 50 Sek. Reihe von Aktions- u. Bigeminuspulsen . .	—	94	14	—	Diese Reihe dauert 104 Sekunden.

Tabelle XVI (Fortsetzung).

Versuch 21	Reizstärke	Blutdruck in mm Hg.	Zahl der Herzschläge in 10 Sek.	Atmungen in 10 Sek.	Bemerkungen
Darauf	—	102	34—36	10	Rückkehr zur normalen
Nach 65 Sekunden . .	—	120	36	11	Blutdruckkurve.
2. Einspritzung von 5 ccm Lösung A	—	88—144	36	12	
Einspritzung von 0,4 mg Atropin	—	92	18	—	15 große Aktionspulse von kleinen Doppelpulsen gefolgt.
Darauf allmähliche Einspritzung v. 0,4, 0,6 usw. Atropin; in toto 4 mg Atropin	—	92	18	—	Jeder Aktionspuls von
2 Minuten später . . .	—	104	6	—	unzählbaren kleinen Pulsen unterbrochen.
Nach der Reihe	—	110	36	—	Vor der Rückkehr zur
Reizung des Vagus . .	300	108	36	—	Norm Pulsus bigeminus.
3. Einspritzung von 5 ccm Hypophysenlösung A	—	98	36	—	
Reizung des Vagus . .	100	88—106	16	—	Große Vaguspulse.
Nach der Reizung . .	—	108	10*	—	Pulsus bigeminus.
Darauf	—	108	36	12	
Reizung des Vagus . .	300	92	20	—	Vaguspulse von 10 mm
Reizung des Vagus . .	400	94	18	—	Höhe.
4. Einspritzung von 5 ccm Hypophysenlösung A .	—	116	38	—	
Reizung des Vagus . .	400	90	13	—	Sehr große Vaguspulse
1. Einspritzung von 3 ccm 10 prozentiger Hypophysenlösung B . . .	—	124	36	—	von 30 mm Exkursionshöhe.
Reizung des Vagus . .	400	46	2—4	—	Stillstand von 4 Sek.
Während 1 Min. Reizung	—	156	26	—	Volle Pulse.
Einspritzung von 1 mg Atropin	—	144	36	—	Kleinere Pulse.
Reizung des Vagus . .	400	140	30	—	
2. Einspritzung von 6 ccm Hypophysenlösung B .	—	166	28	—	Volle Pulse.
Reizung des Vagus . .	—	140	14	—	Große Vaguspulse von 24 mm Höhe.
Nochmalige Reizung des Vagus	400	108	10	—	Vaguspulse von 40 mm
Nach der Reizung . .	400	144	26	—	Höhe.
Durchschneidung d. rechten Vagus	—	146	26	—	
Durchschneidung d. linken Vagus	—	140	28	—	Die Pulse bleiben voll und stark.

Wie aus der Tabelle ersichtlich, war die bis zu 140° C gekochte Flüssigkeit noch imstande, eigentümliche Aktionspulse zu erzeugen; im Gegensatz zu dem gewöhnlichen, bei Siedehitze zubereiteten Extrakte rief sie aber keine Drucksteigerung, sondern eher eine Drucksenkung hervor. Die Reihen waren kurz: 1—8 Aktionspulse waren durch eine größere Anzahl kleiner, beschleunigter Pulse unterbrochen.

Die allmähliche Einspritzung von 0,4; 0,6; 0,2 mg Atropin vermochte
die Reihe nicht zu unterbrechen; bei ferneren Einspritzungen von Atropin
wurden aber die Aktionspulse kleiner, nahmen den Charakter des Pulsus
bigeminus an und verschwanden vollständig, als im ganzen 4 mg Atropin

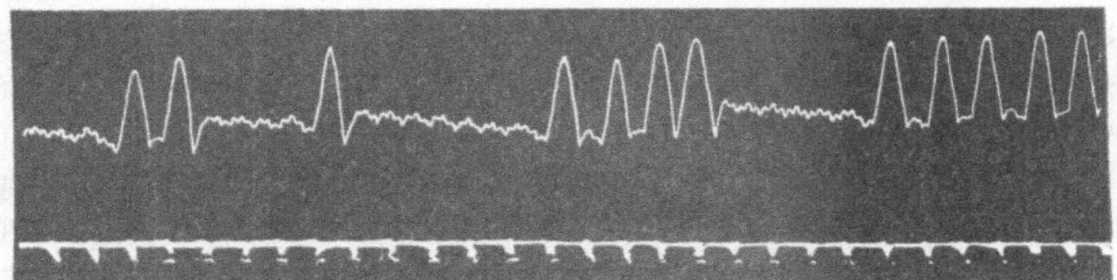

Fig. 76. Hypophysenreihe nach Einspritzung eines bei 140° C im
Autoklaven hergestellten Extraktes.

eingeführt waren. Reizung des Vagus vermochte die Pulsschläge nicht
zu beeinflussen. Erst nach einer neuen Einspritzung des Extraktes
konnte die Erregbarkeit der Vagi so weit hergestellt werden, daß durch
ihre elektrische Reizung große Verlangsamungen, aber kein Stillstand
erzeugt wurden. Dagegen vermochte nach Einführung von
3 ccm des 10prozentigen, bei Siedehitze gewonnenen Extraktes die Vagusreizung auch einen kurzen Stillstand zu
erzielen; ein Erfolg, wie er durch Einführung von Jodothyrin mir nie gelingen wollte.

Der Ursprung der beschriebenen Reihen sowie deren Analogie
mit den Perioden von Herzschlägen, welche Luciani bei Fröschen
beschrieben hat, wird in den nächsten Paragraphen näher erörtert
werden. Hier soll nur noch konstatiert werden, daß ich sie nur bei
Anwendung der stark wirkenden Hypophysenextrakte beobachtet habe,
so wie man diese nur bei Siedehitze oder bei noch höherer Temperatur erhält. Wenngleich die Natur der Veränderungen des Herzschlages und des Blutdruckes im allgemeinen dieselbe blieb, so sind
doch die bei 38—40° C digerierten Extrakte viel weniger wirksam.

Wie ich schon früher her-
vorgehoben, sind die Gly-
cerinextrakte aus frischen
Hypophysen die am wenig-
sten wirksamen. Sie er-
zeugen gewöhnlich eine
kleine, nur vorübergehende
Verstärkung der Herz-
schläge mit einer kaum
merklichen Erhöhung des
Blutdruckes. Von den wäs-

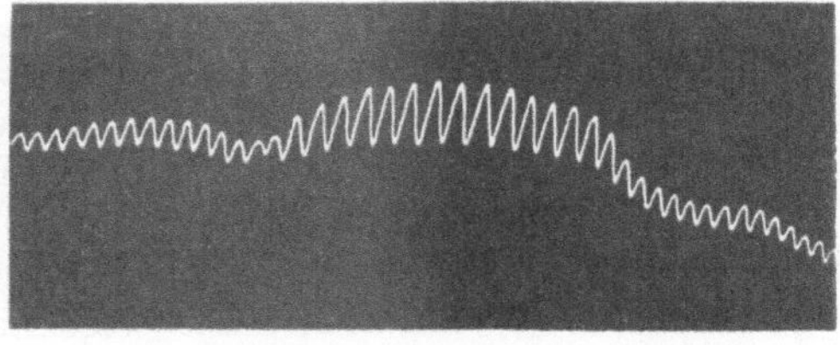

Fig. 77. Hypophysenreihe bei einem 10prozen-
tigen Extrakt aus frischen Hypophysen bei 40° C.

serigen Extrakten, durch Digerieren bei 38—40° C erhalten, sind die aus
vorher getrockneten Hypophysen bedeutend wirksamer als die von
frischen Hypophysen. Die beiden beiliegenden Kurven 76 und 77, an
demselben Tiere erhalten, demonstrieren am besten die Veränderungen

der Blutdruckkurven, welche von diesen beiden Extrakten bewirkt wurden.

Wie schon aus den Kurven 56 bis 59 des Versuches 17 ersichtlich, liegt das Charakteristische dieser Veränderungen hauptsächlich darin, daß sie wellenartig auftreten, d. h. daß die Einspritzung dieser Extrakte eine Reihe regelmäßiger periodischer Druckerhöhungen und Drucksenkungen erzeugt, wobei die maximalen Steigerungen des Herzschlages mit den ersteren zusammenfallen. In meinen Untersuchungen[1]) über den Ursprung der Traubeschen Wellen habe ich dargelegt, daß diese wellenartigen Schwankungen von Erregungen der Depressoren in ihren peripheren oder zentralen Enden herrühren. Es war daher von Interesse, zu prüfen, wie sich die Erregbarkeit dieser Nerven unter dem Einflusse dieser letzteren Extrakte verhält. Es stellte sich auch wirklich heraus, daß ausnahmslos in all den Fällen, wo nach Einführung von Hypophysenextrakten Traubesche Wellen entstehen, die Erregbarkeit der Depressoren bedeutend erhöht wurde.

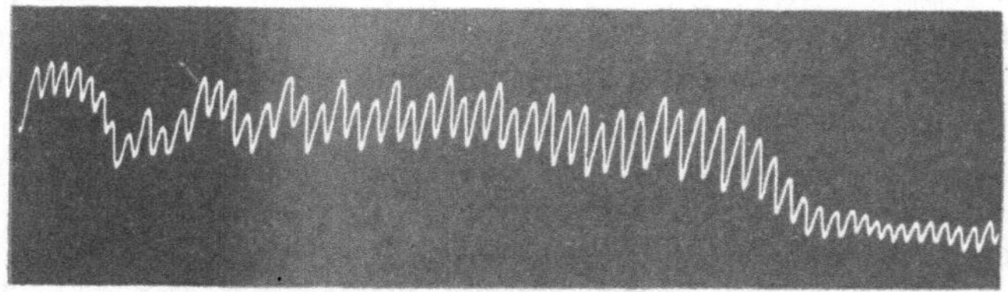

Fig. 78. Hypophysenkurve: dieselbe Lösung aus getrockneter
Hypophyse bei 40° C.

Im Versuche vom 25. Februar, von welchem die eben angeführten Kurven herrühren, war die Erregbarkeit der Depressoren unter dem Einflusse der sukzessiven Einspritzungen von Hypophysenextrakten so hoch gestiegen, daß deren gleichstarke Reizung, welche im Beginn den Blutdruck von 130 mm auf 100 mm herabsetzte, am Ende Drucksenkungen von mehr als 60 mm erzeugte. Dabei ist noch hervorzuheben, daß in letzterem Fall der Blutdruck bei der Reizung beträchtlich erhöht war, von 130 auf 157. Bekanntlich wird die Reizung der Depressoren bei starken Erregungen des Gefäßnervenzentrums, z. B. bei Asphyxien, und mehr noch bei der Einführung von Nebennierenextrakten, wie wir später sehen werden, fast ganz unwirksam, sobald die Blutdruckhöhe wesentlich zunimmt. In diesen wie übrigens auch in allen anderen Beziehungen besteht also ein wesentlicher Gegensatz zwischen den Wirkungen der Extrakte aus diesen beiden Gefäßdrüsen.

Da das Hypophysenextrakt gewöhnlich auch die Erregbarkeit der Vagi beträchtlich steigert, so ist es begreiflich, daß die Depressor-

---

[1]) Siehe meine Beiträge zur Physiologie der Schilddrüse und des Herzens, 10. Abschnitt, und „Die Nerven des Herzens". Kap. III.

reizungen gleichzeitig mit der beträchtlichen Drucksenkung auch eine enorme Verlangsamung der Pulse erzeugen müssen. Dies ist in der Tat auch der Fall; die bei der Depressorreizung in solchen Fällen erhaltenen Vaguspulse tragen ganz den Charakter von Aktionspulsen.

Schon der bloße Anblick der in dieser Abhandlung mitgeteilten Kurven weist notwendig auf die großen Analogien hin, welche zwischen den Wirkungen der Hypophysenextrakte und denen des Muscarins, namentlich in bezug auf die gewaltige Vergrößerung und Verlangsamung der Herzschläge, bestehen. Die einzige, wirklich auffallende Differenz zwischen den Blutdruckkurven dieser beiden Substanzen rührt von der Verschiedenheit in der Höhe des Blutdruckes her; bei Muscarinvergiftung sinkt dieser Druck, bei der Einführung von Hypophysenextrakt steigt der Blutdruck mehr oder weniger beträchtlich.

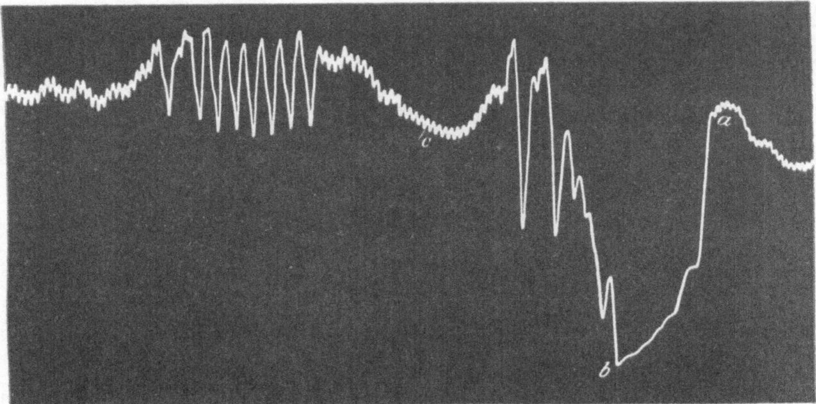

Fig. 79. *a* Reizung des Vagus; *b* Ende der Reizung; *c* Einspritzung von Muscarin.

Wie würde sich die Kurve der Muscarinvergiftung gestalten, wenn gleichzeitig eine blutdruckerhöhende Substanz in den Blutlauf gelangte? Im Kapitel IV werden derartige Versuche mit gleichzeitiger Einführung des Muscarins und der Nebennierenextrakte mitgeteilt und die bedeutenden Modifikationen gezeigt werden, welche dabei in den Wirkungen dieser Substanzen entstehen.

Aber auch die Substanzen, welche weniger erregend auf den Blutdruck wirken als das Nebennierenextrakt, vermögen die Wirkungen des Muscarins so weit zu modifizieren, daß sie fast den Charakter der Hypophysenwirkungen annehmen. Ich hatte mehrmals Gelegenheit, bei den oben angeführten Versuchen über den Antagonismus zwischen Muscarin und Jodnatrium Blutdruckkurven zu erhalten, welche solche evidente Analogien zeigen. Dies ist z. B. schon der Fall in der Kurve 22, welche von dem Versuche vom 15. Februar herstammt[1]: diese Kurve

---

[1]) Siehe Kapitel I, § 5, Seite 61.

macht den Eindruck eines Bruchstückes einer der oben angeführten Hypophysenreihen.

Die Analogien in diesem Versuche gingen aber noch weiter. Wurde das Muscarin in einem Moment eingespritzt, wo der Blutdruck künstlich erhöht war, so äußerte sich die Wirkung dieses Giftes in dem Entstehen von Reihen, welche eine frappante Ähnlichkeit mit den Hypophysenreihen zeigten. Bei dem großen theoretischen Interesse solcher Reihen will ich hier eine Kurve dieses Versuches wiedergeben. Das zum Versuch benutzte Tier war ein großes ausländisches Kaninchen, das keine Struma hatte. Die erste Einführung von Muscarin geschah gerade in dem Augenblicke, wo der Blutdruck infolge der Nachwirkung der Vagusreizung sehr hoch gestiegen war. Kurve 80 zeigt die erste Gruppe.

Als die druckerhöhende Nachwirkung geschwunden war, traten die Muscarinpulse auch bei niedrigem Drucke auf. Nun wurde dem Tiere Jodnatrium eingespritzt; die Aktionspulse hörten auf, die Vagi werden unerregbar, der Blutdruck stieg in die Höhe. Darauf wurden von

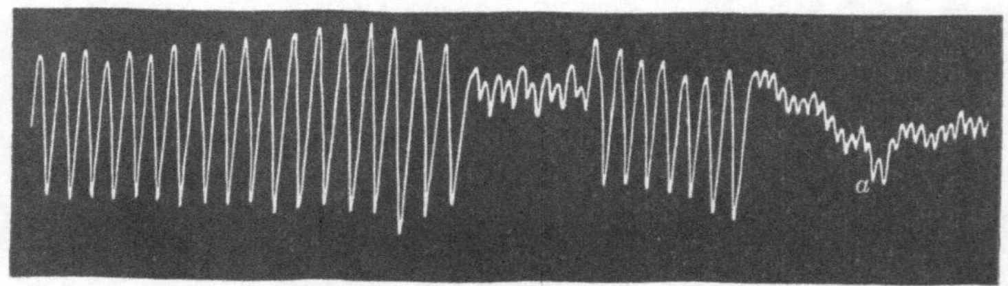

Fig. 80. *a* Einspritzung von Muscarin, nach Jodnatrium.

neuem 0,2 mg Muscarin eingespritzt; die Kurve 80 zeigt von neuem das Auftreten einer Reihe, die mit der Hypophysenreihe identisch ist.

Die eben erwähnte Kurve 22 zeigt den Effekt der Reizung der Vagi während einer solchen Reihe; die plötzliche Verstärkung und Verlangsamung der Pulse erinnert an ganz ähnliche Erscheinungen während der Hypophysenreihen.

Zur Zeit dieses Versuches kannte ich die Hypophysenreihen noch nicht genauer. Später stellte ich einige Versuche ad hoc an, um die Wirkungen des Muscarins und der Hypophysenextrakte bei demselben Tiere vergleichen zu können.

Hier ein ähnlicher Versuch, welcher in mehreren Punkten besonderes Interesse verdient.

Versuch 22.

Altes strumöses Kaninchen. Morphiumnarkose. Tracheotomie. Die Herznerven am Halse präpariert. Zur Verwendung kam ein frisch aus Kalbshypophysen bei 38° C zubereitetes Präparat, zuerst in 10prozentiger Lösung, darauf in stärkerer Konzentration.

Sämtliche Herznerven waren ziemlich erregbar; 112 mm Blutdruck, 40 Pulse in 10 Sekunden, die für strumöse Tiere charakteristischen periodischen Wellen sehr deutlich ausgeprägt. Reizung des Vagus mit 100 E. verlangsamte die Pulsschläge auf 12 in 10 Sekunden; Minimum des Blutdruckes 34 mm. Die Depressorreizung ließ den Blutdruck auf 66 mm, die Herzschläge auf 28 in 10 Sekunden heruntergehen. Die Einspritzung von 4 ccm des 10prozentigen Hypophysenextraktes erhöhte den Blutdruck auf 124; die Herzschläge blieben unverändert an Zahl und Stärke. Die Einführung eines Kubikzentimeters der stark konzentrierten Lösung erhöhte vorübergehend den Druck auf 180 mm.

Die Zahl der Herzschläge wurde etwas beschleunigt (44 in 10 Sekunden); ihre Stärke nahm zu. Eine zweite gleichstarke Einspritzung derselben Flüssigkeit verlangsamte die verstärkten Pulse auf 30 in 10 Sekunden. Der Blutdruck erhielt sich auf 130 mm. Als die verlangsamende Wirkung vorüber war, erzeugte Reizung des Vagus mit 100 E. eine Verlangsamung auf 10 in 10 Sekunden und darauf zwei Stillstände von 2 und 4 Sekunden Dauer. Der Blutdruck sank auf 14 mm. Reizung des Depressors mit 100 E. erzeugte eine Senkung des Blutdruckes auf

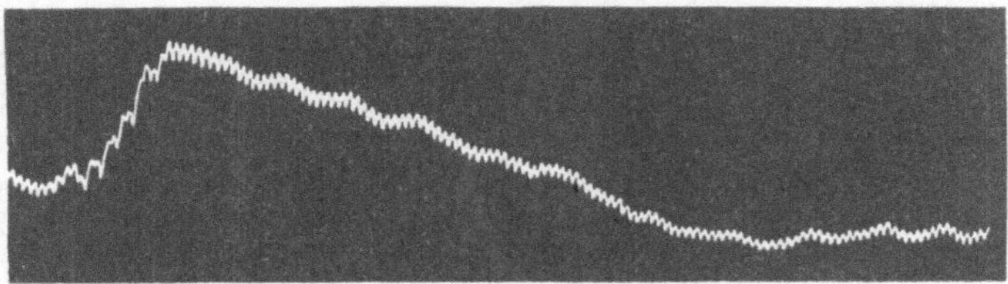

Fig. 81. Drucksteigerung ohne Veränderung des Herzschlags bei Einführung einer konzentrierten Lösung aus frischer Kalbshypophyse. (Versuch 22.)

60 mm, eine Verlangsamung auf 20 in 10 Sekunden und große Vaguspulse.

Bei einem Blutdruck von 110 mm und 36 Schlägen in 10 Sekunden wurde dem Kaninchen 0,5 mg Muscarin eingespritzt. Der Blutdruck sank momentan, und nach ein paar Schlägen trat ein Stillstand ein, der 57 Sekunden dauerte; der Druck sank bis auf 14 mm. Die Einspritzung von 3 ccm Jodnatrium (in 40prozentiger Lösung) brachte das Herz von neuem zum Schlagen: zuerst 10 und dann 20 Schläge in 10 Sekunden. Die beiliegende Kurve 82 gibt von dem Vorgange Rechenschaft.

Eine erneute Einspritzung von 2 ccm Jodnatrium ließ den Druck noch mehr in die Höhe gehen und während mehrerer Minuten hatte die Blutdruckkurve ganz den Anschein einer Hypophysenkurve.

Die zunehmende Salivation, der Eintritt des Lungenödems zeigten deutlich, daß die Muscarinwirkung auch bei dem hohen durch Jodnatrium erzeugten Druck fortdauerte. Dies wurde auch durch die große Erregbarkeit der Depressoren und der Vagi bestätigt. Die Kurve 84 zeigt den Erfolg der letzteren Reizung: eine Verstärkung der Exkursionshöhe um das Dreifache und eine Verlangsamung von 17 auf 12 in 10 Sekunden.

Der Maximaldruck auf der Höhe der Systolen war bedeutend höher als vor der Reizung. Am Ende des Versuches zeigte das Tier 176 mm Blutdruck, 25 Pulsschläge in 10 Sekunden von 10 mm Exkursionshöhe und regelmäßig Traubesche Wellen.

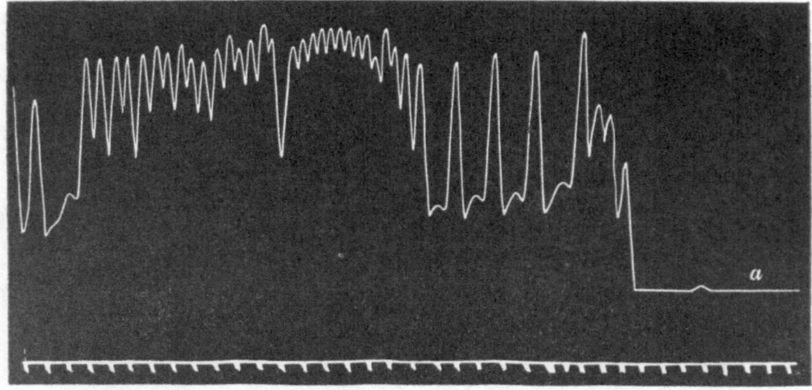

Fig. 82. 57 Sekunden langer Stillstand des Herzens nach Einführung von 0,5 mg Muscarin. Bei *a* Einspritzung von 2 ccm Jodnatrium in 40 prozentiger Lösung und Wiederbelebung des Herzens. (Versuch 22.)

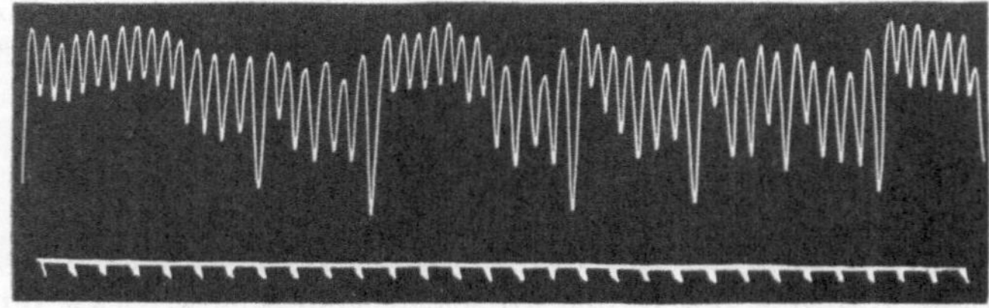

Fig. 83. Eine der Hypophysenkurve analoge Muscarinkurve nach Einführung von Jodnatrium.

Im allgemeinen also hat sich das Muscarin ganz analog dem wirksamen Hypophysenextrakt verhalten, sobald seine drucksenkende Fähigkeit durch die druckerhöhende Wirkung des Jodnatriums aufgehoben wurde.

Dieser Versuch zeigte mir ferner zum ersten Male, daß die Erhöhung des Blutdruckes auch ohne jede Veränderung in der Zahl und Stärke der Herzschläge die alleinige Folge der Einführung von Hypophysenextrakten sein kann. Das Gegenteil, eine Verstärkung der Herzschläge ohne namhafte Erhöhung des Blutdruckes, tritt schon häufiger auf. Da also jede dieser beiden Wirkungen unabhängig von der anderen sich einstellen kann, so drängt sich die Frage auf, ob dieses Extrakt nicht zwei verschiedene Substanzen enthält, von denen die eine auf das Herz, die andere auf die Blutgefäße wirkt. Denn daß der Wegfall der herzstärkenden Wirkungen bei der Anwendung gewisser Extrakte in diesen und in anderen ähnlichen Fällen nicht von einer Unfähigkeit des Herznervensystems abhängig war, geht ja mit Deutlichkeit aus der Tatsache hervor, daß die nachherige Einspritzung von Muscarin sowohl die Herzschläge zu verlangsamen als auch große Aktionspulse hervorzurufen imstande war.

Es mußte daher der Versuch gemacht werden, aus den Extrakten der Hypophyse selbst wenn nicht die beiden Substanzen isoliert darzustellen, so doch wenigstens die Bedingungen zu eruieren, unter welchen die eine oder die andere dieser Substanzen allein ihre Wirksamkeit zu äußern vermochte. Die nach dieser Richtung hin angestellten Versuche werden im nächsten Paragraphen behandelt.

In Anbetracht der interessanten Beobachtung von Howell, daß er wirksame Extrakte nur aus dem „Infundibular body" der Hypophyse zu erhalten vermochte, während Extrakte aus dem drüsigen

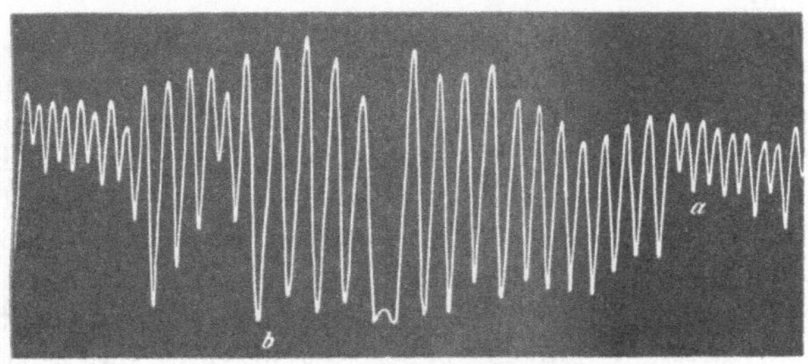

Fig. 84. Erfolg der Vagusreizung bei Muscarinvergiftung nach Einspritzung von Jodnatrium. *a* Beginn, *b* Ende der Reizung. (Versuch 22.)

Teile keine wesentlichen Veränderungen in der Zirkulation hervorzurufen schienen, wäre es angezeigt gewesen, in erster Linie noch genauer die Extrakte aus den beiden Teilen der Hypophyse auf ihre Wirkungen zu prüfen. Gewisse Abweichungen in den Reaktionen des Herzens und der Blutgefäße auf die Einführungen der Hypophysenextrakte ließen nämlich erkennen, daß es sich dabei nicht allein um individuelle Verschiedenheiten der Versuchstiere handelte. Bei ein und demselben Tiere erhielt man, wie ja schon aus einigen der mitgeteilten Versuchsreihen ersichtlich, oft ziemlich verschiedene Resultate.

Leider war es in Bern unmöglich, die Untersuchungen nach dieser Richtung hin zu verfolgen. Nur bei Hammeln und Rindern ist es möglich, die beiden Teile der Hypophyse genau voneinander zu trennen, um aus ihnen gesonderte Extrakte herzustellen. Es war aber in Bern nicht nur unmöglich, eine genügende Anzahl frischer Hypophysen zu erhalten, sondern die von Berner Tieren stammenden Organe sind meistens pathologisch stark verändert. Wie schon in den vorangehenden Paragraphen angedeutet, sind Entartungen der Hypophyse bei strumösen Tieren eine konstante Erscheinung; und es läßt sich nicht einmal mit Bestimmtheit behaupten, daß diese Entartungen immer sekundärer Natur sind. Bei Hunden wenigstens ist es mir häufig vorgekommen, eine vollständige Atrophie der auf der Sella turcica freiliegenden Hypophyse bei Tieren zu konstatieren, deren Schilddrüsen zwar nicht unwesentlich vergrößert, aber bei weitem noch nicht degeneriert waren. Bei strumösen Kaninchen findet man dagegen die Hypophyse meistens stark hypertrophisch und völlig funktionsfähig. Es ist daher für mich in hohem Grade wahrscheinlich, daß die bedeutend größere Resistenz der thyreoidektomierten Kaninchen im Vergleich mit ebensolchen Hunden eben zu der Verschiedenheit des Verhaltens ihrer Hypophysen in Beziehung steht. Ja, es fragt sich, ob nicht auch die individuellen Verschiedenheiten, welche als die Folgen der Thyreoidektomie bei Tieren von mehreren Autoren, wie z. B. von Hermann Munk in seiner letzten sorgfältigen Untersuchung[1]), hervorgehoben werden, nicht auf den jeweiligen Zustand der Hypophyse zurückzuführen sind.

Wie dem auch sei: bei der Schwierigkeit, in Bern eine genügende Anzahl frischer und gesunder Hypophysen zu erhalten, war eine weitere Verfolgung der Howellschen Beobachtung unmöglich. Bei meinen Versuchen mußte ich mehrmals sogar zu den im Handel befindlichen, getrockneten Hypophysenpulvern meine Zuflucht nehmen, unter welchen die von Merck in Darmstadt sich meistens sehr gut bewährt haben[2]). Um nun zu prüfen, ob die Hypophysenextrakte nur eine oder mehrere wirksame Substanzen enthalten, suchte ich die Bedingungen, unter denen sie zubereitet werden, möglichst zu variieren. Dr. Roßbach, früherer Assistent von Drechsel am medizinisch-chemischen Institut in Bern, war so freundlich, mehrere solcher Extrakte für mich zu bereiten und auch die chemischen Analysen sehr sorgfältig auszuführen. Er wird einige chemische Aufgaben, welche sich bei diesen Versuchen uns aufgedrängt haben, noch weiter verfolgen.

Wie mehrere, als Beispiele angeführte Versuche zeigen, ist die Temperatur, bei welcher die Extrakte erhalten wurden, von einem gewissen Einfluß auf deren Wirkungsweise. Bei 38—40° C digerierte Extrakte sind weniger wirksam als die bei Siedehitze erhaltenen. Besonders sind es die Erhöhungen des Blutdruckes, welche viel weniger anhaltend sind und sich meistens im Auftreten periodischer Schwankungen, wie wir sie in den Kurven 78, 82, 83, 84 finden, geltend machen. Die Verstärkungen und Verlangsamungen der Herzschläge erscheinen dabei auf der Höhe der Wellen. Das bei 140° C zubereitete Extrakt wirkte im Beginn wenigstens auf den Blutdruck auch etwas abweichend, indem es statt einer Erhöhung eine kleine Senkung des Blutdruckes erzeugte. Vergleiche von Extrakten, bei 96°, 103° und

---

[1]) Virchows Archiv. 1897.
[2]) Ich spreche nur von dem Merckschen Präparate, das als Hypophysis cerebri sicc. pulv. katalogisiert ist.

115° C zubereitet, welche an demselben Tiere gemacht wurden, ergaben keine wesentlichen Differenzen in der Stärke der Aktionspulse und in der Höhe der Blutdrucksteigerung. Nur traten beim Extrakt von 96° C die Reihen von Aktionspulsen, durch längere Acceleranspulse unterbrochen, viel regelmäßiger hervor.

Mehrere Anhaltspunkte lieferten vergleichende Versuche mit Extrakten, die bis zur Siedehitze gekocht und darauf mit Alkohol allein oder mit Alkohol und essigsaurem Bleioxyd enteiweißt wurden. Im allgemeinen äußerten diese enteiweißten Extrakte die nämlichen Wirkungen auf den Herzschlag wie die nicht enteiweißten, vielleicht mit einer mehr ausgesprochenen Tendenz, Pulsus bigeminus zu erzeugen; dagegen bestanden die Veränderungen des Blutdruckes eher in Senkungen. Die aufgelösten Eiweißrückstände übten gar keinen Einfluß auf die Herzschläge, vermochten aber (wie z. B. in Versuch 20) den Blutdruck stark in die Höhe zu treiben. In einigen Fällen, wo die Extrakte bedeutende Drucksenkungen veranlaßten, konnte letzteren durch die Durchschneidung der Depressoren Einhalt getan werden.

Die hier mitgeteilten Versuche machen das Vorhandensein zweier wirksamer Substanzen in der Hypophyse in hohem Grade wahrscheinlich, von denen die eine die Stärke der Herzschläge zu vergrößern und zu verlangsamen, die andere den Blutdruck durch Beeinflussung des vasomotorischen Systems in die Höhe zu treiben vermag. Die Verstärkung der einzelnen Herzschläge ist natürlich auch ihrerseits imstande, den Blutdruck zu heben. Diese Erhöhung überdauert aber wenig die Periode der Aktionspulse, während die Drucksteigerung mehr als Folge der Erregung der Vasomotoren erscheint, die, wenn sie auch mit den Perioden der Herzstärkung zusammentrifft, doch auch nach deren Verschwinden noch längere Zeit anzuhalten pflegt.

Die herzverstärkende, wirksame Substanz der Hypophyse, welche ich der Bequemlichkeit wegen als Hypophysin bezeichnet habe, ist jedenfalls die wichtigste. Die sonderbaren Veränderungen, welche sie im Herzschlage hervorruft, sind ganz eigentümlicher Art und kommen keinem der bekannten physiologischen Herzgifte zu. Die große funktionelle Bedeutung dieser eigentümlichen Veränderungen wird durch den Umstand dargetan, daß elektrische und mechanische Reizungen der Hypophyse, wie dies aus meinen ersten Untersuchungen hervorging, ganz analoge Wirkungen auf das Herz auszuüben vermögen, Wirkungen, welche es eben der Hypophyse gestatten, ihre physiologische Bestimmung als Schutzorgan des Gehirns zu erfüllen.

Die Aktionspulse, welche das Hypophysin erzeugt, sind so eigenartiger Natur, daß man deren Ursprung leicht erkennt, wenn sie auch unter anderen Verhältnissen auftreten. So z. B. hat mir das Auftreten solcher Pulse im Beginn der Einwirkung von Nebennierenextrakten den Verdacht erweckt, daß sie durch Erregung der Hypophyse erzeugt wurden. In der Tat genügte es, bei Kaninchen die Hypophyse zu zerstören, um das Auftreten dieser Pulse bei Einspritzung von Nebennierenextrakten zu verhindern, und dies bei erhaltenen Vagi. Bei Hunden, deren Hypophysen durch Erkrankungen funktionsunfähig gemacht waren, fehlten auch nach Nebenniereneinspritzungen die Verlangsamungen und Verstärkungen der Herzschläge, trotzdem die Vagi bei ihnen noch erregbar waren.

Diese Beobachtungen gestatteten mir, die vorübergehende Verlangsamung der Herzschläge auf ihren richtigen Grund zurückzuführen.

Auch reflektorische Erregungen der Hypophyse erzeugen Verstärkungen der Herzschläge mit oder ohne Beschleunigungen, welche ganz den Charakter der Aktionspulse der Hypophysenreihen besitzen. Solche Erregungen haben, wie wir später sehen werden, auch eine funktionelle Bedeutung.

Als tatsächliche Ergebnisse der Wirkungen des Hypophysins, insofern solche sich auf die Erzeugung von Hypophysenreihen beziehen, will ich aus den mitgeteilten Versuchen folgende hervorheben:

1. Die Reizungen und Durchschneidungen der Vagi vermögen das Auftreten der Hypophysenreihen nach Einspritzung von Hypophysenextrakten weder zu verhindern noch die schon entstandenen Reihen zu unterbrechen (z. B. Versuch 20).

2. Einspritzungen von Atropin, welche die Vagi vollständig unerregbar machen, heben die Hypophysenreihen nicht immer auf.

3. In Fällen, wo die vorherige Einführung von Hypophysenextrakten die lähmende Wirkung des Atropins auf den Vagus verhindert, kann der Charakter der Hypophysenreihen unter dem Einfluß des Atropins doch noch modifiziert werden, entweder indem die Aktionspulse durch Acceleranspulse unterbrochen werden, oder indem die Herzschläge zwar etwas verstärkt bleiben, aber doch zu häufig werden, um den Charakter der Aktionspulse beibehalten zu können. Mehrmals erhalten die Aktionspulse in solchen Fällen den Charakter des Pulsus bigeminus.

4. Die Reizung der beschleunigenden Nerven vermag die Aktionspulse der Hypophysenreihen durch beschleunigende Pulse zu ersetzen.

5. Häufig wird eine unterbrochene Hypophysenreihe durch die vorhergehende Reizung eines beliebigen Herznerven von neuem ausgelöst.

Die Diskussion des Ursprungs und der Bedeutung der Aktionspulse und der Hypophysenreihen erfolgt im Kapitel IV.

§ 11. Neue Folge der Versuche über die Wirkungen der Hypophysenextrakte.

Über die eigentümlichen Veränderungen, welche die Einführung von Extrakten der Hypophyse in der Tätigkeit des Herzens und der Gefäße erzeugt, ist ausführlich im vorhergehenden Paragraphen gehandelt worden. Hier sollen nun die Ergebnisse meiner Untersuchungen mit denen anderer Forscher verglichen werden, um die anscheinenden Widersprüche möglichst zu klären und auf ihre Ursachen zurückzuführen.

Zwei kurze, vorläufige Notizen über die Hypophysenextrakte waren vor meinen Untersuchungen erschienen. In der einen behauptete Szymonowicz, bei intravenöser Einführung von Hypophysenextrakt geringe Senkungen des Blutdruckes und Beschleunigungen der Herzschläge beobachtet zu haben. Dagegen sollte dasselbe Extrakt nach Oliver und Schäfer nur Blutdrucksteigerung, und zwar von derselben Natur wie beim Nebennierenextrakt, erzeugen, ohne aber die Herzschläge zu beeinflussen.

Die längere und sorgfältige Untersuchung von Howell über die Wirkungen der Hypophysenextrakte wurde fast gleichzeitig mit der meinigen ausgeführt und gelangte auch zu fast identischen Ergebnissen. Im Gegensatz zu den zuerst genannten beiden Forschern beobachtete ich nämlich, daß die Hypophysenextrakte auf den Herzschlag eine ganz gewaltige Wirkung ausüben, indem sie ihn bedeutend verlangsamen und verstärken. „Die Pulse", schrieb ich, „nehmen den Charakter der von mir sogenannten Aktionspulse an" (siehe oben). Die Angaben von Howell waren ganz derselben Natur; die von ihm mitgeteilten Kurven, besonders seine Kurve I, demonstrierten diese verstärkten und verlangsamten Pulsschläge bei intakten Vagi in ganz ausgeprägter Weise. Der Blutdruck stieg in dieser Howellschen Kurve auf der Höhe der Systolen um einige Millimeter, also nur infolge der Verstärkung der Herzschläge; der Mitteldruck erlitt kaum irgendwelche Änderung. Bei durchschnittenen Vagi (seine Kurve II) trat bei Howell die Steigerung des Blutdruckes mehr in den Vordergrund; aber auch hier waren die Herzschläge verstärkt und ein wenig verlangsamt, also ganz in Übereinstimmung mit meinen Resultaten.

Mit Recht schreibt Howell, daß diese Wirkung auf den Herzschlag „constitutes a marked difference between the effects of extracts of the infundibular body and the adrenal gland. This fact indicates moreover that extracts of the infundibular body affect the heart in part by acting on the cardio-inhibitory centra, and in part by a direct peripheral action exerted either upon the heart musculature or upon its intrinsic nerves".

Schon in der ersten Mitteilung (§ 1) wurde von mir hervorgehoben, daß die wirksame Substanz der Hypophyse imstande ist, die Vaguslähmenden Wirkungen des Atropins zu verhindern, resp. aufzuheben. Diese Fähigkeit des Hypophysins wurde dann in der nächsten Arbeit (§ 2) ausführlich studiert. Howell hat Ähnliches beobachtet, als er konstatierte, die Hypophysenextrakte vermögen eine Verlangsamung der Herzschläge zu erzeugen, trotz der vorhergegangenen Einführung von Atropin.

Dieser Antagonismus zwischen Atropin und Hypophysin bezeugt noch einen gewaltigen Unterschied zwischen der wirksamsten Substanz des Hirnanhangs und dem Nebennierenextrakte; denn, wie ich später zeigen werde (Kap. IV), wirkt letzteres auf die Vagi in gleichem Sinne wie das Atropin.

Wichtig ist es, daß Howell ebenfalls hervorhebt, wie bedeutend die Wirkungen des Hypophysenextraktes auf den Herzschlag diejenigen auf den Blutdruck überdauern, oft sogar während 20—30 Minuten. „It is curious that this effect should have been overlooked by previous observers."

Den Schluß von Oliver und Schäfer, die Extraktwirkungen sprächen gegen das Bestehen physiologischer Beziehungen zwischen der Hypophyse und den Nebennieren, bezeichnet daher Howell als „somewhat hastily".

In der allgemeinen Auffassung der physiologischen Bestimmung der von der Hypophyse abgesonderten Substanz herrscht gleichfalls eine erwünschte Übereinstimmung zwischen Howell und mir. „This organ may form a secretion of great importance to the functional activity of the circulatory organs." Schließlich soll noch die Beobachtung von Howell hervorgehoben werden, die auf die Zirkulationsorgane wirkende Hypophysensubstanz befinde sich vorzugsweise im Infundibularteile der Drüse.

Die Widersprüche zwischen den Beobachtungen von Oliver und Schäfer einerseits und denen von Howell und von mir andererseits legten den Gedanken nahe, jene Forscher hätten nicht mit dem identischen Präparat wie wir gearbeitet. Bei der Fortsetzung meiner Versuche überzeugte ich mich auch bald, daß man es in den Hypophysenextrakten mit verschieden wirkenden Substanzen zu tun hat:

„Wie mehrere als Beispiele angeführte Versuche zeigen," schrieb ich im vorigen Paragraphen (S. 188), „ist die Temperatur, bei welcher die Extrakte erhalten wurden, von einem gewissen Einfluß auf deren Wirkungsweise. Bei 38—40° C digerierte Extrakte sind weniger wirksam als die bei Siedehitze erhaltenen. Besonders sind es die Erhöhungen des Blutdruckes, welche viel weniger anhaltend sind und sich meistens im Auftreten periodischer Schwankungen, wie wir sie in den Kurven 78, 82, 83, 84 finden, geltend machen. Die Verstärkungen und Verlangsamungen der Herzschläge erscheinen dabei auf der Höhe der Wellen. Das bei 140° C zubereitete Extrakt wirkte im Beginn wenigstens auf den Blutdruck auch etwas abweichend, indem es statt einer Erhöhung eine kleine Senkung des Blutdruckes erzeugte. Vergleiche von Extrakten, bei 96°, 103° und 115° C zubereitet, welche an demselben Tiere gemacht wurden, ergaben keine wesentlichen Differenzen in der Stärke der Aktionspulse und in der Höhe der Blutdrucksteigerung. Nur traten beim Extrakt von 96° C die Reihen von Aktionspulsen, durch längere Acceleranspulse unterbrochen, viel regelmäßiger hervor." Darauf habe ich auf das Vorhandensein zweier wirksamer Substanzen hingewiesen, von denen die eine in Alkohol löslich, vorzugsweise die Herzschläge beeinflußt, indem sie sie verstärkt und verlangsamt, wobei die Veränderungen des Blutdruckes eher in Senkungen bestanden. „Die aufgelösten Eiweißrückstände übten gar keinen Einfluß auf die Herzschläge, vermochten aber den Blutdruck stark in die Höhe zu treiben (S. 189) . . ."

Die bei Siedehitze in physiologischer Kochsalzlösung zubereiteten Extrakte der Hypophyse enthalten beide wirksamen Substanzen. Die erste, die Herzschläge verstärkende Substanz, die ich als Hypophysin bezeichnet habe, überwiegt aber in der Beeinflussung der Blutzirkulation bei weitem die Wirkungen der zweiten.

Die Aktionspulse halten oft stundenlang entweder in unterbrochenen Reihen — den Hypophysenreihen — oder bei stärkerer Konzentration der Extrakte (15 prozentiger und mehr) auch ununterbrochen an, nachdem die etwaige im Beginn aufgetretene Blutdrucksteigerung längst geschwunden ist.

Augenscheinlich hat Howell vorzugsweise mit dieser wirksamen Substanz gearbeitet; dies folgt sowohl aus seinen Kurven als auch aus seinem Text.

Zwei Kurven aus Paragraph 10 dieses Kapitels (Fig. 71 und 72) sollen hier vergrößert wiedergegeben werden, welche die Wirkungen des Hypophysins beim Hunde und Kaninchen veranschaulichen.

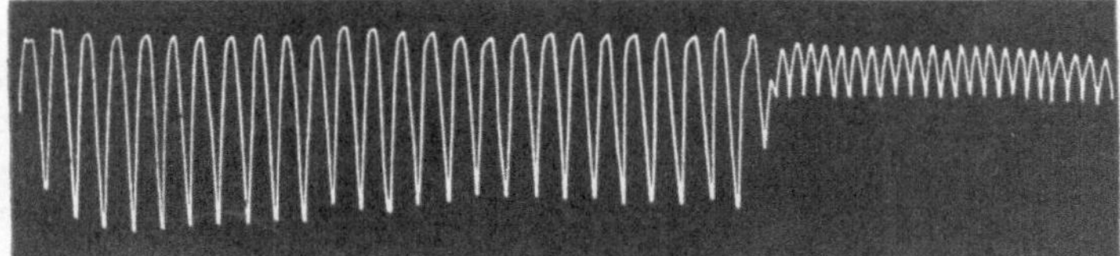

Fig. 85.

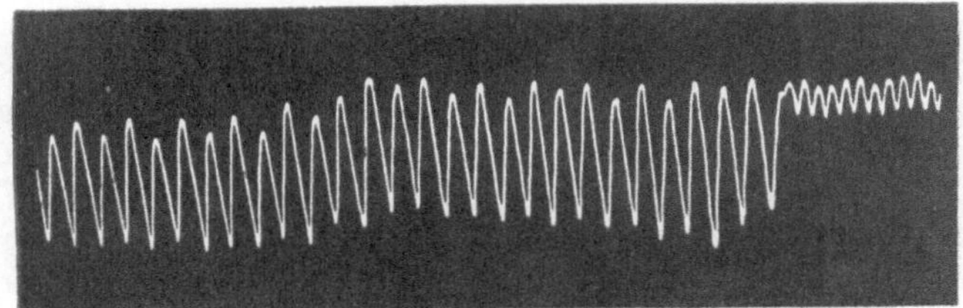

Fig. 86.

Es ist schon früher mehrmals gezeigt worden, daß das Hypophysin nicht nur auf die verstärkenden Fasern der Vagi sondern auch auf die Depressoren erregend wirkt. Die hier reproduzierten Kurven wurden bei Anwendung von Extrakten erhalten, die bei Siedehitze angefertigt waren: sie enthielten also gleichzeitig die beiden wirksamen Substanzen der Hypophyse. Wenn die Wirkungen des Hypophysins bei weitem diejenigen der zweiten wirksamen Substanz überwiegen, so liegt dies wahrscheinlich daran, daß die Erregung der Vagi und der Depressoren die drucksteigernden und pulsbeschleunigenden Einflüsse dieser zweiten Substanz zu überwältigen vermag. Erst in den Unterbrechungen der Hypophysen-Impulse kommen diese letzteren Einflüsse zum Vorschein, der Druck steigt, die Pulse werden beschleunigt und verkleinert. Die Annahme liegt also nahe: die Hypophysenreihen entstehen infolge eines

Kampfes zwischen den beiden wirksamen Substanzen, dem Hypophysin (Erregung der Vagi und Depressoren) und der zweiten, drucksteigernden Substanz (Erregung der Vasoconstrictoren und der Accelerantes).

Man muß bei solchen Studien von Extraktwirkungen nicht außer acht lassen, daß dabei außerordentlich große Mengen der wirksamen Substanzen eingeführt werden, wie dies bei der normalen Funktion der Hypophyse auch nur entfernt nie vorkommen kann.

Szymonowicz hatte es augenscheinlich mit der zweiten Substanz zu tun; er konnte daher die Wirkungen des Hypophysins nicht beobachten. Howell dagegen arbeitete vorzugsweise mit Lösungen, in welchen das Hypophysin überwog; er erhielt daher die für das letztere charakteristischen Aktionspulse. Die drucksteigernden Wirkungen traten bei ihm dagegen erst auf, wenn die beiden Vagi durchschnitten waren oder das Tier durch Atropin vergiftet war.

Man braucht nur die Tabellen, sowie die Kurven 66, 68, 70, 74, 75 aufmerksam zu studieren, um über die Natur der hier in Betracht kommenden Phänomene genügende Aufklärung zu erhalten. Dies zeigen z. B. die Kurven und die gewaltigen Veränderungen im Herzschlage nach Durchschneidung der Vagi bei einem Hunde, der sich unter dem Einflusse der beiden wirksamen Substanzen befand; in der Kurve 70 sieht man sogar einen Pulsus bigeminus auftreten. Bei der ausschließlichen Einwirkung der beiden wirksamen Substanzen auf die intrakraniellen Zentren der Herz- und Gefäßnerven kommen gleichzeitig Blutdrucksteigerung und bedeutende Verstärkung der Pulse zum Vorschein, wie dies z. B. im Versuch des vierten Teiles der physiologischen Herzgifte zu sehen ist (siehe auch Kap. IV, § 4). In diesem Falle wurde das Hypophysenextrakt nur in die Hirnzirkulation eingeführt; Wirkungen auf die intrakardialen Zentren waren ausgeschlossen. Bei dem hervorragenden Einflusse, welchen das Hypophysin auf diese letzteren sonst auszuüben pflegt, konnte in diesem Falle die Drucksteigerung viel leichter zum Ausdruck kommen.

Eine weitere Differenz zwischen dem Hypophysin und der drucksteigernden Substanz der Hypophyse äußert sich in ihrem Verhalten dem Atropin gegenüber: die letztere Substanz ist dem Atropin gegenüber machtlos. Eher könnte man gewissen Anzeichen nach schließen, sie wirke, wenn auch in schwachem Grade, auf die Vagi in demselben Sinne wie das Atropin.

In Anbetracht der so wesentlichen Differenzen in den Eigenschaften der beiden Substanzen der Hypophyse ist es klar, daß sie physiologisch nicht gleichwertig sind. Ja, es muß sogar die Frage gestellt werden, ob die zweite, blutdrucksteigernde Substanz auch als normales Produkt zu betrachten sei. Die Entscheidung dieser Frage begegnet großen Schwierigkeiten. Die folgenden Beobachtungen mußten bei einer solchen Entscheidung berücksichtigt werden. Bei der Anwendung von Glycerinextrakten treten vorzugsweise die Wirkungen des Hypophysins hervor; die Drucksteigerung ist sehr gering und scheint durch die etwas verstärkten Herzschläge erzeugt zu sein. Extrakte, zubereitet bei 38° bis 40°, wirken bei der ersten Einführung in geringem Maße sowohl auf den Herzschlag als auf den Blutdruck. Mit der Verstärkung der Dosen treten die Änderungen des Herzschlags viel mehr in den Vordergrund. Bei Siedehitze gekochte Extrakte zeigen am schönsten ausschließlich die Hypophysinwirkungen[1]). Die drucksteigernde Substanz wird erst aus diesen letzten Extrakten durch mehrfache Behandlung mit Alkohol und Äther erhalten; sie ist sowohl in Alkohol als in Äther unlöslich. Sie scheint wenig dialysierbar zu sein, im Gegensatz zu dem in Alkohol und Äther löslichen Hypophysin. Die blutdrucksteigernde Wirkung dieser zweiten Substanz erhält man auch bei Einspritzung vieler anderer tierischer Extrakte, wie z. B. des Renins (Tigerstedt), des Epinephrins (Abel) oder Adrenalins usw. Unter diesen Umständen ist die Möglichkeit nicht ganz ausgeschlossen, sie sei kein der Hypophyse eigentümliches Sekretionsprodukt. Jedenfalls ist ihre physiologische Bedeutung viel geringer als die des Hypophysins, dessen ganz eigentümliche Wirkungen auf das Herz mit denen der elektrischen und mechanischen Erregung der Hypophyse ihrem Wesen nach vollkommene Identität zeigen.

Das einzige physiologische Kriterium, welches wir bis jetzt besitzen, um Extrakte der Gefäßdrüsen als normale, ad hoc sezernierte Produkte betrachten zu können, liegt aber gerade in der Übereinstimmung ihrer Wirkungen mit der physiologischen Bestimmung der Organe, in denen sie gebildet werden. Das Zusammenwirken der mechanischen und chemischen Funktionen der Hypophyse läßt sich eben durch die Wirkungen, welche das Hypophysin auf die Zentren der Vagi und Depressoren ausübt, zur Evidenz nachweisen. Die Steigerung des Blutdruckes, welche die zweite Substanz erzeugt, würde eher die mechanischen Verrichtungen der Hypophyse hemmen, wenn sie nicht vorübergehend wäre und wenn sie nicht als Folge der relativ abnorm großen eingespritzten Mengen betrachtet werden müßte. Dagegen ist es von großer Bedeutung, daß die Wirkungen des Hypophysins auf das Herz stundenlang anhalten[2]).

In Anbetracht der auseinandergesetzten Tatsachen ist es von Interesse, die direkten Wirkungen des Hypophysenextraktes auf das isolierte Herz zu kennen. Karl Hedbom und Cleghorn haben in dieser Beziehung das gleichlautende Resultat erhalten, dieses Extrakt verstärke und verlangsame den Herzschlag. Die Kurven 6 und 16 auf seiner Tafel II, die Hedbom erhalten hat, zeigen Veränderungen des Herzschlags, die den von Howell und mir beobachteten ganz analog sind.

---

[1]) Die Belege sind in den Tabellen und Kurven des § 10 gegeben.

[2]) Nach den bisherigen Untersuchungen ist das Hypophysin höchst wahrscheinlich eine organische Phosphorverbindung. Die drucksteigernde Substanz sollte durch die Untersuchungen, welche Gamgee und ich angestellt haben, erforscht werden. Sie sind nicht zum Abschluß gelangt. Gamgee glaubte, diese Substanz sei stark eisenhaltig.

Ganz abweichend von allen diesen Beobachtungen sind die Angaben von Schäfer über die Wirkungen des Hypophysenextraktes. In seiner kurzen Notiz mit Oliver behauptete dieser Forscher, das Hypophysenextrakt übe dieselben Wirkungen auf den Blutdruck aus wie das Nebennierenextrakt, nur in etwas schwächerer Form. Auf das Herz solle es dagegen weder inhibitorisch noch acceleratorisch wirken. In einer neuen kurzen Mitteilung mit S. Vincent scheint Schäfer seine Ansichten über den letzten Punkt wesentlich geändert zu haben, wie gleich gezeigt werden soll.

Zuerst soll aber ein von diesen Autoren begangenes Mißverständnis richtiggestellt werden. Sie behaupten nämlich, daß ich die Wirkungen der Hypophysenextrakte einer direkten Erregung der Hypophyse zuschreibe[1]) und verweisen als Beleg auf meine Abhandlung im 72. Band des Archivs f. Physiol., wo nur von der reflektorischen Erregung der Hypophyse mittels Reizung der Nasenschleimhaut durch Ammoniakdämpfe die Rede ist! Auch in meinen Abhandlungen über das Hypophysenextrakt (siehe oben § 1 und § 10) befindet sich keine Spur der mir zugeschriebenen Ansicht. Dieses auffällige Mißverständnis veranlaßt sie zur folgenden Äußerung: „We have not performed any experiments either in the direction of stimulation or exstirpation of the hypophysis, but the results obtained by intravenous injections of pituitary extract tend in our opinion to point to an explanation different from that offered by Cyon."

In Wirklichkeit nimmt jetzt Schäfer auch die Existenz zweier wirksamen Substanzen in den Hypophysenextrakten an, wie ich dies in meiner Untersuchung von 1898 (siehe § 10) getan habe. Er bestreitet auch nicht mehr deren Wirkungen auf den Herzschlag. Die eine dieser Substanzen, welche Schäfer und Vincent als „Pressor substance" bezeichnen, scheint identisch mit der zweiten von mir beschriebenen drucksteigernden Substanz zu sein. Auf die Existenz noch einer anderen wirksamen Substanz (Depressor substance) schließen diese Autoren nur daraus, daß „wenn eine zweite Dose des Infundibularextraktes gleich nach der ersten injiziert wird, gar keine oder nur eine geringe Steigerung des Blutdruckes auftritt, sondern im Gegenteil eine merkliche Drucksenkung (siehe Fig. 2, 4, 5 und 6), und dies kann scheinbar so oft wiederholt werden, als erwünscht ist." In der Tat zeigen aber die betreffenden Kurven von Schäfer und Vincent nur ganz vorübergehende Senkungen, wie ich sie schon in meinen ersten Mitteilungen beschrieben habe. Sie treten bei wiederholten Einspritzungen, besonders im Beginn auf, und zwar, gleichgültig ob die eine oder die andere wirksame Substanz eingeführt wird (siehe in § 10 S. 169 die Kurve der dritten Einspritzung eines bei 38° zubereiteten Hypophysenextraktes). Die in dieser Abhandlung wiedergegebenen Kurven zeigen solche kurzdauernde Senkungen auch bei mechanischer

---

[1]) „Both these effects he (Cyon) attributes to stimulation of the pituitary body by the extract which had been injected" (l. c. S. 88). Siehe auch die Anmerkung auf S. 279 ihrer Abhandlung.

und elektrischer Reizung der Hypophyse und hängen von einer vorübergehenden Erregung der Depressorzentren[1]) ab. Dagegen scheint die
wichtigste und wirksamste Substanz der Hypophysenextrakte Schäfer
und Vincent entgangen zu sein, die in so gewaltiger Weise die Herzschläge verstärkt und verlangsamt, in der Weise, wie dies Howell,
Hedbom, Cleghorn und ich beschrieben und demonstriert haben[2]).
Andererseits haben weder Howell noch ich solch steil und beträchtliche Steigerungen des Blutdruckes beobachtet, wie sie diese
Autoren bei der Anwendung der zweiten (pressorischen) Substanz darstellen. Worauf diese Differenzen beruhen, vermag ich nicht anzugeben.
Schäfer und Vincent arbeiteten an Tieren (ausschließlich Katzen),
die sie, ihren Angaben nach, mit Morphium, Curare, Äther und
Chloroform vergiftet haben. Dies gibt etwas zu viel heftige Gifte,
von denen ja jedes allein schon das Herz- und Gefäßnervensystem stark
zu beeinflussen und deren Tätigkeit, gemäß meinem ersten Gesetze
der Ganglienerregung[3]), oft in ihr Gegenteil umzuwandeln vermag.

In der Tat hat auch Howell konstatiert, daß die Wirkungen der
Hypophysenextrakte durch die zur Narkose benutzten Gifte wesentlich verändert werden. (S. Nachtrag.)

§ 12. Sekundäre Wirkungen der Hypophysenreizung.

Schon weiter oben habe ich die Aufmerksamkeit auf die klonischen
oder epileptiformen Krämpfe und die durchdringenden Schreie gelenkt,
die man am Kaninchen während der mechanischen und elektrischen
Reizung der Hypophyse beobachten kann. Die Krämpfe erscheinen
hauptsächlich am Ende der elektrischen Reizung und halten nach deren
Untersuchung oft noch mehrere Minuten an. Dies scheint anzuzeigen,
daß die Krämpfe nicht auf eine direkte Wirkung der Reizung zurückzuführen sind, sondern höchstwahrscheinlich auf eine Störung des Kreislaufes in bestimmten Teilen des Großhirns. Ähnliche Störungen wurden
seitens der Kliniker stets als die Hauptursache der epileptiformen
Anfälle angesehen.

Aber während Schroeder van der Kolk z. B. sie auf eine Hyperämie der Oblongata zurückführte, suchten andere im Gegensatz dazu
die Ursache in plötzlicher Anämie des Gehirns. Es ist nicht notwendig,
ein Widerspruch zwischen diesen beiden Anschauungen zu sehen,
denn eine Hyperämie der Medulla oblongata kann vollkommen zusammenfallen mit einer Anämie oder selbst Ischämie des Gehirns. Die
physiologische Bestimmung der Hypophyse ist, die Druckverhältnisse

---

[1]) Nach den Versuchen von Mott und Halliburton sollte man geneigt
sein, diese depressorischen Wirkungen dem Cholin zuzuschreiben. Nach der Untersuchung von Osborne und Vincent kämen sie eher den Hirnextrakten zu.

[2]) Nur die etwas verschwommene Kurve 2 von Schäfer und Vincent
soll Veränderungen am Herzschlage zeigen; die Autoren geben aber selbst zu
„the actual pulse beats cannot be counted in these reproductions".

[3]) Siehe „Die Nerven des Herzens" Kap. IV.

in der Schädelhöhle zu regulieren und das Gehirn gegen die Folgen plötzlicher Kongestionen zu schützen. Es ist daher durchaus wahrscheinlich, daß eine Übertreibung ihrer Funktion infolge einer zu lange ausgedehnten elektrischen Reizung eine cerebrale Anämie hervorrufen kann. Die direkte Beobachtung der Hirngefäße während der epileptiformen Krämpfe zeigt eine beträchtliche Verengerung der kleinen Gefäße.

Unsere Kenntnisse von den vasomotorischen Nerven des Gehirns sind noch unzureichende; sind die Hirnarterien imstande, aktiv Verengerungen und Erweiterungen auszuführen? Jansen ist auf Grund seiner jüngsten Untersuchungen geneigt, diese Frage bejahend zu beantworten, indem er die andere Frage unbeantwortet läßt, ob diese Gefäße in einem dauernden tonischen Zustand sich befinden. Roy und Sherrington haben auf Grund einer langen Reihe von Experimenten geschlossen, daß die Veränderungen in den Blutquantitäten des Gehirns hauptsächlich von der Geschwindigkeit des venösen Kreislaufes abhängen, d. h. von der Schnelligkeit, mit der das Blut aus der Schädelhöhle entfernt wird. Diese Schlüsse zeigen sich in voller Übereinstimmung mit der funktionellen Rolle, welche ich der Hypophyse zuerteile. Direkte Messungen der Blutmengen, welche zu gegebener Zeit durch die Vena jugularis interna und die Vena thyreoidea entleert werden, haben mir bewiesen, daß während der Reizung diese Mengen in der letzteren Vena sich fast verdoppeln und um ein Drittel in der Jugularis sich vermehren. Unter diesen Umständen muß eine sehr lang dauernde Reizung notwendig eine allgemeine cerebrale Anämie herbeiführen (siehe auch Nachtrag zu § 1 des Kap. III).

Über den Ursprung der durchdringenden Schreie habe ich mich geäußert. Von den anderen Erscheinungen, die während einer Hypophysenreizung zu beobachten sind, muß ich noch die heftigen Bewegungen des Augapfels und die Veränderungen der Pupillenweite erwähnen, die man besonders bei Kaninchen beobachtet, wenn man an die Hypophyse vom Dache ihrer Höhle aus herangeht. Es war mir unmöglich, festzustellen, ob diese Phänomene nicht auf die Nachbarschaft des Oculomotorius zurückzuführen sind. Die Pupillenerweiterung scheint indessen am häufigsten zu sein.

Die starke Diurese, welche die Hypophysenextrakte beim Menschen hervorrufen, hat zuerst Marinesco beobachtet, und sodann ich bei meiner Behandlung von Akromegalen in Spa (siehe oben § 3, S. 126ff.). Diese Diurese wurde gleicherweise bei direkten Versuchen an der Hypophyse, also bei ihrer elektrischen oder mechanischen Reizung konstatiert. Dies bestätigt noch einmal die Übereinstimmung ihrer mechanischen Funktion und der chemischen Wirkung ihrer Sekrete. Eine andere Erscheinung, welche häufig die elektrische Reizung der Hypophyse begleitet, verdient noch eine Erwähnung, weil sie einen direkten Einfluß der Hypophyse auf den Urogenitalapparat anzeigt. Es sind dies die Erektionen, welche man bei jugendlichen männlichen Kaninchen während längerer Reizung konstatieren kann. Die Beobachtungen von Fischer, daß eine Vergrößerung der Hypophyse nach der Kastration eintritt, scheinen in Beziehung zu den letzterwähnten Tatsachen zu stehen.

§ 13. Die neueren Untersuchungen über die Verrichtungen der Hypophyse.

Meine direkten Versuche an der Hypophyse, nämlich mechanische und elektrische Reizung, wurden in ausreichender Weise nur von Masay wiederholt, wie dies schon oben gesagt wurde. Zwar behaupteten Biedl und Greiner, Gaglio, Lo Monaco und van Rymbeck, daß sie ebenfalls meine Versuche wiederholt hätten, daß es ihnen aber nicht geglückt sei, meine Resultate zu bestätigen. Indessen waren die Methoden, durch welche diese Forscher glaubten, meine Versuche nachzuahmen, weit davon entfernt, den meinigen ähnlich zu sein. Sie waren vielmehr so mangelhaft, daß sie nur zu Irrtümern und Mißverständnissen führen konnten. In meinen letzten Veröffentlichungen habe ich mich lange bei den Versuchen dieser Forscher aufgehalten und nachgewiesen, warum sie keine brauchbaren Resultate erzielen konnten. Es wird genügen, wenn ich hier in aller Kürze auf die Ursachen ihrer Mißerfolge hinweise[1]). Der Grundversuch von Biedl und Greiner ist folgender: Sie nehmen das ganze Gehirn, mit Einschluß der Hypophyse, aus der Schädelkapsel und lassen an der Basis nur den Ursprung der Vagi zurück. Sie wagten trotzdem die geradezu unmögliche Behauptung, daß eine Erhöhung des Blutdruckes nach Injektion von Adrenalin oder nach Kompression der Aorta abdominalis denselben Effekt auf die Vagi hätte, wie wenn die Hypophyse intakt wäre. Diese Forscher haben sich wohlweislich gehütet, Kurven oder andere Beweise zu bringen, wie sie die Wirkungen des Hirndruckes haben beobachten können, nachdem sie das gesamte Gehirn entfernt hatten, wobei selbstverständlich sämtliche Blutgefäße zerrissen wurden. Obgleich sie verschiedentlich aufgefordert wurden, die Kurven dieses in Wahrheit sonderbaren Versuches vorzulegen, d. h. eine Erhöhung des Blutdruckes in einem nicht vorhandenen Gehirn vor Zeugen zu demonstrieren, haben sich die genannten beiden Forscher vollkommen in Stillschweigen gehüllt; damit haben sie aber auch die schwere, gegen sie erhobene Anklage bestätigt, Ergebnisse unausführbarer Versuche veröffentlicht zu haben. (Siehe oben die Notiz auf S. 138.)

Die Versuche von Gaglio sind reeller; aber wegen der begangenen Fehler können sie nicht als die Wiederholungen der meinigen angesehen werden. Die Wahl des Frosches, um die Veränderungen des Schädeldruckes und deren Einfluß auf den Tonus des Pneumogastricus zu studieren, war wenig glücklich. Es ist noch niemals geglückt, bei diesen

---

[1]) Siehe auch unten Nachtrag zum Kapitel IV § 2.

Tieren einen solchen Tonus nachzuweisen, und zwar lediglich deshalb, weil man den Pneumogastricus von den Acceleratoren bei ihnen nicht trennen kann. Wir wissen daher beinahe gar nichts vom intrakraniellem Druck beim Frosch. Die Exstirpation der Hypophyse bei diesen Tieren konnte somit keine brauchbaren Resultate liefern. Caselli war durch seine eigenen Versuche direkt zu der Erkenntnis gelangt, daß es unmöglich sei, mit Erfolg an der Hypophyse der Frösche zu arbeiten.

Was Gaglio zu seinem Irrtum geführt, war folgende Erfahrung: Wenn er nach der Exstirpation der Hypophyse die Aorta beim Frosch komprimierte, so konnte er eine dadurch hervorgerufene Verlangsamung der Herzschläge konstatieren. Er folgerte daraus, aber ganz mit Unrecht, daß durch die Vermehrung des intrakraniellen Druckes eine Verlangsamung der Herzschläge ohne Intervention der Hypophyse herbeigeführt wird. Dieselbe Verlangsamung erhält man sehr oft nach Durchschneidung aller Herznerven. Noch mehr: wenn man die Blutentleerung eines vom Körper isolierten Herzens verhindert, erhält man dieselbe Verlangsamung, wie meine zahllosen Versuche schon vor 45 Jahren bewiesen haben. Es handelt sich dabei um die Folgen des intrakardialen Druckes und keineswegs des intrakraniellen, welche Gaglio beobachtet haben will.

Die Versuche von Lo Monaco und van Rymbeck sind noch viel weniger beweiskräftig. Diese Forscher haben versäumt, in meinen Originalarbeiten die Methoden· und die Ergebnisse meiner Versuche zu studieren. Indem sie sich mit einigen schlechten Referaten begnügten, glaubten sie, meine Methode nachzuahmen, als sie bei ihren Versuchen am Hunde das Schädeldach trepanierten und dann alle Hirnteile zerstörten, die sich zwischen diesem Dach und der Hypophyse befinden. Sie schrieben selbst: „Die von uns ausgeführte Operation muß notwendig als eine der schwersten Hirnoperationen angesehen werden." Daher ist auch eine sehr große Zahl ihrer Tiere unmittelbar nach der Operation zugrunde gegangen, und zwar ganz unabhängig davon, ob die Hypophyse zerstört war oder nicht. Aus ihren groben Versuchen haben sie geschlossen, daß die Hypophyse gar keine Funktion habe und daß folglich meine Versuchsergebnisse irrige wären! Ihre einzige Wiederholung meiner Versuche bestand darin, daß sie die Nasenschleimhaut mit Ammoniak bei drei Hunden gereizt haben, denen vorher die Hypophyse zerstört worden war. Da sie natürlich keine Verlangsamung der Herzschläge erhielten und da sie nicht wußten, daß schon vor mir Knoll die Unmöglichkeit konstatiert hatte, beim Hunde auf diese Weise irgendwelche Veränderungen des Blutdruckes zu erzielen, schlossen Lo Monaco und van Rymbeck, daß: „I fenomeni trovati da Cyon, sui quali egli basa la sua teoria sulla funzione dell'ipofisi, devono probabilmente dipendere da cose traumatiche ed escludere che l'ipofisi regoli la pressione endocranica."

Ich habe die sonderbaren Methoden und Resultate dieses Versuches schon nach ihrem wahren Werte in meiner Arbeit „Zur Physiologie der Hypophyse" (Pflügers Arch. Bd. 87) gewürdigt. Mehrere italienische Pathologen, von denen ich bald sprechen werde, hielten sich dennoch für berechtigt, meine Theorie der Hypophysenfunktionen durch Lo Monaco und van Rymbeck für widerlegt zu betrachten!

Die beachtenswertesten und am meisten variierten Experimente, welche von Pathologen bis jetzt über die Hypophyse angestellt wurden, rühren unstreitig von Caselli her, einem jungen italienischen Gelehrten, den in der Vollkraft seines Schaffens der Tod leider dahingerafft. Seine schöne Monographie, die nach seinem Tode von Tamburini publiziert wurde, enthält die vollständigste und gewissenhafteste Auseinandersetzung über die meisten Untersuchungen und Beobachtungen an der Hypophyse.

Caselli beschränkte sich selber darauf, nur die Folgen der Exstirpation der Hypophyse zu beobachten. Aber diese Exstirpationen sind überaus sorgsam ausgeführt, besonders diejenigen, wo er, um an das Organ beim Hunde zu gelangen, sich genau meiner Operationsmethode bediente. Dies geht sowohl aus der Beschreibung als aus der Zeichnung hervor, die sich auf Seite 59 seines Werkes befindet. Die einzige Differenz besteht darin, daß er sich nicht eines Trepans, sondern eines Hohlmeißels bediente. Trotzdem glückte es ihm zu wiederholten Malen, die Hunde 20—29 Tage nach der Operation am Leben zu erhalten. Dadurch war er imstande, eine sehr genaue Beschreibung der beobachteten Phänomene zu geben.

Was die Resultate von Caselli besonders wertvoll macht, das ist die Sicherheit, daß bei der nach dieser Methode ausgeführten Exstirpation der Hypophyse keines der umgebenden Organe verletzt wurde.

Der hohe Wert der Casellischen Exstirpationen, die er nach meiner Methode von der Mundhöhle aus ausführte, ist besonders hervorzuheben in Anbetracht der Behauptungen einiger Experimentatoren, die die Angabe von Paulesco glaubten bestätigen zu dürfen, daß Hunde nach der Entfernung der Hypophyse unfehlbar in 24—48 Stunden zugrunde gehen müssen. Nun trepanierte Paulesco, um zur Hypophyse zu gelangen, den Frontalknochen und hob das Gesamthirn in die Höhe, während bei meiner Methode das Gehirn nicht einmal bloßgelegt wird. Es ist unter diesen Umständen klar, daß der plötzliche Tod der Tiere bei dieser Methode von ganz anderen Umständen abhängen muß. (Siehe Nachtrag zu diesem Kapitel.)

Das wird unter anderem durch die vollkommene Übereinstimmung bewiesen, welche die Erscheinungen unmittelbar nach der Operation mit denen nach einer ganz entgegengesetzten Methode, der der direkten Reizung der Hypophyse, zeigen. Diese Übereinstimmung wurde schon weiter oben betont, als es sich um die Beschleunigung der Herzschläge und um die Verlangsamung der Atembewegungen handelte: Tatsachen, welche an eine Lähmung der pneumogastrischen Zentren denken lassen.

Caselli hat selber die Aufmerksamkeit auf die Übereinstimmung dieser Phänomene mit meinen Beobachtungen hingelenkt. Was ihn gehindert hat, ebenfalls meine Erklärung der betreffenden Erscheinungen anzunehmen, ist, daß alle anderen Folgen der Hypophysenexstirpation sehr viel später sich einstellen sollen. Caselli kannte leider noch nicht meine ausführliche Arbeit über die Funktionen der Hypophyse mit ihren Protokollen und Kurven. Andernfalls würde er sich davon haben überzeugen können, daß das unmittelbare Auftreten der Beschleunigung der Herzschläge lange vor den anderen Symptomen der Exstirpation nur meine Grundanschauung bestätigt hat. Die Symptome der Totalexstirpation der Hypophyse, wie sie Caselli beobachtet hat, die ebenfalls höchst genau untersuchten mittleren Erscheinungen, welche einer partiellen Exstirpation der Hypophyse folgen, sind: vollkommener Mangel des Appetits bei vorhandener heftiger Diurese mit Glycosurie usw. Die partielle Exstirpation bringt Veränderungen in der Gefühlssphäre hervor und demgemäß eine ausgedehnte Reizung des übriggebliebenen Organrestes und der Zentren des Pneumogastricus und Sympathicus, die davon abhängen.

Seelische Depression, tetanisch-klonische Krämpfe, komatöser Zustand und Tod, teilweise schon von Vassale und Sacchi beobachtet, sind die unvermeidlichen Folgen der Kreislaufstörungen im Gehirn, wie sie sich aus der vollkommenen Zerstörung der Hypophyse ergeben. Denn der letzteren Hauptaufgabe ist es, das Gehirn gegen Kongestionen zu schützen und den Blutkreislauf zu regeln. Ich komme hierauf im nächsten Paragraphen zurück. Es seien noch einige Bemerkungen über die große Reihe von Versuchen hinzugefügt, die in außerordentlich geistreicher Weise von Caselli ausgeführt wurden, um seine Annahme der antitoxischen Funktion zu beweisen.

Wie die meisten Pathologen, bekannte sich auch Caselli zu der Hypothese, daß alle Gefäßdrüsen dazu da seien, um die Toxine unschädlich zu machen, die sich im Körper infolge der organischen Assimilationsprozesse anhäufen. Er war daher genötigt, die durch Verletzung der Hypophyse bedingten Krankheitssymptome als Wirkung einer Vergiftung durch die aufgehäuften Schädlichkeiten anzusehen. Man weiß, daß die Vorkämpfer dieser Anschauung weder die genauen Kennzeichen dieser Toxine liefern konnten, noch den experimentellen Beweis erbracht haben, daß die Gefäßdrüsen zur Bekämpfung von deren Wirkungen dienen. Das gleiche gilt auch für die an sich sehr interessanten histologischen Untersuchungen über die Strukturveränderungen der Hypophysenelemente durch Einführung von Bakterienprodukten oder anderen schädlichen Stoffen: es fehlt immer der Nachweis, daß diese toxischen Wirkungen auf die Hypophyse irgendwelche direkte Beziehungen zu ihrer Funktion besitzen.

Lediglich durch meine Versuche konnte eine einzige Tatsache bisher einwandfrei in dieser Richtung festgestellt werden, nämlich daß die aktiven Substanzen der Thyreoidea, der Hypophyse und der Nebenniere mächtige Gegengifte gegen bestimmte Herzgifte sind, gegen

Atropin, Muscarin, Nicotin, Chloral usw., wenn diese künstlich in den Blutkreislauf gebracht werden. Es ist höchst wahrscheinlich, daß Jodothyrin, Hypophysin, Adrenalin und andere Produkte, welche ich mit dem Sammelnamen „physiologische Herzgifte" belegt habe, ebenfalls geeignet sind, das Nervensystem, besonders das des Herzens und der Gefäße, gegen die toxischen Substanzen zu schützen, welche sich eventuell im Organismus bilden. Es ist keineswegs für diesen Schutz erforderlich, daß die Drüsen die Stoffe in ihren Geweben anhäufen. Bei so kleinen Gebilden, wie Hypophyse, Parathyreoidea und Pinealis, wäre eine solche Anhäufung auch fast unmöglich. Die direkten Experimente haben anderseits ergeben, daß zur Bekämpfung der Gifte die intravenöse Injektion von Jodothyrin und Hypophysin ausreicht.

Häuft sich das Jod in Thyreoidea und Parathyreoidea an, so geschieht dies, weil es in Jodothyrin umgewandelt werden soll. Ich hatte die Möglichkeit zugelassen, daß zur Erzeugung dieser Substanz die Thyreoidea gewisse Produkte der Zersetzung benutze. Aber ein Beweis hierfür ist bisher noch nicht geliefert; er würde es sein, wenn die Giftigkeit dieser Produkte festgestellt wäre. Die Anschauung, daß die Hauptbestimmung der Gefäßdrüsen in der Entgiftung des Körpers bestünde, hatte einen Schimmer von Berechtigung, solange die physiologische Bedeutung der Thyreoidea und Hypophyse durch einwandfreie direkte Experimente nicht festgestellt war. Jetzt aber, wo unsere Kenntnis dieser Bedeutung vollkommen ausreicht, um alle Symptome der Hypophysenexstirpation ebenso einwandfrei wie die pathologischen Zustände der Erkrankungen erklären zu können, jetzt werden andere Hypothesen überflüssig und sind zu beseitigen. Die Hypothese von der Entgiftung wird vollkommen unzulässig, wenn man gar die Notwendigkeit behauptet, daß die Gefäßdrüsen das Gleichgewicht aller toxischen Substanzen unterhalten müßten, die sich im Körper anhäufen (Caselli). Die einfachste Art, um den Körper von den Toxinen zu befreien, ist, sie aus dem Körper zu entfernen. In der Leber, der Niere, den Lungen, den Schweißdrüsen usw. besitzen wir genug Organe für Entgiftung der fraglichen Substanzen und zu ihrer Entfernung aus dem Körper. Sie im Organismus im Gleichgewicht durch spezielle Prozesse zu erhalten, wäre ein physiologischer Unsinn. Wir besitzen viel zu viel einwandfreie Beweise von der wunderbaren Korrelation aller organischen Funktionen und besonders von dem staunenswerten System der Autoregulatoren, welches das normale Funktionieren des Nervensystems behütet und lenkt, um ohne weiteres Hypothesen wie die obige ablehnen zu können.

Trotz der außerordentlichen Spitzfindigkeit der sehr verwickelten Versuche von Caselli, womit er seine Behauptung stützen wollte, halten wir es dennoch für überflüssig, sie im einzelnen zu prüfen, namentlich wo er experimentell die Wirkungen der Exstirpation einer Gefäßdrüse auf die Funktion oder die Verletzung der anderen studiert. Ohne die Zuhilfenahme der Resultate der direkten Experimente an den Drüsen ist man außerstande, auf eine einwandfreie Art die nach Zerstörung einer Gefäßdrüse beobachteten Erscheinungen zu erklären. Diese

Erscheinungen nun noch in der Weise zu komplizieren, wie es Caselli getan, mußte die Konfusion nur vermehren und das Problem gänzlich unlösbar machen. Wir werden im nächsten Paragraphen sehen, daß die Aufrechterhaltung eines gewissen Gleichgewichtes der organischen Substanzen tatsächlich unentbehrlich ist zum Schutze und zur Erhaltung des Zentralnervensystems. Aber es handelt sich dabei um ein Gleichgewicht der aktiven Substanzen, die von den Gefäßdrüsen hervorgebracht werden, und keineswegs um ein Gleichgewicht schädlicher Substanzen. Das gleiche gilt für die Versuche von Caselli über die Funktion der Hypophyse, durch die er nach einer Vereinigung mit meiner Theorie strebt. „Die Hypophyse ist ein Organ von hoher physiologischer Bedeutung, das mittels seiner Produkte und Extrakte und durch seine Beziehungen zum Zentralnervensystem im Kreislauf das Gleichgewicht gewisser toxischer Substanzen reguliert, die, indem sie das Übergewicht erlangen, eine starke Vergrößerung gewisser Gewebe des Organismus herbeiführen können, wie sie andererseits durch ihr Fehlen Kachexie und Entwicklungshemmung hervorzurufen vermögen (S. 228).“ Die gesperrten Worte entsprechen durchaus meiner Art, die Funktion der Hypophyse zu erklären. Es würde genügt haben, die Worte „toxische Substanzen“ zu unterdrücken oder noch besser sie durch „physiologische Gifte“ zu ersetzen, die identisch sind mit Sekretionsprodukten, um die Übereinstimmung zwischen unsern beiden Schlußfolgerungen herbeizuführen (siehe folgenden Paragraphen). Wie man sieht, hat Caselli vollständig die Hypothese entwickelt, daß die Produkte der Gefäßdrüsen dazu dienen, gewisse toxische Substanzen zu bekämpfen und unschädlich zu machen, die sich im Organismus bilden. Und man sieht ferner, daß er seine Hypothese durch vielfache und sehr geistreiche Versuche mit der Exstirpation verschiedener Gefäßdrüsen gestützt hat.

Der frühzeitige Tod von Caselli hat das Interesse der italienischen Pathologen und Physiologen für die Hypophyse nicht vermindert. Und dies trotz des negativen Resultates der Versuche von Gaglio und Lo Monaco, welche ganz mit Unrecht geschlossen haben, daß die Hypophyse ein rudimentäres Organ ohne irgendwelche physiologische Wertigkeit sei. Ja man kann sagen, daß besonders in Italien die Studien über die Hypophyse während der letzten Jahre einen besonderen Aufschwung genommen haben. Die Arbeiten über die Histologie und Embryologie der Hypophyse von Morandi, Gemelli, Giuseppe Sterzi, Pirrone Guerrini u. a. mit Hilfe der Golgischen, Ehrlichschen, Gallatschen Methoden haben höchst interessante Resultate geliefert. Die Versuche dieser Forscher, aus ihren Untersuchungen über den Bau des Organs Schlüsse auf seine Funktion zu ziehen, waren minder glücklich. Vor der Entstehung der experimentellen Physiologie war es zulässig, auf anatomische Daten physiologische Theorien zu bauen. Zurzeit ist dies nicht mehr zulässig und namentlich nicht auf rein histologische Angaben hin, die immer einer verschiedenen Erklärung zugänglich sind. Selbst über die Grundfrage, ob ein oder zwei Typen von Epithelzellen in der Hypophyse sich finden, sind die italienischen Pathologen in zwei Lager geteilt. Während Gemelli z. B. die eosinophilen, cyanophilen und andere Zellen als Repräsentanten verschiedener Typen betrachtet, die zu verschiedenen Sekretionen dienen, führen andere, wie Morandi und Guerrini, alle Zellen auf einen Typus zurück, der je nach den verschiedenen Phasen seiner sekretorischen Tätigkeit auf die einzelnen Farbstoffe verschieden reagiert. Diese Forscher nehmen auch an, daß die Drüsenpartie der Hypophyse zwei verschiedene Sekrete liefert, von denen das eine eine kolloide Substanz, ähnlich der der Thyreoidea, sei. Es ist etwas gewagt, aus histologischen Präparaten auf die chemische Zusammensetzung der Sekrete schließen zu wollen. Nichtsdestoweniger ist festzustellen, daß die Annahme der Existenz zweier verschiedener Sekrete genau den Resultaten meiner Versuche vom Jahre 1898 entspricht, von denen weiter oben die Rede war.

Es ist durchaus natürlich, daß diese Autoren, als Pathologen, zu gleicher Zeit versucht haben, ihre histologischen Studien zur Erklärung des Ursprungs der Krankheitssymptome auszunutzen, welche die Verletzungen und die Tumoren der Hypophyse begleiten. Fast unbekannt mit meinen physiologischen Untersuchungen, wie sie in meinen Arbeiten enthalten sind, begnügten sie sich meistens, einige Titel zu zitieren und hinzuzufügen, daß die Versuche von Guerrini, Lo Monaco, Biedl bereits meine Theorie der Hypophysenfunktion widerlegt hätten! Noch merkwürdiger ist, daß fast alle zahlreiche andere Autoren zitieren, die mehr oder minder phantastische Hypothesen über die Rolle der Hypophyse in die Welt gesetzt haben, während sie mit fast völligem Stillschweigen über die bedeutenden Untersuchungen von Caselli hinwegsehen. Und doch sind diese allein sowohl wegen der befolgten Methode als auch durch ihre Ausnutzungsweise mehr wert als die meisten Experimente seiner Nachfolger zusammengenommen. Das muß um so mehr überraschen, als der einzige Punkt, über den sie unter sich einig sind, der ist, daß die Funktion der Hypophyse in der Zerstörung der im Blut aufgehäuften toxischen Substanzen besteht; d. h. alle vereinigen sich in der Hypothese, die von Caselli entwickelt wurde.

Die Originalität ihrer Untersuchungen besteht darin, daß sie eine neue Methode eingeführt haben, um einen guten Grund für ihre Hypothese zu legen. Diese Methode besteht in der Injektion endogener Gifte, welche durch Ligaturen der Eingeweide, der Ureteren oder der Lebergänge gewonnen waren, und exogener Gifte, wie Aalblut (Guerrini), oder pathogener Toxine (von Typhus, Diphtherie usw., Gemelli). Waren die Tiere zugrunde gegangen, so stellten die Autoren nach der Sektion eine minutiöse histologische Untersuchung des Drüsenabschnittes der Hypophyse an. Sie fanden ihn meistens von mehr oder minder vergrößertem Volumen und mit allen Zeichen einer Hyperplasie. Die Sektionen wurden gewöhnlich vier oder fünf Stunden nach dem Tode ausgeführt. Alle sind in der Schlußfolgerung einig, daß diese Hyperplasie ein deutlicher Beweis dafür sei, daß die Hypophyse, um die künstlich eingeführten Toxine zu bekämpfen, genötigt war, ihre sekretorische Tätigkeit beträchtlich zu vermehren. Daher schien ihnen die Schlußfolgerung, daß die Funktion der Hypophyse in einer Befreiung des Blutes von den eingeführten Giften bestünde, unabweisbar. Es war nur noch nötig, ihren Publikationen den Titel „Osservazione sulla sua Fisiologia" zu geben, um das so verwickelte Problem der Funktion dieses Organs für gelöst zu halten. Es ist wirklich kaum nötig, sich bei dem vollkommen arbiträren Charakter einer solchen Schlußfolgerung aufzuhalten. Wäre die Hyperplasie der Hypophyse wirklich ein beständiges Resultat der Einführung krankmachender Substanzen in das Blut, so wäre die in Wahrheit einzig zulässige Schlußfolgerung daraus, daß die Hypophyse, wie auch die meisten übrigen Drüsengebilde, pathologische Umbildungen unter dem Einfluß des Typhus, der Diphtherie usw. erleidet. Es ist in diesen Untersuchungen weder ein Beweis noch auch nur ein Anzeichen für die Gegenwirkung vorhanden, nämlich daß die Hypophysensekrete in irgendeiner Weise auf die eingeführten Gifte einen Einfluß ausüben. Im Gegenteil: da alle Tiere trotz der Hyperplasie zugrunde gehen, wäre man eher berechtigt, zu schließen, daß die aktiven Substanzen dieser Drüse machtlos zur Bekämpfung der Gifte seien.

Will man erfolgreich die Einwirkung der Hypophysenextrakte auf die Toxine studieren, welche die Pathologen interessieren, so muß man dazu auf einem ganz anderen Wege vorgehen. Man muß die fraglichen Krankheiten bei gewissen Tieren hervorrufen und dann experimentell den eventuellen Erfolg studieren, welchen die Einführung der Hypophysenextrakte auf den Verlauf der Krankheiten hat. Indem ich in ähnlicher Weise vorging, konnte ich die Bedeutung des Hypophysins und Jodothyrins als Gegengifte des Atropins und Nicotins feststellen. Es existiert eine unleugbare Tatsache, die von Howell zuerst gefunden wurde und die schwer vereinbar ist mit der antitoxischen Rolle der Hypophysenextrakte. Howell und nach ihm alle anderen Experimentatoren konnten feststellen, daß die aktiven Substanzen der Hypophyse sich im hinteren Abschnitt finden, d. h. im nervösen Infundibularteil des Organs, und keineswegs in seinem Drüsenteil. Diese Tatsache läßt sich nur durch den unmittelbaren Übergang der vom Drüsenabschnitt hervorgebrachten Sekretion in den infundibularen Abschnitt der Hypophyse erklären. Was könnte nun der Sinn dieser Anhäufung der Hypophysenprodukte im Nerventeil sein?

Es ist kaum die Annahme zulässig, daß die Bestimmung der betreffenden Extrakte darin bestünde, durch das Infundibulum in den dritten Ventrikel zu gelangen, wie dies manche englische Experimentatoren annehmen. Denn ihre überaus geringen Mengen würden infolge ihrer Vermischung mit der großen Masse der Cerebrospinalflüssigkeit für das Nervensystem völlig verloren sein. Es sei denn, man nehme an, daß diese Flüssigkeit infolge ihrer chemischen Zusammensetzung einen neubildenden oder ernährenden Einfluß auf Gehirn oder Rückenmark ausübe. Zurzeit gestattet nichts die Annahme einer derartigen Wirkung. Die in dieser Richtung angestellten Versuche von A. Schäfer mit der Fütterung der Tiere durch die Substanz des vorderen Teils der Hypophyse haben völlig negative Resultate geliefert. Bleibt also die zweite, bedeutend wahrscheinlichere Annahme, daß die aktiven Substanzen der Drüse unmittelbar und direkt auf die nervösen Elemente der infundibularen Partie einwirken. Zu dieser letzten habe ich mich infolge meiner Versuche über die Hypophyse bekannt. Ich komme im nächsten Paragraphen auf diese Frage zurück und begnüge mich damit, hier hervorzuheben, daß beide Möglichkeiten ganz gleichmäßig die Einführung der aktiven Substanzen in den allgemeinen Kreislauf ausschließen, zum alleinigen Zweck, schädliche Toxine zu bekämpfen.

§ 14. Schlußbetrachtungen über die physiologische Rolle der Hypophyse.

Bevor ich die Schlüsse formuliere, welche sich aus den Resultaten der auseinandergesetzten Versuche ergeben, scheint es nützlich, diese Resultate in drei Gruppen zu zerlegen.

A. Die beständigen Resultate aller direkten Versuche, deren Ziel war, die normale Funktion der Hypophyse hervorzurufen, zu vermehren und sogar zu übertreiben; diese übereinstimmenden Resultate lassen nur eine einzige Erklärung zu.

B. Weniger konstante Resultate derselben Versuche, deren physiologische Bedeutung nicht minder wichtig erscheint, deren Erklärung aber große Schwierigkeiten bietet.

C. Sekundäre Folgen der indirekten Versuche, wie Exstirpationen oder Fütterungen, deren Zusammenhang mit der Funktion der Hypophyse nicht immer mit Sicherheit festzustellen war.

A. Die Resultate der ersten Gruppe enthalten alle Folgen der Hypophysenreizung, sei diese direkt mittels Elektrizität, mechanischen Druckes oder Aortakompression, oder sei sie indirekt auf reflektorischem Wege, wie Reizung der Nase durch Ammoniak, ausgeführt. Alle diese Einwirkungen auf das Herznerven- und vasomotorische System sind derartig konstant, daß die Blutdruckkurven, wodurch sie zum Ausdruck kommen, sich fast gar nicht untereinander unterscheiden. Dies ist eine um so bedeutsamere Tatsache, als gewisse individuelle Eigentümlichkeiten dieser Kurven bei demselben Tier bei jeder Reizung sich wiederholen. Die Übereinstimmung, welche die Wirkung der Hypophysenextrakte auf das Herz- und Gefäßnervensystem mit der der verschiedenen Hypophysenreizungen darbietet, läßt keinen Zweifel darüber, daß die einen wie die anderen von einer Übertreibung der normalen Funktion des Organs infolge der Experimente herkommen. Alle Veränderungen des Blutkreislaufes, welche die Hypophyse und deren Produkte hervorrufen, streben nach ein und demselben Ziel: erhebliche Beschleunigung in der Blutentleerung der Schädelhöhle. Wir haben weiter oben die Experimente erwähnt, welche durch direkte Messung gezeigt hatten, daß die Entleerung vorzugsweise auf dem Wege der Venae thyreoideae vor sich geht, aber auch durch die Jugularis und die anderen Körpervenen erfolgt. Was diesen Punkt anlangt, so haben die Versuche von Tschuyewski aus dem Laboratorium von Hürthle, die mit Hilfe sehr genauer Apparate zur Messung der Blutgeschwindigkeit ausgeführt wurden, klar ergeben[1]), daß diese Geschwindigkeit in der Schilddrüse viel größer ist als in den anderen Organen. So z. B. gehen auf 100 g Organ in der Minute durch die Thyreoidea 500 ccm, durch die hintere Extremität 5 ccm, durch den Kopf 20 ccm und durch die Nieren 100 ccm.

Andererseits hat Jensen gezeigt, daß die Blutmenge, welche 100 g Gehirn in der Minute durchströmt, beträchtlich größer ist als die der Nieren (136 ccm : 100 ccm) und siebenmal mehr ist als die Blutmenge, welche den ruhenden Muskel durchströmt. Hinsichtlich der Geschwindigkeit der Zirkulation stehen also Gehirn und Thyreoidea auf gleicher Stufe (500 ccm).

Gehirn und Schilddrüsen sind demnach die Organe des Körpers, welche die schnellste Blutzirkulation besitzen. Es dürfte kaum möglich sein, sich eine Organisation vorzustellen, welche besser die Rolle einer Schleuse am Gehirn zu spielen vermöchte. Dies ermöglicht der Schilddrüse, bei einer plötzlichen Vermehrung des allgemeinen Blutdruckes die Carotis int. davon abzuhalten, zu große Blutmengen an die Schädelhöhle abzugeben; es ermöglicht ferner die Beseitigung gefährlicher Kongestionen, wenn sie einmal eintreten. Andererseits: wenn einmal solch eine Kongestion sich eingestellt hat, dann wird die Hypophyse, erregt durch den mechanischen Druck in Tätigkeit versetzt und kann durch Öffnung derselben Schleusen die Entleerung des Blutes aus dem Gehirn in hohem Grade beschleunigen.

Durch Vermittelung sympathischer und pneumogastrischer Fasern tritt dieses ganze System der Autoregulierung des intrakranialen Blutdruckes, und des Schutzes des Gehirns vor Kongestionen in Wirksamkeit. Die Verstärkung der Herzpulse und deren Verlangsamung, d. h. die Bildung der Aktionspulse durch Erregung des Vago-Sympathicus des Herzens steigert beträchtlich die Schnelligkeit des Blutlaufes in allen Körpervenen und ganz besonders in den Thyreoidalvenen. Durch eine analoge Beeinflussung der vasodilatatorischen Nerven (der Pneumogastricus enthält bekanntlich auch Vasodilatatoren für die inneren Organe des Körpers) erzielt die Hypophyse, indem sie Aktionspulse hervorruft, die gleichen Wirkungen.

Mit einem Worte: die anfängliche Hypothese, wie ich sie bei Beginn meiner Untersuchungen über die Hypophyse aufgestellt habe, ist durch eine lange Reihe sehr verschiedenartiger Experimente, die von mir und anderen Forschern ausgeführt wurden, in jeder Hinsicht bestätigt worden, wenn auch manche Forscher, die an Blutdruckversuche wenig

---

[1]) Siehe Nachtrag zu § 1 des Kapitels III.

gewöhnt sind, bei deren Deutung manchen Schwierigkeiten begegnen. So z. B. hat Masay bei seinen Versuchen mit Kompression der Aorta ganz exquisite Resultate erhalten; nach Zerstörung der Hypophyse erzeugte diese Kompression noch Steigerungen des Blutdruckes, aber keine Vaguspulse mehr, und dies noch mehrere Tage nach der Zerstörung. (Siehe: L'Hypophyse etc. Thèse, S. 28, 29.)

Die Erkenntnis, daß die Hypophyse die Rolle eines autoregulatorischen Apparates für das Gehirn spielt, führte zu folgenden beiden Fragen: 1. Ist dieses Organ, das im Innern des Schädels liegt, der einzige Regulator der Zirkulation? 2. Ist seine regulatorische Rolle einzig beschränkt auf den intrakraniellen Blutkreislauf, oder kann die Hypophyse in gleicher Weise bei der Regulierung der Quantitäten der Cerebrospinalflüssigkeit eingreifen, welche das Gehirn bewässern?

Auf diese beiden Fragen habe ich mich bestrebt, eine Antwort zu erhalten, indem ich direkte Versuche an der Glandula pinealis anstellte. Die vorläufigen Experimente in dieser Richtung wurden mit denselben Methoden ausgeführt, deren ich mich bei der Thyreoidea und der Hypophyse bedient habe, nämlich direkte elektrische Reizung der Drüse oder ihrer Pedunculi und Studium der Wirkung ihrer Extrakte auf den Blutkreislauf.

Die elektrische Reizung der Glandula pinealis, die mit außerordentlich schwachen Strömen ausgeführt wurde (5 Volt in den primären Rollen des kleinen Apparates von Edelmann), rief eine leichte Veränderung dieser Drüse hervor. Diese Veränderung erschien als eine mäßige Kontraktion oder vielmehr Verengerung mit gleichzeitiger Verlagerung. Anfänglich war ich geneigt, diese Erscheinung auf eine Kontraktion der Blutgefäße des Organs zurückzuführen. Die im Jahre 1901 erschienenen Untersuchungen von Professor Nicolas in Nancy (mit Dimitrowa) hatten die Anwesenheit von quergestreiften Muskeln in dieser Drüse dargetan. Ihre Verteilung hat nach Nicolas große Analogien mit denjenigen im Herzen: „Leur présence dans la glande pinéale, sagt Nicolas, est aussi étonnante qu'incompréhensible: le point de départ et la raison d'être de cette différenciation m'échappent complètement.“

Diese wichtige Entdeckung erleichterte mir die Erklärung meiner experimentellen Befunde und konnte nur meine Ansicht über die Art befestigen, in der die Pinealis den Blutdruck zu beeinflussen vermag.

Die Pinealis, zu beiden Seiten des Aquaeductus Sylvii gelegen, muß durch ihre Verlagerung oder durch ihre Volumsveränderung in merklichem Grade auf die Bewegung der Cerebrospinalflüssigkeit in jenem Aquaeductus einwirken.

Es ist möglich und sogar wahrscheinlich, daß das Velum interpositum, auf welchem die Pedunculi der Pinealis aufruhen, ebenfalls in dieser rein mechanischen Funktion eine Rolle spielt. (Der Mechanismus erinnert beinahe an das gradweise Sinken der Barrière einer Schleuse.)

Der intrakranielle Druck kann in den für das normale Funktionieren des Gehirns günstigsten Bedingungen nur erhalten werden, wenn ein

Gleichgewicht zwischen zwei Faktoren besteht, nämlich der Quantität des Blutes und der Cerebrospinalflüssigkeit, von denen beiden der Druck abhängt. Aller Blutzufluß muß sein Gegengewicht erhalten durch eine entsprechende Verminderung der Cerebrospinalflüssigkeit und vice versa. Mit anderen Worten: es muß eine Art Hin- und Herschwanken zwischen beiden Flüssigkeiten existieren. Ihre Verminderung in der Schädelhöhle kann erreicht werden sowohl durch eine Vermehrung ihres Abflusses als auch durch eine Verminderung ihres Zuflusses. Aus diesem Hin und Her folgt für beide Drüsen, Hypophyse und Pinealis, von denen jene die im Gehirn vorhandene Blutmenge, diese die Menge der Cerebrospinalflüssigkeit reguliert, daß zwischen ihrem Funktionieren eine Übereinstimmung herrschen muß. Die besondere anatomische Lage macht die Hypophyse, wie eben gezeigt, sehr empfänglich für die Variationen des intrakraniellen Druckes. Es ist daher im höchsten Grade wahrscheinlich, daß bei der notwendigen Übereinstimmung zwischen beiden Drüsen die maßgebende Rolle der Hypophyse zukomme. Letztere wäre es, welche die mechanische Leistung der Pinealis veranlaßt und deren Intensität regelt. Auf dem Wege der Pedunculi der Pinealis wäre es möglich, eine derartige Übereinstimmung zu erzielen.

Übt die Pinealis auch nach Art der Hypophyse einen chemischen Einfluß ohne Regulierung des Hirndruckes? Meine in dieser Richtung angestellten Versuche haben, ohne zu abschließenden Resultaten zu führen, doch einige nicht uninteressante Hinweise geliefert. Die Pinealextrakte üben keinen direkten Einfluß auf den allgemeinen Blutdruck aus. Wenn sie in leichter Weise diesen Druck zu modifizieren vermögen, so geschieht dies ausschließlich durch eine Variierung der Herzschläge, aber nicht auf dem Wege der Vasomotoren.

Dieser letztere Einfluß offenbart sich durch eine Beschleunigung der Herzschläge und eine Verminderung ihrer Intensität, wie überhaupt durch gewisse Unregelmäßigkeiten ihrer Form. Man erhält nur dann Verstärkung und Verlangsamung der Schläge, wenn man wiederholte Injektionen von Pinealextrakt ausführt. Vergleichende Versuche zwischen der Wirkung dieser Extrakte mit der des Natriumglycerophosphates und des Calciumglycerophosphates, welche beiden Salze in beträchtlichen Mengen an der Zusammensetzung der Extrakte sich beteiligen, haben eine nahezu absolute Identität zwischen den Wirkungen starker Injektionen und denen der Kalksalze dargetan. Da bekannt ist, daß die Salze, besonders das Calciumphosphat, sich fast ausschließlich in den Konkrementen der Pinealis finden, so ist es höchst wahrscheinlich, daß die chemische Funktion der Pinealis nur in der Bildung der organischen Verbindungen der Calcium- und Natriumphosphate besteht, welche für das Entstehen der Konkremente von Wichtigkeit sind. Letztere vermehren erheblich das Gewicht der Pinealis und erleichtern dadurch die weiter oben erörterte mechanische Funktion der Drüse.

Mit einem Worte, meine Versuche haben keinerlei Hinweis auf eine spezielle Sekretion der Zirbeldrüse geliefert, wodurch diese einen direkten Einfluß auf das Herznervensystem und das vasomotorische System ausüben könnte. Auch von diesem Gesichtspunkte aus würde sich eine Abhängigkeit der Pinealis von dem Funktionszustande der Hypophyse leicht erklären. Letztere ist jedenfalls der hauptsächliche Autoregulator des intrakraniellen Druckes auf mechanischem und chemischem Wege.

Diese Rolle gibt der Hypophyse eine eminent vitale, vorherrschende Wichtigkeit. Die psychischen Funktionen des Gehirns, ebenso wie alle anderen vegetativen und animalen Funktionen der Hirnzentren hängen tatsächlich in erster Linie von der Integrität der Hypophysenfunktionen ab. Wenn das Leben nicht unmittelbar[1]) nach Exstirpation des Organes erlischt, so rührt dies daher, daß im Blutkreislauf noch andere Mechanismen vorhanden sind, welche die Fähigkeit besitzen, eine mehr oder weniger normale Zirkulation im Gehirn und dem übrigen Körper zu unterhalten. Der N. depressor ist einer dieser sekundären Mechanismen. Seine engen Beziehungen zur Hypophyse sind also notwendige Folgen der Funktion, wie dies die Versuche über die mechanische und chemische Bedeutung der Hypophyse bewiesen haben.

B. Die zweite Gruppe umfaßt alle Resultate, welche die Einwirkung der Hypophyse auf die Ernährungsvorgänge betreffen. Die Tatsache selber, daß die Hypophyse und ihre Extrakte in die Stoffwechselvorgänge eingreifen, ist unbestreitbar. Schon die zahlreichen Beobachtungen der Kliniker und Pathologen über die Krankheitssymptome, welche auf Verletzungen und Tumoren der Hypophyse zurückzuführen sind, konnten keinen Zweifel darüber lassen. Und zwar besonders seitdem die Studien von P. Marie über die Akromegalie zahlreiche klinische, von sehr genauen Sektionen begleitete Arbeiten hervorgerufen haben, welche die engen Beziehungen zwischen Hypophysenerkrankungen und Knochenwachstum klarlegten. Sowohl die direkten wie die indirekten physiologischen Versuche haben nur die von den Pathologen festgestellten allgemeinen Tatsachen bestätigen können. Die frühere Darlegung der direkten Versuche an der Hypophyse hat gezeigt, daß die Reizung des Organs von einer beträchtlichen Diurese begleitet ist. Die Hypophysenextrakte bewirken bei Tieren und akromegalischen Kranken analoge Erscheinungen (Glykosurie usw.). Und die von Caselli mit Sorgfalt ausgeführte Exstirpation bezeugt das gleiche.

Die Erörterung hat nur auf den Mechanismus sich zu erstrecken, mit dessen Hilfe die Hypophyse in den organischen Stoffwechsel eingreift, wovon Ernährung und Wachstum abhängen. Der Erklärung stellen sich erhebliche Schwierigkeiten in den Weg. Die erste Frage, welche sich darbietet, ist die folgende: Können diese Erscheinungen indirekt von dem Einfluß abhängen, welchen die Hypophyse auf den Blutkreislauf, namentlich als Autoregulator des intrakraniellen Druckes,

---

[1]) Siehe Nachtrag zu diesem Kapitel.

ausübt? Die Mehrzahl der pathologischen Erscheinungen, und zwar die von Tumoren, Cysten und anderen Degenerationen hervorgerufenen, ebenso wie die freiwillig durch Exstirpation oder Verletzung bewirkten können auf leichte Weise ihre Erklärung durch die Verwirrungen des cerebralen Kreislaufs finden. Die Apathie, das Abnehmen der psychischen Funktionen, die bis zum Koma sich steigernde Somnolenz und die epileptiformen Krämpfe gehören in diese Kategorie. Die Schwierigkeit beginnt erst, wenn es sich darum handelt, gewisse Symptome der Akromegalie zu erklären, wie das Riesenwachstum verschiedener Körperteile, besonders des Skeletts. Die bei Akromegalischen beobachteten krankhaften Veränderungen der Hypophyse unterscheiden sich in nichts von denen, welche jede anormale Entwicklung der Knochen begleiten. Die Untersuchung der Hypophysenerkrankungen, wie z. B. die von Engel, bei denen die sehr genauen Sektionen von Rokitanski ausgeführt worden waren (siehe oben), liefern unbestreitbare Beweise hierfür. Andererseits mangelt es nicht an Fällen von Akromegalie, bei denen die Sektion keinerlei sichtbare Veränderungen der Hypophyse hat erkennen lassen. Worin kann die Ursache für die ungeheuerliche Entwicklung bestimmter Skeletteile liegen? Weder die Abschwächung noch die Verstärkung der trophischen Funktionen der Hypophyse können uns einen genauen Aufschluß über diese Wachstumsanomalien leifern. Alles, was wir über die trophischen Funktionen sagen können, ist, daß sie besonders auf das Knochenwachstum sich erstrecken. Bei den thyreoidektomierten Tieren, deren Hypophyse hypertrophiert war, kann man feststellen, daß das Hypophysendach fast völlig verknöchert ist, was nach dem Stand unserer Kenntnisse von ihrer Funktion ganz erklärlich ist[1]).

In den zahlreichen Fällen von Atrophie oder Degeneration der Hypophyse, die ich in Bern an kropfkranken Tieren konstatiert habe, war dagegen die Sella turcica völlig verbildet. Zahlreiche pathologische Beobachtungen am Menschen stimmen damit überein.

Alle diese zahlreichen Untersuchungen geben uns aber keine genaue Anzeige über den Mechanismus, durch den sich die trophischen Funktionen der Hypophyse entfalten können. So hat Caselli bei der größten Zahl der Tiere, bei denen er die Hypophyse sorgfältig entfernt hatte, eine erhebliche Vergrößerung ihres Körpergewichtes feststellen können. Das würde darauf hinweisen, daß der Einfluß der Hypophyse auf die Ernährung ein hemmender oder mäßigender wäre. Man kann daraufhin versucht sein, die ungeheuerliche Entwicklung der Knochen bei Akromegalischen durch eine Unterdrückung dieses mäßigenden Einflusses zu erklären. Die Beobachtungen von Schiff über den Einfluß, welchen die Hypophysenextrakte auf die Wegschaffung der

---

[1]) Bei der Untersuchung von 1000 gesunden Hypophysen, die aus den Schlachthöfen von Paris kamen (Rinder und Schafe), konstatierte ich häufig genug die Anwesenheit kleiner transparenter Knochenblättchen in ihren Geweben. Einige Male trennten solche Blättchen fast vollständig den Drüsenteil der Hypophyse vom Nerventeil.

Phosphate durch den Urin haben, ebenso wie meine Konstatierung der beträchtlichen Verminderung des Körpergewichtes bei Akromegalischen unter der Einwirkung von Hypophysenpulver sind im gleichen Sinne auszulegen. Hierzu im Gegensatz ist es schwer, die von mir wiederholt an thyreoidektomierten Tieren gefundenen Tatsachen mit den vorigen zu vereinen, wo nämlich eine bedeutende Vermehrung des Körpergewichts mit einer Hypertrophie der Hypophyse einherging[1]).

Es scheint also, daß es bei Akromegalischen sich weder um eine einfache Verminderung noch um eine Übertreibung der Hypophysenfunktion handelt. Es sind Störungen in ihrer Funktionsweise, mit oder ohne Änderungen in der Zusammensetzung ihrer Sekretionsprodukte, welche eine tiefe Veränderung in ihrer trophischen Funktion herbeiführen. Ich habe anfänglich die aktiven Substanzen, welche diese Drüsen, nämlich Hypophyse und Thyreoidea, hervorbringen, als physiologische Gifte des Herzens und der Gefäße bezeichnet. Die weitere Entwicklung meiner Erfahrungen, besonders die genaue Erkenntnis ihrer Wirksamkeit auf die trophischen Nerven haben mich dazu geführt, sie physiologische Gifte des Nervensystems zu nennen.

Bei der mächtigen Wirkung dieser Gifte, die sogar als siegreiche Gegengifte gegen Atropin, Nicotin, Muscarin, Chloral usw. auftreten können, kann man vermuten, daß gewisse Veränderungen in ihrer chemischen Zusammensetzung schon in hohem Grade ihre Wirkung auf die trophischen sowie die Herz- und vasomotorischen Nerven stören müssen. Die physiologischen Gifte werden in pathologische oder pathogene verwandelt.

Eine andere Ursache für die Verwirrung in dem Funktionieren der Pituitaria und des trophischen Einflusses ihrer Produkte kann auf der Störung der Harmonie oder des Gleichgewichts beruhen, das zwischen den Produkten der verschiedenen gleichartigen Drüsen herrschen muß. Alle Gefäßdrüsen, die Brown-Séquard sehr ungeeignet als Drüsen mit innerer Sekretion bezeichnet hat, für die ich vorläufig die Benennung Schutzdrüsen für die Regulierung des Blutlaufs und der Ernährung vorgeschlagen habe, bringen Substanzen hervor, die auf verschiedene und oft antagonistische Art das Zentralnervensystem beeinflussen. Es ist richtig, daß diese Substanzen hauptsächlich auf verschiedene Teile des Systems des Pneumogastricus und Sympathicus einwirken. Die der Hypophyse wie die der Pinealis, unterstützt von den Produkten der Thyreoidea, wirken auf den intrakraniellen Kreislauf, die Herz-, vasomotorischen und trophischen Zentren. Die Produkte der Nebenniere beeinflussen in erster Linie den abdominalen Sympathicus, namentlich sein Gangliensystem, und regulieren den Nierenkreislauf und wahrscheinlich den der anderen abdominalen Organe. Des ferneren ist physiologisch das Adrenalin ein Antagonist des Hypophysins und Jodothyrins. Weit entfernt, daß dieser Antagonismus dem nor-

---

[1]) Wie bei den von Gley thyreoidektomierten Kaninchen, welche zu unseren Versuchen gedient haben. (Siehe „Die Nerven des Herzens" Kap. IV.)

malen Funktionieren der den Kreislauf und die Ernährung regulierenden Nerven schädlich wäre, ist er vielmehr unerläßliche Voraussetzung dafür.

Die Steißdrüse von Luschka, welche in Bau und anatomischer Lagerung sehr viel Ähnlichkeit mit der Hypophyse hat, scheint mir bestimmt, den Kreislauf im kleinen Becken und in den hintersten Abschnitten des Rückenmarkes zu regulieren. Aber es ist klar, daß, falls eine mehr oder minder große Menge dieser oder jener aktiven Substanz in den Kreislauf gelangte, oder falls eine solche auf eine mehr oder minder kräftige Art auf das System des Sympathicus und des Pneumogastricus einwirkte, bald diese Nerven, bald jene ein Übergewicht erlangen müßten. Es muß also normalerweise zwischen diesen Mengen und der Kraft ihres Einflusses eine harmonische Beziehung obwalten, die nicht lange gestört werden darf, sollen nicht mehr oder minder schwere pathologische Zustände eintreten. Derartige Störungen konnte ich experimentell an den Herz- und vasomotorischen Nerven hervorrufen, indem ich wirklich mehr Produkte dieser Drüsen in den Kreislauf einführte. Störungen der Ernährung werden besonders nach Zerstörung oder Verletzung dieser oder jener Drüse erzielt.

Die Hypertrophie oder Degeneration der Hypophyse, die nach Exstirpation der Thyreoidea, Parathyreoidea oder einer anderen ähnlichen Drüse beobachtet worden sind, ebenso wie bei kropfkranken Menschen und Tieren, haben sehr häufig keine andere Ursache, wie die Störungen in der Harmonie oder dem Gleichgewicht, von denen ich oben gesprochen. Das Zusammenwirken wie der Antagonismus der verschiedenen Drüsenprodukte sind ebenfalls unerläßlich für das normale Funktionieren des zentralen und peripheren Nervensystems. Um die physiologischen und pathologischen Erscheinungen, die mit aller nötigen wissenschaftlichen Genauigkeit beobachtet sind, zu erklären, ist es nicht nötig, sie auf einen nur in der Phantasie existierenden Kampf zu beziehen, der zwischen den genannten Drüsen und eingebildeten Toxinen stattfinden soll.

Von diesem Standpunkt aus bieten die Experimente von Fernand Masay über künstliche Akromegalie ein gewisses Interesse. Dieser Experimentator, der mit Erfolg meine Versuche mit der direkten Reizung der Hypophyse wiederholte, hat in zwei vorläufigen Mitteilungen Versuche veröffentlicht, die er unter Leitung von Professor Heger mit den von Bordet entdeckten Cytotoxinen ausgeführt hat. Er brachte in die Peritonealhöhle von Kaninchen und Meerschweinchen eine aseptische Emulsion von mehreren, eben getöteten Hunden entnommenen Hypophysen. Diese Injektionen wurden sechs- bis achtmal in einem Zwischenraum von zwei Tagen wiederholt. Das Serum dieser Kaninchen und Meerschweinchen, das nach der letzten Injektion gewonnen wurde, verwandte er sofort zu Experimenten an anderen Hunden, und zwar zu subcutanen Injektionen in kleinen Dosen in Intervallen von drei Wochen.

Einen Monat nach Beginn der ersten Versuche konnte Masay beobachten, daß das Hinterteil der Hunde sich senkte. Der Gang war infolge des Anwachsens der Hinterpfoten schwierig; die Ernährung wurde immer mangelhafter. Nach vier Monaten traten Verbildungen der Hinterpfoten ein; ferner schien sich das Kinn zu verlängern und die unteren Zähne nach vorn zu schieben. Der erste Hund ging kurze Zeit darauf ein. Bei einem anderen Hunde konnte Masay konstatieren, daß die Enden der Gliedmaßen umfangreicher und breiter ausgelegt geworden waren. Durch einfache Palpation wurden Schwellungen der Epiphysen aller Knochen festgestellt. Mittels Röntgenstrahlen hat Masay bis in die kleinsten Einzelheiten die Natur dieser Deformierungen der Hinterpfoten studieren können. Sie waren besonders am Calcaneus und den Metatarsen bemerkbar, wo sie relativ enorme Verhältnisse angenommen hatten. Es hatte bei allen diesen Knochen ein sehr lebhaftes Längenwachstum stattgefunden.

Die ausführliche Beschreibung der Untersuchungen von Masay hat zu folgenden Schlüssen geführt: Die Einspritzungen des nach der Methode von Demoor und Van Lent zubereiteten „hypophysotoxischen" Serums erzeugten folgende Symptome: Abmagerung durch Abnahme des Fettes, große Muskelschwäche, besonders in den hinteren Extremitäten und Veränderungen des Skeletts, die hauptsächlich in Anschwellungen der Epiphysen bestehen. Den anatomischen Beweis, daß diese Veränderungen durch die Wirkungen des genannten Serums entstanden, vermochte Masay nicht zu liefern. (L'Hypophyse, Thèse, p. 68, Bruxelles 1908.) Die Methode der Cytotoxine, wie sie Masay benutzt, ist allzu kompliziert, um die wahre Natur der hervorgerufenen Ernährungsstörungen erkennen zu lassen. Sie bestätigt aber, daß es die Veränderungen des nutritiven Einflusses der Hypophysenprodukte sind, welche das anormale Wachstum der Knochen hervorrufen. Erst wenn man die genaue chemische Zusammensetzung dieser Produkte und ihre normalen Einflüsse auf den organischen Stoffwechsel kennen wird, wird man auch die Natur dieser Veränderungen festzustellen imstande sein.

C. Die an der Hypophyse gewonnenen experimentellen Ergebnisse, deren Entstehung oben erörtert wurde, hängen unstreitig mit der Funktion des Organes zusammen. Dies ist vielleicht nicht in demselben Grade der Fall mit den sekundären Erscheinungen, welche im Laufe der Versuche beobachtet wurden. Obgleich die Mehrzahl von ihnen ebenso während des direkten Experimentierens oder bestimmter pathologischer Zustände konstatiert werden konnte, so ist es dennoch unmöglich, mit Gewißheit zu behaupten, daß sie auch funktionelle Folgen der Reizung oder Erkrankung der Hypophyse seien. Zu dieser Gruppe von Erscheinungen gehören in erster Reihe die Gesichtsstörungen, die nach Exstirpation der Hypophyse zu erkennen waren, und die Erweiterung der Pupille, die ich während der elektrischen Reizung beobachtet habe. Diese Erweitung zeigt zuweilen die Merkwürdigkeit, daß sie nicht rund, sondern dreieckig ist. Die Nachbarschaft des Chiasma nervorum opticorum und der Nervi oculomotorii läßt den Verdacht entstehen, daß während der elektrischen Reizung oder infolge der verschiedenen Erkrankungen, die nach Exstirpation oder bei Tumoren der Hypophyse auftreten, das Sehorgan parallele Störungen erfährt, die man aber noch nicht berechtigt ist, mit Sicherheit auf physiologische Beziehungen beider Organe zurückzuführen. Andererseits besteht eine unbestreitbare Beziehung zwischen Hypophyse und erstem sympathischen Ganglion. Die Arbeiten von Kupffer, Sterzi, Pirrone, Gemelli u. a. über die feinere Struktur der Pars infundibularis bei verschiedenen Wirbeltieren scheinen außerdem auf anatomische Beziehungen zwischen diesen Teilen und dem Chiasma des Opticus hinzuweisen. Man darf daher auch nicht jede Möglichkeit physiologischer Beziehungen zwischen den genannten Organen leugnen. Es bleibt späterer Forschung vorbehalten, die physiologische Wichtigkeit solcher etwaigen Beziehungen darzulegen.

In einem der vorausgegangenen Paragraphen wurde erwähnt, daß die elektrische Reizung der Hypophyse bei männlichen Kaninchen insofern einen Einfluß auf die Geschlechtsorgane ausübe, als sie Erektionen hervorrufe. Gewisse Erfahrungen von Fischer über die Wirkung der Kastration scheinen zugunsten der gegebenen Erklärung zu sprechen. Fischer hat tatsächlich eine beträchtliche Gewichtszunahme an der Hypophyse nach der Kastration festgestellt. Er zieht daraus den etwas gewagten Schluß, daß die innere Sekretion der Geschlechtsdrüsen dazu da sei, den Einfluß der Hypophyse zu mäßigen. Indessen übt die Kastration einen beträchtlichen Einfluß noch auf viele andere Organe aus, wie auf den Larynx, das Wachstum der Haare usw., ohne daß man daraufhin phantastische Schlüsse auf die Beziehung aktiver Substanzen der Geschlechtsdrüsen ziehen dürfte. Ganz im Gegensatz dazu ist man vielmehr berechtigt, die Fischersche Beobachtung an die Wirkung der elektrischen Hypophysenreizung anzuknüpfen, die oben geschildert wurde.

Neuerdings hat A. Salmon die Hypothese ausgesprochen, daß der physiologische Schlaf im wesentlichen auf die Sekretion des Drüsenabschnittes der Hypophyse zurückzuführen sei. A. Gemelli hat Beobachtungen über die Veränderungen veröffentlicht, welche die Hypophyse der Murmeltiere während des Winterschlafes erleidet. Er hat gefunden, daß sich die Menge gewisser Drüsenzellen, namentlich der cyanophilen, vermindert. Wenn die Tatsache richtig ist, so ist der einzig zulässige Schluß der, daß die Tätigkeit der Hypophyse wie die der meisten übrigen Organe des Murmeltieres beträchtlich während des Winterschlafes sinkt. Ist die Hypothese von Salmon zutreffend, d. h. existieren wirklich Beziehungen zwischen der Funktion der Hypophyse und dem physiologischen Schlaf, so wäre die einfachste Erklärung, den Schlaf auf Veränderungen im Blutkreislauf des Gehirns zurückzuführen, wodurch eine Abschwächung der Hypophysenfunktion herbeigeführt werden könnte. Im nächsten Kapitel komme ich noch auf diese Frage zurück.

Nachtrag.

Der Vollständigkeit halber sollen hier noch einige Untersuchungen über die Verrichtungen der Hypophyse berücksichtigt werden, die in allerneuester Zeit erschienen sind. Die einen erstrebten offenbar eine Widerlegung meiner Lehre von diesen Verrichtungen, ohne ihr irgendwelche neue Auffassungen entgegenzustellen; die anderen entwickelten Hypothesen über die physiologische Bestimmung der Hypophyse, die in manchen Punkten mit meiner Lehre schwer zu versöhnen sind.

Zu Beginn des vorigen Jahres fand ich mich veranlaßt, eine Schrift zu besprechen, die der ersten Reihe angehört. Ch. Livon hat im „Journal de Physiologie et de Pathologie Générale" unter dem Titel „Contribution à la physiologie de l'hypophyse" einige Versuche veröffentlicht, die er als eine Wiederholung der meinigen bezeichnete. Da er dabei nur negative Resultate erhalten hat, glaubte er, behaupten zu können, meine Lehre sei widerlegt worden. In der Tat hat Livon aber unterlassen, von meinen Untersuchungen über die Hypophyse nähere Kenntnis zu nehmen, und er vermied es sogar, die Hauptprobleme, um die es sich beim Studium der Hypophysenfunktion handelt, richtig zu ergründen. Sonst hätte er gewiß beim Nachprüfen meiner Versuchsergebnisse sich nicht auf das Experimentieren an Hunden beschränkt. Aus den oben ausführlich erörterten Gründen eignen sich Hunde nur sehr selten für vollgültige Versuche an der Hypophyse, da bei ihnen dieses Organ sich nur zu häufig in völlig funktionsunfähigem Zustande befindet. In der Tat will Livon bei Anwendung meiner Operationsmethode, um zur Hypophyse von der Mundhöhle aus zu gelangen, mehrmals Ergebnisse erhalten haben, die mit den meinigen übereinstimmend waren. Trotz oder vielmehr wegen dieser positiven Resultate verzichtete er auf meine Methode, weil man dabei oft durch Blutungen gestört wird. Er zog es vor, sich der Methode von Paulesco zu bedienen, die hier gleich beschrieben werden soll, und die auch außer Livon noch manche Anhänger gefunden hat.

Mit Hilfe dieser Methode gelang es Livon nicht, meine Ergebnisse bestätigen zu können; wie bei Paulesco gingen auch bei Livon die Versuchstiere 24 Stunden nach der Entfernung der „in ihrer Loge" freiliegenden Hypophyse unfehlbar zugrunde. Noch belehrender findet Livon folgenden Versuch: Während er bei der elektrischen Reizung der Hypophyse keine der von mir, Masay u. a. beobachteten Wirkungen auf den Blutstrom zu erhalten vermochte, pflegten diese Wirkungen sofort in ganz eklatanter Weise aufzutreten, wenn er nach der Exstirpation des Hirnanhangs die vordere Knochenwand des Türkensattels reizte! Mit anderen Worten: in diesem wunderbaren Versuche verhinderte die Anwesenheit der Hypophyse das Erscheinen der von mir bei deren mechanischen und elektrischen Erregungen erhaltenen Modifikationen der Herzschläge und des Blutdruckes! Seine Angabe widerspricht aber den tatsächlichen Befunden:

derartige Reizungen bleiben vollkommen effektlos, auch wenn die Reizstärken verzehnfacht würden (siehe oben S. 147, Tabelle VIII).

In meiner Zurückweisung der „Contribution à la physiologie de l'hypophyse" von Livon habe ich noch viele derartige Fehler seiner Experimentiermethoden hervorheben müssen[1].

Livons Versuche haben immerhin das Verdienst, in ganz evidenter Weise demonstriert zu haben, daß, wenn Hunde infolge der Anwendung der Paulescoschen Methode nach der Exstirpation der Hypophyse im Verlauf von mehreren Stunden plötzlich zugrunde gehen, dieser jähe Tod nicht durch den Ausfall der Verrichtungen dieser Drüse verursacht wird. Aus der Beschreibung Livons geht nämlich klar hervor, daß bei seinen Hunden die Hypophyse schon vor der Operation funktionsunfähig war.

Um weiteren Verwirrungen beim Experimentieren an der Hypophyse vorzubeugen, ist es erforderlich, das Operationsverfahren von Paulesco sowie seine eigenen Untersuchungen etwas näher zu beleuchten. Die Operation teilt Paulesco in neun Phasen ein. 1. Phase: Die Kopfhaut wird durch einen medianen Schnitt „von den Augenhöhlen bis zu 3—4 Finger hinter dem Occipitalhöcker gespalten". Sodann skalpiert er mit einem Bistouri „la face profonde de la peau" und entfernt sie samt dem „muscle peaucier" bis zu diesem Höcker. 2. Phase: Der linke Schläfenmuskel wird parallel dem Kopfhautschnitt durch eine „incision semicirculaire" samt dem Periost des Schläfenbeins bis zum Arcus zygomaticus fortgeschafft. Die nämliche Operation, nur in viel ausgedehnterem Maße, wird auch auf der rechten Seite ausgeführt, wobei eine kleine Arterie durchschnitten wird. 3. Phase: „Mit Meißel und Hammer" wird der Bogen rechts immer und häufig auch links entfernt. 4. Phase: Mit einem Trepan werden an beiden Seiten Öffnungen im Schädelknochen gemacht und mit Hilfe einer „pince coupante emporte-pièce" werden die Löcher erweitert; links annähernd bis auf 3—4 cm. Rechts ist die Öffnung viel ausgedehnter: nach oben bis zum Niveau des durchschnittenen Schläfenmuskels, nach unten bis zum Arcus zygomaticus, nach vorn bis zur Augenhöhle und nach hinten bis nahe am Occipitalhöcker. 5. Phase: Die Dura mater wird in der ganzen Länge der Öffnung gespalten und zurückgeschlagen. 6. Phase: Unter den rechten Lobus temporalis wird ein besonderer „écarteur" eingeführt, „die ganze Hirnmasse wird langsam in die Höhe gehoben und zur linken Seite geschoben, wo sie teilweise durch die dazu gemachte Öffnung heraustritt". Man bekommt dann den Türkensattel und „oberhalb desselben die rotgelbe Hypophyse" zu Gesicht. 7. Phase: Die Hypophyse wird mit Hilfe einer langen „curette spéciale" von hinten und von unten ausgekratzt, wobei eine Blutung stattfindet und der gemeinschaftliche N. oculomotorius zerrissen wird. Das Infundibulum erleidet dieses

---

[1] E. de Cyon, Quelques mots à propos de la Contribution à la physiologie de l'hypophyse par Livon. Journal de Physiologie etc. 1909. S. 260 u. ff.

Schicksal häufig schon bei der Abhebung des Gehirns von der Schädelbasis[1]).

Die letzten Phasen bestehen in einem Verschluß der beiden Schädel-
öffnungen mit Zurückschieben des Gehirns, wobei die in der Chirurgie
üblichen antiseptischen Kautelen beobachtet werden. Die Hunde gehen
nach dieser eingreifenden Operation infolge des Choks und der Mißhandlung des Gehirns im Verlaufe von einigen Stunden zugrunde (von
1—40 Stunden nach Paulesco), woraus nun letzterer den Schluß
zieht, die Hypophyse sei „un organe vital".

Die wahre Todesursache haben Masay, Thaon und andere Experimentatoren richtig erkannt, die sich die Mühe nahmen, dieses Verfahren genauer zu analysieren und nachzuprüfen. „Diese Operation",
schreibt Thaon, „ist schwierig, lang und unmittelbar gefährlich durch
die schweren Hämorrhagien; sie veranlaßt meistens in 2—3 Tagen
den Tod durch die unvermeidlichen Hirnzerquetschungen bei der Operation und durch die sekundären Blutverluste; es entstehen häufig
Hernien des Gehirns"[2]). Nur ein einziges Mal vermochte Thaon
bei vollständiger Hypophysektomie eine kleine Hündin
16 Tage am Leben zu erhalten.

Keinen Augenblick erörtert Paulesco ernstlich die Frage, wie
denn eigentlich die Entfernung der Hypophyse den Tod verursacht.
Er wußte aus fremden Untersuchungen, die Hypophyse sei ein lebenswichtiges Organ, und ersann daher ein gefährliches Operationsverfahren, das auch ganz unabhängig von der Verletzung der Hypophyse einen tödlichen Ausgang nehmen mußte! Nachdem er, seiner
eigenen Angabe nach, in den Jahren 1898—1899 in Paris einige „un-
fruchtbare Versuche" gemacht hatte, um zur Hypophyse durch das
Schläfenbein zu gelangen, kündigte er plötzlich im Jahre 1906 an, er
habe die Entdeckung gemacht[3]), die Hypophyse sei ein lebenswichtiges
Organ, und zwar indem es ihm gelang, mit seiner Operationsmethode
Hunde durchschnittlich 24 Stunden nach der Hypophysektomie zu töten!

Bei der Mitteilung seiner betreffenden Notiz in der Pariser Akademie
der Wissenschaften über diese längst bekannte Tatsache sah sich
Dastre, der zuerst Hypophysektomien ausgeführt hat, veranlaßt,
an meine Untersuchungen über die Hypophyse zu erinnern. Dies verhinderte Paulesco nicht, in der medizinischen Presse und anderswo
seine vermeintliche Entdeckung auszuposaunen. Im „Journal de
Médecine Interne", wo seine zitierte Schrift publiziert wurde, resümiert er in ganz charakteristischer Weise den Inhalt meiner Untersuchungen. Er behauptet unter anderem, ich pflege mit meiner
buccalen Operationsmethode bei Hunden den Unterkiefer zu
entfernen und schließt mit der ebenso wahrhaften Angabe, meine

---

[1]) Paulesco, L'hypophyse du Cerveau. Paris 1907. S. 97 u. ff.

[2]) Thaon, L'hypophyse à l'état normal et dans les maladies; avec une
Préface du Professeur Roger. Paris 1907.

[3]) Ob in Jassy, Bukarest oder in einer anderen Stadt wird nicht angegeben;
ein Chirurg aus Jassy soll ihm assistiert haben, dies ist seine einzige Aussage.

„Auffassungen seien von Biedl und Reiner[1]), von Lo Monaco und van Rymbeck u. a. widerlegt worden!“

Um das Verständnis Paulescos für physiologische Vorgänge zu charakterisieren, genügt es, seine Beschreibung der unmittelbaren Folgen der Operation wiederzugeben. „Kein eigentümliches Symptom verrät eine akute Insuffizienz der Hypophyse. Nach dem Verschwinden der Narkose verhält sich das Tier absolut (se comporte absolument) gleich denjenigen Tieren, die als Zeugen dienten“, und an denen dieselbe Operation ohne Hypophysektomie ausgeführt wurde. Paulesco ist es entgangen, daß er bereits mit diesem Geständnis bezeugt, daß seine Hunde schon allein an der Gehirnerschütterung zugrunde gehen. „Die Temperatur beginnt zu steigen und erreicht die Norm. Bald darauf beginnt sie allmählich zu sinken. Das Tier steht auf, geht umher (keine Lähmung und keine Konvulsionen), trinkt Milch und bricht langsam zusammen, verfällt in Koma und geht zugrunde. Manchmal tritt der Tod plötzlich ein ohne Koma“ (S. 110).

Paulesco teilt freilich auch andere Versuchsergebnisse mit, wo partielle Hypophysektomien, die er mit seiner Methode ausgeführt hätte, nicht unmittelbar zum Tode geführt haben. Die Schlüsse, die er aus derartigen Versuchen zieht, lassen deren Wert und Glaubwürdigkeit in ihrem wahren Lichte erscheinen. So z. B. besagt der Schluß 3: „Die Entfernung des nervösen Lappens der Hypophyse verträgt sich mit einer unbeschränkten Dauer des Überlebens und hat keinerlei sichtbare Folgen. 4. Die Eröffnung des dritten Ventrikels ist nicht tödlich. Die Abtrennung der Hypophyse vom Türkensattel ist eine ganz harmlose Operation (une opération anodine). Dagegen ist die Trennung der Hypophyse von der Hirnbasis gleichbedeutend mit einer totalen oder fast totalen Hypophysektomie“ (143—144). Er vergißt dabei, daß das Infundibulum schon bei Hebung und Verschiebung des Gehirns zerrissen wird, ebenso wie die umgebenden Nerven! Wozu also noch Hypophysektomie?

Es verlohnt sich wahrlich nicht, auf alle andere inneren Widersprüche und Unwahrscheinlichkeiten einzugehen, welche die vollständige Unzuverlässigkeit der Versuche Paulescos dartun. Nur Punkt 3 soll hier näher berücksichtigt werden, weil schon lange vor Paulesco die eigentümliche Ansicht hauptsächlich von einigen Histologen und Pathologen vertreten wurde, der nervöse Teil der Hypophyse enthalte keine nervösen Elemente und vermöge daher keinerlei funktionelle Bedeutung auszuüben.

Neuestens scheint diese Ansicht auch von E. A. Schäfer geteilt zu werden, nämlich bei Gelegenheit seiner Croonian Lecture, gehalten in der Royal Society (1909). In diesem Vortrag versucht er, nach einer flüchtigen Übersicht der fremden Untersuchungen über die Verrichtungen der Hypophyse, eine neue Hypothese betreffs der Bestim-

---

[1]) Siehe den Nachtrag zu § 2, Kapitel IV.

mung ihrer verschiedenen Teile zu entwickeln. E. A. Schäfer unterscheidet an der Hypophyse ihrer Struktur und ihrer Funktion nach drei Teile, die Pars anterior, die Pars intermedia und die Pars nervosa. Diese Einteilung ist bei Schäfer wesentlich auf anatomischer Basis gegründet; der erste Teil soll nur aus blutreichen Drüsenepithelien bestehen, der zweite aus weniger blutreichem Epithel, das eine kolloide Substanz absondert; der dritte, nervöse Teil soll nur Neuroglia enthalten, er diene nur dazu, um jene kolloide Substanz aufzunehmen und durch das Infundibulum in die dritte Hirnhöhle abfließen zu lassen. Diese anatomische Einteilung ist zu schematisch, um mit den zahlreichen, von ausgezeichneten, hauptsächlich italienischen, Forschern ausgeführten histologischen Studien in Einklang gebracht werden zu können. Die Verhältnisse gestalten sich, besonders was die Struktur und Einteilung der Zellen anbelangt, viel mannigfaltiger, als das Schema es erscheinen läßt. Die Arbeiten von Collina, Gemelli, Caselli, Pirrone, Guerrini, Tresi und vielen anderen werden von Schäfer meistens ganz ignoriert; nur ein paar Namen werden flüchtig erwähnt.

Uns interessiert hier eben vorzugsweise der nervöse Teil der Hypophyse, dem Schäfer nur Neuroglia, aber keine Nervenelemente zuerkennen und dem er nur die Rolle eines Durchgangs für die kolloide Substanz zuteilen will. Dies stimmt ebensowenig anatomisch wie physiologisch mit den allerbekanntesten Beobachtungen sowohl an normalen als an pathologisch veränderten Hypophysen überein. Die Pars posterior betrachtet Schäfer als eine Art Anhängsel der Pars intermedia. Es wurde schon mehrfach hervorgehoben, daß in dieser sich zahlreiche feine Nervenfasern befinden, die ebenfalls in die hintere Wand der Pars anterior und selbst in letztere, wenn auch in geringerer Anzahl, eindringen. Über die Anwesenheit von Ganglienzellen gehen die Ansichten auseinander. Sicher festgestellt ist im nervösen Teil nur der Befund von kleinen kolbenartigen Nervenendigungen; dagegen ist das Infundibulum reichlich mit Ganglienzellen versehen, besonders in seinem markhaltigen Teil.

In der Histologie wie in der Physiologie sind negative Befunde immer minderwertig; nur positive Ergebnisse geben die Entscheidung. Im vorliegenden Falle sind diese besonders wertvoll, weil sie von Forschern wie Ramòn y Cajal und von den Schülern Golgis herstammen. Die reellen physiologischen Tatsachen, welche mit exakten Methoden auf experimentellem Wege gewonnen sind, sprechen alle zugunsten der positiven histologischen Befunde.

Nur einige dieser Tatsachen sollen hier als Argumente benutzt werden.

1. Ein leiser, auf das fibröse Dach oder direkt auf den Boden der Hypophyse bei Kaninchen ausgeübter Druck erzeugt momentan ganz mächtige Veränderungen der Zahl und der Stärke der Herzschläge und teilweise auch des Blutdruckes; diese können nur auf reflektorischem Wege zustande kommen. Das gleiche beobachtete ich ebenfalls bei Hunden schon während der bloßen Trepanation der Basis der

Hypophysenhöhle (siehe die Kurve 2 auf Tafel III). Im nämlichen Sinne, wie die Verlangsamung und Verstärkung der Herzschläge bei Ausübung von Druck, spricht auch deren momentane Beschleunigung und Verminderung bei der Aufhebung dieses Druckes durch die bloße Eröffnung der Hypophysenhöhle. (Masay und Caselli haben das gleiche beobachtet.) Wie konnte diese momentane reflektorische Erregung der Herznerven anders entstehen als durch Reizung nervöser Elemente in der Hypophyse, d. h. ihres nervösen Teils? Etwa durch Auspressen der secernierenden Epithelialzellen, deren Inhalt durch die sehr zarten Wände der Blutgefäße in den allgemeinen Blutkreislauf gelangte? Wenn die Annahme eines so rohen Vorganges in diesem Fall überhaupt zulässig wäre, so spricht ja schon das plötzliche Auftreten der Erscheinungen dagegen. Übrigens müßte der Druck auch die Blutgefäße komprimieren und dann würde gerade der entgegengesetzte Effekt eintreten.

2. Die ganz schwache elektrische Reizung der Hypophyse mit spitzen Elektroden erzeugt die nämlichen reflektorischen Veränderungen nur in einem unvergleichlich höheren Grade, wie dies sämtliche Figuren dieses Kapitels bezeugen.

3. Howell hat zuerst nachgewiesen, daß die wirksame Substanz, welche das Herz- und Gefäßnervensystem in so gewaltiger Weise beeinflußt, sich ausschließlich aus dem Nerventeil der Hypophyse gewinnen läßt. Extrakte aus dem übrigen Teil der Drüse bleiben wirkungslos. Schäfer war einer der ersten, der diese Tatsache bestätigt hat, die noch bis jetzt außerhalb jeder Kontroverse verbleibt. Ist es möglich, für diese Tatsache eine andere Erklärung zu finden als die, daß die wirksamen Substanzen in den nervösen Teil ununterbrochen eindringen, um die dort befindlichen Nervenfasern in tonischer Erregung zu erhalten, und um so der Hypophyse zu gestatten, die von meiner Theorie ihr zugeschriebene Funktion auszuüben? Bis jetzt hat niemand auch nur den Versuch gemacht, irgendeine andere Möglichkeit in Vorschlag zu bringen. Nach Schäfer sollen diese wirksamen Substanzen den Umweg in die Pars nervosa machen, um durch das Infundibulum in den dritten Ventrikel zu gelangen. Oben wurde schon mehrmals auf die Unwahrscheinlichkeit hingewiesen, daß die in so winzigen Mengen produzierten Substanzen sich direkt in die Cerebrospinalflüssigkeit ergießen. Noch zwei Momente sprechen klar gegen eine derartige Einrichtung: zuerst die einfache Überlegung, daß ein Trichter gewöhnlich die mechanische Bestimmung hat, Flüssigkeitsmengen aus einem größeren Gefäß in ein kleineres zu überführen; die entgegengesetzte Bestimmung wäre kaum eine zweckmäßige Einrichtung, noch dazu wenn es sich um den kontinuierlichen Abfluß ganz winziger Mengen handelt. Sodann spricht noch eine andere Tatsache gegen einen derartigen Abfluß der wirksamen Substanz der Hypophyse. So ziemlich alle in Betracht kommenden Forscher auf dem Gebiete der Gefäßdrüsenfunktionen stimmen in dem einen Punkte überein: es bestehen zwischen den Pro-

dukten dieser Drüsen zahlreiche Beziehungen und ein gegenseitiges Aufeinanderwirken, die für ihre physiologische Bestimmung ausschlaggebend sind. Die einen von Caselli bis auf Guerrini und Pirrone sehen diese Bestimmung darin, im Blute antitoxische Wirkungen chemischer Art auszuüben; die anderen, sie bilden die Minderheit[1]), schließen sich meiner Lehre an, daß das Gleichgewicht zwischen diesen wirksamen Substanzen im Blute dazu bestimmt ist, die Zentren des Nervensystems im Gehirn, Rückenmark und in der Peripherie in ihrer Leistungsfähigkeit zu erhalten. In beiden Fällen ist deren Anwesenheit im Blute eine Notwendigkeit. Wozu sollten die Produkte der Hypophyse ins Blut erst auf dem Umwege der Cerebrospinalflüssigkeit gelangen?

Viel zweckmäßiger und auch unserem Verständnis näherliegend ist die Bestimmung, welche meine Lehre dem Trichter zuschreibt: er dient nämlich dazu, bei zu starkem Zufluß der Cerebrospinalflüssigkeit in die Schädelhöhle durch Eindringen in die innere Höhle die Hypophyse zu erregen und so die Nervenmechanismen, die als schützende Vorrichtungen der Herz- und Gefäßnervenzentren fungieren, auf reflektorischem Wege in Tätigkeit zu versetzen. „Die organische Form ist nicht zweckmäßig, weil sie ist, sondern sie ist, weil sie zweckmäßig ist", erklärte Pflüger schon im Jahre 1853 (Sensorische Funktionen des Rückenmarks). Dieser Anerkennung der großen Bedeutung der Zweckmäßigkeit in der Naturforschung verdankt Pflüger, wenigstens zum Teil, die außerordentliche Fruchtbarkeit seiner fast sechzigjährigen wissenschaftlichen Leistungen. Wenn ein Physiologe der Natur unvernünftige Handlungen oder Einrichtungen zuschreibt, so liegt der Irrtum an ihm und nicht an der Natur [2]).

Zugunsten der großen funktionellen Bedeutung des nervösen Teils der Hypophyse sprechen so ziemlich sämtliche klinischen Erfahrungen, die sich mit staunenswerter Fülle täglich häufen. Sie zeigen in eindeutiger Weise, wie unendlich mannigfaltig die Störungen des Nervensystems sind, die bei Erkrankungen und Geschwülsten der Hypophyse aufzutreten pflegen. Nicht nur das Wachstum der Gewebe, die Nierentätigkeit, die Sekretionen der Drüsen und das ganze motorische System, sondern auch das Geschlechtsleben und die Verrichtungen der Sinnesorgane werden von den pathologischen Zuständen der Hypophyse in eingreifender Weise beeinflußt. Kopfschmerzen, Schlaflosigkeit oder nicht zu überwältigende Schläfrigkeit gehören zu den häufigsten, fast zu den unausbleiblichen Symptomen der krankhaften Veränderungen des Hirnanhangs. Ja noch mehr; weitgehende Störungen des psychischen Lebens werden allseitig von den Ärzten mit den Leiden der Hypophyse in kausalen Zusammenhang gebracht, und dies nicht allein bei der Akromegalie. Joseph Engel hat in seiner vom Jahre 1839

---

[1]) Psychologisch spricht die Minderheit am Beginn einer neuen Lehre fast immer zu ihren Gunsten. (Siehe Leib, Seele und Geist § 9. Pflügers Archiv, Bd. 128.)

[2]) Schon Lucrez sagte: Wir sehen, nicht weil wir Augen haben, sondern wir haben Augen, um zu sehen.

stammenden Dissertation über die Erkrankungen des Hirnanhangs, die allen Autoren merkwürdigerweise entgangen ist, die psychischen Erkrankungen, welche bei Hypophysentumoren beobachtet werden und die ohne jede Wachstumsstörung auftreten, in ganz meisterhafter Weise beschrieben (Kap. III).

Es wäre doch wahrlich eine sonderbare Auffassung der Lebensvorgänge, wenn man alle diese nervösen Symptome, die von der Hypophyse erzeugt und unterhalten werden, den chemischen Wirkungen der Kolloidsubstanz zuschreiben wollte, ohne jede Dazwischenkunft der rein nervösen Elemente der Hypophyse. In Wirklichkeit lehren die direkten, an der Hypophyse sorgfältig ausgeführten Versuche, daß ihre chemischen Produkte wohl die Herz- und Gefäßnervenzentren in einer ganz bestimmten Weise zu beeinflussen vermögen; deren Anhäufung im nervösen Teil der Hypophyse zeigt aber auch klar genug, daß sie diese Wirkungen nur erzeugen, indem sie von hier aus diese Zentren reflektorisch erregen. Das wird in unzweifelhafter Weise dargetan durch die Identität der Kurven bei Einführungen des Hypophysenextraktes in den Blutlauf und bei den chemischen und elektrischen Reizungen der Hypophyse.

Von einigen Differenzen zwischen den Ergebnissen meiner Versuche mit den Extrakten der Hypophyse und denen von E. A. Schäfer und seiner Schule ist schon oben die Rede gewesen. Sie beruhen nicht etwa, wie manche Forscher glauben, auf einer verschiedenen Zubereitungsweise der Extrakte, sondern rühren hauptsächlich von dem Gebrauch verschiedener Narkotica, wie Äther, Chloroform, Chloral usw. her, welcher den englischen Physiologen durch das Antivivisektionsgesetz aufgezwungen wird. Howell hat zuerst auf diese Fehlerquelle aufmerksam gemacht, bei Gelegenheit der von Schäfer erhaltenen Resultate bei den Versuchen mit den Extrakten der Hypophyse; bekanntlich stimmen Howells Resultate völlig mit den meinigen überein. Die interessanten Untersuchungen, welche Schäfer mit Magnus und mehreren seiner Schüler über den Einfluß dieser Extrakte auf die Nerventätigkeit ausgeführt hat, sollen die Anwesenheit von zwei verschieden wirkenden Substanzen ergeben haben: die eine erzeuge Erweiterungen, die andere Verengerungen der Nierengefäße. Nach der genauen Darstellung dieser Versuche scheint mir im hohen Grade wahrscheinlich, daß die verschiedenen Beeinflussungen der Nierengefäße sehr gut sich aus den Wirkungen der beiden Substanzen der Hypophyse, die ich zuerst beschrieben habe, auf den allgemeinen Blutkreislauf, besonders in dem Gebiete der Splanchnicusnerven, erklären lassen. Es genügt, die passiven Erweiterungen der Nierengefäße als notwendige Folgen der mächtigen Kontraktion sämtlicher Gefäße der Eingeweide im Auge zu behalten, um die Annahme neuer wirksamer Substanzen überflüssig zu machen. Es ist schon schwierig genug, die Bildung zweier fast antagonistisch wirkender Substanzen in der winzigen Hypophyse zu erklären, um die Verhältnisse nicht durch die Annahme neuer Substanzen noch mehr zu verwickeln.

Der mächtige Einfluß der Hypophysenextrakte auf die Harn-absonderung hängt innig zusammen mit der Rolle, welche dieses Organ bei dem Stoffwechsel und bei dem Wachstum ausübt. E. H. Schäfer hat gezeigt, daß die Menge des ausgeschiedenen Harnstoffs ebenfalls zunimmt. Dies zusammen mit der Glykosurie, welche von anderen Beobachtern festgestellt wurde, spricht zugunsten der Ansicht, die ich immer verteidigt habe, daß der Einfluß, den die Hypophyse auf den Stoffwechsel ausübt, eher ein hemmender und regulierender als ein fördernder ist. Die Akromegalie und der Riesenwuchs sind also keine Produkte der übertrieben verstärkten Funktion der Drüsenteile, sondern der verhinderten oder ihrem Wesen nach stark verän-derten Funktion[1]).

Diese meine Ansicht findet in den Fütterungsversuchen von Cer-letti, Sandri und vielen anderen Forschern ihre volle Bestätigung. Ersterer beobachtete bei solcher Fütterung mit Hypophysensubstanz eine augenscheinliche Verzögerung der Wachstumsprozesse der Knochen[2]) Sandri[3]) spricht sogar von einem allgemeinen Anhalten des Wachs-tums. Bei den Akromegalen von Spa (siehe oben § 3) brauchte ich zur Behandlung frisch getrocknete Hypophysenpulver. Die Abmagerung ging auffallend schnell vor sich, was ganz in Übereinstimmung mit der stark vermehrten Harnabsonderung stand.

In dieser Beziehung also haben meine ursprünglichen Auffassungen der Hypophysenverrichtungen ebenfalls nur neue Bekräftigungen er-fahren. Ich finde in den neueren Ergebnissen der Physiologie und Pathologie der Hypophyse keinerlei Gründe, um meine Lehre irgendwie auch nur in Einzelheiten zu modifizieren. Ganz im Gegenteil!

---

[1]) In dem Bericht von L. von Frankl-Hochwart über 155 Autopsien von Kranken, die an Tumoren der Hypophyse zugrunde gegangen waren, ohne Symptome von Akromegalie zu zeigen, findet man häufig Leute von kleinem Wuchs und mehrmals auch Zwerge. Kopfschmerzen, Schläfrigkeit, psychische Störungen, Lähmung der Augenmuskeln, Polyurie, Impotenz, Amenorrhöe usw. waren bei ihnen im allgemeinen die am häufigsten beobachteten Symptome.

[2]) Cerletti, Reale Accademia dei Lincei 1908. Archiv. ital. de Biologie. 1907.

[3]) Sandri, Rivista di Patologia nervosa e mentale. Contribuzioni all'ana-tomia ed alla fisiologia dell'ipofisi 1908. Struma adenomatosa dell'ipofisi etc. 1909.

III. Kapitel.

Die physiologischen Verrichtungen der Zirbeldrüse.

§ 1. Versuche mit Extrakten der Zirbeldrüse.

Im Laufe meiner Untersuchungen über die Physiologie der Hypophyse habe ich mehrmals die Frage aufgestellt, ob in der Schädelhöhle nicht noch andere autoregulatorische Vorrichtungen vorhanden seien, dazu bestimmt, das Gehirn vor zu hohem Druck zu schützen. Die Notwendigkeit solcher Autoregulatoren für die Menge der Cerebrospinalflüssigkeit in den Hirnventrikeln erschien mir unabweislich.

„Welches sind aber diese Vorrichtungen," schrieb ich, „die eventuell den Zufluß der Cerebrospinalflüssigkeit zu hindern, resp. deren Abfluß zu erleichtern vermögen? Seit einem Jahre bin ich mit experimentellen Untersuchungen über diese Frage beschäftigt, die noch nicht zum Abschlusse gekommen sind. Nach den bisherigen Ergebnissen scheint jedenfalls die Zirbeldrüse eine dieser Vorrichtungen zu sein, indem sie auf rein mechanischem Wege die Menge der Cerebrospinalflüssigkeit in den Hirnventrikeln reguliert... Erst nach Anstellung von Kontrollversuchen an größeren Tieren hoffe ich genauere Angaben, sowohl über die Verrichtungen der Zirbeldrüse, als über ihre eventuelle Abhängigkeit von der Hypophyse mitteilen zu können." (Siehe „Zur Physiologie der Hypophyse". Pflügers Arch. Bd. 87, S. 576.)

Erneute Versuche sind jetzt noch erforderlich, um meine an der Zirbeldrüse von Kaninchen gemachten Beobachtungen mit Sicherheit verwerten zu können. Da ich aber die Hoffnung aufgeben muß, selbst noch Kontrollversuche machen zu können, so will ich diejenigen Vorversuche, die in den Jahren 1900—1901 an der Zirbeldrüse angestellt wurden, so unvollständig sie auch sein mögen, der Öffentlichkeit übergeben. So werden sie wenigstens als Anhaltspunkte für andere Forscher dienen können, die es unternehmen wollen, die so rätselhaften Verrichtungen der Zirbeldrüse weiter zu erforschen. Meine Versuche an der Zirbeldrüse waren zweifacher Art. Die eine Reihe war darauf gerichtet, Extrakte aus dieser Drüse zu erhalten, um deren eventuelle Wirkungen auf das Herz und Gefäßnervensystem in der üblichen Weise zu studieren. Die benutzten Drüsen stammten von Ochsen und Hammeln her[1]).

---

[1]) Um über eine größere Anzahl solcher Drüsen verfügen zu können, übte ich vor einigen Jahren in den Pariser Schlachthäusern von La Villette einen Angestellten des Apothekers Vicario darauf ein, die Zirbeldrüse herauszupräparieren, ohne das Gehirn zu schädigen.

Wie kurz angedeutet, war das übereinstimmende Ergebnis dieser Versuchsreihe folgendes:

Intravenöse Einspritzungen von Zirbeldrüsenextrakten erzeugen keinerlei Wirkungen auf den Blutdruck. Die Zahl der Herzschläge wird durch sie beschleunigt, deren Exkursionen aber verkleinert. So weit entsprechen also die erhaltenen Modifikationen der Blutdruckkurve ganz denjenigen, die man bei Reizungen der wirklichen Nervi accelerantes erhält.

Dies ist aber nur bei Einspritzungen geringer Mengen der Fall. Werden allmählich größere Dosen eingeführt, so ändert sich das Bild. Die Herzschläge werden bedeutend verstärkt und verlangsamt, gleichzeitig aber auch unregelmäßig. Man beobachtet dabei häufig das Erscheinen von Bigeminus- und Trigeminuspulsen von der Art, wie sie Traube zuerst beschrieben hatte.

Wie in meinen Darlegungen über die Schilddrüse und über deren wirksame Substanzen durch viele Experimente in ganz evidenter Weise dargetan wurde, rühren derartige Pulsformen von einer Störung des harmonischen Zusammenwirkens der hemmenden und beschleunigenden Herznerven her. Es genügt, beim Auftreten von Bigeminus- oder Trigeminuspulsen die einen oder die anderen dieser Nerven künstlich zu erregen oder zu durchschneiden, um sofort diese Unregelmäßigkeiten der Pulsschläge aufzuheben.

Mehrmals gelang das gleiche, wenn eine solche Erregung auf reflektorischem Wege erzeugt wurde, wie z. B. bei Reizungen der Depressoren und der Vagi, wie man dies an den Kurven (siehe Kap. I) sehen kann.

Sehr oft gelang es auch, einen Pulsus bigeminus oder trigeminus künstlich zu erzeugen, und zwar durch gleichzeitige Erregung der beschleunigenden und verlangsamenden Herznerven entweder durch elektrische Reizung oder durch die parallele Einführung in die Blutzirkulation von zwei antagonistisch wirkenden Herzgiften, von denen also das eine die Accelerantes, das andere die Vagi erregt, wie z. B. von Hypophysin und Atropin, von Jodnatrium und Muscarin usw.

Die aus der Zirbeldrüse erhaltenen Extrakte erregen, wenn in kleineren Dosen eingeführt, nur die Accelerantes, in größeren Mengen dagegen erregen sie gleichzeitig auch die verlangsamenden Herznervenfasern, und dies in so unregelmäßiger Weise, daß das harmonische Zusammenwirken der beiden antagonistischen Herznerven gestört wird. Der Herzschlag wird unregelmäßig, große und seltene Aktionspulse alternieren mit kleinen Acceleranspulsen und zwar in völlig arhythmischer Reihenfolge. Man erhält also eine ganz eigentümliche Form von Pulsus trigeminus.

Daß es sich in diesen Versuchen um eine derartige Disharmonie handelt, davon überzeugt man sich leicht, wenn man während dieser Periode nacheinander die beiden Vagi durchschneidet. Die Durchschneidung des einen Vagus bleibt ohne merklichen Einfluß auf diese eigentümlichen Pulse; die Vaguspulse werden seltener und die Periode der beschleunigten Pulse hält etwas länger an. Dagegen verschwinden sie sofort nach der Durchschneidung des zweiten Vagus.

Hier sollen die Kurven eines derartigen Versuches angeführt werden, welche diese Verhältnisse genau demonstrieren. Der Versuch wurde am 28. April 1900 an einem größeren, mit Morphium narkotisierten Kaninchen ausgeführt. Verwendet wurde eine Lösung von 3 g getrockneter Zirbeldrüsensubstanz in 60 ccm der physiologischen Kochsalzlösung. Diese 3 g wurden aus etwa 100 Zirbeln von Ochsen und Hammeln gewonnen[1]).

Die Fig. 1 auf Tafel IV zeigt den Einfluß einer intravenösen Einspritzung von 2 ccm der betreffenden Lösung. Der Blutdruck sank bald nach der Einspritzung um ein geringes[2]), die Zahl der Herzschläge wuchs von 23 auf 28 in 10 Sekunden.

Zwei neue Einspritzungen von je 2 ccm vermochten die Zahl der Herzschläge bis auf 37 in 10″ zu erhöhen. Darauf wurden auf einmal 13 ccm derselben Lösung in die Vene eingespritzt; mit welchem Erfolge, zeigt die Fig. 2 auf derselben Tafel.

Die Herzschläge wurden sofort beträchtlich verstärkt und verlangsamt, wobei die großen Pulse in unregelmäßiger Weise durch eine gewisse Anzahl kleiner unterbrochen wurden; ein Pulsus trigeminus tritt auf. Diesen Charakter behielten die Herzschläge während mehr als 20 Minuten.

Die Durchschneidung des einen Vagus hatte nur wenig den Gang der Blutkurve verändert, wie dies die Fig. 3, Taf. IV zeigt. Dagegen rief die Durchschneidung des zweiten Vagus eine sofortige Rückkehr der Blutdruckkurve zur früheren Form hervor, was Anzahl, Stärke und Regelmäßigkeit der Pulse anbetrifft (Fig. 4, Taf. IV).

Die durch die stattgefundene Einführung einer größeren Menge des Extraktes der Zirbeldrüse erzeugten Veränderungen der Blutdruckkurve, d. h. die Verlangsamung und Verstärkung der Herzschläge, sowie das Auftreten der Unregelmäßigkeiten (Pulsus trigeminus) hingen also von der Erregung der zentralen Vagusenden ab, welche sich zu der Erregung der Accelerantes gesellt hatte.

---

[1]) Beim langsamen Erwärmen dieses Extraktes bis auf 100° C beobachtete ich in der Lösung eine Reihe aufeinanderfolgender Explosionen, bei welchen kleine Mengen des Pulvers in die Luft geschleudert wurden. Über die Natur dieser eigentümlichen, relativ lauten Explosionen vermochten weder ich noch Gamgee, der diese Explosionen angesehen hat, eine Aufklärung zu erhalten.

[2]) Dieses geringe Sinken des Blutdruckes hat genau denselben Charakter wie das während der Einführung der verschiedensten Extrakte beobachtete. Es hält gewöhnlich nur kurze Zeit an (5—10 Sekunden) und spricht keineswegs zugunsten einer funktionellen Bedeutung des betreffenden Extraktes. Man beobachtet, wenn auch selten, dasselbe Sinken sogar bei Einführung von Extrakten aus der Nebennierensubstanz, die sonst sehr stark den Blutdruck zu steigern pflegen. Die kurze Zeit anhaltenden Senkungen, welche Osborne und Swale Vincent bei der Einspritzung von Extrakten aus der grauen Hirnsubstanz und A. Schäfer bei gewissen Hypophysenextrakten beobachteten, tragen denselben Charakter.

Wie die angeführten Blutdruckkurven zeigen, übte auch die Einführung großer Mengen des Extraktes keine merkliche Wirkung auf die Höhe des Blutdruckes aus, wenigstens rührten deren geringe Schwankungen in dem einen oder dem anderen Sinne ausschließlich von den Veränderungen der Stärke der Herzschläge her. Im Beginn waren letztere verkleinert wegen der alleinigen Erregung der Accelerantes, sodann wurden sie verstärkt durch die gleichzeitige Erregung der verlangsamenden Herznerven.

Es fragt sich nun, wie die beobachteten Wirkungen zu deuten sind? Haben wir es hier mit physiologischen Wirkungen von Drüsenextrakten zu tun, wie z. B. bei den Extrakten aus den Schilddrüsen, der Hypophyse usw., oder sind sie einfach auf die Einführung der anorganischen Salze, die in der Zirbeldrüse, meistens in Form von Konkrementen, in größeren Mengen angetroffen werden, zurückzuführen?

Ich mußte diese Frage aus mehreren Gründen aufwerfen. Eine größere Reihe von früheren Versuchen, welche ich im Laufe meiner Untersuchungen über die Verrichtungen der Hypophyse mit den Wirkungen von glycero-phosphorsaurem Kalk und glycero-phosphorsaurem Natron[1]) auf den Blutdruck und die Herztätigkeit angestellt hatte, lieferten mir schon Ergebnisse, die mit denen von den Zirbeldrüsenextrakten erhaltenen große Analogien besaßen. Ich nahm daher eine Reihe neuer Versuche mit diesen Salzen vor.

Glycero-phosphorsaures Natron in $1^1/_2$ prozentiger Lösung, eingeführt in die Venen bei Hunden oder Kaninchen, vermag die Herzschläge bedeutend zu beschleunigen. Nach mehrmaligen Einspritzungen überzeugt man sich, daß die erzielten Beschleunigungen allmählich bis zur Verdoppelung der normalen Schlagzahl zunehmen.

Der Blutdruck wird dabei entweder gar nicht verändert oder um ein geringes erniedrigt, wie man dies beim längeren Anhalten von Acceleranspulsen immer beobachtet. Die Beschleunigung der Herzschläge hängt zum bedeutendsten Teile nämlich von einer Erregung der Nervi accelerantes, resp. ihrer gangliösen Endigungen im Herzen selbst ab. Dies wird unter anderem dadurch bewiesen, daß die Erregbarkeit der Vagi unter dem Einfluß der mehrmaligen Einspritzungen kaum abzunehmen pflegt.

Um eine Vorstellung von der großen Analogie zwischen den Wirkungen des glycero-phosphorsauren Natrons und denen schwacher Dosen der Zirbelextrakte zu geben, sollen hier einige Kurven angeführt werden, die von einem am 5. Januar 1900 angestellten Versuch herrühren. Ein großes Kaninchen wurde mit Morphium narkotisiert. Zur Einspritzung gelangte eine $1^1/_2$ prozentige Lösung von glycero-phosphorsaurem Natron in sukzessiven Dosen von 2 ccm.

Fig. 5 Taf. IV zeigt den Erfolg der ersten Einspritzung. Sofort nach der Einspritzung kommt eine kleine Senkung des Blutdruckes mit geringer Verlangsamung von 22 auf 18 Pulsschläge in 10 Sekunden;

---

[1]) Bezogen von E. Merck in Darmstadt.

darauf folgt sogleich eine Beschleunigung bis zu 26 in 10 Sekunden. Eine zweite Einspritzung von 2 ccm führte die Zahl der Herzschläge auf 30 in 10 Sekunden (Fig. 6, Taf. IV), bei der dritten steigerte sie sich auf 34 in 10 Sekunden, bei der vierten, also nach 8 ccm der erwähnten Lösung, erreichten die Herzschläge die Zahl von 38 in 10 Sekunden. Die Fig. 7, Taf. IV zeigt den Charakter dieser Herzschläge und demonstriert gleichzeitig die erhaltene Erregbarkeit des Vagus.

Der glycero-phosphorsaure Kalk beeinflußt die Herzschläge in entgegengesetzter Weise: sie werden bedeutend verlangsamt und stark vergrößert. Sie erhalten ganz den Charakter der von mir sogenannten Aktionspulse. Nur sind die Herzschläge nie so regelmäßig, wie die Aktionspulse sonst zu sein pflegen, z. B. bei Einspritzungen von Hypophysin. Die großen Pulse werden häufig von ein paar kleinen unterbrochen, auch unterliegen ihre Intensitäten großen Schwankungen. Diese Unregelmäßigkeiten nehmen mit der Zunahme der eingeführten Mengen der 5 prozentigen Lösung des glycero-phosphorsauren Kalks bedeutend zu. Pulsus bigeminus und trigeminus treten auf; die Größen der Herzschläge variieren konstant und zeigen eine Neigung zur allmählichen Abnahme (siehe Fig. 8 Taf. IV, die Fortsetzung der Fig. 4 nach einer solchen Einspritzung).

Die Wirkungen der Natron- und Kalksalze auf das Herz wurden schon früher von mehreren Physiologen, meistens mit gleichlautenden Ergebnissen, studiert. Namentlich stimmen sämtliche Forscher darin überein, daß die Kalksalze die Herzschläge zu verstärken vermögen.

Besonders belehrend sind die Versuche über derartige Wirkungen, welche bei den Prüfungen der Ringerschen Flüssigkeiten von verschiedener Zusammensetzung nicht auf das gesamte Herz, sondern an ausgeschnittenen Herzstreifen u. a. von Howell, Loeb, Porter und ihren Schülern angestellt worden sind, und zwar mit Hilfe der Gaskellschen Suspensionsmethode.

Loeb gelangte zu dem Schlusse, daß „die Erregbarkeit der Nerven und Muskeln und die rhythmische Tätigkeit verschiedener Organe u. a.

eine Funktion des Quotienten $\dfrac{CNa}{CCa}$, d. h. der Konzentration der Natriumionen dividiert durch die Konzentration der Calciumionen der umgebenden Lösung resp. des betreffenden Gewebes ist". (Pflügers Archiv Bd. 96, S. 539.)

Um diese Formel in ihrer Bedeutung auf das Herz richtig zu würdigen, muß man im Auge behalten, daß es sich bei den Versuchen Loebs nicht um die Wirkungen der betreffenden Salze auf die Zusammenziehung des Gesamtherzens, sondern nur um die Kontraktion eines Herzstreifens, der nur ein Nervmuskelpräparat des Herzens darstellt (siehe „Die Nerven des Herzens", Kap. V), handelte.

Die Abnahme der Erregbarkeit eines solchen Nervmuskelpräparates unter dem Einflusse der Calciumionen will noch keineswegs bedeuten, daß die gesamten Herzkontraktionen unter demselben Einflusse nicht bedeutend ausgiebiger werden können.

Auch die Abkühlung verändert in gewissen Grenzen die Erregbarkeit des Herzens, vergrößert aber gleichzeitig seine Exkursionen. Die Abnahme der Erregung beruht in solchen Fällen meistens auf einer Zunahme der hemmenden Einwirkungen. Wenn die Calciumionen die Hemmungsnerven in Erregung versetzen, so wird die Zahl der Herzschläge dabei zwar vermindert, deren Intensität aber vermehrt werden. Der Effekt wird der nämliche sein, wenn sie direkt die Erregbarkeit der acceleratorischen Nervenfasern vermindern. Caeteris paribus steht ja die Intensität der Herzschläge und auch deren Nutzarbeit im umgekehrten Verhältnis zu ihrer Zahl. Schon daraus allein folgt, daß man keineswegs aus Beobachtungen an einem bloßen Herzstreifen (Nervmuskelpräparat) berechtigt ist, ohne weiteres Schlüsse auf die Kontraktionen des Gesamtherzens zu ziehen.

Die Einflüsse, welche die Zusammenziehungen des Herzens bedingen, sind überhaupt so verwickelter Natur, daß man noch weit davon entfernt ist, sie durch einfache Formeln ausdrücken zu können.

Um zu unseren Beobachtungen über die Wirkungen der Extrakte der Zirbeldrüse auf diese Zusammenziehungen zurückzukehren, so folgt aus deren Vergleichung mit den Ergebnissen der Versuche mit phosphorsaurem Natron und phosphorsaurem Kalk folgendes: Schwache Dosen dieser Extrakte scheinen wie phosphorsaures Natron, starke Dosen dagegen wie glycero-phosphorsaurer Kalk auf den Herzschlag zu wirken. Nur die eine Differenz habe ich zwischen diesen Wirkungen beobachtet: Die Wirkungen der Zirbelextrakte verschwinden ganz bei der Durchschneidung der Vagi; diejenigen des phosphorsauren Kalks dagegen werden durch solche Durchschneidungen etwas modifiziert, aber ihre Wirkungen auf die Herzschläge bewahren denselben Charakter wie bei intakten Vagi.

Beim Kaninchen, das zum obigen Versuch am 28. April 1900 benutzt wurde, spritzte ich ein paar Minuten nach der Durchschneidung des zweiten Vagus, als die Blutdruckkurve den normalen Verlauf angenommen hatte, 10 ccm einer 5 prozentigen Lösung von phosphorsaurem Kalk ein. Wie die Fig. 8, Taf. IV zeigt, war die gewöhnliche Wirkung sofort eingetreten: die Herzschläge wurden bedeutend verstärkt und nahmen, qualitativ wenigstens, ganz den Charakter der früheren, unter dem Einflusse großer Dosen des Zirbelextraktes erzeugten an.

Wenn es sich bei diesem Extrakt um eine ad hoc von der Zirbeldrüse gebildete wirksame Substanz gehandelt hätte, so dürfte man nach den Analogien mit den wirksamen Substanzen der Schilddrüse, der Hypophyse und der Nebenniere erwarten, daß die Durchschneidung der Vagi die Blutdruckkurve, qualitativ wenigstens, nicht beeinflussen würde.

Wie sämtliche Versuche, die in den vier Teilen meiner „Physiologischen Herzgifte"[1] ausführlich beschrieben wurden, übereinstimmend beweisen, wirken die Produkte der genannten Drüsen ganz in analoger

---

[1] Siehe die Wirkungen der Drüsenprodukte hier in den Kap. I, II und IV.

Weise auf die zentralen wie auf die peripheren Herz- und Gefäßnerven und -ganglien.

Die Durchschneidungen der Vagi pflegen diese Wirkungen nicht
aufzuheben; wie ja auch diese Wirkungen mit derselben Schärfe hervor-
zutreten pflegen, wenn die betreffenden Gifte auf das ausgeschnittene
Herz resp. auf das aus der Gesamtzirkulation ausgeschlossene Herz
(nach den hier im Kapitel IV beschriebenen Methoden) einwirken.
Dies in genauer Übereinstimmung mit meinem zweiten Gesetze der Ganglienerregung.

Es liegt kein Grund vor, anzunehmen, daß die Zirbelextrakte eine
Ausnahme von den anderen Extrakten der Schutzdrüsen der Herz-
und Gefäßnerven machen. Man könnte eher daran denken, das
Conarium sei als Drüse nur dazu bestimmt, gewisse Salze
in organischer Bindung in der Zirbel anzuhäufen. Die er-
haltenen Wirkungen bei Versuchen mit Lösungen aus der
Substanz der Zirbel wären einfach auf Rechnung dieser
Salze zu setzen, welche in relativ großen Mengen, sowohl als
Konkremente in den Höhlen als auch zerstreut in dem
Gewebe selbst angetroffen werden. Phosphorsaurer Kalk bildet
die Hauptmasse dieser Salze; es kommen aber auch noch andere vor.
Die beobachteten Wirkungen könnten um so eher von diesem Ge-
misch herrühren, als, wie der oben zitierte Versuch zeigt, diese
Wirkungen bei Verwendung kleiner Mengen ganz entgegengesetzte als
bei Einführung großer Dosen waren.

§ 2. Direkte Versuche an der Zirbeldrüse.

Da das Studium der Extrakte aus der Zirbel keine definitiven
Schlüsse über ihre Bedeutung als sezernierende Drüse gestattete, suchte
ich auf anderem Wege, Aufklärung über die physiologische Bestimmung
dieses rätselhaften Organs zu erlangen.

Der sicherste Weg schien mir derjenige zu sein, der schon beim
Studium der Verrichtungen der Schilddrüse und der Hypophyse es
erlaubte, zu positiven Ergebnissen zu gelangen, nämlich der Weg des
direkten Experimentierens an der Drüse selbst.

Die technischen Schwierigkeiten beim Operieren an der Zirbeldrüse
müssen selbstverständlich ziemlich groß sein; sie erscheinen im voraus
aber nicht unüberwindlich. Von der Schädelhöhle aus war es beim
Kaninchen viel schwieriger, zur Hypophyse zu gelangen, als zur Zirbel,
da dabei ein Teil des Großhirnlappens abgetragen werden mußte. Operationen an der Glandula pinealis erheischen aber keinerlei Verletzungen
des Gehirns.

Die Operationsmethode war kurz folgende:

Das Schädeldach wurde bei dem mit Morphium narkotisierten
Kaninchen unter den gewöhnlichen Kautelen abgetragen und dann
zur Stillung der Blutung aus den Sinus geschritten. Außer den gewöhnlichen, in meiner Methodik beschriebenen Kunstgriffen verwendete

ich dabei mit Nutzen das bei den französischen Physiologen übliche Modellierwachs, mit welchem man die Blutung aus den Knochen leicht zu hemmen vermag. Nach einer Pause von 15—20 Minuten, die man dem Tiere zur Erholung gönnt, wird ihm eine neue Morphiumeinspritzung gemacht. Darauf wird die Dura mater an der Grenze zwischen den beiden Hinterlappen des Großhirns gespalten, und zwar durch zwei Schnitte an jeder Seite des zentralen Sinus.

Man darf diese Spaltung und das Freilegen der Hinterlappen nicht weiter treiben, als gerade erforderlich ist, um darauf die beiden Hinterlappen etwas in die Höhe heben zu können. Letzteres wird mit Hilfe von zwei Löffeln ausgeführt, die von einem Assistenten festgehalten werden. Die Zirbeldrüse erscheint dann im Gesichtsfeld durch das sie umhüllende Velum interpositum durchschimmernd.

Bei den ersten Versuchen wollte ich das Velum ebenfalls in die Höhe heben, um die Zirbel ganz freizulegen. Diese Operation ist aber wegen seiner großen Zerreißlichkeit und der Verwachsungen sehr schwierig. Mit Hilfe eines zweiten Assistenten und mehrerer Abklemmungen würde sie wahrscheinlich dennoch ausführbar sein. Ein solcher stand mir aber nicht zur Verfügung; so zog ich es vor, die Drüse von dem umliegenden Gewebe nur so weit zu isolieren, bis man sie, samt dem Ansatze der Pedunculi, ganz übersehen konnte.

Bei den Vorversuchen, um die es sich hier handelte, wollte ich vor allem prüfen, ob man die Drüse und eventuell ihre Pedunculi direkt mit den Elektroden würde erreichen können, um elektrische Reizungen an ihnen vornehmen zu können.

Ich beabsichtigte, wenn dies gelingen sollte, bei den nächsten Versuchen die Art. cruralis des Versuchstieres mit einem Manometer zu verbinden und so die eventuellen Wirkungen der elektrischen Reizungen auf die Herztätigkeit und den Blutstrom zu beobachten.

Schon bei diesen Vorversuchen fiel mir aber eine Tatsache auf, die meine ganze Aufmerksamkeit in Anspruch nahm: Der leiseste Kontakt der Elektroden, die mit einem Induktorium in Verbindung standen, das 5 Volt im primären Kreis zeigte, rief eine kleine Formveränderung der Zirbeldrüse hervor. Bei näherer Beobachtung erschien diese Formveränderung als eine Zusammenziehung, oder richtiger, als ein geringes Zusammenschrumpfen der Zirbel, das von einer leichten Lageveränderung begleitet war.

In drei Versuchen habe ich die gleiche Beobachtung machen können; die Tatsache selbst scheint mir kaum zweifelhaft zu sein. Eine Täuschung könnte nur daher rühren, daß die elektrische Reizung der nicht isolierten Pedunculi auf das Velum interpositum direkt übertragen wurde und in diesem Gefäßverengerungen erzeugte. Dadurch könnte möglicherweise eine kleine Formveränderung der Zirbeldrüse wenn nicht wirklich stattfinden, so doch vorgespiegelt werden. Abgesehen davon, daß es mir nicht gelang, solche Gefäßverengerungen zu beobachten, so sollte man glauben, daß derartige Arterienzusammenziehungen um die Zirbeldrüse herum eher den Eindruck machen müßten, diese sei vergrößert und nicht verkleinert worden. Wie gesagt, tritt aber eine sichtbare Verkleinerung ein.

Wie könnte nun eine solche Verkleinerung erzeugt werden? Ich dachte zuerst, sie rühre von einer Kontraktion der Blutgefäße der Zirbeldrüse selbst her. Derartige Volumveränderungen habe ich z. B. an einzelnen Abschnitten der Schilddrüse, bei Reizungen ihrer Vasomotoren, häufig wahrgenommen und beschrieben. Sie erscheinen auch bei Kaninchen sehr deutlich, besonders wenn man als Beobachtungsobjekt die über die Trachea verlaufende, sehr gefäßreiche Verbindungsbrücke zwischen den beiden Schilddrüsen wählt. Die Schilddrüse ist aber an Blutgefäßen sehr reich und ihr blutstrotzendes Aussehen erleichtert ungemein die Beobachtung. Letzteres ist bei der Zirbeldrüse nicht der Fall, und auch die aufmerksamste Betrachtung gestattete nicht, eine Änderung ihrer Färbung mit Sicherheit zu konstatieren.

Trotzdem sah ich damals keine Möglichkeit, die Formveränderung der Zirbeldrüse auf andere Weise zu erklären. Soviel mir bekannt war, existierten in der sehr reichhaltigen Literatur über den Bau der Zirbel keinerlei Angaben über das Vorhandensein von Muskelfasern im Gewebe der Zirbeldrüse selbst.

Welche physiologische Bedeutung könnte man einer Volumveränderung der Zirbeldrüse beilegen? Ihre Lage auf der Bahn des Aquaeductus Sylvii neben der Mündung des dritten Ventrikels brachte mich auf den Gedanken, ob eine Kontraktion, besonders wenn von einer Verschiebung der Zirbeldrüse begleitet, nicht imstande wäre, den Abfluß resp. den Zufluß der Cerebrospinalflüssigkeit aus dem oder zu dem dritten Ventrikel zu regulieren?

Der Zirbeldrüse würde also die mechanische Rolle zukommen, auf automatischem Wege das Stromgebiet im Aquaeductus zu beherrschen und, je nach der Höhe des Druckes in dem dritten Ventrikel, es zu erweitern oder zu verengern.

Eine solche Hypothese erschien mir als die am meisten zulässige. Meine oben zitierten Worte aus der Mitteilung vom Jahre 1901 hatten eine derartige mechanische Verrichtung der Zirbeldrüse im Auge. Wenn ich dies damals nicht näher präzisierte, so lag dies nur daran, daß ich die Hoffnung hegte, meine sehr spärlichen Beobachtungen an Kaninchen sowohl an diesen Tieren, aber unter günstigeren Versuchsbedingungen, als auch an größeren Tieren bestätigen und erweitern zu können.

Ich bin aber schon jetzt imstande, zugunsten meiner damaligen Hypothese eine gewichtige, rein anatomische Stütze anzuführen. Im Begriffe, diese Mitteilung niederzuschreiben, ließ ich einige Nachforschungen über die neueste Literatur[1]) des Baues der Zirbeldrüse anstellen. Dabei wurde ich auf eine Mitteilung von Professor N. Nicolas

---

[1]) Nur die französische Literatur wurde nachgeforscht.

(Nancy) aufmerksam gemacht, welche das bestimmte Vorhandensein von quergestreiften Muskelfasern in der Glandula pinealis behauptet[1]).

Die Lagerung dieser Muskelfasern soll nach Nicolas große Analogien mit denen des Herzmuskels zeigen.

Irgendwelche Beziehungen dieser Fasern zu den Blutgefäßen der Drüse hat Nicolas nicht beobachtet. „Leur présence dans la glande pinéale est aussi étonnante qu'incompréhensible", schreibt dieser Forscher. „Le point de départ et la raison d'être de cette différenciation m'échappent complètement."

Ich wendete mich nun an Professor Nicolas mit der Nachfrage, ob die kurze Mitteilung in der Société de Biologie nicht von einer ausführlichen Beschreibung dieses wichtigen Fundes mit einer bildlichen Wiedergabe der Präparate gefolgt war. Nicolas hatte die Güte, mir die unter seiner Leitung von Fräulein Dimitrowa ausgeführte sehr interessante Arbeit über den Bau der Zirbeldrüse bei einigen Säugetieren zuzusenden[2]).

Die sehr sorgfältig ausgeführte histologische Untersuchung des Baues der Zirbeldrüse hat die Anwesenheit von quergestreiften Muskelfasern nur bei Ochsen und Kälbern nachweisen können. Sie sind meistens oberflächlich gelegen, besonders in der Bindegewebshülle (Capsule conjonctive).

Nicolas und Dimitrowa haben die Zirbeldrüse der Kaninchen nicht untersucht. Was diese Tiere anbetrifft, muß also die Frage über das Vorkommen von quergestreiften Muskelfasern in ihrem Conarium offen bleiben. Jedenfalls ist die Zirbeldrüse bei Kaninchen sehr gut entwickelt; und wenn, wie doch anzunehmen ist, das Vorkommen von Muskelfasern bei den anderen Säugetieren eine physiologische Bedeutung hat, so muß es, nach der in den beschriebenen Versuchen gemachten Beobachtung, als höchst wahrscheinlich gelten, daß auch beim Kaninchen solche vorhanden seien. Der direkte Nachweis müßte freilich noch geliefert werden.

Jedenfalls verleiht die Tatsache, daß bei gewissen Säugetieren quergestreifte Muskelfasern in einer gewissen Menge in der Zirbeldrüse vorkommen, meinen Beobachtungen über deren Formveränderungen bei elektrischer Erregung ihrer Pedunculi eine gewisse physiologische Bedeutung. Meine Hypothese über die physiologische Verrichtung der Zirbeldrüse gewinnt so eine sichere anatomische Unterlage. Es ist also gewiß angezeigt, die experimentelle Prüfung dieser Hypothese noch weiter zu verfolgen.

Versuche an Hunden scheinen mir, wegen ihrer großen Resistenz gegen Operationen am Gehirn, in erster Linie hierfür in Betracht zu kommen. Freilich soll nach den Angaben von Ellenberger und Baum die Zirbeldrüse bei diesen Tieren sehr wenig entwickelt

---

[1]) Comptes rendus de la Société de Biologie. Octobre 1900.
[2]) Recherches sur la structure de la Glande pinéale chez quelques mammifères. Thèse. Louvain 1901.

sein. Sie sei ungelappt und zeige noch mehrere andere Eigentümlichkeiten.

Diese Angaben sind darum wahrscheinlich, weil dieses abweichende
Verhalten der Zirbeldrüse bei Hunden auf eine gewisse Analogie
zwischen dieser Drüse und der Hypophyse hinweist.

In meinen Auseinandersetzungen über die Verrichtungen des Hirnanhangs habe ich auf die Schwierigkeiten hingewiesen, beim Hunde
diese Drüsen von normalem Bau und in der Hypophysenhöhle eingeschlossen zu finden[1]). Nur an ganz jungen Hunden (etwa 1—3 Monate
alten) gelang es, ganz befriedigende und mit den bei Kaninchen erhaltenen übereinstimmende Ergebnisse zu erlangen.

Sollten also Versuche an der Zirbeldrüse von Hunden gemacht
werden, so dürfte man daher nur ganz junge Tiere wählen. Vielleicht werden ihre Zirbeldrüsen sich dennoch leistungsfähig erweisen.
Nach den Angaben von Dimitrowa sollen die Konkremente sehr
reichlich bei Drüsen von jungen Menschengehirnen vorkommen;
bei einem 55 jährigen Manne fehlten sie ganz. Auch dies weist auf
eine Analogie mit der Hypophyse hin, von der Comte gezeigt hat,
daß sie bei Menschen, die das 50. Jahr überschritten haben, nie
ganz normal sei.

Über die Zirbeldrüse bei Katzen habe ich keinerlei Erfahrungen;
dagegen scheinen Kälber und Hammel besonders für derartige Versuche geeignet. Die Zirbeldrüse ist bei ihnen von einer relativ ganz
ungewöhnlichen Größe, länglich oval und rund bei Kälbern, dick und
breit bei Hammeln. Wie ich dies bei Versuchen über die Hypophyse
an Hammeln konstatiert habe, bietet das Operieren an dem Gehirn
dieser Tiere kaum größere Schwierigkeiten als beim Hunde dar.

Freilich darf man, wegen des Befundes von Nicolas, bei Versuchen an der Zirbeldrüse nicht mehr zur Curarevergiftung greifen.
Hammel vertragen übrigens sehr gut auch die Narkose mit Chloroform
und Äther.

Bevor die Hypothese über die Rolle der Zirbeldrüse, als Regulators
der Mengen der Cerebrospinalflüssigkeit in der Schädelhöhle, nicht neue
experimentelle Belege und Stützen gefunden haben wird, wäre es
müßig, den Mechanismus zu erörtern, dank welchem sie ihre mechanische Aufgabe allein oder mit Hilfe des Velum interpositum Halleri
zu erfüllen vermag, sowie eventuell welche Bedeutung dabei den Salz-
konkrementen zukommt. Es soll hier nur die Richtung angedeutet
werden, welche die zu diesem Zwecke anzustellenden Versuche einzuschlagen hätten. Im allgemeinen wären dieselben Methoden zu verwenden, welche bei den Versuchen an der Hypophyse so präzise Aufklärungen über deren Rolle als Regulator des Blutdruckes in der Schädelhöhle geliefert haben. Das Verhalten der Zirbeldrüse bei künstlichem
Erhöhen dieses Druckes, sei es durch Abklemmen der Bauchaorta, sei

---

[1]) Auch bei älteren Pariser Hunden habe ich ähnliche Ausnahmen angetroffen. Ich glaube daher, daß alle Versuche mit Zerstörungen der Hypophyse,
wo die letztere nicht ganz intakt gefunden wird, sehr wenig beweisend sind.

es durch künstliche Einführungen von Flüssigkeit in die Hirnventrikel, etwa in der Art, wie dies die Spinaschen Versuche erzielten, werden wohl am leichtesten den gesuchten Mechanismus demonstrieren.

In meinen vorhergehenden Darlegungen habe ich schon mehrmals die Vermutung ausgesprochen, die mechanische Intervention der Zirbeldrüse werde von der Hypophyse aus in Tätigkeit gesetzt. Da jede Druckerhöhung im dritten Hirnventrikel durch die Vermittelung des Infundibulum zur Erregung der Hypophyse führen muß, so lag die Vermutung nahe, diese Erregung versetze auch den besprochenen Mechanismus der Zirbeldrüse in Tätigkeit, um letztere bei der Entlastung des Hirndruckes mitwirken zu lassen.

Die Tatsache, daß sowohl Tiere selbst nach der schonendsten Entfernung der Hypophyse als auch Menschen, die an Hirntumoren in der Hypophysenhöhle leiden, sämtlich an Erscheinungen des Hirndruckes (Koma, Sopor usw.) in kurzer Zeit zugrunde gehen, schien darauf hinzudeuten, daß entweder die Verrichtung der Zirbeldrüse von der Hypophyse vollkommen abhänge, oder daß die erstere allein nicht imstande sei, einen vollgültigen Schutz gegen Hirndruck zu liefern.

Noch ein anderer Umstand scheint zugunsten des physiologischen Zusammenwirkens der Schilddrüse, der Hypophyse und der Zirbeldrüse zu sprechen.

Bei den in Bern ausgeführten Versuchen konstatierte ich, daß man bei den dortigen Tieren sehr selten normale Hypophysen findet. Andererseits hat Oswald im Verlaufe unserer gemeinschaftlichen Untersuchungen über die vergleichenden Wirkungen von Thyreoglobulin und Jodothyrin die merkwürdige Tatsache konstatiert, daß die Schilddrüsen bei den Züricher Kälbern keine Spur von Jod, also auch kein Jodothyrin enthalten. Ihr Thyreoglobulin war auch ohne jede Wirkung auf das Nervensystem des Herzens und der Gefäße. Schilddrüsen der Pariser Kälber enthalten, im Gegensatz dazu, ganz ansehnliche Mengen Jod. In Anbetracht solchen Verhaltens der Hypophyse und der Schilddrüse bei den Schweizer Kälbern habe ich bei mehreren dieser Tiere, die aus dem Berner Oberlande stammten, makroskopisch die Zirbeldrüse untersucht. Ich fand sie in der Tat der Form nach von denen normaler Kälber abweichend; sie war stark abgeflacht und kurz und endete mit scharfem, häufig zackigem Rande; ihr Querschnitt war größer als bei den Pariser Kälbern.

Auch beim Menschen sind mehrmals gleichzeitige und gleichartige Erkrankungen der Schilddrüsen, der Hypophyse und der Zirbeldrüse beobachtet worden.

Der physiologische Zusammenhang der Zirbeldrüse mit der Hypophyse schließt selbstverständlich die Möglichkeit nicht aus, daß die erstere die automatische Regulierung des Gehirndruckes, auch völlig unabhängig von der Hypophyse, selbst ausüben könne. Durch die Vermittlung der Pedunculi könnte ja eine zu große Anhäufung von Cerebrospinalflüssigkeit im dritten Ventrikel auch direkt die Zirbeldrüse in Tätigkeit versetzen.

Seit der Veröffentlichung meiner hier wiedergegebenen „Vorversuche" ist, soweit mir bekannt ist, von keiner Seite deren Wiederholung unternommen worden. Dies ist um so bedauernswerter, da das Experimentieren an der Zirbel bei weitem nicht so schwierig ist, wie es manchen erscheint. Rollando und besonders Magendie haben schon an dieser Drüse experimentiert. Magendie gelangte sogar zur Ansicht, die Zirbeldrüse spiele die Rolle eines Tampons für den Verschluß des Aquaeductus. Ähnliche Ansichten wurden auch von älteren Anatomen vermutet.

Nachtrag.

Während des Druckes dieser Arbeit[1]) erschien in Pflügers Archiv die Untersuchung der Stromgeschwindigkeit in verschiedenen Organen, ausgeführt von Dr. Tschuewsky mit Hilfe der neuen registrierenden Stromuhr von Professor Hürthle. Unter den angestellten Messungen des Blutstroms bieten die der Schilddrüse ein bedeutendes Interesse für die Lehre von den mechanischen Schutzorganen des Gehirns gegen übermäßige Drucksteigerungen.

Die Stellung der Schilddrüse unter diesen Schutzorganen habe ich in meinen „Beiträgen zur Physiologie der Schilddrüse usw." folgendermaßen präzisiert.

„Bei plötzlichen Steigerungen des Blutdruckes, sei es durch verstärkte Herzarbeit, sei es durch Vermehrung der Widerstände in den peripherischen Blutbahnen, vermögen die Schilddrüsen, dank der oben beschriebenen Fähigkeit, große Blutmengen durch ihre Gefäße in kurzer Zeit durchzuleiten, sie also direkt von der Carotis in den Venenblutstrom zurückzuführen, um ihnen den Eintritt in die Schädelhöhle zu verhindern. Die Schilddrüsen spielen also die Rolle von Nebenschließungen von sehr geringem Widerstande" (l. c. S. 209).

Unter gewissen nervösen Einflüssen wird die Kapazität der Schilddrüsen als Schleusenvorrichtungen, wie meine darauf bezüglichen Versuche dargetan haben, bedeutend erhöht. Die mechanische Rolle der Hypophyse besteht darin, diese Schleusenvorrichtungen automatisch zu beherrschen und zu regulieren.

Zur Messung des Blutstroms in der Schilddrüse bediente ich mich eines in die Art. thyreoidea sup. eingeführten Manometers, das den Seitendruck bestimmte, und der etwas primitiven Einrichtung, die Blutmengen, die in der Zeiteinheit aus der Vena thyreoidea abflossen, zu messen. Die letzteren wurden mit den Blutmengen verglichen, die aus einer anderen Vene von gleichem Lumen, meistens der Vena saphena,

---

[1]) Ich gebe diesen Nachtrag hier wieder, obgleich er seinem Inhalte nach zu Kapitel I gehören sollte; er erschien aber in Pflügers Archiv im Jahre 1903 (Bd. 96) am Schlusse meiner Mitteilung über die Zirbeldrüse, und wie überall in diesem Buche, so auch hier, ist die Zeit des Erscheinens entscheidend.

ausflossen. Bei Reizungen der Vagi oder der Hypophyse pflegte die Stromgeschwindigkeit in der Vena thyreoidea bedeutend zuzunehmen, und zwar in viel höherem Grade als in der Saphena. Aber auch ohne künstliche Eingriffe war der Ausfluß aus der Schilddrüsenvene 2—4 mal größer als aus der Vena saphena.

Die Versuche von Tschuewsky, mit den viel präziseren Methoden von Hürthle ausgeführt, haben nun unvergleichlich größere Differenzen zwischen der Stromgeschwindigkeit in der Schilddrüse und der in den anderen Organen erkennen lassen. Um die große Tragweite dieser Differenzen hervortreten zu lassen, wollen wir hier die Zahlen aus der Zusammenstellung Tschuewskys wiedergeben. Pro 100 g Organ und pro Minute beträgt das Stromvolum der Schilddrüse 560 ccm, der hinteren Extremität 5 ccm; des ruhenden Skelettmuskels 12 ccm; des Kopfes 20 ccm und sogar der Niere nur 100 ccm!

Tschuewsky berechnet ferner, daß beim Hunde die Blutmenge 16 mal täglich die Schilddrüsen durchströmt.

Welche Bedeutung darf man diesen im Vergleich mit den anderen Organen so außerordentlich großen Stromvolumina der Schilddrüsen beilegen? Ich gestehe, daß es mir ebenso unmöglich erscheint, eine zweckmäßigere Einrichtung der Schilddrüsen als schleusenartiger Schutzorgane des Gehirns zu ersinnen, als auch für diese mächtigen Stromgeschwindigkeiten eine passendere Bestimmung zu finden.

Meine Auffassung der mechanischen Rolle der Schilddrüsen findet also in den Untersuchungen Tschuewskys eine neue und sehr gewichtige Bekräftigung.

§ 3. Die psychische Bestimmung der Hypophyse und Zirbeldrüse. Der Schlaf und das Unbewußte.[1]

Die Frage von den Beziehungen und eventuellen Verbindungsbahnen zwischen Leib, Seele und Geist hat seit Jahrhunderten das Interesse von Philosophen und Naturforschern in hohem Grade in Anspruch genommen. „Über wenig Gegenstände wurde anhaltender nachgedacht, mehr geschrieben, leidenschaftlicher gestritten als über die Verbindungen zwischen Leib und Seele im Menschen", sagt mit Recht E. du Bois-Reymond. Nur zwei vorgeschlagene Lösungen, die von Descartes und von Leibniz, sollen hier kurz erwähnt werden, weil sie allein einen naturwissenschaftlichen Anstrich haben und in gewissem Sinne nicht unfruchtbar waren. Geist und Körper sollen nach Descartes sich nur in einem Punkte berühren, nämlich in der Zirbeldrüse des Gehirns. Descartes suchte also eine anatomische

---

[1] Dieser Paragraph ist die wörtliche Wiedergabe des § 10 aus meiner Untersuchung: „Leib, Seele und Geist. Versuch einer Differenzierung der psychischen Funktionen", erschienen in Pflügers Arch. Bd. 128. 1909.

Grundlage für diese Verbindungen. Der anatomische Bau der Zirbeldrüse schien zwar am wenigsten dazu geeignet, eine derartige Rolle zu spielen. Intuitionen genialer Leute enthalten aber fast immer ein Körnchen Wahrheit, wie dies gleich gezeigt werden soll. Leibniz will dagegen mit Hilfe des Bildes von zwei Uhren, die gleichen Gang haben, das Problem dieser Beziehungen durch einen mechanischen Vergleich unserem Verständnis zugänglich machen. Er zieht dabei drei Möglichkeiten in Erwägung, von denen nur die dritte den Erfinder der prästabilierten Harmonie befriedigt hat. Der Künstler, der die beiden Uhren konstruiert hat, war so geschickt, sie, obschon ganz unabhängig voneinander, gleichgehend zu machen. Der moderne Naturforscher kann natürlich diese Befriedigung nicht teilen. Von einem Parallelismus der geistigen Leistungen mit den Funktionen des Gehirns kann weder im Sinne von Leibniz noch in dem von Spinoza bei unserer Auffassung des Geistes die Rede sein.

Die Fragestellung über die Verbindungen zwischen Leib und Seele wird notwendigerweise durch die Ausschaltung des Geistes aus den seelischen Funktionen völlig umgestaltet. Diese Funktionen können bei einer solchen Ausschaltung auch vom idealistischen Philosophen nur als organische Verrichtungen der Gehirnzellen betrachtet werden. Sowohl diese Organe als ihre Funktionen sind trotz ihrer außerordentlichen Feinheit und Kompliziertheit seit einem Jahrhundert Gegenstand fruchtbarer experimenteller Forschungen geworden. Der kühne Ausspruch Karl Vogts, der gegen Mitte des vorigen Jahrhunderts soviel Aufsehen und Streit hervorgerufen hat, „daß alle jene Fähigkeiten, die wir unter dem Namen Seelentätigkeiten begreifen, nur Funktionen des Gehirns sind, oder, um es einigermaßen grob auszudrücken, daß die Gedanken etwa in demselben Verhältnisse zum Gehirn stehen wie die Galle zu der Leber oder der Urin zu den Nieren", will nicht viel sagen, sobald das reine Denken nicht mehr zur Seelentätigkeit gehört, sondern vom Geiste in dem oben entwickelten Sinne ausgeübt wird. Bei der hier vorgeschlagenen Differenzierung bleibt nur noch folgende Frage zu beantworten: Welcher Art sind die Verbindungen zwischen Gehirn, Seele und dem Geist, oder, mit anderen Worten, auf welchen Bahnen gelangen die in den Archiven unserer Ganglienzellen angehäuften Eindrücke, Wahrnehmungen und unmittelbaren Vorstellungen zum Geiste, der sie zur Bildung von Begriffen, Ideen, Urteilen usw. benutzt? Aber auch in dieser Formulierung bietet eine direkte Beantwortung der Frage fast unüberwindliche Schwierigkeiten. Diese suchte ich zu umgehen, indem ich die psychologische Frage in eine physiologische umwandelte, damit sie der experimentellen Prüfung unterzogen werden kann. Bei dieser Umgestaltung erleidet die Frage eine Umkehr und kann etwa folgendermaßen formuliert werden: Wie und auf welchen Wegen können die Verbindungen zwischen Seele und Geist unterbrochen und wie nach der Unterbrechung wiederhergestellt werden? Die experimentelle Physiologie vermag schon jetzt, dank den von mir aufgeklärten Verrichtungen der Hypophyse und der Zirbeldrüse, zur Beantwortung dieser Frage zu schreiten.

In einer der Pariser Akademie der Wissenschaften im April 1907 eingereichten Notiz „Les Fonctions de l'Hypophyse et de la glande Pinéale" habe ich die wichtigsten Ergebnisse meiner 10 jährigen experimentellen Untersuchungen über die Verrichtungen der Schilddrüsen, der Hypophyse und der Zirbeldrüse usw. resümiert. Diese Untersuchungen wurden seinerzeit fast sämtlich in Pflügers Archiv veröffentlicht; es genügt hier, auf diese Veröffentlichungen zu verweisen. Aus der genannten Notiz sollen nur die hierher gehörenden Ergebnisse in den Hauptzügen angedeutet werden:

1. Die Hypophyse ist ein Autoregulator des intrakraniellen Blutdruckes; sie wacht über die Sicherheit des Gehirns und über die Erhaltung der Leistungsfähigkeit seiner Lebens- und Seelenfunktionen. Die Hypophyse erfüllt diese Aufgabe, indem sie auf mechanischem Wege mit Hilfe eines Systems von Schleusen, von denen die Schilddrüsen die wichtigsten sind, das Gehirn vor gefährlichem Blutandrang bewahrt.

2. Der Drüsenteil der Hypophyse erzeugt zwei wirksame Substanzen, welche das Herz- und Gefäßnervensystem im Zustande guter Leistungsfähigkeit erhalten; die eine dieser Substanzen, das Hypophysin, vermag die Stärke der Herzschläge bedeutend zu erhöhen; sie ist außerdem ein mächtiges Gegengift gegen Atropin und Nicotin und wahrscheinlich gegen schädliche im Körper selbst entstehende Zersetzungsprodukte.

3. Die Hypophyse erzeugt und unterhält die tonische Erregung der hemmenden Nerven.

4. Durch ihre wirksamen Substanzen, welche die Tätigkeit des sympathischen und Vagusnervensystems beherrschen, reguliert sie den Stoffwechsel der Gewebe und die Sekretion wichtiger Drüsen. Sie vermag die männlichen Geschlechtsorgane erregend zu beeinflussen. Durch die Regulierung des Stoffwechsels übt die Hypophyse eine mächtige Wirkung auf die Entwicklung und das Wachstum der Gewebe, besonders des Knochengewebes, aus.

5. Erkrankungen der Hypophyse und auch bloße Störungen ihrer Funktionen erzeugen gewisse Komplexe von organischen und psychischen Leiden, die meistens unheilbar, unfehlbar zum Tode führen. Die plötzliche Zerstörung der Hypophyse oder die totale Exstirpation erzeugt einen komatösen Zustand, Bewußtlosigkeit, löst Krämpfe aus usw.; sie ist nach Verlauf von einigen Tagen unfehlbar tödlich.

6. Die Zirbeldrüse wirkt hauptsächlich auf mechanischem Wege als Regulator des Zu- und Abflusses der Cerebrospinalflüssigkeit durch den Aquaeductus Sylvii. Die Notwendigkeit, ein gewisses Gleichgewicht zwischen den Mengen des Blutes und der Cerebrospinalflüssigkeit in der Schädelhöhle fortwährend zu unterhalten, muß selbstverständlich ein harmonisches Zusammenwirken in den Verrichtungen der Hypophyse und der Zirbeldrüse bedingen. Die in einer Kapsel mit starren Wandungen eingeschlossene Hypophyse, die infolge-

dessen durch die leisesten Druckschwankungen in Erregung versetzt wird, beherrscht wahrscheinlich die Funktionen der Zirbeldrüse.

Ich schloß mit dem Hinweise, die Hypophyse sei vielleicht dazu befähigt, in einem gewissen Sinne die Rolle zu erfüllen, welche Descartes der Zirbeldrüse zugeschrieben hat.

Es sei hier noch hervorgehoben, daß, wie das Ohrlabyrinth von den übrigen peripheren Sinnesorganen die bestgeschützte Lage im Schädel einnimmt, so auch die Hypophyse, die in einer festen Kapsel auf dem Türkensattel der Schädelbasis eingeschlossen ist, von allen Gehirnorganen am sichersten gegen äußere Eingriffe geschützt ist. Es sind also ganz außerordentliche morphologische Einrichtungen geschaffen, damit diese Organe in möglichster Sicherheit und ungestört ihre wichtigen Funktionen ausüben können.

Die Hypophyse kann, dank ihren vielfältigen Verrichtungen für die Beherrschung der Ernährung, des Stoffwechsels, der Zirkulations- und Sekretionsorgane gewissermaßen als ein Verbindungsknoten gelten, wo sämtliche Lebensfäden zusammentreffen. Im Sinne, den die Philosophen dem Worte Lebensseele beizulegen pflegten, könnte man die Hypophyse als Sitz der Lebensseele bezeichnen. Ihre psychologische Rolle ist nicht von minderer Bedeutung. Pathologische Veränderungen der Hypophyse, sehr häufig von entsprechenden Erkrankungen der Schilddrüse und der Zirbeldrüse begleitet, erzeugen fast immer ausgesprochene Störungen: im Beginn geistige Depression und Trägheit, große Neigung zum Schlaf; allmählich entwickeln sich Anfälle von periodisch eintretender Bewußtlosigkeit, die endlich zum völligen Blödsinn führen können. „Das höhere Erkenntnisvermögen, welches sich in den Begriffen, Urteilen und Schlüssen ausspricht, ist bei Alterationen der Hypophyse selten und nie im Beginne der Krankheit" (Joseph Engel) .... „In einer näheren Beziehung scheint die Hypophyse zu dem niederen Erkenntnisvermögen zu stehen" .... „Das Gedächtnis erlahmt, Vorstellungen niederer Art, den körperlichen Zustand betreffend, aus diesen hervorgehend, auf diesen zurückwirkend, erdrücken allmählich den Kranken; die immer rege Phantasie, die nie an Raum, nie an Zeit sich bindet, ist gleichsam gefangen in der kranken irdischen Hülle, und erhebt sich nie mehr zum vorigen Schwunge. So entstehen die so häufigen Verstimmungen des Gemütes, die man bei Abnormitäten des Hirnanhanges bemerkt, so wie diese auch häufig jenen ihren Ursprung verdanken." Dieses allgemeine Bild der Erkrankungen der Hypophyse, die von denen der Zirbeldrüse begleitet waren, ist der oft erwähnten sorgfältigen pathologischen Untersuchung Joseph Engels, „Über den Hirnanhang und den Trichter", entnommen, die im Jahre 1839 als Dissertation in Wien erschien und die gleichzeitig die gesamte Literatur der beiden vorhergehenden Jahrhunderte genau berücksichtigt hat.

Diese und ähnliche Erscheinungen ließen sich am leichtesten durch die Störungen in der Regulierung des Gehirndruckes in den verschiedenen Partien erklären, welche durch die krankhaften Modifikationen der Verrichtungen der beiden Drüsen hervorgerufen waren. Wie meine experimentellen Untersuchungen gezeigt haben, ist aber die autoregulatorische Tätigkeit der Hypophyse nicht, wie die der Zirbeldrüse, nur eine rein mechanische. Dank den von ihm produzierten wirksamen Substanzen vermag der Hirnanhang auch auf chemischem Wege den Druck in der Schädelhöhle in den weitesten Grenzen zu beherrschen und zu regulieren. Dies, indem er zusammen mit den wirksamen Substanzen der ihm verwandten Drüsen, die ich als physiologische Herzgifte bezeichnet habe, dazu bestimmt ist, das gesamte Zentralnervensystem in leistungsfähigem Zustande zu erhalten. Diese wirksamen Produkte scheinen aber auch direkt und funktionell den Stoffwechsel in den Geweben und die Sekretionen zu beeinflussen, teils durch Einwirkung auf deren periphere nervöse Gebilde, teils auf rein chemischem Wege.

Die eben zitierten seelischen Störungen sind bei weitem nicht die einzigen, die durch die Modifikationen in den Verrichtungen der Gefäßdrüsen, dieser wahren Schutz- und Regulierungsorgane des Zentralnervensystems, erzeugt werden[1]). Für den hier verfolgten Zweck wäre es aber überflüssig, auf weitere Details einzugehen; die angeführten Tatsachen genügen, um eine Antwort auf die oben gestellten zwei Fragen nach den Wegen und Mitteln, welche die Aufhebung und die Wiederherstellung der Verbindungen zwischen Geist und Seele ermöglichen, zu geben. Der vollkommene oder partielle Abbruch oder die Wiederaufnahme dieser Verbindungen kann permanent oder zeitweilig geschehen: bei Veränderungen des Druckes in der Schädelhöhle in dem einen oder anderen Sinne, und zwar sowohl infolge plötzlicher Steigerungen oder Senkungen des Blutdruckes in den Hirngefäßen, als auch der Schwankungen im Ab- und Zufluß der cerebrospinalen Flüssigkeit in den Hirnhüllen und -höhlen. Die momentane Aufhebung der seelischen Funktionen schneidet natürlich dem Geiste die Möglichkeit ab, das in den Archiven der Ganglienzellen angehäufte Material für die Denk- und andere psychische Prozesse zu verwerten. Das Ich-Bewußtsein, das, (wie ich anderswo gezeigt), als eine seelische Funktion betrachtet werden muß, erlischt; seine Beziehungen zu dem allgemeinen Bewußtsein sind momentan aufgehoben. Um einen krassen Vergleich zu gebrauchen: die Beziehungen zwischen der Seele und dem Geist werden unterbrochen etwa in der Art wie bei der Dunkelheit in einem Archiv, wo ein Gelehrter seine Studien verfolgt. Die Frage, was mit dem geistigen Bewußtsein geschieht, wenn die Inhalte der Ganglienzellen unverwendbar sind, gehört in das Gebiet

---

[1]) In dem „Congrès des Alienistes et des Neurologistes des pays de langue française" von 1908 sind Mitteilungen und Berichte „Über die psychischen Störungen durch Erkrankungen der Gefäßdrüsen" vorgelegt worden, die in dieser Beziehung im hohen Grade die Aufmerksamkeit der Psychologen verdienen.

der Philosophie. Der Physiologe soll nur noch einige experimentelle und pathologische Erfahrungen hinzusetzen, die für die eventuelle Entscheidung dieser Frage in Betracht gezogen werden müssen.

Unter den Symptomen der Hypophysenkrankheiten wurden soeben die periodische Wiederkehr der Bewußtlosigkeit und die anhaltende Schläfrigkeit aufgezählt. Solche periodisch wiederkehrende Abnahmen des Bewußtseins treten normalerweise in regelmäßigen Intervallen bei Menschen und auch bei Tieren in Form des Schlafes auf. In der Tat beruht der normale Schlaf, zum großen Teil wenigstens, auf bestimmten Schwankungen des Blutdruckes in der Schädelhöhle, die sich bei Menschen durch Veränderungen des Lumens der Blutgefäße des Gehirns äußern. Da dieser Blutdruck von der Hypophyse reguliert wird, so drängt sich der Schluß auf, der Schlaf könne unter Mitwirkung der Hypophysen-Zirbeldrüsenfunktionen zustande kommen. Es sind in der letzten Zeit auch mehrere spezielle Untersuchungen über diese Mitwirkungen veröffentlicht worden. So gelangte A. Salmon zu der Annahme, der physiologische Schlaf hänge von der Sekretion des Drüsenteiles der Hypophyse ab. Andererseits hat A. Gemelli interessante Beobachtungen über die histologischen Veränderungen der Hypophyse bei Murmeltieren während des Winterschlafes veröffentlicht; so z. B. soll die Menge gewisser Zellen, nämlich der cyanophilen, während des Schlafes vermindert werden. Sollte diese Tatsache sich bestätigen, so dürfte jedenfalls daraus mit großer Wahrscheinlichkeit geschlossen werden, daß die Tätigkeit der Drüse während des Winterschlafes beim Murmeltiere in Abnahme begriffen ist.

Um auch nur eine annähernd präzise Erklärung des Wesens der Tätigkeit der Hypophyse bei der Erzeugung der Bewußtlosigkeit während des Schlafes geben zu können, wird es aber vorteilhafter sein, vorläufig von etwaigen chemischen Einflüssen abzusehen. Solche Einflüsse erkennen wir bis jetzt nur nach den Endresultaten. Solange die chemische Konstitution des Hypophysins noch nicht genau bekannt ist, ist es angezeigt, sich vorläufig auf die Analyse der schon eruierten mechanischen Wirkungen der Hypophyse zu beschränken.

Eine Verminderung der Tätigkeit der Hypophyse während des Schlafes wird nach meinen experimentellen Erhebungen sich durch eine Abnahme der Geschwindigkeit des Blutabflusses aus den Hirnvenen — also in einer gewissen Zunahme der Blutmengen in der Schädelhöhle — äußern. Eine jede Blutstauung im Gehirn, wenn sie eine gewisse Höhe erreicht, wird aber die Tätigkeit sämtlicher Ganglienzellen mehr oder weniger herabsetzen. Es wurde soeben angedeutet, daß zwischen den Mengen des Blutes und denen der cerebrospinalen Flüssigkeit in der Schädelhöhle ein gewisses labiles Gleichgewicht bestehen muß. Die Zunahme der Blutmenge z. B. müßte daher schon aus rein mechanischen Gründen von einer Abnahme der Hirnflüssigkeit begleitet sein und vice versa.

Diesen mechanischen Effekten eventuell entgegenwirken könnte die Zirbeldrüse nur, indem sie entsprechend ihren funktionellen Zustand verändert, und zwar in einer Weise, die mit dem jeweiligen Zweck des stattfindenden erhöhten Blutdruckes im Gehirn am besten harmoniert. In dem betreffenden Falle wird sich die Abnahme der cerebrospinalen Flüssigkeit jedenfalls in einem Nachlaß der Spannung in den Hirnhöhlen äußern. Nun mehren sich in letzter Zeit die Anzeichen, daß die erhöhte Spannung der Hirnhöhlen auf die Tätigkeit der Ganglienzellen, die am meisten bei dem intellektuellen Leben beteiligt sind, einen direkten fördernden Einfluß ausübt. Es soll nur in dieser Richtung auf die wichtigen Schlußfolgerungen hingewiesen werden, welche Hansemann aus den genauen Untersuchungen der Gehirne von Helmholtz und Menzel gezogen hat.

Zwei Faktoren sind also im Schlafe tätig, um die seelischen Funktionen der Gehirnganglien abzuschwächen und um eventuell Störungen in ihren Verbindungsbahnen zu erzeugen. Diese beiden Momente, Erhöhung des Druckes in den Gefäßen und Abnahme der Spannung in den Höhlen, hängen direkt von der Funktionsweise der Hypophyse und der Zirbeldrüse ab. In welcher Weise äußern sich im Schlafe die Abnahme der Tätigkeit der Hirnzellen und das Auftreten von Störungen in ihren verbindenden Leitungsbahnen? Jeder denkende und an geistige Beschäftigung gewöhnte Mensch kann durch Selbstbeobachtung eine positive Antwort auf diese Frage geben. Der Beginn des Schlafens äußert sich zuerst in einer Verwirrung in den Inhalten des Bewußtseins, in einer stufenweisen Abnahme des Ich-Bewußtseins und in einer Ideenflucht, die auch die größten Anstrengungen der Aufmerksamkeit nicht mehr zu verhindern vermag. Die heterogensten Wahrnehmungen, Vorstellungen und Eindrücke werden in sinnloser Weise assoziiert. Man erhält den Eindruck, als wären plötzlich sämtliche Hemmungsvorrichtungen aus den Hirnapparaten entfernt, welche sonst diese Assoziationen beherrschen. Die Zeitdauer dieser Periode des Einschlafens ist sehr mannigfaltig und kann bis auf einige Bruchteile einer Sekunde herabgesetzt oder durch äußeren oder inneren Einfluß auf mehrere Minuten ausgedehnt werden[1]).

Die konstanteste und auffälligste Erscheinung im Momente des Einschlafens ist also unzweifelhaft die nicht zu überwältigende Verwirrung, nicht nur der Gedanken, sondern auch der elementarsten seelischen Vorgänge. Nur das völlige Erwachen kann dieser Anarchie ein Ende machen, sonst geht sie in einen tiefen Schlaf mit mehr oder minder völligem Verlust des Bewußtseins über. Was während dieses Schlafes in dem Innern unserer Psyche vorgeht, darüber können nur mehr oder weniger wahrscheinliche Vermutungen angestellt werden. Der Physiologe kann mit einiger Sicherheit aus den Äußerungen des

---

[1]) Peinliche Empfindungen, welche direkt durch das Einschlafen oder durch die dabei eingenommene Körper- und Kopfhaltung entstehen, vermögen oft stundenlang diese Perioden zu verlängern. So z. B. erzeugt bei gewissen Herzkranken die Abschwächung der Herzschläge während des Schlafes Anfälle von schmerzhaften Arhythmien, die das Einschlafen bedeutend verzögern. (Selbstbeobachtungen.)

Schlafenden, die seinen Sinnen zugänglich sind, wie z. B. aus den reflektorischen Bewegungen, mit denen der Schlafende auf äußere Reize reagiert, gewisse Schlüsse ziehen. Die sogenannte unbewußte Tätigkeit der Seele oder des Geistes, von der die Philosophen so viel Schönes ausführlich zu erzählen wissen, kommt für den Physiologen wenig in Betracht, eben weil sie seinem eigenen Bewußtsein unzugänglich sind. Was uns von dem Geträumten sofort oder erst durch Gedächtnisbilder zum Bewußtsein gelangt, stammt eben nicht aus den Geschehnissen während des tiefen Schlafes, sondern während des Zustandes des Halberwachens, das entweder dem völligen Erwachen vorangeht oder den tiefen Schlaf nur zeitweise unterbricht.

Nun lehrt die allgemeine Beobachtung, daß, wenn das Einschlafen eine sinnlose Verwirrung von Ideen und Vorstellungen erzeugt, das völlige Erwachen im Gegenteil sich manchmal in einer Klärung der Gedanken und Vorstellungen äußert. Schaffende Gelehrte haben Gelegenheit, die Erfahrung zu machen, daß manchmal der erste klare Gedanke beim Aufwachen ihnen sofort die richtige Lösung von Fragen lieferte, die sie während monatelangen Suchens nicht haben finden können. Auch der gemeinen Erkenntnis der Völker ist diese Tatsache nicht unbekannt. „Der Morgen ist klüger als der Abend" lehrt ein russischer Volksspruch. Ähnliche Ausdrücke findet man auch in anderen Sprachen. Aus zahlreichen eigenen Erfahrungen habe ich die Überzeugung gewonnen, daß der Abend und der Morgen an sich nichts mit dem plötzlichen Auftreten glücklicher Einfälle zu schaffen haben. Es handelt sich dabei nur um ein zufälliges Zusammentreffen zwischen dem Abend und dem Moment des Einschlafens einerseits, und dem Morgen und der Zeit des Erwachens andererseits. Seit Jahrzehnten, besonders während anhaltender geistiger Anstrengung, dauert mein Schlaf selten mehr als zwei oder drei Stunden und dies ganz unabhängig von der Zeit des Schlafengehens[1]). Da ich regelmäßig bald nach 9 Uhr im Bette bin, so erwache ich gewöhnlich zwischen 12 und 1 Uhr des Morgens, wo ich meistens wieder an den Arbeitstisch gehe. Die Stunde des Erwachens wie die Dauer des Schlafes üben, meinen vieljährigen Erfahrungen nach, keinerlei merklichen Einfluß weder auf die Leistungsfähigkeit des Geistes gleich nach dem Erwachen, noch auf das Auftreten glücklicher Einfälle im Augenblick des Erwachens aus. Nur die Tiefe des Schlafes ist für diese beiden Momente von großer Bedeutung. Allein der tiefe Schlaf wirkt erholend auf die bei der geistigen Tätigkeit in Anspruch genommenen Ganglienzellen. Am tiefsten ist aber der Schlaf im normalen Zustand schon in der ersten Stunde nach dem Einschlafen; darin stimmen fast sämtliche Beobachter und Experimentatoren überein, die, wie Kohlschütter, Michelsohn u. a., den Schlaf näher studiert haben. Zwei bis drei Stunden tiefen Schlafes genügen daher auch bei geistigen Anstrengungen zur sofortigen Erholung und zur unmittelbaren Wiederaufnahme der Arbeit; aber nur unter der

---

[1]) Siehe „Das Ohrlabyrinth" usw. den Anhang zum § 8 des Kap. III.

Bedingung, daß das Erwachen von selbst auftritt, ohne durch äußere Umstände, wie Geräusche, Berührungen usw., hervorgerufen zu werden.

Intuitive Gedanken, welche zu Lösungen schwieriger Probleme führen, denen man oft wochen- oder monatelang durch anstrengendes Denken vergeblich nachgeforscht hat, können daher manchmal gleich beim Erwachen entstehen. Man erhält den Eindruck, daß dieses Aufblitzen die unwillkürliche Ursache des Erwachens war. Das Erwachen mit dem neuen Gedanken bedeutet aber keineswegs das vollständige Aufhören der Bewußtlosigkeit; der aufgeblitzte Gedanke erscheint allein im geistigen Bewußtsein. Das Ich-Bewußtsein kehrt meistens später und nur allmählich zurück.

Erst mit der Rückkehr dieses Selbstbewußtseins wird der neue Gedanke mit jenen früheren Gedanken stufenweise in Beziehung gebracht, welche vor dem Schlafe den Geist beschäftigt haben. Es vergeht eine merkliche Zeit, bis der Ideengang, der zur Lösung des Problems geführt hat, sich klar in unserem Bewußtsein aufrollt. Häufig fehlen dabei einige Glieder in der Gedankenkette, und zwar an der Stelle, wo die neue intuitive Idee zu erscheinen anfängt. Noch häufiger aber sind die Fälle, wo die beim Erwachen entstandenen Gedanken, wenn sie erst bei vollem Bewußtsein geprüft und analysiert sind, sich als leere Hirngespinste ohne jeden realen Wert erweisen. Wie lange diese Zeitperiode dauert, darüber lassen sich natürlich keinerlei bestimmte Angaben machen. Nur das eine glaube ich mit Bestimmtheit behaupten zu können: diese Periode des halben Erwachens kann in ihrer Dauer in ziemlich weiten Grenzen variieren und die angedeuteten geistigen Vorgänge spielen sich merklich langsamer ab als bei der zusammenhanglosen Ideenflucht im wirklichen Traum.

Diese den Philosophen und Psychologen aus Selbstbeobachtung meistens geläufigen Tatsachen haben Anlaß zu zahlreichen Erörterungen und Erklärungsversuchen gegeben. Die Philosophie des Unbewußten beruht in letzter Instanz auf ähnlichen Tatsachen, deren naheliegendste und auch gangbarste Erklärung darauf hinausgeht, daß ein großer Teil der Tätigkeitsäußerungen des Gehirns, der Seele oder des Geistes, je nach der Weltanschauung des betreffenden Philosophen, ohne Teilnahme unseres Bewußtseins vor sich geht und entweder unbewußt bleibt oder nur fragmentarisch früher oder später zum Bewußtsein gelangt. Der Physiologe kann diese Erklärung nicht ohne weiteres als vollgültig annehmen. Erscheinungen, die nicht zu unserem Bewußtsein gelangen, können überhaupt nicht Gegenstand exakter Forschung werden. Über den näheren Hergang bei solchem Auftauchen neuer Ideen und Einfälle ist es meistens unmöglich, auch nur annähernd ein bestimmtes Urteil zu bilden. Man ist selbstverständlich dabei auf Selbstbeobachtungen angewiesen. Solche haben aber auch nur Wert, wenn sie zahlreich genug sind und in den Hauptzügen eine gewisse Übereinstimmung zeigen. Fremde Selbstbeobachtungen dürfen in solchen Fällen nur mit der äußersten Zurückhaltung berücksichtigt und nur dann für Erklärungsversuche verwendet werden, wenn sie von absolut glaubwürdigen Forschern herrühren und mit den eigenen wenigstens in den Hauptzügen übereinstimmen.

Mit diesem Vorbehalte soll hier mit Zugrundelegung der vorgeschlagenen Differenzierung der seelischen Funktionen eine Erklärung der betreffenden Erscheinung versucht werden. Die bisher gewonnenen Kenntnisse über die physiologischen Verrichtungen der Hypophyse und der Zirbeldrüse, soweit sie mit dem Eintreten und Aufhören der Bewußtlosigkeit beim Schlaf oder in komatösen Zuständen zu schaffen haben, sollen uns hier als Richtschnur dienen.

Die Tätigkeit unseres zentralen Nervensystems kann während des Schlafes herabgesetzt werden, aber nicht erlöschen. Unser sensibles und sensorisches Nervensystem kennt keine erregungsfreien Intervalle. Ihre Erregungen, ob sie von der Peripherie oder von den inneren Organen herrühren, werden fortwährend den peripheren und zentralen Ganglienzellen zugeführt, wo sie zur Aufspeicherung psychischer Energien in den Energienomen dienen, um nur zum Teil dazu verwendet zu werden, die gesamte Muskulatur in einer tonischen Spannung zu erhalten[1]). Besondere Hemmungsvorrichtungen, von denen die wichtigsten im Ohrlabyrinth ihren Sitz haben, beherrschen und regulieren die Verteilung und Verwendung dieser Reizkräfte und verhindern deren Verschwendung durch unnütze oder übermäßige Auslösungen von Innervationen.

Während des Schlafes werden die von der äußeren Welt dem Zentralnervensystem zugeführten Erregungen nicht unbedeutend reduziert; dementsprechend werden auch dessen verschiedene Funktionen herabgesetzt. Unter den soeben erörterten Einflüssen der Hypophyse und der Zirbeldrüse wird gleichzeitig mit dem völligen Erlöschen des Ich-Bewußtseins auch das ganze psychische Leben allmählich aufgehoben. Von einer unbewußten geistigen Tätigkeit während des Schlafes kann daher wohl kaum die Rede sein. Die unzusammenhängenden, episodisch auftretenden Assoziationen von dunklen Vorstellungen und Wahrnehmungen beruhen auf zufälligen äußeren oder inneren Erregungen. Sie kommen kaum in Betracht bei den Leistungen des intellektuellen Lebens und sind jedenfalls weit davon entfernt, die entscheidende Bedeutung zu haben, die ihnen die Philosophen des Unbewußten zuschreiben wollen. Wie gesagt, gelangen sie nur zufällig in zusammenhängenden Fragmenten und in unklaren Umrissen zu unserem Ich-Bewußtsein, und dies nur dann, wenn irgendwelche äußere Reize auf einige Augenblicke den Schlaf mehr oder weniger verflachen.

Wie kann eine unbewußte Tätigkeit des Geistes während des Schlafes zustande kommen und eventuell fruchtbar werden? Nach unserer Auffassung besitzt der Geist keine eigenen Inhalte, sondern nur Fähigkeiten und Potenzen. Für seine Tätigkeit bedarf er notwendigerweise der in unseren Gehirnzentren angehäuften Inhalte. Während des

---

[1]) Siehe „Ohrlabyrinth“ Kap. III §§ 7, 8 usw. und auch „Leib, Seele und Geist“, Pflügers Arch. Bd. 128. § 2.

Schlafes könnte der Geist nur über die Inhalte einer beschränkten Gruppe von Ganglienzellen zum Zwecke der Gedankenbildung verfügen, die zufällig dem einschläfernden Einfluß der Hypophyse und Zirbeldrüse entgangen sind. Als solche wachgebliebene Zentren könnten nur diejenigen in Betracht kommen, welche in der dem Schlafe vorhergehenden Zeitperiode andauernd für geistige Leistungen in Anspruch genommen waren, deren Inhalte also im geistigen Bewußtsein während des Schlafes verblieben sind. Die Ganglienzellen, die längere Zeit für anstrengende geistige Arbeit benutzt wurden, müssen schon im wachen Zustande viel mehr psychische Energie verbrauchen als die in relativer Ruhe verbleibenden. Werden nun die letzteren Ganglienzellen durch den Schlaf ganz außer Tätigkeit gesetzt, so könnten die ersteren über viel mehr Energie verfügen; sie vermöchten also ausnahmsweise, wenn auch in viel geringerem Maße, während des Schlafes ihre Inhalte noch dem Geiste zuzusenden. Ihre, wie gesagt, nur sehr beschränkten Leistungen würden dann beim Erwachen zum Bewußtsein gelangen und für plötzliche Einfälle genommen werden. Derartige vermeintliche Einfälle könnten aber nur eine minderwertige Bedeutung haben und könnten kaum zu wirklich fruchtbaren Intuitionen Veranlassung geben.

In viel wahrscheinlicherer Weise würde die Herkunft der durchaus seltenen Intuitionen beim Erwachen etwa in folgender Weise zu erklären sein: Der Geist knüpft erst die durch den Schlaf völlig unterbrochenen Beziehungen zu den vorher in Anspruch genommenen Hirnzentren wieder nur in der mehr oder weniger kurzen Periode des Halbwachens an, wo das seelische Ich-Bewußtsein noch nicht ganz zurückgekehrt ist. Dieser Zustand des unklaren Bewußtseins, den die Philosophen als Unterbewußtsein (sub - conscience oder conscience subliminale) bezeichnen, könnte bei unserer Auffassung der geistigen Tätigkeit sich wirklich für hervorragende Denkleistungen unseres geistigen Bewußtseins eignen. Die Bewerbung um psychische Energien von seiten der zahlreichen übrigen Hirnzentren, die zusammen mit dem Zentrum des Ich-Bewußtseins noch zum Teil in Schlaf versunken sind, ist dabei fast ganz ausgeschlossen. Nun wirkt jede Ablenkung der Aufmerksamkeit auf gewisse Hirnzentren hemmend auf die Tätigkeit der Nachbarzentren; dies schon wegen der leichteren Ausnutzung der Energien, die sie in erhöhtem Erregungszustande unterhalten. Bei einem derartigen Ursprunge der fruchtbaren Intuitionen kann aber von einer eigentlichen unbewußten Tätigkeit während des Schlafes gar nicht die Rede sein. Es handelt sich dabei nur um eine Tätigkeit während der ganz kurzen Periode des Halbwachens, wo die aufgehobenen Beziehungen zwischen dem geistigen oder allgemeinen Bewußtsein und dem Ich-Bewußtsein allmählich beginnen, sich wiederherzustellen.

Von dem wirklichen Wert derartiger während des Halbbewußtseins entstehender Intuitionen gibt man sich erst Rechenschaft, nachdem der schlaftrunkene Zustand nach dem Erwachen völlig vorüber ist. Nach Pflügers in den Hauptzügen noch jetzt völlig gültigen „Theorie des Schlafes" geschieht das volle Erwachen erst „nach einer Summation der äußeren und inneren Reize, indem allmählich diejenige Größe der lebendigen Kraft der intramolekularen Schwingungen erzielt wird, wie sie der ganz wache Zustand notwendig voraussetzt"[1]. Für eine nüchterne logische Analyse der aufgetauchten Intuition muß der Geist im Vollbesitze aller Inhalte der Ganglienzellen sein, die beim Nachdenken mit der intuitiven Idee in Verbindung gebracht werden können. Diese Ganglienzellen müssen also zu einem leistungsfähigen Zustand zurückgekommen sein. Dazu bedarf es eines Zuflusses von Reizkräften aus allen Energienquellen, besonders aber der beiden höheren Sinne, des Gesichts- und des Gehörsinns. Was in der Finsternis auch bei geschlossenen Augenlidern[2] unserem Unterbewußtsein noch als genialer Einfall erscheint, entpuppt sich häufig bei hellem Lichte als ein wertloses Hirngespinst. Nur der Naturforscher kann durch experimentelle Prüfung zur Gewißheit über den wahren Wert der erhaltenen Intuition gelangen; für den Metaphysiker behalten die unkontrollierbaren Einfälle nur den gewöhnlichen imaginären Wert.

Sämtliche Forscher, die den Schlaf zum Gegenstand ihrer Beobachtungen und Experimente gemacht haben, erkennen die ganz besondere Bedeutung, welche dem Gehörorgan in dem Mechanismus des Einschlafens oder Aufwachens zukommt. Die Gehörsempfindungen verschwinden am letzten beim Einschlafen, wie sie gewöhnlich auch am leichtesten den Schlaf zu verhindern und eventuell zu unterbrechen vermögen. Auch beim künstlich durch Narkose hervorgerufenen Schlaf dauern die Gehörswahrnehmungen am längsten. Bei der Anwendung von Scopolamin z. B. soll das Gehörorgan sogar das einzige Sinnesorgan sein, das während der ganzen Zeit der Narkose seine Funktion intakt behält.

In Anbetracht der Rolle des Ohrlabyrinths bei der Erzeugung des Ich-Bewußtseins (s. oben § 6) erhalten diese Beziehungen des Gehörorgans zu den schlaferzeugenden Organen eine hervorragende Bedeutung. Während der Schluß der Augenlider die Hirnzentren vor Lichtempfindungen schützt, können Schallerregungen durch die Kopfleitung und das äußere Gehörorgan ungehindert Gehörseindrücke den Hirnzentren zuleiten. Es muß daher die Frage aufgeworfen und eventuell der experimentellen Prüfung unterzogen werden, ob die Nervenenden des Ohrlabyrinths nicht in besonderer Beziehung zur Hypophyse stehen, etwa analog denen, die ich mit Hilfe von Ammoniakdämpfen für die Nervenenden des Nasenlabyrinths an Kaninchen habe demonstrieren können.

---

[1] Eduard Pflüger, Theorie des Schlafes. Pflügers Archiv Bd. 10. 1875.

[2] Schon die bloße Senkung der Augenlider genügt im Beginn des Schlafes, um momentan die Verwirrung der Gedanken zu erzeugen. Noch anschaulicher äußert sich die Abnahme der Tätigkeit der hemmenden Zentren im Gehirn bei Herzkranken: Anfälle von Tachykardie- oder Arhythmieanfälle treten sofort beim Lidschluß ein.

Der Ideengang bei einer experimentellen Prüfung dieser Frage würde etwa folgender sein müssen. Das Ohrlabyrinth dient nachgewiesenermaßen als Regulator bei der Auslösung von Innervationsreizen in den Hirnzentren. Andererseits aber ist es experimentell festgestellt, daß gewisse hemmende Zentren des Gehirns, wie z. B. die der Vagi, durch die Tätigkeit der Hypophyse in tonischer Erregung erhalten werden. Es dürfte keine besonderen Schwierigkeiten bieten, auf experimentellem Wege zu eruieren, welcher Art die Einflüsse sind, welche die Erregung beider Zweige des Nervus acusticus auf das Herz- und Gefäßnervensystem auszuüben vermögen. Außer den Schallerregungen dürften bei solchen Versuchen auch chemische, mechanische und elektrische Reizungen erprobt werden. Die Existenz solcher Einflüsse wird schon durch die Wirkungen der Musik und sogar rhythmischer Geräusche auf das Herz erwiesen (siehe „Das Ohrlabyrinth", Kap. VII, § 6). Ist die Natur dieser Einflüsse auf experimentellem Wege einmal aufgeklärt, dann wird es sich nur darum handeln, zu eruieren, ob die Hypophyse bei Ausübung dieser Einflüsse irgendwie beteiligt ist. Im Beginn dieses Paragraphen wurde festgestellt, daß die Hypophyse, welche einen Knotenpunkt für die wichtigsten Lebensfunktionen bildet, auch für die seelischen Vorgänge eine bestimmende Bedeutung besitzt. Ihre Verbindungen mit dem wichtigsten intellektuellen Sinnesorgan, dem wir die Bildung des Ich - Bewußtseins verdanken, werden sicherlich ein Licht auf die Natur der Beziehungen zwischen Seele und Geist werfen.

Wir haben bei unseren Erörterungen die Frage über die unbewußte geistige Tätigkeit im wachen Zustand absichtlich beiseite gelassen. Nach der gegebenen Aufklärung der Vorgänge im Schlafe und während des sogenannten Unterbewußtseins kann für den Physiologen von einer irgendwie produktiven unbewußten Tätigkeit des Geistes in keinem Sinne die Rede sein. Der Geist arbeitet immer bewußt.

Anhang.

Es erscheint mir schon jetzt nicht ganz unmöglich, auf experimentellem Wege die am Ende dieses Paragraphen gemachten Annahmen über den Mechanismus der Beziehungen zwischen dem Selbstbewußtsein und dem allgemeinen Bewußtsein auf ihren Wert hin zu prüfen. Ich zögerte, die etwas verfängliche Methode hier in Vorschlag zu bringen, tue es auch nur in Anbetracht der ganz außerordentlichen Tragweite, welche deren erfolgreiche Anwendung für die Entscheidung des beängstigenden Problems über die wahre Natur der Beziehungen zwischen Leib, Seele und Geist haben könnte. Die Ausführung der hier in Aussicht gestellten Experimente wird vielleicht nur in Amerika gewagt werden.

Mein Vorschlag geht dahin, am Menschen die Versuche zu wiederholen, die mit Hilfe meiner Methode der Herstellung der Blutzirkulation im isolierten Gehirn für das Wiederaufleben der Hirnzentren und des Herzens mit Erfolg angewendet wurden[1]). Es gelang mir bekanntlich bei Hunden und Kaninchen, die durch Unterbindung der Carotiden und der Art. vertebrales zum Absterben gebrachten Hirnzentren für die Atmung, für den Augenlidreflex, die Vasomotoren und die Herznerven oft 20 bis zu 30 Minuten nach dem Tode durch Einleitung eines künstlichen Blutlaufs im Gehirn von neuem wieder aufleben zu lassen. Derartige Versuche am Menschen könnten natürlich nur an zum Tode Verurteilten und selbstverständlich nur mit ihrer vorherigen Einwilligung ausgeführt werden. Man erschrecke nicht über die scheinbare Ungeheuerlichkeit solcher Versuche.

In den Fällen, wo das Wiederaufleben nicht gelingen sollte, werden die zum Tode Verurteilten durch die Unterbindung der Gehirnarterien einen viel sanfteren Tod haben[2]), als bei allen den sonst üblichen Hinrichtungsmethoden, besonders aber der in Nordamerika üblichen Elektroexekution. Das Wiederaufleben würde aber für den Versuchsmenschen eine Lebensrettung bedeuten; von dem unsterblichen Ruhm zur Lösung des kapitalsten wissenschaftlichen Problems, das je die Menschheit beschäftigt hat, beigetragen zu haben, und von eventuellen materiellen Vorteilen ganz abgesehen. Die Operation müßte natürlich mit der äußersten Schonung und Sorgfalt ausgeführt werden. Die eine Carotis und die Arteriae vertebrales brauchten nur provisorisch unterbunden zu werden und die Blutzirkulation könnte durch die anderseitige Carotis wiederhergestellt werden. Ja, es wäre sogar möglich, wenn durch eine vorhergehende Tracheotomie die künstliche Atmung eingeleitet wird, sämtliche Hirngefäße nur provisorisch zu unterbinden oder abzuklemmen und die natürliche Blutzirkulation im Gehirn im beliebigen Moment, je nach den immediaten Versuchszwecken, wiederherstellen zu lassen; z. B. sobald die volle Bewußtlosigkeit einzutreten beginnt und ehe das Herz vollständig zu schlagen aufgehört hat. Der zum Tode Verurteilte würde unter diesen Versuchsverbindungen keinerlei ernsten Gefahr ausgesetzt werden. Der Versuchsmensch müßte natürlich eine gewisse Intelligenz besitzen und vor dem Versuche passenderweise psychologisch abgerichtet werden, damit er sofort nach dem Aufleben die erforderliche Prüfung zu bestehen vermag. In sanfterer Form könnten solche Versuche an Menschen mit Hilfe des Scopolamins erprobt werden, nachdem dessen Wirkungen auf Herz, Atmung usw. vorher durch sorgfältige Versuche an Tieren und neue Beobachtungen am Menschen endgültig festgestellt sein werden. Nach den bisherigen Beobachtungen scheint das Gehör die einzige Sinnesfunktion zu sein, die auch bei der tiefsten allgemeinen Narkose mit Scopolamin ganz intakt

---

[1]) Siehe Kap. IV und auch meine Mitteilung: „La résurrection des centres nerveux" in den Berichten der Société du Biologie von 1899 und „Die Nerven des Herzens" Kap. V § 9. Berlin 1907.

[2]) Seit der Einführung der aseptischen Methoden werden von manchen Chirurgen am Menschen viel gefährlichere, ja aussichtslosere Operationen ausgeführt, häufig genug zu Zwecken ausgeführt, die weder mit der Wissenschaft noch mit der Ethik etwas zu schaffen haben.

bleibt. Wenn dem wirklich so ist, so würde sich diese Substanz für psychologische Versuche an Menschen ganz vorzüglich eignen. Bis jetzt sind, soweit mir bekannt, keinerlei schädliche Einwirkungen auf die Herz- und Atmungszentren auch bei stundenlang dauernder Narkose mit dieser Substanz zum Vorschein gekommen. Psychologische Beobachtungen am Menschen könnten am unverfänglichsten bei Gelegenheit von unter anhaltender Narkose mit Scopolamin ausgeführten Operationen gemacht werden. Wenn es sich dabei um intelligentere Personen handelt, könnte man vor der Operation ihnen gewisse Instruktionen für Selbstbeobachtungen geben und eventuell während der Narkose selbst leichte Aufgaben stellen. Bei dem Wiederaufwachen der Operierten könnten dann die Ergebnisse geprüft werden.

IV. Kapitel.

Die Verrichtungen der Nebennieren.[1]

§ 1. Über die physiologische Bestimmung der wirksamen Substanz der Nebennieren.

Vorläufige Mitteilung (Pflügers Archiv 1898).

Die gleichzeitigen Untersuchungen von Oliver und Alb. Schäfer, von Cybulski, Szymonowicz sowie die nachherigen von Gottlieb, Langlois u. a. haben sehr interessante Tatsachen über die eigentümlichen Wirkungen der Nebennierenextrakte auf den Blutdruck und den Herzschlag geliefert. In bezug auf die tatsächlichen Veränderungen des Blutdruckes, welche durch die intravenöse Einspritzung dieser Extrakte erzeugt werden, befinden sich die genannten Forscher in voller Übereinstimmung. Nicht so über den Einfluß der Extrakte auf die Herzaktion. In der Erklärung dieser Einwirkungen gehen aber so ziemlich alle Autoren auseinander. Während Oliver und Schäfer sie auf eine heftige Erregung der Muskulatur der kleinen Arterien, sowie der Herzvagi zurückführen, sehen Cybulski und Szymonowicz in dem Nebennierenextrakt einen Erreger des vasomotorischen Gefäßzentrums. Nach Gottlieb dagegen soll das Extrakt hauptsächlich reizend auf die motorischen Herzganglien wirken.

Eine längere Untersuchung über die Wirkungen der Nebennierenextrakte hat mich zu folgenden Schlüssen geführt:

1. Die ganz außerordentliche Druckerhöhung, welche die intravenöse Einspritzung des Nebennierenextraktes erzeugt, beruht auf einer Erregung des ganzen vasoconstrictorischen Nervensystems sowohl der Hirncentra als der in den Gefäßen selbst gelegenen gangliösen Apparate.

2. Auf die Herzvagi und die Depressoren wirken die Nebennierenextrakte eher lähmend. Während der maximalen Wirkung dieser Extrakte bleibt die elektrische Reizung der Depressoren und Herzvagi ohne jeden Erfolg. In selteneren Fällen vermag diese Reizung eine nur momentane Drucksenkung, in keinem Falle aber eine Verlang-

---

[1] Meine Untersuchung über die Verrichtungen der Nebennieren erstreckt sich ausschließlich auf die Untersuchung der Wirkungen ihrer Extrakte; dies ist übrigens auch mit den Studien aller anderen Forscher auf diesem Gebiete der Fall. Zur Zeit der Anstellung meiner Versuche war das Adrenalin noch nicht isoliert worden. Sämtliche mit dieser Substanz angestellten sorgfältigen Untersuchungen anderer Forscher decken sich aber mit den Wirkungen der Extrakte.

samung der Herzschläge zu erzeugen. Gewisse Extrakte der Nebennieren vermögen sogar eine dauernde Lähmung der Herzvagi zu veranlassen.

3. Dagegen erzeugen die Nebennierenextrakte eine sehr heftige Erregung der zentralen und peripheren Enden der Nervi accelerantes. Diese Erregung erstreckt sich höchstwahrscheinlich auch auf die in den Brust- und Halsganglien gelagerten Zentren dieser Nerven.

4. Die vorübergehende Verlangsamung der Herzschläge, welche oft zu Beginn der Einspritzung des Nebennierenextraktes beobachtet wird, hängt nicht von einer direkten Erregung der Vaguszentren ab. Sie wird erzeugt durch die momentane Erregung der Hypophyse als Folge der plötzlichen Drucksteigerung in der Schädelhöhle. Die Wirkung auf die Vagi hat also hier denselben Ursprung wie bei den Versuchen mit plötzlicher Kompression der Aorta.

5. Bei geschlossener Schädelhöhle oder intakter Dura mater ist diese plötzliche Drucksteigerung nur momentan und macht einer Druckverminderung Platz. Das Gehirn ist während der Dauer der allgemeinen Drucksteigerung eher anämisch.

6. Das von Spina beobachtete Heraustreten der Hirnsubstanz nach Einspritzungen von Nebennierenextrakten, Entfernung der Dura mater und Durchtrennung der Medulla hängt nicht von der Erregung der Vasoconstrictoren des Gehirns ab.

Im allgemeinen also wirkt das Nebennierenextrakt im hohen Grade erregend auf das sympathische Nervensystem des Herzens und der Gefäße (Accelerantes und Vasoconstrictoren) und lähmend auf die regulatorischen Nerven dieser Organe, auf den Vagus und den Depressor. Das Extrakt ist also ein mächtiger Antagonist sowohl des Jodothyrins als des Hypophysins.

§ 2. Nebennierenextrakte.

Im Gegensatz zum Jodothyrin und den Extrakten der Hypophyse ist die wirksame Substanz der Nebenniere in ihrem Einflusse auf die Organe der Zirkulation schon vor mir Gegenstand sehr sorgfältiger Untersuchungen geworden. Fast gleichzeitig haben Oliver und A. Schäfer[1]) in England und Cybulski[2]) und Szymonowicz[3]) in Österreich über Versuche berichtet, welche die Wirkungen der Nebennierenextrakte auf Herz und Blutgefäße nach allen Richtungen hin in ausgedehnter Weise geprüft haben. Spätere Untersuchungen von Velich[4]) und Fränkel[5]) haben die Versuche der genannten Autoren

---

[1]) Journal of Physiology vol. 18.

[2]) Wiener medizinische Wochenschrift 1896. Nr. 6 u. 7. Sitzungsberichte der Akademie der Wissenschaften in Krakau. 4. Febr. 1895.

[3]) Pflügers Archiv Bd. 64. 1896. O Nadnerczu ze stanowiska morfologicznego i fizyologicznego. Krakau 1895.

[4]) Wiener med. Blätter. 1896.

[5]) Wiener medizinische Wochenschrift 1897 S. 547.

wiederholt, die von Gottlieb[1]) und Langlois[2]) sie nicht unwesentlich erweitert. Alle diese Untersuchungen sind zu bekannt, als daß
eine Wiedergabe ihres Inhaltes nötig wäre. Es wird genügen, die Erklärungsweisen der wichtigsten Arbeiten hier anzugeben.

Die tatsächlichen Ergebnisse dieser Autoren stimmen, was die
Wirkungsweise der Nebennierenextrakte auf den Blutdruck betrifft,
in den Hauptzügen vollkommen überein. Auf die in dieser Beziehung
hervorgetretenen Differenzen in den Detailangaben werde ich noch
Gelegenheit haben zurückzukommen. Dagegen gehen die gegebenen
Deutungen der erzielten Ergebnisse ziemlich weit auseinander. So
erklären Oliver und Schäfer die gewaltige Steigerung des Blutdruckes,
welche die wichtigste und auffälligste Folge der intravenösen Einspritzung von Nebennierenextrakten ist, durch eine direkte Reizung
des Muskelgewebes des Herzens und der Arterien. Wie denn überhaupt
die Ansicht dieser Autoren darauf hinausgeht, daß dieses Extrakt auf
das gesamte Muskelsystem des Organismus einen spezifischen Einfluß
auszuüben vermag. Die Durchschneidung des Halsmarkes, d. h. die
Ausschaltung des Gefäßnervenzentrums, soll nach Oliver und Schäfer
keinerlei Änderung in der Wirkungsweise des Nebennierenextraktes auf
die Steigerung des Blutdruckes veranlassen, wie auch die Durchschneidung der peripheren Nerven, z. B. des Plexus brachialis, die starke Verengerung der von ihm beherrschten Gefäße nicht beeinflussen soll.

Cybulski und Szymonowicz wollen die Drucksteigerung, welche
das intravenös eingeführte Nebennierenextrakt erzeugt, nur auf eine
Erregung der Gefäßnervencentra in der Medulla oblongata und im
Rückenmark zurückführen. Trennung der Medulla oblongata unterhalb des Gefäßnervenzentrums soll die Wirkung des Extraktes auf den
Blutdruck bedeutend herabsetzen, die Zerstörung des Rückenmarkes
sie ganz aufheben. Die meisten der übrigen Forscher schließen sich
eher den Anschauungen von Oliver und Schäfer an. Nur Gottlieb
gibt eine abweichende Erklärung der Erscheinungen; nach ihm soll die
Erregung der motorischen Herzganglien der Hauptfaktor der Wirkungen
des Nebennierenextraktes sein. Nur in zweiter Linie soll letzteres
auch an die peripheren Centra der Gefäßnerven, d. h. auf die in den
Gefäßwänden liegenden gangliösen Elemente erregend wirken.

Sämtliche Forscher stimmen darin überein, daß Nebennierenextrakte, abgesehen von der starken Erregung der gefäßverengenden
Vorrichtungen, auch gleichzeitig eine mehr oder minder beträchtliche
Verlangsamung der Herzschläge erzeugen, und daß diese Verlangsamung auf einer direkten Erregung der Vaguszentren beruht.

Unter den Gründen, welche mich veranlaßten, die Wirkungen der
Nebennierenextrakte einer neuen Prüfung zu unterziehen, nahm die
Hoffnung, die hervorgehobenen Widersprüche lösen zu können, nicht
die erste Stelle ein. Viel anregender wirkten in dieser Beziehung mehrere
theoretische Bedenken, welche mir sämtliche gegebenen Erklärungs-

---

[1]) Archiv für experimentelle Pathologie und Pharmakologie. 1896.
[2]) Les capsules surrénales. Paris 1897. Félix Alcan.

weisen einflößten. Im Laufe meiner langjährigen Studien über die nervösen Vorrichtungen, welche die Tätigkeit des Herzens und der Blutgefäße beherrschen, bin ich auf eine Reihe von Erscheinungen gestoßen, die eine große Gesetzmäßigkeit in den Einwirkungen verschiedener Substanzen auf diese Vorrichtungen bekunden. Meine Untersuchungen über die Beziehungen der Schilddrüse zu diesen nervösen Vorrichtungen und namentlich über die Beeinflussung der letzteren durch Thyreoidektomie, Jodothyrin, Jod und phosphorsaures Natron haben die früher konstatierten Gesetzmäßigkeiten (z. B. bei Versuchen über die Einwirkungen von Temperaturänderungen, von Kohlensäure und Sauerstoff usw.) in hohem Grade bestätigt. Ich habe in der ausführlichen Darlegung dieser Untersuchungen[1]) zwei Erregungsgesetze formuliert, welche zwar speziell auf die Endorgane der Herznerven bezogen wurden, aber höchstwahrscheinlich ihre Gültigkeit auch für die Endorgane der Gefäßnerven haben.

„Stoffe und Agentien, die im Organismus normal vorkommen, welche die im Hirn liegenden Enden der Herznerven zu erregen oder zu hemmen vermögen, wirken in identischer Weise auch auf die im Herzen selbst befindlichen Enden dieser Nerven." Dies wäre das zweite Erregungsgesetz der Ganglien ... „Stoffe und Agentien, welche erregend auf die beschleunigenden Nerven und Ganglien wirken, üben eine entgegengesetzte Wirkung auf die hemmenden Nerven und Ganglien des Herzens und vice versa[2])." Dies bezeichnete ich als drittes Erregungsgesetz der Ganglien.

Sämtliche von den Forschern gegebenen Erklärungsweisen für die Wirkungen des Nebennierenextraktes scheinen nun mit diesen Gesetzen in Widerspruch zu stehen. Das Extrakt, das doch unzweifelhaft die wirksame Substanz der Nebennieren enthält, soll gleichzeitig erregend auf die motorischen und hemmenden Ganglien des Herzens wirken (Gottlieb). Es soll nur die zentralen Enden der Vasoconstrictoren erregen und ohne Einfluß auf die peripheren sein (Cybulski und Szymonowicz), oder es soll nur die peripheren Enden beeinflussen und ganz wirkungslos auf die zentralen sein (Oliver und Schäfer[3]) u. a.). Endlich soll dasselbe Extrakt auf das sympathische Nervensystem und

---

[1]) Beiträge zur Physiologie der Schilddrüse und des Herzens. Bonn. Martin Hager. 1898. Auch Pflügers Archiv Bd. 70. Siehe ferner „Die Nerven des Herzens" Kap. IV.

[2]) Nerven des Herzens S. 240.

[3]) Eigentlich beziehen Oliver und Schäfer diese Beeinflussung auf die Muskelfasern selbst und nicht auf die peripheren Endorgane der Vasoconstrictoren. Aus ihren sorgfältigen und sehr mannigfaltigen Untersuchungen kann aber nur mit Gewißheit gefolgert werden, daß die Zentralorgane dieser Nerven nicht beeinflußt werden von dem Nebennierenextrakt. Wenn diese Autoren die Wirkungen auf die Muskelfasern und nicht auf die Nervenenden beziehen, so geschieht dies nur aus der besonderen Vorliebe, welche zurzeit bei vielen Physiologen für den myogenen Ursprung der Herz- und Gefäßbewegungen herrscht. Wenigstens finde ich in der Arbeit von Oliver und Schäfer keine anderen zwingenden Gründe für die Bevorzugung der Muskelfasern als die allgemeine Ungnade, in welche die Nerven und Ganglien dank der myogenen Verirrung geraten waren.

auf den Vagus in gleichem Sinne, nämlich erregend, wirken (sämtliche Forscher). Entweder bildet also das Nebennierenextrakt eine vollkommene Ausnahme, auf die meine Gesetze nicht angewendet werden können, oder dieses Extrakt enthält mehrere wirksame Stoffe, welche in verschiedenem Sinne wirken. Welche dieser beiden Möglichkeiten die richtige ist, konnte nur auf experimentellem Weg festgestellt werden.

Das Extrakt, welches ich für meine Versuche verwendete, war aus frischen Kalbsnebennieren zubereitet. Diese wurden vorher getrocknet, fein gepulvert und in physiologischer Kochsalzlösung gekocht. Die auf diese Weise zubereitete 10prozentige Lösung hat sich als zu stark wirksam gezeigt, sie mußte daher noch mehr verdünnt werden. Die Einspritzung von 2 ccm der 10prozentigen Lösung in die Vena jugularis eines mittelgroßen Hundes hat momentan eine so gewaltige Steigerung des Blutdruckes erzeugt, daß aus dem ziemlich langen Manometer der Schwimmer samt dem Quecksilber herausgeschleudert wurde. Der Blutdruck mußte dabei auf mehr als 500 mm gestiegen sein.

Bei den folgenden Versuchen wurde diese Lösung daher zu einer 3prozentigen und 2prozentigen umgewandelt; als solche zeigte sie sich noch in hohem Grade wirksam. Es genügte gewöhnlich, die Klemme von der Vena jugularis abzunehmen, welche mit der gefüllten Spritze in Verbindung stand, damit die Blutdrucksteigerung sich zu äußern begann, und dies noch vor jeder Einspritzung. Da nämlich die Venenkanüle mit der Lösung des Nebennierenextraktes vorher gefüllt wurde, so gelangten einige Tropfen der Lösung ins Herz durch die bloße Aspiration des Thorax, trotzdem die Spritze mit der Kanüle schon verbunden war und horizontal am Halse lag. Diese paar Tropfen genügten schon, um die Wirkungen des Extraktes hervorzurufen.

Meine Versuche sind an Kaninchen und an Hunden angestellt worden. Bei ersteren trat gewöhnlich gleichzeitig mit der beginnenden Steigerung des Druckes eine beträchtliche Verlangsamung der Herzschläge mit deren Verstärkung auf. Diese Verlangsamung der Pulse hört aber sofort auf, als der Blutdruck seinen höchsten Wert erreichte und machte einer bedeutenden Beschleunigung der Pulsschläge Platz, wobei deren Amplituden gleichzeitig viel geringer wurden. Diese reinen Acceleranspulse hielten dann nicht nur während der Periode der hohen Drucksteigerung an, sondern überdauerten bei weitem die letztere und zwar, wenn sie nicht durch besondere experimentelle Eingriffe unterbrochen wurden, meistens bis zu Ende des Versuches.

Die hier abgebildete Figur 87 zeigt am besten, welcher Natur die vorübergehende Verstärkung und Verlangsamung der Pulse ist.

Wie aus der Kurve ersichtlich, besitzen die verstärkten Pulse ganz den Charakter der Aktionspulse, wie ich sie so häufig bei Hypophysenversuchen beobachtet und beschrieben habe.

Bei Einspritzungen von Nebennierenextrakten bei H u n d e n ist es mir höchst selten gelungen, eine vorübergehende Verstärkung oder Verlangsamung der Pulse zu beobachten. Der Blutdruck stieg gewöhnlich sehr schnell in die Höhe und vom Beginn dieses Steigens an waren die Pulse schon beschleunigt. Auch bei diesen Tieren überdauerte die Beschleunigung der Herzschläge die Drucksteigerung und hielt oft noch während 10—20 Minuten bei normalem Blutdruck an. Da bei den B e r n e r Hunden, welche immer mit strumösen Entartungen der Schilddrüsen behaftet sind, die Vagi meistens weniger erregbar und häufig sogar, wenigstens auf der einen Seite, ganz unerregbar sind, so lag es nahe, das verschiedene Verhalten dieser Tiere bei Einspritzungen von Nebennierenextrakten auf diese Unerregbarkeit der Vagi zurückzuführen. Die meisten Beobachter haben ja konstatiert, daß nach Durchschneidung der beiden Vagi die Verlangsamung der Herzschläge in solchen Versuchen wegfällt.

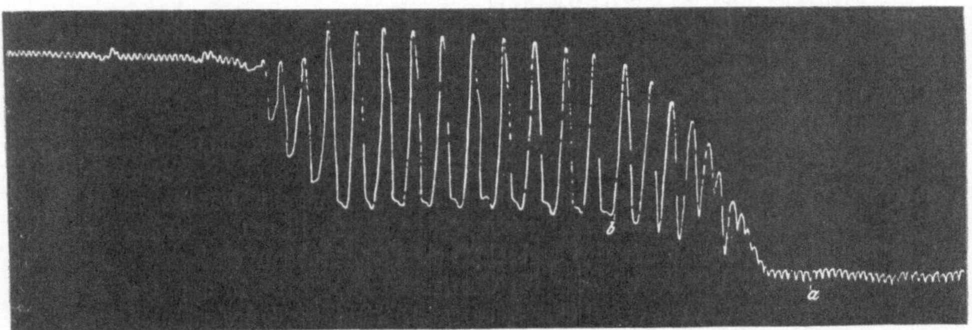

Fig. 87. Beginn der intravenösen Einspritzung. Tab. I.

Ich überzeugte mich aber bald, daß auch bei Hunden, deren tonisch erregte Vagi noch gut auf elektrische Reizung reagierten, das Nebennierenextrakt doch keine Verlangsamung der Pulse zu erzeugen vermochte. Dies überraschte mich wenig; denn schon bei den Versuchen meiner Vorgänger ist mir der Umstand aufgefallen, daß diese Verlangsamung g a n z wegfällt nach vorheriger Durchschneidung der Vagi, ohne daß das Nebennierenextrakt auf die peripheren Vagusenden im Herzen selbst irgendwie erregend wirkt. Bei den Einspritzungen von Jodothyrin oder Hypophysenextrakten dagegen vermag die Durchschneidung der Vagi deren verlangsamende Wirkung nicht aufzuheben.

Dieser Umstand machte es in hohem Grade wahrscheinlich, daß die von mir nur bei Kaninchen, von den Autoren auch bei Hunden beobachteten Verlangsamungen der Herzschläge nicht auf einer d i r e k t e n Reizung der Vaguszentren durch das Nebennierenextrakt beruhen können. Diese Vermutung hat sich auch vollkommen bestätigt, wie ich gleich zeigen werde.

Was die Blutdrucksteigungen und die Beschleunigungen der Herzschläge betrifft, so zeigten sie sich in meinen Versuchen bei Hunden meistens in viel höherem Grade als bei Kaninchen. Trotz der großen individuellen Abweichungen in der Empfindlichkeit der verschiedenen Tiere gegen das Nebennierenextrakt zeigte es sich mehrmals, daß bei gleichstarken Dosen des Extraktes die Drucksteigerungen bei einigen Hunden viel beträchtlicher waren als bei Kaninchen. Dies war noch um so auffallender, als ich die meisten Hunde mit Chloral und Äther narkotisierte, welche doch die Tätigkeit der Gefäßnervencentra herabzusetzen pflegen.

Die erste Frage, deren Beantwortung erforderlich war, ehe zu weiteren Versuchen geschritten werden konnte, bezog sich auf die Ursache der großen Drucksteigerung. Beruht die durch das Nebennierenextrakt veranlaßte bedeutende Verengerung der kleineren Arterien auf einer direkten Erregung ihrer Muskeln (Oliver und Schäfer) oder auf einer Reizung der im Gehirn und Rückenmark gelegenen Gefäßnervencentra (Cybulski und Szymonowicz)?

Es schien mir, daß eine Aufklärung der Verhältnisse sicherer und leichter zu erzielen sein würde mit Hilfe von Durchschneidungen der Splanchnici, als es durch Durchtrennungen oder Zerstörungen des Rückenmarkes möglich wäre. Diese letzteren Operationen mußten in den Intervallen zwischen zwei Einspritzungen des Nebennierenextraktes ausgeführt werden. Das Eintreten einer Drucksteigerung nach einer wiederholten Einspritzung von diesem Extrakt konnte nicht als Beweis gelten, daß die gefäßverengernden Centra nicht vom Extrakt beeinflußt werden; denn das Extrakt konnte ja auch nach Zerstörung des Rückenmarkes sowohl die im Grenzstrange als die in den Gefäßwänden gelagerten nervösen Centra erregen. Auch die Durchschneidung eines Plexus, wie sie Oliver und Schäfer ausgeführt haben, ist daher nicht entscheidend. Man müßte das Gefäßnervenzentrum während der Maximalwirkung des Nebennierenextraktes vom Rückenmarke trennen und dann beobachten, ob eine solche Trennung ein Nachlassen der Drucksteigerung erzeugt. Dies ist aber nicht leicht tunlich, weil ja bekanntlich der Abfall des Blutdruckes bei Durchtrennungen des Halsmarkes nicht momentan, sondern in meßbarer Zeit allmählich geschieht, wie dies besonders Ustimowitsch[1]) bewiesen hat. Das erhaltene Resultat würde noch um so eher zu Fehlschlüssen verleiten, als der operative Eingriff allein oft schon von einer vorübergehenden Reizung der Vasomotoren begleitet wird.

Viel zuverlässiger kann man Aufschluß über die Streitfrage erhalten, wenn man zu Durchschneidungen der Splanchnici greift. Der Erfolg solcher Durchschneidungen ist, wie Ludwig und ich[2]) gezeigt haben, momentan und wird durch keine vorübergehende Erregung gestört. Es kommt dabei noch ein anderer Vorteil in Betracht. Bei der mächtigen Drucksteigerung, welche der fast bis zur Unwegsamkeit gehende Verschluß der kleinen Gefäße erzeugt, muß sich das von der Peripherie

---

[1]) Archiv von du Bois - Reymond. 1884. Suppl.-Band.
[2]) Meine Gesammelten physiol. Arbeiten 1888 S. 38. Berlin, Hirschwald.

verdrängte Blut hauptsächlich in den großen Arterien und Venen ansammeln, und zwar vorzugsweise in den Gegenden, wo sich deren Ausdehnung am wenigsten Widerstände entgegenstellen und wo deren Kapazität am größten ist, also vorerst in der Bauchhöhle. Ein plötzlicher Nachlaß in der Verengerung der kleinen, von den Splanchnici beherrschten Bauchgefäße erzeugt daher einen merklichen Blutabfluß aus den großen Arterien, also einen momentanen Nachlaß des Blutdruckes.

Das Ergebnis der hierauf bezüglichen Versuche war im allgemeinen folgendes: Sofort nach der Durchschneidung des einen Splanchnicus sinkt der Druck plötzlich ziemlich bedeutend, erholt sich darauf allmählich, ohne aber bis auf die frühere Höhe zurückzukehren. Wird nun der zweite Splanchnicus durchtrennt, so erfolgt von neuem eine Drucksenkung, nach welcher der Druck mit geringen Schwankungen weiter zu sinken fortfährt. Am besten ist es dabei, vorher die Splanchnici in der Brusthöhle ohne deren Eröffnung nach dem von mir in der Methodik[1]) angegebenen Verfahren zu präparieren und auf einen Faden zu nehmen. Sucht man dagegen die Splanchnici in der Bauchhöhle erst nach der Eröffnung der letzteren auf, so erhält man häufig schon ohnedem eine nicht unbedeutende Abnahme des Blutdruckes. Dies verhindert freilich nicht dessen Senkung bei Durchschneidung der Splanchnici; es ist mir aber auch einmal vorgekommen, daß diese plötzliche Senkung so beträchtlich wurde, daß das Tier zugrunde ging, noch ehe der Druck sich erholt hatte. Der Blutdruck war infolge der Einspritzung von Nebennierenextrakt von 118 auf 210 mm gestiegen. Die Eröffnung der Bauchhöhle und die Durchtrennung des linken Splanchnicus dauerte kaum einige Sekunden. Der Blutdruck sank aber im Verlaufe von 8 Sekunden von 196 auf 15 mm und das Tier erholte sich nicht mehr.

Der Erfolg der Durchschneidung der beiden Splanchnici deutet mit Sicherheit darauf hin, daß die Erregung des Gefäßnervenzentrum einen beträchtlichen Anteil an der Drucksteigerung hat, welche durch das Nebennierenextrakt erzeugt wird. Die ausführliche Wiedergabe eines solchen Versuches wird Aufschluß über die Größe dieses Anteils geben. Ehe aber die Tabelle I die verschiedenen Phasen eines solchen Verlaufes reproduziert, will ich noch auf einen Umstand aufmerksam machen, der gleichfalls keinen Zweifel über den Einfluß dieses Extraktes auf die nervösen Zentren übrig läßt.

Oliver und Schäfer haben in ihrer Untersuchung die Reizung des Depressors während der hohen Drucksteigerung ausgeführt. Nach ihrer Angabe ist eine solche Reizung ganz wirkungslos, wenn sie im Momente vorgenommen wird, wo unter dem Einflusse des Extraktes diese Steigerung ihr Maximum erreicht hat. Wird der Depressor dagegen in Erregung versetzt, während der Druck schon etwas gesunken ist, so vermag er seine volle Wirkung zu äußern. Nachdem ich den Erfolg der Splanchnicusdurchschneidung gesehen hatte, war es wünschenswert,

---

[1]) Methodik der physiologischen Experimente und Vivisektionen 1876. S. 191.

diese Angaben der genannten Autoren nochmals zu prüfen. In der Tat stellte es sich heraus, daß die Reizung des Depressors häufig ohne Wirkung auf den Blutdruck ist. Dies ist aber durchaus nicht immer der Fall. Ich bin mehrmals auf Fälle gestoßen, wo stärkere Reizung des Depressors doch noch einige Wirkung auf den Blutdruck auszuüben vermochte, und zwar als dieser noch auf der Höhe stand. Nur war diese Wirkung ganz vorübergehend; sie dauerte mehrere Sekunden, worauf die frühere Drucksteigerung zurückkehrte. In dem in Tabelle I angeführten Versuche sind solch kurze Drucksenkungen bei der Depressorreizung mehrmals vorgekommen, und dies, nachdem schwächere Reizungen erfolglos blieben. Die unten angeführte Kurve 88 stellt den Effekt einer solchen Reizung dar.

Versuch 1.

Großes, leicht strumöses Kaninchen; Morphiumnarkose. Herznerven am Halse präpariert. Vagi und Depressores beiderseits erregbar. Reizung des zentralen Sympathicusendes erzeugt geringe Drucksenkung und Verlangsamung der Herzschläge. Das Nebennierenextrakt war durch Zusatz von physiologischer Kochsalzlösung auf 3 % reduziert.

Tabelle I.

Versuch 1	Reizstärke	Blutdruck in mm Hg.	Zahl der Herzschläge in 10 Sek.	Zahl der Atmungen in 10 Sek.	Bemerkungen
Beginn des Versuches. .	—	140	38	3	Traubesche Wellen.
Durchschneidung d. rechten Vagus	—	140	40	—	
Reizung des peripheren rechten Vagus . . .	100	120—80	16	—	
Nach 2 Minuten . . .	—	130	38	4	
Reizung des zentralen Depressors	200	68	32	5	
Nach 5 Minuten . . .	—	120	38	4	
Reizung des peripheren Sympathicus	—	120	38	—	
Aufmachen der Kanüle der Vena jugularis. .	—	120	28	—	Durch Eindringen einiger Tropfen des Nebennierenextraktes allmähliche Drucksteigerung und Verstärkung der Pulse.
Einspritzung von 0,5 ccm Nebennierenextrakt .	—	228	46	—	Während des Ansteigens 36 Pulse, etw. verstärkt.
Reizung des Depressors während 20 Sekunden	200	194	?	—	Drucksenkung dauert 1$^1/_2$
Sofort nach der Senkung	—	216	50	—	Sekunden nach 2 Se-
Am Ende der Reizung.	—	210	50	—	kunden Latenz.
Reizung des peripheren Sympathicus	200	210	56	—	
Reizung des rechten peripheren Vagus	200	210	52	—	

Tabelle I (Fortsetzung).

Versuch 1	Reizstärke	Blutdruck in mm Hg.	Zahl der Herzschläge in 10 Sek.	Zahl der Atmungen in 10 Sek.	Bemerkungen
Nochmals Reizung des rechten Vagus während 5 Sekunden	300	80	—	—	Nach 5 Sekunden Latenz plötzliche Drucksenkung und Stillstand, welche die Reizung um 15 Sekunden überdauerte. (S. Kurve 90.)
Nach der Reizung . . .	—	176	34	—	
Neue Reizung des rechten Vagus während 10 Sekunden	300	10b	26—10	—	Allmähliches Sinken des Druckes.
Nach einigen Minuten .	—	88	42	8	Sehr regelmäßige Pulse und Atmungen.
Reizungen des zentralen Depressors	300	88	42	—	
Reizung des rechten Vagus peripher	—	68	15	—	
Neue Einspritzung von 0,5 ccm des Nebennierenextraktes	—	212	52	—	Während des Aufsteigens die Pulse ein wenig langsamer.
Reizung des rechten Vagus peripher	300	210	50	—	
Reizung des Depressors	300	186—170	32	—	5 Sekunden Latenz. (Siehe Kurve 88.)
Eröffnung der Bauchhöhle	—	196	44	—	
Durchschneidung d. linken Splanchnicus . .	—	136	52	—	
Gleich darauf		156	42	—	Druck sinkt allmählig auf 116.
Durchschneidung d.rechten Splanchnicus . .	—	92	48	8	
10 Sekunden später . .	—	110	—	—	Pulse sehr klein.
Nach 1 Minute	—	84	50	12	Pulse sehr klein. Atmung oberflächlich.
Aufmachen d.V.jugularis	—	110	44	—	Eindringen einiger Tropfen Extraktes.
Einspritzung von 0,5 ccm Nebennierenextrakt .	—	164	44	—	
Reizung des Vagus bei 156 mm Druck . . .	400	140—104	32—22	—	Siehe Kurve 93.
Reizung des Vagus bei 122 mm Druck . . .	400	120—96	32—60	—	Längere Latenz von 7 Sekunden.
Reizung des Depressors bei 96 mm Druck und 46 Pulsen	400	94	46	—	Druck und Pulsschläge unverändert.
Nach 3 Minuten . . .	—	70	44	14	
Einspritzung von 0,5 ccm Nebennierenextrakt .	—	156	50	—	
Reizung des rechten Vagus bei 136 mm Druck	400	88—120	22	—	7 Sekunden Latenz.
Darauf	—	80	46—48	14	
Durchschneidung des linken Vagus bei 74 mm Druck	—	—	—	—	

Tabelle I (Fortsetzung).

Versuch 1	Reizstärke	Blutdruck in mm Hg.	Zahl der Herz- schläge in 10 Sek.	Zahl der Atmun- gen in 10 Sek.	Bemerkungen
Reizung des linken Vagus	300	52	16?	8	Gewöhnliche Vaguspulse.
Nach Reizung	—	78	46	—	Keine Latenz.
Einspritzung von 1 ccm Nebennierenextrakt .	—	170	54	8	Zum erstenmal bleiben
Reizung des linken Vagus	400	120—140	22	—	d. Atemschwankungen des Pulses bei der Steigerung bestehen. Siehe Kurve 91.
Reizung d.rechten Vagus bei 140 mm Druck und 36 Pulsen . . . . ,	400	110	20	—	Gewöhnliche Vaguspulse.

Resümieren wir die Hauptergebnisse:

1. Das Ergebnis der Splanchnicusdurchschneidung ist unzweifelhaft. Bei der Durchschneidung des linken Splanchnicus sank der Druck um 60 mm (von 196 auf 136 mm) und erholte sich von neuem um 20 mm. Die Durchschneidung des rechten Splanchnicus erzeugte eine neue Senkung um 64 mm; auch diesmal erholte sich der Druck fast um 20 mm. Der tiefste Stand des Blutdruckes nach Aufhören der Extraktwirkung war viel niedriger als vor der Einspritzung: dies ist eine konstante Erscheinung bei allen Einspritzungen von Nebennierenextrakt. Der Blutdruck sinkt gewöhnlich nach der vorhergegangenen kolossalen Drucksteigerung oft um mehr als ein Dritteil des normalen Standes. Dieser Umstand allein genügt schon, um von einer direkten Einwirkung auf die Gefäßmuskeln abzusehen; denn die Erschlaffung der Gefäße nach Reizung ihrer Constrictoren ist eine geläufige Erscheinung. Die Erschöpfung ist aber in erster Linie eine Eigentümlichkeit der Nervensubstanz; ebensowenig wie der Herzmuskel kennen die Gefäßmuskeln Ermüdung. Ich komme noch auf diese Detailfrage zurück.

Die Splanchnici waren bei dieser Senkung jedenfalls nicht beteiligt; wie aus der Tabelle ersichtlich, war der Abfall auch nach der ersten Einspritzung trotz der intakten Splanchnici auf 88 mm zurückgegangen.

Die wiederholten Einspritzungen haben dann nie mehr den Blutdruck bis auf die früheren Höhen hinaufzutreiben vermocht. Der Wegfall der zentralen Erregung der Gefäßnerven der Eingeweide kann auf etwa 60 mm Quecksilberdruck berechnet werden, denn um diese Zahl waren die neuen Drucksteigerungen geringer als die früheren. Man könnte gegen diese Schlußfolgerung folgenden Einwand erheben: Die 60 mm Druck repräsentieren eben das Resultat der normalen tonischen Erregung des Gefäßnervenzentrums. Die frühere Drucksteigerung war das Resultat einer Summation dieser tonischen Erregung der Gefäßmuskulatur. Ein solcher Einwand wäre aber kaum stichhaltig. Durch die Einspritzung von Nebennierenextrakt in das Venensystem ist ein so gewaltiger außergewöhnlicher Reiz ausgeübt worden, daß die normale tonische Erregung des Gefäßnervenzentrums nur eine fast zu vernachlässigende Größe im Vergleich damit ist. Würde die Kontraktion der kleinen Arterien auf einer Reizung der Muskulatur durch dieses Extrakt beruhen, so könnte der Wegfall der Erregung der Vasoconstrictoren vom Zentrum aus überhaupt nicht mehr in Betracht kommen. Auf die Muskulatur der Eingeweidegefäße konnte ja der Reiz auch nach durchschnittenen Splanchnicis ungehindert wirken und würde so den winzigen Summanden, den normalen Tonus, ohne weiteres ersetzen.

Ich habe vor Jahren an der Arteria saphena und an anderen Gefäßen den Effekt der direkten Reizung nach Entfernung des Nerveneinflusses studiert. Solche Kontraktionen äußern sich in „Einschnürungen der Gefäße, welche bald in der Richtung nach oben, bald in der Richtung nach unten sich fortpflanzen, wobei oft die Einschnürung der zuerst ergriffenen Stelle sich peristaltisch weiter bewegt"[1]. Diese an fibrilläre Muskelzuckungen erinnernden Kontraktionen der kleinen

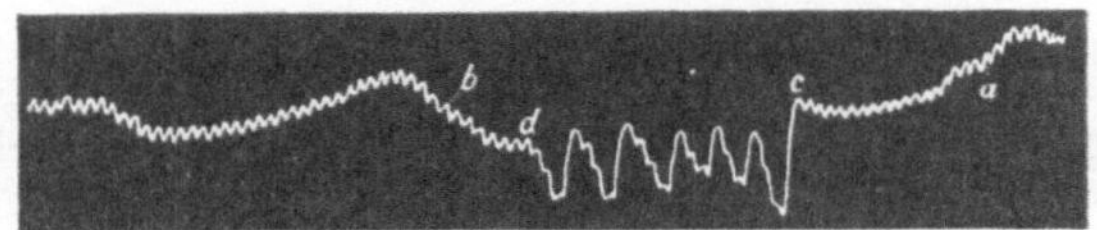

Fig. 88. Reizung des Depressors.

Arterien würden ebensowenig imstande sein, regelmäßige Veränderungen des Blutdruckes hervorzubringen, wie fibrilläre Zuckungen der willkürlichen Muskeln koordinierte zweckmäßige Bewegungen. Sie dauern, wenn sie durch Vergiftungen verursacht sind, meistens bis zum Tode, da sie Symptome des Absterbens sind. Durchtrennungen ihrer Vasomotoren verstärken diese Kontraktionen, statt sie zu vermindern. Die Durchtrennung hätte also die Drucksteigerung nur vergrößern können, wenn diese durch eine direkte Muskelreizung bedingt wäre.

2. Ganz in demselben Sinne muß auch das Ergebnis der Depressorreizung in unserem Versuche gedeutet werden. Diese Reizung war entweder ganz erfolglos, und zwar war die Erfolglosigkeit in diesem Falle ganz unabhängig von dem jeweiligen Stande des Blutdruckes, oder, wenn eine Drucksenkung durch sie zu erzielen war, so war sie von viel kürzerer Dauer als die Reizung selbst, trat erst nach längerer Latenz auf und wurde trotz der kurzen Dauer noch mehrmals von einer Wiederkehr zur früheren Druckhöhe unterbrochen. Die hier beiliegende Kurve 88 gibt am besten Rechenschaft von der eigentümlichen Natur dieser Depressorwirkung.

---

[1] Meine gesammelten physiol. Arbeiten S. 101. Berlin 1888. Verlag von Hirschwald.

Eine solche Art der Depressorwirkung trifft man bei Vergiftungen mit Nebennierenextrakten häufig an. Sie beweist, wie mir scheint, unzweifelhaft, daß die hemmende Wirkung dieses Nerven sich auch bei der gewaltigen Gefäßverengerung äußern kann, die von einer solchen Vergiftung erzeugt wird, daß also diese Verengerung wenigstens zum Teil von einer Erregung des Gefäßnervenzentrums herrührt. Der Einwand, diese Depressorwirkung verringere eben nur dessen normale tonische Erregung, was nur den einen Summanden ausmacht, erscheint hier noch viel unwahrscheinlicher als bei der Durchtrennung der Splanchnici, und zwar aus den soeben auseinandergesetzten Gründen.

Wir haben oben auf die konstante Tatsache aufmerksam gemacht, daß beim Nachlassen der Extraktwirkung der Blutdruck viel tiefer als bis zur normalen Höhe sinkt. In dem hier als Beispiel angeführten Versuche stand der Blutdruck infolge der alleinigen tonischen Erregung vor jeder Einspritzung auf 140—120 mm Hg. Er ging nach Ende der Wirkung des Nebennierenextraktes bis auf 88 mm herunter. Nach wiederholten Einspritzungen nahm die Drucksenkung noch mehr ab, bis zu 70 mm. Es ist nun aus der Analyse der verschiedenen Veränderungen des Blutdruckes klar zu sehen, daß dessen Senkung nach Aufhören der Extraktwirkung in erster Linie von der Erschöpfung des Gefäßzentrums abhängig ist. So sehen wir, daß die Depressorwirkung ganz erfolglos war, als der Druck auf 88 mm stehen blieb, während er bei viel höherem Druck noch wirksam war. In den Fällen, wo die Drucksteigerung so gewaltig war, daß man auf deren Höhe keine Depressorwirkung, wenigstens bei der ersten vorgenommenen Reizung, erhielt, sah man diese Wirkung sich einstellen, wenn der Blutdruck zu sinken begann. Dies haben schon Oliver und Schäfer ganz richtig beobachtet. Reizte man aber den Depressor von neuem, wenn der Blutdruck seinen tiefsten Stand erreicht hatte, so war der Depressor von neuem unwirksam, trotzdem der Blutdruck an sich noch hoch genug war, damit sich die senkende Wirkung der Depressorerregung äußern konnte. In unserem Falle war der Blutdruck 88 mm hoch; bei einer solchen Höhe erhält man, wie schon die ersten Versuche von Ludwig und mir gezeigt haben, noch sehr schöne Depressorwirkungen. Dazu ist es aber erforderlich, daß diese Druckhöhe durch eine Erregung des Gefäßnervenzentrums im Gehirn unterhalten wird. Ist dagegen diese Druckhöhe nur durch Erregung der peripher gelegenen Centra oder der Nerven selbst erzeugt, so muß die Erregung des Depressors natürlich erfolglos bleiben. Dies scheint der Fall gewesen zu sein, als im Verlaufe des Versuches der Blutdruck auf 88 mm gesunken war.

Es genügt übrigens, die Höhe des Blutdruckes nach dem Aufhören der Wirkung einer zweiten Einspritzung bei durchtrennten Splanchnici zu berücksichtigen, um sich zu überzeugen, daß an dieser Blutdruckhöhe eine Erregung des Gefäßnervenzentrums nicht beteiligt war. Der Blutdruck blieb nämlich auf 70, also auf derselben Höhe wie nach der ersten Einspritzung bei erhaltenen Splanchnicis.

Diese Erschöpfung des Gefäßnervenzentrums kann also nur durch dessen vorhergegangene starke Erregung durch das Nebennierenextrakt erzeugt worden sein.

3. Die enorme Beschleunigung der Herzschläge, welche dieser Versuch zeigt, ist eine ebenso konstante Folge der intravenösen Einspritzung von Nebennierenextrakt wie die Drucksteigerung selbst. Sie hat in keinem meiner Versuche gefehlt. Die Verlangsamung der Pulse, welche ich oft bei Kaninchen beobachtet habe, trat nur im Beginn der Wirkung des Nebennierenextraktes auf, ehe die Blutdrucksteigerung ihr Maximum erreicht hatte. Ich werde die Ursachen dieser vorübergehenden Verlangsamung nach Anführung eines Versuches diskutieren, wo sie in prägnanter Weise ausgesprochen war. Die Gründe, warum andere Beobachter diese Verlangsamung häufiger beobachtet haben, werden bei dieser Gelegenheit näher erörtert werden. In dem Versuche der Tabelle I war die Verlangsamung im Beginn kaum angedeutet, die Pulsbeschleunigung um so prägnanter. Der alleinigen Ursache der letzteren soll hier nachgeforscht werden.

Es genügt, die Pulskurve nach Einspritzung von Nebennierenextrakt nur genau anzusehen, um keinen Zweifel über die Natur der beschleunigten Herzschläge hegen zu können. Es handelt sich um die häufigen und kleinen Pulse, welche man bei reiner Reizung von Acceleransnerven erhält, wie ich schon bei der Entdeckung dieses Nerven beschrieben und abgebildet habe[1]). Was diesen Charakter der Acceleranspulse noch näher kennzeichnet, ist der Umstand, daß die beschleunigten Pulse verkleinert sind, trotz der gleichzeitigen Erhöhung des Blutdruckes. Die Zunahme der Pulsfrequenz unter dem Einflusse des Nebennierenextraktes glich in diesem Versuche annähernd einem Drittel der Normalzahl. Dies ist die gewöhnliche Größe der Frequenzzunahme. Abweichungen kommen eher in aufsteigender Richtung vor und können bis zur Verdoppelung der Pulszahl gehen. Durchschneidungen der Vagi üben keinen merklichen Einfluß auf die Beschleunigungsgröße aus. In diesem Versuch stieg das erstemal die Pulszahl von 38 auf 50. Sie blieb auch nach dem Sinken des Blutdruckes unter die Norm auf der Höhe von 42—44 stehen, um bei der zweiten Einspritzung von neuem auf 50 zurückzukehren.

Vor der Durchschneidung des linken Vagus (der rechte wurde zu Beginn des Versuches durchtrennt) war der Blutdruck 80 mm; die Schlagzahl 46—48 in 10 Sekunden. Diese Durchtrennung blieb ohne jeden Effekt; es bestand also keinerlei Erregung des Vaguszentrums durch das Nebennierenextrakt. Eine neue Einspritzung erhob die Schlagzahl auf 56 in 10 Sekunden, also um die frühere Zahl von acht Schlägen.

---

[1]) Archiv von du Bois-Reymond 1867. Gesammelte physiol. Arbeiten S. 55ff. Berlin 1888.

Interessant ist für die beobachtete Beschleunigung noch folgender Umstand. Zu Beginn des Versuches blieb die elektrische Reizung des Halssympathicus wie gewöhnlich ohne jeden Effekt auf die Schlagzahl. Nach der ersten Einspritzung des Nebennierenextraktes dagegen erhöhte dieselbe Reizung die Schlagzahl um 6 Schläge in 10 Sekunden (von 50 auf 56), trotzdem sie schon ohnedies ziemlich hoch war. Wie ich in Kapitel I gezeigt habe, erhält man solche Erfolge bei Reizung des Halssympathicus nur bei künstlicher Erhöhung der Erregbarkeit der Cervicalganglien, z. B. durch Thyreoidektomie, Einspritzung von Jodnatrium usw. Das Nebennierenextrakt wirkt also im gleichen Sinne, d. h. erregbarkeitserhöhend auch auf die peripheren Centra der Accelerantes.

Wie gestalten sich die Herzschläge unter dem Einflusse des Nebennierenextraktes, wenn die beiden Vagi vorher durchtrennt und sowohl die unteren Cervicalganglien als die obersten Brustganglien beiderseits exstirpiert sind? Wie wirkt also dieses Extrakt auf die im Herzen selbst gelegenen nervösen Apparate? Gottlieb hat die Beantwortung dieser Frage durch Versuche am Froschherzen versucht; die Resultate sind aber nicht ganz entscheidend ausgefallen, wahrscheinlich weil das Froschherz von Nebennierenextrakten, welche von Säugetieren herrühren, nicht in derselben Weise wie das Säugetierherz beeinflußt wird. Unter den Versuchen dieses Forschers finde ich auch keinen, welcher Bezug hätte auf die beschleunigenden Ganglien und Nerven, die uns hier in erster Linie interessieren.

Karl Hedbom[1]) hat analoge Versuche in Tigerstedts Laboratorium an ausgeschnittenen Säugetierherzen angestellt, in denen mit Hilfe der vereinfachten Langendorffschen Methode ein künstlicher Blutkreislauf unterhalten wurde. Als Resultat seiner Versuche gibt Hedbom an, „daß das Nebennierenextrakt auf das isolierte Herz eine kräftigende tonisierende Wirkung ausübt". Sowohl aus der Beschreibung der Versuche als auch aus den Kurven kann man aber keine bestimmten Aufschlüsse über die genauere Natur dieser tonisierenden Wirkung erhalten. Über die Frequenzänderungen sind keine Zahlenangaben gemacht; die Änderungen der Herzstärke scheinen sich in entgegengesetzten Richtungen zu äußern. Dieselbe tonisierende Wirkung hat Hedbom auch bei Einspritzungen vieler anderer organischer Extrakte erhalten. Entscheidende Schlüsse über eine spezifische Wirkungsweise des Nebennierenextraktes auf das intrakardiale Nervensystem lassen sich daher aus der sonst sehr interessanten Untersuchung Hedboms kaum ableiten.

Ich habe an zwei Kaninchen das Herz durch die oben angegebenen Durchschneidungen und Exstirpationen isoliert und darauf die Wirkung des Nebennierenextraktes auf den Blutdruck und den Herzschlag beobachtet. Was den Blutdruck anbetrifft, so war das Ergebnis übereinstimmend in beiden Versuchen: eine Erhöhung, die wenig von den

---

[1]) Skandinav. Arch. f. Phys. Bd. 8. 1898.

gewöhnlichen Steigerungen abwich. Anders mit den Herzschlägen. In dem einen Versuch waren sie im Beginn wie gewöhnlich nur wenig beschleunigt; auf der Maximalhöhe des Druckes etwas verlangsamt und vergrößert. Im zweiten Versuche erhielt ich nach der ersten Einspritzung acceleratorische Pulsschläge, welche aber durch längere Pausen unterbrochen waren, deren Natur sich nicht näher bestimmen ließ. Die beiliegende Kurve 89 gibt ein Bild dieser eigentümlichen Unterbrechungen.

Die Deutung dieser Pausen ist um so schwieriger, als sie bei den nächsten Einspritzungen des Extraktes sich nicht mehr wiederholten. Auch bei einer Durchschneidung des Halsmarkes beobachtete ich einmal eine solche unregelmäßige Reihe von Herzschlägen. Es sind noch weitere Versuche erforderlich, um die Wirkung der Exstirpation der betreffenden Ganglien auf den Erfolg der Einspritzungen genauer festzustellen.

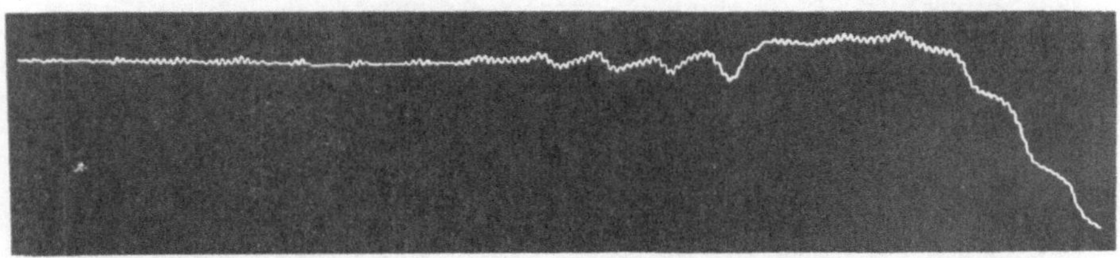

Fig. 89. Eigentümliche Pulsform bei der Drucksteigerung nach Einführung von Nebennierenextrakt bei einem Kaninchen, dessen Vagi durchschnitten und dessen untere Hals- und oberste Brustganglien exstirpiert wurden.

Was die Wirkungen des Nebennierenextraktes auf die verlangsamenden und verstärkenden Nerven anbelangt, so zeigt schon der Versuch der Tabelle I mehrere interessante Eigentümlichkeiten. Beim Aufmachen der Kanüle, welche in die V. jugularis externa eingebunden war, drangen ins Herz einige Tropfen des Nebennierenextraktes und verursachten eine schwache Verlangsamung und Verstärkung der Pulse mit unbedeutender Zunahme des Blutdruckes. Wie schon gesagt, ist manchmal eine solche Wirkung der Einführung einiger Tropfen des Nebennierenextraktes noch viel stärker ausgeprägt als in diesem Falle. Wir werden ein paar solcher Fälle noch anführen (s. Tafel V, Fig. 1 und 6).

Die zweite Einspritzung von 0,5 ccm desselben Extraktes rief sofortige starke Blutdrucksteigerung hervor mit gleichzeitiger Beschleunigung der Pulse. Dieselbe Erscheinung wiederholte sich bei jeder neuen Einspritzung: kein einziges Mal kehrten die verstärkten und verlangsamten Pulse zurück. Der eine Vagus war freilich in diesem Falle vorher durchschnitten und dies mag der Grund der ausbleibenden Verlangsamung gewesen sein, obgleich der erhaltene linke Vagus sich später noch als vollkommen erregungsfähig

erwiesen hat. Die erste Reizung des rechten Vagus, welche vor der
Einspritzung eine starke Verlangsamung mit beträchtlicher Drucksenkung veranlaßte, erwies sich bei einem Blutdruck von 210 mm
und bei 50 Herzschlägen in 10 Sekunden als unwirksam. Die Verdoppelung der Reizstärke blieb gleichfalls erfolglos. Erst die dritte Reizung
mit einer verdreifachten Reizstärke erzielte ein Resultat von ganz
prägnanter Form, das sehr auffällig war und wie es mir nie mehr vorgekommen ist. Die Reizung mit 300 E. dauerte 5 Sekunden ohne jeden
Erfolg; im Moment, wo die Reizung aufhörte, also nach 5 Sekunden
Latenz, trat eine beträchtliche Drucksenkung ein, von 210 auf 80 mm,
das Herz blieb während 15 Sekunden still. Darauf erholte es sich von
selbst; der Druck stieg aber nur bis auf 176 mm; die Schlagzahl auf 34.
Die nachstehende Kurve 90 demonstriert diesen eigentümlichen Erfolg
der Reizung.

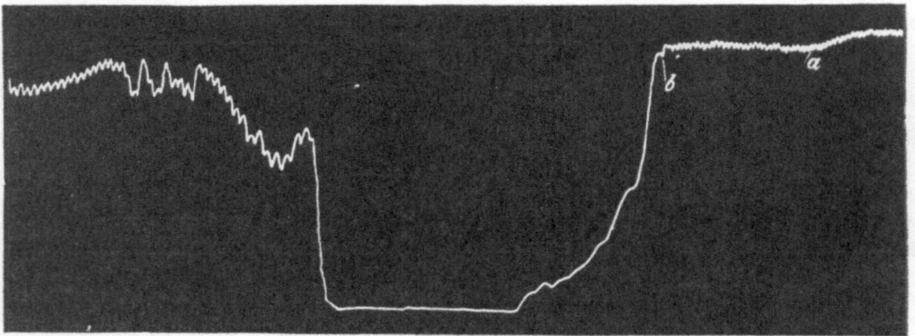

Fig. 90. Bei *a* Beginn der Vagusreizung, bei *b* Ende der Reizung. Versuch 1.

Die 10 Sekunden lange Wiederholung der gleichstarken Reizung
vermochte nur eine allmähliche Senkung des Druckes und eine Verlangsamung zu veranlassen, die während der ganzen Dauer der Reizung
anhielt. Die Verlangsamung war stärker am Schlusse, die Senkung trat
sofort nach Beginn der Reizung ohne merkliche Latenz auf.

Auch beim Herabsinken des Druckes auf 88 mm bedurfte es einer
stärkeren Reizung, um vom rechten Vagus eine Verlangsamung zu
erhalten. Bei der zweiten Drucksteigerung vermochte dieselbe Reizstärke keinen Erfolg zu erzielen. Bei der dritten Drucksteigerung
erzielte die erhöhte Reizstärke (400 E.) eine Verlangsamung mit
Drucksenkung in einer Form, wie sie gewöhnlich bei Einspritzungen von Nebennierenextrakten vorkommen. Die
nachstehende Kurve 91 versinnlicht diese eigentümlichen Veränderungen.

Wie man sieht, trat im Beginn des Versuches nur eine geringe
Drucksenkung mit ebensolcher Verlangsamung der Herzschläge ein.
Erst nach 7 Sekunden sank der Blutdruck bei *d* ganz plötzlich und sehr
bedeutend, erholte sich sofort nach drei Schlägen und kehrte zur früheren
Höhe (*c—d*) zurück, um dieselben Veränderungen von neuem durch-

zumachen. Bei der Rückkehr zum ursprünglichen Blutdruck von a
begann die Beschleunigung von neuem. Wie gesagt, ist dies die häufigste
Form, in welcher das Herz eine Vagusreizung beantwortet, wenn das
Tier sich unter dem vollen Einflusse des Nebennierenextraktes befindet.
Mehrmals, wie es auch in diesem Versuche der Fall war, fehlt die
Zwischenstufe c—d, vielmehr treten nach einer Latenz von 5—7 Se-
kunden sofort die Schwankungen auf, wie wir sie auf dieser Kurve

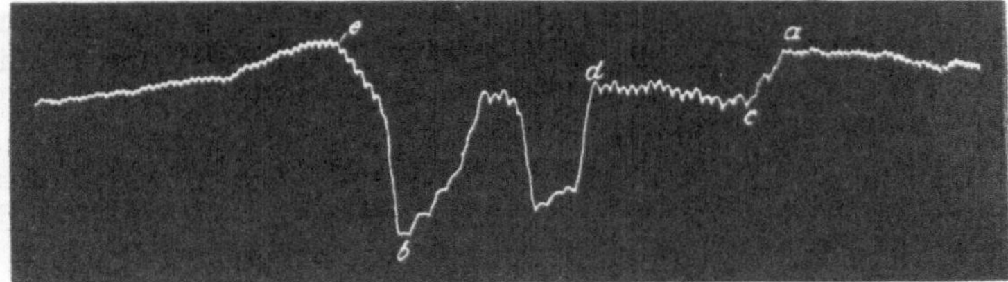

Fig. 91. a Reizung des Vagus, b Ende der Reizung.

zwischen d und e sehen. Wird nach einem solchen Reizerfolg sofort eine
neue Vagusreizung vorgenommen, so fehlt diesmal das Latenzstadium,
und es treten sofort die gewöhnlichen Vaguspulse auf. Dabei ist es
gleichgültig, ob der Vagus der gleichen oder der entgegengesetzten Seite der zweiten Reizung ausgesetzt wird. In dem
hier in Betracht kommenden Versuche trat einmal zwischen der Kurve 91

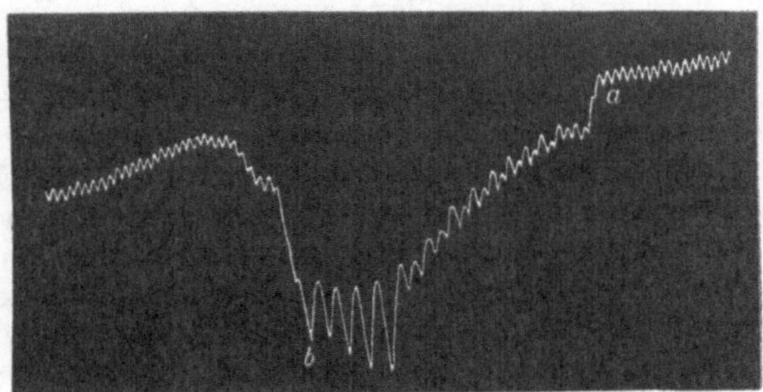

Fig. 92. Reizung des rechten Vagus bei a; Ende der
Reizung bei b. Versuch 1.

und der gewöhnlichen Vaguskurve noch eine Zwischenform auf, wie sie
die Kurve 92 wiedergibt.

Zur Vervollständigung des Bildes der Veränderungen, welche die
Vaguskurve durch die Nebennierenextrakte erleidet, will ich hier noch
die Kurve 93 von demselben Versuche angeben, welche durch Reizung
des linken Vagus erhalten wurde.

Was zunächst bei diesen Kurven 91 und 93 auffällt, ist eine gewisse
Analogie mit der Kurve 88 der Depressorreizung. Letztere scheint

eine kleine Reproduktion der Vaguskurve zu sein. Wäre die Drucksenkung der Pulsschläge nicht schon zwischen *a* und *c* ohne jede
Verlangsamung eingetreten, so könnte man veranlaßt werden,
die Kurve 88 ausschließlich einer zentralen Erregung des Vaguszentrums
durch Depressorreizung zuzuschreiben. Gegen eine solche Deutung
erheben sich aber mehrere Bedenken. Die erste Reizung des Depressors vor jeder Einspritzung hat fast keine Verlangsamung der
Pulse ergeben; es trat sogar, besonders am Ende der Reizung,
eine geringe Beschleunigung auf. Dieser Umstand ist aber nicht
ganz entscheidend: der Vagus derselben Seite war schon vor dieser
Reizung durchschnitten. Der Depressor konnte daher nur auf den
linken Vagus seine Wirkung ausüben. Nun wissen wir aus der Untersuchung von Fuchs[1]), daß viel stärkere Reize erforderlich sind,
um eine Erregung des kontralateralen Vagus zu erzielen. Die Reizstärke bei der Kurve 88 war auch um ein Drittel stärker als bei der
Kurve 93 (300 E. statt 200 E.). Gewichtiger ist ein anderer Umstand:

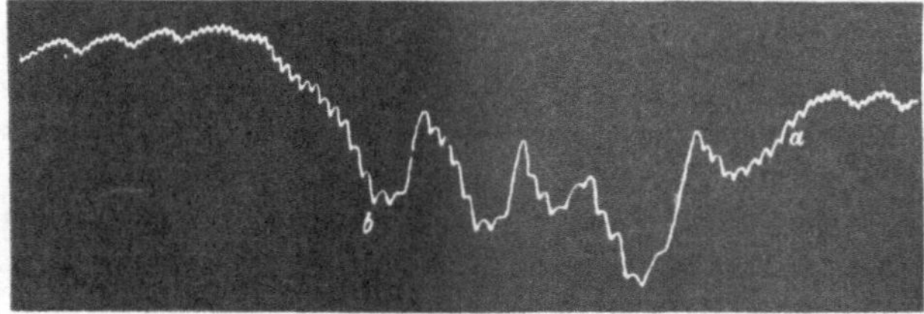

Fig. 93. Reizung des linken Vagus zwischen *a* und *b*. Versuch 1.

Reizungen des Depressors mit den verstärkten Strömen (300 E.) vor
und nach der Kurve 88 erwiesen sich ganz wirkungslos, als der Druck
auf 88—76 mm gesunken war, d. h. im Moment, wo die Erregung des
Gefäßnervenzentrums im Gehirn aufgehoben war und, wie eben gezeigt, der Blutdruck nur durch die Erregung der peripheren Gefäß-
zentren unterhalten wurde. Diese Wirkungslosigkeit konnte nicht von
einer Unerregbarkeit des Depressorstammes oder des Vagus selbst
herrühren. Denn die Erregung des Depressors rief noch ein Verschwinden
der respiratorischen Blutdruckschwankungen hervor, während die
Reizung des Vagus, trotz der fortbestehenden Erregung der Accelerantes,
noch eine bedeutende Verlangsamung und Drucksenkung erzeugte.

Die momentane Wirkung des Depressors beruhte also jedenfalls
auf einer vorübergehenden Erregungsabnahme des Gefäßnervenzentrums.
Wenn diese nur nach längerer Latenz auftrat und keinen anhaltenden
Effekt zu erzielen vermochte, so lag dies an der Übermacht der durch
die Einführung des Nebennierenextraktes erregten Vasoconstrictoren.
Die Wirkungslosigkeit der Depressorreizung auf die Vaguscentra bietet
nichts Überraschendes, da wir ja gesehen haben, daß sogar die direkte

---

[1]) Pflügers Archiv Bd. 67.

Reizung des Vagusstammes nur kurzdauernde und geringe Wirkungen zu erzielen vermochte.

Wie ersichtlich, traten bei den Vaguserregungen bei solchen Tieren besonders zwei Erscheinungen auf, welche eine besondere Beachtung verdienen: die Verlängerung der Latenzdauer und die bedeutende Drucksenkung ohne merkliche Verlangsamung der Herzschläge. Die erste Erscheinung deutet darauf hin, daß die hemmende Wirkung große Widerstände von seiten der stark erregten Accelerantes zu überwinden hat, ehe sie zum Durchbruch kommen kann. Damit stimmt auch überein, daß bei schnell aufeinanderfolgenden Reizungen der Vagi die Latenzdauer allmählich verkürzt wird, die einmal überwundenen Widerstände erreichen also nicht sobald ihre frühere Spannkraft. Hervorzuheben ist noch der besondere Umstand, daß die Latenzdauer auch abnimmt, wenn die nachfolgenden Reizungen nicht an dem Vagus derselben Seite, sondern an dem kontralateralen ausgeführt wurden. Dies deutet darauf hin, daß die zu überwindenden Widerstände in den Ganglienzellen und nicht in den Endapparaten der betreffenden Nerven gelegen sind, da ja nicht anzunehmen ist, daß in jedem einzelnen Endapparat Nervenfasern von beiden Vagi verlaufen.

Auf die theoretische Bedeutung dieser Veränderungen der Latenzdauer, sowie auf die zweite oben hervorgehobene Erscheinung, daß nämlich bei der Reizung der Vagi große Drucksenkungen, aber nur geringe Verlangsamungen der Pulse auftreten, werde ich im nächsten Paragraphen zurückkommen.

Hier soll noch der scheinbare Widerspruch besprochen werden, welcher zwischen den Beobachtungen von Oliver - Schäfer und Cybulski - Szymonowicz einerseits und den meinigen andererseits in bezug auf die Wirkungen des Nebennierenextraktes auf die Frequenz der Herzschläge besteht. Während diese Autoren bei erhaltenem Vagi eine Frequenzabnahme als das charakteristische Merkmal dieses Einflusses beschreiben, habe ich, wie gesagt, bei Hunden und Kaninchen meist nur Frequenzzunahmen beobachtet. Die Differenz zwischen den Erscheinungen bei beiden Tierarten bestand nur darin, daß bei ersteren die beträchtliche Beschleunigung während der ganzen Dauer der Extraktwirkungen die einzige Erscheinung war, während bei Kaninchen häufig im Beginn dieser Wirkungen, und zwar noch ehe der Blutdruck seinen höchsten Stand erreicht hat, eine bedeutende Verlangsamung mit Zunahme der Stärke der Herzschläge aufzutreten pflegte. Und auch diese Verlangsamung kehrt für gewöhnlich bei den folgenden Einspritzungen nicht wieder.

Analysieren wir nun näher die Beobachtungen dieser Autoren.

„Ich habe bereits bemerkt,“ schreibt Szymonowicz (l. c. S. 136), „daß bei normalen Hunden in dem Maße, als der Blutdruck steigt, die Herzschläge immer langsamer und gleichzeitig immer kräftiger werden. Die Verlangsamung der Herzaktion geht parallel mit der Zunahme der Herzkontraktionen. Diese Verlangsamung trat meistens kurz nach dem Beginne der Steigerung des Blutdruckes ein und erreichte im Verlaufe einiger Sekunden das Maximum, kurz bevor auch der Blutdruck sein Maximum erreichte[1]). Von diesem Momente an wird die Herztätigkeit gleichmäßig, jedoch sehr langsam beschleunigt ... Es kam jedoch ausnahmsweise auch vor, daß der Blutdruck früher den Höhepunkt erreicht, als die Pulsverlangsamung bis zum Maximum stieg; dann fiel die größte Verlangsamung in das Stadium der Abnahme des Blutdruckes ... Ausnahmsweise machte ich einmal die Beobachtung, daß bei einem sehr bedeutenden (240 bis 260 mm Hg. betragenden) Blutdruck sich plötzlich eine große Beschleunigung der Herzaktion einstellte und die Kontraktionen häufiger wurden als im normalen Zustande" ...

Oliver und Schäfer sprechen sich nur annähernd in gleicher Weise aus: „When one or both vagi are intact and the animal is under chloroform only, or under chloroform in conjunction with morphium, the most striking effect upon the heart is the inhibition of the auricles. Their action, after the period of latency necessary for the passage of the solution to the heart, is rapidly stopped in diastole; in other words, they are powerfully inhibited. But usually this inhibition of the auricle is proceeded by a short period of augmentation. In one or two cases the primary period of augmentation has been prolonged for two or three minutes. But even in these cases, provided the vagi are intact, the inhibition ultimately succeeds it, the vagus action having been only deferred until after a period of augmentation or acceleration"[2]).

Sehen wir von dem Zusammenstellen der Verstärkung mit der Beschleunigung, sowie von der speziellen Hervorhebung der hemmenden Wirkung auf die Vorhöfe ab, die von der Beobachtungsweise mittels auf die einzelnen Herzteile aufgelegter registrierender Hebelvorrichtungen herrührt, so folgt doch auch aus der Beschreibung Oliver-Schäfers, daß sie das Nebennierenextrakt ausschließlich erregend auf die zentralen Vagusenden wirken sahen. Wie bei Szymonowicz ist auch bei ihnen die Einwirkung auf die beschleunigenden Nerven entweder nur eine zufällige Erscheinung oder gar nicht vorhanden.

Wie ich schon oben hervorgehoben habe, können die Differenzen zwischen den Beobachtungen der anderen Autoren und den meinigen nicht allein von der geringen Erregbarkeit der Vagi bei den meisten Berner Versuchstieren abhängen; denn ich vermißte die Verlangsamung auch in solchen Fällen, wo diese Nerven noch sehr gut erregbar waren. Wie aus meinen Versuchen mit Muscarinvergiftungen nach oder vor den Einspritzungen des Nebennierenextraktes ersichtlich, waren die Vagi meistens gegen dieses Gift noch völlig reaktionsfähig.

Man könnte auch geneigt sein, das Fehlen der Verlangsamung in meinen Versuchen an Hunden den zu hohen Drucksteigerungen zuzuschreiben, wie sie bei starker Konzentration der Lösungen beobachtet

---

[1]) Auf meine Veranlassung gesperrt gedruckt.
[2]) The journal of physiology vol. 18 p. 257.

werden. Man hätte es also mit der von Szymonowicz erwähnten Tatsache zu tun, wonach bei dieser Art von Drucksteigerungen die Beschleunigungen sofort eintreten ohne vorherige Verlangsamung. Einer solchen Erklärungsweise steht zunächst folgende Beobachtung entgegen: Das einzige Mal, wo ich bei einem Hunde nach Einführung von Nebennierenextrakt eine ausgesprochene Verlangsamung erhielt, war gerade im Beginn des Versuches, wo die Drucksteigerung so beträchtlich war, daß das Quecksilber aus dem Manometer herausgeschleudert wurde. Die nachstehende Kurve 94 ist eben diesem Versuche entnommen.

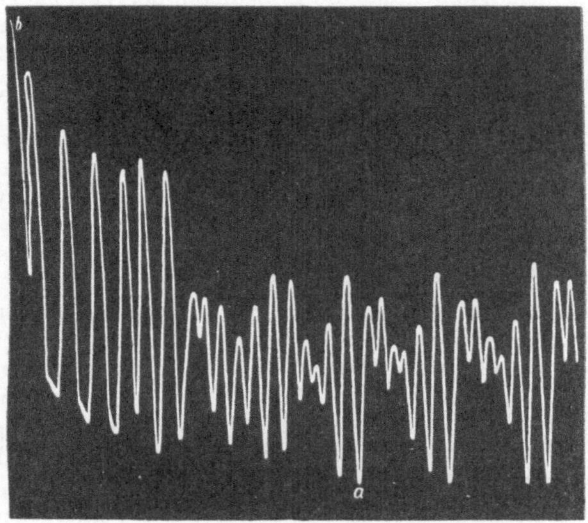

Fig. 94. Einführung von 2 ccm einer 10prozentigen Lösung des Nebennierenextraktes bei einem Hunde bei *a*, bei *b* wird das Quecksilber durch die heftige Drucksteigerung aus dem Manometer geschleudert.

Wie man sieht, äußerte sich die Wirkung des Nebennierenextraktes in einer Verlangsamung der beträchtlich verstärkten Pulse, welche gleichzeitig mit der Drucksteigerung begonnen hat. Es wurden in diesem Falle 2 ccm der 10prozentigen Lösung eingespritzt; wie oben erwähnt, mußte ich, um ähnliche Zufälle zu vermeiden, dieses Extrakt auf ein 2—3prozentiges reduzieren. Es kann also das Ausbleiben der Verlangsamung nicht von der zu starken Wirksamkeit des Extraktes bedingt sein.

Andererseits ist es mir auch niemals vorgekommen, Verlangsamungen während des Absinkens des Blutdruckes zu beobachten, wie sie Szymonowicz beschreibt. Seine Vermutung, daß es die Höhe des Druckes ist, welche das Auftreten der Vaguswirkung verhindert, etwa wie in den Versuchen von J. M. Ludwig und Luchsinger, auf welche er sich bezieht, kann daher wenigstens auf meine Beobachtungen keine Anwendung finden.

Wenn das Ausbleiben der Vaguserregungen in meinen Versuchen weder durch die Verminderung der Erregbarkeit der Vagusstämme und ihrer peripheren Enden, noch durch die Stärke des Nebennierenextraktes und die Höhe des Blutdruckes begründet ist, so muß deren Ursache in dem Mechanismus gelegen sein, welcher bei Erhöhungen des Blutdruckes die Erregung der Vaguszentren veranlaßt. Wie aus meinen Untersuchungen über die Verrichtungen der Hypophyse hervorgeht, liegt dieser Mechanismus eben in diesem Organe: „Es unterliegt keinem Zweifel, daß die Erregungen der Vagi bei gesteigertem Druck in der Schädelhöhle auf dem Umwege der Hypophyse geschehen, d. h. daß dieser Druck direkt dieses Organ erregt und die Reizung der Vagi nur auf reflektorischem Wege von der erregten Hypophyse erzeugt wird."

Nun habe ich schon in den vorhergehenden Kapiteln hervorgehoben, daß es mir noch kein einziges Mal gelungen ist, bei den Berner Hunden eine normale Hypophyse anzutreffen. Entweder ist die Hypophysenhöhle bei ihnen cystenartig erweitert und mit einer trüben grünlichen Flüssigkeit ausgefüllt, in welcher die atrophische Hypophyse suspendiert ist, oder die Wandungen der Höhle sind ganz geschwunden, und der Rest der Hypophyse liegt frei auf der Sella turcica neben dem Chiasma der Nn. optici. Der Versuch am Hunde, welchem die Kurve 94 entnommen wurde, war einer der ersten mit Nebennierenextrakten; ich dachte daher noch nicht daran, die Hypophyse zu untersuchen. Im Protokoll dieses Versuches findet sich aber keine Bemerkung über den Zustand der Schilddrüsen, was darauf hindeutet, daß der Hund keine auffallende Struma besaß. Das bewiese aber noch nicht, daß seine Hypophyse normal war; denn wie schon in den vorhergehenden Paragraphen hervorgehoben wurde, fand ich mehrmals eine weit vorgeschrittene Erkrankung der Hypophyse bei Tieren, deren Schilddrüsen noch wenig verändert erschienen. Wichtiger ist daher eine andere Notiz desselben Versuchsprotokolls: „Einspritzung von 0,08 Morphium; große Vaguspulse infolge dieser Einspritzung", denn diese beruhen jedenfalls auf einer großen Erregbarkeit der Vagi und das deutet auf normale Zustände hin.

Bei Kaninchen, die von Strumen behaftet sind, fand ich meistens die Hypophysen intakt oder nicht unbeträchtlich vergrößert. Aber auch bei diesen Tieren habe ich Verlangsamungen nur im Beginn der Blutdrucksteigerung beobachtet, und zwar ging diese Verlangsamung immer in eine Beschleunigung über, sobald die Steigerung ihren höchsten Punkt erreicht hatte. Die Kurve 89 demonstriert dieses Verhältnis. Es ist notwendig, um von dem Gange der Veränderungen, welche die Einführung von Nebennierensubstanz in den Funktionen der Herz- und Gefäßnerven hervorruft, ein klares Bild zu erhalten, die verschiedenen Phasen dieser Veränderungen im Zusammenhange wiederzugeben.

Tafel V, einem anderen Versuche entnommen, soll dieser Notwendigkeit genügen und Fig. 1—4 dieses Bild liefern.

Versuch 2.

Ein größeres, leicht strumöses Kaninchen. 0,03 g Morphium. Herznerven intakt und wirksam; Schädelhöhle eröffnet, Hirnhäute erhalten. Blutdruck 120 mm. Zahl der Herzschläge 28—30 in 10 Sekunden. Die Kanüle in der Vena jugularis hoch am Halse eingeführt. Die mit Nebennierenextrakt gefüllte Spitze wird in die Vene eingebunden.

Bei *a* Fig. 1, Taf. V wurde die Klemmpinzette von der Vena jugularis entfernt, wobei die Spritze in horizontaler Richtung liegen blieb. Wie aus der Kurve ersichtlich, begann der Druck sofort zu steigen. Nach 5 Sekunden bei 142 mm Druck fängt der Puls an sich zu verlangsamen und nimmt den Charakter der großen Aktionspulse an, wie wir ihn bei Hypophysenreizung oder bei Einführung von Hypophysenextrakten so häufig gesehen haben. Die Exkursionen der einzelnen Pulsschläge erreichen die Höhe von 40 mm; ihre Zahl fällt auf 8 in 10 Sekunden; der Maximaldruck = 164 mm, Minimaldruck = 124 mm. 27 Sekunden nach der Eröffnung der Verbindung zwischen der Vena jugularis und der mit Nebennierenextrakt gefüllten Spritze fängt der Blutdruck an, etwas zu sinken; die Pulsschläge werden häufiger, 16 in 10 Sekunden, behalten aber den Charakter von Aktionspulsen; der Blutdruck behält auf der Höhe der Systole den Wert von 144 mm. Die Exkursionsweite der Pulsationen (18 in 10 Sekunden) ist um 10 mm gewichen.

60 Sekunden nach dem ersten Eindringen einiger Tropfen des Nebennierenextraktes in die Vena jugularis (Fig. 1) wurde bei *b* 1 ccm dieses Extraktes eingespritzt. Der Druck ging stark in die Höhe, bis auf 226 mm. Die Pulsschläge wurden verstärkt und verlangsamt während des Ansteigens des Druckes. Sobald der Blutdruck die erwähnte Höhe erreicht hatte, hörte aber die Verlangsamung auf, die Schlagzahl stieg auf 38 Schläge, bald darauf auf 48—50 in 10 Sekunden.

In Anbetracht der Vermutung, daß die Verlangsamung im Beginn des Versuches auf dem Umwege der Erregung der Hypophyse durch die Drucksteigerung im Gehirn geschieht, war es interessant, während der beschriebenen Veränderungen die Blutgefäße der Hirnhäute und des Gehirns zu beobachten.

A priori war vorauszusehen, daß, von der eventuellen Einwirkung des Nebennierenextraktes auf die kleinen Arterien des Gehirns vorläufig abgesehen, die plötzliche Verengerung sämtlicher Arterien des Körpers sofort eine Steigerung des Hirndruckes veranlassen mußte. Besäße das Gehirn keine besonderen Schutzvorrichtungen gegen übermäßigen Druck, so würde diese Steigerung anhalten und nur in geringem Grade von dem Zustande der intrakraniellen Arterien abhängen. Blieben nämlich diese von der allgemeinen Verengerung verschont, so würden sie sich natürlich unter dem gesteigerten Blutdruck erweitern und einen Bruchteil des aus den kleinen Arterien des übrigen Körpers herausgetriebenen

Blutes in sich aufnehmen. Dieser Bruchteil würde aber in Anbetracht der geringen Kapazität der Hirnarterien nur ganz unbedeutend sein können.

Betrachtet man nun die Blutgefäße während der Einspritzung des Nebennierenextraktes bei erhaltener Dura, so sieht man im Beginn in der Tat eine kleine Erweiterung der Hirnhautgefäße. Diese ist aber nur vorübergehend; auf der Höhe der Blutdrucksteigerung unter dem Einflusse des Extraktes erscheinen die Hirnhäute eher blutleerer als im Beginn des Versuches. (Für Schutz gegen Abkühlung und Vertrocknen muß natürlich gesorgt werden.) Erst nach dem Sinken des Blutdruckes und nicht währenddessen erweitern sich hierauf die Gefäße von neuem.

Daß die Hyperämie in diesem Falle nur eine Folge des passiven Nachgebens der Hirnhautgefäße sein konnte, ganz wie in den Versuchen von Gärtner und Wagner[1]) mit Zuklemmen der Aorta, braucht wohl nicht erst noch bewiesen zu werden. Es kann sich nur darum handeln, zu bestimmen, woher der vorübergehende Charakter dieser Hyperämie herrührt: ist sie eine alleinige Folge der Intervention der Hypophyse — Vergrößerung des Abflusses aus den Hirnvenen infolge der Erregung der Vagi — oder ist eine Kontraktion der Hirngefäße, veranlaßt durch das Nebennierenextrakt, dabei auch beteiligt? Bei unseren mangelhaften Kenntnissen über die Vasoconstrictoren des Gehirns läßt sich dies nicht mit absoluter Sicherheit entscheiden.

Die Zweige der Carotis interna werden, wenn nicht ausschließlich so doch hauptsächlich, von dem aus dem obersten Halsganglion entspringenden Nervenplexus beherrscht[2]). Man konnte also hoffen, durch vorherige Exstirpation dieser Ganglien die Frage entscheiden zu können. Dem stellen sich aber mehrere Hindernisse entgegen. Zuerst wirkt das Nebennierenextrakt auch auf die Gefäße nach Durchschneidung ihrer Vasomotoren, wie dies ja schon aus den Versuchen von Oliver und Schäfer hervorgeht. Sodann bestehen zwischen diesen Ganglien und der Hypophyse Beziehungen, deren Natur nicht genauer aufgeklärt, die aber in hohem Grade auffällig sind: die Zerstörung dieser Ganglien scheint das Funktionieren dieses Organs zu beeinflussen. Es wäre also unmöglich, durch eine solche Operation zu entscheiden, welcher Anteil an dem Aufhören der Hyperämie der Intervention der Hypophyse und welcher der eventuellen Verengerung der Hirnarterien durch die erregende Wirkung der Vasomotoren zukommt.

Folgende Überlegung spricht dafür, daß beide Faktoren dabei beteiligt sind: Wie wir jetzt wissen, äußert sich die Schutzvorrichtung der Hypophyse zunächst vermittels Erregung der Vagi; diese letztere trat sowohl in diesem Versuche wie in den übrigen nur im Beginn der Drucksteigerung auf. Hat die Drucksteigerung das Maximum erreicht, so hört die Verlangsamung auf; die Veranlassung für eine

---

¹) Wiener medizin. Wochenschrift. 1897.
²) Siehe Beiträge zur Physiologie der Schilddrüse und des Herzens. Bonn, Martin Hager. 1898.

Fortdauer des schnelleren Abflusses des Blutes aus den Hirnvenen scheint also geschwunden zu sein. Wenn daher die aufgehobene Hyperämie nicht mehr zurückkehrte, sondern sogar, wie in diesem Versuche, einer sichtbaren Anämie Platz machte, so konnte dies eher von einer Verengerung der kleinen Hirnarterien als von einem fortdauernd verstärkten Blutabfluß aus den Hirnvenen abhängen.

Spina[1]), welcher diese Frage einer ausführlichen Untersuchung unterzogen hat, beobachtete in den Hauptzügen ähnliche Erscheinungen: keine Volumvermehrung des Gehirns durch Einspritzungen des Nebennierenextraktes bei unverletzter Dura, eine Hyperämie des Gehirns, über deren Dauer er sich übrigens nicht ausspricht, und eine Zunahme der Ausflußgeschwindigkeit aus der Vena jugularis. Von der Anämie, welche ich zweimal bei ähnlichen Versuchen als Folgeerscheinung der anfänglichen Hyperämie beobachtet habe, spricht Spina nicht; vielleicht rührt dies daher, daß er an mit Chloroform oder Curare vergifteten Tieren operierte: Daher empfand er auch eine gewisse Schwierigkeit, die Erscheinungen zu erklären, und glaubte schließen zu können, daß das Nebennierenextrakt im Gehirn im Gegenteil eine Hyperämie hervorrufe, daß es nämlich auf die Hirngefäße erweiternd wirke. Das kann aber nicht der Fall sein. Das Nebennierenextrakt wirkt, wie wir gesehen haben, genau in demselben Sinne auf die Vasoconstrictoren des Gehirns wie auf alle anderen: heftig erregend.

Diese Erregung scheint bei den Hirngefäßen sogar viel anhaltender zu sein als bei denen des übrigen Körpers; wenigstens fällt es schwer, eine andere Erklärung für die Tatsache zu finden, daß bei Wiederholung der Einspritzungen die anfängliche Hyperämie samt den Erscheinungen der Intervention von Schutzvorrichtungen, um das Gehirn vor deren Gefahr zu schützen, nicht mehr zum Vorschein kommt. Höchstens erzeugt die zweite Einspritzung eine ganz geringe Verlangsamung, wie sie die Fig. 2 der Tafel V darstellt, welche wahrscheinlich von der Schwierigkeit für das Herz, sich bei dem steigenden Drucke schnell zu entleeren, also eher von einer Reaktion des Herzmuskels auf den gesteigerten Druck herrührte. Gewöhnlich reagiert das Herz auf die folgenden Einspritzungen des Nebennierenextraktes in dem Sinne, wie es die Fig. 3 derselben Tafel angibt. Diese Kurve entspricht der dritten Einspritzung. Wie sie ohne weiteres zeigt, ist die Drucksteigerung nur um ein Geringes schwächer als bei den ersten Einspritzungen. Das Gehirn (bei intakter Dura) zeigte trotzdem eine deutliche Anämie ohne Spur weder von vorangehender Hyperämie noch von einer Erregung der Vagi.

Ganz anders verhält sich die Sache bei bloßgelegtem Gehirn, wenn die Dura auf einer größeren Strecke entfernt worden ist. In diesem Falle ruft schon der Beginn der Drucksteigerung ein Austreten eines Teiles des Gehirns aus der Schädelhöhle hervor. Diese Verschiebung der Hirnmasse ist natürlich mit Zerreißungen von Gefäßen und Blutungen

---

[1]) Wiener medizin. Wochenschr. 1897 Nr. 48.

in der Hirnsubstanz verbunden, welche ihrerseits eine Vergrößerung des herausgetretenen Hirnkeils zur Folge haben. Diese Vergrößerung hängt nur von der Stärke der Blutung ab und hat sowohl bei intaktem als bei durchschnittenem Rückenmark nichts mit dem Gefäßnervenzentrum zu tun, welches Spina[1]) in den oberen Halsteil verlegen wollte.

Wie bedeutend die Verschiebung der Hirnmasse bei solchen Blutungen sein kann, hatte ich oft Gelegenheit, bei meinen Versuchen an der Hypophyse des Kaninchens zu beobachten. Bei mehreren Versuchen entfernte ich, um zur Hypophyse zu gelangen, die eine Hemisphäre; das Mittelhirn und die andere Hemisphäre blieben unberührt. Nun kam es häufig vor, daß, wenn der allgemeine Blutdruck durch irgendeinen Eingriff in die Höhe ging, z. B. nach Reizung der Hypophyse, besonders wenn, wie nicht selten, epileptiforme Krämpfe schon während der Reizung oder als Nachwirkungen auftraten, oder bei Zuklemmen der Aorta, die früher leere Schädelhälfte plötzlich mit Hirnmasse ausgefüllt erschien: durch die stattgefundene Blutung hat sich die erhaltene Hemisphäre so vergrößert und verschoben, daß sie fast den ganzen freien Teil der Schädelhöhle ausfüllte.

Der eben beschriebene Versuch war dazu bestimmt, festzustellen, ob nach Zerstörung der Hypophyse die durch das Nebennierenextrakt im Beginn verursachte Verlangsamung ebenso wegfällt wie nach Durchschneidung der Vagi. Die in Fig. 4, Tafel V wiedergegebene Kurve scheint dies zu bestätigen. Es ist aber kaum notwendig, darauf hinzuweisen, daß der Wegfall der Verlangsamung in diesem, wie in ähnlichen Fällen wenig beweisend ist, da, wie wir oft gesehen haben (z. B. Fig. 3), eine solche Verlangsamung auch ohne jeden besonderen Eingriff auf die Hypophyse bei der Wiederholung der Einspritzung zu fehlen pflegt. Aber auch das Ausbleiben einer solchen Verlangsamung bei der ersten Einspritzung von Nebennierenextrakt mit vorangegangener Zerstörung der Hypophyse könnte nur dann als beweisend gelten, wenn es in einer größeren Anzahl ähnlicher Versuche eine konstante Erscheinung wäre. Vereinzelt kommt ja ein solches Ausbleiben auch schon ohnedies vor. Die Gelegenheit fehlte mir aber, die nötige Anzahl solcher Versuche auszuführen[2]).

Folgende Tatsachen machen es aber in hohem Grade wahrscheinlich, daß die Verlangsamung und Verstärkung der Herzschläge im Beginn der Einwirkung von Nebennierenextrakten auf dem Umweg der Hypophyse sich vollzieht:

1. Diese Veränderungen sind, wie aus den vorhergegangenen Auseinandersetzungen ersichtlich, keine Folgen einer direkten Aktion des

---

[1]) Wie aus einer Mitteilung Knolls (Pflügers Archiv Bd. 73 Heft 1/2 S. 71) ersichtlich, soll Spina selbst seine frühere Ansicht über dieses Zentrum aufgegeben haben.

[2]) Für solche Versuche kann man die Hypophyse intrakraniell zerstören mit Hilfe eines Verfahrens ähnlich dem, das Cl. Bernard für die Durchschneidung des Trigeminus eingeführt hat. Es genügt dazu, dem bekannten Instrument an der Spitze eine größere Biegung zu geben und die Führung des Instruments im letzten Augenblick entsprechend zu ändern.

Extraktes auf die Vagi selbst. Dies konnte schon aus den Beobachtungen von Oliver-Schäfer und Cybulski-Szymonowicz mit Sicherheit geschlossen werden. In der Tat geben diese Autoren an, daß die Durchschneidungen der Vagi in demselben Sinne wie die Vergiftungen mit Atropin oder mit größeren Dosen von Curare wirken, d. h. daß auch sie die erwähnten Veränderungen am Herzen aufzuheben vermögen, welche nach Einführung von Nebennierenextrakten einzutreten pflegen. Nun vermag natürlich die alleinige Durchschneidung der Vagi nur die zentrale Erregung aufzuheben. Wir haben aber bei den Versuchen mit Jodothyrin und Hypophysin gesehen, daß deren verlangsamende und verstärkende Wirkungen durch die Durchschneidung der Vagi bei weitem nicht aufgehoben werden. Diese Vaguserreger üben also ihre Wirkungen noch auf die peripheren Enden dieser Nerven aus. Nur sehr starke Dosen von Atropin vermochten, und auch dies nicht immer, die Wirkungen ganz zu unterdrücken.

Wenn das Nebennierenextrakt sich anders verhält, so deutet dies darauf hin, daß es nur die Hirncentra der Vagi beeinflussen kann, und auch dies nur auf ganz kurze Zeit zu Beginn des Versuches. Mit einem Worte: würde dieses Extrakt die Vagi direkt erregen, so dürfte deren Durchschneidung die Folgen der Erregung nicht aufheben.

2. Die starken Drucksteigerungen fallen, wie schon die genannten Autoren richtig bemerkt haben, mit den Beschleunigungen der Herzschläge zusammen. Oliver und Schäfer wollten diesen Zusammenhang dadurch erklären, daß der Wegfall des Vagustonus nach der Durchschneidung dieser Nerven die Drucksteigerung begünstige.

Der bloße Anblick der angeführten Kurven (Fig. 1, Tafel V) zeigt die Unhaltbarkeit dieser Erklärungsweise. Trotz der erhaltenen Vagi und ihrer starken Erregung vermochte der Blutdruck sehr schnell seine maximale Höhe zu erreichen. Der wirkliche Zusammenhang der hohen Drucksteigerung mit der großen Beschleunigung liegt einfach in der gleichzeitigen Erregung sowohl der Vasoconstrictoren als der Accelerantes durch denselben Reiz, das Nebennierenextrakt. Wenn die Erregung der letzteren etwas später zum Vorschein kommt, so liegt dies daran, daß die Accelerantes die vorübergehende Erregung der Vagi zu überwinden haben, ehe sie definitiv die Oberhand erhalten.

Die Unabhängigkeit der Beschleunigung von der Drucksteigerung folgt ja schon mit Evidenz aus dem Umstande, daß sie bei weitem die Drucksteigerung überdauert. Wie wir gesehen haben, hält sie meistens bis zum Ende des Versuches an.

3. Die Abnahme der Erregbarkeit der Vagi und der Depressores, die auf der Höhe der Nebennierenextrakt-Wirkungen sich dadurch äußert, daß bei deren direkter Reizung die Latenzdauer bedeutend verlängert wird und meistens nur die druckherabsetzenden Wirkungen der Vagi scharf zum Vorschein kommen, während die verlangsamenden Effekte kaum merklich sind, spricht auch dafür, daß diese Extrakte nicht nur keine direkten Erreger der Vagi sind, sondern im Gegenteil auf diese Nerven eher lähmend einwirken.

4. Wenn die Vaguscentra nur im Gehirn erregt werden und wenn diese Erregung nur eine indirekte ist, die sich nur im Beginn der Versuche äußert, wo das Extrakt noch nicht seine ganze Wirkung entfaltet hat, so sehen wir keinen anderen Grund hierfür als die vorübergehende Drucksteigerung im Gehirn, die sich auch durch die besprochene Hyperämie leicht konstatieren läßt. Nun wissen wir jetzt, daß Drucksteigerungen im Gehirn die Vaguscentra durch die Vermittelung der Hypophyse zu erregen vermögen. Wir sehen daher die Erregung auch sofort schwinden, wenn die Hyperämie selbst vorübergeht, zum Teil infolge des verstärkten Blutabflusses, welchen sie selbst erzeugt hat, zum Teil auch infolge der aktiven Verengerung der Hirnarterien unter dem Einflusse des Extraktes.

5. Das Fehlen dieser Erregung bei den Berner Hunden, die fast immer an einer kompletten Degeneration der Hypophyse leiden, spricht in gleichem Sinne.

6. Wie aus meinen Kurven, sowie aus denen, welche Oliver-Schäfer und Szymonowicz gegeben haben, hervorgeht, erinnern die großen Aktionspulse, welche im Beginn der Nebennierenextraktwirkung auftreten, ihrer Form nach ganz an diejenigen, die wir bei Einführung von Hypophysenextrakten und bei Reizungen der Hypophyse beobachtet und beschrieben haben.

Zur näheren Aufklärung dieser Fragen war es von Interesse, das Verhalten des Nebennierenextraktes gewissen Herzgiften gegenüber zu erforschen. Wie schon die Versuche meiner Vorgänger dargetan haben, vermag die Einführung von Atropin sowie von stärkeren Dosen Curare auch bei diesen Tieren die Vagi zu lähmen. Es sind dazu, wie ich mich überzeugt habe, sogar viel geringere Dosen Atropin ausreichend als bei normalen Tieren. Dies war ja auch vorauszusehen, da dieses Extrakt teilweise in gleichem Sinne wie das Atropin auf die Vagi wirkt.

Noch lehrreicher sind die Versuche mit gleichzeitiger Einwirkung von Muscarin und Chloral. Über die gleichzeitigen Einwirkungen der Nebennierenextrakte bei Einführung größerer Mengen von Chloral hat schon Gottlieb (l. c.) sehr interessante Versuche mitgeteilt, auf die ich gleich zurückkommen werde. Vorher sollen einige Versuche mit Muscarin als Beispiele angegeben werden.

Versuch 3.

Altes strumöses Kaninchen; Morphiumnarkose; rechter Vagus fast ganz unerregbar, linker noch wirksam. Reizung des Depressors erzeugt große Drucksenkungen, aber keine Verlangsamung. Einspritzung von 0,6 ccm einer 1 prozentigen Muscarinlösung. Große Drucksenkung und Auftreten von Muscarinpulsen, die immer langsamer werden; Stillstand. Sofortige Einspritzung größerer Dosen von Nebennierenextrakt: erfolglos. Bauchmassage vermag das Herz nicht mehr zum Schlagen zu bringen. Tod des Tieres.

Versuch 4.

Großes strumöses Kaninchen. Morphiumnarkose. Auf der rechten Seite Vagus und Depressor wenig wirksam; links beide Nerven gut erregbar. Normaler Blutdruck 126 mm; Zahl der Pulsschläge 42 in 10 Sekunden. Einspritzung von

0,4 ccm einer 1 prozentigen Muscarinlösung: Blutdruck sinkt auf 78 mm, Pulse auf 18 in 10 Sekunden. Einspritzung von 0,5 ccm einer 3 prozentigen Lösung von Nebennierenextrakt: Blutdruck steigt auf 184 mm. Während des Aufsteigens bleiben die Pulsschläge gleich groß und selten; auf der Höhe der Drucksteigerung kleine Acceleranspulse, und zwar 44 in 10 Sekunden. Darauf Pulsus bigemini: 22 in 10 Sekunden und häufiges Ausfallen der Herzschläge.

Die Kurven 95 und 96 demonstrieren diese Veränderungen.

Diese Kurven liefern schwerwiegende Beweise dafür, daß das Nebennierenextrakt auf die verlangsamenden Fasern der Vagi keinen direkt erregenden Einfluß auszuüben vermag. Wäre das Gegenteil der Fall, so würde die Einführung des Extraktes bei einem durch Muscarin vergifteten Tiere die schon erzeugte Verlangsamung und Verstärkung noch vermehren müssen. Statt dessen sehen wir, daß im Beginn, während des Ansteigens des Blut-

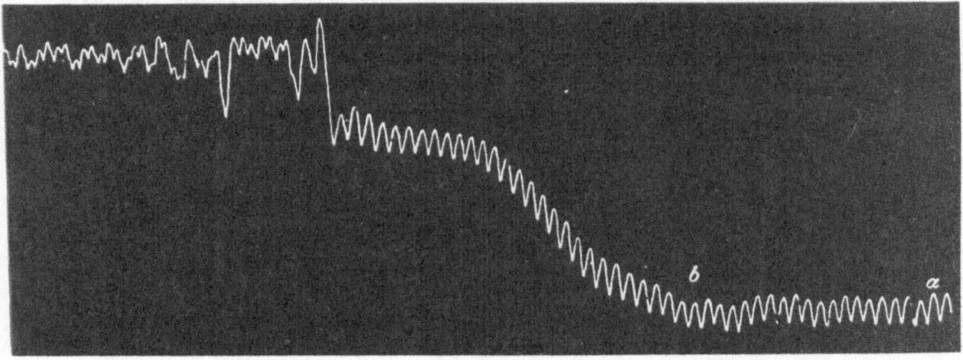

Fig. 95. Einspritzung von 0,5 ccm eines 3 prozentigen Nebennierenextraktes während der Muscarinwirkung, von *a* bis *b*. (Versuch 4.)

druckes, die Stärke und Frequenz der Pulse unverändert bleiben. Hat der Blutdruck den Höhepunkt erreicht, wo gewöhnlich die Acceleranspulse zu beginnen pflegen, dann sehen wir nach einem kurzen Kampfe der beschleunigenden Nerven gegen die hemmenden Wirkungen des Muscarins die ersteren Oberhand gewinnen. Es treten deutliche Acceleranspulse auf, die aber nicht lange anhalten können. Wie die Kurve 96 zeigt, gehen sie schnell in die Pulsus bigemini über, d. h. in diejenige Pulsform, die, wie ich schon mehrmals gesagt habe, als die Folge einer Disharmonie zwischen Accelerans- und Vaguseinflüssen angesehen werden muß. Wie immer in solchen Fällen gleicht die Zahl der Pulsus bigemini genau der Hälfte der früheren Pulsschläge; bester Beweis, daß jeder solche Puls zwei Herzschlägen entspricht. Damit stimmt auch die von Knoll gemachte Beobachtung überein, daß die Dauer eines Pulsus bigeminus der Zeitdauer zweier gewöhnlicher Pulsschläge gleicht.

Verfolgen wir nun diesen Versuch weiter. Am Ende dieser Pulsus bigemini, als die Acceleranspulse wieder zum Vorschein kamen, wurde von neuem 0,4 ccm der Muscarinlösung eingespritzt; der Blutdruck begann etwas schneller zu sinken, bis auf 120 mm; 24 Pulse in 10 Sekunden. Sofort nach der Einspritzung kommen aber mehrere Drucksenkungen mit unbedeutenden Verlangsamungen zum Vorschein, welche der Kurve ganz die Form der Kurven 91 und 93 verleihen, wie sie bei Vagusreizungen während der Einwirkung des Nebennieren-

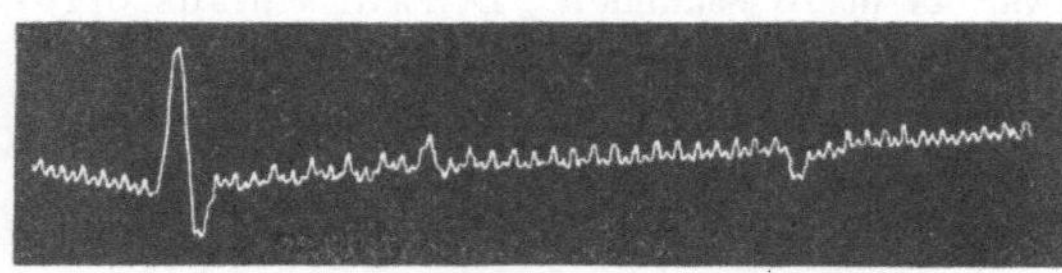

Fig. 96. Pulsus bigeminus, erzeugt durch gleichzeitige Einwirkung des Muscarins und des Nebennierenextraktes. (Versuch 4.)

extraktes erhalten wurden. Die Kurve 98 ist fast identisch mit der Kurve 91.

Während des Absinkens kamen auch mehrmals einige Drucksenkungen vor, die ganz denjenigen glichen, welche bei Reizung des Depressors erhalten wurden. Kurve 97 ist fast identisch mit Kurve 88.

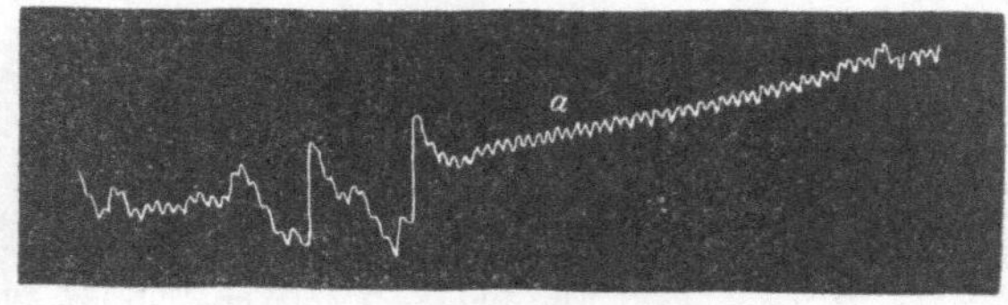

Fig. 97. Bei *a* Einspritzung von Muscarin nach vorheriger Einwirkung von Nebennierenextrakt. (Versuch 4.)

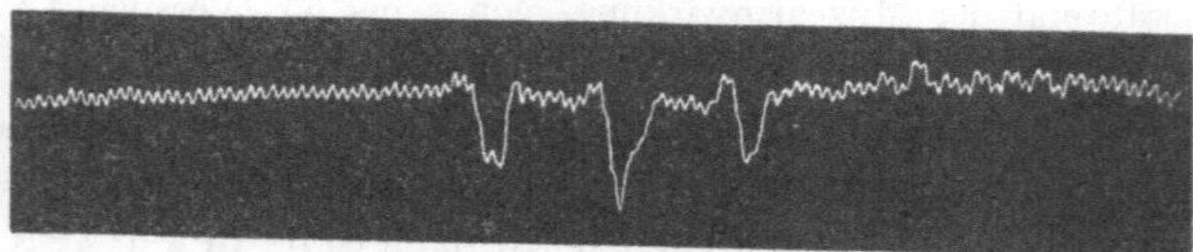

Fig. 98. Weitere Folgen der Muscarineinspritzung, die an Depressorwirkungen nach Einführung von Nebennierenextrakt erinnern. (Versuch 4.)

Diese beiden Kurven 97 und 98 bieten also das große Interesse, daß sie darauf hinweisen, Muscarin wirke erregend sowohl auf die Vagi als auf die Depressores.

Als der Blutdruck auf 88 mm und die Pulsschläge auf 24 in 10 Sekunden stehen blieben, wurde dem Tier nochmals 0,5 ccm des Nebennierenextraktes eingespritzt. Der Blutdruck stieg auf 160 mm; die Pulse wurden unregelmäßig (Kurve 99), bis deren Zahl auf 36 in 10 Sekunden stieg. Nach 15 Minuten, als der Druck auf 25 mm und die Pulsschläge auf 30 in 10 Sekunden heruntersanken, wurde dem Tier 1,0 g Chloral eingespritzt; nach einer vorübergehenden Drucksteigerung wurden die Pulse verlangsamt und etwas vergrößert, darauf plötzliche Drucksenkung und Tod des Tieres.

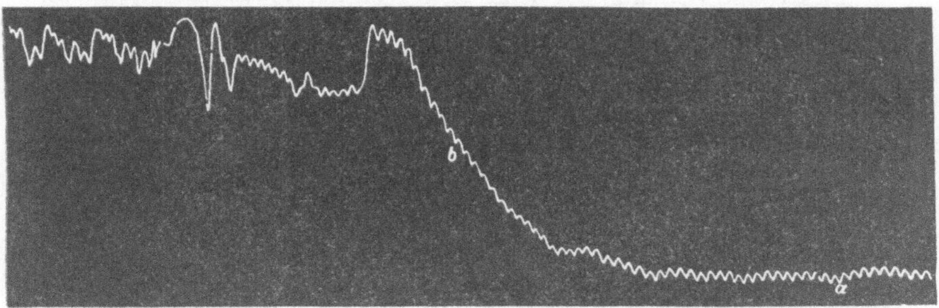

Fig. 99. Zweite Einspritzung von Nebennierenextrakt bei dem Tiere des Versuches 4 (von *a* bis *b*).

Wie gestaltet sich die Muscarinwirkung, wenn das Nebennierenextrakt vorher eingeführt worden ist? Der folgende Versuch soll dies veranschaulichen.

Versuch 5.

Größeres Kaninchen, keine Struma. Beide Vagi und Depressores wirksam. Einspritzung von 0,02 g Morphium. Das Kaninchen wurde vorher für Versuche mit Hypophysenextrakt benutzt, das bei 38° C zubereitet wurde, und zeigte dabei die gewöhnlichen Reaktionen.

Als die sichtbaren Reaktionen auf Pulse und Blutdruck gewichen waren, die Zahl der ersteren 30 in 10 Sekunden betrug und die Höhe des Blutdruckes auf 124 mm konstant blieb, wurde dem Tiere 0,5 ccm eines 3 prozentigen Nebennierenextraktes in die Vena jugularis eingespritzt. Wie gewöhnlich zeigte sich schon eine kleine Drucksteigerung im Moment, wo die Vene in offene Verbindung mit der die Lösung enthaltenden Spritze gebracht wurde. Die Kurve 100 lehrt den Erfolg der Einspritzung.

Wie man sieht, war die Drucksteigerung sehr beträchtlich und ging bis auf 240 mm hinauf. Als der Blutdruck 200 mm erreicht hatte, beschleunigten sich die Pulse während ein paar Sekunden. Darauf kam eine Reihe verlangsamter und verstärkter Herzschläge, etwa 20 in 10 Sekunden, während der Blutdruck zu steigen fortfuhr, und endlich beschleunigten sich die Pulse bis auf 45 in 10 Sekunden, also um die Hälfte.

Einführungen von 0,2, von 0,4 und endlich von 0,6 ccm derselben Muscarinlösung wie in dem vorhergehenden Versuch erzeugten keine sofortige Wirkung auf Blutdruck und Herzschläge. Nach der zweiten Einspritzung wurden die Herzschläge erst unregelmäßig, als der Blutdruck schon auf 140 mm gesunken war; es trat Pulsus bigeminus auf. Die volle Muscarinwirkung kam aber erst zum Vorschein 30 Sekunden nach der dritten Einspritzung, als der Blutdruck nur noch 92 mm betragen hat. Der Blutdruck sank plötzlich auf 70 mm, und die großen

Muscarinpulse, 10 in 10 Sekunden, von 16 mm Exkursionshöhe traten
auf. Die Kurve 101 illustriert dieses Verhalten.

Elektrische Reizung der Vagi blieb vor der Muscarineinspritzung
auf der Höhe der Blutdrucksteigerung und Beschleunigung ohne jede
Wirkung sowohl auf Druck als auf Frequenz. Während der Muscarinwirkung vermochte dagegen die Reizung der Vagi die Pulse ein wenig
zu verstärken und um ein geringes zu verlangsamen.

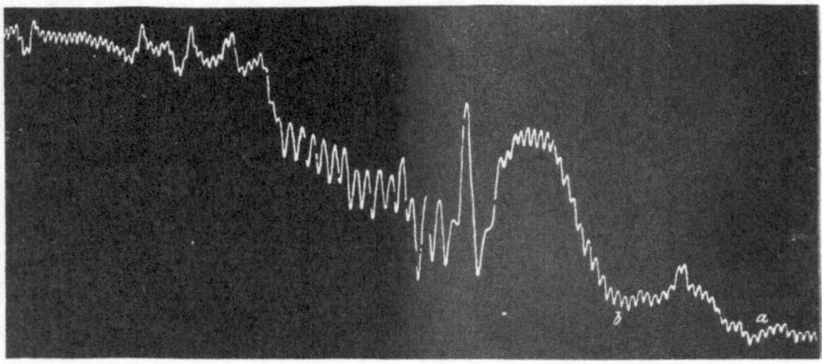

Fig. 100. Bei *a* die Vena jugularis mit der Spritze, welche die Lösung des Nebennierenextraktes enthält, in Verbindung gesetzt; bei *b* Einspritzung dieser Lösung.
(Versuch 5.)

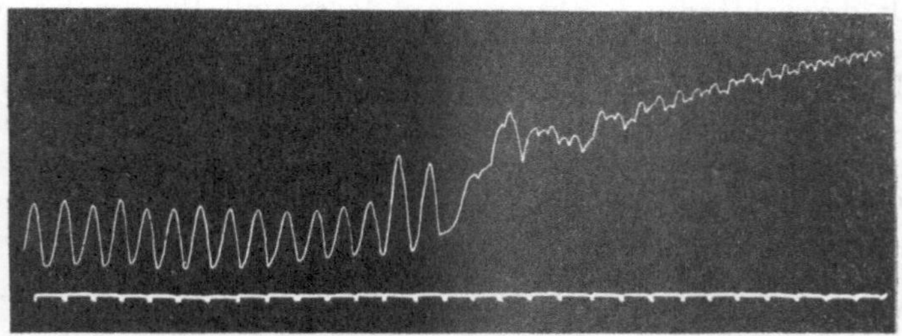

Fig. 101. Muscarinwirkung nach vorhergehender Einspritzung von
Nebennierenextrakt. (Versuch 5.)

Das späte Eintreten der Muscarinwirkung, nämlich als der Blutdruck auf 92 und die Herzschläge auf 36 in 10 Sekunden gesunken waren,
hing also entweder von der Unerregbarkeit der Vagi auf der Höhe der
Nebennierenextraktwirkung oder von der Unfähigkeit dieser Nerven
(und des Depressors?) ab, das Übergewicht der Accelerantes und des
gesteigerten Blutdruckes zu überwinden. Wahrscheinlich wirkten beide
Faktoren gleichzeitig.

Als die Muscarinwirkung vorüber war, stieg der Blutdruck auf
100 mm und die Zahl der Herzschläge blieb auf 18—20 in 10 Sekunden
stehen. Die Blutdruckkurve erhielt eine ganz eigentümliche Form

(Kurve 102). Zwei Einspritzungen von Nebennierenextrakt, jede von
1 ccm, blieben ohne Effekt. Erst bei Einführung von 3 ccm des Extraktes stieg der Blutdruck ganz allmählich auf 120 mm. Zahl und Form
der Herzschläge blieben unverändert.

Diese eigentümliche Form der Blutdruckkurven nach Muscarinvergiftung bei Tieren, denen Nebennierenextrakte nach vorheriger Anwendung von Hypophysenextrakten eingespritzt wurden, habe ich mehrmals zu beobachten Gelegenheit gehabt. Sind sie einmal aufgetreten,
so bleiben weitere Einführungen von Nebennierenextrakt fast ganz
effektlos. In dieser Beziehung ist es noch von Interesse, hervorzuheben,
daß, wenn die vorher angewendeten Hypophysenextrakte sehr wirksam
waren und große Aktionspulse hervorriefen, welche auf eine gesteigerte
Erregbarkeit der verstärkenden Fasern der Vagi hinwiesen, die nachherige Einspritzung von Nebennierenextrakt auf dem Maximum der
Drucksteigerung nicht sofort eine Beschleunigung veranlaßte, sondern zuerst eigentümliche Unregelmäßigkeiten aufwies, die auf einem

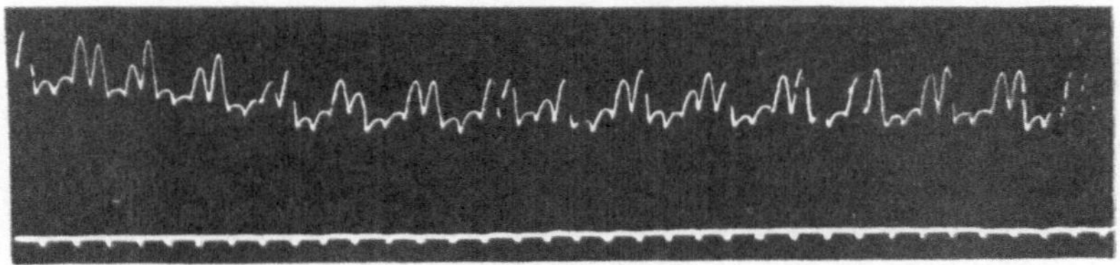

Fig. 102. Eigentümliche Pulsform nach mehrmals erneuerten Einspritzungen
von Nebennierenextrakten nach der Muscarinwirkung. (Versuch 5.)

Kampf der acceleratorischen Einflüsse gegen die stark erregten Vagusenden beruhten. Die Fig. 5 auf Tafel V gibt eine solche sonderbare
Kurve wieder. Sie stammt von einem Kaninchen, dem vorher 8 ccm
eines bei Siedehitze hergestellten Hypophysenextraktes eingespritzt
worden waren. Die Erregung der Vagi war sehr stark; 2 mg Atropin
waren nicht imstande, eine Lähmung dieser Nerven zu erzeugen. Die
Einspritzung von 0,5 ccm einer frischen 6prozentigen Lösung von
Nebennierenextrakt erzeugte die in Fig. 5 wiedergegebene Wirkung.
Die elektrische Reizung des Vagus vermochte eine Unterbrechung der
beschleunigten Pulse durch eine Reihe von Schwankungen zu veranlassen,
welche mit denen vom Beginn (bei *b*) identisch waren. Aus diesem
Versuch ist noch hervorzuheben, daß plötzlicher Schluß der Pfortader
auf der Höhe des Blutdruckes sofort eine bedeutende Senkung des
Druckes veranlaßte.

Es soll schließlich als Beispiel der Wirkungen von Chloral auf Tiere,
denen Nebennierenextrakt intravenös eingeführt wurde, noch folgender
interessante Versuch mitgeteilt werden.

Versuch 6.

Großer Hund; Chloral konnte keine genügende Narkose erzeugen; eine solche
wurde erst durch Einatmung von Äther erzielt. Halssympathicus verlief getrennt

vom Vagus. Beide Nerven waren gut wirksam, ersterer auf die Pupille, Vagus auf das Herz. Die Sektion ergab eine atrophische Hypophyse, die frei auf der Sella turcica lag.

Tabelle II.

Versuch 6	Reizstärke	Blutdruck in mm Hg.	Zahl der Herzschläge in 10 Sek.	Bemerkungen
Beginn	—	130	22—23	
Reizung des rechten Vagus	100	110	11—9	
Reizung des rechten Halssympathicus	—	125	22	Erweiterung der Pupille.
Erste Einspritzung v. 1 ccm 3 proz. Nebennierenextr.	—	246	38	
Durchschneidung des rechten Vagus	—	246	40	
Reizung des rechten Vagus	200	230	36	
Einspritzung von 0,4 ccm Muscarin	—	212—200	34—28	
Neue Einspritzung von 0,3 ccm Muscarin	—	60	18	Exkursionen von 20 mm.
Zweite Einspritzung von 1 ccm 3 proz. Nebennierenextrakt	—	150—180	20	Kleine Pulse.
5 Minuten später (Ätherwirkung?)	—	180—110	8	Exkursionshöhe 70 mm.
Durchschneidung des linken Vagus	—	180—140	14	Exkursionshöhe 40—20 mm.
Künstliche Atmung . . .	—	120—108	16	Exkursionshöhe 12—14 mm.
Dritte Einspritzung von 2 ccm 3 proz. Nebennierenextrakt	—	160	36	Kleine Pulse.
Reizung des linken Vagus	—	100—170	16	Große Exkursionen von 40 mm.
Während 5 Minuten nach der Reizung	—	110—70	16	Die Reihe der großen verlangsamten Pulse bleibt unverändert.
Vierte Einspritzung von 3 ccm 3 proz. Nebennierenextrakt	—	190	38	
Allmähliche Einspritzung v. 3 g Chloral	—	20	0	Stillstand während 17 Sek.
Darauf	—	176—120	11	Große Exkursionen von 30—58 mm.
Von neuem	—	20	0	Stillstand während 28 Sek.
Nach 27 Sekunden . . .	—	130—70	9	Exkursionshöhe 70 mm.
Darauf	—	160—80	6—7	Exkursionshöhe 80 mm.
Während 3/4 Stunden bis zum Ende des Versuches trotz wiederholten Einspritzungen von 6—8 ccm Nebennierenextrakt oder Hypophysenextrakt in größeren Mengen . . .	—	160—80	6—7	Exkursionshöhe 80 mm. Reizung des Vagus unwirksam.

Die erste Einspritzung von 1 ccm des Nebennierenextraktes erzeugte eine gewaltige Druckerhöhung von 125 auf 246 mm und eine Beschleunigung von 22 auf 38 Pulsschläge in 10 Sekunden. Wie aus der Kurve (Fig. 1, Tafel VI) ersichtlich, trat die Beschleunigung sofort, ohne vorhergehende Verlangsamung auf, und dies trotz der tonischen Erregung der Vagi; die Durchschneidung des rechten Vagus hob die Frequenz von 38 auf 40 in 10 Sekunden. Die Reizung seines peripheren Endes vermochte auf der Höhe der Drucksteigerung die Herzschläge nicht zu verlangsamen. (Die beim Ansteigen des Blutdruckes beobachteten Schwankungen rühren von der Ätheranwendung her.) Viel wirksamer erwies sich die Einspritzung von Muscarin: nach Einführung von 0,7 ccm einer 1 prozentigen Lösung sank der Druck plötzlich von 216 auf 60 (Fig. 2, Tafel VI); die Zahl der Herzschläge sank auf 18 in 10 Sekunden, die Höhe der Exkursionen stieg auf 20 mm. Eine neue Einspritzung von 1 ccm des Nebennierenextraktes vermochte zwar den Blutdruck auf 180 heraufzutreiben; die Zahl der Herzschläge veränderte sich kaum, nur ihre Amplitude nahm beträchtlich ab. Fünf Minuten nach der Einspritzung verlangsamten sich sogar die Pulse auf 6 in 10 Sekunden, und ihre Exkursionshöhe erreichte 70 mm (Fig. 3, Tafel VI). Ob diese weitere Verlangsamung und Verstärkung des Herzschlages noch eine Nachwirkung des Muscarins oder eine Folge der fortgesetzten Äthereinatmung war, konnte nicht entschieden werden. Die Durchschneidung des linken Vagus und die künstliche Atmung vermochten die Herzschläge auf 16 in 10 Sekunden von 12—14 mm Exkursionshöhe heraufzubringen. Der Blutdruck sank allmählich auf 100 mm.

Eine dritte Einspritzung von 2 ccm Nebennierenextrakt hob den Druck auf 160 mm, die Frequenz auf 36 in 10 Sekunden; kleine Acceleranspulse (Fig. 4, Tafel VI). Die Reizung des linken Vagus führte die Frequenz von neuem auf 16 zurück; die Pulsschläge wurden sehr groß. Interessant ist, daß diese durch Vagusreizung erzeugte Reihe langsamer und verstärkter Pulsschläge noch 5 Minuten lang nach Aufhören des Reizes fortgedauert hat. Erst eine neue Einspritzung von 3 ccm des Nebennierenextraktes vermochte diese Reihe zu unterbrechen und den Blutdruck von neuem auf 190 mm, die Frequenz auf 38 in 10 Sekunden zu erhöhen. Auf der Höhe des Blutdruckes wurden dem Tiere in Intervallen von 15—20 Sekunden je 0,5 g Chloral intravenös eingespritzt; Druck und Frequenz blieben anfänglich unverändert. Erst bei der sechsten Einspritzung sank plötzlich der Blutdruck auf 20 mm und ein Herzstillstand von 17 Sekunden stellte sich ein. Nach kurzer Unterbrechung trat ein neuer Stillstand von 27 Sekunden auf (Fig. 5, Tafel VI). Das Herz erholte sich darnach allmählich von selbst. Es trat eine Reihe regelmäßiger großer Pulse von 80 mm Exkursionshöhe auf (160 Maximal- und 80 mm Minimaldruck), die mehr als $^1/_4$ Stunde dauerte (Fig. 6, Tafel VI). Die Vagi waren während dieser langen Reihe ganz unwirksam. Einspritzungen von Hypophysenextrakt vermochten die Reihe nicht zu beeinflussen. Ebenso

unwirksam waren Einspritzungen von Nebennierenextrakt in großen
Mengen, bis zu 8 ccm. Die Herzschläge blieben unverändert, der Druck
wurde kaum um einige Millimeter erhöht.

Nach $^1/_4$ Stunde wurde die Brusthöhle eröffnet; der Herzschlag
änderte sich insofern, daß auf einen großen Herzschlag drei kleine
folgten; die Vagi wurden wieder erregbar, und ihre Reizung vermochte
große Verlangsamungen zu erzeugen.

Ich habe aus mehreren Versuchen über das Zusammenwirken des
Chlorals mit dem Nebennierenextrakt den eben angeführten gewählt,
weil er in evidentester Weise demonstriert, daß das Nebennierenextrakt die Herzschläge nicht verstärkt, wie Oliver-Schäfer und
Gottlieb annehmen, sondern im Gegenteil verkleinert und beschleunigt, und daß, wenn, wie in den Versuchen von Gottlieb, beim Zusammenwirken von Chloral und Nebennierenextrakt der Druck steigt
und die Herzschläge verstärkt werden, das erstere allein von einer
Wirkung des Extraktes auf die kleinen Arterien herrührt, das letztere,
die Verstärkung der Herzschläge, auf Rechnung des Chlorals zu setzen
ist. Muscarin, und wahrscheinlich Äther, haben in diesem Versuche in
gleichem Sinne gewirkt wie Chloral. Der bloße Anblick der auf Tafel VI
wiedergegebenen Kurven läßt klar die Richtigkeit der eben gemachten
Schlußfolgerung hervortreten.

Die interessanten Versuche Gottliebs an Kaninchen sprechen
übrigens bei näherer Betrachtung ganz in demselben Sinne. So sehen
wir in seinem Versuche 2[1]) bei einem Kaninchen infolge der Einführung
von Chloral den Blutdruck auf 15 mm, die Zahl der Herzschläge auf 12 in
10 Sekunden (von 11—12 mm und sogar von 5—6 mm Exkursionshöhe)
sinken. Die Einführung von 0,3 ccm eines 10 prozentigen Nebennierenextraktes hob den Blutdruck auf 70 mm, die Zahl der Herzschläge auf
17—21 und ihre Exkursionshöhe auf 22 mm. Die Deutung dieses Ergebnisses ist klar, und der Anblick der von ihm beigegebenen Kurve 1 erleichtert nur diese Deutung: Chloral hat das Gefäßzentrum gelähmt, daher die
kolossale Drucksenkung. Die Verringerung der Exkursionshöhe hängt
natürlich von dem Mangel der Blutzufuhr zum Herzen, die längeren
Pausen zwischen den einzelnen Herzschlägen hängen von derselben
Ursache ab, die ein Ausbleiben der Reize erzeugt.

Nun wurde dem Tiere Nebennierenextrakt eingespritzt; die Kontraktionen der kleinen Arterien führten dem Herzen größere
Mengen Blut zu und erhöhten gleichzeitig den Blutdruck,
die Herzschläge wurden voller und infolge der gleichzeitigen Reizung
der Accelerantes auch beschleunigt.

Nach Gottlieb soll der ursächliche Zusammenhang der Erscheinungen ein entgegengesetzter sein, und zwar, da „eine Wiederverengerung der vollständig gelähmten Arterien nicht wahrscheinlich" erscheint,
so schreibt er die Druckerhöhung der „Steigerung der Herztätigkeit
durch Nebennierenextrakt" zu.

---

[1]) l. c. S. 103.

Die gemachte Annahme, daß bei gelähmten kleinen Arterien die Steigerung der Herztätigkeit eine so bedeutende Drucksteigerung von 15 auf 70 mm erzeugen könne, ist kaum zulässig. Eine solche Steigerung wäre sowohl wegen des leichten Abflusses durch die erweiterten kleinen Arterien, als auch wegen des geringen Zuflusses zum Herzen unmöglich gemacht. Wir haben außerdem gesehen, daß Nebennierenextrakt zwar die Frequenz der Herzschläge vermehrt, ihre Stärke aber herabsetzt, was eben auf den Ursprung der Beschleunigung als Folge der Reizung der Nervi accelerantes hinweist. Schon in meiner ersten Mitteilung[1]) über die Entdeckung dieser Nerven hob ich hervor, daß bei der direkten Reizung dieser Nerven die Exkursionshöhe der einzelnen Schläge kleiner und auch der mittlere Blutdruck nicht erhöht wird.

v. Bezold und Schmiedeberg, die nach mir die Nervi accelerantes untersucht haben, beobachteten dieselbe Erscheinung.

Die in diesem Paragraphen mitgeteilten Kurven und namentlich die auf der Tafel VI reproduzierten demonstrieren diese Tatsache in evidenter Weise. Natürlich muß von der Steigerung des Blutdruckes in diesen Kurven abgesehen werden, da diese eine direkte Folge der Wirkungen von Nebennierenextrakt auf die Gefäßcentra ist. Warum soll auch dieses Extrakt unfähig sein, eine Wiederverengerung der kleinen Arterien hervorzurufen, weil deren Gefäßcentra durch Chloral momentan gelähmt waren? Durchschneidung, ja selbst Zerstörung des Rückenmarkes verhindert nicht, daß dieses Extrakt noch Drucksteigerungen veranlasse. Sie sind natürlich geringer als bei intakten Centra; aber auch in den Versuchen Gottliebs sieht man nur eine relativ geringe Höhe des Blutdruckes, bis 70 mm statt der 180—200, die man sonst erhält. Wie aus meinem letzten Versuche ersichtlich, vermochte der unter dem Einflusse des Chlorals von 190 auf 20 mm gesunkene Blutdruck sich trotz der 17 und 28 Sekunden dauernden Herzstillstände von selbst zu erholen, und zwar dank der Nachwirkung des Nebennierenextraktes auf die Gefäßnervencentra. Der Blutdruck erhielt sich später auf der annähernd mittleren Höhe von 120 mm.

Auch in den Wiederbelebungsversuchen von Gottlieb (3 und 4), wo „der Ventrikel fast vollständig still stand" nach der Senkung des Blutdruckes durch Chloralvergiftung, hat das Nebennierenextrakt nur dadurch gewirkt, daß die verengten kleinen Arterien den Blutdruck herstellten, indem sie dem Herzen Blut zukommen ließen; es handelte sich also um die analoge Erscheinung wie in den Versuchen von Boehm mit Kompression des Thorax. (Massage der Baucheingeweide ist noch wirksamer.) Wenn das Extrakt durch Wirkung aufs Herz zu dessen Wiederbelebung beigetragen hat, so kann dies durch Beeinflussung der beschleunigenden Nervenfasern geschehen sein. Diese Beeinflussung allein, ohne gleichzeitige Verengerung der kleinen Arterien, wäre aber ganz effektlos.

---

[1]) Siehe meine Gesammelten physiol. Arbeiten S. 65—79. Berlin 1888 und auch „Die Nerven des Herzens". Kap. II.

Das Nebennierenextrakt wirkt dem Chloral entgegen ganz in derselben Weise, wie es dies dem Muscarin und wahrscheinlich auch dem Äther gegenüber tut. Die Herzschläge in Fig. 3, Tafel VI sind, abgesehen von den Eigenschwingungen, welche von dem mehr plötzlichen Abfall der Diastole abhängen, mit denen in Fig. 6 identisch. Die Reihen verstärkter und verlangsamter Herzschläge, welche uns dieser Versuch geliefert hat, sind der Herkunft nach denen analog, welche wir oben in Kapitel I, § 4 bei gleichzeitiger Einführung von Muscarin und Jodnatrium kennen gelernt haben. In dem nächsten Paragraphen, wo alle diese Erscheinungen in ihren Beziehungen zur Theorie der Herzinnervation näher erörtert werden sollen, hoffe ich bewiesen zu haben, daß Chloral ebenso wie Muscarin und andere Herzgifte in ihren physiologischen Wirkungen gleichfalls dem dritten Erregungsgesetze der Ganglien, welches ich oben zitiert habe, unterworfen sind: indem sie lähmend auf das sympathische Gefäß- und Herznervensystem wirken, erregen sie gleichzeitig ihre Antagonisten, die vom Vagus stammen.

Daß die Wirkungen des Nebennierenextraktes in keinem Widerspruche mit meinen Gesetzen der Ganglienerregungen stehen, wie man dies nach den Untersuchungen meiner Vorgänger vermuten könnte, glaube ich zur Genüge bewiesen zu haben. Eine genauere Analyse dieser Wirkungen bestätigt im Gegenteil die Gültigkeit dieser Gesetze auch für dieses physiologische Herzgift. (Siehe darüber den folgenden Paragraphen.)

<h3 style="text-align:center">Nachtrag[1].</h3>

Nach dem Abschluß dieser Untersuchung erhielt ich Pflügers Archiv (Bd. 73, Heft 9) mit einer längeren Mitteilung von Biedl und Reiner: „Studien über Hirnzirkulation und Hirnödem; über das Vagusphänomen bei hohem Blutdruck." Die eigenartigen Behauptungen dieser Mitteilung betreffen die Ergebnisse einer Untersuchung, welche die Autoren unter ihrer gegenseitigen Leitung unternommen haben, um meine vorläufig mitgeteilten Versuche über die Verrichtungen der Hypophyse und die Wirkungen der Nebennierenextrakte nachzuprüfen. Meine seitdem erschienenen Arbeiten über die physiologischen Herzgifte[2] könnten mich eigentlich der Notwendigkeit entheben, auf die Behauptungen von Biedl und Reiner näher einzugehen, da deren etwas voreilige Angriffe meistens dort (sowie auch in dem vorliegenden Paragraphen) schon im voraus entkräftet wurden. Bei der Neuheit der Probleme, um die es sich handelt, erachte ich es dennoch für angezeigt, die mit großer Zuversicht hingestellten Behauptungen dieser Forscher etwas näher zu beleuchten. Die Aufgabe ist keine leichte. In Anbetracht ihrer wohlverdienten Autorität haben sie es verschmäht, ihre Behauptungen durch irgendwelche experimentellen Belege zu unter-

---

[1]) Erschienen in Pflügers Archiv, Bd. 74 als Anhang zum 3. Teil der Phys. Herzgifte.

[2]) Pflügers Archiv Bd. 72 und 73.

stützen. Ausführliche Versuchsangaben dienen aber nicht ausschließlich dazu, den guten Glauben der Experimentatoren zu beweisen, der nie angezweifelt werden darf. Solche Belege sollen auch dem Leser gestatten, sich Rechenschaft über die Natur der mitgeteilten Resultate sowie über den Wert der zu deren Gewinnung angewendeten Methoden zu geben.

Die Tafel mit den vier Kurven, welche die genannten Autoren als spärliche Demonstration der Wirkungen von Nebennierenextrakten ihrer Mitteilung hinzugefügt haben, beweist am besten, wie sehr die Abwesenheit sonstiger Belege in ihrer Arbeit zu bedauern ist. Diese Kurven sollen nämlich die Vorteile beweisen, welche die intraarterielle Einführung von diesen Extrakten ins Gehirn im Gegensatz zu deren intravenöser Einspritzung bietet. Aus der Erklärung der Tafel, die in einigen Zeilen uns mit den Versuchen und ihren Resultaten bekannt machen soll, erfahren wir, daß das Nebennierenextrakt bei nicht narkotisierten und nur mit Curare vergifteten Tieren in das Hirnende der Carotis eingespritzt wurde. Über die Mengen der Flüssigkeit, über die Konzentration der Extrakte und ihre Anfertigung sowie über den Druck, unter welchem die Einspritzung der Flüssigkeit ins Gehirn vorgenommen wurde, darüber fehlt jede Angabe.

Diese auffallende Diskretion muß schon das Urteil über die unter unbekannten Umständen gewonnenen Kurven sehr erschweren. Mit den Kurven selbst ist es nicht besser bestellt; die beiden ersten (Fig. 1 und 2) sollen angeblich von dem Hürthleschen Manometer gezeichnet sein. Sie bilden ein unbestimmtes Gekritzel, das weder über die Veränderungen der Pulsfrequenz noch über die Schwankungen des Blutdruckes irgendwelche sichere Aufschlüsse gestattet. Am wenigsten entsprechen diese Kurven der beigefügten Erklärung; in der Fig. 1 ist von der „relativen Pulsbeschleunigung" keine Spur zu entdecken, und statt der versprochenen Blutdrucksteigerung zeigen beide Kurven zu Anfang eher Drucksenkungen. Leider haben es die Autoren unterlassen, die sinnreichen Modifikationen anzugeben, dank welchen sie es verstanden haben, das Hürthlesche Manometer, das doch sonst die Zahl der Herzschläge sowie die Druckschwankungen sehr deutlich verzeichnet, unbrauchbar zu machen.

Die Kurven 3 und 4 sind von einem Quecksilbermanometer gezeichnet und lassen die stattgefundenen Veränderungen sehr leicht erkennen. Bei dem Mangel sonstiger Angaben über die Versuchsbedingungen ist aber eine richtige Deutung sehr erschwert. So viel kann nur mit Sicherheit erkannt werden: die von Biedl und Reiner bevorzugte Erklärung ist sicherlich unrichtig. Sie schreiben nämlich (S. 388): „Sicher aber ist, daß die Vaguswirkung nur eben so lange andauert, als die Anämie besteht; mit dem Schwinden der Anämie, die wir sehr schön zur Anschauung bringen konnten, schwinden auch die Vaguspulse." Nun wissen wir schon seit den Untersuchungen von A. Cooper und Magendie, daß Anämie des Gehirns die Pulsschläge beschleunigt und nicht verlangsamt, und daß im Gegenteil Vaguspulse durch Hyperämien des Gehirns und durch Erhöhung des intrakraniellen Druckes erzeugt werden! Dieses Verhältnis ist sowohl von Physiologen als von Pathologen allgemein als richtig anerkannt.

Haben die Autoren aber auch wirklich eine anfängliche Anämie beobachtet? Ihre Diskretion über die Art, wie sie eine solche „sehr schön zur Anschauung gebracht" haben, gestattet kein Urteil. Auf Grund ihrer Kurven 3 und 4 ist man aber berechtigt, diese Frage zu verneinen. Diese Kurven sind nämlich gerade im Beginn mit denen, welche Oliver und Schäfer, Cybulski und Szymonowicz sowie auch ich bei intravenöser Einspritzung von Nebennierenextrakten erhielten, vollkommen identisch. Man vergleiche nur diese Figuren (3 und 4) der Autoren mit meinen oben gegebenen Kurven 87 und 100 (S. 259 und 286) und den Fig. 1 bis 6 der Tafel V der vorliegenden Arbeit oder mit den Kurven 3, 4[1]) und 14 von Oliver und Schäfer und denen von Szymonowicz (Fig. 4, 7 auf Tafel I und Fig. 1, Tafel II) und man wird sich überzeugen, daß der von Biedl und Reiner behauptete Unterschied zwischen den intraarteriellen und intravenösen Einspritzungen zu Beginn der Wirkungen gar nicht existiert. Wenn sie also S. 398 schreiben: „Wir möchten hier anmerken, daß wir eine im Beginne der Einspritzung von Nebennierenextrakt auftretende Verlangsamung der Herzschläge bei intravenöser Injektion nicht kennen", so kommt dies einem Geständnisse gleich: sie kennen die grundlegenden Arbeiten der ebengenannten Forscher nicht. „Wir haben im Gegenteil" (sic), fahren Biedl und Reiner fort, „immer wieder gefunden, daß Verlangsamung der Herzschläge erst dann eintritt, wenn der Blutdruck vorerst gestiegen ist. Und überdies geschieht dieser Anstieg, wie allgemein beschrieben wird, unter anfänglicher Beschleunigung der Pulsfrequenz. Nur bei intraarterieller Injektion hinwärts in den peripheren Carotisstamm haben wir außerdem noch eine anfängliche Verlangsamung der Herzschläge aufgedeckt." Die erste Behauptung wird durch keinerlei Belege gestützt; sie steht in eklatantem Widerspruche mit den Beobachtungen sämtlicher Forscher auf diesem Gebiete, die, wie wir eben gesehen, sehr häufig im Beginn nach intravenöser Einspritzung Verlangsamungen erhalten haben. In meinen Versuchen genügte ja schon die Herstellung einer Verbindung zwischen der V. jugularis und der mit Extraktlösung gefüllten Spritze, um Verstärkungen und Verlangsamungen zu erzeugen, die ebenso bedeutend waren wie die von Biedl und Reiner bei intraarterieller Einspritzung erhaltenen. (Siehe oben S. 259, Kurve 87 und auch Fig. 1 und 6 der Tafel V.) Diese Wirkung war in meinen Versuchen so scharf ausgesprochen, daß ich anfangs an eine direkte Wirkung des Nebennierenextraktes auf die intrakardialen Enden der Herznerven dachte, etwa im Sinne Gottliebs[2]).

---

[1]) Kurve 4 sogar trotz der vorherigen Einführung von Atropin.
[2]) In dem folgenden Paragraphen komme ich auf diese Frage noch zurück.

Die anderen eben zitierten Behauptungen von Biedl und Reiner stehen, wie aus dem Gesagten sich von selbst ergibt, sämtlich im Widerspruche mit der Wahrheit. So ist es nicht richtig, daß „allgemein beschrieben wird", der Anstieg geschehe unter anfänglicher Beschleunigung der Pulsfrequenz. (Siehe die Kurven der auf voriger Seite genannten Autoren.)

Oben auf S. 273 u. f. habe ich auch Sätze aus den Schriften derselben Forscher zitiert, aus denen im Gegenteil hervorgeht, daß die Pulsbeschleunigung erst bei sehr hohem Druck aufzutreten pflegt.

Gegen den fünften Satz meiner kurzen Mitteilung (§ 1) über die Wirkungen der Nebennierenextrakte stellen Biedl und Reiner auch Behauptungen auf, die unmöglich wahr sein können. „Müssen wir nochmals betonen, daß nach unseren Erfahrungen der Umstand, ob die Schädelhöhle geschlossen oder offen ist, keinen wahrnehmbaren Unterschied vorbringt" (S. 399). Wie die Autoren durch „Inspektion" Erfahrungen über die Anämie des Gehirns bei geschlossener Schädelhöhle machen konnten, wird nicht gesagt. Sie wollten wahrscheinlich sagen, „ob bei unversehrter oder aufgeschnittener Dura mater", denn darum handelt es sich eben in obigem Satze 5 meiner vorläufigen Mitteilung. In diesem Falle haben sie aber die behaupteten „Erfahrungen" erst recht nicht machen können, denn, wie schon Spina gezeigt hat, finden bei eröffneter Dura nach Einspritzung von Nebennierenextrakten Zerreißungen der Blutgefäße, Verschiebungen und Austreten der Hirnmasse aus der Schädelhöhle statt![1] (Siehe oben S. 279 u. f.)

Wie wir gezeigt haben, stehen so ziemlich sämtliche Behauptungen der Autoren mit der Wahrheit in einem unversöhnlichen Widerspruch. Dies entschuldigt, daß sie es sorgfältig vermieden haben, irgendwelche Beweise für deren Richtigkeit zu bringen.

Schon aus den ersten Zeilen der uns hier beschäftigenden Mitteilung geht übrigens klar hervor, daß Biedl und Reiner auch vollständig die Tragweite des Problems verkannt haben, dessen Lösung sie unternahmen. „Dies (der Einfluß des Blutdruckes auf die Schlagfolge des Herzens) ist zuerst von Marey im Jahre 1859 erhoben und dabei präzisiert worden, daß im allgemeinen bei sinkendem Blutdrucke die Pulsfrequenz steigt, während sie sich umgekehrt bei steigendem Blutdrucke vermindert. Dann haben sich Bernstein, Asp u. a. mit der Erforschung der möglichen Ursachen dieser Frequenz-

---

[1] Was die intraarteriellen Einspritzungen von Nebennierenextrakt selbst betrifft, so muß hier noch bemerkt werden, daß sie lange vor Biedl und Reiner schon von Langlois in seinen bemerkenswerten Untersuchungen über die Nebennieren ausgeführt wurden. Nur hat letzterer Forscher nicht den Fehler begangen, diese Einspritzungen in die Carotis zu machen. Er beabsichtigte nur, eine vollkommenere Mischung dieses Extraktes mit dem Blute zu erzielen, und spritzte die Lösung langsam in das periphere Ende der Art. cruralis ein. „L'effet sur la pression a été aussi net qu'après l'injection intravenieuse", schließt Langlois.

minderung eingehend beschäftigt" usw., erzählen Biedl und Reiner auf Seite 385.

Diese Darlegung entspricht nicht dem wahren Sachverhalte und beweist sofort, daß die Autoren zwei ganz verschiedene Probleme verwechselt haben, eine Verwechselung, die für ihre ganze Arbeit verhängnisvoll geworden ist: erstens den Einfluß der Veränderungen des Blutdruckes auf die Frequenz der Herzschläge, welchen Marey zuerst studiert hat, und zweitens die Wirkungen, welcher die Reizung sensibler und anderer Nerven auf den Blutdruck und auf die Frequenz der Herzschläge durch reflektorische Erregung der Gefäß- und Herznerven ausüben. Das erste Problem haben nach Marey zuerst Ludwig und Thiry und nach ihnen, bis zu den entscheidenden Untersuchungen von Tschiriew, Johansson u. a. zahlreiche Forscher untersucht. Bernstein und Asp gehören nun nicht zu diesen Forschern, da ihre Untersuchungen sich hauptsächlich auf das zweite Problem bezogen, indem sie die Erfolge von Reizungen des zentralen Splanchnicus auf Blutdruck und Herzschlag studierten. Bernstein knüpfte ja seine Untersuchung direkt an den bekannten Klopfversuch von Goltz[1]) an. Jedes dieser beiden ganz verschiedenen Probleme gehört zu den schwierigsten der gesamten Physiologie des Kreislaufes. Ihrer gesonderten Lösung stellen sich schon wegen der großen Anzahl der dabei beteiligten Faktoren oft unüberwindliche Hindernisse entgegen; das Zusammenwerfen beider Aufgaben macht aber eine befriedigende Lösung schon im voraus unmöglich. Nun haben Biedl und Reiner sich nicht einmal mit dieser Verwechselung begnügt; sie haben noch den großen Fehler begangen, beim Studium des „Vagusphänomens bei hohem Blutdrucke" diesen hohen Blutdruck durch Einführung heftiger Gifte, wie das Nebennierenextrakt, erzeugen zu wollen, Gifte, die schon allein in gewaltiger Weise die Funktionen der Herz- und Gefäßnerven beeinflussen!

Die Folgen dieser dreifachen Konfusion waren unausbleiblich. Ernste Resultate konnten gar nicht erzielt werden. Die behaupteten Resultate sind nicht stichhaltig und meistens geradezu unmöglich[2]).

Ein großer Teil der Mitteilung von Biedl und Reiner beschäftigt sich mit Angriffen gegen meine vorläufigen Angaben über die Verrichtungen der Hypophyse. Nach dem bisher Gesagten könnte ein weiteres Eingehen auf die verschiedenen Behauptungen der Autoren überflüssig erscheinen. Um aber nie mehr nötig zu haben, auf Unter-

---

[1]) Biedl und Reiner können die betreffenden Fragen genauer studieren im Kapitel IV meiner „Nerven des Herzens".

[2]) Der eine dieser Autoren (Biedl) hat schon früher eine Untersuchung, die Nebennieren betreffend, veröffentlicht. Dank einer Abschweifung auf die Funktionen des Depressors, bei welcher Biedl die von Ludwig und mir aufgestellte Theorie auf Grund von fremden Versuchen, die er selbst als mangelhaft erkannte, zu widerlegen suchte, ist auch diese Untersuchung resultatlos geblieben. In meinen Beiträgen zur Physiologie der Schilddrüse usw. (Pflügers Archiv Bd. 70 Kap. 9) habe ich diese „Widerlegung" nach ihrem wahren Werte beurteilt.

suchungen dieser Verfasser zurückkommen zu müssen, will ich hier auch diese Angriffe beleuchten.

In diesem Teile haben Biedl und Reiner wenigstens den einen Beweis geliefert: nämlich, daß sie meine Lehre von den Verrichtungen der Hypophyse nicht einmal verstanden haben. Diese Lehre gipfelt, wie erinnerlich, in dem Satze, daß der Hirnanhang als Schutzorgan des Gehirns gegen die Gefahren plötzlicher Drucksteigerungen fungiert. Der Hirnanhang beseitigt diese Gefahren, indem er eine große Beschleunigung der Blutzirkulation und so einen verstärkten Abfluß aus den Venen und Hirnsinus erzeugt. Die beiden Forscher glauben nun, diese Lehre zu widerlegen, indem sie aus den Arbeiten Hills und Howells folgende zwei Sätze zitieren: „Unter den physiologischen Verhältnissen beschleunigt ein Anstieg des arteriellen Druckes die Blutströmung durch das Gehirn und ein Abfall verlangsamt dieselbe" und „je größer der arterielle Druck, um so reichlicher ist die Blutströmung" ... „Die Hypophyse," setzen sie hinzu, „könnte demnach mit den ihr von Cyon zuerkannten Hilfsmitteln nicht die von diesem Autor erwartete, sondern müßte im Gegenteil eine ganz konträre Wirkung auf den Kreislauf ausüben!"[1]) (S. 394)...

Ihre Behauptungen über die tatsächlichen Ergebnisse meiner Versuche sind von ähnlichem Werte. Die erste besteht in der ebenso wahrheitsgetreuen wie liebenswürdigen Bemerkung, meine Versuche mit den Hypophysenextrakten „haben kein neues Tatsachenmaterial zutage gefördert" (S. 392). Sodann versichern Biedl und Reiner, daß sie meine Erfolge der mechanischen Reizung der Hypophyse auf die Pulsfrequenz „unter 20 Versuchen nur zweimal" gesehen haben. Bei der elektrischen Reizung haben sie nur Verminderungen der Pulsfrequenz „von ca. 5—10%" erhalten. „Nur wenn, was übrigens selten (sic) der Fall ist, der Blutdruck rasch in die Höhe geht und stärker ansteigt, beginnt auf der Höhe oder nahe derselben (sic) eine deutlichere Vaguswirkung" (S. 395). Über den Wert solcher statistischer Behauptungen, die übrigens ohne jeden Beweis[2]) hingestellt werden, braucht wohl kein Wort verloren zu werden. In meinen Versuchen habe ich bei elektrischer Reizung der intakten Hypophyse fast ausnahmslos gleichzeitig starke Steigerungen des Blutdruckes mit Verstärkung der verlangsamten Pulse erhalten.

Meine Versuche über die Ammoniakwirkungen haben die Autoren sich „nicht bestimmt gefunden, einer Nachprüfung zu unterziehen".

---

[1]) Auf meine Veranlassung gesperrt gedruckt.

[2]) Die Autoren geben nicht einmal die Methoden an, mit Hilfe deren sie zur Hypophyse gelangt sind. „Die Hypophyse ist bei diesen Versuchen von der Mundhöhle aus präpariert worden." Bei Kaninchen und Katzen ist eine solche Präparation fast unmöglich; in einer ausführlichen Mitteilung durften daher operative Details nicht weggelassen werden. Der Verweis auf eine frühere Mitteilung von Biedl ist unzureichend, da auch in dieser letzteren (Wiener klin. Wochenschr. 1897 Nr. 8) keinerlei Operationsmethode beschrieben wurde, mit Ausnahme der bloßen Angabe, daß das Gaumensegel gespalten wurde.

Trotz dieser lobenswerten Verschonung unschuldiger Tiere fahren sie
aber fort: „Endlich muß noch bemerkt werden, daß Cyon mit Hunden
als Versuchstieren, wegen der eigentümlichen Beschaffenheit (?) der
Berner Tiere, schlechte Erfahrungen gemacht" hat. Diese „schlechten
Erfahrungen" bestanden bekanntlich darin, daß bei Hunden mit
atrophischer Hypophyse die Reizung der Nasenschleimhaut sowie
Drucksteigerungen durch Zuklemmen der Aorta keine Vaguswirkungen
erzeugt, d. h. also, daß die betreffenden Versuche durch eine Art Experimentum crucis meine Annahme bestätigten: diese Wirkungen
geschähen auf dem Umwege der Hypophyse!

Dann folgt: „Wir haben dagegen das von uns studierte Phänomen
gerade bei Hunden in schöner Weise und mit großer Regelmäßigkeit
auftreten sehen" (S. 399).

Die Mitteilung von Biedl und Reiner ist so reich an Phänomenen,
daß man in Verlegenheit gerät, um dasjenige, von dem hier die Rede
ist, zu erkennen. Sollte es sich um die Vaguswirkung unter den erwähnten Umständen handeln bei Hunden mit normaler Hypophyse, so wäre dies ja nur eine Bekräftigung meiner Annahme. Warum
also das „dagegen"? Oder sollte das „von uns studierte Phänomen"
sich auf die Vaguswirkung bei erhöhtem Drucke beziehen?

Dieses Phänomen ist von Ludwig und Thiry, von Pokrowsky
und von mir schon vor mehr als 30 Jahren und von vielen anderen
Forschern seitdem mit der größten Sorgfalt studiert worden. Das
übereinstimmende Ergebnis dieser Studien war aber gerade entgegengesetzt der Behauptung von Biedl und Reiner,
daß das Phänomen „mit großer Regelmäßigkeit" auftrete.

Oder sprechen die Autoren von dem wunderbaren Phänomen, das
sie an Hunden beobachtet haben wollen und das sie auf S. 397 beschreiben? Mit der Wiedergabe dieses wirklich phänomenalen Versuchs, der als „Typus einer Versuchsreihe" geschildert wird, wollen wir
die Besprechung ihrer Mitteilung schließen. Das Ausbleiben der Vaguswirkung nach Exstirpation der Hypophyse, welches ich ausnahmslos in allen Versuchen an Kaninchen beobachtet habe, bestreiten
Biedl und Reiner. Als eklatanten Beweis führen sie also folgenden
Versuch an, wo sie bei Hunden sämtliche Bahnen von der Hypophyse
zu den Vaguskernen zu durchschneiden suchten.

Einem Hunde wurde nach Spaltung der Membrana atlanto-
occipitalis, Eröffnung des Subarachnoidalraumes und
Resektion des Os occipitalis das Kleinhirn in die Höhe ge-
hoben und die Rautengrube bloßgelegt. Eine Injektion von
Nebennierenextrakt „überzeugte uns, daß das Vagusphänomen in der
gewohnten präzisen Weise auszulösen sei. Nun trennten wir die Medulla
oblongata durch einen, knapp oberhalb der Vaguskerne geführten
Schnitt vollständig vom Hirnstamme ab und führten einen zweiten
Schnitt durch die Medulla zwischen dem ersten und zweiten Halswirbel"
(S. 397). Nur der „Depressor-Reflex" soll „untangiert" geblieben sein!
Wie sie das Bestehen dieses Reflexes nach Durchschneidung des

Halsmarkes und noch dazu bei einem Hunde konstatieren konnten, wird nicht angegeben. „Und trotz alledem trat nun auf Aortenkompression oder intravenöse Injektion von Nebennierenextrakt das Vagusphänomen ebenso prägnant hervor, als wenn das Zentralnervensystem vollends intakt geblieben wäre."

Damit sind aber noch die Wunder dieses Phänomens nicht erschöpft: „Um nun auch die ‚chemischen' Wirkungen der Hypophyse auszuschließen (?), exstirpierten wir das gesamte vor dem ersten Schnitte liegende Gehirn samt jenem Anteil der Hypophyse ... der in der Sattelhöhle liegen geblieben war. Aber auch jetzt trat das Vagusphänomen, an Stärke nur wenig vermindert, in typischer und prägnanter Weise hervor."

Nur die Durchtrennung der Vagi konnte diesem unverwüstlichen Phänomen ein Ende machen, nicht ohne noch einen „ziemlich erheblichen weiteren Anstieg des Blutdruckes" zu erzeugen, wahrscheinlich als letzten Protest gegen meine Lehre von den Verrichtungen der Hypophyse!

Nur beiläufig sei bemerkt, daß die Vornahme einer Exstirpation des Gehirns, um „die ‚chemischen' Wirkungen der Hypophyse auszuschließen", nochmals beweist, daß auch der Sinn der chemischen Rolle der Hypophyse (Produktion der in den Extrakten enthaltenen wirksamen Substanzen) Biedl und Reiner vollkommen entgangen ist.

Die phänomenalen Ergebnisse dieses „typischen" Experiments sind trotzdem nicht weniger bewunderungswürdig. Um das Großartige der Beobachtung von Biedl und Reiner noch mehr hervortreten zu lassen, soll hier nur auf folgende Umstände aufmerksam gemacht werden:

1. Schon bei der zweiten Wiederholung der Injektion von Nebennierenextrakt pflegt gewöhnlich die Vaguswirkung nicht mehr wiederzukehren. (Siehe oben.) 2. Meistens genügt schon die bloße Durchschneidung des Halsrückenmarkes, um die Vaguswirkung aufzuheben. Dies bezeugen unter anderen die Kurven 7, 8 und 9 von Oliver-Schäfer, die Tabellen IX und XI bei Szymonowicz und auch meine Erfahrungen. 3. Die alleinige Zerstörung der Hypophyse genügt immer, um das gleiche Resultat zu erzeugen. (Kurve 4, Tafel V.) 4. Die bloße Durchschneidung der Medulla verändert in hohem Grade die Druck- und Zirkulationsverhältnisse im Gehirn (Knoll, Spina); sie veranlaßt gewaltige Verschiebungen der Hirnmasse bei trepanierter Schädelhöhle (Spina und ich; siehe oben S. 280). 5. Die Entfernung des ganzen Gehirns ist mit einer Durchtrennung und Zerstörung sämtlicher Hirngefäße verbunden, was natürlich jede Möglichkeit ausschließt, die isolierten Vaguskerne irgendwie durch Blutdrucksteigerungen zu beeinflussen, seien sie durch Kompression der Aorta oder durch Kontraktionen sämtlicher peripheren Arterien des Körpers erzeugt.

„Und trotz alledem," wie sich Biedl und Reiner ausdrücken, genügte die Kompression der Aorta oder die intravenöse Injektion von

Nebennierenextrakt in ihren Versuchen auch nach der zweimaligen Durchschneidung der Medulla und nach vollständiger Entfernung des Gehirns samt Hypophyse, „um das Vagusphänomen ... in typischer und prägnanter Weise" hervorzurufen!

Wunder brauchen nicht erst bewiesen zu werden; die Autoren haben daher diesmal mit Recht auf die Beibringung von Beweisen verzichtet. Die auf S. 400 und 401 gegebenen Deutungen dieses Wunders, nämlich, daß „die Steigerungen des zentralen Gefäßdruckes" eine Hyperämie der Vaguskerne erzeugen und infolgedessen „eine vorübergehende Überernährung der grauen Zentren einen Reiz ausübt," oder ein Ödem der Vaguskerne durch „vermehrte Transsudation" veranlassen, diese gleichwertigen Deutungen können den Glauben an die Realität dieses wirklichen Experimentum mirabile nur bekräftigen.

§ 3. Alte und neue Methoden zum Studium der isolierten intra- und extrakardialen Nervencentra in ihrer Abhängigkeit von den Produkten der Gefäßdrüsen[1]).

a) Einleitung.

Das Studium der physiologischen Herzgifte hat mich von neuem zur Erörterung der Erregungsgesetze geleitet, welche die peripheren und zentralen Endorgane der Herznerven beherrschen. Diese Gesetze, welche ich vor etwa 30 Jahren zuerst formuliert habe[2]), drängten sich meiner Beachtung auf, bei Gelegenheit der Untersuchungen über die Beziehungen der Schilddrüse zu den Herz- und Gefäßnerven. Die wirksamen Substanzen der Schilddrüse, der Hypophyse und der Nebennieren, die, wie die vorhergegangenen Studien festgestellt haben, dazu bestimmt sind, die Endorgane dieser Nerven in tonischer Erregung zu erhalten, haben sich später als besonders dazu geeignet erwiesen, die früher von mir abgeleiteten Erregungsgesetze der Ganglien auf ihre allgemeinere Gültigkeit zu prüfen, und zwar mit Hilfe neuer oder verbesserter Untersuchungsmethoden.

Ehe ich zur Beschreibung dieser Methoden schreite, halte ich es für angezeigt, mit ein paar Worten auf die Bedenken einzugehen, welche die Bezeichnung der erwähnten wirksamen Substanzen als „physiologische Herzgifte" bei einigen Berufsgenossen erweckt hat. Diese Bezeichnung soll leicht zur Verwechslung mit den im lebenden Organismus vorkommenden Toxinen führen können; auch soll der Begriff der Schädlichkeit von dem Worte „Gift" unzertrennlich sein.

Trotz der scheinbaren Berechtigung dieser Einwände glaube ich doch, die gewählte Bezeichnung bis auf weiteres beibehalten zu sollen.

---

[1]) Siehe auch: Myogen oder Neurogen. Pflügers Archiv Bd. 88.
[2]) Gesammelte physiologische Arbeiten. Berlin 1888; Die Nerven des Herzens. Berlin, Julius Springer. Kap. IV und Kap. V. Beiträge zur Physiologie der Schilddrüse und des Herzens. Bonn, Martin Hager. 1898. S. 138 ff.

Zwischen den Toxinen und den physiologischen Herzgiften bestehen mehrere ganz gewaltige, in ihrem Wesen selbst begründete Unterschiede, welche jede Möglichkeit einer Verwechslung ausschließen, sobald man nur auf sie aufmerksam gemacht wird. Erstere sind schädliche und in gewissem Sinne zufällige Produkte der organischen Prozesse. Sie müssen entweder aus dem Körper schleunigst eliminiert oder in ihm bedeutend modifiziert werden, wenn er vor ihren gefahrdrohenden Wirkungen geschützt werden soll. Die physiologischen Herzgifte werden im Gegenteil in besonderen dazu bestimmten Drüsen ad hoc gebildet; sie sind dazu berufen, die physiologische Leistungsfähigkeit gewisser Nervencentra zu erhalten und dadurch in die Ökonomie des Körpers in entscheidender Weise einzugreifen. Der Ausfall dieser Gifte oder deren krankhafte Modifikationen sind meistens für den Organismus von lebensgefährlichen Folgen begleitet.

Was nun die Bezeichnung dieser wirksamen Substanzen als Herzgifte anbelangt, so habe ich sie hauptsächlich der großen Analogien wegen gewählt, die zwischen gewissen Wirkungen von ihnen auf die Herz- und Gefäßnerven und denen der weitestverbreiteten vegetabilischen Herzgifte, wie Atropin, Muscarin usw., bestehen. Auch die antagonistischen Wirkungen von Jodothyrin und Hypophysin einigen Herzgiften gegenüber, dank welchen sie einen gewissen natürlichen Schutz für diese Nerven darbieten, sprechen zugunsten ihrer Benennung als physiologische Herzgifte[1]). Jedenfalls erscheint diese Bezeichnung viel präziser als die von Brown-Séquard gewählte „Secrétion interne". Innerlich werden auch viele andere wirksame Substanzen im Organismus sezerniert, die in ihrer physiologischen Bestimmung auch nicht die entfernteste Analogie mit denen, um die es sich hier handelt, besitzen.

Als ferneres Charakteristikum für die physiologischen Herzgifte könnte angeführt werden, daß sie in Organen produziert werden, welche, abgesehen von ihrer chemischen, noch eine mechanische Rolle spielen, die ihrer physiologischen Bestimmung nach gleichsinnig mit der ersteren ist. Für die Schilddrüse und die Hypophyse habe ich dies direkt nachgewiesen. Die ganz kolossale Geschwindigkeit des Blut-

---

[1]) Seit dem Erscheinen der im vorigen Paragraphen niedergelegten Versuche bin ich auf die schönen Untersuchungen von Gley aufmerksam gemacht worden, über die Wirkungen des Chlorhydrats von Anagyrin (Anagyris foetida) auf den Blutdruck (Compt. rend. 1892. Recherches sur les actions vasomotrices usw. Archives de Physiologie. Julliet 1894). Ein bloßer Blick auf die Kurven, welche Gley selbst und sein Schüler, Dr. Coutrest, ihren Untersuchungen beigelegt haben, genügt, um die vollständige Identität der Wirkungen dieser Substanz mit denen des Nebennierenextraktes zu zeigen: die gleiche kolossale Steigerung des Blutdruckes, z. B. von 30 mm auf 275 mm, sogar bei zerstörtem Rückenmark (Kurve 5 von Gley), dieselbe beträchtliche Beschleunigung der klein gewordenen Herzschläge, und noch charakteristischer: dieselbe bedeutende Verlangsamung der Herzschläge im Beginn der Drucksteigerung, ehe diese den höchsten Grad erreicht hat, eine Erscheinung, welche, wie ich gezeigt habe, nicht von einer direkten Erregung der Vagi durch das Nebennierenextrakt, sondern nur von der vorübergehenden Erhöhung des Druckes in der Schädelhöhle erzeugt wird (siehe oben).

stroms in den Nebennieren, wie sie aus den Messungen von Langlois hervorgeht, deutet darauf hin, daß auch diese Drüsen eine mechanische Bedeutung haben, wahrscheinlich als Schutzorgane der Niere. Nimmt man dieses charakteristische Kennzeichen für die physiologischen Nervengifte an, so muß auch die von Tigerstedt und P. G. Bergmann[1]) untersuchte Substanz, welche sie als Renin bezeichneten, zu diesen Giften gerechnet werden; denn die blutdruckerhöhenden Eigenschaften des Renins üben doch sicherlich einen günstigen Einfluß auf die mechanische Funktion der Nieren aus.

Es ist in hohem Grade wahrscheinlich, daß die Zahl der wirksamen Substanzen, welche die Herz- und Gefäßnerven in tonischer Erregung zu erhalten vermögen, mit dem Jodothyrin, Hypophysin, Adrenalin und Renin nicht erschöpft ist. Man wird wohl kaum fehlgehen, wenn man annimmt, daß auch viele andere Teile des Zentralnervensystems in ihrer Leistungsfähigkeit mit Hilfe von ad hoc im Organismus gebildeten Stoffen erhalten werden. Wenn das ganze Gebiet dieser Stoffe erforscht sein wird, wird man sie vielleicht am passendsten durch die Bezeichnung „die tonischen Erreger des Nervensystems‘‘ zusammenfassen können. Bis dahin glaube ich, daß der Ausdruck „die Schutzorgane des Zentralnervensystems‘‘ noch am besten der Rolle der Gefäßdrüsen entspricht.

b) Geschichtliches über die Methoden zur Untersuchung des isolierten Herznervensystems.

Die Methoden zum Studium der vom übrigen Körper isolierten Organe, deren natürliche Lebensbedingungen in möglichst vollkommener Weise unterhalten werden, wurden zuerst von Ludwig und seinen Schülern geschaffen und in die Wissenschaft eingeführt. Sie sind auch meistens von ihnen weiter ausgebildet und verbreitet worden.

Das Froschherz, das, vom Körper losgelöst, auch ohne künstliche Unterhaltung seiner Lebensbedingungen längere Zeit seine Bewegungen fortzusetzen vermag, erschien im Beginn als das geeignetste Objekt, um solche Methoden auszuarbeiten.

Der erste Versuch in dieser Richtung wurde von mir in Ludwigs Laboratorium gemacht. Als ich es unternommen habe, die Änderungen zu studieren, welche der Herzschlag mit der variablen Temperatur erleidet, „brachte ich, nach dem Rat des Herrn Professor Ludwig, mit den Gefäßen des ausgeschnittenen Froschherzens einen gläsernen Kreislauf in Verbindung, in welchem ein kleines Quecksilbermanometer eingeschaltet war und füllte, um die Bewegungen des Herzens auf das Manometer zu übertragen, die Höhlen des Herzens und der Glasröhren mit Serum von Kaninchenblut; Herz und Kreislauf wurden alsdann in einen Raum gesetzt, der mit Leichtigkeit auf den gewünschten Temperaturgrad gebracht und beliebig lange darauf erhalten werden

---

[1]) Skandinav. Arch. f. Physiol. Bd. 8. 1898.

konnte"[1]). In diesen Worten ist das ganze Wesen der Methode ausgedrückt, ausgeschnittene Organe lebensfähig zu erhalten und der Untersuchung zugänglich zu machen. Die Ausarbeitung der Methode begann gegen Ende des Jahres 1865, und die betreffende Untersuchung wurde im Laufe des nächsten Jahres ausgeführt.

Der Versuch, das ausgeschnittene Froschherz mit Kaninchenserum längere Zeit künstlich zu ernähren und funktionsfähig zu erhalten, gelang in der gewünschten Weise. Bei häufiger Erneuerung des Serums, bei Schutz des Herzens gegen das Eintrocknen sowie bei Erhaltung einer passenden Temperatur gelang es mir, das isolierte Herz bis zu 48 Stunden schlag- und arbeitsfähig zu erhalten. Es soll noch hervorgehoben werden, daß ich zu diesen Versuchen das gesamte Froschherz verwendete und daß die künstliche Zirkulation des Serums durch das Herz selbst unterhalten wurde, indem die Kanülen, welche es mit den Glasröhren verbanden, einerseits in die Aorta, andererseits in die Vena cava eingeführt wurden.

Im nächsten Jahre benutzte ich dasselbe Verfahren bei der Untersuchung, die ich im Laboratorium von Claude Bernard (Collège de France) anstellte: „Von dem Einflusse der Kohlensäure und des Sauerstoffes auf das Herz"[2]). Der früher für die Versuche mit Temperaturänderungen benutzte Apparat samt dem Gehäuse hat sich auch für die Umhüllung des Herzens mit verschiedenen Gasen vorzüglich bewährt.

Im Jahre 1869 hat Ludwig für die Versuche von Coats[3]) diese ursprüngliche Einrichtung insofern modifiziert, als gleichzeitig mit dem Herzen auch der entsprechende Brustteil des Frosches erhalten wurde. Für die Reizung der Vagi war diese Erhaltung unumgänglich. Anstatt eines abgeschlossenen Röhrensystems, welches einen wirklichen Kreislauf von der Aorta zur Vena cava und von der letzteren durch die Herzabteilungen zur Aorta und zum Quecksilbermanometer bildete, benutzte Coats zur Speisung des Herzens einen offenen trichterförmigen Zylinder, aus welchem das bluthaltige Serum durch die Vena cava dem Herzen zugeleitet wurde und direkt vom Ventrikel auf das Manometer wirkte. Es gab also keinen Rückfluß der Nährflüssigkeit vom Ventrikel zu den Vorhöfen.

Die weiteren Vereinfachungen des Verfahrens zum Studium des ausgeschnittenen Froschherzens, vorgenommen in Ludwigs Laboratorium von Bowditch, Roßbach, Luciani, Merunowicz u. a., haben allmählich das Gesamtherz auf die bloße Herzspitze reduziert, in welchen nur eine Kanüle eingebunden wurde, die sowohl mit dem Reservoir für die Nährflüssigkeit, als auch mit dem Manometer kommunizieren konnte. Für die Ausnutzung dieser Methode an einem

---

[1]) Berichte der math.-physik. Klasse d. K. Gesell. d. Wiss. zu Leipzig 1866. Meine gesammelten physiologischen Arbeiten. S. 3. 1888. Berlin, Hirschwaldsche Buchhandlung.

[2]) Gesammelte physiol. Arbeiten. Berlin 1888. S. 79 ff.

[3]) Ludwig, Arbeiten aus der phys. Anst. zu Leipzig. 1869.

solchen reduzierten Herzapparat hat Kronecker eine Doppelkanüle zu Perfusionszwecken konstruiert, die sowohl ihm als seinen Schülern gestattete, zahlreiche Untersuchungen über die Bedeutung der verschiedenen Nährflüssigkeiten für das Froschherz auszuführen.

Eine von dem Ludwigschen Verfahren etwas abweichende Methode, die Bewegungen des isolierten Herzens der Kaltblüter zu studieren, hat Blasius in Ficks Laboratorium ausgearbeitet. Das Herz wurde in einem wasserdichten Zylinder eingeschlossen, der mit einer schwachen Kochsalzlösung gefüllt war. Ein senkrecht nach oben gelegenes Zweigrohr, das mit der Luft in freier Verbindung stand, gestattete die Volumschwankungen des Herzens bei dessen Kontraktionen zu beobachten und Schlüsse über die Mengen der bei jeder Systole herausgeschleuderten Serummenge zu machen. Marey hat für das Schildkrötenherz das Blasiussche Verfahren noch vereinfacht; das Manometer wurde ganz weggelassen und der geschlossene Zylinder statt mit Flüssigkeit mit Luft gefüllt, deren Verdichtungen mittels einer Lufttrommel auf einem rotierenden Zylinder verzeichnet wurden. Eine ähnliche Vorrichtung habe ich später für Froschherzen angegeben und in der Methodik abgebildet[1]).

Das Prinzip der Fick - Blasiusschen Methode wurde später von Roy für sein Onkometer benutzt.

In jüngster Zeit macht sich von neuem die Tendenz geltend, bei Versuchen über das künstlich gespeiste Froschherz wieder das Gesamtherz zu verwenden, so wie ich es vor mehr als 30 Jahren vorzubereiten pflegte. So hat Ludwig selbst Hjalmar Oehrwall[2]) veranlaßt, bei seinen Untersuchungen über die Rolle des Sauerstoffs bei der Wiedererweckung des isolierten Froschherzens wieder zu meiner Präparationsmethode des Herzens zurückzugehen. Oehrwall hat also auch zwei gesonderte Kanülen in die Vena cava und in die Aorta eingebunden; die Nährflüssigkeit wurde durch beide Herzteile mit Hilfe ihrer eigenen Kontraktionen in Bewegung gesetzt. Diese Operationsmethode ist etwas schwieriger als die Verwendung der alleinigen Herzspitze. Bei einiger Übung kann sie aber mit großer Sicherheit ausgeführt werden, und dies auch ohne Anwendung der „krummen geschafteten Nadeln", welchen Oehrwall eine ganz besondere Bedeutung bei dieser Operation beilegt. Auch ohne Zuhilfenahme dieser viel später von Kronecker eingeführten Nadeln konnte ich mit Leichtigkeit Hunderte von Versuchen am Gesamtherz anstellen.

Bei der großen Konstanz der Erscheinungen, welche man beim Experimentieren am ganzen Froschherz erhält — und diese Konstanz wird doch am besten bewiesen durch die vollständige Identität der Resultate Oehrwalls über die Wirkungen des Sauerstoffs und der indifferenten Gase auf das Herz mit denjenigen, welche ich vor 32 Jahren

---

[1]) Methodik d. physiol. Exp. und Vivisektionen. Gießen 1876. Kap. 2 § VII. Dort findet man auch genauere historische Angaben über die Entwicklung der hier in Betracht kommenden Methoden bis zu dem Jahre 1876.

[2]) Skandinav. Arch. f. Physiol. Bd. 7 u. 8. 1897 u. 98.

erhalten habe[1]) —, kann auch deren richtige Deutung keine größeren Schwierigkeiten bieten als die Ergebnisse von Versuchen an der alleinigen Herzspitze.

Santesson[2]) hat ebenfalls im Laboratorium von Tigerstedt das Gesamtherz zum Gegenstand einer Untersuchung gemacht, und zwar mit Hilfe der modifizierten plethysmographischen Methode von Blasius - Marey.

Zur Entscheidung gewisser besonderer Probleme, welche den Herzmuskel betreffen, können natürlich auch Bruchstücke des Herzens, die Herzspitze oder einzelne Streifen des Herzmuskels (Porter) oder sogar der großen Venen (Howell) mit Nutzen verwendet werden, vorausgesetzt, daß diese Bruchstücke reichlich durch ernährende Flüssigkeiten möglichst lebenskräftig erhalten werden. Ohne die Erfüllung dieser letzteren Bedingung an Bruchstücken oder sogar am ganzen Herzen angestellte Versuche, wie dies oft beim suspendierten Herzen geschah, müssen notwendigerweise zu Irrtümern Veranlassung geben.

Die ersten Versuche, in einzelnen Organen der Warmblüter durch Wiederherstellung der Blutzirkulation deren Lebensfunktionen zu erhalten, sind gleichfalls in Ludwigs Laboratorium angestellt worden, und zwar von Alexander Schmidt an Nieren (1868) und von J. J. Müller an den Lungen (1869). Gleichzeitig mit den letzteren Versuchen stellte ich Durchströmungsversuche an der ausgeschnittenen Leber (1869—1870) in meinem physiologischen Laboratorium der Petersburger Universität an, welche zum erstenmal die Bildung des Harnstoffs in der Leber direkt nachgewiesen haben[3]). Die für solche Durchleitungsversuche gebrauchten Methoden sind hinreichend ·verbreitet und bekannt[4]), um hier keiner weiteren Beschreibung zu bedürfen. Nur die Verfahren sollen berücksichtigt werden, welche auf das Herz und dessen Nerven bei Warmblütern Bezug haben.

Bald nach dem Gelingen der Durchleitungsversuche an der Leber suchte ich Methoden auszuarbeiten, um an Warmblütern mit Hilfe ähnlicher Durchströmungen das periphere und das zentrale Nervensystem des Herzens voneinander und vom übrigen Organismus unabhängig zu machen, um sie den Einwirkungen verschiedener Stoffe und Agenzien unterwerfen zu können. Die Probleme, welche die Ausarbeitung solcher Methoden wünschenswert machten, sind in meinen damaligen Untersuchungen über den Mechanismus der Erregungs- und Hemmungsvorgänge in den

---

[1]) Auch Klug hat bei seinen Versuchen über die Bedeutung der Blutgase für das Herz im allgemeinen die gleichen Tatsachen beobachtet, was um so interessanter ist, als sowohl ihm als Oehrwall meine betreffenden Versuche, wie es scheint, entgangen sind.

[2]) Centralbl. f. Physiol. 1897. Bd. 11.

[3]) Centralbl. f. med. Wiss. 1870 Nr. 37. Meine ges. physiol. Arbeiten S. 182. Prof. v. Schröder hat mit Hilfe derselben Methode einen solchen Beweis erst 12 Jahre später geliefert. Siehe meine betreffende Prioritätsreklamation im Centralbl. f. med. Wiss. 1883 S. 554.

[4]) Diese Methoden sind im Kap. 1 § 5 meiner Methodik ausführlich erörtert.

Herz- und Gefäßnerven aufgestellt worden[1]). Von diesen Methoden gelang es mir damals, nur die ei ne vollständig auszuarbeiten und zur experimentellen Prüfung eines jener Probleme zu verwenden, nämlich diejenige, welche es gestattete, die Hirnenden der Herz- und Gefäß-nerven aus der allgemeinen Zirkulation auszuschalten und durch Herstellung einer künstlichen Blutdurchströmung durch das Gehirn längere Zeit funktionsfähig zu erhalten. Auf diese Weise konnte ich damals den Einfluß der plötzlichen Temperaturänderungen auf die zentralen Enden des Herzvagi[2]) studieren, sowie nähere Aufschlüsse über den Ursprung der Traubeschen Wellen erhalten und das Vorhandensein ähnlicher, aber spontaner periodischer Schwankungen des Blut-druckes[3]) nachweisen.

Die Hauptzüge der ausgearbeiteten Methode sind in folgenden Worten meiner ersten Mitteilung ausgedrückt: „Das Verfahren bestand in dem Durchleiten eines Stromes von defibriniertem Blute durch die Hirngefäße, und zwar unter möglichst normalem Drucke. Dem Tiere wurden mittels vorher angelegter Ligaturen sämtliche zum Hirn führenden Gefäße (Art. carotides und vertebrales) unterbunden; in die peripheri-schen Enden der Art. carotides wurden Röhren eingebunden, welche mit den Blutbehältern in Verbindung gebracht wurden, und zwar mittels einer gabeligen Röhre. Auch die aus dem Gehirn kommenden Venen wurden unterbunden und in die peripherischen Enden der V. jugularis Röhren eingebunden, welche in Gefäße mündeten, die zum Auffangen des aus-strömenden Blutes bestimmt waren. Auf diese Weise wurde also das Gehirn ganz aus der allgemeinen Zirkulation ausgeschlossen, und es konnte in demselben ein Blutstrom eingeleitet werden unter beliebigem Druck und von beliebiger Zusammensetzung und Temperatur“[4]).

Meine Methode der künstlichen Durchleitung des Gehirns zum Zwecke, die Funktionen der Gefäß- und Herznervencentra isoliert studieren ʼzu können, ist seitdem, soviel mir bekannt, zuerst von Fr. Frank[5]) benutzt worden bei seinen im Laboratorium von Marey angestellten Versuchen, um die Wirkungen der Druckschwankungen in der Schädelhöhle auf den Herzschlag zu studieren.

Eine sehr sinnreiche Modifikation dieser Methode haben Gaskell und Shore im Jahre 1893 beschrieben, die sie als „cross-circulation“ bezeichneten. Diese Methode wurde bei Gelegenheit der Arbeiten der Hyderabad Chloroform Commission über die Wirkungen des Chloroforms geschaffen und in einer besonderen Schrift[6]) niedergelegt. Wegen der schweren Zugänglichkeit dieser letzteren erachte ich es für angezeigt, die sehr interessante Gaskell - Shoresche Methode mit den Worten der Autoren selbst wiederzugeben:

---

[1]) Ges. physiol. Arbeiten usw. S. 96 und 129.
[2]) l. c. S. 138.
[3]) l. c. S. 143.
[4]) l. c. S. 139.
[5]) Travaux du Laboratoire de Marey. 1879.
[6]) Gaskell and Shore, A Report on the physiological action of Chloro-form etc. The British medical Association. 1893.

„In general the plan adopted was to connect the cerebral ends of one or both carotids of the animal, whose cerebral and general circulatory systems were to be separated — and this animal, we will speak of as the fed — to the cardiac ends of one or both carotids of the other animal, which we will call the feeder. When the remaining arteries of the fed animal were ligatured, the brain was supplied by blood reaching it by the internal carotids, and derived directly from the common carotids of the feeder. One external jugular vein of the fed animal was similarly cross connected to the cardiac end of one external jugular of the feeder, and the other external and the two internal jugulars of the fed animal were ligatured, so that the blood from the brain was wery largely conducted back to the feeder, and was not allowed to reach the general circulation of the fed"[1]).

Schon in dieser Form kann die beschriebene Methode noch manche fruchtbringende Verwendung finden. Es würde auch keine besonderen Schwierigkeiten bieten, sie in der Weise noch weiter zu entwickeln, daß jedes Versuchstier gleichzeitig als fed und feeder benutzt wird. Zu diesem Zwecke müßte man die Verbindungen zwischen den Carotiden der beiden Tiere derart kreuzen, daß das Gehirn des einen durch das Herzblut des anderen gespeist wird.

Man würde dadurch erzielen, daß man gleichzeitige und parallele Beobachtungen über die Wirkungen zweier verschiedener Arzneistoffe machen könnte, von welchen der eine die peripheren, der andere die zentralen Enden der Herznerven beeinflußt. Für die antagonistisch wirkenden physiologischen Herzgifte wären derartige Versuche besonders lehrreich.

Die Methoden zur Untersuchung des isolierten Herzens der Warmblüter haben viel mehr die Aufmerksamkeit der Physiologen in Anspruch genommen. Besondere Verdienste um diese Methoden haben sich Newell Martin und Langendorff sowie deren Schüler erworben. Es sollen hier nur die Hauptunterschiede in den von diesen Forschern ausgearbeiteten Verfahren, um das Herz getrennt vom übrigen Organismus lebensfähig zu unterhalten, hervorgehoben werden, insofern diese Unterschiede bei dem Studium der uns hier vorzugsweise interessierenden Probleme in Betracht kommen.

Mit folgenden Worten hat Newell Martin ganz richtig die Aufgaben präzisiert, welchen solche Methoden bei Warmblütern Genüge leisten müssen. „. . . . In the frog, as is well known, there are no coronary arteries or veins, the thin auricles and spongy ventricle being nourished by the blood flowing through the cardiac chambers; but in the mammal the thick-walled heart has a special circulatory system of its own, and needs a steady flow through its wessels and cannot be nourished . . . by merely keeping up a stream through auricles and ventricles. The greater respiratory needs of the heart of the warmblooded animal also needed consideration; the lungs ought either be left connected with

---

[1]) l. c. S. 9.

it or replaced by some other efficient aërating apparatus"[1]). In seiner ersten Versuchsreihe zog es Newell Martin vor, die Lungen als natürliche Ventilationsapparate für das Blut zu erhalten. Er verfuhr folgendermaßen:

Bei eröffnetem Thorax und künstlicher Respiration unterband er bei Katzen die Art. anonyma unterhalb des Abganges der Carotis nahe der Abgangsstelle der rechten Subclavia. Die linke Subclavia wurde gleich am Ursprunge unterbunden, sowie auch der Arcus aortae. Darauf wurde eine Ligatur um die Hohlvenen und die Wurzel der einen Lunge angelegt. Die linke Carotis wurde mit dem Manometer verbunden.

Der Blutstrom ging unter diesen Umständen durch den linken Vorhof, linken Ventrikel, Arcus aortae und die abgebundenen arteriellen Stümpfe, die Coronargefäße, den rechten Vorhof, rechten Ventrikel, das Stromgebiet der einen Lunge und dann zurück zum linken Vorhof.

In dieser Weise wurde das Herz physiologisch, aber nicht anatomisch von dem übrigen Körper isoliert, der, vom Blutzuflusse abgeschnitten, allmählich absterben mußte. Bei der Fortsetzung seiner Versuche hat Newell Martin auch die anatomische Isolierung des Herzens erzielt, indem er das Herz samt den Lungen aus der Thoraxhöhle entfernte und in eine erwärmte Kammer brachte. In dieser letzteren wurde das Herz von einem künstlichen Blutstrom durchleitet. Das Mißverhältnis, welches zwischen der in den Lungengefäßen enthaltenen Blutmenge und der in den Coronargefäßen zirkulierenden bestand, sollte nach Newell Martin keinen schädlichen Einfluß üben: „The circulation is thus confined to the quantity of blood, which under a given aortic pressure is sent through the coronary system in a given time." Das auf diese Weise zubereitete Herz-Lungenpräparat, das durch 3—400 ccm defibrinierten Blutes gespeist wurde, konnte bis zu fünf Stunden leistungsfähig erhalten werden.

Bei Gelegenheit seiner Versuche zur Bestimmung der Temperaturgrenzen, innerhalb welcher das Säugetierherz seine Leistungsfähigkeit bewahren konnte, hat Newell Martin seine Methode bedeutenden Modifikationen unterzogen[2]). Statt, wie früher, das speisende Blut dem Herzen durch die Vena cava superior zuzuführen, hat er die Aorta mit den Druckflaschen in Verbindung gesetzt. Mit Ausnahme der Coronargefäße wurden sämtliche von der Aorta abgehenden Zweige unterbunden. Das Blut konnte bei den geschlossenen Aortenklappen nur durch die Coronargefäße in das rechte Herz und die Lungengefäße, und von den letzteren in das linke Herz gelangen.

Dieser Blutstrom war also von dem im Inneren des Herzens herrschenden Drucke ganz unabhängig und konnte durch die Stellung der Druckflaschen beliebig modifiziert werden. Aus der Darstellung von

---

[1]) A new Method of studying the mammalian heart. Studies from the Biological Labor. of the Johns Hopkins University vol. 2 S. 119.

[2]) On the temperature limits of the vitality of the mammalian Heart. l. c. vol. 4 S. 275. 1890.

Newell Martin geht aber schon hervor, daß ein solcher Blutstrom nicht ausreichte, um größere Mengen des speisenden Blutes in den Lungen mit der Luft in Berührung zu bringen. Er suchte diesem Übelstande abzuhelfen, indem er an die in die Aorta eingebundene Kanüle einen Seitenast anbrachte, dazu bestimmt, einen Nebenabfluß des Blutes in eine dritte Mariottesche Flasche zu bilden, in welcher das Blut mit Luft geschüttelt werden und so arterialisiert von neuem für die Durchleitung durch die Coronargefäße benutzt werden konnte. „The side tub q," schreibt der Autor, „is designed to get rid of the difficulty of insufficient aëration of the blood; were A not present, the only flow from the Aorta would be through the coronary system, and the flow would be to slow, that it would be impossible to renew the blood in the canula fast enough to keep it from using up its own oxygen and becoming very venous and unfitted to keep the heart at work. But by a free outflow through q, the blood in the canula is quickly changed, and moreover, so rapid a bubling of air through the supplying Mariotte flask secured, that the flask takes the place of a lung and supplies arterial blood"[1]). Daß dieser Nebenstrom die Übelstände der alleinigen Durchleitung des Blutes durch die Coronararterien nicht vollkommen zu beseitigen vermag, ist wohl ohne fernere Auseinandersetzung klar.

Eine von der Newell Martinschen abweichende Methode, das isolierte Säugetierherz durch künstliche Durchströmung leistungsfähig zu unterhalten, hat Tsistowitsch[2]) beschrieben. Das Blut wurde durch die rechte Jugularvene in das rechte Herz und von dort mit Umgehung der Lungen mit Hilfe einer besonderen Röhre direkt in das linke Herz, und sodann durch die Aorta zurück in das speisende Gefäß geleitet. Ein in die Carotis eingebundenes Manometer verzeichnete die Herzkontraktionen.

Das von Langendorff ausgearbeitete Verfahren, das Säugetierherz getrennt vom übrigen Körper zu untersuchen, beruht ebenfalls auf dem Prinzip, das Herz durch Speisung von den Coronararterien aus leistungsfähig zu erhalten. Dieses Verfahren ist viel einfacher als das von Newell Martin ausgearbeitete. Das Wesen der Langendorffschen Methode ist in folgenden Worten ausgedrückt: „... Aber denselben Zweck erreicht man in denkbar vollkommenster Weise, wenn man die blutspendende Kanüle in die aufsteigende Aorta vor dem Ursprung der Kopfarterien nach dem Herzen hin gerichtet einbindet, und einen solchen Injektionsdruck wählt, daß die Semilunarklappen der Aorta sich völlig schließen und auch bei kräftiger Tätigkeit der linken Kammer geschlossen bleiben. Daß dazu ein hoher Druck nicht notwendig ist, versteht sich von selbst, wenn man bedenkt, daß der Ventrikel ohne Inhalt arbeitet"[3]).

Zur Speisung des ausgeschnittenen Herzens benutzte Langendorff das durch Verblutung der Carotis von demselben Tiere gewonnene

---

[1]) Physiological Papers of Newell Martin. Baltimore 1895. S. 99.
[2]) Centralbl. f. Physiol. 1887. S. 133—135.
[3]) Pflügers Archiv Bd. 61. 1895. S. 293ff.

Blut. Ein System von Luftkapseln verzeichnete mittels einer besonderen Vorrichtung die Verkürzungen, welche der Längsdurchmesser der Kammern bei der Systole erfährt. Der Druck, unter welchem das Blut in die Coronargefäße einströmte, variierte bei verschiedenen Tieren, von 60—80 mm beim Kaninchen bis zu 100—120 beim Hunde.

Noch einige erwähnungswürdige Modifikationen der Martinschen und der Langendorffschen Methoden sollen hier berücksichtigt werden.

Mc Grath und Kennedy[1]) haben die letzte Martinsche Einrichtung in der Weise vervollkommnet, daß sie den Druck in der Aortenkanüle mit Hilfe eines Quecksilbermanometers und den in der Kammer mit einem Hürthle - Manometer aufzeichneten. Sie bestimmten gleichzeitig auch die Mengen des aus den Lungenarterien ausströmenden Blutes.

Karl Hedbom[2]) hat in Tigerstedts Laboratorium die Einwirkungen verschiedener Gifte auf das isolierte Säugetierherz studiert mit Benutzung der Langendorffschen Durchströmungsmethode, an der er einige Modifikationen angebracht hat. Letztere betreffen hauptsächlich die Präparationsweise des Herzens, sowie die Vorrichtung zur Luftkompression in den Druckflaschen.

Neuestens hat H. E. Hering ein sinnreiches Verfahren vorgeschlagen, um den Herz-Lungenkreislauf isoliert vom Zentralnervensystem zu studieren: „Nach Einbindung einer U-förmigen Glaskanüle in das zentrale Ende der einen Carotis und der gleichseitigen Jugularis werden in bestimmter Reihenfolge die Aorta, die A. subclavia dextra et sinistra abgebunden, während mit der anderen Carotis ein Manometer in Verbindung gesetzt wird. Das Blut zirkuliert nun innerhalb folgenden Kreises: Linker Ventrikel, Aorta ascendens, Truncus anonymus, Carotis, U-förmige Kanüle, V. jugularis, rechter Vorhof, rechter Ventrikel, Lungengefäße, linker Vorhof, linker Ventrikel. Außerdem besteht noch der Coronarkreislauf."

H. E. Hering[3]) legt viel Wert darauf, daß durch diese Methode das Zentralnervensystem durch Lähmung ganz ausgeschlossen wird und daß die venösen Gefäße nicht unterbunden werden. Letzterer Umstand mag wohl für gewisse Zwecke (wie z. B. die unter 10. vom Verfasser angeführten) nützlich sein. Wenn es sich aber um vollständige Isolierung des Herz-Lungenkreislaufs, sowohl vom Zentralnervensystem als vom übrigen Körper, handelt, ist eine vollständige Absperrung des Venensystems viel sicherer.

c. Neue Untersuchungsmethoden.

Für die Lösung der speziellen Probleme, um welche es sich bei meinen Untersuchungen handelt, mußte eine Methode geschaffen werden, die gestattet:

---

[1]) Journal of experimental Medicins Bd. 2. 1897. S. 13—34.

[2]) Karl Hedbom, Einwirkung verschiedener Stoffe a. d. isolierte Säugetierherz. Skandin. Arch. f. Physiol. Bd. 8. 1898. S. 147—223.

[3]) H. E. Hering, Pflügers Archiv Bd. 72.

1. Das vom Zentralnervensystem **momentan** isolierte Säugetierherz unter den möglichst günstigen Lebensbedingungen funktionsfähig erhalten und es mit Leichtigkeit den gewünschten Einwirkungen aussetzen zu können.

2. Nach Belieben das isolierte Herz von neuem dem Einflusse des Zentralnervensystems zu unterziehen, während es solchen Einwirkungen unterworfen bleibt.

3. Das zentrale Herz- und Gefäßnervensystem in beliebiger Weise modifizieren und beeinflussen zu können, während die intrakardialen Herzzentren in normaler Weise funktionieren und die peripheren Vasomotoren von diesen Einflüssen frei bleiben.

4. Endlich nach Belieben den in 1. bis 3. gestellten Bedingungen Genüge leisten zu können und dabei sowohl das Herz als das Gehirn von den Blutdruckänderungen im peripheren Gefäßsystem unabhängig zu machen.

Keine der bisher verwendeten Methoden vermag allen diesen Erfordernissen zu entsprechen. Eine Kombination meines Durchströmungsverfahrens des Gehirns mit der ursprünglichen Newell Martinschen Methode ist kaum ausführbar wegen der fast nicht zu überwindenden technischen Schwierigkeiten. Eine solche würde wegen der obenerwähnten, von Newell Martin selbst hervorgehobenen Mängel auch nicht zum Ziele führen können. Ich mußte also ein neues Verfahren ausarbeiten, das die sehr komplizierten Aufgaben in möglichst einfacher Weise zu lösen gestattete, das präzis genug wäre, um eine sichere Deutung der Beobachtungen zu ermöglichen, und, was speziell für mich ein Erfordernis war, ein Verfahren, welches keine zu zahlreiche Assistenz verlangte.

Um die Zirkulation im Gehirn ganz getrennt und unabhängig von dem Blutstrom zu machen, welcher das Herz speiste, griff ich zu meinem vor etwa 30 Jahren mit Erfolg erprobten Verfahren, von dem oben (S. 302) die Rede war. An dieser Methode sind nur geringe Veränderungen angebracht worden. Der Luftdruck, welcher das Blut durch die Hirngefäße zu leiten hatte, wurde mit Hilfe von zwei Quecksilberflaschen erzeugt, deren gegenseitige Stellung durch ein mit einer feinen Schraube versehenes Ludwigsches Stativ sich leicht regeln ließ. Als Blutbehälter dienten zwei Mariottesche Flaschen, mit Thermometern versehen, welche durch Umstellung von Hähnen abwechselnd mit den beiden Carotiden in Verbindung gesetzt werden konnten.

Zur Speisung des Gehirns benutzte ich — wegen der Schwierigkeit, über eine große Zahl von Versuchstieren zu disponieren — frisches defibriniertes Kalbsblut, das mit 20—40% physiologischer Kochsalzlösung verdünnt wurde, eine Mischung, die sich ganz vorzüglich bewährte. Die beiden Mariotteschen Blutflaschen wurden in einen großen Wasserbehälter gestellt. Die Temperatur des Wassers wurde in der üblichen Weise auf der gewünschten Höhe erhalten. (Siehe Fig. 16 Pflügers Archiv Bd. 77, S. 288.)

Schwieriger war es, das Herz funktionsfähig zu erhalten, unter der

Bedingung, daß die anatomischen Verbindungen zu seinem extra-kardialen Nervensystem intakt bleiben, seine physiologischen Beziehungen zu diesem System aber nach Belieben unterbrochen und wiederhergestellt werden können. Dies konnte natürlich nur erreicht werden durch Belassung des Herzens in der Brusthöhle selbst, was andererseits die Beibehaltung des Lungenkreislaufs involvierte.

Um allen diesen Erfordernissen zu entsprechen, griff ich zu einem einfachen Kunstgriff, den ich schon vor Jahren zu realisieren suchte bei den ersten Bestrebungen, das Säugetierherz isoliert funktionsfähig zu erhalten: ich stellte nämlich die Aorta descendens mit der Vena cava inferior durch ein Glasrohr direkt in Verbindung und ließ alle anderen Brustgefäße intakt. Die Zirkulation in den Lungen war für die Versuchszwecke zur Ventilation des Blutes ein unbedingtes Erfordernis. Die Erhaltung des Blutstroms in den vorderen Extremitäten ist nicht störend für die Ergebnisse der Untersuchung. Im Gegenteil, sie gestattet dem Herzen, über größere Blutmengen zu verfügen und unter nahezu normalen Bedingungen zu funktionieren. Durch Anlegen zweier Klemmpinzetten an den Art. subclaviae kann übrigens, wenn erwünscht, auch diese Zirkulation ausgeschlossen werden.

Das Blut strömte also aus dem linken Ventrikel in die Aorta ascendens und aus letzterer einerseits durch die Arterien und Venen der vorderen Extremitäten zur Cava superior und zum rechten Vorhof, andererseits durch die Aorta descendens, Glasrohr, Vena cava inferior gleichfalls zum rechten Vorhof. Die Verbindungen des rechten und linken Herzens durch den Lungenkreislauf blieben in der normalen Weise bestehen; die Speisung der Coronargefäße geschah ebenfalls ungehindert und ununterbrochen fort. Das Gabelrohr, welches die Kanülen der Aorta und der Vena cava verband, wurde mit dem Quecksilbermanometer in Verbindung gebracht (Fig. 16, S. 288, Pflügers Arch. Bd. 77).

Die Vorzüge dieser Methode, das Herz zu isolieren, welche, für meine Versuchszwecke wenigstens, den Ausschlag gaben, sind nun folgende: 1. Während der erforderlichen Zeit zur Isolierung des Herzens werden seine normale Ernährung und seine Kontraktionen keinen einzigen Augenblick unterbrochen. 2. Das Herz bleibt im Pericardium eingeschlossen und behält seine natürliche Lage und Umgebung in der Brusthöhle. 3. Es wird von seinem eigenen Blute gespeist, das in normaler Weise durch die Lungen ventiliert wird. 4. Es arbeitet nicht leer wie bei den anderen Methoden, sondern mit zirkulierendem Blute gefüllt, das unter beliebigen Druck gestellt werden kann. 5. Die ganze Präparation verlangt nur die Unterbindung zweier Gefäße — Aorta und Vena cava — und die Einführung von zwei Kanülen. Die Operationen, welche zur Herstellung der künstlichen Zirkulation durch das Gehirn dienen, kommen natürlich bei der Beurteilung der Methode, den Herz-Lungenkreislauf zu isolieren, nicht in Betracht, da sie nur speziellen Zwecken dienen und bei der alleinigen Benutzung dieser letzteren Methode wegfallen.

In welcher Weise die Verbindung dieser beiden Methoden den vier, S. 311 gestellten, Anforderungen entspricht, braucht wohl nicht erst besonders auseinandergesetzt zu werden. Hervorzuheben ist noch, daß die Ausschaltung der Gefäße der Baucheingeweide (und der hinteren Extremitäten) wohl als gleichbedeutend mit dem Ausschluß der wichtigsten peripheren Vasomotoren betrachtet werden kann. Andererseits wird durch die Aufhebung des Zuflusses von Blut aus der Leber, der Milz, den Nieren, den Schilddrüsen usw. eine gewisse Konstanz in dessen Zusammensetzung erzielt, welche bei Versuchen mit physiologischen Herzgiften gewiß von Bedeutung ist.

d. Operationsverfahren und allgemeine Einrichtung der Versuche.

Hier soll nur die Reihenfolge der verschiedenen Manipulationen angegeben werden; die Ausführungsweise dieser letzteren ist wohl als bekannt vorauszusetzen. Handelt es sich allein um die künstliche Durchströmung des Gehirns, so beginnt man an dem morphinisierten[1]) und tracheotomierten Tiere damit, die Art. cruralis zu präparieren und mit dem Manometer zu verbinden. Sodann legt man Ligaturen an die beiden Art. vertebrales an. Zu dieser Unterbindung ist bekanntlich die Eröffnung der Brusthöhle ganz unnütz. Man erleichtert sich die Operation, indem man in der von mir angegebenen[2]) Weise den vorderen Teil des Sternums mit Hilfe eines Hakens, der mit einem Gewichte durch Schnur verbunden ist, in die Höhe hebt. Sodann wird die künstliche Atmung eingeleitet und darauf sowohl die Carotiden als die Jugulares auf Fäden genommen und zuerst auf der einen, sodann auf der anderen Seite Kanülen in die peripheren Enden dieser Gefäße eingebunden. Man beginnt am besten mit der Carotis, damit aus der Jugularis das Blut noch weiter abfließen kann. Die Jugulares internae werden erst unterbunden, wenn die beiden Blut enthaltenden Mariotteschen Flaschen schon mit den Kanülen der Carotiden verbunden sind und die Durchleitung sofort beginnen kann.

Bei Tieren mit weiten Jugulares internae, wie ich sie häufig in Bern bei strumösen Individuen gefunden habe, kann man die Abfluß-kanülen in diese Venen statt in die Jugularis communis einbinden, um so den Abfluß aus dem Gehirn zu erleichtern.

Beabsichtigt man im Laufe des Versuches, in das Herz verschiedene Stoffe einzuführen, so bindet man in das zentrale Ende der einen Jugularis das Endstück einer Spritze ein.

Soll an demselben Tiere auch der Herz-Lungenkreislauf auf die oben angegebene Weise isoliert werden, so kann man diese Isolierung in verschiedener Weise mit den Manipulationen zur künstlichen Durchleitung des Gehirns kombinieren:

1. Man beginnt nach gemachter Tracheotomie mit der Eröffnung der Brusthöhle und mit der Verbindung der Aorta und der Vena cava

---

1) Bei Versuchen mit den Herzgiften vermeide man den Gebrauch von Chloroform, Chloral und Äther.

2) Methodik d. phys. Exp. u. Vivisektionen. Gießen 1876. S. 173.

inferior miteinander und mit dem Manometer und schreitet erst darauf zur Herstellung der künstlichen Durchleitung des Gehirns, also zur Unterbindung der Vertebrales, der Carotiden, der Jugulares, der Einführung von Kanülen usw. In diesem Falle tut man gut, noch vor der Eröffnung der Brusthöhle die nötigen Fäden untei den Carotiden und den Jugulares unterzuführen, um dann schnell deren Unterbindung und die Einführung von Kanülen vornehmen zu können. Man hat bei dieser Kombination die Möglichkeit, an der vom Manometer gezeichneten Kurve die Veränderungen zu beobachten, welche der Verschluß der Hirngefäße sowie die nachfolgende Herstellung der künstlichen Zirkulation veranlassen.

2. Man leitet zuerst auf die angegebene Weise die künstliche Zirkulation durch das Gehirn ein und schreitet erst darauf zur Eröffnung der Brusthöhle und zur Verbindung der Aorta descendens mit der Vena cava inferior. Ja, man kann sogar — wenn man schnell operiert — zur Isolierung des Herzens schreiten, wenn schon die natürliche Zirkulation durch die Hirngefäße durch die Unterbindung der Halsgefäße unterbrochen wurde, aber noch ehe die künstliche Durchleitung begonnen hat. Wie aus den hier mitgeteilten Probeversuchen ersichtlich, gelingt die Herstellung der Lebensfunktionen der Herz- und Gefäßnervencentra, ja sogar der empfindlicheren Atmungscentra noch, nachdem das Gehirn 15—30 Minuten blutleer war. Man hat in solchem Falle den Vorteil, den Einfluß dieser Herstellung auf das isolierte Herz beobachten zu können (siehe unten Versuch 5).

Je nach der Wahl der einen oder der anderen Kombination für die Isolierung muß die Reihenfolge der Unterbindungen der Aorta und der Vena cava geändert werden.

Bei der Kombination 1 muß zuerst die Vena cava unterbunden werden und dann erst die Aorta descendens; dies, um eine zu gewaltige Drucksteigerung im Gehirn zu vermeiden. Bei der zweiten Kombination ist es vorteilhafter, mit dem Schluß der Aorta zu beginnen, um in dem Herz-Lungenkreislauf möglichst viel Blut zu erhalten.

Besondere Sorgfalt muß darauf verwendet werden, um den Eintritt von Luftblasen und eventuell von der Magnesiumsulfatlösung ins Herz zu verhindern. Zu diesem Zwecke ist es erforderlich, die Verbindungsröhren zwischen dem Manometer und der gabelförmigen Röhre, welche in die Kanülen der Aorta und der Vena cava mündet, noch vor der Einführung dieser Kanülen sorgfältig mit defibriniertem Blute zu füllen. Das gleiche muß auch mit den Kanülen selbst geschehen. Wegen der großen Geschwindigkeit, mit welcher der Inhalt des linken Ventrikels in den rechten Vorhof übergeführt wird, ist die Gefahr einer Gerinnung in den Verbindungsstücken und Kanülen äußerst gering. Man kann daher diese Röhren lang genug wählen. Um dem Eintritte von Magnesiumsulfat aus dem Manometerrohr ins Herz vorzubeugen, darf die vorherige Erhöhung der Quecksilbersäule im Manometer nicht über 60—70 mm gehen.

Was die Präparation der Aorta und der Vena cava inferior selbst anbelangt, so wählt man die Unterbindungsstellen hart am Diaphragma und natürlich auf gleicher Höhe. Kleinere Tiere sind für die leichtere Einführung der Kanülen vorteilhafter als große Tiere mit tiefer Brusthöhle.

Ist das Tier nicht mit Curare vergiftet, so durchschneidet man die beiden Nn. phrenici vor der Präparation der Gefäße, um durch die Bewegungen des Diaphragma nicht gestört zu werden. Man kann auch zur Erleichterung der Handgriffe das letztere in der Mitte anschneiden. Bei der Präparation der Aorta descendens vermeide man die Verletzung der kleinen Art. intercostales. Am sichersten ist es, die nächstliegenden zwei Arterien vorher zu unterbinden und zu durchschneiden, sonst zerreißen sie leicht beim Hervorheben der Aorta.

Ist der Blutdruck in der Aorta unzureichend für eine ergiebige Speisung der Coronargefäße, so bindet man die V. cava inf. ganz ab und spritzt frisches Blut ins Herz ein.

Um das Herz vor Abkühlung zu schützen, genügt es, nach Einführung der Kanülen die Ränder des Brustkastens aneinander mit starken Klemmen zu nähern und mit einem in warmes Wasser getauchtes Tuch zu umhüllen. Will man das Herz verschiedenen Temperaturen aussetzen, so ist es ein leichtes, dies durch Bespülung des Pericardiums mit beliebig temperierten physiologischen Kochsalzlösungen zu erzielen.

Wenn es sich darum handelt, das isolierte Säugetierherz allein zu untersuchen, so fallen natürlich die Unterbindungen der Halsgefäße weg. Es genügt nach Eröffnung der Brusthöhle die Subclavia und Anonyma einfach zu unterbinden oder besser abzuklemmen und sofort zur Verbindung der Aorta mit der Vena cava inf. zu schreiten. Die nervösen Verbindungen mit den extrakardialen Centra sind aber damit nicht gänzlich aufgehoben. Die wegen Blutleere absterbenden Centra können vor dem völligen Erlöschen ihrer Funktionen noch Erregungen an das Herz senden und sogar nach diesem Erlöschen sind die in den sympathischen Ganglien enthaltenen Nervencentra noch imstande, die Herzbewegungen zu beeinflussen. Die alleinige Durchschneidung der Vago-Sympathici, welche einige Schüler von Newell Martin übten, genügt natürlich nicht, um solche Beeinflussungen ganz aufzuheben. Um letzteres zu erzielen, ist es notwendig, die letzten Hals- und ersten Brustganglien zu exstirpieren, oder, was bei eröffneter Brusthöhle nicht schwer auszuführen ist, diese Ganglien bloßzulegen und ihre sämtlichen Äste zu durchschneiden.

Die auf S. 311 erwähnte Fig. 16 gibt die allgemeine Anordnung eines nach dieser Methode angestellten Versuches an, wobei die künstliche Durchströmung der Hirngefäße und die Isolierung des Herz-Lungenkreislaufs gleichzeitig vorgenommen wurde. Die Erklärung der Figur l. c. genügt, um die Einzelheiten der Versuchsanordnung zu erfassen.

Zu gewissen Versuchszwecken kann man den Herz- und Lungenkreislauf auch in der Weise isolieren, daß man, ohne die Brusthöhle zu eröffnen, die Aorta und V. cava inf. unterhalb des Diaphragma einfach abbindet und das Manometer mit dem zentralen Ende der einen Carotis in Verbindung setzt.

e. Versuche mit physiologischen Herzgiften zur Prüfung der neuen Methoden.

Die hier mitzuteilenden Versuche bezweckten in erster Linie die Prüfung der Verwendbarkeit dieser Methoden zur Lösung der in der Einleitung formulierten Probleme sowie die Feststellung der etwaigen Fehlergrenzen, bis zu welchen die mit diesen Methoden erhaltenen Ergebnisse noch verwertet werden können. Diese Probeversuche haben nebenbei einige neue Tatsachen über die Wirkungsweise der physiologischen Herzgifte und über die Möglichkeit, durch intrakranielle Zirkulation die erloschenen Funktionen der Hirn- und Herzcentra herzustellen, ergeben, die von hohem Interesse sind.

Aus Gesundheitsrücksichten gezwungen, die für mich wenigstens sehr anstrengende[1]) experimentelle Untersuchung auf einige Zeit zu unterbrechen, war ich mir deren Unvollständigkeit nach einigen Richtungen hin völlig bewußt. Die Veröffentlichung mehrerer besonders gut gelungener Versuche wird aber genügen, um die Verwendbarkeit der Methoden zu bezeugen und Fachgenossen zu deren weiterer Ausbildung anzuregen. Mit Hilfe von zwei geübten Assistenten bietet die Ausnutzung dieser Methoden, wenn sie auch kombiniert angewendet werden, keinerlei Schwierigkeiten. Im Verlaufe der ganzen Untersuchung sind mir nicht mehr als 3—4 Versuche aus experimentellen Versehen verloren gegangen.

Bei meiner ersten Untersuchung[2]) mit der künstlichen Durchleitung des Gehirns, um den Einfluß der variablen Temperaturen auf

---

[1]) Wegen der großen Entfernung meines damaligen Wohnsitzes (Territet) vom physiologischen Institut in Bern verlangte schon ohnedies fast jeder meiner Versuche eine achtstündige Eisenbahnreise.

[2]) Bei der Vervollständigung meiner Sammlung von Pflügers Archiv bin ich im Jahre 1898 auf ein Schreiben Tarchanoffs (Bd. 42) aufmerksam gemacht worden, das zur Zeit seiner Veröffentlichung mir entgangen ist. Tarchanoff beklagte sich, daß ich bei der Wiedergabe dieser Untersuchung in meinen gesammelten Arbeiten zwei Sätze ausgelassen habe, in denen sein Name erwähnt wurde. Die Klage konnte in der Tat verletzend scheinen, da ich in derselben Sammlung sonst die Mitarbeiterschaft aller meiner Schüler angeführt habe, sogar solcher, welche wie z. B. Aladoff und Solucha noch vor der Beendigung der gemeinschaftlichen Untersuchung verschieden oder verschollen waren. Nun war ich zwar sehr stolz, wenn meine früheren Schüler, wie Tschirieff, Pawlow, Afonassieff u. a., mit Dankbarkeit sich ihres ersten Leiters auf dem Gebiete der Physiologie erinnerten. Auf die Ehre, Tarchanoff zu meinen Schülern zu zählen, darf ich aber keinen ernstlichen Anspruch machen, da er in Wirklichkeit nie, weder in meinem Laboratorium noch anderswo, unter meiner Leitung irgendwelche physiologische Studien oder Arbeiten durchgeführt hat. Es ist zwar ganz richtig, daß er auf meine Veranlassung begonnen hat, Temperaturmessungen zu machen, um die Abkühlung des Blutes beim Austritt aus den Mariotteschen Flaschen zu bestimmen, Messungen, die von gar keinem Belang für die betreffende physiologische Untersuchung waren. Die letztere aber habe ich allein ausgeführt, während Tarchanoff, dank einem von mir ausgewirkten Reisestipendium, sich im Auslande befand. Die

die zentralen Enden der Herznerven zu studieren, habe ich stillschweigend vorausgesetzt, daß die Unterbindung der beiden Carotiden und Vertebrales genüge, um jeden Blutzufluß zum Gehirne zu verhindern. Eine solche Voraussetzung, wenn sie auch nicht ganz den Tatsachen entsprach, war bei meinen damaligen Versuchen insofern berechtigt, als eine plötzliche Temperaturerhöhung des die Hirnarterien durchströmenden Blutes auf die zentralen Enden der Herznerven unzweifelhaft ihre volle Wirkung ausüben mußte, auch wenn durch etwaige Anastomosen zu diesen Centra noch eine geringe Quantität von anders temperiertem Blute zufließen konnte. Auch die andere Gefahr war ausgeschlossen, daß einige Tropfen des hochtemperierten Blutes, welche direkt ins Herz gelangten, dieses beeinflussen könnten: die Umwege, welche dieses Blut in solchem Falle machen müßte, waren groß genug, um die Differenz der Temperatur dieser winzigen Blutmenge mit der des normalen Blutes auszugleichen.

Die Verhältnisse sind aber ganz verschieden, wenn es sich um die Wirkungen von Herzgiften auf die isolierten Herznervenenden handelt. Auch ganz geringe Mengen solcher Gifte, auf Umwegen zu den isolierten Nervencentra gelangt, können die Versuchsergebnisse trüben. Schon A. Cooper[1]) hat bei seinen Versuchen mit Kompression der beiden Carotiden auf die mögliche Intervention von Anastomosen aufmerksam gemacht, wenn es sich darum handelte, das Gehirn vollkommen blutleer zu machen.

Ehrmann[2]) hat in einer demselben Gegenstand gewidmeten Untersuchung näher die Natur dieser Anastomosen angegeben, so z. B. die zwischen der Art. thyreoidea sup. und inf. und zwischen der Art. cervicalis ascendens und der Carotis externa. Panum hat auf die Anastomosen zwischen den Vertebrales und Cervicalarterien aufmerksam gemacht.

In den Versuchen, wo es darauf ankommt, das Herz von dem im Gehirn zirkulierenden Blut abzusperren, sind natürlich hauptsächlich die venösen Anastomosen in Betracht zu ziehen. So z. B. führen beim Hunde die Sinus s. Columnae vertebrales einen großen Teil des Venenblutes aus dem Hirn ab; sie könnten also auch mit Umgehung der Jugulares Blut in die Hohlvenen gelangen lassen.

Inwiefern diese verschiedenen Anastomosen bei der Benutzung der hier in Betracht kommenden Methoden zur Isolierung der Gehirnzirkulation von dem Herz-Lungenkreislauf in Betracht gezogen werden müssen, dies konnte zum Teil mit Hilfe einiger heftigen Herzgifte eruiert werden, wie Atropin und Muscarin. Wenn z. B. bei Einführung von Atropin in die Hirnzirkulation die nachherige Reizung des Vagusstammes tief am Halse sich unwirksam zeigen sollte, so würde dies den

---

später weggelassenen zwei Sätze der ersten Mitteilung bezweckten nur die Gewährung dieses Stipendiums einigermaßen zu rechtfertigen.

1) Gazette Médicale. 1838.

2) Des effets produits sur l'encéphale par l'oblitération des vaisseaux arteriels. Strassbourg 1860. Recherches sur l'anémie cérébrale. Strassbourg 1858.

Schluß gestatten, daß dieses Gift durch die Venenanastomosen direkt ins Herz gelangt ist. Wie umgekehrt, im Falle das ins Herz eingeführte Atropin trotz des Abschlusses der Hirnzirkulation auf die Pupillen wirkte, dies dafür sprechen würde, dieser Abschluß sei nicht vollkommen.

Ähnliche Kontrollversuche mit Muscarin sind schon der richtigen Deutung weniger zugänglich. Da es sich bei Muscarin um Erregung der Vagi handelt, so könnte die bei intrakranieller Einführung von Muscarin auftretende Verlangsamung sowohl auf Erregung der extra- als der intrakardialen Nervenenden beruhen. Ich habe bei mehreren meiner Probeversuche Kontrolle mit diesen beiden Giften zu üben gesucht; wie aus den hier als besonders typisch mitgeteilten Versuchen ersichtlich, ist die Entscheidung oft viel schwieriger zu treffen, als dies nach den theoretischen Prämissen zu erwarten war. In den meisten Versuchen konnte eine solche nur mit Hilfe von Nebenumständen mit Sicherheit gefällt werden.

Versuch 1.

14. Februar 1899. Mittelgroßer Hund, etwa 3 Jahre alt; keine Spur von Kropf. Morphium 0,1 g und darauf Äther. Tracheotomie. Vorherige Unterbindung der beiden Vertebrales und darauf Einführung von Kanülen in die Hirnenden der Carotiden und Jugulares externae. Manometer mit der Art. cruralis verbunden. Zur Durchleitung des Gehirns wurde frisches defibriniertes Kalbsblut benutzt, das 10 prozentig mit physiologischer Kochsalzlösung verdünnt war. Die Temperatur des durchgeleiteten Blutes war 35—34° C. Der Durchleitungsdruck war im Beginn 130 mm. Das zur Einspritzung gelangte Nebennierenextrakt war 4 prozentig und aus getrockneten Kalbsnebennieren bei Siedehitze hergestellt. Die Sektion ergab, daß von dem am Ende des Versuches in die Carotis interna eingespritzten Paraffin in den Hirngefäßen makroskopisch keine Spur zu sehen war; in der Art. basilaris viele Luftbläschen. Die Hypophyse erschien ganz normal und war auch in der gewöhnlichen Weise gelagert.

Tabelle I.

1. Versuch. 14. Febr. 1899. Nebennierenextrakt bei künstlicher Durchleitung des Gehirns	Zeit	Blutdruck in mm Hg.	Zahl der Herzschläge in 10 Sek.	Atmungen in 10 Sek.	Bemerkungen
Vertebrales und Carotiden seit 4h 40′ unterbunden	h 5 00	270—140	11	—	Künstliche Respiration.
—	5 10	240—148	11	—	Keine Eigenschwingungen trotz der Höhe der Exkursionen.
Beginn der künstlichen Durchleitung	5 10	210—128	12	—	Ein paar Vagusstillstände von 3 Sek. Dauer bei 60 mm Druck.
—	5 12	200—138	11	—	Hund beginnt selbständig zu atmen.
Einspritzung hirnwärts v. 1 ccm Nebennierenextr.	—	190—150	24	5	Heftige Atembewegungen, die allein die
Zweite Einspritzung von 1 ccm Nebennierenextr.	5 13	150	26	—	großen Differenzen des Blutdruckes verursachen. Pulse klein.
—	5 14	184	16	—	16 Doppelpulse v. 14 mm
—	5 16	160	20	—	Exkursionshöhe.

Tabelle I (Fortsetzung).

1. Versuch. 14. Febr. 1899. Nebennierenextrakt bei künstlicher Durchleitung des Gehirns	Zeit	Blutdruck in mm Hg.	Zahl der Herzschläge in 10 Sek.	Atmungen in 10 Sek.	Bemerkungen
—	h ' 5 36	144	12	3	
Dritte Einspritzung von 2 ccm Nebennierenextr.	5 40	210—90	14	—	Einige Pulse von 120 mm Höhe.
Durchschneidung des linken Vagus	—	290—180	15	—	Die Druckdifferenzen sind von den Respirationswellen erzeugt. Pulshöhen 8 mm.
Durchschneidung d. rechten Vagus	—	340—234	32	3	Pulshöhen 8 mm.
—	5 45	240—182	32	2	Pulshöhen 8 mm.
—	5 47	200—150	32	—	Pulshöhen 8 mm.
Vierte Einspritzung v. allmählich 8 ccm Nebennierenextrakt	5 47	340—260	42	—	Pulshöhen 4 mm. Große natürl. Respirationswellen.
—	5 50	190	36	—	Regelmäßige Respirationswellen nur von der künstlichen Respiration abhängig.
—	5 55	150	26	—	
Fünfte Einspritzung hirnwärts v. 2 ccm Nebenextrakt	5 55	190	32	—	
—	5 56	260—202	34	3	Seltene Respirationswellen natürlich; 40 Sek. Latenz.
—	—	180	36	—	
—	5 58	120	30	—	
Erste Einspritzung von 2 ccm Nebennierenextrakt in das Herzende d. Jugulares. .	—	320	42	—	20 Sek. Latenz. Keine Respirationswellen.
—	5 59	194	36	—	
Suspension der künstlichen Atmung . . .	—	164	35	1,5	Lidreflex dauert fort.
Aufhören der künstlichen Durchleitung	6 00	164—136	30	—	Auftreten langer Traubescher Wellen.
—	6 5	104	26	—	Dauer der Wellen 40 Sek., keine Respirationswellen.
—	6 10	138—164	28	—	Hoher Druck im Beginn der Wellen.
—	6 20	120	38	—	Kurze Traubesche Wellen von 5 Sek. Dauer.
Einführung einer Kanüle in die Carotis interna	6 30	116	26	—	Lidreflex besteht, aber nur nach längerer Reizung.
Injektion v. warmem Paraffin in die Carotis interna	6 40	260	30	—	
Zweite Injekt. v. Paraffin	6 45	320	38	—	
—	6 46	250—160	38—34	—	Wiederauftritt d. Traubeschen Wellen.
—	6 52	120	30	—	
—	6 58	30	24	—	
—	7 00	50	20	—	Tod des Tieres; Lidreflex dauerte bis zu Ende.

Aus dem Gange der Versuchserscheinungen, wie die Tabelle sie getreu wiedergibt, lassen sich der Reihe nach folgende Tatsachen direkt ableiten:

1. Etwa 30 Minuten nach der Unterbrechung der Zirkulation war der Blutdruck noch sehr hoch (Mitteldruck annähernd 200 mm), der Rhythmus der Herzschläge regelmäßig; die letzteren verlangsamt und verstärkt unter dem Einflusse der Morphium-Äthernarkose. Die selbständigen Atembewegungen hörten etwa 20 Minuten nach dieser Unterbrechung auf und mußten durch künstliche Ventilation ersetzt werden.

2. Der Beginn der künstlichen Durchströmung der Hirngefäße erzeugte sofort eine merkliche Senkung des Blutdruckes (um etwa 30—40 mm); die Zahl der Herzschläge wurde, abgesehen von ein paar Stillständen von 3—4 Sekunden Dauer, kaum beeinflußt (Tafel VII, Kurve 1). Ein paar Minuten nach der Durchströmung begann das Tier selbständig zu atmen.

3. Die ersten drei sukzessiven intrakraniellen Einspritzungen von Nebennierenextrakt vermochten den Blutdruck nur wenig zu erhöhen, die Zahl der Herzschläge dagegen um mehr als das Doppelte zu beschleunigen mit Verminderung von deren Exkursionshöhe. Sie erzeugten heftige Atembewegungen, die sich durch ganz ungewöhnlich enorme Schwankungen des Blutdruckes kundgaben (Tafel VII, Kurve 2). Wie aus dem bloßen Vergleiche der Fig. 1 und 2 ersichtlich, waren diese Respirationsschwankungen fast ebenso groß, wie im Beginn die Pulsschwankungen.

4. Erst nach der Durchschneidung der durch die Morphium-Äthernarkose[1]) heftig erregten Vagi vermochte die intrakranielle Einführung von Nebennierenextrakt ihre volle Wirkung auf Blutdruck und Zahl der Herzschläge zu äußern: ersterer stieg bis auf 340 (Maximum), letztere bis zu 42 in 10 Sekunden, also um das Vierfache der ursprünglichen Zahl. Die Respirationsschwankungen wurden nach dieser Durchschneidung seltener, waren aber immer noch sehr heftig. Die Exkursionshöhen der beschleunigten Herzschläge sanken auf 8—4 mm. Beim Absinken des Druckes und Aufhören der krampfhaften Atmungen wurden die Respirationswellen sehr abgeflacht und entsprachen dem Rhythmus der künstlichen Lufteinblasungen (Tafel VII, Kurve 3). Sowohl bei den natürlichen wie bei den künstlichen Respirationswellen begann die Steigerung der Blutdruckkurve mit dem Beginn der Inspiration und deren Senkung mit dem Anfang der Exspiration.

5. Die intrakardiale Einspritzung von Nebennierenextrakt erzeugte eine viel bedeutendere Drucksteigerung als die intrakranielle (von 120 auf 320 mm, statt von 150 auf 190 oder von 144 auf 210—90, und von 200—150 auf 340—260). Die schon ohnehin beschleunigt gewesenen Herzschläge (30 in 18 Sekunden) steigen auf dieselbe Höhe (42 in 10 Sekunden) wie bei der intrakraniellen Einspritzung. Die

---

[1]) Vielleicht auch durch die Anhäufung von CO_2 in dem Hirnblut während der langen Unterbrechung der Zirkulation.

heftigen, selbständigen Atemkrämpfe fehlten vollständig; dementsprechend blieben auch die Respirationswellen flach und den Lufteinblasungen konform (Tafel VII, Kurve 4).

6. Sowohl bei der intrakraniellen als bei der intrakardialen Einführung von Nebennierenextrakt fehlte vollständig die initiale Verlangsamung der Herzschläge, welche sonst beobachtet wird[1]).

7. Das Aufhören der künstlichen Atmung und der Hirnzirkulation erzeugte eine Reihe von Traubeschen Wellen, ganz identisch der Form nach mit denen, welche ich unter ähnlichen Umständen vor Jahren beschrieben und abgebildet habe[2]) (Tafel VI, Kurve 5). Das Tier überlebte noch mehr als eine Stunde dieses Aufhören und ging zugrunde bei einem Blutdrucke von 50 mm und 20 Herzschlägen in 10 Sekunden.

8. Die intrakranielle Einspritzung von heißer Paraffinlösung erzeugte eine momentane Drucksteigerung und Beschleunigung der Herzschläge, die fast ebenso bedeutend waren wie bei Einführung von Nebennierenextrakt.

Der Lidreflex hielt bei dem Tiere bis zum Tode an, obgleich es am Ende bei aufgehobener Hirnzirkulation zu seinem Auftreten einer längeren Reizung bedurfte. Leider ist auf der Kurve nicht verzeichnet worden, ob während der 30 Minuten der initialen Unterbrechung der natürlichen Zirkulation dieser Reflex auch bestehen blieb.

Die Folgerungen aus den beobachteten Erscheinungen lassen sich mit großer Präzision ableiten. Hier sollen vorläufig nur die in den Punkten 3 bis 6 resümierten Wirkungen des Nebennierenextraktes hervorgehoben werden. Die übrigen Erscheinungen, welche sich auf die allgemeinen Wirkungen der Unterbrechung und der künstlichen Wiederherstellung der Zirkulation in den Hirngefäßen beziehen, sollen am Schlusse besprochen werden.

Die erste Folgerung, welche für die Wirkungsweise des Nebennierenextraktes auch die wichtigste ist, liegt in dem Nachweise, daß dieses Extrakt ganz analoge, nur quantitativ verschiedene Erregungen sowohl in den peripheren als in den zentralen Enden der Gefäß- und Herznerven erzeugt. Die ausschließlich auf die im Hirn gelegenen Centra der Vasomotoren und Accelerantes wirkende intrakranielle Einführung von Nebennierenextrakt bewirkte eine Steigerung des Blutdruckes und eine Beschleunigung der kleiner werdenden Herzschläge ganz in derselben Weise, wie die Einführung dieses Extraktes in den allgemeinen Kreislauf mit Ausnahme des Gehirns. Dieser Durchleitungsversuch, ebenso wie einige der folgenden, beweisen also in unzweifelhafter Weise die Richtigkeit meiner Deutung der Wirkungsweise des Nebennierenextraktes gegenüber der Erklärung von Oliver und Schäfer, die diesem Extrakte nur die Beeinflussung der Herz- und Gefäßmuskulatur vindizieren.

---

[1]) Siehe § 2.
[2]) Ges. physiol, Arbeiten usw. Kurve L. Tafel VIII.

Von einem Übertritte des Nebennierenextraktes aus den Hirngefäßen in die allgemeine Zirkulation — und vice versa — konnte in diesem Versuche sicherlich keine Rede sein. Dies wird in evidenter Weise zuerst demonstriert durch die bedeutend geringere Blutdrucksteigerung bei der intrakraniellen Einspritzung als bei der intrakardialen. Wäre aus den Hirngefäßen ein Teil des Nebennierenextraktes ins Herz gelangt, so müßte bei der ersteren Einführungsweise die Drucksteigerung viel beträchtlicher ausfallen. Wie wir aber sahen (Punkt 5), trat gerade das Gegenteil ein: die intrakranielle Einspritzung erzeugte Drucksteigerungen, die kaum ein Dritteil der durch die intrakardiale Einspritzung hervorgerufenen betrugen. Diesen Beweis in der Weise umkehren zu wollen, daß man annehmen wollte, daß bei letzterer eben größere Mengen des Nebennierenextraktes auch ins Gehirn gelangten und auf diese Weise die zentralen und peripheren Enden der Gefäßnerven erregten, ist sicherlich nicht zulässig. Ein solcher Übertritt hat nicht stattgefunden, wie dies in ganz eindeutiger Weise dadurch bewiesen wird, daß die intrakardiale Einspritzung des Nebennierenextraktes auch nicht die geringste Einwirkung auf das sonst dagegen so empfindliche Atmungszentrum ausgeübt hat (Punkt 5).

Ein anderer Umstand deutet ebenfalls darauf hin, daß die beiden Einführungsweisen auf verschiedene Angriffspunkte der Gefäßnerven einwirken: nämlich die in allen Versuchen leicht festzustellende Beobachtung, daß die intrakranielle Einspritzung des Nebennierenextraktes zur Äußerung ihrer vollen Erregungskraft auf den Blutdruck immer einer doppelt so großen Latenzzeit bedarf wie die intrakardiale, 40 Sekunden statt 20 Sekunden, resp. 20 Sekunden statt 10 Sekunden. Es ist leicht erklärlich, daß die Drucksteigerung, welche von der lokalen Erregung sämtlicher peripheren Enden der Gefäßnerven abhängt, schneller auftritt als eine durch die Erregung des Gefäßnervenzentrums erzeugte.

Der Punkt 6 verdient besonders hervorgehoben zu werden. In meinen Untersuchungen über die Wirkungsweise des Nebennierenextraktes habe ich entgegen der Ansicht aller meiner Vorgänger behauptet, daß dieses Extrakt nicht direkt die Vaguscentra erregt, und daß die initiale Verlangsamung, welche man bei Einführung des Nebennierenextraktes (besonders das erstemal) beobachtet, nur eine indirekte Folge der plötzlichen Steigerung des Hirndruckes sei.

Sowohl in diesem, als in allen übrigen Versuchen, wo die intrakranielle Zirkulation von der Gesamtzirkulation isoliert war, beobachtete ich in der Tat nie diese initiale Vagusreizung, welches auch der Weg war, auf dem die Extraktlösung in die Zirkulation gelangte. Es ist ja selbstvertändlich, daß bei einer solchen Isolierung auch die stärksten Verengerungen der Eingeweide- oder Extremitätengefäße keine passive Erweiterung der Hirngefäße, d. h. keine Steigerung des Hirndruckes erzeugen konnten.

Der nun folgende Versuch bezweckte: erstens den Einfluß der Abkühlung auf die zentralen Enden der Herz- und Gefäßnerven zu beobachten und zweitens die Folgen des Antagonismus festzustellen,
welcher sich äußern muß bei gleichzeitiger Erregung der zentralen
Vagusenden durch ein Reizmittel und der Erregung der peripheren
Acceleransenden durch ein anderes. Als Reizmittel für den Vagus
benutzte ich die Abkühlung, als solches für die Accelerantes das Nebennierenextrakt.

Versuch 2.

Mittelgroßer Hund; beiderseitiger hyperplastischer Kropf, infolge wovon die
Gefäße der Schilddrüsen ganz enorm erweitert waren. Die Vena thyreoidea inferior
war so weit wie sonst die Jugularis externa und die V. jugularis interna, nach
Aufnahme der Schilddrüsenvenen, viel weiter als sonst die Jugularis communis.
Ich habe deshalb nach Unterbindung der Art. thyreoidea inferior auf der einen
Seite die Kanüle in das Hirnende der Jugularis interna, bei abgebundener Vena
jugularis externa, eingeführt, auf der anderen Seite in die letztere, bei abgebundener Jugularis interna. Morphiumnarkose und Tracheotomie. Manometer
mit der Art. cruralis verbunden. Zur Durchströmung des Gehirns wurde gleichfalls frisches, defibriniertes Kalbsblut verwendet, 10 prozentig mit einer physiologischen Kochsalzlösung verdünnt. Die Durchleitung geschah unter dem Druck
von 110 mm im Beginn, dieser Druck wurde allmählich gesteigert und erreichte
am Ende 130 mm.

Die erste Bestimmung des Druckes geschah um 4 h 55′ vor jeder Unterbindung der Halsgefäße. Die Einführung von Kanülen in die letzteren wurde
um 5 h 5′ beendet.

Tabelle II.

2. Versuch. 21. Febr. 1899. Nebennierenextrakt und Abkühlung der Hirncentra	Zeit	Blutdruck in mm Hg.	Zahl der Herzschläge in 10 Sek.	Atmungen in 10 Sek.	Bemerkungen
	h ′				
Vor der Unterbindung der Halsgefäße bei geschlossenen Vertebrales . .	4 55	120—30	12	1,5	Exkursionshöhe d. Herzschläge 90 mm.
Einführung von Kanülen in die Carotiden und Jugulares	5 5	180—54	13	1,5	
Aufmachen der Jugulares	5 7	174—54	11	2	
Beginn der künstlichen Zirkulation von Blut bei 38° C	5 10	170—48	11	1,5	Sehr regelmäßige Kurve während 10 Minuten.
Künstliche Respiration .	5 20	80	19—16	—	Blutabfluß aus d. Venen sehr lebhaft.
Wechsel der Blutflasche: 24° C und Nebennierenextrakt	5 25	88	15	—	
—	5 26	66	8	—	Kältepulse, diastolische Pausen von $^1/_3$—$^1/_2$ Sek. Höhe 20 mm.
—	5 27	112	7	—	Allmähliche Steigerung des Druckes. Höhe 36 mm.

Tabelle II (Fortsetzung).

2. Versuch. 21. Febr. 1899. Nebennierenextrakt und Abkühlung der Hirncentra.	Zeit	Blutdruck in mm Hg.	Zahl der Herzschlage in 10 Sek.	Atmungen in 10 Sek.	Bemerkungen
Nach 30 Sekunden. . .	h ´ —	252—148	6	—	Plötzliche Drucksteigerung. Höhe 110 mm.
—	—	252—222	19	—	Plötzl. Beschleunigung. Höhe 30 mm.
—	—	240	36	—	Kleine Pulse; Respirationswellen treten auf.
Wechsel der Flasche: 24° C ohne Nebennierenextrakt	5 25	200	26	—	Abwechselnd ein großer und ein kleiner Puls.
Nach 30 Sekunden . .	—	152—120	26—7	—	Plötzliche Senkung des Druckes u. d. Pulszahl.
Einspritzung in das Herzende der Jugularis 1ccm Nebennierenextrakt .	5 36	292—160	7	—	20 Sekunden Latenz.
Nach 30 Sekunden . .	—	290	26	—	Exkursionshöhe 14 mm.
—	5 37	152	7	—	Wiederkehr der Kältepulse.
Zweite Einspritzung in das Herzende der Jugularis	5 37	274—164	7	—	10 Sekunden Latenz.
Nach 15 Sekunden . .	—	270	22	—	Plötzl. Beschleunigung.
—	5 40	170—120	7	—	
Wechsel der Flasche: 24° C mit Nebennierenextr.	5 42	256—190	10	—	10 Sekunden Latenz.
—	—	261—160	11	—	
Aufhören der künstlichen Atmung	5 58	110	11	3	Tier beginnt selbständig zu atmen.
Aufhören der künstlichen Zirkulation	6 00	110	10	3	
—	6 4	100	18	2	Kleine Pulse durch Pausen unterbrochen.
—	6 30	80	20	1,5	Versuch abgebrochen. Lidreflex blieb während des ganzen Versuches.

Auch die Ergebnisse dieses Versuches sind vollkommen klar und, was die Wirkungen des Nebennierenextraktes auf die zentralen und peripheren Enden der Herz- und Gefäßnerven betrifft, in voller Übereinstimmung sowohl mit den Resultaten des vorigen Versuches als mit der mehrmals gegebenen Auffassung der Bestimmung dieser physiologischen Herzgifte. Die in den Tabellen enthaltenen, darauf bezüglichen Zahlen sind eindeutig und bedürfen keiner besonderen Erklärung.

Dagegen sind die Wirkungen der Kälte besonders hervorzuheben. Sie liefern neue Beweise für die Gültigkeit meines zweiten Erregungsgesetzes der Herzganglien und sind auch in hohem Grade lehrreich für das Verständnis der antagonistischen Wirkungen der Vagi und Accelerantes. Der plötzliche Ersatz des $+38°$ warmen Blutes durch ein solches von $+24°$, welchem eine Lösung von 4% Nebennierenextrakt beigemengt war (10 ccm Nebennierenextrakt auf 1 l Blut), modifizierte in ganz anschaulicher Weise den gewöhnlichen Gang der Veränderungen, welche dieses Herzgift sonst erzeugt. Noch besser als durch die Zahlen der Tabelle werden diese Veränderungen durch die Kurven demonstriert. Die Fig. 1 der Tafel VIII gibt den regelmäßigen Verlauf der Blutdruckschwankungen während der Durchströmung der Hirngefäße mit Blut von 38° C unter einem Drucke von 110 mm. Die Einleitung der künstlichen Respiration hat den Blutdruck bedeutend gesenkt, die Zahl der Herzschläge aber beschleunigt (Kurve 2, Tafel VIII). Die Kurven 3, 4, 5 und 6 demonstrieren die Effekte der Abkühlung der Hirncentra der Herznerven bei deren gleichzeitiger Erregung durch das Nebennierenextrakt: der Blutdruck verändert sich sehr wenig, dagegen werden die Herzschläge unregelmäßig, nehmen den Charakter des Pulsus bigeminus an, wobei ein starker Herzschlag von einem anderen schwächeren gefolgt wird (Fig. 2 a). Wie gewöhnlich zeigt diese disharmonische Pulsform einen Kampf zwischen den beschleunigenden und hemmenden Nerven an. In der Fig. 3 sehen wir den Sieg der letzteren. Die Herzschläge werden langsam, ihre Amplitude vergrößert sich und kleine diastolische Pausen treten auf. Wir erhalten Pulse, die ihrer Form nach fast identisch sind mit denen, welche ich vor Jahren durch Abkühlung des isolierten Froschherzens zu erhalten pflegte[1]). Dieselbe Verzögerung der Phasen der Herzkontraktion mit diastolischem Stillstande wie dort, nur mit dem Unterschiede, daß sie hier viel geringer ausfiel. Dieser Unterschied hängt nicht etwa von der antagonistischen Wirkung der durch das Nebennierenextrakt erregten Fasern der Accelerantes ab; denn er bestand in diesem Versuche auch, wenn vor diesem Extrakte freies, aber niedrig temperiertes Blut durch das Gehirn geleitet wurde. Er rührt vielmehr daher, daß wie in den früheren Versuchen, wo die Abkühlung auf das Herz selbst einwirkte, die Kälte gleichzeitig auf die Vagusenden und auf den Herzmuskel wirkte.

Bekanntlich hat Langendorff[2]) bei seinen Studien am ausgeschnittenen Herzen der Warmblüter gefunden, daß die Änderungen ihrer Schlagzahl bei variabler Temperatur vollkommen denen entsprechen, welche ich am Froschherzen beobachtet habe. Seine Kurve[3]), welche den Gang der Abhängigkeit dieser Schlagzahl von der Temperatur des Herzblutes darstellt, ist, wie Langendorff hervorhebt, ganz mit derjenigen identisch, welche ich für das Herz der Kaltblüter gegeben habe[4]). Dies harmonierte auch vollkommen mit der früher von mir festgestellten Tatsache, daß plötzliche Steigerungen der Temperatur auf die zentralen Enden der Vagi von Warmblütern in derselben Weise

---

[1]) Ges. physiol. Arbeiten Berlin 1888. S. 29 Fig. 7g; siehe auch Fig. 5 und 6 auf' S. 22—23.
[2]) Langendorff, 2. Abhandlung. Pflügers Archiv Bd. 66 S. 355—400.
[3]) l. c. S. 392 Fig. 29.
[4]) l. c. S. 12 Fig. 1.

erregend wirken, wie auf die peripheren Enden bei Kaltblütern[1]). Die
Fig. 3 zeigt deutlich, daß dies auch bei den Einwirkungen der
Kälte der Fall ist.

Diese Erregung der Vagi verzögerte auch ganz bedeutend —
während zwei Minuten — die volle Entwicklung der Drucksteigerung unter dem Einflusse des Nebennierenextraktes. Wie Fig. 4
(Taf. VIII) zeigt, begann nach dieser langen Latenz die Drucksteigerung nur ganz allmählich sich zu entwickeln, wobei die Amplitude
der Kältepulse zwar immer zunahm, die Verzögerung der Phasen aber
fortbestehen blieb. Darauf geschah eine plötzliche Steigerung des
Druckes und einige Sekunden darauf eine ebenso plötzlich auftretende enorme Beschleunigung der Pulse (Fig. 5, Tafel VIII).
War die Erregung der Vagi die alleinige Ursache der verzögerten Drucksteigerung? Dies ist wohl kaum anzunehmen. Wie der Beginn der
Fig. 5 zeigt, konnte der Blutdruck sein Maximum schon bei sechs
Schlägen in 10 Sekunden erreichen, wie man dies ja auch bei den initialen
Verlangsamungen beobachtet, welche man infolge des erhöhten Hirn-
druckes im Beginn der Nebennierenextraktwirkungen erhält.

Man muß also annehmen, daß die Kälte, welche erregend
auf die Centra der Vagi wirkt, einen deprimierenden Einfluß
auf das Gefäßnervenzentrum auszuüben vermag, und dies
in Übereinstimmung mit meinem dritten Erregungsgesetze
der Herz- und Gefäßnervencentra.

Wie die Fig. 6 (Tafel VIII) zeigt, kehren die Kältepulse nach
einer kurzen Phase vom Pulsus bigeminus zurück, sobald die
Wirkungen des Nebennierenextraktes schwinden.

Die Fig. 7 (Tafel VIII), welche bei intrakardialer Einführung
von Nebennierenextrakt bei gleichzeitiger Abkühlung der intrakraniellen
Centra der Herz- und Gefäßnerven erhalten wurde, zeigt, daß hier die
erregenden Wirkungen des Nebennierenextraktes auf die peripheren
Enden der Nn. accelerantes auch gegen die Erregung der zentralen Vagusenden zu kämpfen hatten und daß der Sieg der ersteren
sich ebenfalls durch eine plötzliche große Beschleunigung (von 7
auf 26) äußerte. Der Kampf dauerte aber viel kürzere Zeit als zwischen
den Zentren der Accelerantes und denen der Vagi, kaum
30 Sekunden statt 2 Minuten (Fig. 4 und 5).

Auch die Erregung der peripheren Gefäßnerven durch das Nebennierenextrakt hat ebenso schnell den Sieg über die deprimierende
Wirkung der Kälte auf das Gefäßnervenzentrum davongetragen.

Dieser Versuch lehrt jedenfalls, daß es sehr lohnend ist, die Hirn-
und Herzenden derselben Nerven gleichzeitig entgegengesetzten Einflüssen zu unterwerfen.

In den früheren Versuchen über die Wirkungen des Hypophysins
konnte ich feststellen, daß sie sich auch bei durchschnittenen, und
oft sogar bei durch Atropin vergifteten Vagi in voller Kraft äußern

---

[1]) l. c. S. 138ff.

können. Wie verhält sich nun das Hypophysin, wenn es nur die Hirnenden der Vagi zu beeinflussen vermag? Der Versuch 3 beantwortet diese Frage.

Versuch 3.

Mittelgroßer Hund. Morphiumnarkose. Um 4 h 5′ beiderseits die Vertebrales unterbunden. Um 4 h 15′ Kanülen in die Carotiden und Venae jugulares hirnwärts eingebunden. Blutdruck in der Art. cruralis gemessen. Das benutzte Hypophysenextrakt wurde bei Siedehitze in 5 prozentiger Lösung bereitet. Das Nebennierenextrakt war dasselbe wie in den vorhergegangenen Versuchen.

Tabelle III.

Versuch 3. 22. Febr. 1899. Hypophysin, Nebennierenextrakt und Atropin	Zeit	Blutdruck in mm Hg.	Zahl der Herzschläge in 10 Sek.	Atmungen in 10 Sek.	Bemerkungen
	h ′				
Vor Unterbindung der Hirngefäße	4 5	164—34	8	3	Starke Vaguspulse infolge der Morphiumeinspritzung (0,18 g).
Sämtliche Gefäße unterbunden	4 15	210—80	10	3	
—	4 30	210—110	8	3	
Beginn der künstlichen Durchleitung 30° C .	4 35	190—110	7	—	
30 Sekunden später; künstliche Atmung .	—	80—74	27	3	
Einspritzung von 3 ccm Hypophysin hirnwärts	4 36	170—146	16	—	Blutdruck beginnt sofort zu steigen. Pulse von
Zweite Einspritzung von 5 ccm Hypophysin .	—	220—110	10	—	30—40 mm Höhe. S y stolische Pausen v.
—	4 37	190—130	6	—	²/₃ Sek. Dauer.
Einspritzung von 2 ccm Nebennierenextrakt .	—	220—130	7	—	Plötzliche Umwandlung d. systolischen Pausen in diastolische (Kurve 103).
—	4 40	150—100	6	—	Natürl. Atembewegungen kehren zurück.
—	4 45	140—100	6	—	
—	4 49	140— 90	8	—	
Einspritzung von 2 ccm Nebennierenextrakt hirnwärts	—	200—140	8	—	
—	—	200—110	6	—	
—	4 53	170—100	6	—	
Reizung des intakten Vagus	—	120— 60	3	—	
Nach Vagusreizung . .	—	240—150	6	—	
Hirnzirkulation unterbrochen	4 55	290—160	7	—	
—	4 58	160	10	—	
—	5 0	160	?	—	
—	5 5	140	21—23	—	
Reizung des Vagus . .	—	40	0	—	
Nach Reizung	—	140	25	—	
Einspritzung hirnwärts 0,2 ccm Atropin 2 prozentiger Lösung . . .	5 6	130	25	—	Wirkung auf Pupille sehr ausgesprochen.
Reizung des Vagus . .	5 7	40	0	—	

Tabelle III (Fortsetzung).

Versuch 3. 22. Febr. 1899. Hypophysin, Nebennierenextrakt und Atropin	Zeit	Blutdruck in mm Hg.	Zahl der Herzschläge in 10 Sek.	Atmungen in 10 Sek.	Bemerkungen
	h ´				
Zweite Einspritzung hirnwärts von 0,2 ccm Atropin	5 8	100	24	—	
Reizung des Vagus, 40 Sek. später	—	40	0	—	
Einspritzung von 0, 2ccm Atropin herzwärts . .	5 10	88	27	—	
—	5 15	68	33	—	
Reizung des Vagus . .	5 15	116	36	—	
—	5 15	84	66	—	
Reizung des Vagus . .	5 20	134	37	—	
—	5 25	84	34	—	Lidreflex geschwunden und natürliche Atembewegungen haben aufgehört.
Wiederherstellung d. Hirnzirkulation	—	124	31	—	
Reizung des Vagus . .	—	114	30	—	
Einspritzung hirnwärts von 8 ccm Nebennierenextrakt	5 27	294	42	—	20 Sekunden Latenz.
Reizung des Vagus . .	5 28	216	42	—	Blutdruck setzt Senkung fort.
Erhöhung des Druckes der künstlichen Durchleitung auf 160 mm. + 38° C	5 33	100	28	—	Die Erhöhung d.Druckes geschah wegen Verdacht von Gerinnseln.
Einstellung der künstlichen Respiration . .	5 34	104	28	—	
—	5 35	76	27	—	
Wiederherstellung der künstlichen Respiration	5 36	94	30	—	
—	5 37	60	30	—	
Einspritzung hirnwärts von 6 ccm Nebennierenextrakt	—	222	41	—	30 Sekunden Latenz.
—	5 40	60	32	—	
Einspritzung herzwärts v. 4 ccm Nebennierenextr.	—	234	41	—	10 Sekunden Latenz.
—	5 50	80	35	—	
—	5 55	50	32	—	Versuch abgebrochen.

Auch in diesem Versuche sind die Ergebnisse, was die Wirkungen des Hypophysins und des Nebennierenextraktes anbelangt, ganz eindeutig. Nur intrakraniell eingeführt erzeugt das Hypophysin eine kolossale Verstärkung der Herzschläge mit Steigerung des Blutdruckes. Daß die letztere zum größten Teile von der stärkeren Herztätigkeit abhängig war, scheint aus dem Umstande hervorzugehen, daß der Minimaldruck nach der zweiten Einspritzung nur 36 mm höher war als vor jeder Einspritzung, während der Maximaldruck um 140 mm gestiegen ist.

Die Pulse hatten ganz den Charakter der so oft von mir beschriebenen Aktionspulse; nur traten sie hier nicht in unterbrochenen Reihen, wie bei den gewöhnlichen Hypophysinwirkungen auf, sondern dauerten ununterbrochen während 30 Minuten fort.

Nicht einmal die Einführung von Nebennierenextrakt vermochte diese Aktionspulse zu unterbrechen. Nur die eine Veränderung hat die erste Einführung dieses Extraktes erzeugen können: die Aktionspulse zeigten einige Zeit kleine systolische Pausen von fast sekundenlanger Dauer; die Einführung von Nebennierenextrakt hat diese systolische Pause aufgehoben, den Ablauf der Systole beschleunigt und ließ sogar kleine diastolische Pausen auftreten.

Die hier untenstehende Kurve 103 demonstriert diese eigentümliche Umwandlung. Das Nebennierenextrakt trieb zwar den Blutdruck in die Höhe, blieb aber auf die Zahl der Herzschläge ohne jede merkliche

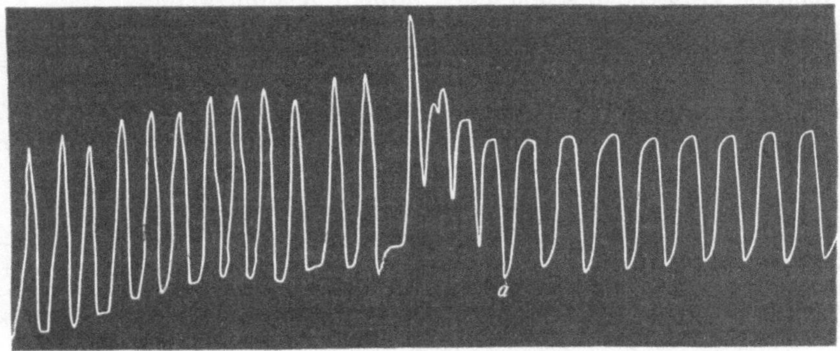

Fig. 103. Übergang der systolischen Pausen in diastolische bei *a* nach Einführung von Nebennierenextrakt. (Versuch 3.)

Wirkung: die Erregung der Vagi durch das Hypophysin ließ die Erregung der Accelerantes durch das Nebennierenextrakt nicht zum Vorschein kommen. Nicht einmal ein Pulsus bigeminus trat auf, wie so häufig, wenn der Kampf zwischen diesen Antagonisten schwankend ist.

Erst als die Durchströmung der Hirngefäße aufgehört hatte, hörten auch die Aktionspulse auf. Und viel später, als die Vagi durch die intrakardiale Einspritzung von Atropin gelähmt wurden, vermochte der Nebennierenextrakt seine volle Wirkung auch auf die Accelerantes zu äußern.

Wie aus der Tabelle ersichtlich, vermochten zwei intrakranielle Einführungen von Atropin die Erregbarkeit der Vagi nicht aufzuheben. Dies beweist in erster Linie, daß Blut nicht aus den Hirngefäßen ins Herz gelangte. Ist man aber berechtigt, aus dieser Machtlosigkeit den Schluß zu ziehen, daß Atropin auf die zentralen Enden keine Wirkung auszuüben vermöge? Das Ausbleiben einer Beschleunigung nach den beiden Einspritzungen und noch weniger die vollkommene Wirksamkeit der Reizung des Vagusstammes zwingt nicht im mindesten einen solchen Schluß auf. Es kann ja möglich sein, daß die vorherige Beeinflussung der Vaguscentra durch das Hypophysin sie für das Atropin unempfänglich gemacht hat, wie wir dies schon bei den peripheren Vagusenden so oft beobachtet und beschrieben haben.

Zur Entscheidung der Frage, ob Atropin die Gehirnenden der Vagi in analoger Weise wie die Herzenden beeinflußt, müßte man nach wirkungsloser intrakranieller Einführung dieses Giftes versuchen, diese Enden entweder direkt elektrisch oder, noch besser, durch Erhöhung des Hirndruckes zu erregen. Aber auch dann dürfte man nicht außer acht lassen, daß, wie Tschirieff zuerst gezeigt hat, Atropin wohl die Herzenden der Vagi zu lähmen vermag, daß aber die hemmenden intrakardialen Ganglien von diesem Gifte nicht beeinflußt werden: der intrakardiale Druck vermochte noch diese Ganglien zu erregen, wenn die Vagusenden schon durch Atropin gelähmt waren.

Wie der nun folgende Versuch 4 zeigt, ist die intrakranielle Einführung von Atropin nicht immer wirkungslos, sondern vermag auch die Herzenden der Vagi zu lähmen. In diesem Falle war aber der Verdacht doch nicht abzuweisen, daß etwas Atropin von den Hirngefäßen aus durch Venenanastomosen in die allgemeine Zirkulation gelangt sei.

Versuch 4.

Kleiner Hund. Morphiumnarkose. Tracheotomie. Sämtliche in Betracht kommenden Halsgefäße präpariert und Fäden unter sie gelegt. Nach Aufnahme der Blutdruckkurve in der Art. cruralis wurden zuerst die Art. vertebrales unterbunden und darauf in die Carotiden und Jugulares in der üblichen Weise Kanülen eingeführt. Die Tabelle IV gibt den Versuchsverlauf an.

Tabelle IV.

Versuch 4. 28. Febr. 1899. Nebennierenextrakt. Atropin und Muscarin	Zeit	Blutdruck in mm Hg.	Zahl der Herz- schläge in 10 Sek.	Atmungen in 10 Sek.	Bemerkungen
Vor jeder Unterbindung	h ' 4 35	124	30	—	Traubesche Wellen.
Kanülen in die Gefäße eingebunden	4 55	60—76	36—18	5	Vorübergehende Verlangsamung.
—	4 56	108	35	—	Respirationswellen verschwinden; Tier atmet sehr schwach.
Künstliche Respiration.	—	70—90	34—36	—	
Beginn der künstlichen Durchleitung + 38° und 135 mm Druck .	4 58	110	32	—	
—	5 2	150	22	—	Verlangsamung infolge des Hirndruckes?
—	5 3	120	14	—	
Reizung des Vagus mit 300 E.	—	90	14	—	
Reizung des Vagus mit 600 E.	—	70	8		
Nach der Reizung . . .	—	110	28	—	

Tabelle IV (Fortsetzung).

Versuch 4. 28. Febr. 1899. Nebennierenextrakt. Atropin und Muscarin	Zeit	Blutdruck in mm Hg.	Zahl der Herzschläge in 10 Sek.	Atmungen in 10 Sek.	Bemerkungen
	h				
Während der intrakraniellen Einspritzung von 0,2 ccm Atropin (2 prozentige Lösung)	—	60	14	—	
Sofort nach der Einspritzung	—	80	32	—	
Reizung des Vagus mit 600 E. und 1000 E. .	5 6	60	34	—	
Bald darauf	—	150	34	—	
Einspritzung in die Jugularis herzwärts 0,5 ccm Muscarinlösung (1⁰/₀₀)	—	180	32	—	
Weitere Einspritzung von 1,5 ccm Muscarin . .	—	160	32	—	
Reizung des Vagus mit 1000 E.	—	160	32	—	
—	5 10	120	31	—	
—	5 20	90	31	—	
Einspritzung in das Hir nende der Carotis von 2 ccm Nebennierenextr.	—	140	34	—	15 Sekunden Latenz.
Aufhören der Durchleitung	5 25	130	34	—	
—	5 27	120	34	—	
Einspritzung herzwärts von 1 ccm Nebennierenextrakt	—	180	34	—	7 Sekunden Latenz.
Zweite Einspritzung von 1 ccm Nebennierenextrakt	5 37	210	37	—	
Einstellung der künstlichen Respiration . .	5 38	70	32	3,5	Tier beginnt seltene und tiefe Atmungen.
—	5 40	50	30	—	Nur die Thoraxatmung hält an. Traubesche Wellen.
Herstellung der Durchleitung	5 48	60	30	—	Lidreflex kehrt zurück.
—	6 50	150	32	1	Die Pulse werden voller.
—	6 54	60	30	—	Atmung und Lidreflex verschwinden.
—	6 55	30	?	—	Herzschlag hört allmählich auf.

Wie die Wirkungslosigkeit der intrakardial eingeführten Muscarinlösung zeigt, hat das intrakraniell eingespritzte Atropin auch die Vagusenden gelähmt; wahrscheinlich drang letzteres Gift durch Anastomosen ins Herz. Das intrakardial eingeführte Nebennierenextrakt äußerte seine volle drucksteigernde Wirkung, vermochte aber die Zahl der schon ohnedem beschleunigten Herzschläge nur um ein geringes zu erhöhen.

Hervorzuheben ist in diesem Versuche noch die Tatsache, daß, als nach einer Unterbrechung von 23 Minuten bei stark gesunkenem Blutdruck die künstliche Durchleitung des Gehirns von neuem begonnen hatte, der Blutdruck bedeutend in die Höhe ging, die Herzschläge aber nur wenig beschleunigt wurden, und der Lidreflex wiederkehrte. Alle diese wiedergekehrten Lebenserscheinungen hielten aber nur 5—6 Minuten an und trotz der fortdauernden Durchleitung erfolgte der Tod des Tieres durch Herzstillstand.

Von den an Hunden angestellten Probeversuchen soll hier endlich einer angeführt werden, bei welchem die künstliche Durchleitung des Gehirns mit der Isolierung des Herz-Lungenkreislaufs durch Verbindung der Aorta descendens mit der V. cava inferior kombiniert wurde.

Versuch 5.

Großer Hund, Foxterrier. Zuerst Morphiumnarkose und darauf Curarevergiftung; künstliche Atmung. Zur Durchleitung des Gehirns wurde frisches Kalbsblut benutzt, das mit physiologischer Kochsalzlösung im Verhältnis von 7 : 3 vermengt war. Zuerst Kanülen in die Carotiden und die Jugulares externae eingebunden, darauf die Jugulares internae auf Fäden genommen. Nach Eröffnung der Brusthöhle wurden zuerst die Vertebrales und darauf auch die Jugulares internae unterbunden. Nach sorgfältiger Füllung aller Verbindungsröhren und Kanülen mit defibriniertem Blute wurden die Aorta descendens und darauf die Vena cava inferior auf Fäden genommen, in dieser Reihenfolge unterbunden und in deren Herzenden Kanülen eingeführt, die darauf das gabelförmige Röhrenstück samt Kautschukröhren mit dem Manometer verbunden haben. Der Blutdruck war im Beginn etwas über 40 mm hoch, die Herzschläge sehr regelmäßig, die Respirationswellen waren sehr schön ausgesprochen. (Siehe Kurve 104.)

Tabelle V.

Versuch 5. 14. März 1899. Intrakranielle Durchleitung und Isolierung des Herz-Lungenkreislaufs	Zeit	Blutdruck in mm Hg.	Zahl der Herzschlage in 10 Sek.	Atmungen in 10 Sek.	Bemerkungen
Verbindung der Aorta mit der Vena cava . .	h 4 30	40	28	—	Respirationswellen scharf ausgesprochen.
Beginn der künstl.Durchleitung der Gehirngefäße. + 36° u. 110 mm Druck	4 35	60	24	—	Die Pulse werden voller.
20 Sekunden später . .	—	80	20	—	Einzelne Vaguspulse treten auf.
30 Sekunden später . .	—	100—30	10	—	Große Vaguspulse.
Einspritzung von 1 ccm Nebennierenextr. hirnwärts	4 55	104	?	—	Momentane Drucksteigerung; Pulse unzählbar.
—	4 56	90	24	—	
Nach 15 Sekunden . .	—	80	24	—	Sehr regelmäßige Kurve.
Einspritzung von 2 ccm Nebennierenextrakt in die Jugularis herzwärts	4 58	70	29	—	

Tabelle V (Fortsetzung).

Versuch 5. 14. März 1899. Intrakranielle Durchleitung und Isolierung des Herz-Lungenkreislaufs	Zeit	Blutdruck in mm Hg.	Zahl der Herzschlage in 10 Sek.	Atmungen in 10 Sek.	Bemerkungen
	h				
30 Sekunden später . .	—	50	26	—	
Einspritzung von 1 ccm Nebennierenextr. hirnwärts	—	60	26	—	Ein paar Vaguspulse.
10 Sekunden später . .	—	50	24	—	
Erhöhung des Durchleitungsdruckes auf 130 mm	5 1	60	26	—	
Gleich darauf	—	70	?	—	Längere Pause; kleine Pulse, kaum zählbar.
—	5 2	96	22	—	Große regelmäßige Pulsschläge, 18 mm Höhe.
—	5 4	90	22	—	Einzelne Vaguspulse.
—	5 5	80	22	—	
Unterbindung und Durchschneidung des linken Vagus	—	76	22	—	
Reizung der peripheren Vagusenden mit 300E.	—	76-96 u. -26	22—5	—	Schwankungen der Pulsschläge zwischen 96
Nach der Reizung . . .	—	76	24	—	und bis 26 mm unter die Nulllinie.
Unterbindung und Durchschneidung des rechten Vagus	—	100—126	18—20	—	Einzelne große Vaguspulse.
Reizung der peripheren Enden des rechten Vagus mit 600 E. . . .	—	140-0 u. -28	7—4	—	Von neuem Schwankungen 28 mm unter die Nulllinie.
Sofort nach der Reizung	—	120	24	—	
Reizung der zentralen Vagusenden	5 7	100	24	—	
Sofort nach Reizung . .	—	100	24	—	
Reizung des peripheren Vagus während 13 Sek. mit 600 E.	—	160—0	9	—	
Sofort nach Reizung . .	5 8	106	24	—	
—	5 9	96	24	—	Lidreflex geschwunden.
Einspritzung von 2 ccm Nebennierenextrakt in das Herzende der Jugulares	—	96	26	—	
Gleich darauf	—	90	28	—	
—	5 10	70	26	—	
—	5 14	100	24	—	
Einspritzung von 0,2 ccm Atropin	—	90	26	—	
Reizung des peripheren Vagus	—	86	26	—	Ein paar Vaguspulse.
—	5 20	80	24	—	
Einstellung der künstlichen Durchleitung .	5 21	80	24	—	

Tabelle V (Fortsetzung).

Versuch 5. 14. März 1899. Intrakranielle Durchleitung und Isolierung des Herz-Lungenkreislaufs	Zeit	Blutdruck in mm Hg.	Zahl der Herz-schläge in 10 Sek.	Atmungen in 10 Sek.	Bemerkungen
—	h 5 23	60	24	—	Ein kleines Intercostal-gefäß wird bei Mani-pulationen a. d. Aorta zerrissen. Blutung.
—	5 26	40	24	—	
—	5 30	20	20	—	
—	5 31	18	16	—	
—	5 32	18	14	—	Versuch wird abge-brochen.

Aus dieser Tabelle wollen wir zuerst die Ergebnisse hervorheben, welche die Wirkungen des Nebennierenextraktes betreffen. Die erste intrakranielle Einspritzung eines Kubikzentimeters des Extraktes rief eine schnell vorübergehende Drucksteigerung hervor, mit einer Beschleunigung der Schlagzahl, deren Größe wegen der Plötzlichkeit des Ansteigens und Absinkens der Kurve nicht näher bestimmt werden konnte; die Schreibfeder des Manometers entfernte sich dabei vom Papier. Der Druck blieb etwas höher und die Schlagzahl, welche vorher große Vaguspulse zeigte (siehe Kurven 105 und 106 S. 337), etwa 10 in 10 Sekunden, blieb bei 90 mm Druck auf 24 stehen. Eine Einführung von 2 ccm des Nebennierenextraktes herzwärts beschleunigte diese Herzschläge auf 29, wobei der Blutdruck auf 70 mm gesunken war. Als der Druck bei 50 mm und die Schlagzahl bei 26 in der Sekunde konstant blieben, vermochte eine zweite Einspritzung hirnwärts den Druck auf 60 mm zu heben, die Zahl der Schläge blieb unverändert. Diese Ergebnisse betsätigen vollkommen die Richtigkeit meiner früheren Schlüsse über die erregende Wirkung der Nebennieren-extrakte auf die zentralen und peripheren Vasomotoren, sowie auf die Nn. accelerantes. Beim vollen Ausschluß der Vasomotoren des Splanchnicusgebietes sowie der der unteren Extremitäten konnte natürlich keine allgemeine Drucksteigerung bei der Einführung des Extraktes ins Herz erzeugt werden. Die kleine momentane Steigerung des Druckes ist erklärlich; die momentane Erregung des Vasomotoren-zentrums konnte ihren Effekt doch nur auf die Gefäße der vorderen Extremitäten und der Lungen ausüben. Die Effektlosigkeit der intra-kardialen Einspritzung konnte davon herrühren, daß größere Mengen des Extraktes erforderlich waren, um auf sämtliche peripheren Zentren derselben Gefäße zu wirken. Leider konnte ich während dieses Ver-suches nicht über größere Mengen von Nebennierenextrakt verfügen und mußte die nähere Prüfung dieser letzteren Deutung aufgeben.

Von viel größerem Interesse sind die Ergebnisse dieses Versuches, welche erstens die respiratorischen Schwankungen des Blutdruckes, zweitens die eigentümlichen Wirkungen der Vagusreizungen und drittens die allgemeinen Wirkungen der hergestellten künstlichen Durchströmung des Gehirns auf die Tätigkeit des Herzens betreffen. Den Punkt 3 bespreche ich weiter unten mit Berücksichtigung aller anderen darauf bezüglichen Versuchsergebnisse dieser Untersuchung. Hier sollen nur die Punkte 1 und 2 beleuchtet werden.

1. Die respiratorischen Schwankungen des Blutdruckes. Der bloße Anblick der Kurven des Blutdruckes bei der direkten Verbindung der Aorta mit der Vena cava fällt durch die Regelmäßigkeit und Beständigkeit der wellenförmigen Schwankungen des Blutdruckes auf, die mit den Lungenaufblasungen synchronisch sind. Der Ausschluß fast sämtlicher peripherer Vasomotoren sowie die Außertätigkeitssetzung der Hirncentra vermögen also das Fortbestehen der Respirationswellen nicht zu beeinträchtigen. Auch bei ganz geringem Stande des Druckes in der Aorta (in einem im Mai des Jahres 1899 angestellten Versuche sank dieser Druck infolge eines begangenen Mißgriffes auf 15 mm!) fehlen diese Wellen nicht. Die beiliegende Kurve 104 rührt vom Beginn der Aufzeichnung, noch vor der künstlichen Durchleitung des Gehirns, her.

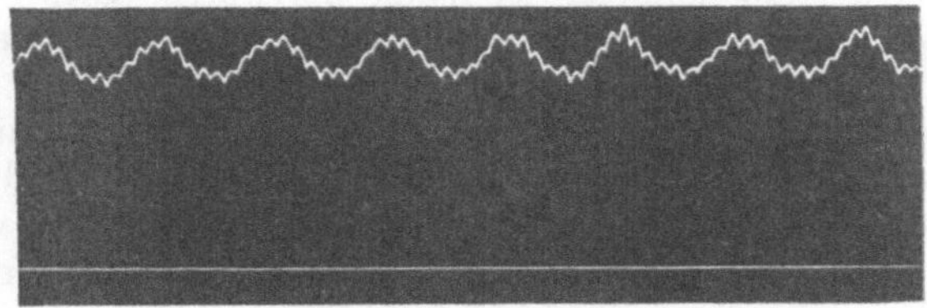

Fig. 104. Respiratorische Wellen nach Ausschluß der
Hirnzirkulation und bei direkter Verbindung der Aorta
mit der V. cava inferior.

Es soll noch erinnert werden, daß diese Kurve bei offener Brusthöhle, Curarevergiftung und künstlicher Respiration erhalten wurde.

Schon bei meiner ersten Untersuchung mit der künstlichen Durchleitung des Gehirns konnte ich den Beweis liefern, daß die hauptsächlich von Schiff vertretene Anschauung, die Respirationswellen hingen von rhythmischen Erregungen der Vasomotoren ab, aufgegeben werden muß. Die späteren Versuche mit natürlicher und künstlicher Einatmung von reinem Sauerstoff bestätigten diesen Beweis, und ich gelangte zum Schluß: „Die gewöhnlichen respiratorischen Änderungen des Blutdruckes hängen nur von den Änderungen des Druckes in der Thoraxhöhle ab und nicht vom CO_2-Gehalte des Blutes oder von reflektorischen Erregungen von dem Lungengewebe aus (Schiff, Hering); sie verschwinden daher bei Sauerstoffatmung nur dann, wenn das Tier selbständig atmet, also seine Thoraxexkursionen verringert"[1]).

Abgesehen von vereinzelten Forschern, die noch immer die respiratorischen Wellen mit den Traubeschen Wellen oder mit den spontanen Wellen der Blutdruckkurve (Cyon, Sigm. Mayer) verwechseln, werden jetzt die ersteren wohl allgemein als ganz unab-

[1]) Ges. physiol. Arbeiten. S. 153.

hängig vom vasomotorischen Nervensystem betrachtet[1]). Weniger Übereinstimmung herrscht über die Natur der mechanischen Veränderungen der Lungen, welche die respiratorischen Wellen verursachen. Die ursprüngliche Theorie von Ludwig und Einbrodt, die Aufsaugung des Brustkorbes sei die Ursache dieser Schwankung, ist nicht mehr haltbar geworden, seitdem zahlreiche Beobachter festgestellt haben, daß auch bei eröffneter Brusthöhle diese Schwankungen in unveränderter Form fortbestehen. Damit soll natürlich nicht die Existenz der Thoraxaufsaugung sowie die Möglichkeit bestritten werden, daß sie den Blutzufluß zum Herzen beschleunigen kann[2]).

Unter den anderen Erklärungen des Ursprungs der Respirationswellen sind vornehmlich zwei hervorzuheben: die eine, vertreten von Kowalewsky, Funke und Latschenberger, de Jager, Fredericq und Talma, läßt die Steigerungen des Blutdruckes während der Atmung von der reichlicheren Blutzufuhr aus den Lungengefäßen zum linken Herzen infolge der Ausdehnung der Lunge herrühren. Dieser Erklärung entspricht auch die Tatsache, daß diese Steigerung mit dem Beginn der Inspiration anfängt, daß sie das Maximum erreicht am Ende der Lungenausdehnung, und daß das Sinken des Blutdruckes mit dem Beginn der Exspirationsbewegung zusammenfällt. Dies wird auch bei den stürmischen Atembewegungen leicht demonstrierbar, welche die Einspritzungen von Nebennierenextrakt erzeugen, wie an der Kurve 2 der Tafel VII zu ersehen ist.

Nach der zweiten Erklärung, verteidigt von Einbrodt, Palma, Kronecker und Hinricius u. a., sollen die Variationen des intraperikardialen Druckes bei der Erzeugung der respiratorischen Schwankungen die Hauptrolle spielen. Wäre diese Entstehungsweise entscheidend für die Bildung der Respirationsschwankungen, so sollte man erwarten, daß die Steigerungen mit den Exspirationen, die Senkungen des Blutdruckes dagegen mit den Inspirationen zusammenfallen. Nun ist sowohl bei der natürlichen, als bei der künstlichen Atmung — wenn der Rhythmus der letzteren nicht zu sehr von dem der natürlichen abweicht — gerade das Gegenteil der Fall. Die erstere Deutung scheint mir daher die allein richtige zu sein.

Die im Verlaufe dieses Versuches gemachten Beobachtungen lassen sich jedenfalls nicht durch die zweite der vorgeschlagenen Deutungen erklären. So z. B. wurde gegen das Ende des Versuches die Brusthöhle

---

[1]) In meinen „Beiträgen zur Physiologie der Schilddrüsen und des Herzens" usw. habe ich festzustellen gesucht, daß sowohl die Traubeschen als die spontanen Druckschwankungen von einer Erregung der zentralen Enden des N. depressor abhängen. Es war mir damals entgangen, daß schon vor mir Bayliss in seiner inhaltvollen Untersuchung über den N. depressor auf einen gewissen Zusammenhang der Traubeschen Wellen mit diesen Nerven aufmerksam gemacht hatte. (Journal of Physiology vol. 14.)

[2]) Ich habe mehrmals bei den Versuchen mit Nebennierenextrakt die interessante Beobachtung gemacht und beschrieben, daß es oft genügt, die Verbindung der V. jugularis externa mit der Spritze herzustellen, welche dieses Extrakt enthält (auch wenn diese Spritze horizontal liegt), damit einige Tropfen von ihm ins Herz angesaugt werden. Siehe die Fig. 1 und 6 Taf. VI.

so weit mit warmer Flüssigkeit (Blut mit Kochsalzlösung) gefüllt, daß das im Perikardium ruhende Herz fast vollständig von ihr umhüllt war. Die Volumveränderungen der Lunge konnten also den peri-

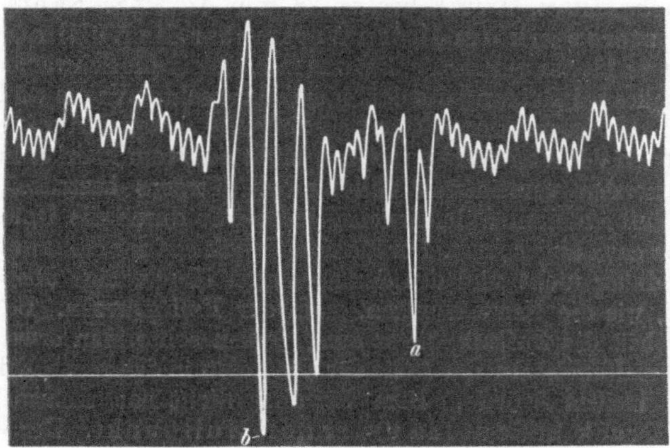

Fig. 105. Reizung des linken Vagus bei direkter Verbindung der Aorta mit der V. cava inferior; Sinken des Blutdruckes auf der Höhe der Diastole unter die Nulllinie.

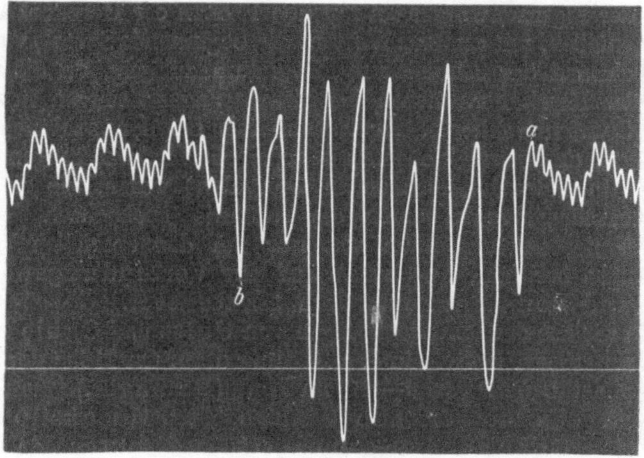

Fig. 106. Reizung des rechten Vagus peripher mit 600 E.; gleichfalls Sinken des diastolischen Druckes unter die Nulllinie.

kardialen Druck nicht beeinflussen, trotzdem bestanden die Respirationsschwankungen bis zum Abbruche des Versuches.

2. Die eigentümlichen Wirkungen der Vagusreizung. Die Reizung der peripheren Vagusstämme vermochte keinen Stillstand zu erzeugen, rief dagegen bedeutende Verlangsamungen mit kolossalen Schwankungen der Pulsschläge nach beiden Richtungen hin

hervor, die bis zu 160—170 mm des Quecksilbermanometers
gingen. Das charakteristische Merkmal dieser Ausschläge
bestand darin, daß auf der Höhe der Diastole das Manometer
einen negativen Druck bis zu 28 mm der Hg.-Säule zeigte,
d. h. letztere sank um diesen Wert unter die Nulllinie. Wir reproduzieren hier zwei Kurven, 105 und 106, welche die Schwankungen des
Blutdruckes bei Reizung des linken und des rechten Vagus wiedergeben.

Bei den gegebenen Versuchsbedingungen konnten die größeren
Amplituden der Vaguspulse nur mit Hilfe der vom kleinen Kreislauf[1])
herkommenden verstärkten Füllung des Herzens bestritten werden.
Der Zufluß aus dem Splanchnicusgebiete war durch die Unterbindung
der Vena cava abgesperrt. Der Maximaldruck auf der Höhe der Systolen
konnte daher nicht viel den der normalen Herzschläge überschreiten.
Dies ist, wie die Kurven zeigen, auch der Fall gewesen. Bei der Beschränktheit des Zuflußgebietes zum Herzen sollte man erwarten, daß
der Minimaldruck auf der Höhe der Diastolen in denselben Exkursionsgrenzen bleiben würde. Dem ist aber nicht so; mehrmals sank
dieser Druck bedeutend unter den Nullpunkt. Der Verdacht,
es handelte sich dabei nur um Eigenschwingungen des Quecksilbers,
welche die Blutdruckschwankungen übersteigen, ist kaum stichhaltig.
Zuerst fehlen die den Eigenschwingungen eigentümlichen Einknickungen
der Kurve. Die Annahme, dieses Fehlen rühre davon her, daß die
Phasen der Eigenschwingungen mit den Phasen der Herzkontraktionen
zusammenfallen, mit anderen Worten: die beginnende Systole verhindere
das Erscheinen der Einknickung, ist kaum zulässig, da die zeitliche
Dauer der Herzkontraktionen bei diesen Vagusreizungen in ziemlich
weiten Grenzen variierte. Auch habe ich bei den zahlreichen Verwendungen desselben Manometers sogar bei Schwankungen, welche
den hier in Betracht kommenden äquivalent waren, nie ein Sinken
des Quecksilberniveaus unter die Nulllinie beobachtet. Die hier
gemachte Beobachtung kann also nur auf den speziellen Versuchsbedingungen beruhen, und zwar auf der Verbindungsweise der
Aorta und Vena cava mit dem Manometer.

Wie wir aus den Untersuchungen von Goltz und Gaule und ihrer
Nachfolger wissen, besteht in den Kammern auf der Höhe der Diastole
ein negativer Druck von 5—38 mm Hg. (De Jager.) Man ist also
berechtigt, das betreffende Sinken der Quecksilbersäule,
welche ja mit der Vena cava und Aorta in direkter Verbindung
stand, durch eine einfache Ansaugung durch den negativen
diastolischen Druck der Herzkammern zu erklären. Die
Frage nach der Natur dieses negativen Druckes — ob er passiv oder
aktiv ist — will ich hier unberührt lassen. Dagegen wird man unwillkürlich an die Versuche von Stefani[2]) erinnert, aus welchen

---

[1]) Nicht von den vorderen Extremitäten, weil der Vagus keine Vasomotoren
für diese führt.

[2]) Stefani, Intorno al modo con cui il vago agisce sul cuore. Accad. di
Ferrara 1882. Cardiovolume, pressione cardiaca etc. 1891.

hervorgeht, daß gerade bei Reizung der peripheren Vagusstämme dieser negative Druck nicht unwesentlich zunimmt, was also für eine aktive Erweiterung des Herzens im Sinne Lucianis zu sprechen scheint.

Noch einige Versuche an Kaninchen sollen hier angeführt werden, die zum Zweck hatten, die benutzten Methoden auch an diesen Tieren zu erproben, welche, den Behauptungen der Autoren nach, den Unterbrechungen der Hirnzirkulation keinen Widerstand zu leisten vermögen. Der Verschluß der vier Hirngefäße bei Kaninchen gilt ja allgemein für momentan tödlich.

Versuch 6.

Großes strumöses Kaninchen. Morphiumnarkose (0,03 g). Beide Art. vertebrales unterbunden und darauf Blutdruck gemessen. Tracheotomie. Einführung von Kanülen in die Hirnenden der Carotiden und Jugulares externae. Durch Versehen wurden die unter den Jugulares internae angelegten Fäden nicht zugeschnürt, diese Venen blieben also offen. Gegen Ende des Versuches wurde die künstliche Durchleitung des Gehirns vorgenommen; trotzdem ziemlich schneller Tod des Tieres. Das Manometer war mit der linken Art. cruralis verbunden. Zur Durchströmung wurde frisches, defibriniertes Kalbsblut verwendet, das mit physiologischer Kochsalzlösung im Verhältnis von 7 : 3 versetzt wurde.

Tabelle VI.

Versuch 6. 24. Febr. 1899. Kaninchen. Nebennierenextrakt; künstliche Durchleitung des Gehirns	Zeit	Blutdruck in mm Hg.	Zahl der Herzschläge in 10 Sek.	Atmungen in 10 Sek.	Bemerkungen
	h				
Nach Unterbindung der beiden Vertebrales . .	11 10	120	31	3,5	Kurve sehr regelmäßig.
Nach Unterbindung der beiden Carotiden . .	11 16	120	32	—	Die Atmung wird oberflächlich. Kurve etwas
Nach 30 Sekunden . .	—	120	32	—	unregelmäßig im Beginn.
Einspritzung von ½ ccm Nebennierenextr. dreiprozentiger Lösung hirnwärts	11 17	140—170	28—37	—	Sof. Steigen d. Druckes;
Nach 40 Sekunden . .	—	136	30	—	heftige Atembewegungen.
Zweite Einspritzung von ½ ccm Nebennierenextrakt hirnwärts . .	11 18	140	32	—	
Dritte Einspritzung hirnwärts von ½ ccm Nebennierenextrakt .	—	140—116	30	—	Wirkungslos.
—	11 22	80—30	26—0	—	Plötzlicher Stillstand des Herzens, Aufhören der Atmung; Lidreflex geschwunden.
Sofort Beginn künstlicher Durchleitung des Gehirns und künstliche Atmung	—	30	34	—	Kleine Pulse.
Nach einer Minute . .	11 25	30	40	—	
—	11 28	40	28	—	Pulse voller.
—	11 31	40—34	26—0	—	Herzschlag wird schwach, darauf Stillstand. Tod des Tieres.

Wie aus der Tabelle ersichtlich, hat das Tier während mehrerer Minuten die vollständige Unterbrechung der Zirkulation ganz gut vertragen. Erst sechs Minuten nach der Einführung von Kanülen in die Carotiden — freilich nach dreifacher Einspritzung von Nebennierenextrakt (im ganzen $1^1/_2$ ccm einer 3 prozentigen, bei Siedehitze zubereiteten Lösung) — trat plötzlich Stillstand des Herzens und der Atmung ein. Die sofort begonnene Durchströmung der Gehirngefäße sowie die Herstellung der künstlichen Atmung vermochte den Herzschlag wieder hervorzurufen und auch den Blutdruck ein wenig zu heben. Nach weiteren 5 Minuten trat dennoch plötzlich der Tod ein. Der Grund des ersten Herzstillstandes konnte wohl in der Hirnanämie, erzeugt durch die etwa um 60° gehobene Stellung des Kaninchens, gesucht werden, da — wie oben bemerkt wurde — die beiden Venae jug. int. nicht unterbunden waren. Bei der künstlichen Durchströmung der Hirngefäße aber konnte von einer ähnlichen Todesursache nicht mehr die Rede sein. (Siehe näheres über diesen Versuch in „Myogen oder Neurogen?" Pflügers Archiv Bd. 88, S. 263 u. ff.) Wie der nächstfolgende Versuch zeigt, können auch bei Kaninchen durch die künstliche Durchleitung des Gehirns dessen Lebensfunktionen sogar stundenlang erhalten werden.

Versuch 7.

Großes gesundes Kaninchen. Morphiumnarkose (0,04 g). Die Hirngefäße in der üblichen Weise unterbunden, zuerst die Vertebrales und darauf die Carotiden und Jugulares. Tracheotomie; Verbindung der linken Cruralis mit dem Manometer. Zur künstlichen Durchleitung des Gehirns wurde ebenfalls frisches, defibriniertes Kalbsblut benutzt, aber stärker mit Kochsalzlösung verdünnt, im Verhältnis 6 : 4. Die benutzte Muscarinlösung $1^0/_{00}$. Nebennierenextrakt wie gewöhnlich bei Siedehitze zubereitet und in 3 prozentiger Lösung verwendet. Die beiliegende Tabelle gibt den Verlauf des Versuches bis zu 12 h 15'. Da gegen Ende des Versuches die Zirkulation im Gehirn sehr langsam vor sich ging und der Verdacht von Gerinnseln in den Hirngefäßen bestand, wurde um 12 h 19', bei 46 mm Blutdruck und 22 Pulsen in 10 Sekunden, eine Durchspritzung der Hirngefäße mit der physiologischen Kochsalzlösung versucht; auf Blutdruck und Herzschlag übte dieser Eingriff keinen Einfluß aus, nur der Lidreflex verschwand gänzlich. Um 12 h 23' wurde die Durchleitung des Gehirns mit der Blutmischung von neuem versucht, war aber wegen der Gerinnsel sehr mangelhaft. Das Tier machte 9 bis 10 Atembewegungen in der Minute, aber nur mit dem Rumpfe, die Nasenflügel blieben unbeweglich. Um 12 h 32' hörten auch diese Atmungen auf; der Versuch wurde abgebrochen.

Tabelle VII.

Versuch 7. 25. Febr. 1899. Kaninchen. Künstliche Durchleitung des Gehirns. Muscarin, Atropin und Nebennierenextrakt	Zeit	Blutdruck in mm Hg.	Zahl der Herzschläge in 10 Sek.	Atmungen in 10 Sek.	Bemerkungen
	h				
Vor jeder Unterbindung von Gefäßen	—	84	33	4	
Einführung von Kanülen in Carotiden und Jugulares	11 15	120	32	—	Atembewegungen hören
—	11 20	120	32	—	auf. Künstliche Respiration. Lidreflex
Unterbindung der Vertebrales	11 21	130	30	—	bleibt intakt.

Tabelle VII (Fortsetzung).

Versuch 7, 25. Febr. 1899. Kaninchen. Künstliche Durchleitung des Gehirns. Muscarin, Atropin und Nebennierenextrakt	Zeit	Blutdruck in mm Hg.	Zahl der Herzschläge in 10 Sek.	Atmungen in 10 Sek.	Bemerkungen
	h				
Beginn der künstlichen Zirkulation + 40° C. Druck 123 mm . . .	11 22	194	26	—	Druck steigt allmählich. Höhe der Pulse 6 mm.
—	11 24	190	30—32	—	Eigentümliche Pulsformen, Pulsus bigeminus und trigeminus.
—	11 29	186	30	—	Natürliche Atembewegungen kehren zurück.
Suspension der künstlichen Respiration . .	11 27	164	30	—	Flache Respirationswellen. Große Traubesche Wellen.
—	11 32	156	30	—	Lidreflex und selbständige Atmungen dauern
Reizung des Depressors mit 300 E.	—	154	30	—	fort.
Reizung mit 600 E. . .	11 34	154	30	—	
—	11 36	170	28	—	
Reizung des Depressors mit 1000 E.	—	154	32	—	
Von neuem künstliche Respiration	11 40	120	28	—	
Reizung des intakten Vagus mit 600 E. . . .	11 43	74	0	—	
—	—	120	26	—	
Wechsel der Flasche: Blut von + 36°, Druck 120 mm	—	150	26	—	Traubesche Wellen treten
—	11 48	110	28	—	von neuem auf.
Einspritzung hirnwärts von 0,2 ccm Muscarin 1⁰/₀₀ Lösung	—	50	9	—	Muscarinpulse.
Sofortige Durchschneidung der beiden Vagi	—	92	12	—	
Gleich darauf	—	80-60-30	8-5-0	—	
Massage der Baucheingeweide	—	66	4	—	Große Schläge von 20 mm Höhe.
Einspritzung von 1 ccm Nebennierenextr. hirnwärts	11 55	66	4	—	Effektlos.
Einspritzung von 2 ccm Nebennierenextr. herzwärts	11 57	136	12	—	
—	11 58	100	10	—	
Einspritzung von 0,5 ccm Atropin 1⁰/₀₀ Lösung.	—	96	24	—	Kleine Pulse.
—	12 10	60	26	—	
—	12 15	50	22	—	Lidreflex sehr schwach.

Wie aus der Tabelle ersichtlich, verträgt auch das Kaninchen eine zeitweilige Unterbrechung der Hirnzirkulation, wenn nur zeitig für die künstliche Respiration gesorgt wird. Die Versuche von Dr. Salathé[1]), ausgeführt im Laboratorium von Marey, hatten das Gegenteil befürchten lassen, was bei der großen Empfindlichkeit des Herznervensystems des Kaninchens auch nicht auffallend wäre. Auch die schon von A. Cooper und Magendie und seitdem von vielen anderen Autoren, wie z. B. François Franck[2]), beobachtete Beschleunigung der Herzschläge nach Kompression der Hirngefäße ist in keinem unserer Versuche, weder an Hunden noch an Kaninchen, aufgetreten. Dieser Widerspruch mit den Ergebnissen von Cooper könnte noch dadurch erklärt werden, daß er nur die Carotiden zuklemmte, während in unseren Versuchen die Zirkulation total aufgehoben wurde. Cooper erzeugte also eine partielle Anämie, wir dagegen eine vollständige Blutleere, die auch ohne Suspension der Atmung eine Asphyxie veranlassen mußte. Dagegen sind unsere Beobachtungen schwerer mit denen von François Franck zu versöhnen, weil letzterer ebenfalls sämtliche Hirngefäße unterband.

Der Versuch 7 lehrt außerdem, daß die künstliche Durchleitung der Hirngefäße nicht nur momentan (wie im Versuche 6), sondern auch anhaltend die Lebensfähigkeit der Hirncentra wiederherstellen kann. Die geringe Anzahl der an Kaninchen angestellten Versuche gestattete nicht, die günstigste Konzentration des speisenden Blutes herauszufinden. Am vorteilhaftesten wäre es jedenfalls, wenn die Verhältnisse es gestatten, nur Kaninchenblut resp. Blutserum zur Durchleitung bei diesen Tieren zu verwenden; nötigenfalls durch Benutzung der cross - circulation von Gaskell und Shore mit der oben vorgeschlagenen Modifikation. Auch die bei Hunden erprobte Isolierungsmethode des Herz-Lungenkreislaufs würde sicherlich noch leichter bei Kaninchen anzuwenden sein. Sie würde sogar bei der großen Empfindlichkeit und dem so günstigen anatomischen Verlaufe ihrer Herznerven sich besonders für Versuche an den letzteren eignen.

Freilich zeigte dieser Versuch, daß bei alleiniger Durchleitung der Hirngefäße stark wirkende Gifte, wie Muscarin, dennoch ins Herz gelangen können. Es ist aber fraglich, ob dies auch bei der Verbindung der Aorta mit der Vena cava der Fall sein würde. In der Tat hat die Einspritzung von nur 0,2 ccm einer $1^0/_{00}$ Lösung genügt, um auch die Herzenden der Vagi in so heftige Erregung zu versetzen, daß sogar Stillstand des Herzens erfolgte. Daß es sich auch um eine periphere Erregung handelte, hat die Durchschneidung der Vagi gezeigt, welche zwar momentan die Pulse beschleunigt hatte (von 9 auf 12), die weitere Verlangsamung aber nicht zu suspendieren vermochte. Wie weit aus dieser momentanen Beschleunigung auch auf die Fähigkeit des Muscarins, die Hirnenden der Vagi zu erregen, zu schließen erlaubt ist, läßt sich aus einer einzelnen Beobachtung nicht mit Sicherheit folgern.

---

[1]) Travaux du Laboratoire de M. Marey au Collège de France. 1876. Circulation cephalo-rachidienne.

[2]) Ibidem.

Die Einführung von Nebennierenextrakt in das Herz vermochte
die Pulszahl von 4 auf 12 zu heben; erst die Einspritzung von Atropin
konnte die frühere Schlagzahl (24—26) wiederherstellen. Das Nebennierenextrakt hat wahrscheinlich die geringe Hebung der Schlagzahl
nur durch die Erregung der den Vagi entgegenwirkenden Accelerantes
veranlaßt, während erst Atropin durch die Lähmung der Vagi selbst
die Muscarinwirkung aufzuheben vermochte.

Es könnte auffallend erscheinen, daß die Einspritzung von Nebennierenextrakt hirnwärts weder den Blutdruck noch die Zahl der
Herzschläge irgendwie beeinflußt hat. Dies rührte wohl von der in der
Peripherie fortdauernden Muscarinwirkung her. Nicht unmöglich ist
es aber, daß das hirnwärts eingeführte Extrakt wegen der zahlreichen
Gerinnsel in den Hirngefäßen gar nicht zu den Gefäß- und Herzcentra
gelangen konnte.

Der nun folgende Versuch hatte zum Zweck, zu eruieren, ob ein
in den allgemeinen Kreislauf eingeführtes Gift bei unterbundenen
Carotiden und Vertebrales ins Gehirn gelangen kann. Er sollte also
das Gegenstück zum vorangegangenen Versuche 7 bilden. Als Gift
wurde Atropin gewählt; seine eventuelle Wirkung auf die Pupille sollte
als Kennzeichen dienen. Wie es häufig beim Experimentieren vorkommt, hat aber der Verlauf des Versuches einige in ganz anderer
Richtung interessante Ergebnisse geliefert.

Versuch 8.

Großes Kaninchen; leichte Morphiumnarkose. Tracheotomie. Um 10 h 45′
beide Vertebrales unterbunden. Darauf Manometer mit der rechten Carotis end-
ständig verbunden und Druck gemessen; alsdann die zweite Carotis unterbunden.
In das zentrale Ende der einen Jugularis comm. wurde das Endstück einer Spritze
befestigt, die anderen Jugulares wurden offen gelassen. Bei der Sektion stellte
sich heraus, daß die Ligatur der einen Art. vertebralis nicht zugeschnürt war.
Ende des Versuches um 11 h 50′.

Tabelle VIII.

15. Marz. Kaninchen. Aus-schluß der Hirnzirkulation. Jodothyrin, Atropin. Ammoniakversuch. Beginn des Versuches 10 h 45′	Reiz-starke	Blutdruck in mm Hg.	Zahl der Herz-schläge in 10 Sek.	Atmungen in 10 Sek.	Bemerkungen
Vor der Unterbindung der zweiten Carotis (s. Beschreibung des Ver-suches)	E. —	130	40	4	
Reizung des Vagus . . .	300	102	8	—	Nach der Reizung: Druck 126 mm. Pulse 42 in 10 Sekunden.
Nach der Unterbindung der zweiten Carotis .	—	156—180	34—38	3	Traubesche Wellen; auf Höhe der Welle Druck 180 mm. Pulse 38 in 10″. Atmungen tiefer.
Einspritzung von 0,5 ccm der Atropinlösung 1⁰/₀₀ in die Jugularis ext. .	—	130—160	40—38	3	Kleine Drucksenkung während der Einspritzg.
Zweite Einspritzung von 0,5 ccm Atropinlösung	—	120—140	38	—	Kein Effekt auf die Pu-pille.

Tabelle VIII (Fortsetzung).

15. März. Kaninchen. Ausschluß der Hirnzirkulation. Jodothyrin, Atropin. Ammoniakversuch. Beginn des Versuches 10 h 45′	Reizstärke	Blutdruck in mm Hg.	Zahl der Herzschläge in 10 Sek.	Atmungen in 10 Sek.	Bemerkungen
Reizung des Vagus . .	E. 300	116	38	—	
Reizung des Vagus während 18 Sekunden . .	600	110—112	38	—	
Sofort nach der Reizung	—	180	40	—	
Reizung des Depressors.	300	110	38	—	
Unterbindung und Durchschneidung des linken Vagus b. 130 mm Druck	—	96	34	2,5	Natürl. Atmung dauert fort.
Dritte Einspritzung von Atropin	—	110—120	30—34	—	Kein Effekt auf Pupille. Sie erweitert sich aber bei Reizung des Halssympathicus.
Einspritzung von 1 ccm Jodothyrinlösung . .	—	102	20	—	Während d. Einspritzung
Zweite Einspritzung von 1 ccm Jodothyrinlösung	—	92	22	—	
Gleich darauf	—	160	18	—	Doppelpulse (18—36).
Dritte Einspritzung von 1 ccm Jodothyrinlösung	—	160—120	18	—	Doppelpulse, von Einzelpulsen unterbrochen. Einträufeln von Atropin ins Auge bewirkt leichte Erweiterung der Pupille.
Durchschneidung d. rechten Vagus	—	150	17—18	—	Doppelpulse u. Aktionspulse.
Reizung d. periph. Vagus	600	142	18	—	Aktionspulse.
Sofort nach Reizung . .	—	158	48—52 (?)	—	Einzelne Vaguspulse unterbrechen die kleinen Pulse.
Nach 5 Minuten . . .	—	150	46—12	—	Abwechselnd kleine einfache Pulse und Bigeminus. Erschwerte Atmung.
Künstliche Atmung . .	—	120	24	—	Kurve unregelmäßig.
Reizung des Depressors.	300	96—70	24	—	Respirationswellen bleiben bestehen, nur die Vaguspulse verschwinden.
Nach Reizung	—	150	24	—	
Vierte Einspritzung von 1 ccm Jodothyrinlösg.	—	150	8	—	Pulsus bigeminus und trigeminus. Aktionspulse.
Reizung d. periph. Vagus	1000-2000	140	26	—	Pulsform unregelmäßig.
Einspritzung von 1 ccm Jodothyrin hirnwärts	—	174	14	—	Große Aktionspulse.
Nach 2 Minuten . . .	—	134	24	—	
Ammoniak auf d. Nasenschleimhaut gebracht.	—	168	14	—	Große Aktionspulse. 30 mm Höhe.

Tabelle VIII (Fortsetzung).

15. März. Kaninchen. Ausschluß der Hirnzirkulation. Jodothyrin, Atropin. Ammoniakversuch. Beginn des Versuches 10 h 45′	Reizstärke	Blutdruck in mm Hg.	Zahl der Herzschlage in 10 Sek.	Atmungen in 10 Sek.	Bemerkungen.
Durchschneidung d. beiden Depressores und Halssympathici . . .	E. —	166	14	—	Anhaltend große Aktionspulse von seltenen kleinen Pulsen unterbrochen während 4 Minuten.
Von neuem Ammoniak auf Schleimhaut . . .	—	168	14	—	
Nach 5 Minuten . . .	—	144	26	—	Pulse und Atemwellen sehr regelmäßig.
Nach 5 Min. Suspension der künstl. Atmung .	—	129	26	—	Auftreten Traubescher Wellen.
Nach 1 Minute plötzliches Sinken des Druckes .	—	130—30	2	—	Tod des Tieres um 11 Uhr 50 Min.

Aus der Tabelle ist ersichtlich, daß die mehrfachen Einspritzungen von Atropin ins Herz, welche eine vollständige Lähmung der Herzvagi erzeugten, ohne jeden Effekt auf die Pupillen blieben, und dies trotzdem die eine Art. vertebralis nicht zugeschnürt war. Es wäre aber voreilig, daraus den Schluß zu ziehen, daß gar kein Blut ins Gehirn gelangte. Im Gegenteil deuten einige Umstände darauf hin, daß einige Hirncentra doch noch aus der offenen Vertebralis von Blut bespült wurden, sicherlich das Atmungszentrum, vielleicht aber auch das Gefäßnervenzentrum. In der Tat hat in diesem Falle die natürliche Atmung mehr als 30 Minuten nach Verschluß der übrigen Gefäße angehalten, während in den anderen Versuchen schon der alleinige Verschluß der beiden Vertebrales die Atmung zu erschweren, die darauffolgende Ligatur der Carotiden sie bei Kaninchen fast momentan zu suspendieren pflegt.

Ob der während des ganzen Versuches ziemlich hoch gebliebene Blutdruck darauf zurückzuführen ist, daß auch das Gefäßnervenzentrum noch vom Blute bespült wurde, läßt sich nicht mit Sicherheit entscheiden.

Wie oben gesagt, liegt das Interesse dieses Versuches in seinen anderen Ergebnissen. In seinem Verlaufe machte ich dem Tiere mehrere Einspritzungen von Jodothyrin[1]). Solche Einspritzungen waren schon im Beginn des Versuches beabsichtigt für den Fall, daß Atropin eine Pupillenerweiterung veranlaßt hätte, um zu prüfen, ob Jodothyrin auch die pupillenerweiternden Wirkungen des Atropins antagonistisch zu bekämpfen vermag. Diese Eventualität war aber nicht eingetroffen. Ich begnügte mich daher nur, dessen Wirkungen auf das Herz zu beobachten.

Jodothyrin wurde mehrmals in das Herzende der Jugularis eingeführt und gegen Schluß des Versuchs einmal hirnwärts. Wie die

---

[1]) Das benutzte Jodothyrin der Fr. Bayerschen Farbenfabriken wurde schon seit beinahe einem Jahre im Laboratorium aufbewahrt.

Tabelle zeigt, vermochte das Jodothyrin, ins Herz eingeführt, trotz der infolge der Atropinvergiftung absoluten Unerregbarkeit der Vagi gegen elektrische Reizung, sowohl während der Einspritzungen als darnach bedeutende Verstärkungen und Verlangsamungen

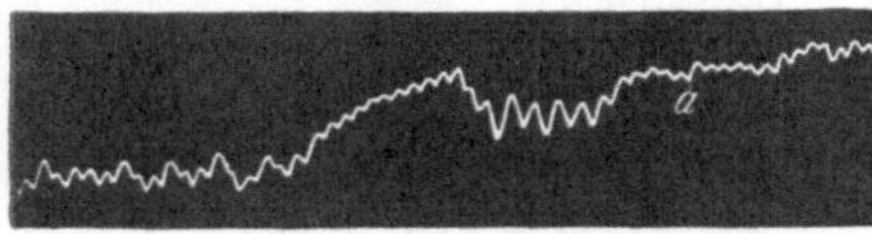

Fig. 107. Erste Einspritzung von Jodothyrin herzwärts bei *a*.

der Herzschläge zu erzeugen. Analoge Erscheinungen habe ich schon früher beobachtet und beschrieben. Neu war in diesem Falle die folgende Beobachtung: Jodothyrin erzeugte nicht eine ununterbrochene Reihe von Vaguspulsen, sondern einen sehr unregelmäßigen Pulsschlag, wobei entweder große Aktionspulse von kleinen Acceleranspulsen unterbrochen wurden, oder eine Reihe von Pulsus bigemini und trigemini auftraten.

Die Zahl der Herzschläge, während eines längeren Zeitraumes gemessen, war beinahe vollkommen derjenigen gleich, welche sich nach den Einspritzungen von Atropin eingestellt hat. Die während kurzer Zeiträume auftretende Verlangsamung rührte von der größeren Amplitude der Aktionspulse her und wurde auf die Dauer durch die kleinen, häufigen Acceleranspulse kompensiert.

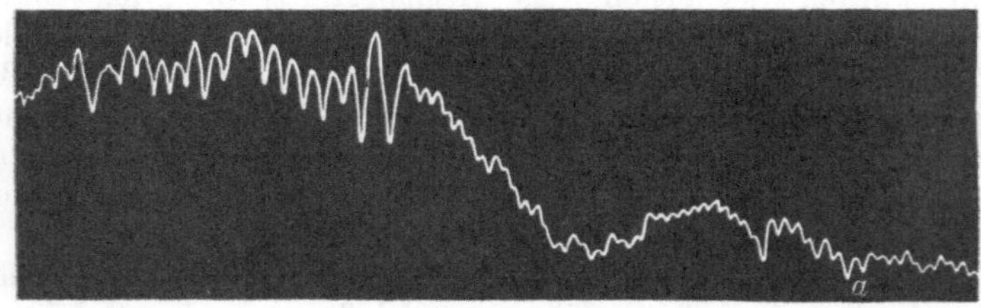

Fig. 108. Zweite Einspritzung von Jodothyrin bei *a*.

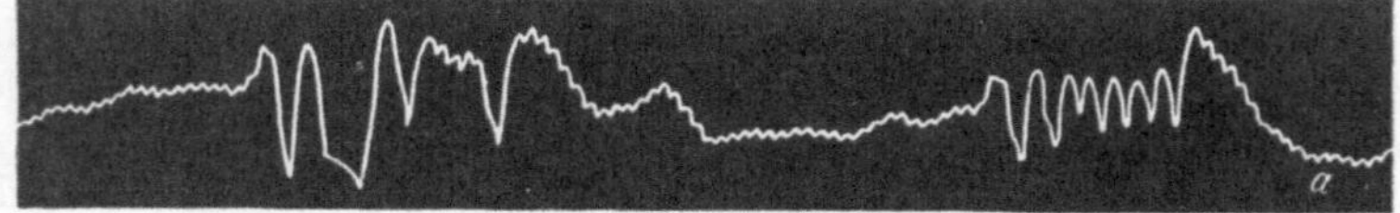

Fig. 109. Nach der Einspritzung von Jodothyrin.

Die beiliegenden Kurven 107—111 sollen diese charakteristischen Pulsformen demonstrieren. Kurve 107 entspricht der ersten Einspritzung von Jodothyrin. Kurve 108 — der zweiten. Kurve 109 — etwas später vor der Reizung des peripheren Vagusendes; Kurve 110 — der Reizung des Vagus und Kurve 111 — den Folgen dieser Reizung. Sämtliche Kurven sind nach der Lähmung der Vagi durch Atropin erhalten worden.

Wie aus den Kurven 107 und 108 ersichtlich, trat die Verstärkung der Herzschläge nach Einspritzung von Jodothyrin sowohl mit Drucksenkung als mit Drucksteigerung auf.

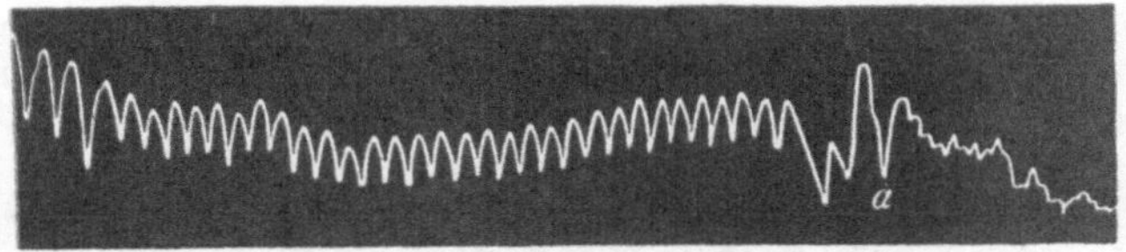

Fig. 110. Reizung des rechten Vagus peripher bei *a*.

Die Reizung des Vagus rief dieselbe verstärkte Pulsform mit etwas erhöhtem Drucke hervor (Kurve 110); sofort nach der Reizung kehrte die Abwechslung der verstärkten mit den beschleunigten Pulsen zurück (Kurve 111). Letztere Kurve erinnert an frühere von mir angeführte bei gleichzeitiger Anwendung von Atropin und Jodothyrin oder Atropin und Hypophysin.

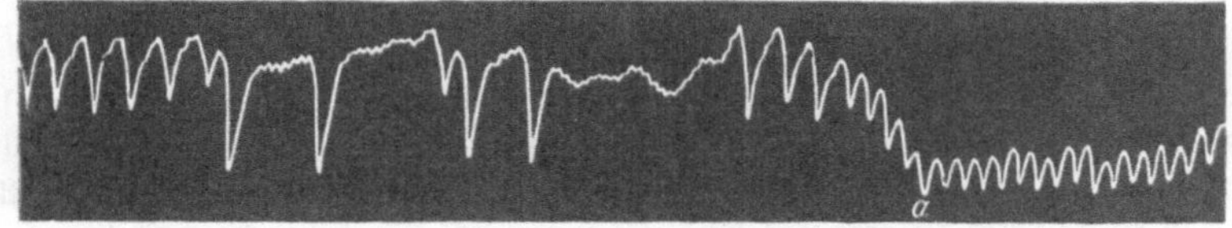

Fig. 111. Nachwirkung der Vagusreizung, die bei *a* endete.

Viel überraschender sind die Erscheinungen bei der Einspritzung von Jodothyrin hirnwärts, sowie bei Reizung der Nasenschleimhaut mit Ammoniak. In beiden Fällen sind Verstärkung und Verlangsamung der Herzschläge mit ziemlich bedeutender Steigerung des Blutdruckes aufgetreten, und dies bei durchschnittenen Vagi, Depressores und Sympathici. Nach der Einspritzung von Jodothyrin (in das periphere Ende der Carotis interna) konnte noch daran gedacht werden, daß, wie im Versuche 7 das Muscarin, so auch in diesem Falle das Jodothyrin von den Hirngefäßen aus in das Herz gedrungen sei. Die Möglichkeit eines solchen Eindringens ist aber in diesem Versuche bei aufgehobener Zirkulation kaum zulässig. Die winzige Strömung, welche die eine nicht zugeschnürte Vertebralis in einem beschränkten Gebiete des Gehirns noch unterhalten konnte, war kaum hinreichend, um von dem 1 ccm Jodothyrin noch genügende Mengen bis ans Herz fortzuschwemmen. Ein anderer Umstand spricht aber auch direkt gegen eine solche Erklärungsweise der Jodothyrinwirkung.

Die Drucksteigerung war bei der intrakraniellen Einführung des Jodothyrins viel beträchtlicher als bei der intrakardialen Einspritzung; sie ging bis zu 174 mm: eine in diesem Versuch

nur einmal, sofort nach dem Aufhören der Vagusreizung, erreichte
Höhe. Die Zahl der Herzschläge sank von 26 auf 14; diese
Herzschläge waren aber reine Aktionspulse fast ohne jede
Beimischung von beschleunigten Pulsen.

Die beiliegende Kurve 112 veranschaulicht diese Wirkung der intrakraniellen Einspritzung; es genügt, sie mit den Kurven 107 und 108
zu vergleichen, um die Differenz der beiden Eingriffe zu erkennen.

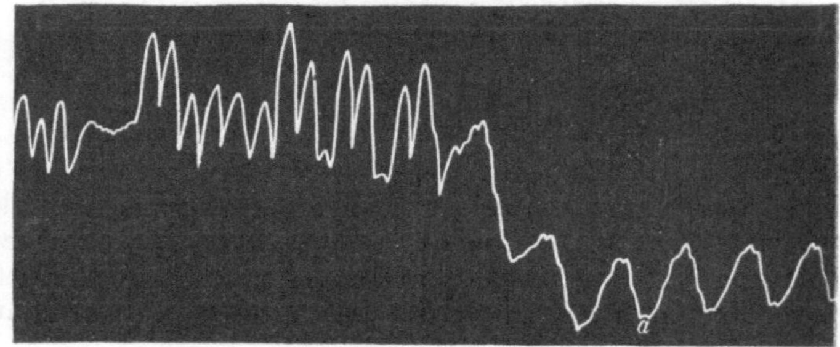

Fig. 112. Einspritzung von Jodothyrin hirnwärts bei a.

Fast identisch mit dieser Kurve 112 ist die folgende Kurve 113,
welche durch Reizung der Nasenschleimhaut mit Ammoniak erhalten
worden ist. Diese Identität allein genügt schon, um darzutun, daß es
sich in beiden Fällen nur um Erregungen — direkte oder reflektorische
— von Hirnzentren handelte.

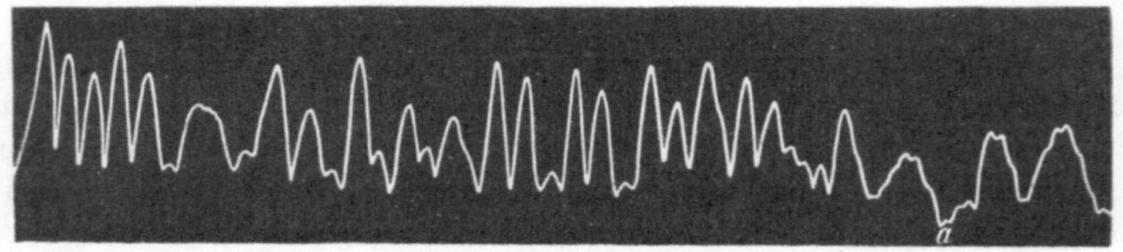

Fig. 113. Reizung der Nasenschleimhaut mit Ammoniak bei a.

Die Schwierigkeit, diese Erregungen zu deuten, besteht in der
Tatsache, daß sie ihre Wirkungen bei durchschnittenen Halsnerven
äußern konnten. Das Herz war mit dem Hirn nur noch durch die
Fasern in Verbindung, welche die letzten Halsganglien und die
ersten Brustganglien durchsetzen.

Die hier beobachteten Erscheinungen sind aber nicht zum ersten
Male gemacht worden. Schon im Jahre 1872 hat Ph. Knoll[1]) ganz
analoge Beobachtungen mitgeteilt, bei welchen die Reizung der Nasenschleimhaut durch Tabakrauch oder Chloroformdämpfe Verlangsamungen

---

[1]) Über die Veränderungen des Herzschlages bei reflektorischer Erregung
der vasomotorischen Nervensysteme usw. Sitzungsber. d. Wiener Akad. d. Wiss.
Bd. 66, 3. Abt.

und Unregelmäßigkeiten der Herzschläge erzeugten, trotzdem die Halsnerven (Vagi, Sympathici und Depressores) durchschnitten und sogar die Ganglia stellata exstirpiert waren.

Ph. Knoll erklärte diese Veränderungen als Folgen der Steigerungen des intrakardialen Druckes durch die Erregung der vasomotorischen Centra. Da auch in seinen Versuchen Atropin nicht imstande war, den Eintritt dieser Veränderungen zu verhindern, so schloß Knoll auf die Unmöglichkeit, die Unregelmäßigkeiten des Pulses „aus einer Erregung intrakardialer Hemmungsapparate abzuleiten (l. c. S. 29).

Dieser letztere Schluß ist nicht richtig, seitdem Tschirieff[1]) gezeigt hat, daß Atropin wohl die Vagusenden, aber nicht die intrakardialen Hemmungscentra selbst lähmt. Bei meinen Untersuchungen über die physiologischen Herzgifte bin ich häufig auf Tatsachen gestoßen, welche die Ansicht von Tschirieff vollauf bestätigen.

Wie dem auch sei, der Anblick der Kurven 112 und 113 scheint die Ansicht Knolls zu bekräftigen, daß es sich in solchen Fällen um Erregung der vasomotorischen Centra handelte, welche ihrerseits den intrakardialen Druck steigern und so die Unregelmäßigkeiten der Pulsschläge indirekt erzeugen. In der Tat sehen wir an diesen Kurven, daß die Verstärkungen und Verlangsamungen der Herzschläge erst beginnen, wenn der Blutdruck schon bedeutend gestiegen ist; die folgenden Unregelmäßigkeiten äußern sich gleichfalls bei ziemlich hohem Drucke.

Inwiefern die Deutung Knolls allein ausreichend ist, resp. welche Erweiterungen sie erfahren muß, um von diesen etwas paradox erscheinenden Tatsachen volle Rechenschaft geben zu können, kann erst eine Fortsetzung dieser Untersuchungen entscheiden.

Die sämtlichen hier auseinandergesetzten, von mir gemachten Beobachtungen sind für die Theorie der Herzinnervation in den „Nerven des Herzens" weiter verwertet worden.

f) Schlußfolgerungen. Die Wiederherstellung der erloschenen Funktionen der Hirn- und Nervencentra durch intrakranielle Zirkulation.

Die als Beispiele angeführten Versuche ermöglichen es, ganz bestimmte und eindeutige Schlüsse über die Wirkungsweise der drei uns hier interessierenden physiologischen Herzgifte abzuleiten, wenn diese Gifte isoliert auf die intrakraniellen oder intrakardialen Centra der Herz- und Gefäßnerven einwirken. Diese Versuche haben nämlich direkt bewiesen: erstens daß die bei ihnen verwendeten Methoden vollkommen geeignet sind, um das isolierte Experimentieren auf diesem Gebiete zu gestatten, und zweitens, daß mein zweites Erregungsgesetz der Ganglien: „Stoffe und Agenzien, die im Organismus normal vorkommen, welche die im Hirn liegenden Enden der Herz- und Gefäßnerven zu erregen oder zu hemmen vermögen, wirken in identischer Weise auch auf die im Herzen und in den Gefäßen befindlichen Enden

---

1) Arch. f. Physiol. von du Bois-Reymond. 1877.

dieser Nerven", daß dieses Gesetz für diese drei Herzgifte absolute Gültigkeit besitzt.

In meinen geschilderten Versuchen über die Wirkungen der Nebennierensubstanz zeigte ich, daß auch das dritte Erregungsgesetz im allgemeinen auf sie anwendbar ist. Neue und direkte Beweise für diese Anwendbarkeit hat die hier mitgeteilte Untersuchung nicht geliefert. Auch fehlte es mir an Gelegenheit, die Frage experimentell zu entscheiden, ob meine Gesetze auch für äußere Gifte, wie Atropin, Muscarin, Chloral usw., ihre Gültigkeit behalten. Die wenigen nach dieser Richtung hin angestellten Versuche ließen keine bestimmten Schlüsse zu, weil in ihnen die Isolierung der intrakardialen von den intrakraniellen Nervenzentren nicht mit absoluter Sicherheit gelungen war. Nur eine große Anzahl von Isolierungsversuchen würde es gestatten, eine Entscheidung zu treffen, da man sicherlich unter ihnen auf solche stoßen wird, wo mit Gewißheit der Übergang von Blut aus den Hirn- in die Rumpfgefäße — oder vice versa — wird ausgeschlossen werden können.

Über die Bedeutung, welche die mit den verschiedenen Methoden gewonnenen Ergebnisse über die Wirkungen der physiologischen Herzgifte für die Theorie der Herzinnervation haben, handeln die Kapitel IV und V der „Nerven des Herzens" ausführlich. Hier soll nur auf einige Eigentümlichkeiten dieser Wirkungen aufmerksam gemacht werden, die bei den früheren Versuchen nicht aufgetreten sind, wenigstens nicht mit solcher Schärfe.

Sowohl beim Hypophysin-, als beim Jodothyrinversuch (3 und 8) sahen wir bei ausschließlich intrakranieller Einführung dieser Substanzen Steigerungen des Blusdruckes, wie wir sie bei der gewöhnlichen Einführungsweise noch nicht beobachtet hatten. So stieg im Versuch 3 nach Einführung des Hypophysins der Blutdruck von 80 mm auf 170 mm und auf 220 mm. Es war unmöglich, diese enorme Drucksteigerung der alleinigen Verstärkung der verlangsamten Herzschläge zuzuschreiben. Eine Vermehrung der peripheren Widerstände im Kreislaufe infolge der Verengerung der kleinen Arterien mußte sicher dabei mit im Spiele sein. Nun habe ich schon im Kapitel II die Existenz von zwei wirksamen Substanzen in der Hypophyse festgestellt, von denen die eine vorzüglich eine Verstärkung der Herzschläge, die andere eine große Drucksteigerung ohne Veränderung der Herzschläge erzeugt. So konnte letztere im Versuche 3 den Blutdruck von 122 mm auf 182 hinauftreiben und längere Zeit auf dieser Höhe unterhalten. Sie übte aber gar keinen Einfluß auf die Stärke der Pulsschläge aus. Erst die Einführung eines neuen Extraktes vermochte die letzteren in Aktionspulse umzuwandeln.

In dem Versuche 3 dieser letzten Untersuchung war nicht nur der Blutdruck bedeutend in die Höhe getrieben, sondern gleichzeitig hielt auch während 30 Minuten die Aktionsform der Pulsschläge an, und dies nach Einführung eines bei Siedehitze zubereiteten Extraktes. Ich habe früher hervorgehoben, daß aus solchen Extrakten die auf die Herzschläge wirkende Substanz vorzugsweise durch Enteiweißung erhalten wird, während die aufgelösten Eiweißrückstände hauptsächlich auf den Blutdruck steigernd wirken. Woran es lag, daß im Versuche 3 die beiden wirkenden Substanzen gleichzeitig ihre Effekte in so hohem Grade ausüben konnten, vermag ich nicht zu erklären.

Während man es im Versuche 3 nur mit einer außerordentlich intensiven Äußerung der gewöhnlichen Wirkungen des Hypophysenextraktes zu tun hat, zeigte der Versuch 8 mit Jodothyrin eine Wirkungsweise, die in scheinbarem Widerspruch mit den gewöhnlichen Leistungen dieser Substanz steht. Die ersten zwei Einführungen dieser Substanz brachten die gewöhnliche Drucksenkung und Verlangsamung der verstärkten Pulse. Bei den nachfolgenden Einspritzungen, besonders aber bei der intrakraniellen, rief das Jodothyrin eine sehr ansehnliche Drucksteigerung hervor. Diese Steigerung des Blutdruckes konnte, wenigstens bei der letzten Einspritzung, nicht von der Verstärkung der Herzschläge abhängen, da, wie schon der bloße Anblick der Kurve zeigt, sie viel früher begann als die Pulsveränderung, welche sich erst äußerte, als der Druck schon den höchsten Stand erreicht hatte.

An die vorhergegangene Vergiftung des Tieres durch Atropin mußte zuerst gedacht werden. Sollte dieses Gift in den Gefäßnervenzentren irgendwelche Veränderungen gesetzt haben, die zur Folge hatten, daß Substanzen, welche sonst auf diese Centra deprimierend wirken, sie nun in Erregung zu versetzen vermögen?

Man hätte es also mit einer derjenigen Erscheinungen zu tun, welche mich zur Aufstellung des ersten Erregungsgesetzes[1]) der Ganglienzellen führten. Man müßte dann noch annehmen, daß auch die Anämie dieser Centra (im Versuche 8 wurden die Carotiden und Vertebrales schon im Beginn unterbunden) in demselben Sinne das Gefäßnervenzentrum zu beeinflussen vermag, wie das Atropin. Solche Schlüsse wären aber voreilig, da noch eine andere Möglichkeit nicht ausgeschlossen ist: das seit einem Jahre im Laboratorium aufbewahrte Jodothyrin habe irgendwelche Veränderungen erlitten, die seine physiologischen Eigenschaften modifiziert haben.

Von weittragender Bedeutung für die Verwertung der Methoden zur Isolierung der intrakardialen und intrakraniellen Nervencentra des Herzens und der Gefäße sind diejenigen Ergebnisse der hier mitgeteilten Versuche, welche uns Aufschlüsse geben über die Resistenz dieser Centra gegen Entziehung des Blutes, sowie über ihre Fähigkeit, auch nach längerem Anhalten der Blutleere durch Herstellung des Kreislaufes ihre Lebensfunktionen wieder aufnehmen zu können.

In dieser Beziehung haben die Versuche ebenso überraschende wie gleichlautende Resultate geliefert.

---

[1]) Siehe Kapitel IV der „Nerven des Herzens".

Die Wirkungen der Unterbrechung sowie der Herstellung des Hirnkreislaufes wurden außer an den Veränderungen des Blutdruckes und des Herzschlags noch an denen der Atembewegungen und des Lidreflexes beobachtet. Diese Wirkungen äußerten sich übrigens auf alle diese Funktionen beherrschenden Nervencentra in gleichem Sinne. Nur zeitliche Unterschiede wurden in ihrem Auftreten konstatiert. Die Atmungscentra pflegen die ersten zu sein welche unter dem Einflusse der Hirnanämie zu leiden beginnen. Sofort nach der Unterbindung der Hirngefäße werden die Atmungen tiefer, seltener und nur mit Zuhilfenahme sämtlicher Atemmuskeln ausführbar. Gewöhnlich genügte schon die Unterbindung der beiden Vertebrales, um einige dyspnoische Erscheinungen zu veranlassen. Der alleinige Verschluß der Carotiden beeinflußte dagegen die Atmungscentra in geringerem Grade. Vom Eintritt der dyspnoischen Erscheinungen bis zum Tode dieser Centra, d. h. bis zum Stillstand der Atmung, variierte die Zeitdauer bei verschiedenen Tieren. Sie war im allgemeinen viel kürzer bei Kaninchen als bei Hunden, bei kleineren Individuen als bei größeren. Die Rumpfatmung überdauerte gewöhnlich die Kopfatmung, was sich am natürlichsten dadurch erklären läßt, daß durch die Unterbrechung der Hirnzirkulation die Nerven, welche die Kopfmuskeln beherrschen, früher außer Tätigkeit gesetzt werden, als diejenigen der Rumpfmuskeln.

Diese Zeitdauer konnte in einigen Versuchen bis zu 15—20 Minuten anhalten; dies aber nur in Ausnahmefällen. Gewöhnlich hörte die Atmung schon vor dem Ablaufe der zehnten Minute auf. In einigen Fällen war der Zeitraum, während dessen die Atemcentra ihre Tätigkeit ohne Blutzirkulation fortsetzen konnten, noch viel kürzer, nämlich wenn die Unterbrechung des Kreislaufes mehrmals vorgenommen wurde, d. h. wenn also die künstliche Blutdurchströmung des Gehirns mehrmals sistiert wurde.

Das Wiedererwachen der Atmungscentra bei der Herstellung des Kreislaufes geschieht meistens momentan. Es tritt um so schneller auf, je kürzer die vorhergehende Unterbrechung war. Die äußerste Grenze, bei welcher dieses Wiedererwachen noch möglich ist, habe ich nicht festgestellt. 30 Minuten nach der Unterbrechung des Kreislaufes und etwa 20 Minuten nach dem Aufhören der natürlichen Atembewegungen gelang es einmal, sie durch die künstliche Durchströmung der Hirngefäße noch von neuem hervorzurufen. Noch viel resistenter als das Atmungszentrum ist gegen die Suspension des Blutlaufes das Zentrum für die Reflexbewegungen der Augenlider. Von allen sichtbaren Lebenserscheinungen der Hirncentra überdauert der Lidreflex am längsten diese Suspension; er ist oft stark abgeschwächt, bedarf stärkerer und besonders länger anhaltender Reize, um zum Vorschein zu kommen, verschwindet aber am spätesten.

Die Gefäß- und Herznervenzentren scheinen, was die Dauer des Überlebens nach der Unterbrechung des Kreislaufes anlangt, die Mitte zwischen den obengenannten Nervenzentren einzunehmen. Die oben angeführten Versuchstabellen geben (mit Ausnahme der vierten) ganz übereinstimmende Ergebnisse, was das Bild des Absterbens dieser Centra anlangt: Die Gefäßnervencentra werden durch den Abbruch der Zirkulation erregt, was sich durch eine meist nicht unbedeutende Blutdrucksteigerung kundgibt. Die Hirnenden der Herznerven werden in verschiedenem Sinne beeinflußt, meistens aber gewinnt die Erregung der verlangsamenden Nerven die Oberhand. Der Herzschlag wird etwas unregelmäßig und um ein geringes verlangsamt. Die Drucksteigerung hängt höchstwahrscheinlich von der beginnenden Asphyxie ab, d. h. von der Anhäufung von CO_2 sowohl im Gehirn als auch in der peripheren Zirkulation. Darauf deutet unabweislich die immer eintretende bedeutende Drucksenkung im Moment, wo die künstliche Respiration begonnen hat, und zwar unabhängig davon, ob diese nach oder vor der Herstellung der künstlichen Durchströmung eingeleitet wurde. Nur ist sie im letzteren Falle etwas geringer als im ersteren. Dies ist ja auch natürlich; denn diese Durchströmung allein kann nur die CO_2-Wirkungen auf das Hirnzentrum der Gefäßnerven aufheben, während die künstliche Ventilation der Lungen auch die peripheren Centra dieser Nerven von der erregenden Wirkung dieses Gases zu befreien vermag.

Auch die Unregelmäßigkeiten und die Verlangsamungen der Pulse scheinen zum großen Teil von einer solchen indirekten Ursache abzuhängen, nämlich von der CO_2-Anhäufung. Möglich, ja wahrscheinlich ist es schon, daß die Blutleere oder richtiger die Anämie an sich erregend auf die Centra der beschleunigenden Herznerven wirkt, diese Wirkung aber nicht zum offenen Durchbruch kommen kann wegen der gleichzeitigen Erregung der Vaguscentra durch die Kohlensäure. Es stellt sich also ein Kompromiß zwischen den beiden antagonistischen Einflüssen ein, wobei natürlich Verlangsamungen, wenn auch in geringem Maße, auftreten müssen.

Nur im Versuche 4 rief die Unterbindung der Hirngefäße eine bedeutende Drucksenkung von 124 auf 60 mm mit einer merklichen Beschleunigung hervor. Der Druck erholte sich aber ziemlich schnell. Vielleicht hing diese Senkung davon ab, daß in den ersten Augenblicken die Atmung keine merkliche Verlangsamung erlitten hatte.

In hohem Grade interessant ist der Einfluß der künstlichen Durchströmung des Gehirns auf Blutdruck und Herzschlag. Abgesehen von geringen quantitativen Variationen — abhängig von der Temperatur des durchleiteten Blutes und von dem Drucke der Durchleitung — äußerte sich dieser Einfluß immer in einer Erhöhung des Blutdruckes, einer Verstärkung der Pulsationen und einer mehr oder weniger ausgesprochenen Verlangsamung.

Im Versuche 5, wo der periphere Kreislauf durch die Verbindung der Aorta mit der Vena cava inferior ausgeschlossen wurde, wo also die Veränderungen des Herzschlages nicht sekundär von einer Vermehrung der Widerstände in diesem Kreislaufe abhängen konnten, zeigte sich die Steigerung des Blutdruckes und das Stärkerwerden der verlangsamten Herzschläge dennoch mit der größten Prä-

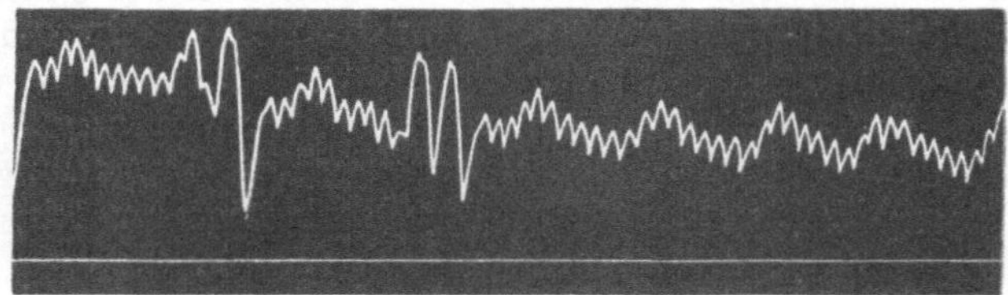

Fig. 114. Blutdruckkurve sofort nach Herstellung der künstlichen Durchleitung des Gehirns.

zision: von 40 mm Höhe stieg der Blutdruck allmählich mehr in die Höhe bis zu 60, 80 und 100 mm. Die Pulse wurden voller, deren Exkursionen bedeutend höher und deren Zahl geringer, was nur teilweise von den vereinzelten Vaguspulsen herrührte. Die Steigerung des Druckes konnte in diesem Versuche zum großen Teil nur von der Verstärkung der Herzschläge abhängen. Eine etwaige Belebung des Lungenkreislaufes würde nur eine untergeordnete Rolle spielen: die künstliche Atmung bestand ja schon seit dem Beginn des Versuches und die Herstellung des Nerventonus in den Gefäßen der Lungen und der vorderen Extremitäten konnte kaum von großem Belang für den Blutdruck sein bei der ganz enormen Geschwindigkeit des Blutstromes zwischen dem linken Ventrikel und dem rechten Vorhofe.

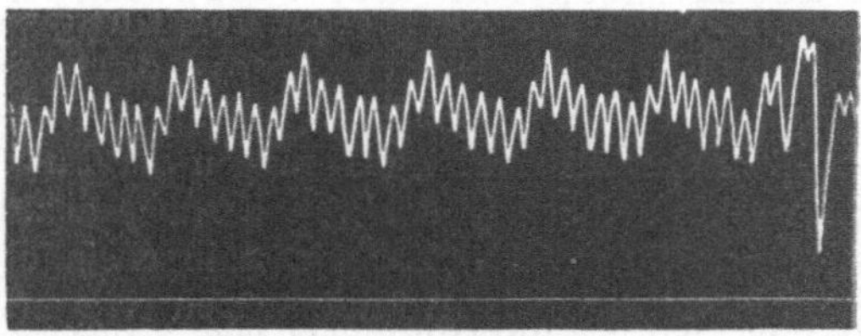

Fig. 115.   20 Sekunden später.

Die Kurven 114 und 115 geben am besten Rechenschaft von den großen Veränderungen, welche die Wiederbelebung der Hirncentra der Herznerven auf die Stärke und Zahl der Herzschläge auszuüben vermochte.

Es genügt, diese beiden Kurven mit der oben gegebenen Kurve 104 zu vergleichen, um den gewaltigen Einfluß der Herstellung des Kreislaufes im Gehirn sofort würdigen zu können. Das Gehirn kommunizierte in diesem Versuche mit dem Herzen nur durch die erhaltenen Herznerven: dieser Einfluß konnte also nur durch Vermittelung dieser Nerven ausgeübt werden.

Zum Vergleiche gebe ich hier noch zwei Kurven, 116 und 117, welche den Einfluß der Herstellung der künstlichen Zirkulation beim Kaninchen demonstrieren. Ich erinnere nur, daß in diesem Versuche

(7) der periphere Kreislauf intakt geblieben war, die enorme Druck-steigerung also in der Kurve 116 teilweise durch die Herstellung des Tonus des Gefäßnervenzentrums erzeugt wurde. Die eigentümlichen Pulse (bigeminus und trigeminus) der Kurve 117 legen aber auch Zeugnis ab von der großen Erregung, welche gleichzeitig mit diesem Zentrum auch die Centra der Herznerven infolge der Wiederherstellung des Kreislaufes im Gehirne erfahren haben.

Seit der Feststellung der Fähigkeit des Herzens, auch getrennt vom Zentralnervensystem seine Kontraktionen fortzusetzen, besonders aber, seitdem es gelungen ist, das isolierte Herz sowohl der Kaltblüter als der Warmblüter durch künstliche Ernährung längere Zeit lebens-fähig zu erhalten, war man geneigt, die Rolle des Zentralnervensystems bei der Funktion des Herzens immer mehr herabzusetzen. Ja, seitdem

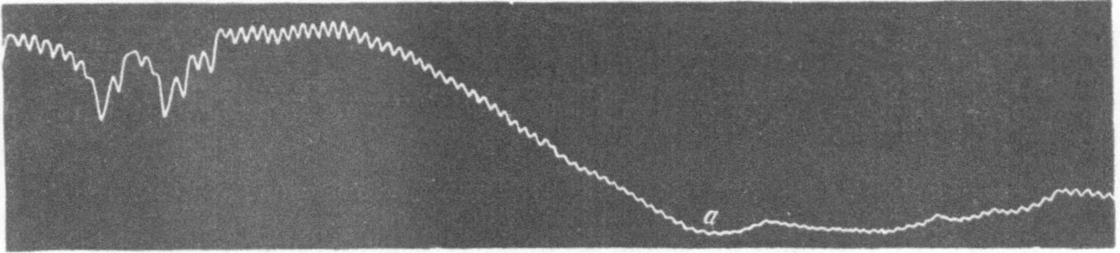

Fig. 116. Beginn der Durchleitung des Gehirns beim Kaninchen. (Versuch 7.)

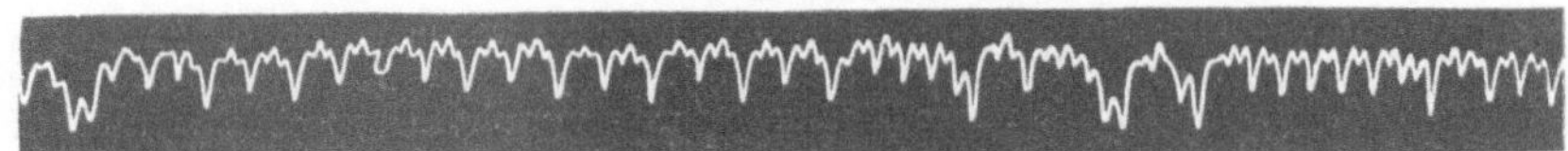

Fig. 117. Fortsetzung der Fig. 116. Pulsus bigeminus und trigeminus.

die myogenen Hypothesen einen für den Fortschritt der Herzphysio-logie so verhängnisvollen Anklang bei vielen Physiologen — und, zum Unheil der Herzkranken, auch bei Ärzten — gefunden haben, werden die Herznerven fast nur noch als parasitäre Gebilde betrachtet, welche die wunderbaren Eigenschaften der allmächtigen Muskelfasern zu usur-pieren suchen. Sollte ja nach der Ansicht angehender Embryologen und zukünftiger Kliniker die Anwesenheit von Nervengebilden im Herzmuskel nur dem zufälligen Umstande zu verdanken sein, daß ein Teil der auf ihrer Wanderung von den Spinalganglien begriffenen em-bryonalen Zellen, um entgegenstehenden Hindernissen aus dem Wege zu gehen, es vorzieht, in das naheliegende Herz einzukehren, sich dort lebenslänglich niederzulassen und in Ruhe eine funktions- und sorgen-lose Existenz zu führen.

Daß bei einer solchen Auffassung der Rolle der intrakardialen Centra der Herznerven die intrakraniellen noch viel schlechter weg-kommen müssen, ist selbstverständlich.

Die Aufdeckung der Beziehungen der Schilddrüse zu den Herznerven und die Erkennung des großen Einflusses, welchen deren chemische

Produkte auf die Erregbarkeit und Leistungsfähigkeit dieser Nerven auszuüben vermögen, die Feststellungen der Verrichtungen der Hypophyse
und deren eigentümliche Wirkungen auf die von mir so genannten Ak-
tionsnerven des Herzens, endlich meine Untersuchungen über die physiologischen Herzgifte und deren Bedeutung für die Bildung und Unterhaltung des Tonus der Herz- und Gefäßnerven, mit einem Worte:
alle meine in den letzten Jahren gemachten Studien über das Herz
und über die Gefäßdrüsen als Regulatoren seiner Tätigkeit mußten gewichtige Bedenken gegen die absolute Unabhängigkeit des Herzauto-
matismus von den Hirncentra aufkommen lassen.

Im Kap. V § 9 meiner „Nerven des Herzens“ wird diese Frage
auf Grundlage der hier mitgeteilten Versuchsergebnisse ausführlich erörtert.

Erklärung der Tafeln.

Von den folgenden Tafeln beziehen sich I—III auf Hypophyse, IV auf
Zirbeldrüse, V—VIII auf Nebennieren.

Tafel I.

Fig. 1. Mechanischer Druck auf die Hypophyse bei *a* und *c*. Aufhören
des Druckes bei *b* und *d*. Versuch 2.

Fig. 2. Eindringen der Elektroden in die Hypophyse bei *a*. Versuch 2.

Fig. 3. Elektrische Reizung der Hypophyse zwischen *a* und *b*. Versuch 2.

Fig. 4. Starker Druck auf das Dach der Hypophyse bei *a*; Auftreten von
Krämpfen bei *b*. Versuch 7.

Fig. 5. Elektrische Reizung der Hypophyse zwischen *a* und *b*. Krämpfe
zwischen *b* und *c*. Versuch 7.

Fig. 6. Längere elektrische Reizung der Hypophyse zwischen *a* und *b*.
Versuch 7.

Fig. 7. Reizung des nicht bloßgelegten Trigeminus zwischen *a* und *b*.
Versuch 7.

Fig. 8. Schluß der Aorta zwischen *a* und *b*. Versuch 6.

Fig. 9. Mechanischer Druck auf die Hypophyse zwischen *a* und *b*. Versuch 6.

Fig. 10. Elektrische Reizung der Hypophyse zwischen *a* und *b*. Versuch 6.

Tafel II.

Fig. 1. Nachlaß der Aorta nach Verschluß, der 68 Sekunden gedauert
hat. Versuch 6.

Fig. 2. Reizung der Nasenschleimhaut mit Ammoniak zwischen *a* und *b*.
Bei *c* Auswaschen der Nasenschleimhaut. Versuch 9.

Fig. 3. Mechanischer Druck auf die Hypophyse zwischen *a* und *b*. Versuch 9.

Fig. 4. Elektrische Reizung der Hypophyse zwischen *a* und *b*. Versuch 9.

Fig. 5. Reizung der Nasenschleimhaut mit smelling Salts zwischen *a* und *b*
vor der Entfernung der linken Hemisphäre. Versuch 10.

Fig. 6. Mechanischer Druck auf die Hypophyse zwischen *a* und *b* nach
Entfernung der linken Hemisphäre. Versuch 10.

Fig. 7. Reizung der Nasenschleimhaut zwischen *a* und *b* mit smelling Salts
gleichfalls nach Entfernung der linken Hemisphäre. Versuch 10.

Fig. 8. Spätere elektrische Reizung der Hypophyse zwischen *a* und *b*.
Versuch 10.

Fig. 9. Reizung der Nasenschleimhaut mit Ammoniak zwischen *a* und *b*.
Versuch 11.

Fig. 10. Druck auf die Hypophyse zwischen *a* und *b*. Versuch 11.

Fig. 11. Elektrische Reizung der Hypophyse zwischen *a* und *b*. Versuch 11.

Fig. 12. Elektrische Reizung der Hypophyse zwischen *a* und *b* beim Hammel.

Tafel III.

Fig. 1. Reizung der Nasenschleimhaut mit Ammoniak beim Hunde zwischen *a* und *b*. Versuch 15.

Fig. 2. Trepanation der Schädelbasis; bei *a* Eröffnung der Hypophysenhöhle. Versuch 15.

Fig. 3. Schluß der Aorta zwischen *a* und *b*. Versuch 15.

Fig. 4. Elektrische Reizung der Hypophyse zwischen *a* und *b*. Versuch 15.

Fig. 5. Späterer Schluß der Aorta zwischen *a* und *b*. Versuch 15.

Fig. 6. Ammoniak auf die Nasenschleimhaut zwischen *a* und *b*. Versuch 15.

Fig. 7. Elektrische Reizung der Hypophyse zwischen *a* und *b*. Versuch 15.

Fig. 8. Elektrische Reizung der atrophischen Hypophyse beim Hunde bei *a*. Versuch 12.

Fig. 9. Elektrische Reizung der atrophischen und freiliegenden Hypophyse beim Hunde zwischen *a* und *b*. Versuch 13.

Sämtliche Kurven sind hier bedeutend reduziert worden; in den Originalarbeiten „Die physiologischen Verrichtungen der Hypophyse" (Pflügers Archiv, Bd. 81, 1900) findet man diese Tafelkurven, ebenso wie die Figuren des Textes zu Kap. II in ihrer natürlichen Größe wiedergegeben. Kurven und Figuren sind von rechts nach links zu lesen.

Tafel IV.

Fig. 1. Versuch vom 28. April 1900. Bei *a* erste Einspritzung in die Vena jugularis von 2 ccm einer 5 proz. Lösung von Zirbeldrüsenextrakt.

Fig. 2. Einspritzung von 10 ccm desselben Extraktes bei *a*.

Fig. 3. Bei *a* Durchschneidung des einen Vagus.

Fig. 4. Bei *a* Durchschneidung des zweiten Vagus.

Fig. 5. Versuch vom 5. Januar 1900. Erste Einspritzung von 2 ccm einer $1^1/_2$ proz. Lösung von glycero-phosphorsaurem Natron.

Fig. 6. Fortsetzung der Kurve 5 nach 2 ähnlichen Einspritzungen.

Fig. 7. Fortsetzung der Kurve 6 nach einer vierten Einspritzung von 2 ccm derselben Lösung bei *a*.

Fig. 8. Fortsetzung der Kurve 4. Einspritzung bei *a* von 10 ccm einer 5 proz. Lösung von glycero-phosphorsaurem Kalk beim Kaninchen am 28. April 1900.

NB. Die Kurven dieser Tafel sind von links nach rechts zu lesen.

Tafel V.

Fig. 1. Bei *a* Eindringen einiger Tropfen des Nebennierenextraktes in die Vena jugularis; bei *b* Einspritzung dieses Extraktes.

Fig. 2. Neue Einspritzung von Nebennierenextrakt bei *a* nach Eröffnung der Schädelhöhle.

Fig. 3. Dritte Einspritzung von Nebennierenextrakt.

Fig. 4. Vierte Einspritzung bei *a* nach Zerstörung der Hypophyse. Versuch 2.

Fig. 5. Demonstration der Wirkungen des Nebennierenextraktes von *a* ab nach vorheriger Einführung von Hypophysenextrakten.

Fig. 6. Große Vaguswirkung bei bloßem Eindringen einiger Tropfen des Nebennierenextraktes bei *a* in die Vena jugularis.

Tafel VI.

Fig. 1—6. Siehe Versuch 6 und Tabelle 2, S. 288.

Tafel VII.

Fig. 1. Beginn der künstlichen Durchleitung des Gehirns im Versuch 1 bei *a*.

Fig. 2. Steigerung des Blutdruckes, Beschleunigung der Herzschläge und krampfhafte Atmungen nach ausschließlich intrakranieller Wirkung von Nebennierenextrakt. *J* zeigt den Beginn der Inspiration, *E* den der Exspiration.

Fig. 3. Fortsetzung dieser Kurve nach dem Aufhören der Blutdrucksteigerung; Respirationswellen von der künstlichen Atmung herrührend.

Fig. 4. Wirkung der intrakardialen Einführung bei *a* von Nebennierenextrakt, wobei es nicht zu den Hirnzentren gelangen konnte.

Fig. 5. Traubesche Wellen nach dem Aufhören der künstlichen Zirkulation.

Tafel VIII.

Fig. 1. Regelmäßige Blutdruckkurve nach der Einleitung der künstlichen Durchströmung des Gehirns mit Blut von $+38\,^{\circ}$ C. Versuch 2.

Fig. 2. Dieselbe Kurve nach Einführung der künstlichen Respiration; bei *a* Beginn der Durchströmung des Gehirns mit Blut von $+24\,^{\circ}$ C mit Nebennierenextrakt vermengt.

Fig. 3. Pulse bei Wirkung von Kälte auf die Hirncentra der Herznerven.

Fig. 4. Fortsetzung der Kurve 3. Beginn der Steigerung des Druckes unter dem Einfluß des Nebennierenextraktes ausschließlich auf die Hirncentra.

Fig. 5. Weitere Fortsetzung der Kurven 3 und 4. Plötzliche Drucksteigerung und Beschleunigung der Pulse.

Fig. 6. Rückkehr der Kältepulse nach Aufhören der intrakraniellen Wirkung des Nebennierenextraktes.

Fig. 7. Wirkung der Kälte auf die intrakraniellen Centra der Herz- und Gefäßnerven bei gleichzeitiger Einwirkung von Nebennierenextrakt auf die intrakardialen und peripheren Centra dieser Nerven.

NB. Die Kurven der Tafeln V—VIII sind, wie die der Tafeln I—III, von rechts nach links zu lesen. Alle Kurven sind in ihren Dimensionen beinahe auf die Hälfte reduziert worden.

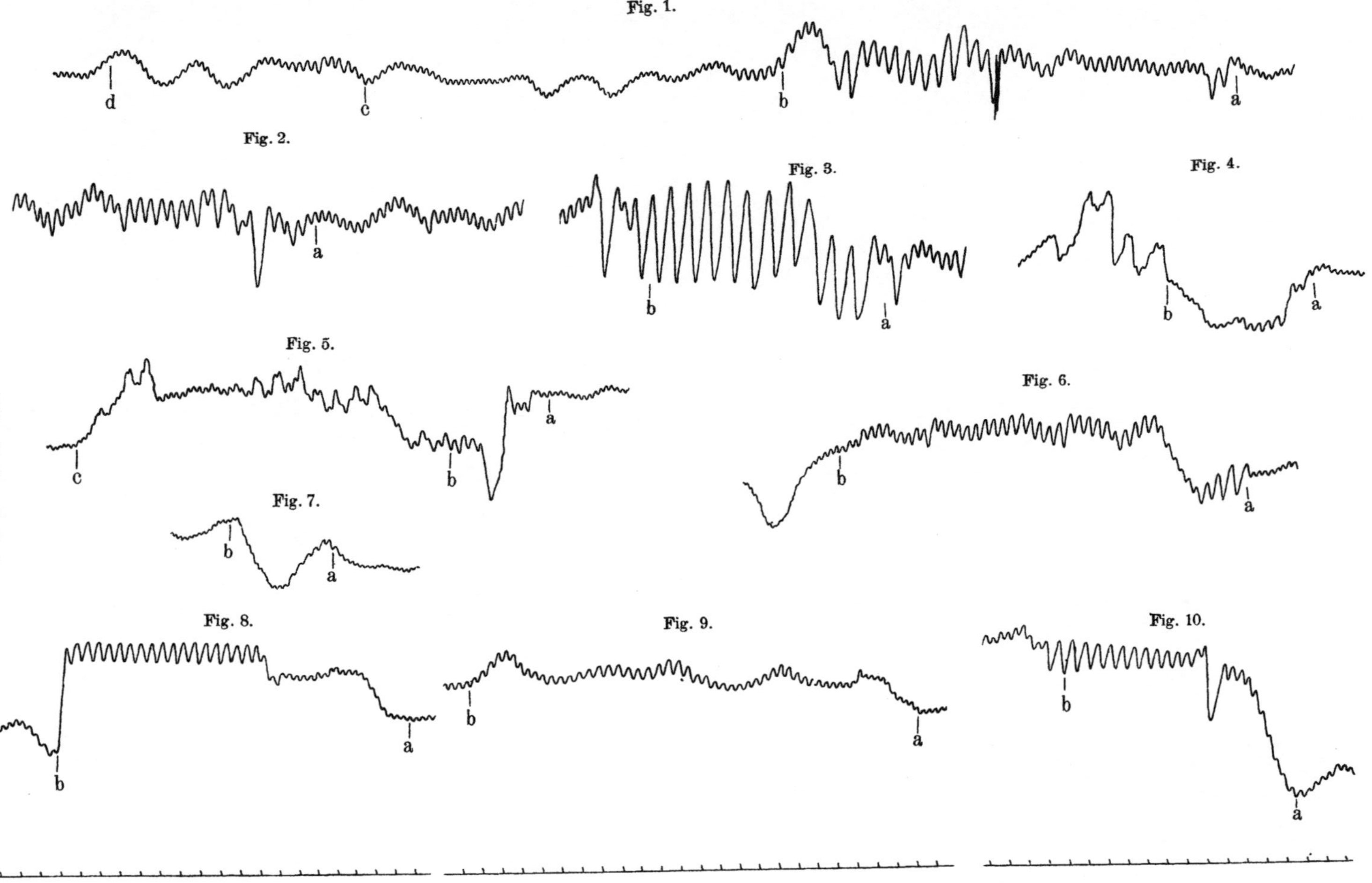

Verlag von Julius Springer in Berlin.

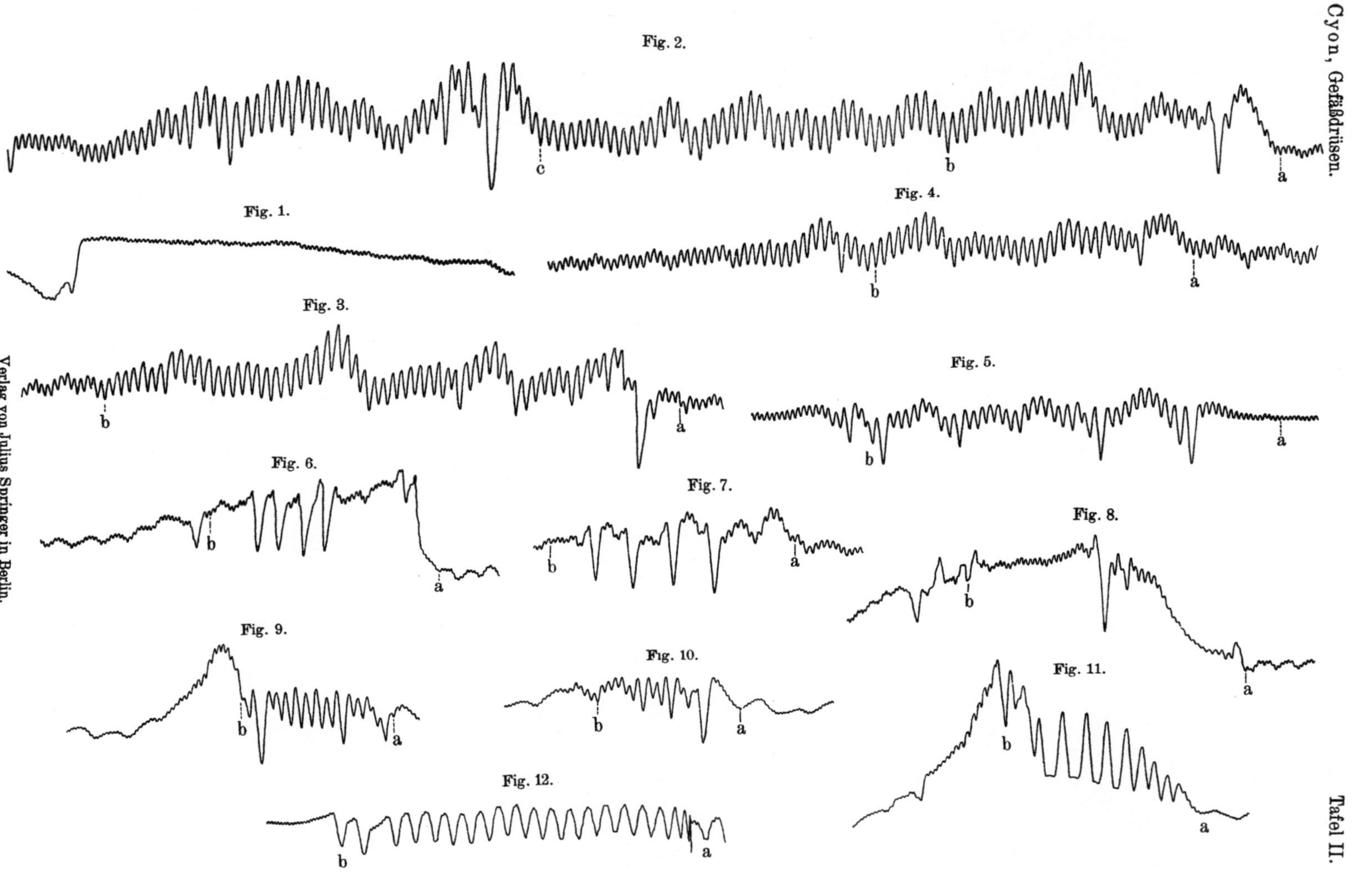

Verlag von Julius Springer in Berlin.

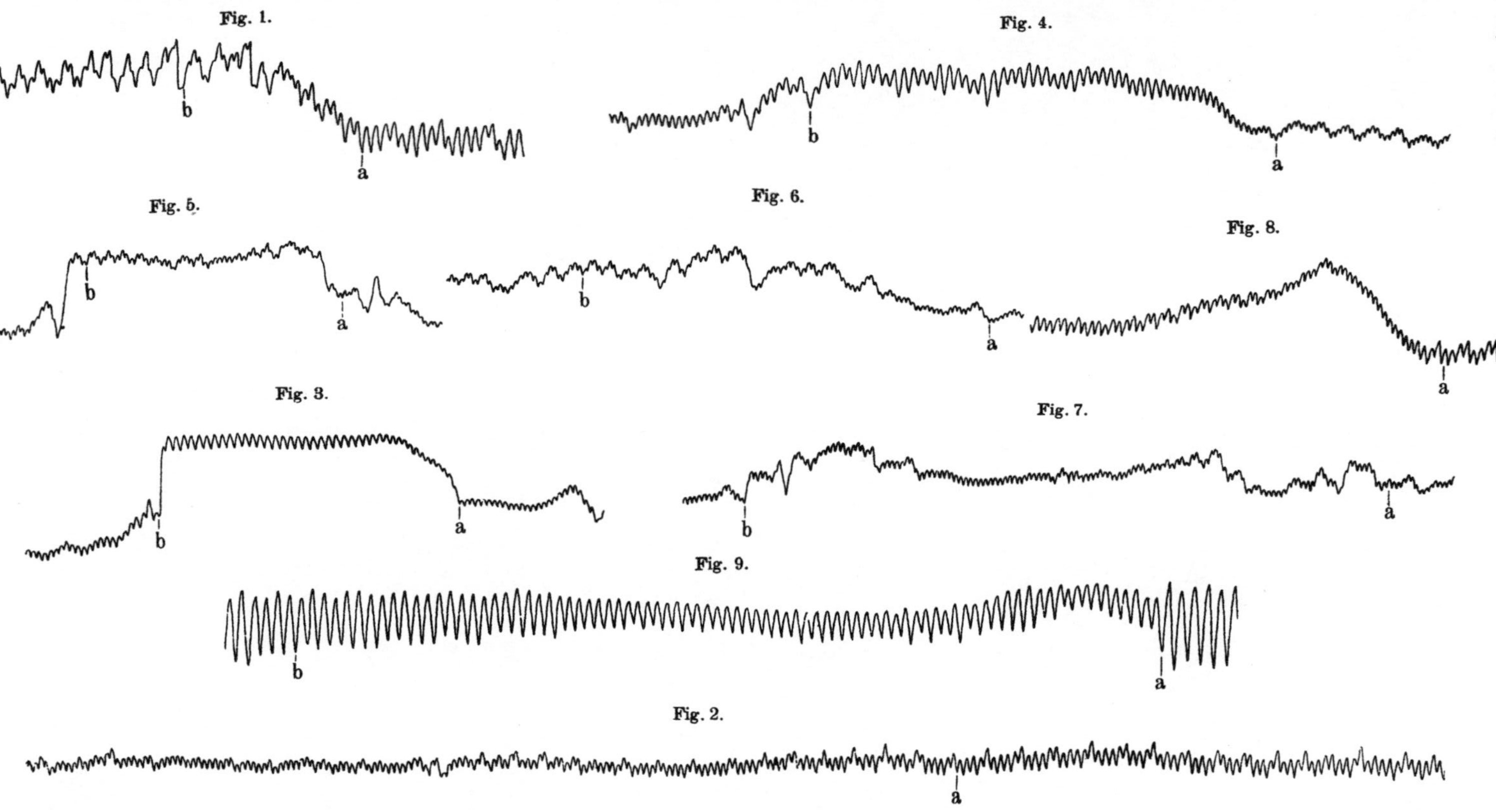

Verlag von Julius Springer in Berlin.

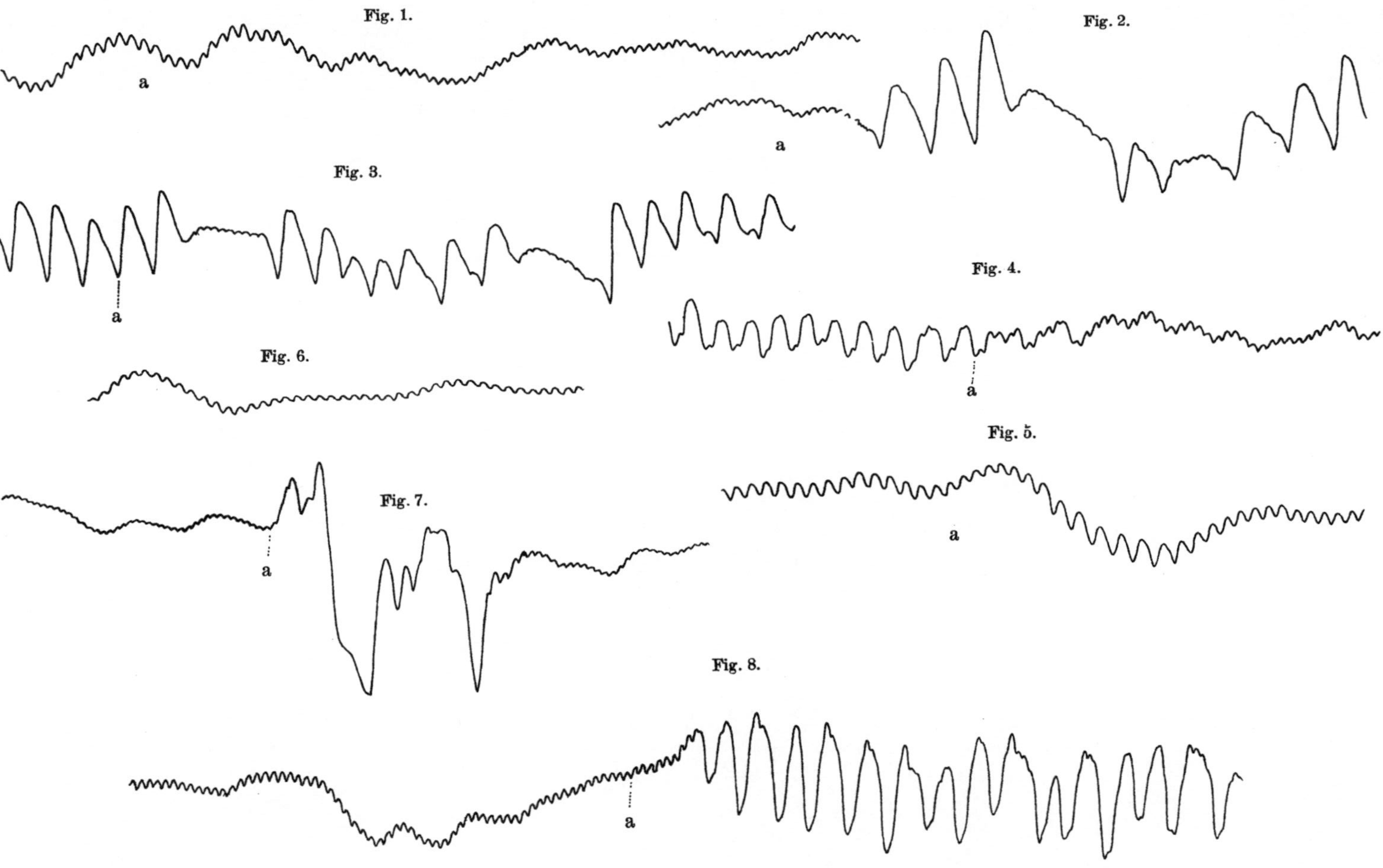

Verlag von Julius Springer in Berlin.

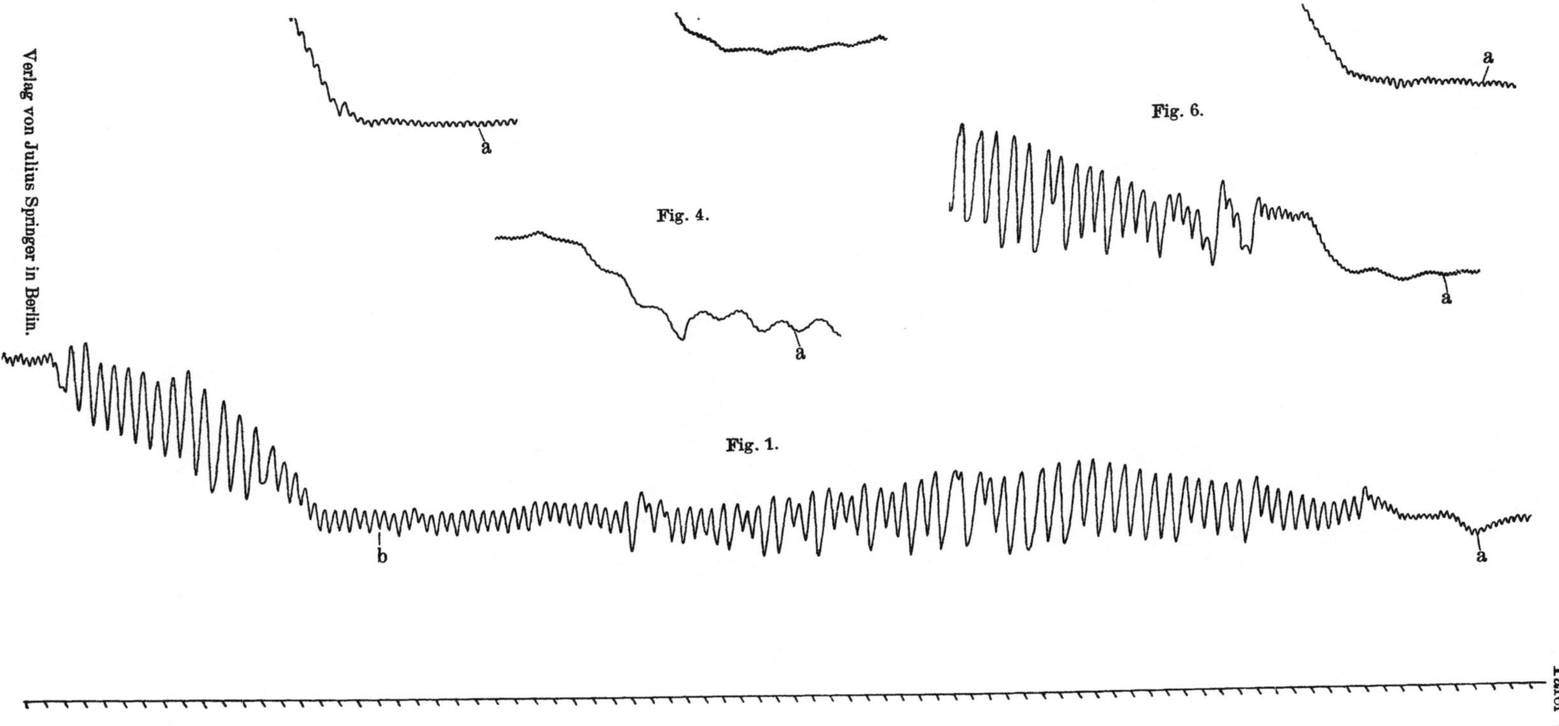

Tafel V.
Fig. 6.
Fig. 4.
Fig. 1.
a
b
Verlag von Julius Springer in Berlin.

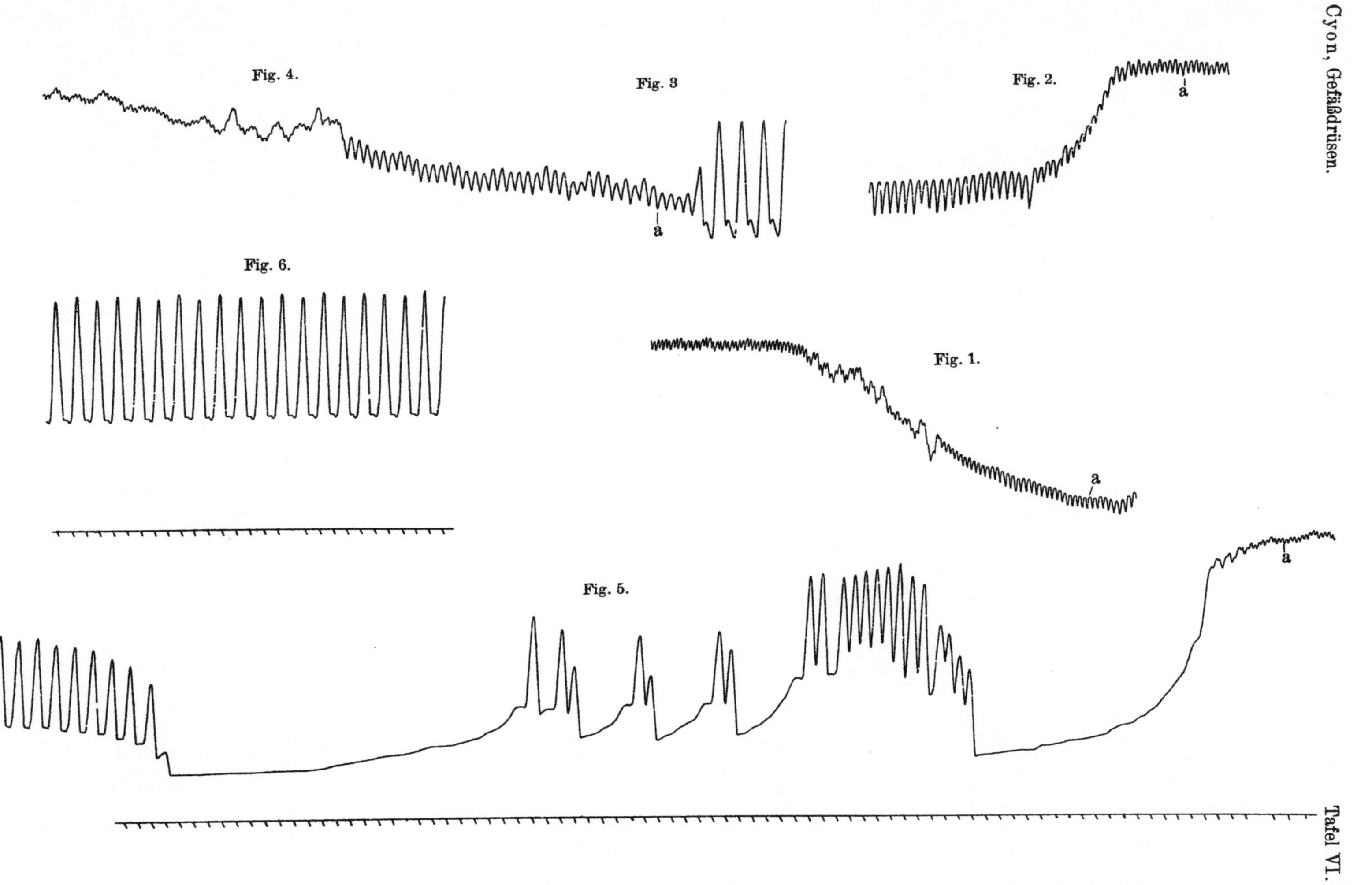

Verlag von Julius Springer in Berlin.

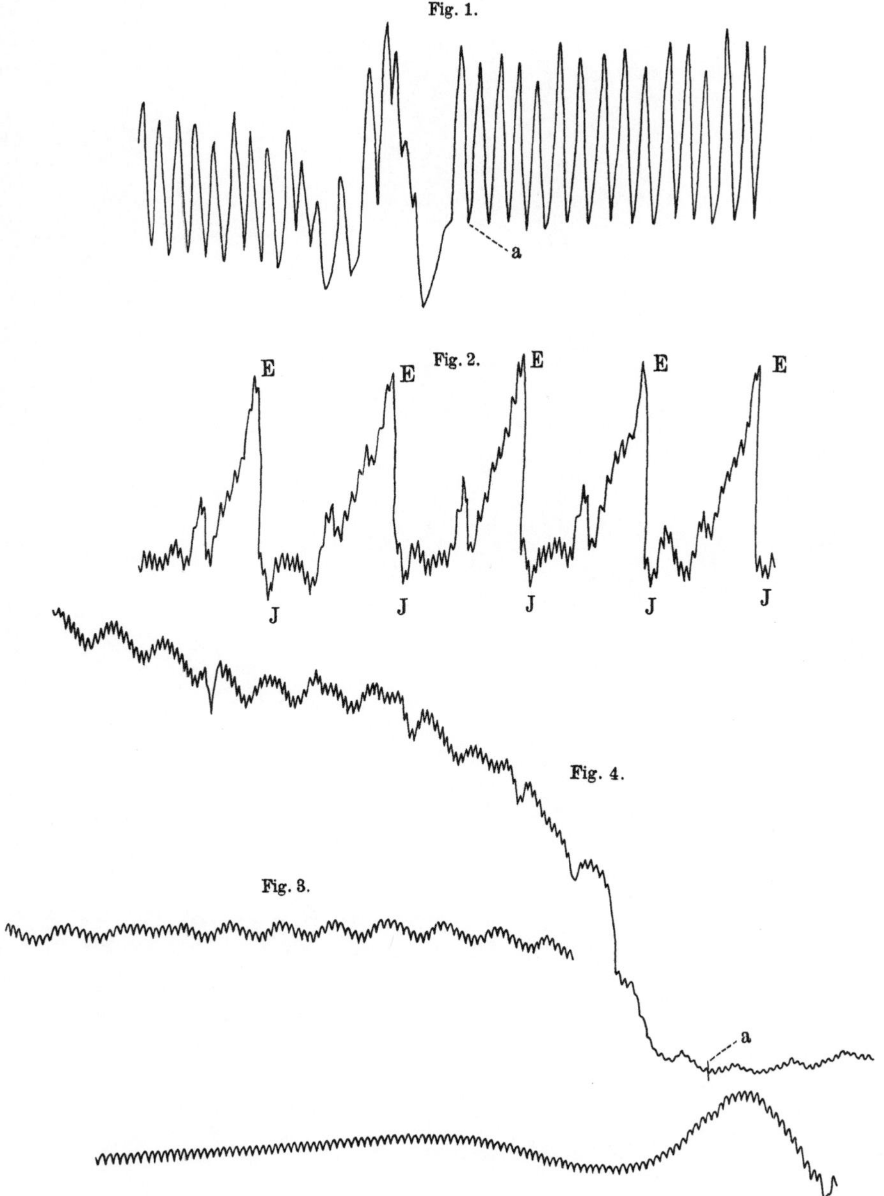

Fig. 1.
a
Fig. 2.
E E E E E
J J J J J
Fig. 4.
Fig. 3.
a
Fig. 5.

Additional material from *Die Gefäßdrüsen,* ISBN 978-3-662-40800-1,
is available at http//extras.springer.com

A. Verzeichnis
meiner wissenschaftlichen Werke und Schriften.

Medizin.[1]

1864. 1. **De Choreae indole sede et nexu cum rheumatismo articulari, peri — et endocarditide. (Diss. inaug. Berolini, 1—55.)**
Rudolph Virchow gewidmet.

1865. 2. Die Chorea und ihr Zusammenhang mit Gelenkrheumatismus, Peri- und Endocarditis. (Wiener med. Jahrbücher II, 115—131, 1865.)
Auf Veranlassung von Professor Duchek habe ich den wichtigsten Teil meiner Dissertation ins Deutsche übersetzt.
Siehe „Das Ohrlabyrinth“ usw. Kap. III, Seite 156. Notiz.

1866. 3. **Die Lehre von der Tabes dorsualis, kritisch und experimentell erläutert. (Berlin, Librecht, 128; 1866.)**
Dem Andenken Remaks gewidmet.
Diese Monographie hat seinerzeit einiges Aufsehen erregt, zum großen Teil dank der sehr scharfen Kritik der Leydenschen „Degeneration der Hinterstränge“ usw.

1867. 4. Zur Lehre von der Tabes dorsalis. (Virchows Archiv 1867.)
Scharfe Zurückweisung der Selbstverteidigung v. Leydens.

1867. 5. Über Irrenpflege und Irrenanstalten. (Virchows Archiv 42. Bd., 1867.)
Bericht über eine längere Studienreise in den Anstalten Englands, Frankreichs und Belgiens zum Zweck des Vergleiches der verschiedenen Systeme der Irrenpflege.

1867. 6. Über Irrenpflege und Irrenanstalten. (Wien. med. Wochenschrift 1868.)
Vortrag über die Ergebnisse meiner Studienreise, gehalten auf Verlangen der Professoren Meynert und Leidesdorf, zum Zweck einer kontradiktorischen Diskussion mit Baron Mundi, Protagonist der Pflege von Irrenkranken in Bauernfamilien, Professor Schlager und dem berühmten französischen Irrenarzt Morel aus Rouen, die dieses System verteidigten. Nach langer Diskussion wurden fast einstimmig meine diesem System feindlichen Schlußfolgerungen angenommen.
Im Jahre 1874 hat Professor Dagonet aus Straßburg, Arzt von Saint-Anne, eine längere Analyse meines Berichts „Asiles d'aliénés par le Dr. Cyon, de St. Petersbourg“, in den Annales médico-psychologiques und in einer gesonderten Broschüre veröffentlicht, wo er meinem System zustimmte.

---

[1]) Die in fetter Schrift gedruckten Titel bezeichnen gesondert erschienene Bücher, Broschüren und Monographien.

Physiologie[1]).

1865.　7. Über den Einfluß der hinteren Nervenwurzeln des Rückenmarkes auf die Erregbarkeit der vorderen. (Sächs. Ges. der
Wiss. Leipzig, XVII, 1865.)
　　Definitiver Nachweis der Existenz eines reflektorischen Muskeltonus und seiner Entstehungsquellen. (Siehe 7, 11, 15, 24, 36, 44,
117, Kap. III. § 7 u. 8, 117.

1866.　8. Über den Einfluß der Temperaturänderungen auf Zahl,
Dauer und Stärke der Herzschläge. (Sächs. Ges. der Wiss.
XVIII, Leipzig 1866. Auch: Arbeiten aus der Physiologischen Anstalt zu Leipzig.)
　　Diese Untersuchung hat zum erstenmal die physiologischen Methoden zum Studium der vom Körper isolierten Organe eingeführt,
deren Lebensfunktionen durch künstliche Zirkulation von Blutserum
unterhalten wurden.

1866.　9. Die Reflexe eines der sensiblen Nerven des Herzens auf die
motorischen der Blutgefäße. (Gemeinschaftlich mit Karl
Ludwig.)
　　Die erste Mitteilung über die Entdeckung der Nn. depressores
und ihrer Verrichtungen, sowie auch der dominierenden vasomotorischen Funktionen der Nn. splanchnici.

1866.　10. Über die Innervation des Herzens vom Rückenmark aus.
(Centralbl. f. d. med. Wissensch. Nr. 51, 1866. Gemeinschaftlich mit meinem Bruder M. Cyon.)
　　Erster Nachweis der Existenz von beschleunigenden Nerven und
Erklärung ihrer Funktionswege (Nn. accelerantes), die vom Gehirn
und Rückenmark aus beeinflußt werden.

1866.　11. Über den Einfluß der hinteren Wurzeln auf die Erregbarkeit der vorderen. Zur Abwehr der Herren A. v. Bezold
und Dr. Uspensky aus Petersburg. (Centralbl. f. d. med.
Wissensch. Nr. 41, 1866.)
　　Bezieht sich auf 7 und 24.

1867.　12. Zur Abwehr wider eine in Herrn Prof. Meißners physiologischem Bericht enthaltene Bemerkung. Schreiben an
Herrn Prof. du Bois - Reymond. (Archiv von Reichert
und du Bois-Reymond 1867.)
　　Der Brief hat Bezug auf ein Referat meiner Arbeit 7. Siehe auch
ein längeres Schreiben von Meißner in 40 und im „Ohrlabyrinth“,
S. 135, Notiz.

1867.　13. Über die Innervation des Herzens vom Rückenmark aus.
Gemeinschaftlich mit M. Cyon. (Archiv von Reichert und
du Bois-Reymond 1867.)
　　Ausführliche Mitteilung der Untersuchung 10 und anatomische
Beschreibung der von uns entdeckten acceleratorischen Nerven des
Herzens.

---

[1]) Sämtliche wissenschaftlichen Schriften von 7—57, mit Ausnahme der
Nummern 30, 48, 56, und der gesondert erschienenen, wurden unverändert in
einem Bande: „Gesammelte physiologische Arbeiten“, Berlin 1888. August
Hirschwald (59) veröffentlicht.

1867. 14. Sur l'Innervation du Coeur. (Compt. rend. de l'Acad. d. sc. 25 Mars 1867.)

Für die Gesamtheit meiner Arbeiten über das Herz (8, 9, 10, 12, 13 u. 14), hauptsächlich für die Entdeckung der Herznerven hat die Pariser Académie des Sciences auf einen Bericht von Claude Bernard mir einstimmig den Prix Montyon de Physiologie expérimentale für 1867 zuerkannt.

1867. 15. De l'Influence de l'acide carbonique et de l'oxygène sur le coeur. (Compt. rend. de l'Acad. d. sc. 20 Mai 1867.)

Erste Mitteilung der Versuche über die Wirkungen von Blutgasen auf das Herz.

1868. 16. Über die Wurzeln, durch welche das Rückenmark die Gefäßnerven für die Vorderpfote aussendet. (Sächs. Ges. der Wiss. XX, Leipzig 1868. Auch: Arbeiten aus der Physiologischen Anstalt zu Leipzig.)

1868. 17. Über die Nerven des Peritoneum. (Sächs. Ges. der Wiss. XX, Leipzig 1868. Ibidem.)

Die hier mitgeteilte Feststellung der Existenz von Nervennetzen im Peritoneum wurde ausgeführt unter Leitung des vorzüglichen, leider zu früh verschiedenen Histologen Schweigger-Seidel, Vorstandes der histologischen Abteilung der Physiologischen Anstalt zu Leipzig.

1868. 18. Die Brechungsquotienten des Glaskörpers und des Humor aqueus. Ausgeführt 1868 bei Prof. Stefan. (Sitzungsber. d. Wiener Akad. 14. Jan. 1869.)

19. Nachtrag. (Centralbl. f. d. med. Wissensch. Nr. 50, 1874.) Die Bedeutung dieser Untersuchung für die Bestimmungen der Farbenzerstreuung im menschlichen Auge.

1869. 20. Les Actions réflexes des nerfs sensibles sur les nerfs vasomoteurs. (Compt rend. de l'Acad. d. sc. 30 Août 1869.)

Vorläufige Notiz über Untersuchungen, ausführlich dargelegt in 24.

1869. 21. Über die Erregbarkeit einiger Partien des Rückenmarkes. (Mit Studiosus Aladoff.) (Bull. de l'Acad. des Sc. de St. Pétersbourg 16 Déc. 1869.)

1870. 22. Über den Nervus Depressor beim Pferde. (Bull. de l'Acad. des Sc. de St. Pétersbourg 24 Mars 1870.)

1870. 23. Hemmungen und Erregungen im Zentralsystem der Gefäßnerven. (Bull. de l'Acad. des Sc. de St. Petersbourg 22 Déc. 1870.)

Erste Entwickelung meiner Interferenzlehre von dem Mechanismus der Hemmungen

1870. 24. Über den Tonus der willkürlichen Muskeln. (Bull. de l'Acad. des Sc. de St. Pétersbourg 22 Déc. 1870.)

Fortsetzung von 7 und 11.

1870. 25. Die Bildung des Harnstoffs in der Leber. (Centralbl. f. d. med. Wissensch. Nr. 37, 1870.)

Dieser erste Nachweis, die Leber sei die wichtigste Bildungsstätte für den Harnstoff, wurde mit Hilfe meiner Blutdurchleitungsmethode an dem ausgeschnittenen Organ geliefert.

26. **Nachtrag**, erschienen im Centralbl. f. d. med. Wissensch. Nr. 30, 1883.

Reklamation der Priorität dieses Nachweises gegen v. Schröder, der ihn mit Hilfe meiner Durchleitungmethode der aus dem Körper ausgeschnittenen Leber erst zwölf Jahre nach dem Erscheinen meiner Arbeit von 1870 im Arch. f. exper. Pathol. u. Pharmakol. 30. Mai 1882 hat liefern können.

(Siehe meine gesammelten Phys. Arb., S. 196.)

1871. 27. **Über eine paradoxe Tätigkeitsäußerung eines sensiblen Nerven.** (Bull. de l'Acad. des Sc. de St. Pétersbourg 23 Févr. 1871.)

Die schöne Entdeckung von Philipeaux und Vulpian, daß einige Zeit nach Zerstörung des Hypoglossus der N. lingualis Bewegungen der Zunge hervorzurufen vermag, wurde von mir bestätigt und auch der wahrscheinliche Mechanismus dieser paradoxen Tatsache erläutert.

1871. 28. **Die Rolle der Nerven bei Erzeugung von künstlichem Diabetes mellitus.** Mit Studiosus Aladoff. (Bull. de l'Acad. des Sc. de St. Pétersbourg 23 Févr. 1871.)

Erster Nachweis der doppelten Funktionsweise der Splanchnici bei Diabetes als erregender und hemmender Nerven.

1871. 29. **Die Geschwindigkeit des Blutstroms in den Venen; ausgeführt im Wintersemester 1869—1870 mit Studiosus Steinmann.** (Bull. de l'Acad. des Sc. de St. Petersburg 23 Févr. 1871.)

1873. 30. **Das Herz und das Gehirn.** Rede, gehalten im Januar 1873 in der feierlichen Sitzung der Kaiserlichen medico-chirurgischen Akademie in St. Petersburg; in französischer Übersetzung erschienen in der Revue Scientifique 1873.)

Diese Rede gab der revolutionären russischen Presse innerhalb und außerhalb Rußlands die erste Veranlassung zu den heftigen Angriffen gegen meine konservativen Tendenzen.

(Siehe Dieu et Science, Kap. VI, § 2, S. 429, und 40, 2. Teil, § 3 u. folgende.)

Dagegen wurde meine Rede, fast vollständig wiedergegeben von H. de Parville im Journal des Debats und von Papillon in der Revue des deux Mondes, im Auslande günstig aufgenommen.

1873. 31. **Principes d'Electrothérapie. Paris 1873. J. B. Baillière. Von der Pariser Akademie im Jahre 1870 gekrönte Preisschrift. (Goldene Medaille, Prix de l'application de l'électricité à la Médecine.)**

Der physiologische Teil enthält die Versuche, ausgeführt am Menschen zum Studium der elektrotonischen Gesetze von Pflüger, mit Hilfe eines speziellen Myographions für den Daumen; sowie Versuche über die Abhängigkeit der Intensität der negativen Schwankungen der Nerven von der Zahl der Reize; letztere angestellt während der Herbstferien des Jahrs 1868 im Laboratorium von Fick in Zürich.

1873. 32. **Zur Lehre von der reflektorischen Erregung der Gefäßnerven.** (Archiv f. d. ges. Physiol. von Pflüger 1873.)

1873. 33. **Über den Einfluß der Temperaturänderungen auf die zentralen Enden der Herznerven.** (Archiv für d. ges. Physiologie von Pflüger 1873.) Siehe Notiz auf S. 316.

1873. 34. Über die Innervation der Gebärmutter; mit Dr. Scher-
schevsky. (Archiv f. d. ges. Physiol. von Pflüger 1873.)

1873. 35. Über die Funktion der halbzirkelförmigen Kanäle; mit
Dr. Solucha. (Archiv f. d. ges. Physiol. von Pflüger 1873.)
Erste Mitteilung über den Raumsinn. Siehe 45, 47, 49, 60 und
„Das Ohrlabyrinth" usw. (117).

1873. 36. Über den Einfluß der hinteren Wurzeln auf die Erregbarkeit
der vorderen. (Archiv f. d. ges. Physiol. von Pflüger 1873.)
Zu 7, 11, 24.

1873. 37. **Vorlesungen der Physiologie, gehalten in der Medico-chirurgischen Akademie in den Jahren 1872—1873. (Bd. I, russisch, bei Karl Ricker, St. Petersburg 1873—74.)**
Nach stenographischer Aufnahme in russischer Sprache erschienen.

1873. 38. Über die Fortpflanzungsgeschwindigkeit der Erregung im
Rückenmarke. (Bull. de l'Acad. des Sc. de St. Pétersbourg
18 Déc. 1873.)

1874. 39. **Vorlesungen der Physiologie usw. Band II, Nerven- und
Muskelsystem, Sinnesorgane. (St. Petersburg, Karl Ricker
1874, russisch.)**

1874. 40. **Arbeiten aus dem Physiologischen Laboratorium der medico-
chir. Akademie zu St. Petersburg, bei Karl Ricker.**
Ein Teil enthält physiologische Untersuchungen meiner Schüler;
der zweite Teil ist kritischen und polemischen Schriften gewidmet, die
sich auf den Kampf beziehen, den die nihilistischen Elemente innerhalb und außerhalb Rußlands gegen mich unternommen hatten.

1874. 41. Zur Hemmungstheorie der reflektorischen Erregungen. (Beiträge zur Anatomie und Physiologie als Festgabe für Karl
Ludwig, Leipzig, Vogel 1874.)

1875. 42. Zur Physiologie des Gefäßnervenzentrums. (Pfügers Arch.
1874.)

1876. 43. **Methodik der physiologischen Experimente und Vivisektionen,
mit Atlas. LIV Tafeln in Holzschnitt, Gießen, J. Rickersche
Buchhandlung. St. Petersburg, Karl Ricker, 1876.**

1876. 44. La forme de la contraction musculaire produite par l'exci-
tation des racines antérieures. (Bull. de la Soc. de Biol. 1876.)

1876. 45. Rapports physiologiques entre le nerf acoustique et l'appareil
moteur de l'oeil. (Compt. rend. de l'Acad. d. sc. 10 Avril 1876.)
(Siehe 35, 47, 49 usw. 117.)

1877. 46. Note sur le fonctionnement physiologique du téléphone.
(Vortrag mit Demonstrationen, gehalten in der Société de
Biologie 1877; Bull. de la Soc. d. Biol.)

1877. 47. Les Organes périphériques du sens de l'espace. (Compt.
rend. de l'Acad. d. sc. 31 Déc. 1877.)
(Siehe 35, 45, 49 und 117.)

1878. 48. Die Deszendenzlehre von Haeckel. Eine kritische Studie.
Russki Wiestnik, herausgegeben von Katkof (russisch) 1878.

Enthält eine ausführliche wissenschaftliche Kritik der natürlichen Schöpfungsgeschichte, der Anthropogenie und anderer Schriften Haeckels. (Siehe Kap. V von Dieu et Science (120).

1878. 49. **Recherches expérimentales sur les fonctions des canaux sémi-circulaires et sur leur rôle dans la formation de la notion de l'espace. Gewidmet Claude Bernard. Thèse pour le Doctorat en Médecine à la Faculté de Médecine, 1 Avril 1878. Imprimerie Emile Martinet, Paris 1878.**
Erschienen auch in der Bibliothèque de l'École des Hautes-Études. Section des Sciences Naturelles T. XVIII, Paris 1878.

1878. 50. **Notice sur les titres et les Travaux scientifiques de M. Élie de Cyon. Paris, Typographie Lahure.**
Erschienen bei Gelegenheit meiner Kandidatur für den Lehrstuhl von Claude Bernard im Collège de France. Durch eine Intrigue von Paul Bert, der die Leitung meiner Kandidatur übernommen hatte, konnte die Wahl nicht zustandekommen.

1878. 51. L'Action des hautes pressions baromètriques sur la circulation et la respiration. (Congrès International de Médecine 1878.)

1878. 52. Über die physiologische Wirkung des Borax. (Compt. rend. de l'Acad. d. sc. 28 Nov. 1878.)

52a. Über die Unschädlichkeit des zur Fleischkonservierung verwendeten Borax. (Compt. rend. de l'Acad. d. sc. 10 Déc. 1878.)

1880. 53. **Wissenschaftliche Unterhaltungen. (Russisch, I. Band, Karl Ricker, St. Petersburg.)**

1881. 54. L'Action des hautes pressions baromètriques sur la circulation et la respiration. (Compt. rend. de l'Acad. d. sc. 1881.)
(Siehe 51, 55 u. 61.)

1883. 55. L'Action des hautes pressions athmosphériques sur l'organisme animal. (Archiv für Physiologie von du Bois-Reymond; Jubelband.)
(Ausführliche Darlegung von 50, 54 usw.)

1883. 56. The Anti-Vivisectionist Agitation. (Contemporary Review, 1 Avril 1883.)
Französisch erschienen im Journal de Médecine de Paris, November 1883.

1884. 57. Der Borax als inneres Desinfektionsmittel. (Compt. rend. de l'Acad. d. sc. 1884.)

1886. 58. Darwin und seine Lehre. (Russki Westnik, Moscou; russisch.)
Der Abschluß einer Reihe von wissenschaftlichen Unterhaltungen über Evolution, Heredität usw., erschienen in verschiedenen Zeitschriften.
(Siehe Dieu et Science, Kap. IV [118].)

1888. 59. **Gesammelte physiologische Arbeiten. (Mit 9 Tafeln und Holzschnitten im Text mit dem Porträt des Verfassers. August Hirschwald, 1—344, Berlin 1888.)**

> Enthält sämtliche rein physiologische Arbeiten, welche in den Berichten der Akademien der Wissenschaften zu Leipzig, Paris, Petersburg und Wien und in den Archiven für Physiologie von du Bois-Reymond, von Pflüger, im Centralbl. f. d. med. Wissensch. usw. vom Jahre 1865—1884 erschienen waren.

1897. 60. Bogengänge und Raumsinn. Experimentelle und kritische Untersuchung. (Archiv für Physiologie von du Bois-Reymond, 1—2, 29—111, 1897.)

1897. 61. Zur Frage über die Wirkungen rascher Veränderungen des Luftdruckes auf den Organismus. (Pflügers Arch. Bd. 69, 1897.)
> Bezieht sich auf 51, 54 und 55.)

1897. 62. Physiologische Beziehungen zwischen den Herznerven und der Schilddrüse. (Centralbl. f. Physiol. Nr. 8, 279; 1897.)

1897. 63. Les Nerfs du Coeur et la Glande thyroïde. (Compt. rend. de l'Acad. d. sc. 28 Juin 1897.)

1897. 64. Über die Beziehungen der Schilddrüse zum Herzen. (Centralblatt f. Physiol. Nr. 11, 357; 1897.)

1897. 65. Les fonctions de la glande thyroïde. (Compt. rend. de l'Acad. d. sc. 13 Sept. 1897.

1898. 66. **Beiträge zur Physiologie der Schilddrüse und des Herzens. Martin Hager, Bonn 1898.**
> Vorher erschienen in Pflügers Arch. Bd. 70, 125—280, 1898.

1898. 67. Jodothyrin und Atropin. Vorläufige Mitteilung. (Pflügers Arch. Bd. 70, 1898.)
> Erster Nachweis der antitoxischen Wirkungen der wirksamen Substanzen der Schilddrüse.

1898. 68. Jodnatrium und Muscarin. Vorläufige Mitteilung. (Pflügers Arch. Bd. 70, 1898.)

1898. 69. Die Funktionen des Ohrlabyrinths. (Pflügers Arch. Bd. 72, 1898.)
> Definitive Widerlegung der Breuerschen Lehre über den statischen Sinn.

1898. 70. Die Verrichtungen der Hypophyse. Erste Mitteilung. (Pflügers Arch. Bd. 71, 1898.)

1898. 71. Sur les fonctions de l'hypophyse cérébrale. (Compt. rend. de l'Acad. d. sc. 18 Avril 1898.)

1898. 72. Les glandes thyroïdes, l'hypophyse et le coeur. (Archives de Physiologie normale et pathologique No. 3, Paris 1898.)

1898. 73. Über die physiologische Bestimmung der wirksamen Substanzen der Nebennieren. (Pflügers Arch. Bd. 72, 1898.)

1898. 74. Über den Antagonismus zwischen Jodothyrin, Atropin und Jodnatrium-Muscarin. (Centralbl. f. Physiol. 3. Sept. 1898.)

1898. 75. Zwei Berichtigungen. (Pflügers Arch. Bd. 72, 1898.)
> Der erste Teil bezieht sich auf die Polemik mit Breuer (69); der zweite auf die Frage über den barometrischen Druck (61).

1898.   76. Die Verrichtungen der Hypophyse. Zweite Mitteilung. (Pflügers Arch. Bd. 72, 635—638, 1898.)

1898.   77. Die physiologischen Herzgifte. I. Teil. (Pflügers Arch. Bd. 73, 1898.)

1898.   78. Ein paar Worte an Dr. Richard von Zeynek. (Pflügers Arch. Bd. 73, 1898.)
Bezieht sich auf 61 und 75.

1898.   79. Die Verrichtungen der Hypophyse. Dritte Mitteilung. (Pflügers Arch. Bd. 73, 483—489, 1898.)

1898.   80. Traitement de l'Acromégalie par l'Hypophysine et l'organothérapie rationnelle; mitgeteilt von Lancereaut. (Bull. Acad. de méd. 22 Nov. 1898.)
Bezieht sich auf die Mitteilung 79.

1898.   81. Die physiologischen Herzgifte. II. Teil. (Pflügers Arch. Bd. 73, 1898.)
Versuche über die Wirkungen der Hypophysenextrakte.

1898.   82. Die physiologischen Herzgifte. III. Teil. (Pflügers Arch. Bd. 74, 1898.)

1899.   83. L'Innervation du Coeur. (Dictionnaire de Physiologie de Charles Richet, Vol. IV.)
Ausführliche Darlegung der Verrichtungen der Herznerven; energische Bekämpfung der myogenen Verirrungen.

1899.   84. L'Orientation chez le pigeon voyageur. (Revue scientifique No. 12, 1899.)
Versuche an Brieftauben (deutsch erschienen in der ausführlichen Arbeit 87). Siehe auch „Das Ohrlabyrinth", Kap. IV.

1899.   85. Die physiologischen Herzgifte. IV. Teil. (Pflügers Arch. Bd. 77.)
Studien der Gesamtwirkungen der Produkte der Gefäßdrüsen mit Hilfe neuer Methoden. Wiederbelebung der erloschenen Funktionen der Gehirnzentren durch Herstellung der Blutzirkulation.

1899.   86. Le Nerf Dépresseur. (Dictionnaire de Physiologie de Charles Richet, Vol. IV.)

1900.   87. Ohrlabyrinth, Raumsinn und Orientierung. (Pflügers Arch. Bd. 79.)

1900.   88. Die physiologischen Verrichtungen der Hypophyse. Ausführliche Mitteilung der Versuche von 1898—1900. (Pflügers Arch. Bd. 81, 1900.)

1900.   89. Le sens de l'espace chez les souris japonaises. (Cinquantenaire de la Société de Biologie, Paris 1900.)

1900.   90. Le sens de l'Espace. (Dictionnaire de Physiologie de Charles Richet, Vol. V.)

1900.   91. Le Tétanos du coeur. (Journ. de Physiol. et de Pathol. Nr. 3.)
Historische Darlegung der Frage seit dem ersten von mir im Jahre 1866 gegebenen Nachweise der Existenz eines Herztetanus.

1900.   92. Le Tétanos du coeur. Une note rectificative. (Journ. de physiol. et de path. No. 4, 1900.)

Richtigstellung einiger Druckfehler in der Bezeichnung der in 91 angeführten Kurven.

1900.   93. Les Organes périphériques du sens de l'espace. (Compt. rend. de l'Acad. d. sc. 1900.)

1900.   94. Les fonctions de l'hypophyse. Ein Vortrag mit Demonstrationen, gehalten in der Physiologischen Sektion des Internationalen Kongresses der Medizin; Paris 1900.

Die kurzen Berichte über diesen Vortrag, sowie über einen zweiten „Über die Bewegungen der Tanzmäuse", ebenfalls mit Demonstration, sind von einem der Sekretäre der physiologischen Sektion entstellt wiedergegeben worden.

1900.   95. La résurrection des centres nerveux. (Compt. rend. d. l. Soc. d. Biol. 1900.)

1901.   96. Über die physiologischen Wirkungen einiger aus der Schilddrüse gewonnenen Produkte. Gemeinschaftlich mit A. Oswald. (Pflügers Arch. Bd. 83.)

1901.   97. Die Beziehungen des Depressors zu den vasomotorischen Zentren. (Pflügers Arch. Bd. 84, 1901.)

1901.   98. Die physiologischen Grundlagen der Geometrie von Euklid. (Pflügers Arch. Bd. 85.)

Vollständig wiedergegeben im „Ohrlabyrinth als Organ der mathematischen Sinne" usw., Kap. VI.

1901.   99. Les bases naturelles de la Géométrie d'Euclide. (Revue Philosophique 1901.)

Auszug, ausführlich in „Dieu et Science" Ch. I.

1901. 100. Zur Physiologie der Hypophyse. (Pflügers Arch. Bd. 88, 1901.)

1901. 101. Les glandes régulatrices de la circulation et de la nutrition. (Revue générale des Sciences 1901.)

1901. 102. Myogen oder Neurogen? (Pflügers Arch. Bd. 88, 1901.)

Die definitive experimentelle und kritische Widerlegung der myogenen Lehre von Engelmann und seinen Anhängern.

1901. 103. Les méthodes de la circulation artificielle etc. Historische Richtigstellung. (Compt. rend. d. l. Soc. d. Biol. 18 Mai 1901.)

1902. 104. Beiträge zur Physiologie des Raumsinns. I. Teil. (Pflügers Arch. Bd. 89.)

1902. 105. Beiträge zur Physiologie des Raumsinns. II. Teil. (Pflügers Arch. Bd. 90, 1902.)

106. Beiträge zur Physiologie des Raumsinns. III. Teil. (Pflügers Arch. Bd. 94.)

1903. 107. La Solution scientifique du problème de l'espace. (Rev. Philos. Janvier 1903.)

(Antwort an Herrn Couturat.)

1903. 108. Nochmals die Physiologie des Raumsinns. (Pflügers Arch. Bd. 96, 1903.)

1903. 109. Physiologie der Zirbeldrüse. (Pflügers Arch. Bd. 97, 1903.)

1904. 110. Einige Worte zu der Untersuchung von J. Masay über die physiologische Rolle der Hypophyse. (Pflügers Arch. Bd. 101, 1904.)

1905. 111. **Les Nerfs du Coeur. Anatomie et Physiologie. Avec une préface sur les rapports de la médecine avec la physiologie et la bactériologie. Avec 45 Figures dans le texte. Félix Alcan, Editeur, 1905.**

1905. 112. Myogene Irrungen. Ein Schlußwort. (Pflügers Arch. Bd. 113 1905.)

1906. 113. Bei Gelegenheit der Bekehrung H. E. Herings zur neurogenen Lehre. (Pflügers Arch. Bd. 116, 1906.)

1907. 114. **Die Nerven des Herzens. Ihre Anatomie und Physiologie. Neue vom Verfasser umgearbeitete und vervollständigte Ausgabe mit einer Vorrede für Kliniker und Ärzte. Mit 47 in den Text gedruckten Figuren. (Verlag von Julius Springer, Berlin 1907.)**

1907. 115. Das Ohrlabyrinth als Organ der mathematischen Sinne für Raum, Zeit und Zahl. (Pflügers Arch. Bd. 118, 1907.)

1907. 116. Le Labyrinthe de l'Oreille comme Organe des sens mathématiques de l'espace, du temps et du nombre. (Revue Générale des Sciences 1907.)

1908. 117. **Das Ohrlabyrinth als Organ der mathematischen Sinne für Raum und Zeit. Den Manen von J. P. M. Flourens, E. H. Weber und K. Vierordt gewidmet. Mit 45 Textfiguren, 5 Tafeln und dem Bildnis des Verfassers. (Verlag von Julius Springer, Berlin 1908.)**

1908. 118. La Réfutation de l'apriorisme Kantien. (Revue Scientifique 8. Fevr. 1908.)

1909. 119. Leib, Seele und Geist. Versuch einer physiologischen Differenzierung der psychischen Funktionen. (Pflügers Arch. Bd. 127, 1909.)

1910. 120. **Dieu et Science. Essais de Psychologie des Sciences. Avec deux planches hors texte et le portrait de l'auteur par J. C. Chaplain. (Félix Alcan, éditeur. Paris 1910.)**

1910. 121. Sensations et Perceptions; une nouvelle Théorie de leur mécanisme. (Revue Scientifique 8 Janv. 1910.) Auszug aus 120.

1910. 122. **Die Gefäßdrüsen als regulatorische Schutzorgane des Zentralnervensystems. (Julius Springer, Berlin 1910.)**

B. Verzeichnis meiner historischen, politischen und finanzwissenschaftlichen Schriften.[1])

*1862. 1. **Die polnische Revolution und der Gordienknoten der europäischen Politik. Russisch. (Berlin, Ferdinand Schneider, 1863.)**

*1880. 2. La Guerre Russo-Turque. D'après des documents inédits. Gemeinschaftlich mit S. K. H. dem Großfürsten Nicolai Nicolaievitch, Oberbefehlshaber der russischen Armee im Kriege von 1877—78. (Nouvelle Revue. 2 Teile, 1880.)

1881. 3. La Guerre à Dieu et la Morale laïque. Offenes Schreiben an Paul Bert, erschienen im Gaulois 1881, dessen Leitung ich übernommen hatte, um die antireligiöse Politik in Frankreich zu bekämpfen. (Siehe Chap. VI. § 2 von „Dieu et Science".)

  3a.L'aveu de M. Paul Bert. Antwort an Paul Bert. (Ebendaselbst.)

1882. 4. Un Pessimiste Russe. Leon Tolstoi. Eine literarische Kritik des genialen Romandichters und mittelmäßigen Denkers, der seitdem, aus reiner Popularitätshascherei, sich als Anarchist gebärdet, ohne Aufrichtigkeit der Überzeugungen und ohne Opferwilligkeit. (Nouvelle Revue 1882.)

*1882. 5. Que Faire? Réponse à l'auteur de „La Situation en Russie" (Baron Jomini). (Nouvelle Revue 15 Fév. 1882.)

1884. 6. L'enseignement supérieur en Russie. La première réforme d'Alexandre III. (Nouvelle Revue 1884.)

1885. 7. **Fünfzehn Jahre der Republik. Moskau 1885.**
        (Sammlung einer Reihe von Aufsätzen, die im Russki-Wiestnik, der Zeitschrift von Michel Katkof, erschienen waren. 1885.)

1886. 8. **Nihilismus und Nihilisten. Moskau 1886.**
        (Sammlung einer Reihe von Aufsätzen, erschienen zuerst im Russki-Wiestnik und darauf gesondert. 1886. Ins Französische übertragen in „Nihilisme et Anarchie" bei Calmann Lévy [14] 1892.)

*1889. 9. L'affranchissement économique de la Russie. (Nouvelle Revue 15 juillet 1889.)

1890. 10. **La France et la Russie. Brochure, édition de la Nouvelle Revue.**

---

[1]) Dieses Verzeichnis enthält sämtliche hierhergehörige Bücher, Broschüren und Aufsätze in Zeitschriften, die aus meiner Feder stammen. Sonstige, etwa unter meinem Namen oder anonym gehende, mir aber zugeschriebene Broschüren, die seit 1895 erschienen sind, beruhen auf groben Fälschungen meiner politischen Gegner und waren dazu bestimmt, den Kaiser Nikolaus II. irrezuleiten.

[2]) Die mit * bezeichneten Schriften erschienen ihrer Zeit aus politischen Rücksichten ohne meine Unterschrift.

(Abdruck aus der Nouvelle Revue vom April 1890. Wiedergegeben mit Zusätzen in „La Russie Contemporaine" [13].)

1890. 11. **La Russie barbare! Brochure, édition de la Nouvelle Revue.**
(Abdruck aus der Nouvelle Revue 1890. Wiedergegeben unter dem Titel „Autocratie et Anarchie" [14].)

1891. 12. **La guerre ou la paix. Eine Broschüre mit dem Motto: „Si vis pacem para pacem".**
In wenigen Exemplaren als konfidentielle Denkschrift für den Kaiser Alexander III. gedruckt. Im Buchhandel erschienen nach dem Tode des Kaisers. Enthält u. a. die Aufforderung, nach Petersburg eine Friedenskonferenz zu berufen.

1891. 13. **La Russie contemporaine. Études politiques.**
(Les principes de l'autocratie; la France et la Russie; la Question des juifs. Calmann Lévy, Paris 1891.)

1892. 14. **Nihilisme et Anarchie. Études sociales. (Calmann Lévy, Paris 1892.)**

1892. 15. **Die Bilanz der Finanzverwaltung Wyschnegradskis.**
(Eine Denkschrift an den Kaiser Alexander III., welche, durch den Generaladjutanten v. Richter überreicht, die sofortige Entlassung dieses Ministers veranlaßte. (Zur Hälfte im Buchhandel erschienen. Paris 1895.)

1893. 16. **Choses Russes[1]).**
(Als konfidentielle Denkschrift dem Kaiser Alexander III. im Herbst 1893 in Fredensborg überreicht. Zum Teil wiedergegeben im Jahre 1895 [18].)

1895. 17. **M. Witte et les finances Russes. 5me édition, avec une nouvelle préface. Paris 1895.**
(Librairie Haar & Steinert, A. Eichler successeur. Paris 21, rue Jacob, 1905.)

1895. 18. **Les finances Russes et l'épargne française. (4me Édition, Paris 1895.) Ibidem.**

1895. 19. **Histoire de l'Entente Franco-Russe. 1886—1894. Documents et Souvenirs.**
(Avec un portrait de Katkof. Dédiée à la mémoire vénérée d'Alexandre III. 3me édition. Paris 1895. [Librairie Haar & Steinert, Eichler succ.].)

1895. 20. **Wohin führt Rußland die Diktatur Wittes. Russisch.**
(Paris 1895. Librairie Haar & Steinert, A. Eichler succ.)
Zum erstenmal wurde hier (Kapitel 2) eindringlich vor den Abenteuern im fernen Osten gewarnt, die mit Rußlands Einmischung in den Frieden von Simonoseki begonnen hat. Sämtliche Folgen des russisch-japanischen Krieges sind hier vorausgesagt worden.

20a. **Où la dictature de M. Witte conduit la Russie?**
(Von Victor Derély übersetzt. Paris 1862. Librairie Haar & Steinert, Eichler succ.)

1896. 21. **S. J. Witte und seine Projekte der vermeintlichen Münzreform vor dem Reichsrat. Russisch. Librairie Haar & Steinert, Eichler succ.)**

---

[1]) Alle folgenden Nummern von Büchern und Broschüren, auch die, welche ursprünglich bei anderen Verlegern erschienen, sind zu beziehen durch die Buchhandlung Haar & Steinert, A. Eichler Nachfolger, Paris 21, rue Jacob.

21 a. **M. Witte et ses projets de faillite devant le Conseil de l'Empire. (In französischer Übersetzung von V. Derély. Paris 1897.)**

*22. **Les Russes devant Constantinople. 1877—1878. (Revue de Paris 15 juillet 1897.)**

1898. 23. **Les deux politiques russes. Zuerst in der Nouvelle Revue erschienen. 1898.**

1904. 24. **La solution de la crise Mandchourienne.**
Broschüre. Paris 1904. Zum Teil in der Wochenschrift l'Éuropéen am Vorabende des Ausbruchs des russisch-japanischen Krieges erschienen.

1904. 25. **Wie soll Rußland ein Rechtsstaat werden? I. Teil: Eine Denkschrift an Kaiser Nikolaus II. vom 10. Mai 1904 unter dem Titel: Was tun? II. Teil: Ratschläge an die russische Opposition. Russisch.**
(Haar & Steinert, Eichler succ., Paris 1905.)

1905. 26. **Dasselbe. In deutscher Übersetzung.**
(B. Elischer Nachf. Leipzig. Haar & Steinert, Eichler succ. Paris 1905.)